高等学校教材

X射线衍射技术

潘峰　王英华　陈超　编

化学工业出版社
·北京·

《X射线衍射技术》系统地阐述了X射线的基本性质、晶体学基础，X射线与物质作用发生散射与衍射的理论，单晶与多晶材料的X射线衍射原理与实验方法，X射线衍射技术在材料微结构分析方面的应用等。书中反映了近年来X射线衍射领域的新成果，也介绍了非晶材料、高分子材料、薄膜材料的衍射技术以及同步辐射技术的应用。

《X射线衍射技术》可作为材料科学与工程类专业本科生教材，也可作为相关专业如物理、化学、生物、机械、核能工程等本科生和研究生的教学参考书，对从事X射线衍射工作的科研、测试人员也具有参考价值。

图书在版编目（CIP）数据

X射线衍射技术/潘峰，王英华，陈超编. —北京：化学工业出版社，2016.10（2024.9重印）

高等学校教材

ISBN 978-7-122-27847-0

Ⅰ. ①X… Ⅱ. ①潘…②王…③陈… Ⅲ. ①X射线衍射-高等学校-教材 Ⅳ. ①O434.1

中国版本图书馆CIP数据核字（2016）第191729号

责任编辑：窦　臻　林　媛　　　　装帧设计：尹琳琳

责任校对：边　涛

出版发行：化学工业出版社（北京市东城区青年湖南街13号　邮政编码100011）

印　　装：北京机工印刷厂有限公司

787mm×1092mm　1/16　印张26½　字数656千字　2024年9月北京第1版第6次印刷

购书咨询：010-64518888　　　　售后服务：010-64518899

网　　址：http：//www.cip.com.cn

凡购买本书，如有缺损质量问题，本社销售中心负责调换。

定　　价：58.00元

前言

FOREWORD

利用X射线衍射对材料进行分析，是人们认识物质微观结构的重要途径和权威方法之一。自1912年劳厄发现晶体X射线衍射以来，X射线已被迅速用于单晶材料与多晶材料的结构分析之中。近年来，随着认识的深入、设备的发展和分析技术的进步，X射线衍射技术被广泛应用于材料微结构分析的各个方面，如物相分析，点阵参数测定，宏观残余应力、微观应力与微晶尺寸的测定，织构表征，高分子与非晶物质的分析，薄膜、纤维等低维材料的分析等，为X射线衍射技术增添了更为强大的生命力，使其在材料科学、物理、化学、生物、制药、信息等领域发挥着不可替代的作用。

本书从X射线衍射技术的应用原理出发，介绍了X射线技术的发展历程与X射线的基本性质以及X射线衍射的晶体学基础，详细阐述了X射线与物质作用发生散射的相关理论，进而推导出X射线衍射的理论强度，并基于作者及其合作者多年来在教学与研究工作中的认识与体会，分章节介绍了X射线衍射技术在实际材料分析过程中的应用原理与实例，以期对读者掌握X射线衍射技术的相关理论、从事相关的分析工作有所帮助。

全书共16章。第1章为绪论，介绍X射线衍射技术的发展历程与应用背景；第2章为X射线的基本性质，包括X射线的波粒二象性、X射线的产生和谱学特性以及与物质的相互作用等；第3章为晶体学基础，为探讨X射线在晶体中的衍射现象提供基本的晶体学知识；第4章为X射线的散射、干涉与衍射，为整个X射线衍射的核心理论基础，详细阐述了X射线与物质发生相互作用时的散射强度与方向，推导出干涉方程、布拉格定律以及点阵消光规律；第5章为衍射线的强度分析，包括实际小晶体和多晶体衍射强度的分析以及实际实验中影响衍射强度的因素；第6章为多晶体衍射信息的获取方法，包括早期应用的德拜法的分析原理与过程，后续发展并广泛应用的衍射仪的原理与构造，多晶衍射的制样和测试过程，以及衍射信息的处理与校正；第7章为单晶体衍射信息的获取方法，阐述了劳厄法获取单晶衍射信息的原理、过程与应用，并结合技术的发展，介绍了用于单晶衍射分析的四圆单晶衍射仪以及二维面探测器；第8章为物相分析，介绍了定性相分析、定量相分析以及计算机进行全谱拟合和结构精修的原理与过程；第9章为点阵常数的精确测定，阐明了点阵常数测定的基本原理，并讨论了衍射仪法的误差来源与消除方法；第10章为宏观应力的测定，分析了宏观应力的测试原理和衍射仪法测试的过程；第11章为微晶尺寸与微观应力的测定，包含测定微晶尺寸和微观应力的方法以及二者对衍射线贡献的分离方法；第12章为织构的测定，介绍了织构的表征方式与测试过程；第13章为薄膜材料分析，介绍了针对薄膜样品所发展出来的一系列测试方法；第14章为高分子材料分析，分析了X射线衍射技术在高分子材料结构分析中的应用；第15章为非晶材料分析，介绍了非晶材料X射线散射分析的原理与过程；第16章为同步辐射的应用，以实际研究为例，介绍了同步辐射技术在材料分析中的应用。

本书的撰写得到了国内材料科学许多专家学者的参与和支持，其中包括清华大学曾飞副教授、宋成副教授、刘雪敬博士。此外，须感谢王英华先生等编著的《X光衍射技术基础》一书为本书的编著提供了诸多参考，同时也要感谢清华大学材料科学与工程研究院中心实验室的陶琨先生、苗伟副教授为本书提供了不少的素材与数据，给予我们很大的支持。刘雪敬博士、博士生李凡等为本书的审稿和编辑做出重大贡献。

本书介绍的部分研究成果是作者及其合作者在“973”计划、“863”计划、国家自然科学基金、教育部重大项目、清华大学教改项目的大力支持下完成的。作者在此谨向所有给予支持的学者、朋友致以诚挚的感谢。

由于对内容的理解有限，书中难免有不妥之处，恳请读者批评指正。

编者

2016年6月

目录
CONTENTS

5 第5章 衍射线的强度分析

6 第6章 多晶体衍射信息的获取方法

第7章 单晶体衍射信息的获取方法

第8章 物相分析

9 第9章　点阵常数的精确测定

10 第10章　宏观应力的测定

11 第11章　微晶尺寸与微观应力的测定

第14章 高分子材料分析

第15章 非晶材料分析

第16章 同步辐射的应用

附录

第1章 绪论

X 射线是 1895 年德国物理学家伦琴（W. C. Röntgen）在研究阴极射线时发现的。由于当时对它的本质还不了解，故称为 X 射线。1912 年，德国物理学家劳厄（M. von Laue）利用晶体作为衍射光栅成功地观察到了 X 射线衍射现象，为人类认识材料（物质）的微观结构开创了新的重要途径。

众所周知，材料科学与工程是研究材料成分、结构、制备工艺与材料的性质及其应用之间关系的一门科学，相应的，成分（composition）、组织结构（structure）、合成与制备过程（synthesis-processing）、性质（properties）及效能（performance）也被称作材料科学与工程的五个基本要素（basic elements）。将五要素连接在一起，便形成一个如图 1.1 所示的六面体。各个要素互为因果，对应于同一成分的材料，随受力状态、气氛、介质与温度的变化，其结构和性能截然不同，有时甚至是在同样的使用状态下，由于制备路径的差异，最终的性质可以大相径庭。例如，碳元素的单质，可以是世界上最软的材料石墨（原子以层状六方排列），也可以是世界上最硬的材料金刚石（原子按四面体堆垛成面心立方结构），还可以是纳米球（60 个碳原子堆垛成足球形状）、纳米管甚至是 2011 年获得诺贝尔奖的石墨烯（1～2 个原子层、原子按六边形排列）。而对于硅氧原子比同为 1∶2 的 SiO_2，从高温到低温其原子排列有六种不同的结构，其中，石英晶体 α-SiO_2 由于振动频率非常稳定等特性得以广泛应用于各类传感器，但高品质的石英晶体因为六种原子排列方式间转变中的巨大压力无法采用高温熔体结晶法直接制备，所以成为一段历史时期的重要战略物资，直到材料科学家利用水热法合成出人工石英晶体，这一局面才得以缓解。又例如，人们在炼钢时，利用不同的热处理制度，可以将同一材料在马氏体、奥氏体之间转变而使之表现出不同的力学性能。

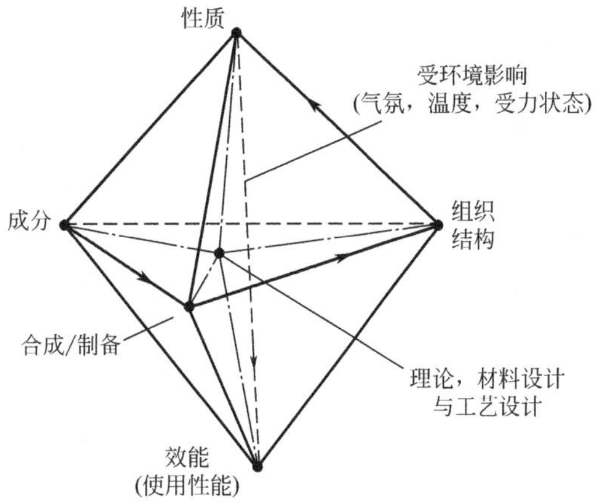

■ 图 1.1　材料科学与工程要素间的关系

在发现 X 射线衍射之前，人们对材料内部结构的认识与观察局限于化学分析和光学显微镜分析。以钢铁材料为例，化学分析能了解材料的化学组成，分析出钢铁材料中碳、锰、硅、硫、磷、钒、钼、铬、镍等元素的含量，但不能判断其原子排列与晶粒大小；而光学显微镜可以观察到钢铁内部晶粒的存在，但因受其物理光学极限分辨率（$\lambda/2$，即瑞利波长的二分之一，可见光波长在400～700nm之间）的限制，仅能分辨点间距200nm（0.2μm）以上的微结构。

利用X射线衍射分析材料内部结构极大地推动了材料科学与工程、物理学、化学、生物学的发展，获得了极为丰富的成果。自X射线的发现者伦琴获得第一个诺贝尔奖（1901年诺贝尔物理奖）以来，与X射线相关的技术不断问鼎诺贝尔物理和化学奖。例如1914年诺贝尔物理奖，德国物理学家劳厄（M. von Laue）发现X射线通过晶体时产生衍射现象，既可用于确定X射线的波长，又证明了晶体的原子点阵结构；1915年诺贝尔物理奖，英国物理学家布拉格父子（W. H. Bragg 和 W. L. Bragg）成功用X射线分析了晶体结构；1917年诺贝尔物理奖，英国物理学家巴克拉（C. G. Barkla）发现标识元素的次级X射线辐射；1924年诺贝尔物理奖，瑞典物理学家西格班（K. M. G. Siegbahn）发现和研究X射线光谱学；1936年诺贝尔化学奖，荷兰科学家德拜（P. Debye）研究偶极矩和X射线衍射方法。此外，还有许多诺贝尔奖的成果是利用X射线衍射技术来发现和发明的。

劳厄发现X射线衍射是20世纪物理学界一件有深远意义的大事，因为这一分析不仅说明了X射线是一种波长在埃量级（可见光波长是其1000倍以上）的电磁波，使人们对X射线的认识迈出了关键的一步，而且还第一次对晶体的空间点阵假说做出了实验验证，使晶体物理学发生了质的飞跃，这一发现是继佩兰（J. B. Perrin）的布朗运动实验之后，又一次从实验上证明原子存在的真实性。

1912年，劳厄关于X射线衍射的论文发表之后不久，就引起了布拉格父子的关注。此前老布拉格就一直与巴克拉公开争论X射线的本性是粒子性还是波动性，布拉格一直主张粒子性。劳厄所发现的X射线衍射现象无疑增加了波动性的份量。老布拉格尝试用粒子性来解释劳厄照片未能取得成功，而小布拉格没有X射线属性的成见，成功领悟到劳厄照片是一种波的衍射效应，并注意到劳厄利用固定波长对闪锌矿晶体衍射照片所作的定量分析中存在的一些问题，即某些预测的衍射斑并未出现在照片上。经过反复研究，他摆脱了劳厄的特定波长的假设，利用原子面反射的概念成功地解释了劳厄的实验事实，并提出了解释X射线晶体衍射形成的著名的布拉格方程：

$$2d\sin\theta = n\lambda$$

式中，λ 为X射线的波长；θ 为X射线与参与衍射晶面（原子面）间的夹角（衍射角）；d 为参与衍射的晶面的间距；n 为整数。

小布拉格还定量地解释了晶体内部原子排列方式与衍射斑点强度间的关系。随即利用X射线衍射完整地分析了碱金属卤化物的晶体结构。其间老布拉格转向研究X射线衍射现象，成功设计出X射线分光计，研究了X射线光谱分布、波长与普朗克常数等。在布拉格父子通力合作下，到1913年年底，他们已把晶体结构分析问题总结成了标准的步骤，至此X射线晶体分析成为一门崭新的分析技术。

1916年，德拜（P. Debye）和谢乐（P. Scherrer）首次提出X射线多晶衍射技术，也称X射线粉末衍射技术。当时正值第一次世界大战，信息交流受阻，美国科学家赫尔（A. Hull）在1917年又独立提出了这一方法。所谓多晶衍射或粉末衍射是相对于单晶体衍射技术来命名的，在单晶衍射技术中，被分析的物体是一个单晶材料，而在多晶衍射中被分析的样品是细小的粉末材料，每个粉末既可以是一个小的单晶体，也可以是由多晶组成的聚集体。粉末衍射技术利用单色X射线照射多晶体成功地解析了多晶材料的晶体结构。到20世纪30年代中期，哈纳沃特（D. Hanawalt）、里恩（H. Rinn）和弗雷维尔（L. K. Frevel）

发展了用多晶衍射在混合物中鉴别化合物的方法，制作了包含1000种化合物参比谱的数据库，使X射线多晶衍射成为表征多晶材料结构的重要手段，开创了X射线衍射应用的新领域，并得到了快速发展。

至此，X射线衍射技术分化出既相互独立又相互依存、相互支撑、相互借鉴发展的两个分支：X射线单晶衍射技术和X射线多晶衍射技术。

对于X射线单晶衍射技术，主要任务一直是围绕晶体结构测定发展的，随着X射线衍射技术的进步和发展，其自动化程度和衍射数据收集与结构解析的精度、速度都在不断提高。在20世纪20～60年代，晶体结构测定工作属于十分耗时费力的研究领域。照相法是唯一可以用于测量晶体衍射强度的工具，通常采用魏森堡（Weissenberg）法或旋进（precession）法照相来收集衍射数据，用目测法获得衍射斑点的强度，完成一套小分子晶体的三维数据收集一般需要数月甚至经年。随后的结构计算则由于当时的计算技术的限制而十分困难。完成一个晶体结构的测定所需时间常以年计。60年代后期，计算机控制的四圆衍射仪开始出现，并在其后的20年间成为晶体结构测定的主要工具。同时，大量精确的衍射数据的获得和计算机技术的进步，使结构计算得以发展成熟。由于这些进步，一个小分子晶体结构可在几天到数周内获得。四圆衍射仪主要用于小分子晶体结构的研究，也可用于蛋白质等生物大分子的研究。但是，四圆衍射仪属于点探测器型仪器，需逐点地收集衍射数据，数据收集速度慢，耗时长，而且灵敏度也较低。对于那些晶胞体积大、衍射能力弱、不稳定或者较长时间暴露在X射线中衍射能力会衰减的晶体样品如超分子体系或生物大分子的研究显得力不从心。对于生物大分子体系，改进的照相法（如采用光密度扫描仪来读取衍射强度）仍然是主要的手段。同一时期内，旋转阳极X射线发生器的研发，提供了亮度比封闭管射线高一个数量级的光源。另外，大量结构数据的积累，使得晶体结构数据库的建立成为必要和可能。到80年代末和90代初，两项新技术的使用给单晶晶体结构分析带来了突破性的进展。一个是同步辐射的应用，为X射线晶体学提供了强度比一般实验室X射线光源高几个数量级且波长可调的高亮度光源。另一个是能够大幅度提高衍射数据收集速度和灵敏度的二维电子射线探测器（面探测器）成像板（image plate，IP）和电荷耦合器件（charge couple device，CCD）。面探测器型的X射线单晶衍射系统能够成十倍、百倍地提高数据收集速度，而且由于其灵敏度高，对于弱衍射能力或小尺寸的晶体样品也能获得高质量的衍射数据。因此，IP和CCD正日渐替代四圆衍射仪和照相法而成为射线晶体结构分析的主要手段，并正在对物质微观结构的深入研究产生重大的影响。

多晶X射线衍射技术相对于单晶X射线技术，其应用范围要宽得多，最初主要是德拜法利用单色X射线照射多晶体解析多晶材料的晶体结构。从20世纪50年代起，衍射仪法逐渐发展起来，采用探测器逐个记录衍射光子而得到衍射图样，从而利用衍射仪可以准确地测量衍射线的强度和线形。到20世纪30年代中期，Hanawalt和Rinn发展了用多晶衍射在混合物中鉴别化合物的方法，制作了包含1000种化合物参比谱的数据库。1942年，美国材料试验协会出版了一套粉末衍射数据卡片，约1300张，通常称为ASTM卡片。1969年起，粉末衍射数据卡片改由粉末衍射标准联合委员会（The Joint Committee on Powder Diffraction Standard，JCPDS）负责编辑出版，称PDF卡片。整个粉末衍射卡片库到1977年为止，已有近四万张卡片，其中无机物卡片约三万张。为了便于运用卡片库，还出版了几种检索手册。1978年JCPDS更名为国际衍射数据中心（International Center for Diffraction Data，ICDD），各种物质衍射数据的收集与营销的合作规模更加扩大，在1987年PDF共有37集，化合物总数超过 50000 种。到了 2007 年，PDF 数据库增至 57 集，共包括 199574 个条目。现在 PDF 以 CD-ROM 的形式发行，并提供数据库的管理软件以便使用 PDF 卡片进行物相鉴定。

近几十年来，衍射仪技术已有了很大的发展。除了应用于物相的定性分析和定量分析，现在也广泛应用于点阵参数的精确测定、宏观应力与微观应力的测定、织构状态的测定、微晶尺寸的测定等。对于点阵参数的精确测定，为验证测定点阵参数的精确度，1956 年国际晶体学会曾向 9 个国家 16 个实验室发放了统一样品（Si、W、金刚石粉），组织统一测试，并于 20 世纪 60 年代发布了综合分析报告，认为 X 射线测量多晶体点阵参数的精度可达 10^{-5}nm。目前公认多晶硅点阵参数测量精度是 (5.43085±3)Å (1Å=10^{-10}m)。随着微纳技术的发展，多晶 X 射线衍射技术近年来也广泛应用于薄膜微结构、结晶度、平整度、厚度的分析，也发展了高温相变、热膨胀分析技术，细聚焦的微区分析技术等，在材料科学、物理、化学、生物、制药、信息领域发挥着不可替代的作用。

在应用软件方面，各种多晶 X 射线衍射仪现在大都配备了大量应用软件，形成了智能化多用途实验方法和分析应用软件包。国际晶体学联合会下属的粉末衍射专业委员会在 1990 年组织了一个 12 人的委员会，对此前世界上发表、使用的各种用于粉末衍射的计算机软件进行汇总、分类，并发表于 Journal of Applied Crystallography (1991，24：369-402)。其中共收集了 280 个以上的程序，将其归并为 21 个大类，如晶体学数据库、分析软件包、定性物相鉴定、衍射指数自动标定、结构精修/衍射指数标定、结构精修/误差分析、峰形拟合、晶粒度/应变/结构、Rietveld 结构精修、物相定量分析、粉末法测定结构、小角散射等程序，这些程序也一直在改进中，已成为材料、物理、化学、生物科技工作进行 X 射线分析的重要手段和工具。

目前 X 射线分析的应用程序可以自动智能化地调整校准设备，设置数据收集的方案，进行数据处理和多种复杂的分析计算，画出三维图像，形成实验报告。物相定性、定量分析、指标化和点阵参数测定、Rietveld 全谱拟合结构精修、倒易空间描绘、晶粒大小、晶粒分布、晶格畸变、结晶度、应力、极图、三维取向分布函数织构定量分析精修、模拟薄膜的厚度以及薄层与衬底的密度、表面与晶面的粗糙度、长周期分析等，都有相应程序。

综上所述，利用 X 射线衍射，人们可以从衍射线的线位、强度和线形了解材料的内部结构，衍射线的线位可以确定材料中原子构成的晶胞大小，衍射线的强度可用来确定晶胞内部原子排列方式、材料的择优取向程度，衍射线的线形可了解材料的结晶状态、变形程度等。X 射线衍射法已成为人们认识物质微观结构的最重要的途径和方法之一。例如，通过测定单晶的晶体结构，可以在原子分辨水平上了解晶体中原子的三维空间排列，获得有关键长、键角、扭角、分子构型和构象、分子间相互作用和堆积等大量微观信息并研究其规律，从而进一步阐明物质的性质，为化学、物理学、材料科学和生命科学等学科的发展提供基础。通过对生物蛋白酶结晶体的 X 射线谱解析，可以在原子和分子水平研究病毒等生命体结构，促进了结构生物学科的形成与发展。可以毫不夸张地说，在原子和分子水平上人们对于物质结构的认识和了解，大部分来源于 X 射线衍射。

本书将介绍 X 射线衍射技术的基础。从材料晶体结构、倒易点阵出发，讨论 X 射线的基本性质和衍射理论，从理论上诠释 X 射线与材料作用而产生衍射的过程；分析目前广泛应用的几种常用的 X 射线衍射技术与方法的原理和特点；着重介绍 X 射线衍射技术在材料微结构分析方面的应用，包括物相分析、点阵参数、微观应力、宏观应力、微晶尺寸测定、织构测定等；同时简单讨论X射线与非晶态和高分子聚合物的衍射技术。在每个章节后面还附有一定量的思考与练习题，以便于加深读者对相关内容的理解。

参考文献

[1] 王英华．X光衍射技术基础．北京：原子能出版社，1993.
[2] 冯端，师昌绪，刘治国．材料科学导论．北京：化学工业出版社，2002.
[3] 王哲明，严纯化．单晶X射线衍射技术进展评述．现代仪器，2001，6：1-8.
[4] 苗伟，陶琨．不涉及结构的多晶X射线衍射全谱拟合及相关定量分析方法．实验技术与管理，2007，24(10)：40-44.
[5] 姚心侃．多晶射线衍射仪的技术进展．现代仪器，2001，3：1-6.
[6] Deane K Smith, Syb Gorter. Journal of Applied Crystallography, 1991, 24：369-402.
[7] 张海军，贾全利，董林．粉末多晶X射线衍射技术原理及应用，郑州：郑州大学出版社，2010.

第2章 X射线的基本性质

2.1 X射线的本质

X射线最早由德国物理学家伦琴（W. C. Röntgen）在1895年研究阴极射线时发现。由于其表现出许多奇异的性质，而伦琴对于其本质又不够了解，故命名为X射线。伦琴由于在发现X射线方面的贡献而获得了1901年的诺贝尔物理学奖，因此人们也把X射线称为伦琴射线。

X射线用人的肉眼是看不见的，但是它照射铂氰化钡等物质时却能使这些物质发出可见的荧光，并且像光线一样能够使照相底片感光。当时的人们还发现X射线沿直线传播，能够使气体电离，能杀伤生物细胞，并且具有很强的穿透能力。X射线能够轻易穿透人体甚至穿透非常厚的金属，在穿透物质时其强度发生衰减。利用X射线的这些特性，人们间接地证明了它的存在。

对于X射线本质的不了解并不妨碍其应用。X射线在被发现不久之后马上就被物理学家和工程师们用于探测那些可见光下不透明的物质的内部结构。人们将X射线源放置于被测物体的一侧，而将照相底片放置于被测物体的另一侧，从而得到一张具有阴影的照片。被测物体中较稀疏的部分能够穿透更多的X射线，照片上对应的区域就获得较多的曝光；与之相反，被测物体中较密实的部分对应于照片上曝光较少的区域。利用这种方法，X射线在医学上被用来检测人体骨头上的伤口，而在工程上被用来检测金属中的裂缝。

直到1912年，德国物理学家劳厄（M. von Laue）利用晶体作为衍射光栅成功地观察到了X射线的衍射现象，从而证实了X射线在本质上是一种电磁波。同时，劳厄的发现也提供了一种研究晶体材料内部结构的伟大方法，此后发展起来的电子衍射和中子衍射都借鉴了X射线衍射的相关理论。劳厄由于发现X射线衍射现象而立即获得1914年的诺贝尔物理学奖。在劳厄报道X射线的衍射现象之后不久，英国物理学家布拉格父子（W. H. Bragg和W. L. Bragg）改进了劳厄的特定波长的假设，利用原子面反射的概念成功地解释了劳厄的实验事实，并提出了解释X射线晶体衍射的简洁的布拉格方程（$2d\sin\theta=\lambda$），布拉格父子也由此获得了1915年的诺贝尔物理学奖。

今天，人们已经知道X射线的本质是一种电磁波，它与可见光、红外线、紫外线、γ射线以及宇宙射线的本质是一样的，所以X射线也被称为X光。X射线在电磁波谱中的位置介于紫外线和γ射线之间（图2.1），其波长范围为0.01～100Å。其中，Å（埃）是X射线波长的常用度量单位，它与国际标准计量单位的换算关系为：

$$1Å=0.1nm=10^{-10}m$$

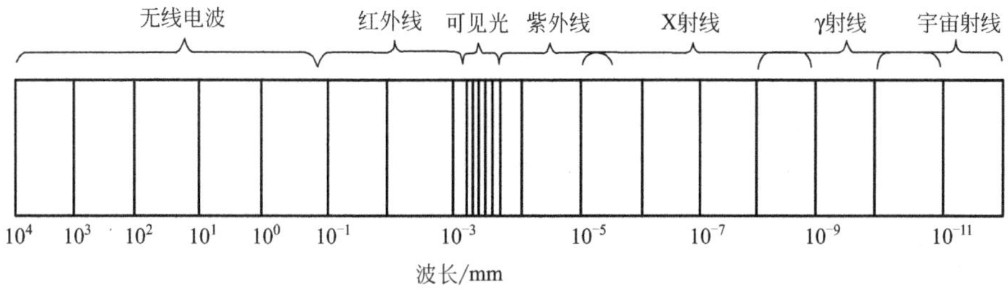

■ 图2.1 电磁波谱

用于晶体结构分析的X射线的波长大小与晶体中原子之间的间距相近，约为0.5～2.5Å；而用于金属部件无损探伤的X射线则具有更短的波长，约为0.05～1Å或者更短。短波长的X射线能量高，穿透能力强，被称为硬X射线（波长小于1Å）；反之，长波长的X射线能量低，穿透能力弱，被称为软X射线（波长大于1Å）。

2.1.1 X射线的波动性

作为一种电磁波，X射线表现出波动性，其电场强度矢量 $\boldsymbol{E}$ 和磁场强度矢量 $\boldsymbol{H}$ 互相垂直，并且两者都在垂直于X射线传播方向的平面内，如图2.2所示。如果X射线在传播的过程中，其电场完全限制在 XOY 平面上，则称此时的X射线是平面偏振波。对于非偏振的X射线，其电场强度矢量 $\boldsymbol{E}$ 和磁场强度矢量 $\boldsymbol{H}$ 可以在 YOZ 平面的任意方向，但二者保持垂直关系。

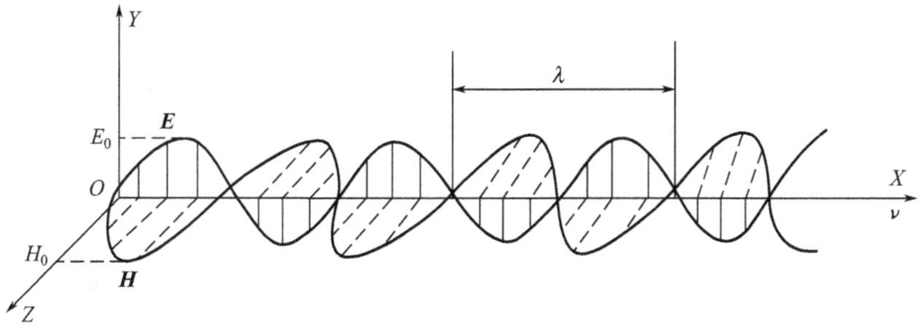

■ 图2.2 电磁波的电场和磁场分量与传播方向的关系

对于最简单的具有单一波长的平面偏振X射线（图2.2），$\boldsymbol{E}$ 在 Y 轴方向随时间和位置的变化具有正弦性质。对于传播方向 X 轴上的任意一点 x 和任意时间 t，波的传播方程为：

$$\begin{cases} E_{x,t}=E_0\sin2\pi\left(\dfrac{x}{\lambda}-\nu t\right) \\ H_{x,t}=H_0\sin2\pi\left(\dfrac{x}{\lambda}-\nu t\right) \end{cases} \tag{2.1}$$

式中，E_0为电场强度的振幅；H_0为磁场强度的振幅（$E_0=H_0$）；λ 为电磁波的波长，即电场强度或磁场强度变化的一个循环周期；ν 是电磁波的频率。波长 λ 与频率 ν 之间满足关系：

$$\lambda=\frac{c}{\nu} \tag{2.2}$$

式中，c 为光速，大小为 2.998×10^8 m/s。

电磁波在传播的过程中携带能量，单位时间内在垂直于传播方向的单元面积内通过的 X 射线的能量称为 X 射线的强度 I。强度的平均值与电磁波振幅的平方成正比，即 $I\propto E_0^2$。

2.1.2 X射线的粒子性

电磁波在经典物理理论中是一种波，能够发生干涉和衍射；然而在量子理论看来，电磁波又是一种被称为光子或者光量子的粒子流。因此，X 射线和其它电磁波一样都具有波粒二象性。X 射线是由大量以光速运动的光量子组成的不连续的粒子流，每个光子所具有的能量 ε 和动量 p 满足关系：

$$\begin{cases}\varepsilon=h\nu=\dfrac{hc}{\lambda}=\dfrac{12.4}{\lambda}(\mathrm{keV}) \\ p=\dfrac{h}{\lambda}\end{cases} \tag{2.3}$$

式中，h 为普朗克常数，约为 6.626×10^{-34} J·s；λ 的单位用 Å。

由于 X 射线的粒子特性，当 X 射线与物质交换能量时，光量子只能整个地被吸收或者发射。因此，每个光子的能量 ε 就是该波长的 X 射线的最小能量单元。不同波长的 X 射线具有不同的能量。从 X 射线的粒子性考虑，X 射线的强度取决于单位时间内通过与 X 射线传播方向垂直的单位面积上的光子数目。

波粒二象性是 X 射线的客观属性。但是，在一定的条件下，可能只有某一方面的属性表现得比较明显；而当条件改变时，有可能使另一方面的属性表现得明显。例如，X 射线在传播过程中发生的干涉、衍射现象就突出地表现出其波动特性；而在与物质相互作用交换能量时则表现出其粒子特性。对于 X 射线在传播过程中表现出来的特性，具体强调哪种属性需要视情况而定。

2.1.3 X射线的一般性质

X 射线作为一种波，能产生折射、反射、散射、干涉、衍射和偏振等现象。X 射线由真空进入另一介质时的折射率 n 略微小于 1。如果令 $\delta=1-n$，则 δ 值在 10^{-6} 的数量级。表 2.1 给出了某些物质的 δ 的测量值。在一般工作中，可以不考虑折射的影响。但对于精细工作，则要考虑 X 射线入射到试样中和射出时的折射，并加以修正。因为 $n<1$，所以当 X 射线由密度较小的介质进入密度较大的介质（如水、玻璃、金属）时，将离开交面法线而向外折射，如图 2.3 所示。同时，当 X 射线由空气（或真空）射向试样时，会产生全反射，如图 2.4 所示。但是因为 $n\approx1$，所以 X 射线发生全反射的掠射角极小，一般不超过 $20'\sim30'$。例如当波长 1.279×10^{-10} m 的 X 射线照射银表面时，产生全反射的掠射角为 $22'30''$。

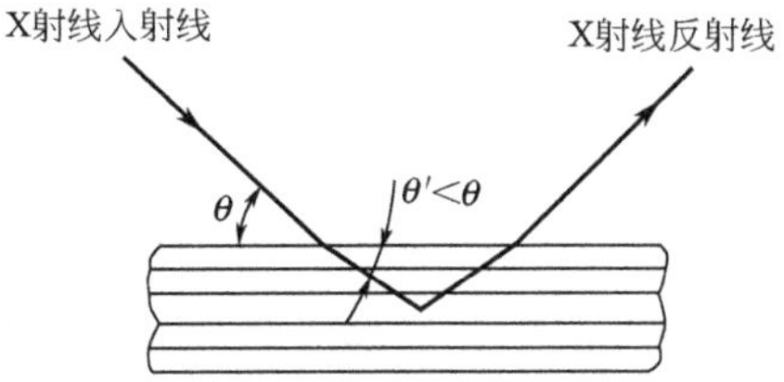

■ 图 2.3 X 射线的折射

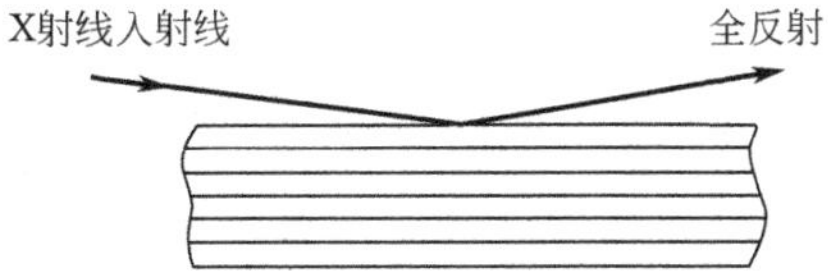

■ 图 2.4 X 射线的全反射

■ 表 2.1 某些物质的 δ 的测量值

波长/Å	物 质	$\delta/\times10^{-6}$
0.52	玻璃	0.9
0.631	玻璃	1.22±0.15
0.708	方解石	2.03±0.09
0.708	方解石	2.001±0.009
1.279	玻璃	4.2
1.279	银	21.5
1.389	玻璃	6.65±0.05
1.537	玻璃	8.12±0.05
1.537	甘油	4.41
1.537	水	3.69
1.750	玻璃	10.0±0.4
1.933	玻璃	12.4±0.4

2.2 X 射线的产生

凡是高速运动的带电粒子运动受阻均会产生 X 射线。这里所指的带电粒子既包括带负电荷的电子，也包括带正电荷的离子及离子基团；其运动受阻包括带电粒子运动的速度和方向发生改变。

X 射线的产生方法有许多种，包括离子式冷阴极射线管、电子式热阴极射线管和电子回旋加速器等。1895 年德国物理学家伦琴（W. C. Röntgen）最早观察到的 X 射线来源于高压电场内少量气体电离放电产生的电子和离子与管壁或电极碰撞而发出的。现代几乎所有的 X 射线衍射仪中所配备的 X 射线发生器的原理都是加热阴极灯丝发射电子，利用高速运动的电子流来轰击金属靶材以获得 X 射线。在同步辐射装置中，尽管回旋加速器中的电子运动速度不变，但由于这些电子在磁场的作用下发生偏转，也会沿电子运动的切线方向产生强的 X 射线，光强比 60kW 热阴极 X 射线管高 3～6 个数量级，这就是已广泛应用于科学研究的同步辐射光源。由于同步辐射 X 射线光源的能力和作用越来越大，将在第 16 章专门介绍同步辐射 X 射线光源的原理和应用。本节主要介绍大多数 X 射线衍射仪中使用的 X 射线管的基本结构和原理。

2.2.1 X射线管

X射线管是最简单、最通用的X射线源。它的基本工作原理是：高速运动的电子与物体碰撞时，发生能量转换，电子的运动受阻失去动能，其中一小部分能量转变为电磁波而产生X射线，而绝大部分能量转变成热能使物体温度升高。X射线管的基本结构就是基于这一原理而设计的。

（1）X射线管的基本结构

图2.5是在X射线衍射仪中常用的封闭式X射线管示意图。X射线管实质上就是一个真空二极管，由阴极和阳极组成，阴极为发射电子的灯丝，而阳极为接受电子轰击的靶面。其他辅助结构分别起支撑、真空密封、电子束准直、高压绝缘、冷却靶面和X射线的防护等作用。

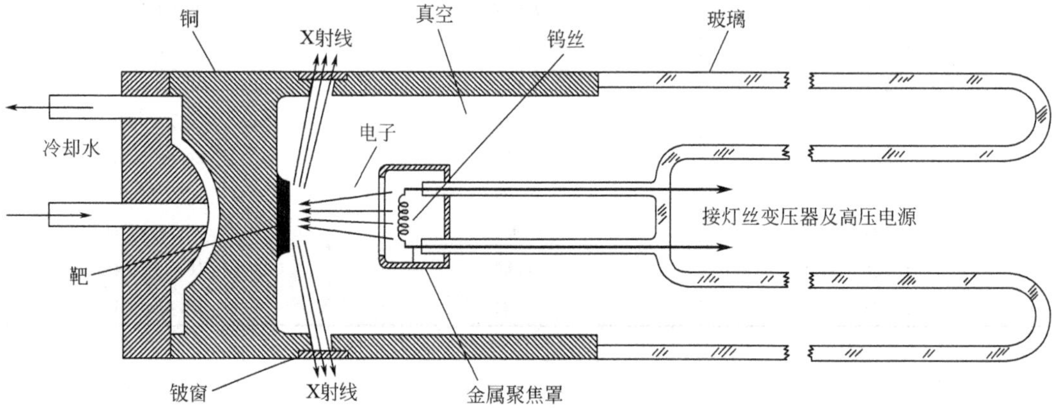

■ 图2.5 X射线管示意图

阴极是发射电子的地方，它是由绕成螺线形的钨丝制成。给它通以一定的电流加热到白热，便能放射出热辐射电子。在数万伏高压电场的作用下，这些电子奔向阳极。为了使电子束集中，在阴极灯丝外面加上聚焦罩。通常钨丝的温度可达2000℃。阳极又称为靶，是使电子突然减速和发射X射线的地方。由于高速电子束轰击阳极靶面时产生大量的热量，因此，阳极由两种材料制成，阳极底座用导热性能好、熔点较高的材料（黄铜或紫铜）制成，在底座的端面嵌镶或镀上一层阳极靶材料，常用的阳极靶材料有Cr、Fe、Co、Ni、Cu、Mo、Ag和W等，其中以Cu用得最多。在软X射线装置中常用Al靶和Si靶等。阳极必须有良好的循环水冷却，以防止靶材受热熔化。

在X射线管的两极之间，常施加几十千伏的负高压。X射线管的管头上，开有2～4个窗口，让X射线射出。窗口材料要求既要有足够强度以保持管内真空，又要尽量少吸收X射线。较好的窗口材料是Be片或Li-Be玻璃。一般X射线管的寿命为500～1000h，但也往往由于靶面被钨蒸气污染而报废。由于靶面冷却能力的限制，封闭式X射线管的功率一般在500～3000 W之间。

（2）焦点

X射线管中靶面上被电子轰击的面积，称为**焦点**，X射线正是从这块面积上发射出来的。焦点的尺寸和形状是X射线管的重要特性之一。焦点的形状取决于阴极灯丝的形状。柱状灯丝射出截面为长方形的电子束，相应的，焦点也是长方形的。一般X射线管的焦点尺寸为 1mm×10mm 左右，特殊用途的细焦 X 射线管的焦点只有几微米到几十微米。

根据经典物理理论，电子垂直于靶材表面碰撞会向整个空间辐射 X 射线，且四面八方的 X 射线强度是均匀分布的。按照几何原理，垂直于电子束方向，也就是沿靶材表面方向所获得的 X 射线强度最高，但考虑到靶材表面的粗糙度，会对非常小角度的 X 射线产生吸收和阻挡，通常取用 X 光束时要与靶面成一定的角度（图 2.6），此角记为 α，一般 $\alpha=3°\sim6°$。焦点在取用方向的法平面上的投影，与焦点的实际尺寸不同，称此投影为有效焦点。图 2.7 所示，当 $\alpha=6°$时，如果沿长方形焦点的长轴方向取用 X 光，有效焦点为 1mm×1mm 的正方形，称为点焦；如果沿它的短轴方向取用，则成为 0.1mm×10mm 的长方形，称为线焦。有效焦点的尺寸和形状实际上影响着衍射图样的分辨率。

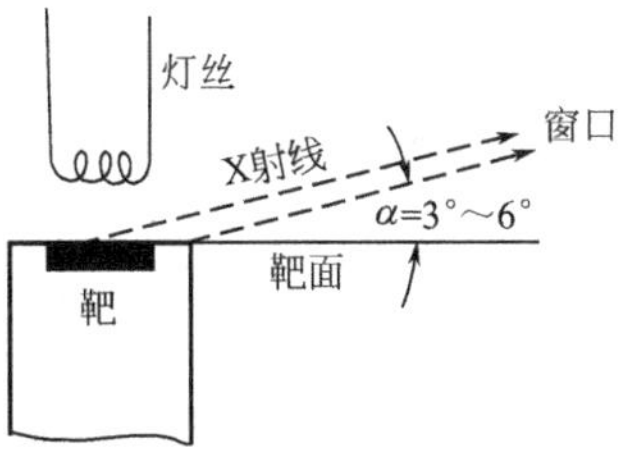

■ 图 2.6 X 射线接收方向

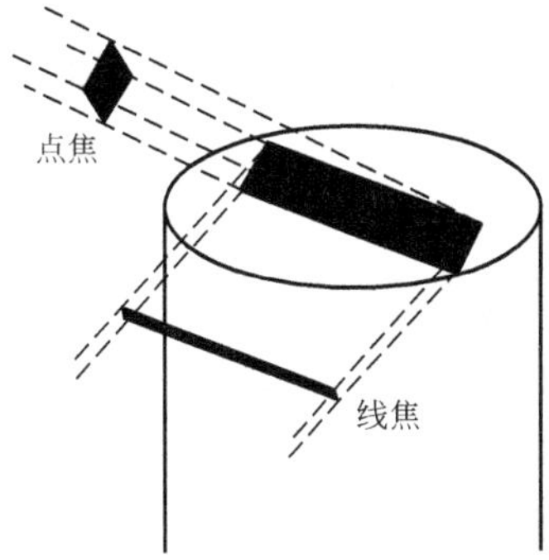

■ 图 2.7 线焦和点焦

(3) 旋转阳极（转靶）X 射线管

普通 X 射线管的最大功率不超过 3kW，对应的 X 射线的强度也不够高。为了获得较好的衍射效果，在 X 射线强度比较低的情况下只能延长曝光时间，有时候甚至需要数十个小时的曝光时间。太长的曝光时间不利于研究性质易变的试样，且效率低下。较低的 X 射线强度还会使得材料中的某些精细结构不能显现出来。因此，设法提高 X 射线源的强度是 X 射线结构分析工作中的重要问题之一。

提高 X 射线强度的主要途径是提高 X 射线管的功率。然而，提高功率的主要障碍是电子束轰击阳极时所产生的热量不能及时散发出去。解决这个问题的有效办法是采用可拆式 X 射线管和旋转阳极。如图 2.8 所示，让阳极以很高的转速（2000～10000r/min）转动，此时受电子束轰击的焦点不断地改变自己的位置，使其有充分的时间散发热量。采用旋转阳极提高功率的效果是相当可观的。目前旋转阳极 X 射线管的功率可达 100kW，管电流可达 1500mA。商用转靶 X 射线管有 12kW、30kW、60kW、90kW 等规格。

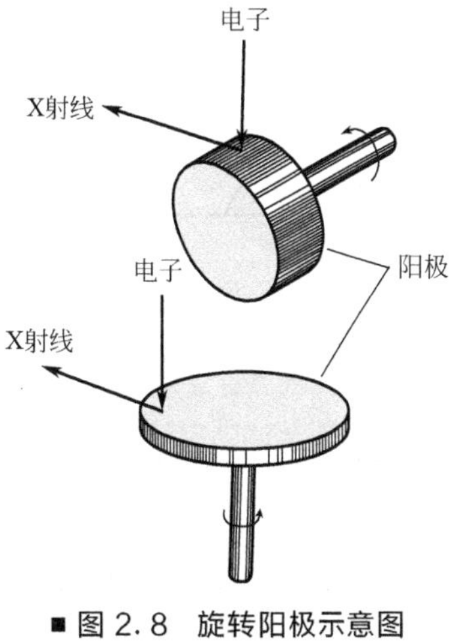

■ 图 2.8 旋转阳极示意图

(4) 细聚焦 X 射线管

当衍射实验需要特别高的分辨本领时，可以采用细聚焦 X 射线管。这种 X 射线管利用静电透镜或电磁透镜使电子束聚焦。焦点尺寸可达几微米到几十微米。小焦点能产生精细的衍射花样，从而可以提高结构分析的精确度和灵敏度。同时由于焦点尺寸小，使热传导条件大为改善。因此，尽管细聚焦 X 射线管的总功率比普通 X 射线管低，但是单位面积上的比功率却提高了。例如，普通 X 射线管的比功率一般为 $200W/mm^2$，而细聚焦 X 射线管的比功率可高达 $10kW/mm^2$ 以上。所以，细聚焦 X 射线管的比强度要比普通 X 射线管高得多。此外，转靶 X 射线管也可以制成细焦点，使得 X 射线管的比功率不断提高。细聚焦和高强度是 X 射线管发展的两个方向。

2.2.2 X 射线仪

用来产生 X 射线的整套设备叫做 X 射线仪，X 射线仪由 X 射线管及其他电器设备组成。这些设备包括：①为 X 射线管提供稳定的高压电场的高压变压器；②为加热阴极灯丝用的低压稳压电源，由低压变压器和一套稳压系统组成；③用于调节和指示管电压与管电流的自动控制和指示装置。此外，在可拆卸式 X 射线仪中，还有一套真空系统。

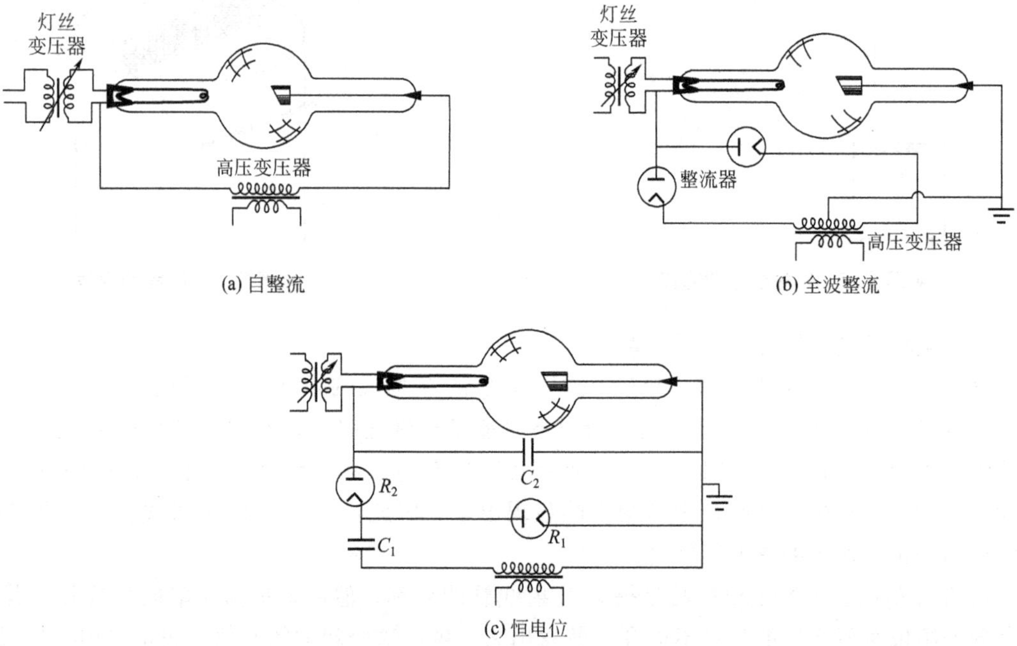

■ 图 2.9 X 射线仪中常用的电路

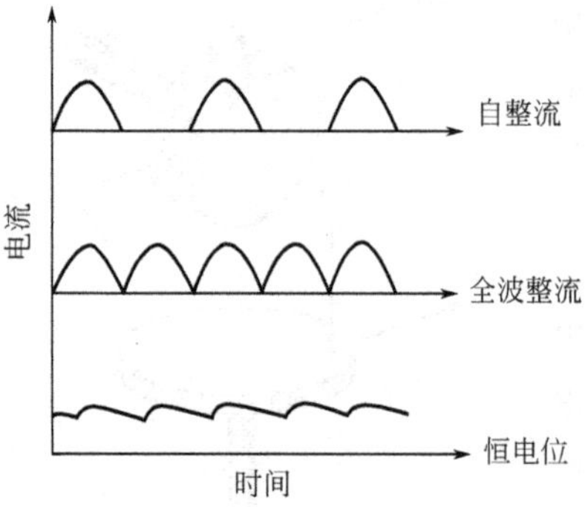

■ 图 2.10 几种电路对应的管电流随时间的变化

在用于结构分析的 X 射线仪中，其高压发生装置中常用的是自整流（半波整流）、全波整流和恒电位电路，如图 2.9 所示。它们产生的管电流如图 2.10 所示。

自整流电路简单，装置的价格便宜，结构紧凑。但是，其 X 射线管要负担较高的逆电压。同时，当 X 射线管的靶面温度太高时，会产生逆电流。因此，自整流电路只能在较低的管电压和功率下工作。某些 X 射线仪采用三相全波整流电路，这样能得到接近稳定的高压电源，所产生的 X 光强度也是稳定的，这种电路已能够满足衍射仪对光源的基本要求。

2.3 X射线谱

由X射线管发射出来的X射线可以分为两种类型。一种是具有连续波长的X射线，构成连续X射线谱，它和可见光中的白光相似，故也称为多色X射线。另一种是在连续谱的基础上叠加若干条具有一定波长的X射线所构成的谱线，称为特征X射线谱或标识X射线谱，它和可见光中的单色光相似，所以也被称为单色X射线。测试X射线强度随波长的分布，就能获得强度与波长之间的关系曲线。这种X射线的光子数（强度）按波长的分布称为X射线谱，也称波谱。图2.11是Mo靶施加35kV电压时测得的X射线谱强度曲线。图中强度随波长连续变化的部分即为连续谱，而叠加在连续谱上面的是强度很高的极窄波长区，这一部分则是特征谱。

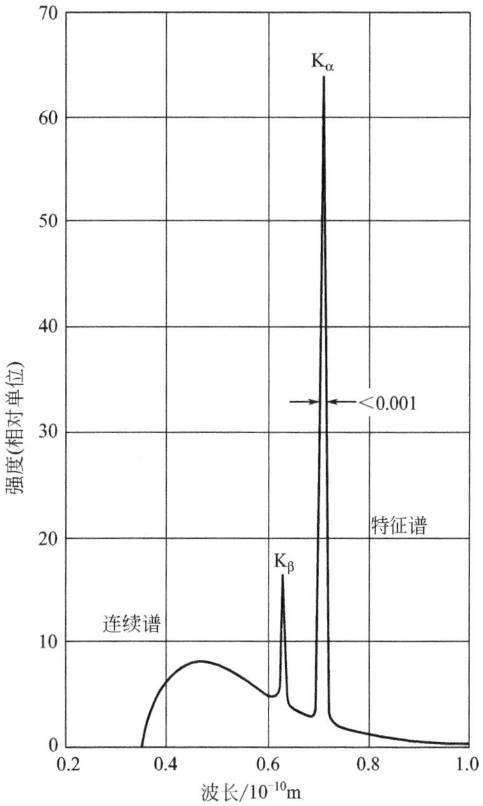

■ 图2.11 Mo靶X射线管发出的X射线谱强度（35kV时）

2.3.1 连续X射线谱

当X射线管中高速运动的电子轰击到阳极表面时，电子的运动突然受到限制，使其周围的电磁场发生急剧变化，从而产生电磁波。从量子物理的观点来看，当电子与阳极靶中的原子发生碰撞时，电子失去自己的能量，其中一部分以光子的形式辐射出去。通过X射线管的加速电压到达阳极靶表面的电子具有最高的能量，在这些电子中，有的只经过一次碰撞就耗尽了全部能量，而绝大多数电子都要经过多次碰撞，逐渐消耗自己的能量。电子每发生一次碰撞便产生一个光子，多次碰撞就产生多次辐射。由于每次辐射的光子的能量不尽相同，这些能量不同的光子就构成了连续X射线谱。但是，在这些辐射出去的光子中，其能量最大值也不可能超过用来轰击的电子的能量，而只能小于或者等于电子的能量。假设电子的电荷为e，X射线管中阴极和阳极之间的电压为V，则电子加速后的能量为eV。由此可以得出连续X射线谱中能量最高的光子（波长最短）满足关系式：

$$eV=h\nu_{\max}=\frac{hc}{\lambda_0} \tag{2.4}$$

式中，$\nu_{\max}$指连续X射线谱中光子的频率最大值；λ_0为对应光子波长的最小值，λ_0也被称为短波限。把各个物理常量代入式(2.4)，管电压 V 的单位用 kV，波长的单位用 Å，可得：

$$\lambda_0=\frac{hc}{eV}=\frac{6.626\times10^{-34}\times2.998\times10^{8}}{1.6\times10^{-19}\times V\times10^{3}}\times10^{10}=\frac{12.4}{V} \tag{2.5}$$

式(2.5) 清楚地表明，短波限只与 X 射线管的管电压有关，不受其他因素的影响。图 2.12～图 2.14 都是连续谱变化的实验规律，它们分别表示任意改变管电压（V）、管电流（i）和靶面材料这三个因素之一时连续谱强度的变化情况。实验结果也表明，连续谱的短波极限 λ_0 仅随管电压变化（图 2.12），而不随其他两个因素变化（图 2.13 和图 2.14）。λ_0 的值相当于一个电子把全部能量都交给一个光子时的光子能量。

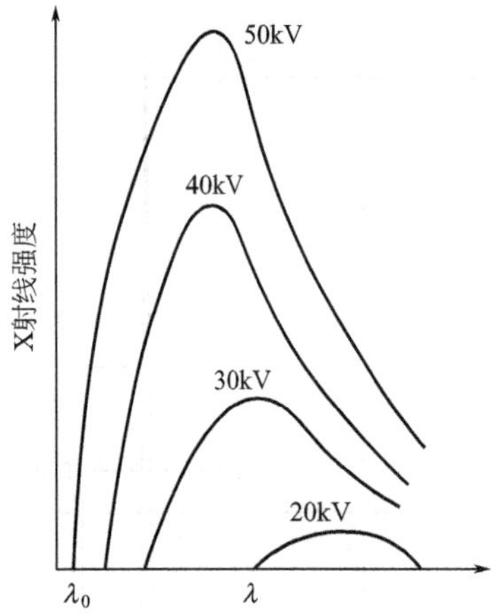

■ 图 2.12 管电压对连续谱强度的影响

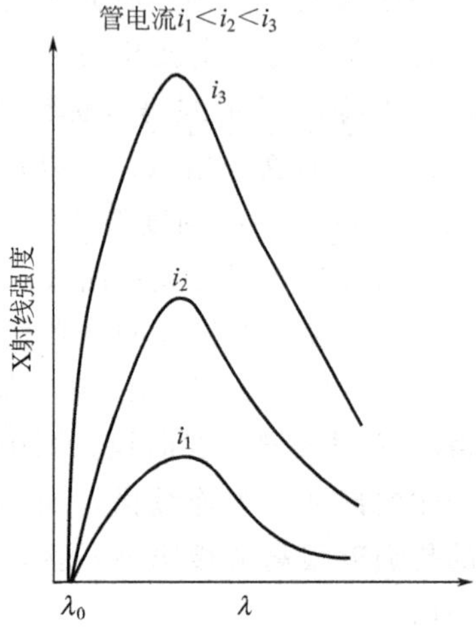

■ 图 2.13 管电流对连续谱强度的影响

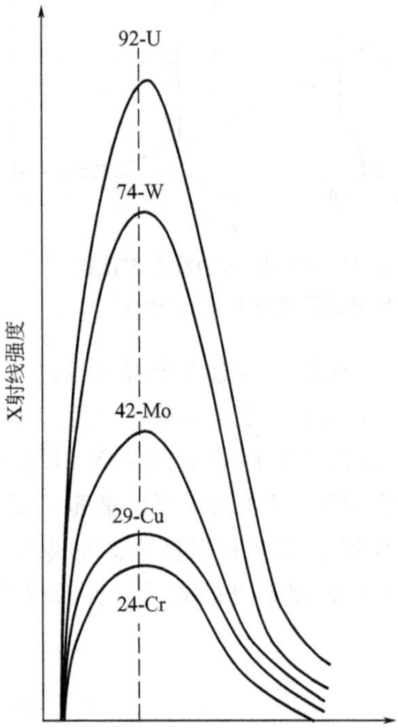

■ 图 2.14 靶面材料对连续谱强度的影响

X 射线连续谱中强度最大的位置并不在 λ_0 附近。这是因为 X 射线的强度不仅取决于光子的能量，还取决于单位时间通过单位面积的光子的数量 n，即强度 $I\propto nh\nu$。如果把连续谱中强度最大处的波长记为 λ_m，一般有如下的经验规律：

$$\lambda_m=1.5\lambda_0 \tag{2.6}$$

X 射线连续谱中每条曲线下的面积表示连续谱的总强度 $I_{连}$，也即阳极靶辐射出的 X 射线的总能量。

$$I_{连}=\int_{\lambda_0}^{\infty}I\,d\lambda \tag{2.7}$$

实验证明，$I_{连}$ 与管电压 V、管电流 i 和阳极靶的原子序数 Z 满足如下关系式：

$$I_{连}=K_1 iZV^m \tag{2.8}$$

式中，K_1 和 m 都是常数，m 约等于 2，K_1 的大小约为（1.1～1.4）$\times10^{-9}$。由式(2.8) 可知，当实验工作需要比较强的连续谱时，应选用原子序数较高的材料作为 X 射线管的阳极靶。

X 射线管的效率 η 为

$$\eta=\frac{\text{X 射线的功率}}{\text{电子流的功率}}=\frac{K_1 iZV^2}{iV}=K_1 VZ \qquad (2.9)$$

η 是一个极小的数，对于 W 靶（$Z=74$），当管电压加到 100kV 时，它也只有 1%或者更低。也就是说，当电子轰击阳极靶时，约有 99%的能量在靶面上转化为热能，所以必须对阳极进行冷却。

2.3.2 特征 X 射线谱

特征 X 射线谱是在连续谱的基础上产生的。对于一定的靶面材料，其特征谱波长有一确定值。改变管电压和管电流的大小只能影响特征谱的强度，而不影响其波长。同时，当管电压低于某个特定值 V_k 时，仅有连续谱而没有特征谱。只有当 $V>V_k$ 时，其中才会在连续谱的基础上伴有特征谱。通常将开始产生特征谱线的临界电压称为激发电压。各种靶面材料都有自己特定的激发电压值，见表 2.2，例如 Mo 靶的激发电压 V_k 为 20kV。因此，对于 Mo 靶 X 射线管，只有在 $V>20$kV 时，X 射线谱中才会伴有特征谱出现，如图 2.15 所示。

表 2.2 某些常用靶的 K 系谱线波长

原子序数 Z	元素	波长/Å				K 吸收限波长/Å	K 系激发电压/kV
		K_α	$K_{\alpha2}$	$K_{\alpha1}$	K_β		
24	Cr	2.2909	2.29352	2.28962	2.08479	2.0701	5.98
26	Fe	1.9373	1.93991	1.93597	1.75654	1.7433	7.10
27	Co	1.7902	1.79279	1.78890	1.62073	1.6081	7.71
28	Ni	1.6591	1.66168	1.65783	1.50008	1.4880	8.29
29	Cu	1.5418	1.54434	1.54050	1.39217	1.3804	8.86
42	Mo	0.7107	0.71354	0.70926	0.63225	0.6198	20.0

图 2.15 中 Mo 靶辐射的特征 X 射线谱中有两个强度高峰，分别位于 0.71Å 和 0.63Å 处，前者称为 K_α 辐射，后者称为 K_β 辐射。其中，K_α 辐射实际上是由波长很接近（波长差约为 0.004Å）的两条谱线组成，分别称为 $K_{\alpha1}$ 和 $K_{\alpha2}$，它们的强度比为 $K_{\alpha1}:K_{\alpha2}=2:1$。在通常的实验条件下，双重线 $K_{\alpha1}$ 和 $K_{\alpha2}$ 很难分辨（图 2.15），因此将它们笼统地简称为 K_α 线，其波长的计算方法是按其强度比例取加权平均值，即

$$K_\alpha=\frac{1}{3}(K_{\alpha2}+2K_{\alpha1}) \qquad (2.10)$$

不同靶材的特征 X 射线谱中的 K_α 线的波长按照式(2.10) 计算的结果如表 2.2 所示。对于 Mo 靶，如果不进行 $K_{\alpha1}$ 和 $K_{\alpha2}$ 双线分离，则该特征 X 射线 K_α 线的波长为：$K_\alpha=2/3\times0.70926+1/3\times0.71353=0.71069$（Å）。

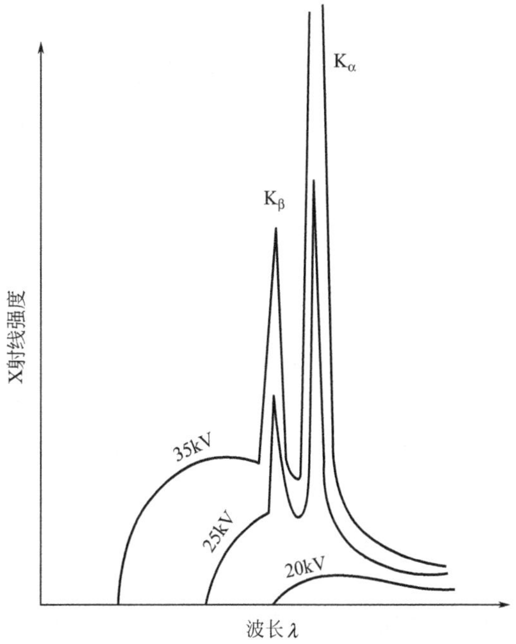

■ 图 2.15 Mo 靶 X 射线管发出的特征谱

特征 X 射线谱的产生机理与靶材原子的内部结构是紧密相关的，可以用图 2.16 来说

明特征谱的发射过程。原子系统内的电子按泡利不相容原理和能量最低原理分布于各个能级。各能级中电子的运动状态由四个量子数所确定，原子系统内的能级是不连续的，按其能量大小分为数层，分别用K，L，M…代表它们的名称。图2.16示意出原子基态和K、L、M、N等激发态的能级。当X射线管中灯丝发出的电子达到一定的能量时，会将靶面材料中原子的K层电子击出，使原子处于K激发态。于是，它的外层（L，M，N…层）电子将跃迁至K层，以使其能量降低。这时，多余的能量会以光子的形式辐射出来，此时辐射出来的光子形成特征谱线，光子的能量由下式决定，

$$h\nu = E_{n2} - E_{n1} \tag{2.11}$$

式中，E_{n1}和E_{n2}分别为低能级和高能级轨道中电子的能量。

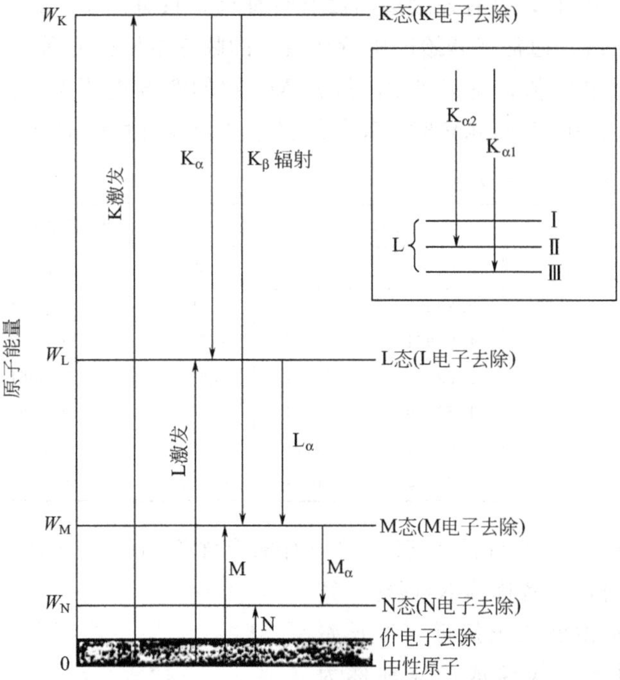

■ 图2.16 原子的激发和特征X射线的发射

当L层电子跃迁至K层时，发出的X射线称为K_α辐射，M层电子跃迁至K层时发出的X射线称为K_β辐射。电子向K层跃迁时发出的一系列X射线称为K系辐射。同样，L层电子被击出时，有L激发，也会产生一系列的L系辐射，如图2.16所示。由于各种靶面材料的原子结构不同，所以各自的激发电压不同，辐射的特征波长也不同。管电压和管电流的变化只能影响靶面材料中被激发的原子数目，而不能影响它们各层电子的能级，这就解释了特征谱不随管电压和管电流变化的实验规律。

由原子能级图和式(2.11)可以明显地看出，K_β辐射的光子能量要大于K_α辐射的能量，即K_β辐射的光子的波长要小于K_α辐射。但是，K_α辐射的强度却要比K_β辐射要强得多，这是因为K层与L层是相邻的能级，K层空位被L层电子填充的概率要大大超过被M层电子填充的概率。因此，尽管K_β光子本身的能量比K_α高，但是产生这样光子的数目却很少。所以就光子的能量与其数目的乘积而言（这个乘积决定强度），K_β的强度要比K_α小得多。事实上，K_α的强度约为K_β的5倍。表2.3给出了几种常用靶的K系辐射的波长与其中各个分

量的相对强度。表 2.4 为 L 系辐射中各分量的相对强度。

■ 表 2.3 某些元素 K 系辐射中各分量的相对强度

元 素	α_1	α_2	β_1	β_2
^{24}Cr	100	51.5	17.9	
^{26}Fe	100	50.0	16.7	
^{27}Co	100	49.7	16.0	
^{28}Ni	100	49.5	18.7	
^{29}Cu	100	49.7	20.0	
^{42}Mo	100	49.9	27.9	5.17
^{47}Ag	100	49.9	29.0	6.17

■ 表 2.4 某些元素的 L 系辐射中各分量的相对强度

元 素	l	α_1	α_2	η	β_6	β_2	β_1	β_4
^{42}Mo		13	100			8.0	62	9.9
^{47}Ag	4.4	8.61	100	2.0	0.56	11.9	49.1	3.9
^{74}W	2.4	11.3	100	1.1	1.2	25.0	48.4	4.26
^{78}Pt	3.0	11.4	100	1.1			39.1	
元 素	β_3	β_9	β_{10}	γ_5	γ_1	γ_2	$\gamma_3+\gamma_6$	γ_4
^{42}Mo	14.2				6.8		1.04	
^{47}Ag	7.2	0.074	0.043	0.28	4.36	0.66		
^{74}W	7.0	0.6	0.6	0.43	9.8	1.4	2.2	0.58
^{78}Pt					9.0			

在 K 系辐射中，$K_{\alpha1}$ 和 $K_{\alpha2}$ 的波长相差甚小，所以在一般的衍射工作中忽略它们之间的差别，认为它们就是 K_α 辐射，波长为 $K_{\alpha1}$ 和 $K_{\alpha2}$ 的加权平均值。然而，在精细的工作中，要考虑它们的影响，甚至还要考虑 L 系的影响。$K_{\alpha1}$ 和 $K_{\alpha2}$ 的双重线现象是和原子能级的精细结构相关联的。K 层 2 个电子位于 1s 轨道层，2 个电子能量一致（角量子数 $l=0$，磁量子数 $m=0$）；L 层的 8 个电子分布在能量不同的三个副能层上：L_{I} 层 2 个 2s 电子（$l=0$，$m=0$），L_{II} 层 2 个 2p 电子（$l=1$，$m=0$）和 L_{III} 层 4 个 2p 电子（$l=1$，$m=\pm1$）。根据电子跃迁选择规则可知，电子发生跃迁必须满足前后两能级的 $\Delta l=\pm1$ 且 $\Delta m=0$ 或 ±1，所以 L 层中只有 L_{III} 和 L_{II} 上的电子可以向 K 层（$l=0$，$m=0$）跃迁，分别产生 $K_{\alpha1}$ 和 $K_{\alpha2}$ 双重线辐射，二者具有微小的能量差别，如图 2.16 插图。由于从 L_{III} 和 L_{II} 上跃迁到 K 层空位的概率为 2∶1，所以 $K_{\alpha1}$ 的强度是 $K_{\alpha2}$ 的两倍。

在分析了原子的激发和辐射过程之后，就很容易理解为什么激发特征 X 射线要有一个激发电压。这是因为要激发 K 系辐射时，阴极电子的能量 eV 至少要等于或大于击出一个 K 层电子所做的功 W_K。于是，激发 K 系辐射的激发电压 V_K 可由下式确定：

$$eV_K=W_K \tag{2.12}$$

K 层电子与原子核的结合能最强，因此击出 K 层电子所做的功也最大，K 系的激发电压最高。所以，在发生 K 系激发的同时必定伴随有其他各系的激发和辐射过程发生。但是在一般的 X 射线衍射中，由于 L、M、N 等系的辐射强度很弱或波长很长，因此，我们通常只能观测到 K 系辐射。

由于 K_α 谱线强度极高，例如在施加 30kV 电压所获得的 Cu 辐射中，K_α 辐射的强度约为其附近连续谱强度的 90 倍，并且是近单色的，半高强度处宽度小于 10^{-4} nm，因此实验

工作中常用 K_α 辐射。K 系辐射强度为

$$I_{特}=K_2 i(V-V_K)^{1.5\sim1.7} \tag{2.13}$$

式中，K_2 为常数；i 和 V 分别为管电流和管电压；V_K 为 K 系激发电压。

在 X 射线晶体衍射的工作中，主要是利用 K 系辐射，X 射线谱中的连续谱部分只能增加衍射花样的背底。因此，实际工作中总是希望特征谱线强度与连续谱强度的比值越大越好。结合式(2.8) 和式(2.13) 两个关系式可以求得特征谱强度与连续谱强度的比值与 X 射线管电压和激发电压之间的关系。这个关系表明，当工作电压为 K 系激发电压的 3～5 倍时 ($V/V_K=3\sim5$)，能获得 $I_{特}/I_{连}$ 的最大值。

2.4 X 射线与物质的相互作用

X 射线与物质相互作用时，会产生各种复杂的物理、化学和生化过程，引起各种效应。例如它可以使气体电离，可以使一些物质发出可见的荧光，又能使离子固体发出黄褐色或紫色的光；它既能破坏物质的化学键，也能促使新键形成，促进物质的合成，引起生物效应，使新陈代谢发生变化等。然而，就 X 射线与物质之间的物理作用而言，发生的相互作用可以用图 2.17 来概括。X 射线在经过物质之后，有可能会产生不同波长的散射 X 射线、不同能量的电子以及热能。具体而言，X 射线与物质的相互作用可以分为两大类：被电子散射和被原子吸收。

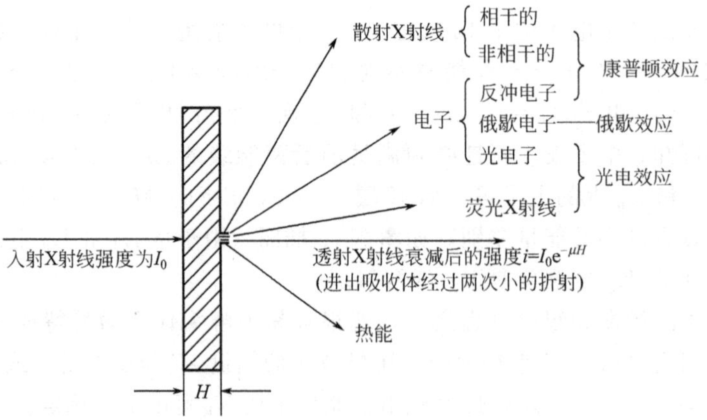

■ 图 2.17 X 射线与物质的相互作用

X 射线被电子散射时有两种模式：一种是只引起 X 射线方向改变，不引起能量改变的散射，称为相干散射，这是 X 射线衍射的物理基础；另一种是既引起 X 射线方向改变，也引起能量改变的散射，称为非相干散射，或康普顿散射。第 4 章将详细讨论 X 射线的散射过程。本小节主要介绍 X 射线的吸收以及由于散射作用而使透射 X 射线束强度减弱的规律。

2.4.1 X射线的吸收

物质对X射线的吸收是指X射线的能量在通过物质时转变为其他形式的能量的过程，这一过程X射线的能量发生了损耗。物质对X射线的吸收主要是由原子内部的电子跃迁而引起的，在这个过程中发生X射线的光电效应和俄歇效应，使X射线的部分能量转变成为光电子、荧光X射线及俄歇电子的能量，因此入射X射线的强度发生衰减。

(1) 光电效应

物质吸收X射线的主要方式是以X光子的能量激发物质中的原子，使原子处于激发态。自然，这些被激发的原子，也会像X射线管中靶材上的被激发的原子一样，发出一系列X射线特征谱线。由于这些X射线特征谱是由X射线的入射而产生的二次射线，所以称为二次X射线，或X荧光。这种通过光子激发原子所发生的激发和辐射过程称为光电效应，被击出的电子称为光电子。图2.18描述了X射线管中的Cu靶受电子的激发和Cu试样受X光子的激发以及产生Cu的X射线特征谱的过程。

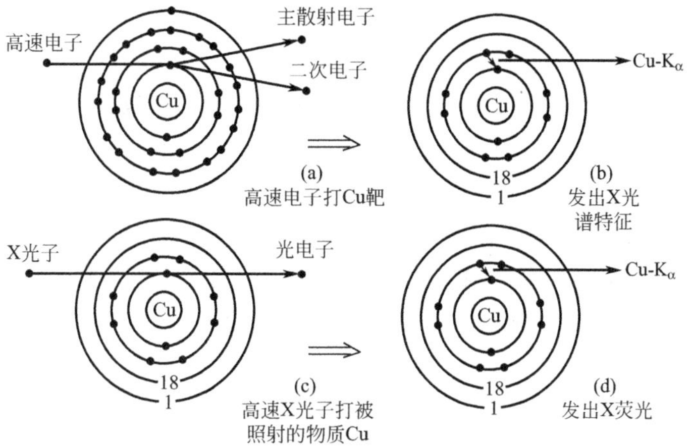

■ 图2.18 电子和X光子激发Cu特征谱的比较

电子激发过程(a)、(b)； X光子激发过程(c)、(d)。图中表示出原子核，电子轨道与电子"●"，外层轨道上的数字为其拥有的电子数目

不言而喻，对于同一种物质，不管是用电子激发还是用X光子激发，它们所辐射的X射线特征谱是相同的。激发K系光电效应时，X射线光子的能量必须大于（其临界值应等于）击出一个K层电子所做的功W_K，

$$W_K = h\nu_K = \frac{hc}{\lambda_K} \tag{2.14}$$

式中，ν_K和λ_K分别为K系吸收限频率和波长。为了击出一个K层电子，不论是用电子还是用光子激发，所需要的最低能量是相同的。因此，结合式(2.12)和式(2.14)，有

$$eV_K = W_K = \frac{hc}{\lambda_K}$$

$$\lambda_K = \frac{hc}{eV_K} = \frac{12.4}{V_K} \tag{2.15}$$

式中，V_K的单位用kV；λ_K的单位用Å，不同材料的吸收限波长如表2.2所示。

从激发光电效应的角度讲，可以称 λ_K 为激发限波长。然而，从 X 射线吸收的角度讲，又可以把 λ_K 称为吸收限波长。因为只有当 X 射线的波长不大于 λ_K 时才能产生光电效应，使 X 射线的能量被吸收。

光电效应中产生的荧光 X 射线对于一般的衍射工作是有害的，会增加衍射花样，因此不希望它产生。而在 X 射线荧光光谱分析技术中，则要利用荧光 X 射线进行分析工作，因此希望得到尽可能强的荧光 X 射线。

（2）俄歇效应

如果原子在吸收入射 X 射线光子的能量变成 K 激发态之后，不是通过辐射荧光 X 射线来降低能量，而是把另外轨道上的电子激发出去，就产生了俄歇效应。例如，当原子处于 K 激发态，能量为 E_K，当一个 L_2 层电子填充这个空位后，K 电离就变成了 L_2 电离，能量由 E_K 变为 E_{L_2}，这时会有数值等于 $E_K-E_{L_2}$ 的能量释放出来。这个能量的释放可以采取两种方式，一种是产生 K_α 荧光 X 射线，另一种是使另一个核外电子脱离原子变为二次电子。如果 $E_K-E_{L_2}>E_L$，它就可能使 L_2、L_3、M、N 等层的电子逸出。例如，当 L_2 层的电子逸出时，这种二次电子称为 KL_2L_2 电子，它的能量有固定值，近似等于 $E_K-2E_{L_2}$。这种具有特征能量的电子是俄歇（M. P. Auger）于 1925 年发现的，故一般称为俄歇电子。

俄歇电子的能量与激发源（光子或电子）的能量无关，只取决于物质原子的能级结构，每种元素都有自己的特征俄歇电子能谱，它是元素的固有特性，所以，可以利用俄歇电子能谱做元素的成分分析。但是俄歇电子的能量很低，一般为几百电子伏特，其平均自由程非常短，例如，碳的 KL_2L_2 俄歇电子的能量为 267eV，在银中的平均自由程为 7Å，大于这个距离时，这种俄歇电子就要不断损失能量甚至被吸收。因此，人们所能检测到的俄歇电子只来源于表面的两三层原子，这个特点使得俄歇电子能谱可用于对材料表面两到三个原子层厚的区域进行成分分析。

2.4.2 X射线的减弱规律

当 X 射线穿过物质时，因散射和吸收作用而减弱，衰减的程度与经过物质的距离成正比。设入射 X 射线的强度为 I_0，透过厚度为 d 的物质，透过之后的强度为 I，$I<I_0$。现在利用图 2.19 来说明 I_0 与 I 的关系。在被照物质中取一个深度 x 处的小厚度元 dx，照到此小厚度元上的 X 射线强度为 I_x，透过此厚度元的 X 光强度为 I_{x+dx}，于是强度改变量为

$$dI_x=I_{x+dx}-I_x$$

假设此改变量与入射到此厚度元上的强度和厚度元的厚度成正比，即

$$dI_x=-\mu I_x dx \qquad (2.16)$$

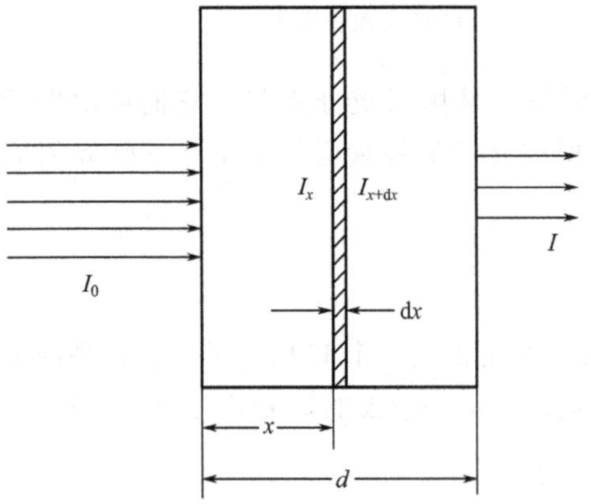

■ 图 2.19 X射线减弱规律的图示

式中，负号表示 dI_x 与 dx 的变化方向相反；μ 是一个常数，称为线减弱系数。它与入射 X 射线束的波长及被照物质的元素组成和状态有关。对式(2.16) 积分，有

$$\ln(I/I_0)=-\mu d$$

于是

$$I=I_0 e^{-\mu d} \tag{2.17}$$

式(2.17)是X射线透过物质时的减弱规律。

由于因吸收引起的X射线的减弱远大于因散射引起的减弱，所以，一般用吸收系数代替减弱系数。附录7中给出了各元素对某些波长的X射线的质量吸收系数μ_m：

$$\mu_m=\frac{\mu}{\rho} \tag{2.18}$$

式中，ρ为材料密度；μ_m的单位是cm^2/g。它与试样的状态无关，只是波长与试样元素组成的函数，所以比较容易给出数据，使用方便。

不同物质对相同波长的X射线的吸收差别很大，例如Pb对Cu-K_α的质量吸收系数是Be的178.5倍，而线吸收系数前者是后者的1112.3倍。如果材料由多种元素组成，如化合物、合金、溶液等，则其质量吸收系数μ'_m可利用下式计算

$$\mu'_m=\sum_{i=1}^{n} w_i \mu_{mi} \tag{2.19}$$

式中，μ_{mi}和w_i分别为第i种元素的质量吸收系数和在材料中所占的质量分数。

X射线穿过物质后的透射强度I与入射强度I_0之比I/I_0称为透射因数。表2.5给出了几种常见物质对Mo-K_α、Cu-K_α和Cr-K_α辐射的透射因数。从表中看出，对于同样的物质，X射线波长越长，透射因数越小，对Cr-K_α(2.291×10^{-10}m)，透过10cm空气就减弱30%。

表2.5 几种常见物质的透射因数

吸收物质	厚度	I/I_0透射因数		
		Mo-K_α $\lambda=0.711\times10^{-10}$m	Cu-K_α $\lambda=1.542\times10^{-10}$m	Cr-K_α $\lambda=2.291\times10^{-10}$m
空气(普通条件)	10cm	0.99	0.89	0.68
Ar(普通条件)	10cm	0.79	0.13	1.4×10^{-3}
Al	1/100 mm	0.99	0.88	0.68
	1/10 mm	0.87	0.27	0.018
	1 mm	0.24	1.9×10^{-6}	0.3×10^{-17}
Be	2/10 mm	0.99	0.94	0.96
	5/10 mm	0.91	0.86	0.79
黑纸	1/10mm	0.99	0.93	0.80
Cu	1/10mm	0.016	0.018	1.12×10^{-6}
派热克斯玻璃	1 mm	0.4	10^{-4}	10^{-10}
	1/10 mm	0.93	0.5	0.1
林德曼玻璃	1 mm	0.85	0.23	0.01
	5/10 mm	0.92	0.48	0.09
	1/10 mm	0.99	0.86	0.62

2.4.3 吸收限的应用

分析某种物质对不同波长X射线的吸收能力时，会发现它们存在如图2.20所示的规律，即除存在吸收系数随波长连续变化的曲线外，还存在吸收系数突变的台阶。吸收系数与入射X射线的波长之间的关系在连续变化的部分可以近似地用Victoreen公式来描述，

$$\mu = C\lambda^3 - D\lambda^4 \tag{2.20}$$

式中，C和D为常数，与吸收物质的种类有关。吸收系数的突变台阶称为吸收限，发生突变处的波长称为吸收限波长，记为λ_K。λ_K相应于使材料中原子产生K激发的X光子波长值。当X射线波长等于或小于λ_K时，光子的能量已经等于或大于为击出一个K层电子所需做的功W_K，于是X射线光子被吸收，激发光电效应，使光子的能量转变为光电子、俄歇电子和荧光X射线的能量，因此吸收系数发生突变性的增大。

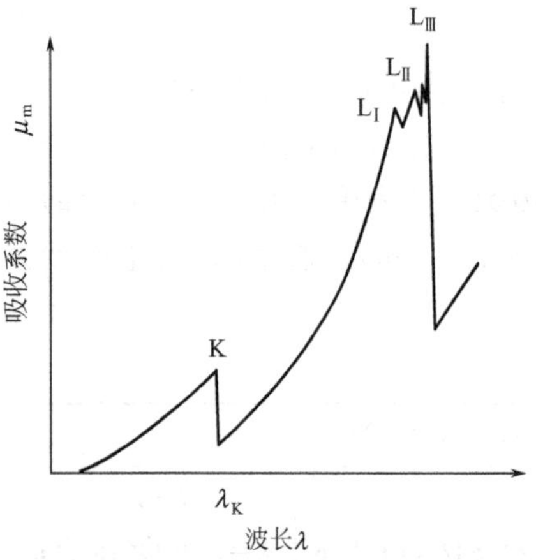

■ 图2.20 质量吸收系数与波长的关系

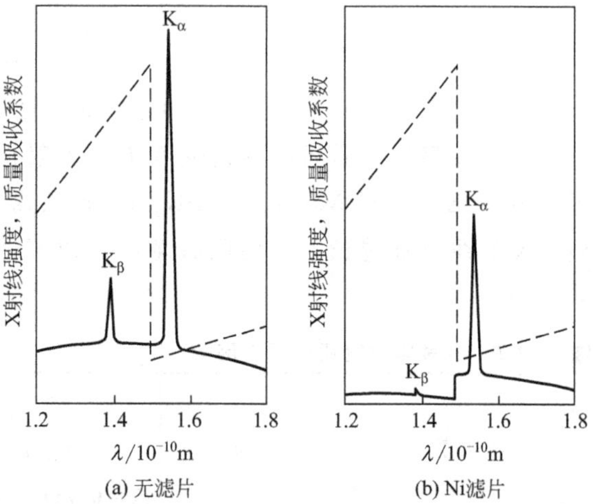

■ 图2.21 加滤片前、后的Cu辐射特征谱

由于原子的激发和荧光辐射的产生相联系，所以在对特定的试样选择适合的X射线波长时，必须使它稍长于或远离试样的吸收限波长。

（1）滤片

选择吸收限波长合适的材料制成箔片，“过滤”X射线管中发生的辐射，可以得到近单色的X光束，这是X射线分析早期最常用的X射线单色化的方法，称这种“过滤”用的箔片为滤片。

滤片的基本要求就是能对辐射中的连续谱和K_β有强烈的吸收，而对K_α的吸收甚少。所以，滤片材料的吸收限波长λ_K应落在欲单色化辐射的λ_{K_β}和λ_{K_α}之间。图2.21表示，用Ni滤片可以使Cu辐射近单色化。由于X射线特征谱波长随元素的原子序数升高而变小，并且同种元素$\lambda_K < \lambda_{K_\beta} < \lambda_{K_\alpha}$，因此，滤片材料的原子序数要比靶面材料的原子序数小。参看各元素的λ_K、λ_{K_β}、λ_{K_α}值，得出以下规律：当靶面材料原子序数$Z_{靶} < 40$时，应选用$Z_{靶}-1$的元素作为滤片；当$Z_{靶} > 40$时，应选用$Z_{靶}-2$的元素作为滤片。厚度合适的滤片仅使K_α减弱50%左右，而使I_{K_α}/I_{K_β}由5～8增加到500～600。滤片的厚度可利用式(2.17)进行计算。表2.6给出了常用辐射的滤片材料与使I_{K_α}/I_{K_β}变为600的厚度。

■ 表 2.6 常用的滤片

辐射	波长/×10^{-10}m		滤片(对于 $I_{K_\beta}/I_{K_\alpha}=1/600$)			对于 K_α 的透射因数	入射束 I_{K_α}/I_{K_β}
	$K_{\alpha2}$ $K_{\alpha1}$	K_β	物质	厚度			
				g/cm^2	mm		
Ag	0.564 0.559	0.497	Rh $\lambda_K=0.524$	0.096	0.097	0.29	
Mo	0.714 0.709	0.632	Zr $\lambda_K=0.688$	0.069	0.108	0.31	6.4
Cu	1.544 1.540	1.392	Ni $\lambda_K=1.487$	0.019	0.021	0.40	7.5
Co	1.793 1.789	1.621	Fe $\lambda_K=1.743$	0.014	0.018	0.44	9.4
Fe	1.940 1.936	1.757	Mn $\lambda_K=1.895$	0.012	0.016	0.46	9.0
Cr	2.294 2.290	2.085	V $\lambda_K=2.268$	0.009	0.016	0.50	8.5

(2) 阳极靶的选择

在X射线衍射实验中，荧光X射线只能增加衍射花样的背影，是一种不利的影响因素，可以通过选用适当的阳极靶来避免这种现象的产生。从吸收限产生的机理知道，如果选用的阳极靶 K_α 波长稍大于试样的K吸收限，这样就不能产生K系荧光X射线。同时也不要把阳极靶的波长选得过长，因为当阳极靶 K_α 波长比试样的 λ_K 大很多时，虽然不会产生K系荧光辐射，但试样对X射线的吸收程度增加了，这也是衍射实验所不希望的。所以，最合理的选择是阳极靶 K_α 波长稍大于试样的K吸收限，而且又要尽量靠近 λ_K。这样既不产生K系荧光辐射，而试样对X射线的吸收也最小。按照这样的原则可总结出如下的规律：

$$Z_{\text{靶}} \leqslant Z_{\text{试样}} + 1$$

例如，在研究纯铁时，最好选用钴靶或铁靶，而不能用镍靶，更不能用铜靶。因为铁靶的 $\lambda_K=1.7429$Å，钴靶的 K_α 波长为1.7902Å。因此，钴靶的 K_α 不能激发铁的K系荧光辐射，同样铁靶的 K_α 也不可能激发自身的K系荧光辐射。由于钴靶的 K_α 波长最靠近铁的 λ_K，所以铁对钴靶 K_α 辐射的吸收也最小。由此看来，在研究纯铁试样时，选用钴靶是最理想的。

如果试样中含有多种元素，原则上应以其主要组元中原子序数最小的元素来选择阳极靶。但是，这里所分析的只是从不产生K系荧光辐射一个条件出发的。而实际工作中选择阳极靶还要考虑其他一些方面的因素。

除此之外，X射线吸收的不连续性还可以应用于不同的场合来服务于人类。例如在航天领域，大量的宇宙射线极易使电子器件因辐射受损而降低整个装备的使用寿命。由于运载火箭能力有限，空间装备不可能无限增大，如何使关键的电子设备在最小质量的屏蔽材料保护下对全频段的太空辐射进行最好保护，就可以利用不同元素的X射线吸收的不连续性设计出有针对性的屏蔽材料成分。

2.5 X射线的探测与防护

2.5.1 X射线的探测

X 射线是看不见的，但是能够利用荧光屏观测强的直射（入射和透射）X 光束。通用的荧光屏材料是 CdS、ZnS 和 $CaWO_3$，它们吸收 X 射线以后会发出强的黄色、紫色可见光。然而由于散射线强度太弱，一般不能用荧光屏观测，只能用底片或计数器探测。

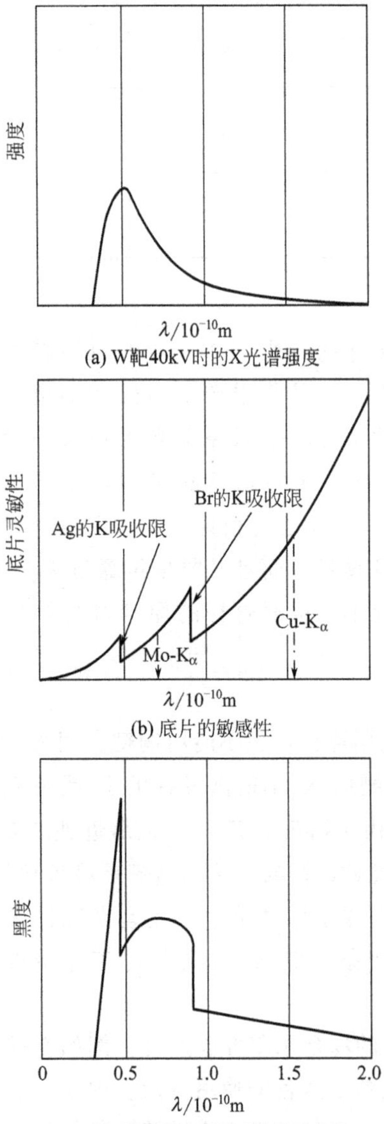

■ 图 2.22 底片对不同波长 X 射线的敏感性

（1）用底片探测 X 射线

用照相底片探测 X 射线与探测可见光的原理和方法都相同。只是 X 射线的穿透能力较强，为提高底片的灵敏性，X 射线底片常常是在干板的两面都涂上粗颗粒乳胶。如果 X 射线束以小角度掠射到底片上，则底片上会记录到两个斑点。

底片的黑度 D 与曝光量 It 的对数值之间的曲线关系称为底片的特性曲线。其中 I 为 X 射线的强度，t 为曝光时间。而黑度的定义为

$$D=\lg\frac{i_0}{i}$$

式中，i_0 为射到底片上的一束平行的可见光的强度；i 为透射过此底片的可见光的强度。黑度 $D=1$，代表透射光为入射光的十分之一。在用底片记录，并要精确确定 X 射线的强度时，应事先测试所用底片的特性曲线。底片对 X 射线的灵敏性与所用波长有关。图 2.22 示意表示了这种情况，其中图 2.22(a) 为某连续谱的实际强度分布；图 2.22(b) 为 X 射线底片上主要成分的吸收系数曲线。图中示出 Ag 和 Br 的 K 吸收限，以及对 Mo-K_α 和 Cu-K_α 的吸收系数；图 2.22(c) 为用底片记录连续谱（a）时，所得到的黑度分布曲线。这一情况说明，如果用底片记录两条不同波长的 X 射线束，则不能比较它们之间的相对强度；只有在记录的光束波长相同时，才能够比较它们之间的相对强度。

（2）用探测器探测 X 射线

目前，使用的X射线探测器有盖格计数管、正比计数管、闪烁计数器、半导体探测器和位置灵敏探测器等。20世纪50年代多用盖格计数管探测X射线，而目前它已基本上被淘汰，现在以使用正比及闪烁计数管为主，随着探测技术的发展，X射线探测器也在不断更新。近年来，室温工作的硅漂移探测器（SDD）以及阵列计数器等一维、二维探测器等的使用也越来越广泛。

各种探测器的基本结构和使用特点将在以后的章节中详细讨论，这里只提及它们的共同点，即它们都是利用X射线与物质相互作用的规律，设法记录X射线作用后的产物，如离子（盖格、正比计数管与位置灵敏探测器）、可见光的发射（闪烁计数器）和空穴的产生（半导体探测器）等。

2.5.2 X射线的防护

过量的X射线对人体会产生有害的影响。X射线可以引起辐射损伤，局部的高强度光束照射能引起烧伤，并且难以治愈。X射线看不见，又不引起人的任何感觉，所以要特别警惕因麻痹大意而导致的过大剂量的照射，特别是直射线的照射。

目前，X射线剂量当量H的单位为J/kg，称为希沃特，记为Sv。它与以前所用单位雷姆（rem）之间的关系为1Sv=100rem。对于眼晶体和其他器官与组织的年剂量当量不得超过限值150mSv和500mSv。

X射线的防护并不困难。利用X射线的减弱规律，可以算出，对于Cu-K_α，只要用1mm厚的Pb板就能使X射线的透射因数减小到e^{-273}，即透射X射线强度趋于零。因此只要注意，就可以很好地进行防护。例如，装取相机前要关闭X射线窗口，调整相机时不要碰到直射线，工作时要用Pb板屏蔽直射线与散射线等。目前生产的X射线仪都有专用的防护罩及警告装置，以保证工作人员的安全。

思考与练习题

1. 什么是X射线的焦点和有效焦点？

2. 用全波整流X射线仪和自整流X射线仪时，X射线管发出的光束有何不同？

3. 请在坐标纸上分别给出施加15kV高压时，Cu靶和Mo靶X射线管的X光谱，并简要说明它们有何异同。

4. 请以表2.2中的元素为例，说明X射线K系波长随靶材原子序数的变化规律，并加以解释。

5. 请说明为什么对于同一材料其$\lambda_K < \lambda_{K_\beta} < \lambda_{K_\alpha}$。

6. 如果用Cu靶X射线管照相，错用了Fe滤片，会产生什么现象。

7. 为什么X射线管的窗口要用Be，而防护X光时要用Pb板？

8. 请给出X射线谱最短波长与所加管电压之间的关系曲线。

9. 对于Pb，试用对Mo-K_α、Rh-K_α与Ag-K_α的吸收数据（141cm^2/g、95.8cm^2/g和74.4cm^2/g）作图验证式(2.20)，并利用此曲线求出Pb对60kV操作时管子发出的最短波长的质量吸收系数。这三种辐射的波长分别是0.711×10^{-10}m、0.615×10^{-10}m和$0.561\times$

10^{-10} m。

10. 请计算 1mm 厚的 Pb 对 Mo-K_α 在 50kV 操作时的 Mo 靶管最短波长的透射因数。

11. 试计算将 Cu 辐射中 I_{K_α}/I_{K_β} 提高到 600 的 Ni 滤片厚度（Ni 对 Cu-K_β 的吸收系数 $\mu_m = 350\text{cm}^2/\text{g}$）。

12. 如果 X 射线管允许在 40kV、25mA 下工作，那么在 50kV 下允许的管电流是多少毫安？

参考文献

[1] 王英华 . X 光衍射技术基础 . 北京：原子能出版社，1993.
[2] Cullity B D. Elements of X-Ray Diffraction, Addison Wesley, 1978.
[3] 李树棠 . 晶体 X 射线衍射学基础 . 北京：冶金工业出版社，1990.
[4] 许顺生 . 金属 X 射线学 . 上海：上海科技出版社，1962.
[5] Azaroff L Y. Elements of X-ray Crystallography. McGraw-Hill, 1968.

第3章 晶体学基础

自然界中绝大多数固态物质内部原子都具有周期性排列的规律，如果整块固体材料内部原子排列方式一致，称其为单晶材料，石英、蓝宝石、钻石都是天然的单晶材料。多数情况下，固体内部周期性排列的尺度在数十纳米到数毫米之间，不同区域原子排列方式可以一样，但取向上有所不同，这些固态物质被称为多晶体，钢铁、陶瓷、有色金属合金等属于典型的多晶材料。材料内部晶体结构直接影响材料的宏观性能，例如同为由碳原子组成的材料，层状六方排列出的材料为可用作固体润滑剂的柔软材料石墨，而 sp^3 键堆垛出的面心立方材料则为最硬的金刚石，近年来人们又发现了同样仅有由碳原子构成的新的结构形态，如富勒烯 C_{60}、纳米碳管、石墨烯等。因此，控制材料的微结构使材料表现出迥异性能成为材料进步的重要途径。自从 1912 年，德国物理学家劳厄（M. von Laue）利用晶体作为衍射光栅成功地观察到 X 射线的衍射现象，利用 X 射线衍射方法研究晶体材料内部结构及其变化规律已成为材料、生物、物理、化学等领域发展的重要方法和技术手段。

为了更好地理解 X 射线与材料作用的规律，本章将介绍一些晶体学知识。

3.1 晶体结构与空间点阵

3.1.1 晶体结构概述

晶体的基本特点是它具有规则排列的内部结构，晶体中的原子、离子、分子或其他原子基团的构型被称为晶体结构。晶体结构最突出的几何特征是其结构单元（原子、离子、分子或其他原子基团）在晶体内部呈一定的周期性排列，从而在三维空间中形成各种各样的对称图形。为了描述方便，可以从晶体中抽出一个称为晶胞的基本单元来描述晶体结构。晶胞在三维空间的重复排布就构成了整个晶体。

图 3.1 为金属中常见的三种晶胞，即体心立方、面心立方和密堆六方晶胞。其中图 3.1(a) 为以硬球表示原子时的晶胞结构；图 3.1(b) 为只给出原子重心时的晶胞形貌。

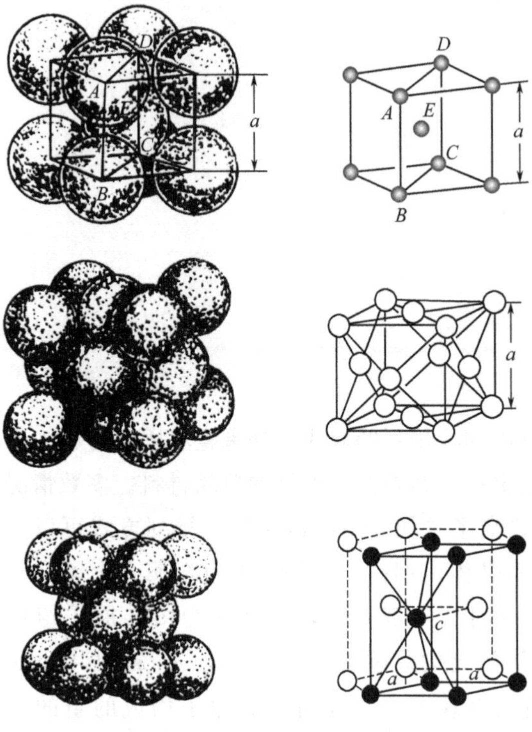

(a) 以硬球表示原子　　(b) 只给出原子重心

■ 图 3.1　金属中最常见的三种基本单元（晶胞）

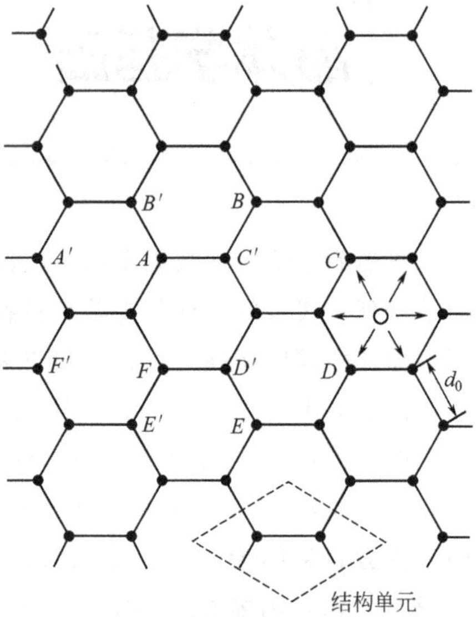

■ 图 3.2　石墨层中的碳原子分布

3.1.2　空间点阵

从晶体结构中抽象出来用于描述结构单元空间分布周期性的几何点的空间排布称为晶体的**空间点阵**。下面将以石墨晶体为例，讨论晶体结构的周期性，引出空间点阵的基本概念。

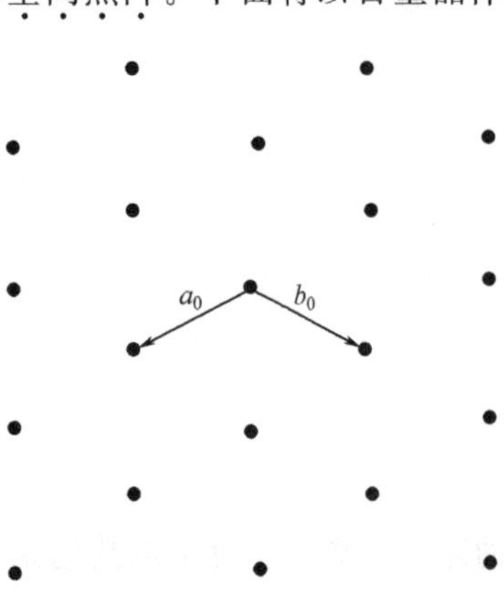

■ 图 3.3　石墨层的点阵

图 3.2 为单层石墨中碳原子的分布状态，即为二维晶体的结构图。仔细观察各个位置上的碳原子，会发现它们是处于两种不同的环境之中。这里所谓环境是指其周围的原子类型和布局，即包含着物理环境与几何环境。从图中可以看出，A、B、C、D、E、F 等处原子的环境相同，A'、B'、C'、D'、E'、F'等处原子的环境也相同。但这两种原子之间，例如 A 与 A'、B 与 B'等之间的环境并不相同。环境相同的各个点，不仅可以处在原子上，也可以处在晶体中的任何位置上。因此，在晶体中可以找到无穷多组环境相同的点。然而，任取一组环境相同的点，都具有如图 3.3 所示的形貌。所以图 3.3 就是石墨层中环境相同的点的排列阵式。称这种环境相同的点的排列阵式为**点阵**，称点阵中的点为**阵点**或**结点**。从图 3.2 和图 3.3 的对比中可以看出，晶体点阵与晶体结构不同，它本身并不具有物质内容，它只是几何点的集合，它描述的是晶体结构的重复规律。如果把晶体结构中的某一结构单元，如图 3.2 中虚线所示的菱形，以完全相同的方式放在其点阵中的每个结点上，就会构成晶体中的原子排列，即晶体结构。

要了解三维晶体的点阵，就必须考察空间图形，即考虑晶体结构的空间构型。石墨的晶体结构如图 3.4 所示。它是由二维石墨层一层一层地沿其法线方向重叠而成，层片之间的间距相等，记为 l_0。为考察石墨晶体的点阵，把石墨晶体中的碳原子都投影到石墨层面上。这时会发现，凡是奇数层（记为 A 层）上的原子都相互重叠，成为图 3.5 中的黑点，偶数层（记为 B 层）上的原子也相互重叠，成为图 3.5 中的小圆圈。考察 A、B 层中的碳原子，会发现在层内环境相同的原子，空间环境并不相同，可以用图 3.5 中的 G（在 A 层中）和 G'（在 B 层中）来说明这种情况。在单层石墨片中去观察，G 和 G' 所处的环境相同，但是在整个石墨晶体的三维空间中去观察时，由于 G 和 G' 分属于不重合的奇偶层石墨片中，其上下对应的碳原子环境并不相同，所以从三维空间来看 G 和 G' 所处的环境不相同。因此可以说在石墨晶体中，环境相同的点可以处在 A 层中，也可以处在 B 层中，但不会同时处在 A 层与 B 层中，也就是说 A 层和 B 层中的几何点所处的环境总是不相同的。于是，石墨晶体的点阵在石墨层面上的投影就与石墨片的点阵相同。值得注意的是晶体点阵的层间距为 $2l_0$。图 3.6 为石墨晶体点阵的三维图形，这类点阵的三维图形即为空间点阵。记石墨晶体点阵的层间距为 c_0，层内结点之间的最小距离为 a_0，则有 $c_0=2l_0$，$a_0=2d_0\cos30°$，其中 d_0 为石墨层中两个碳原子之间的最小距离。将图 3.6 所示的石墨晶体点阵与图 3.4 所示的石墨晶体结构相比较会发现，可以取图 3.4 中所示的平行六面体为石墨晶体的重复单元，它与图 3.6 中的平行六面体相对应。

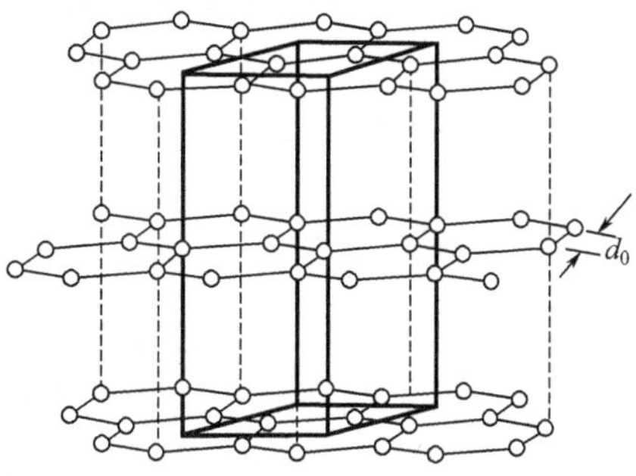

■ 图 3.4 石墨的晶体结构

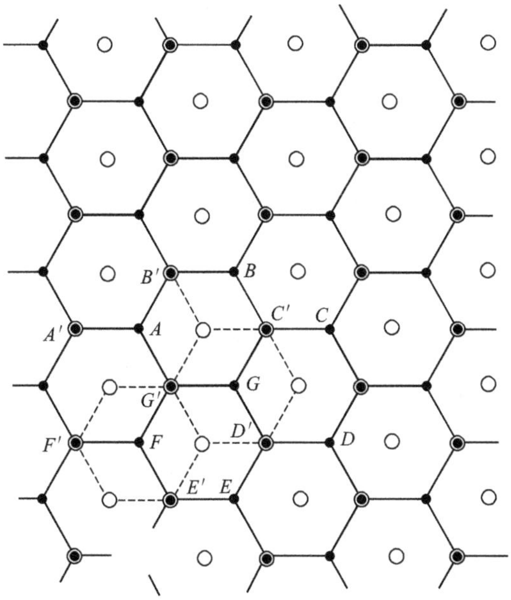

■ 图 3.5 石墨晶体的三维结构在石墨层平面内的投影

● 为奇数层上的碳原子位置；○ 为偶数层上的碳原子位置

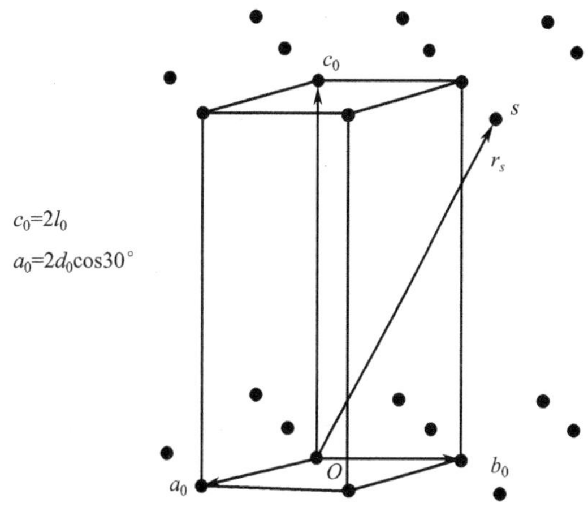

■ 图 3.6 石墨晶体的点阵

从石墨晶体中碳原子的分布规律，引出了点阵的概念，并介绍了石墨晶体点阵与晶体结构之间的关系。这种分析方法，适用于一切晶体。也就是说，不管晶体的结构多么复杂，都可以用适当的空间点阵来描述其重复规律。因此，点阵概念是晶体学中最基本的概念之一，下面将进一步讨论描述点阵的方法。

3.1.3 阵矢

前面非常方便地以画点的方法描述了点阵，但是这种方法在描述三维点阵时极不方便。于是，希望找到描述空间点阵的其他方法。最常用的方法之一，是采用矢量法来描述点阵中各个结点的相对位置。具体的做法是：以点阵中任一结点为原点，作一个矢量 $\boldsymbol{a}_0$（一维点阵时）、一对矢量 $\boldsymbol{a}_0$ 和 $\boldsymbol{b}_0$（二维时）或一组矢量 $\boldsymbol{a}_0$、$\boldsymbol{b}_0$ 和 $\boldsymbol{c}_0$（三维时），使它们整数倍的线性组合能表达点阵中所有结点的位置，并称这些矢量为初级平移矢，简称初级矢。而任意两结点之间的矢量为点阵的平移矢或阵矢。图 3.7 所示的是原点为 O 的一维点阵，相邻两结点之间的矢量 $\boldsymbol{a}_0$ 为初级矢，可以用下列矢量式来描述点阵中任意一结点的位置。

$$\boldsymbol{r}=u\boldsymbol{a}_0 \tag{3.1}$$

式中，u 为整数；$\boldsymbol{r}$ 为阵矢。

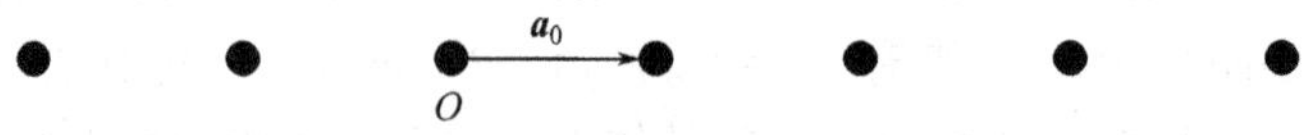

■ 图 3.7 一维点阵的初级矢

在图 3.8 所示的二维点阵中，可以取一对初级矢 $\boldsymbol{a}_0$、$\boldsymbol{b}_0$，结点位置由下面的阵矢描述，式中 u、v 为整数。

$$\boldsymbol{r}=u\boldsymbol{a}_0+v\boldsymbol{b}_0 \tag{3.2}$$

图 3.6 所示的三维点阵的结点位置，可以用初级矢 $\boldsymbol{a}_0$、$\boldsymbol{b}_0$ 和 $\boldsymbol{c}_0$ 整数倍的线性组合来描述，式中 u、v、w 为整数。

$$\boldsymbol{r}=u\boldsymbol{a}_0+v\boldsymbol{b}_0+w\boldsymbol{c}_0 \tag{3.3}$$

初级矢整数倍的线性组合，可以表达任意两结点之间的相对位置。例如图 3.9 中的阵矢①、②和③可以分别写成 $\boldsymbol{r}_1=3\boldsymbol{a}_0$、$\boldsymbol{r}_2=2\boldsymbol{a}_0+2\boldsymbol{b}_0$ 和 $\boldsymbol{r}_3=-2\boldsymbol{a}_0+4\boldsymbol{b}_0$。图 3.6 中的结点 s 相对于原点 O 的位置用阵矢 $\boldsymbol{r}_s$ 表示

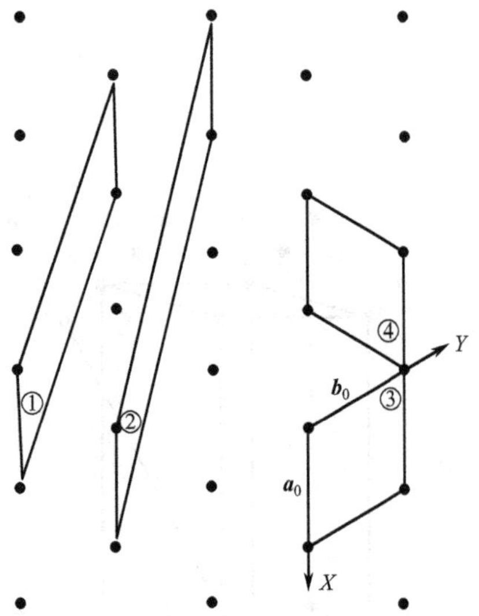

■ 图 3.8 二维点阵的初级矢

$$\boldsymbol{r}_s=\boldsymbol{a}_0+2\boldsymbol{b}_0+\boldsymbol{c}_0$$

对于一维点阵，初级矢的取法是唯一的；对于二维和三维点阵，初级矢的取法是多种多样的。在图 3.8 所示的二维点阵中，画出了几组初级矢。初级矢的取法尽管不同，但是它们有着共同的特点，即在初级矢为边棱形成的平行四边形（二维时）或平行六面体（三维时）

中只包括一个结点。图 3.10 所示的点阵中第一对矢量是初级矢，因为由它们所形成的平行四边形包含的结点数为 $4\times1/4=1$，而第二对矢量不是初级矢，因为它们所形成的平行四边形包含的结点数为 $1+4\times1/4=2$。

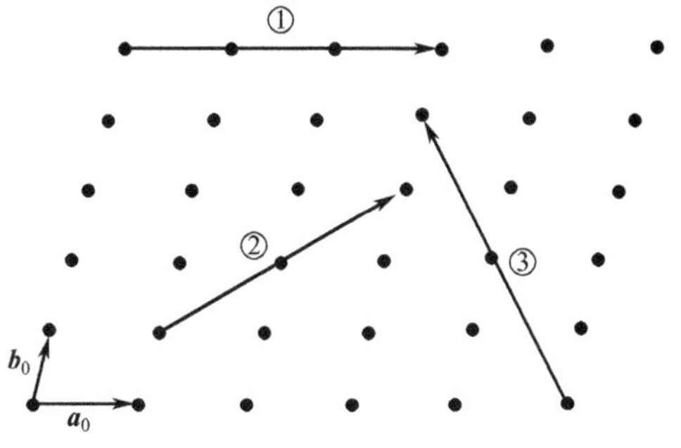

■ 图 3.9　初级矢与阵矢

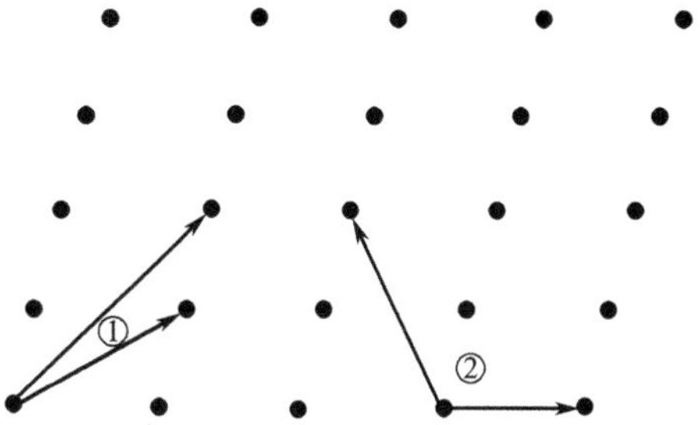

■ 图 3.10　初级矢对与非初级矢对

3.1.4　阵胞

上面谈到可以用初级矢描述点阵中所有结点的位置。但是这种描述办法不能使人们迅速地看出点阵的形貌。为了补充矢量法描述点阵时的不足，人们以初级矢为棱边，作成一个平行四边形（二维）或平行六面体（三维）。这些图形便可以清楚地表达点阵的形态，这些图形被称为点阵的阵胞。阵胞是构成点阵的基本单元，整个点阵是由这样完全相同的阵胞面靠面地紧密堆积而成。

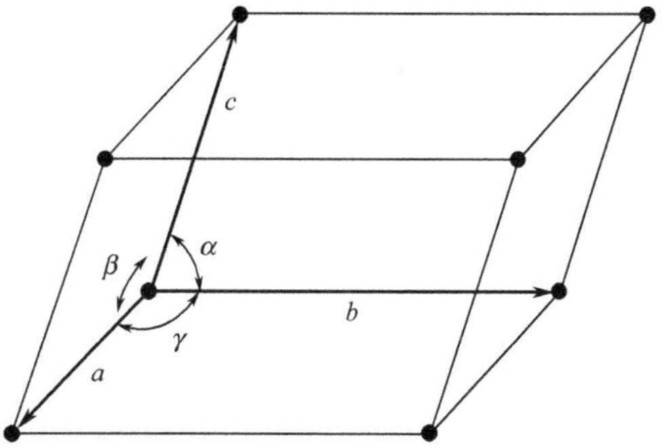

■ 图 3.11　点阵参数

在三维点阵中，决定阵胞形状的六个量，即三个棱的长度 a、b、c 和它们之间的夹角 α、β、γ，称为点阵参数。它们是空间点阵的基本参量。它们之间的关系由图 3.11 表示。

由于点阵的初级矢可以有不同的取法，所以点阵的阵胞也有不同的形状。图 3.12 是石墨阵胞的两种取法。这些阵胞的形状虽然不同，但是体积相同，包含的结点数目相同，即仅包含一个结点。这种只包含一个结点的阵胞称为初级阵胞或原胞。原胞是由初级矢构成的。

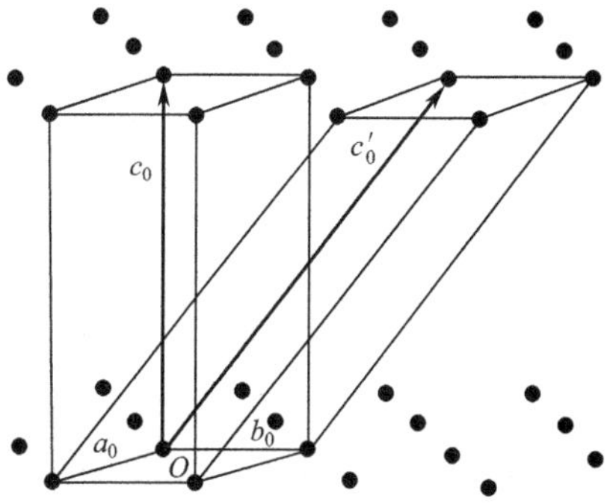

■ 图 3.12　石墨晶体点阵中阵胞的两种取法

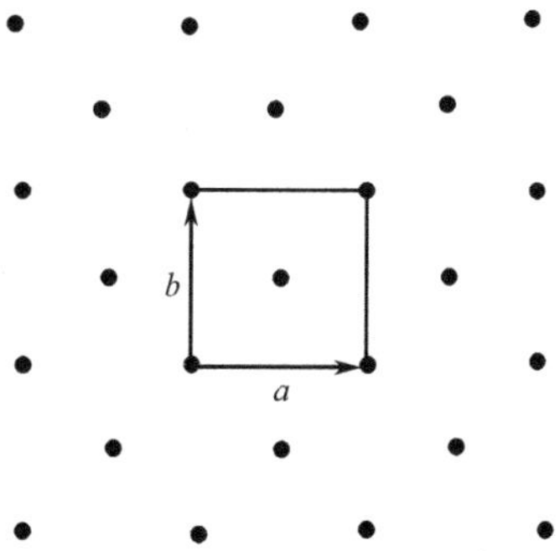

■ 图 3.13　平面复胞

在晶体学中，通常希望阵胞的形状能反映出晶体的对称性。因此，有时阵胞的棱不是由初级矢而是由阵矢组成，作为阵胞的棱的阵矢，称为基矢。由基矢构成的阵胞称为非初级阵胞或复胞，它所包含的结点数目大于1。图3.13为平面复胞，其中包含两个结点。

三维复胞有体心、底心和面心三种，如图3.14所示。计算阵胞包含的结点数时，要注意到：顶角处的结点由八个阵胞共用，属于一个阵胞的份数只能是八分之一；在面上的结点为两个阵胞所共用；只有在阵胞体内的结点才仅归该阵胞所有。因此，每一个阵胞所包含的节点数目 N 为

$$N = N_i + \frac{N_f}{2} + \frac{N_c}{8} \tag{3.4}$$

式中，N_i 为阵胞内部的节点数目；N_f 为阵胞面上的节点数；N_c 为阵胞顶角的节点数。复胞内包含的结点数目，等于此复胞体积与原胞体积的比值。

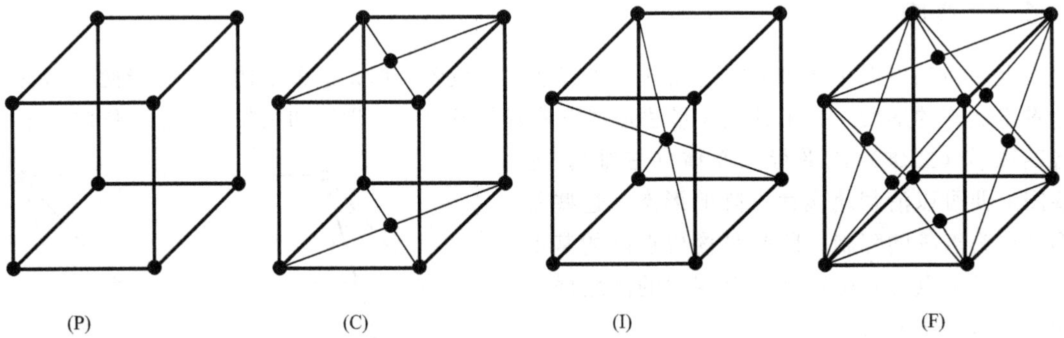

■ 图3.14 各种阵胞类型

3.1.5 空间点阵的种类

如果只是为了表达空间点阵的周期性，则一般应选取体积最小的平行六面体作为三维空间点阵的阵胞。这种阵胞只在顶点上有阵点，整个阵胞只包含一个阵点，称为简单阵胞。但是为了使阵胞能同时反映出空间点阵的周期性和对称性，简单阵胞是不能满足要求的。必须选取比简单阵胞体积更大的复胞。在复杂阵胞中除了顶点外，体心或面心也可能分布阵点，如图3.14所示。

选取晶体点阵的复胞时，通常遵循如下的原则：阵胞的形状尽量能反映晶体的对称性；三个棱尽量短并且相等；直角数尽量多；体积尽量小。

法国晶体学家布拉菲通过研究证明由于空间周期性的约束只可能存在有14种空间点阵，所以又把这14种点阵称为布拉菲点阵，如图3.15所示。

根据阵胞中阵点位置的不同，可将14种布拉菲点阵分为四类，即图3.14中所示的简单点阵、底心点阵、体心点阵和面心点阵。而根据布拉菲点阵阵胞外形特点的不同，又可以把14种空间点阵分为七大晶系。每个晶系包含几种点阵类型。各晶系的点阵参数及其所属的点阵类型列于表3.1中。

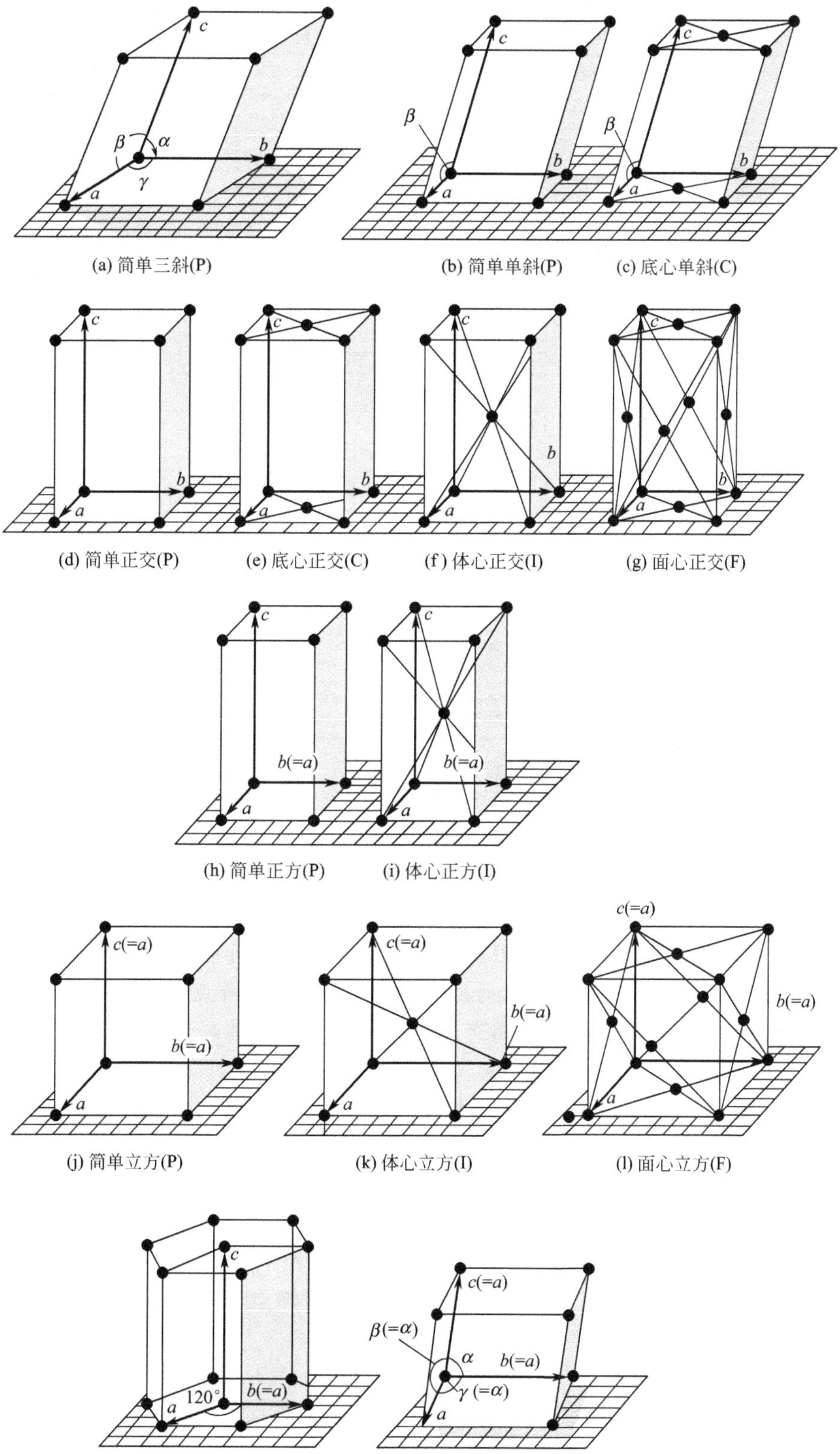

(a) 简单三斜(P)　(b) 简单单斜(P)　(c) 底心单斜(C)

(d) 简单正交(P)　(e) 底心正交(C)　(f) 体心正交(I)　(g) 面心正交(F)

(h) 简单正方(P)　(i) 体心正方(I)

(j) 简单立方(P)　(k) 体心立方(I)　(l) 面心立方(F)

(m) 简单六方(P)　(n) 简单菱方(P)

■ 图 3. 15　14 种布拉菲点阵

■ **表 3.1 七大晶系及其所属的布拉菲点阵**

晶系	点阵参数	布拉菲点阵	点阵符号	阵点坐标
立方晶系	$a=b=c$ $\alpha=\beta=\gamma=90°$	简单立方	P	000
		体心立方	I	000, $\frac{1}{2}\frac{1}{2}\frac{1}{2}$
		面心立方	F	000, $\frac{1}{2}\frac{1}{2}0$, $\frac{1}{2}0\frac{1}{2}$, $0\frac{1}{2}\frac{1}{2}$
正方晶系 （四方晶系）	$a=b\neq c$ $\alpha=\beta=\gamma=90°$	简单正方	P	000
		体心正方	I	000, $\frac{1}{2}\frac{1}{2}\frac{1}{2}$
正交晶系 （斜方晶系）	$a\neq b\neq c$ $\alpha=\beta=\gamma=90°$	简单正交	P	000
		体心正交	I	000, $\frac{1}{2}\frac{1}{2}\frac{1}{2}$
		底心正交	C	000, $\frac{1}{2}\frac{1}{2}0$
		面心正交	F	000, $\frac{1}{2}\frac{1}{2}0$, $\frac{1}{2}0\frac{1}{2}$, $0\frac{1}{2}\frac{1}{2}$
菱方晶系 （三方晶系）	$a=b=c$ $\alpha=\beta=\gamma\neq 90°$	简单菱方	P	000
六方晶系	$a=b\neq c$ $\alpha=\beta=90°$ $\gamma=120°$	简单六方	P	000
单斜晶系	$a\neq b\neq c$ $\alpha=\gamma=90°\neq\beta$	简单单斜	P	000
		底心单斜	C	000, $\frac{1}{2}\frac{1}{2}0$
三斜晶系	$a\neq b\neq c$ $\alpha\neq\beta\neq\gamma\neq 90°$	简单三斜	P	000

而根据阵点位置不同而确定的四类点阵的特点如下。

① 简单点阵　用字母 P 表示。仅在阵胞的 8 个顶点上有阵点，每个阵点同时为相毗邻的 8 个平行六面体所共有，因此，每个阵胞只占有 1 个阵点。阵点坐标的表示方法为：以阵胞的任意顶点为坐标原点，以与原点相交的 3 个棱边为坐标轴，分别用点阵周期 a、b、c 为度量单位。阵胞顶点的阵点坐标为 000。

② 底心点阵　用字母 C（或 A、B）表示。除 8 个顶点上有阵点外，两个相对面的面心上还有阵点，面心上的阵点为相毗邻的两个平行六面体所共有。因此，每个阵胞占有两个阵点。其阵点坐标分别为：000，$\frac{1}{2}\frac{1}{2}0$。

③ 体心点阵　用字母 I 表示。除 8 个顶点上有阵点外，体心上还有一个阵点，阵胞体心的阵点为其自身所独有。因此，每个阵胞占有两个阵点，其阵点坐标分别为：000，$\frac{1}{2}\frac{1}{2}\frac{1}{2}$。

④ 面心点阵　用字母 F 表示。除 8 个顶点上有阵点外，每个面心上都有一个阵点。因此，每个阵胞占有 4 个阵点。其阵点坐标分别为：000，$\frac{1}{2}\frac{1}{2}0$，$\frac{1}{2}0\frac{1}{2}$，$0\frac{1}{2}\frac{1}{2}$。

整个自然界的晶体材料的空间点阵只有 14 种可能，空间点阵种类的有限性是由选取阵胞的条件所决定的。

例如，在选取复杂阵胞时，除平行六面体顶点外，只能在体心或面心有附加阵点，否则将违背空间点阵的周期性。所以，只可能出现简单、底心、体心、面心四类点阵。这四类点阵除了在正交晶系可同时出现外，在其他晶系中由于受对称性的限制或者是不同类型点阵可互相转换的缘故，都不能同时出现。

例如，在立方晶系中，由于底心点阵与该晶系的对称性不符，所以不能存在。在正方晶系中，底心点阵（图 3.16 中的实线）可以转换为比其体积更小的简单点阵（图 3.16 中的虚线）。从图 3.16 同样可想象得出（假如图中的实线为面心点阵，则虚线即为体心点阵），面心点阵可转换为比其体积更小的体心点阵。所以，正方晶系中只能存在简单和体心两种独立的点阵类型。同理，单斜晶系的体心点阵和面心点阵可分别转换成体积不变和体积减小一半的底心点阵。

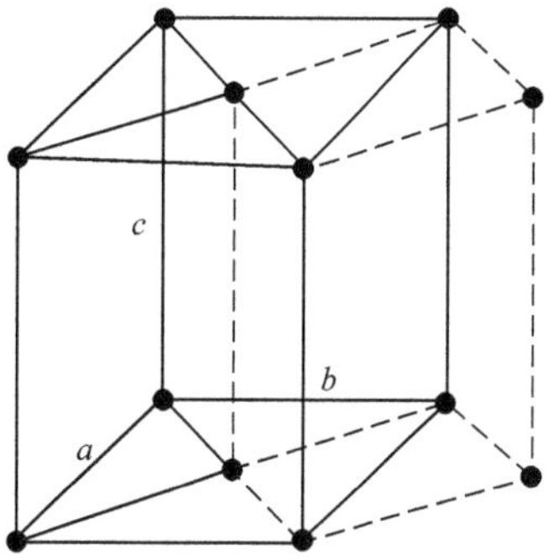

■ 图 3.16 正方底心点阵与正方简单点阵的关系

菱方晶系只能存在简单点阵，因为底心点阵与该晶系的对称性不符，而体心和面心点阵均可转换为简单点阵。六方晶系只存在呈菱方柱形的简单点阵，但考虑到它的六次对称性，而又不违背空间点阵的周期性，所以选取由三个菱方柱形简单点阵拼成的六棱柱形底心点阵。三斜晶系的对称性最低，只能出现简单点阵。

3.1.6 晶胞与晶体结构

晶体的晶胞与其点阵的阵胞点阵参数相同，只是所包含的物质内容不同，晶胞在空间的重复堆垛构成晶体结构。空间点阵与晶体结构是相互关联的，但又是两种不同的概念。空间点阵是从晶体结构中抽象出来的几何图形，它反映晶体结构最基本的几何特征。因此，空间点阵不可能脱离具体的晶体结构而单独存在。但是，空间点阵并不是晶体结构的简单描绘，它的阵点虽然与晶体结构中的任一类等同点相当，但是只具有几何意义，并非具体质点。自然界中晶体结构的种类繁多，而且是很复杂的。但是，从实际晶体结构中抽象出来的空间点阵却只有 14 种。这是因为空间点阵中的每个阵点所代表的结构单元可以由一个、两个或更多个等同质点组成。而这些质点在结构单元中的结合及排列又可以采取各种不同的形式。因此，每一种布拉菲点阵都可以代表许多种晶体结构。

空间点阵与晶体结构之间的关系可以概括地示意为：空间点阵＋结构基元＝晶体结构。下面通过对几种常见的晶体结构的分析来进一步说明晶体结构与空间点阵的关系。

金属元素大多数具有最简单的晶体结构。主要是面心立方、体心立方和密堆六方结构。其中面心立方和体心立方结构金属晶体的原子与空间点阵的阵点重合。图 3.17 为具有面心立方结构的铝的阵胞和晶胞，从图中可知两者基本相同，以原子代替阵胞中的结点就得到了铝的晶胞。体心立方结构金属晶体的晶胞也具有类似的特点。对于面心立方和体心立方的金属而言，它们的晶体结构与空间点阵是相同的。

密堆六方结构金属的晶胞可以用两种形式表示：①由三个单位平行六面体晶胞拼成一个密堆六方晶胞［图 3.18(a)］，晶胞中有 6 个原子；②单位平行六面体晶胞［图 3.18(b)］，晶胞中有两个原子，其坐标分别为 000，$\frac{2}{3}\frac{1}{3}\frac{1}{2}$。从图 3.18(b) 可以看出，虽然晶胞中的 2

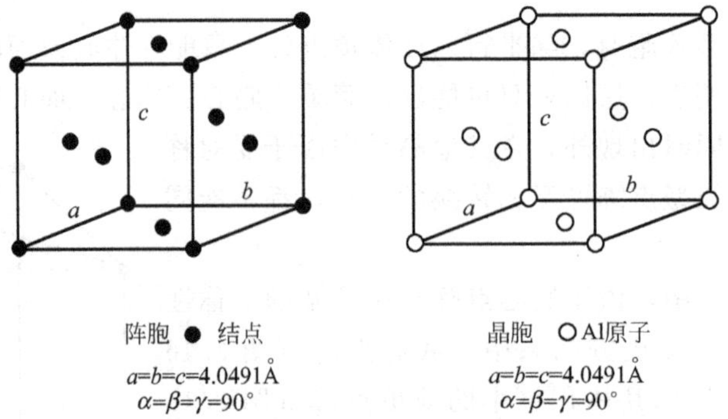

■ 图 3.17 铝的点阵阵胞与晶胞

个原子都是相同的金属原子，但它们的几何环境并不相同，因此不属于同一类等同点，也就不能构成密堆六方点阵。所以，密堆六方结构金属的空间点阵为简单六方点阵。

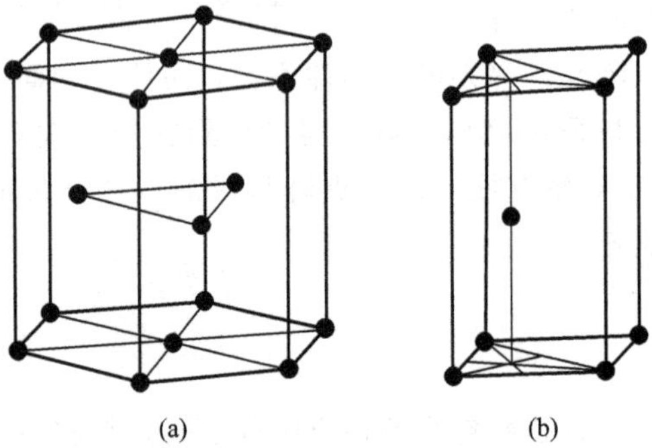

■ 图 3.18 密堆六方结构的晶胞

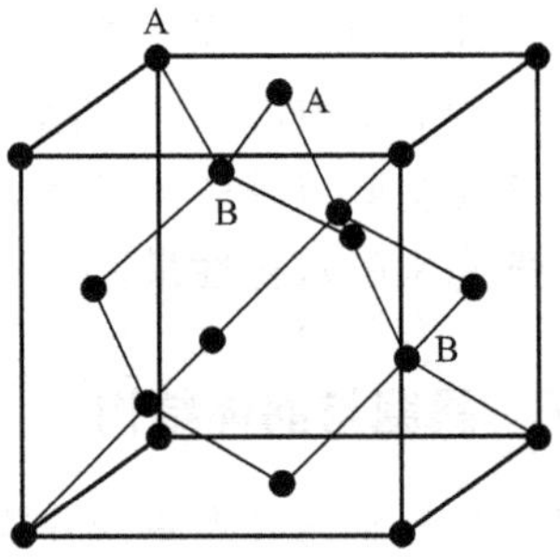

■ 图 3.19 金刚石立方结构的晶胞

共价晶体金刚石属于立方晶系，晶胞（图 3.19）中有 8 个碳原子。其中位于 000，$\frac{1}{2}\frac{1}{2}0$，$\frac{1}{2}0\frac{1}{2}$，$0\frac{1}{2}\frac{1}{2}$坐标位置的 4 个原子属于一类等同点（A 原子），而位于$\frac{1}{4}\frac{1}{4}\frac{1}{4}$，$\frac{3}{4}\frac{3}{4}\frac{1}{4}$，$\frac{3}{4}\frac{1}{4}\frac{3}{4}$，$\frac{1}{4}\frac{3}{4}\frac{3}{4}$坐标位置的 4 个原子则属于另一类等同点（B 原子）。两类等同点分别构成完全相同的面心立方点阵。所以，金刚石晶体结构属于面心立方点阵。

离子晶体氯化铯属于立方晶系，图 3.20(a) 为氯化铯的点阵阵胞，当每个结点都以相同的方式放上一对氯离子和铯离子时，就形成氯化铯晶胞，如图 3.20(b) 所示。氯化铯晶胞中有两个离子，铯离子的坐标为 000，属于一类等同点；氯离子的坐标为$\frac{1}{2}\frac{1}{2}\frac{1}{2}$，属于另一类等同点。两类等同点分别构成完全相同的简单立方点阵。所以，氯化铯晶体结构属于简单立方点阵。

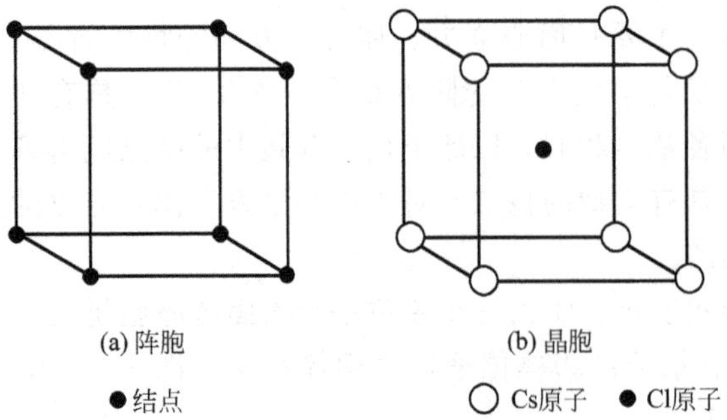

■ 图 3.20 氯化铯的阵胞与晶胞

许多晶体的结构虽然不同，但是点

阵类型相同。图 3.21 表示出几种不同的晶胞，它们都属于面心立方点阵，都具有面心立方阵胞。因此，虽然天然的和人造的晶体品种繁多，结构千变万化，但是它们都可以归纳到 14 种布拉菲点阵中来。

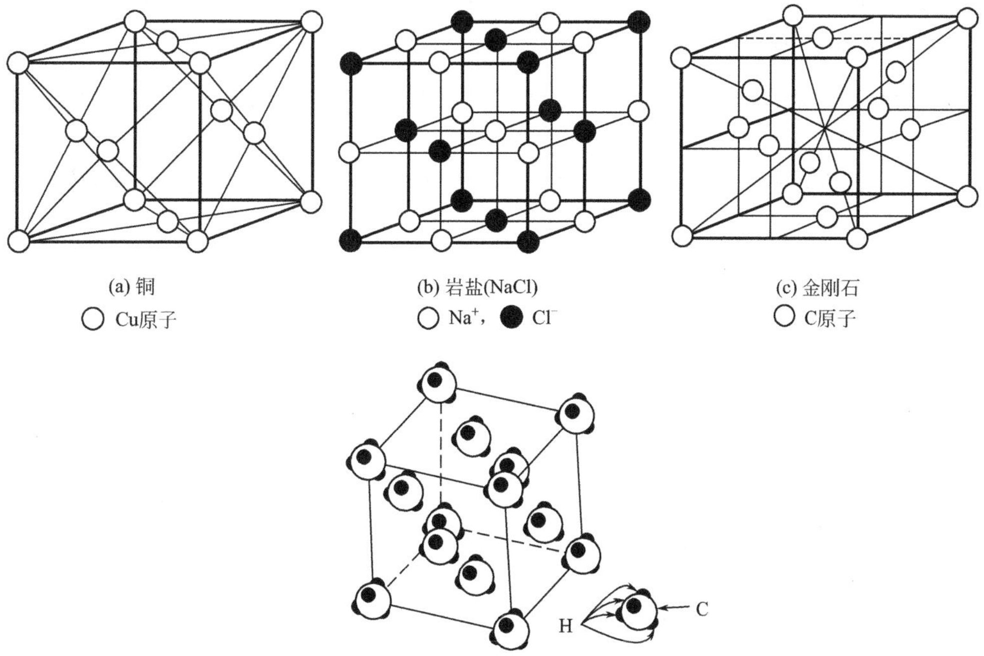

(a) 铜　○ Cu原子

(b) 岩盐(NaCl)　○ Na^+，● Cl^-

(c) 金刚石　○ C原子

(d) 甲烷晶体

■ 图 3.21　四种具有面心立方点阵的晶体

3.2　晶面和晶向指数

本节主要介绍阵胞（或晶胞）内的点（原子）的位置、直线（原子排列）的方向和平面（原子面）的取向的表示方法。要说明或解释晶态材料微观状态或微观状态的变化，如空位、间隙、结晶、变形、相变、扩散、晶体取向、织构状况等，总离不开晶体内这些点、线和面的位置、方向和取向。因此可以说，由晶体学规定的这些点、线、面的称呼方法是晶体学语言，材料工作者之间要用晶体学语言来相互讨论问题、阐明观点、交流经验。

为解决上述问题，首先要选取坐标系，规定以阵胞（或晶胞）的三个基矢为坐标轴，即以阵胞的三个棱为坐标轴，并且以各自的棱长为坐标的单位，而不是以统一的埃或厘米等为单位。下面分别介绍约定的各种表示方法。

3.2.1　阵胞中的点

阵胞或晶胞中的结点或原子，间隙或空位等的位置都涉及点的位置。取阵胞的三个基矢为坐标轴，阵胞中点的位置就是此点在该坐标系中的坐标。

下面以三斜阵胞为例加以说明。图 3.22 表示出三斜阵胞中的三个基矢。为清楚起见，未画出整个阵胞的形状。

这里的三个基矢 $\boldsymbol{a}$、$\boldsymbol{b}$、$\boldsymbol{c}$ 方向任意，长短各异。如果阵胞内有一点 P，则确定 P 点在 $\boldsymbol{a}$、$\boldsymbol{b}$、$\boldsymbol{c}$ 坐标系中坐标的方法是：过 P 点作三个平面，这三个平面分别与各对基矢组成的平面平行，三个平面与三个基矢分别交于 A、B 和 C 点。假设线段 $OA=|\boldsymbol{a}|$，$OB=\frac{1}{2}|\boldsymbol{b}|$，$OC=\frac{2}{3}|\boldsymbol{c}|$，即 P 点的坐标是 1，1/2，2/3，记为 $1\,\frac{1}{2}\,\frac{2}{3}$ 或 $\cdot 1\,\frac{1}{2}\,\frac{2}{3}\cdot$。阵胞内点的坐标通常用字母 u、v、w 表示，记为 uvw 或 $\cdot uvw\cdot$。

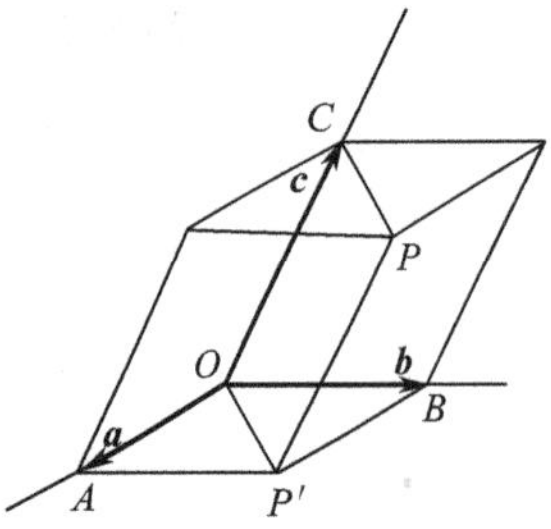

■ 图 3.22　三斜阵胞中点的坐标

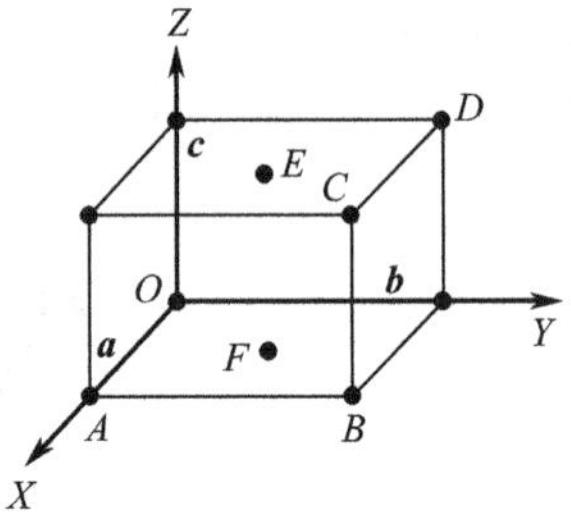

■ 图 3.23　阵胞内点的坐标

由此可知，凡处在阵胞顶角上的点，其坐标为整数，而处在阵胞棱上或内部的点，其坐标为分数。如图 3.23 中 A、B、C、D、E 和 F 各点的坐标分别为：

A 点坐标：1，0，0

B 点坐标：1，1，0

C 点坐标：1，1，1

D 点坐标：0，1，1

E 点坐标：1/2，1/2，1

F 点坐标：1/2，1/2，0

3.2.2 阵胞内的直线

点阵中的方向就是平移矢量的方向，在晶体结构中称其为晶向。实际中常用的晶向有原子特定的排列方向、原子面切变方向、晶体生长方向、晶带轴方向等。阵胞中的方向用晶向指数表示。在图 3.24 中，方向 CP 的指数是这样决定的：

① 过阵胞原点 O 作 CP 的平行线 OP'。

② 在 OP' 直线上找距离阵胞原点 O 最近的，坐标为整数的结点，写出此点的坐标 u、v、w。在图 3.24 中符合条件的点是 B。其坐标为 1，1，0。

③ 将此点的坐标 u、v、w 去除符号，加上方括号就为此直线方向的指数 $[uvw]$。图 3.24 中 CP 方向的**晶向指数**就是 [110]。

阵胞中的 $[uvw]$ 方向就是平移矢 $\boldsymbol{r}=u\boldsymbol{a}+v\boldsymbol{b}+w\boldsymbol{c}$ 的方向。图 3.25 给出了立方阵胞中的三个方向 AB、BC 和 CA，它们的指数分别为 $[\bar{1}10]$、$[0\bar{1}1]$ 和 $[10\bar{1}]$。晶向指数中数字

上的横线表示此坐标为负数。

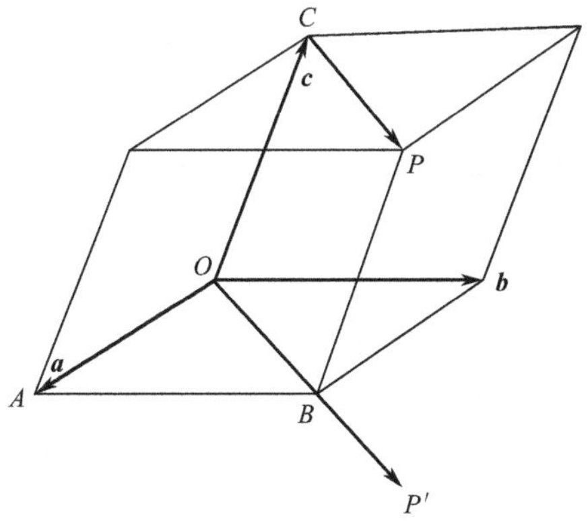

■ 图 3.24 阵胞中的方向

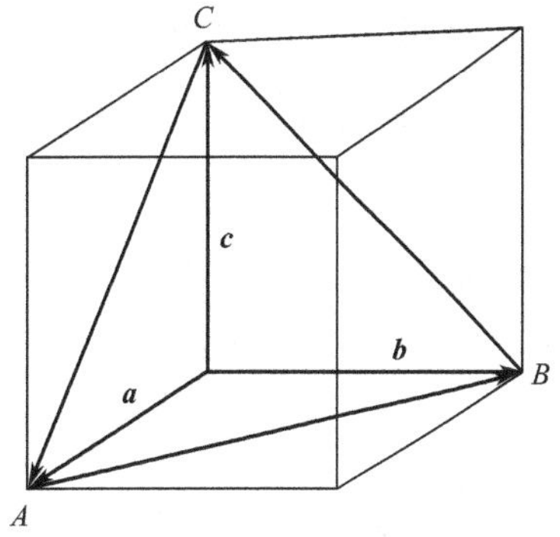

■ 图 3.25 晶向指数

3.2.3 阵胞中的平面

阵胞（或晶胞）中常用的平面是特定的结点（或原子）面，在晶体结构中称为晶面，如滑移面、解理面、沉淀面……面的取向不是用角度而是用一组数来表示，称这组数为**晶面指数**。下面以图 3.26 中的 ABC 面为例，说明其晶面指数的决定方法：

① 找出平面在三个坐标轴上的截距，此截距的大小分别以三个基矢长度为单位。如图中 ABC 面的截距是 1/2、1 和 2/3。

② 取截距的倒数 2、1、3/2，再将它们化为互质数 4、2、3。

③ 将所得之数加上圆括号。

例如，(423) 就是平面 ABC 的指数。这样确定的晶面指数一般称为晶面的**米勒指数**，记为 (hkl)。

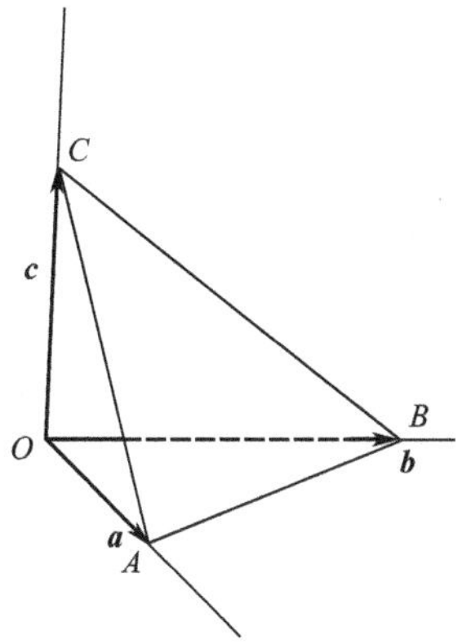

■ 图 3.26 米勒指数的确定

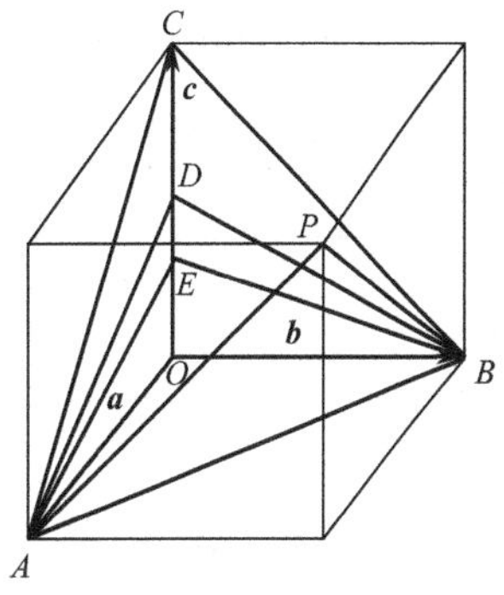

■ 图 3.27 晶面的指数和晶带

图 3.27 中所示的三个面 ABC、ABD 和 ABE 的米勒指数分别为 (111)，(112) 和 (113)。从图中可以看出，这三个面都平行于一个方向 AB，另外还有一系列平面，如 ABP 等，也平行于 AB 方向。定义平行于同一方向的一系列面为**晶带**，称这个方向为**晶带轴**，它

也是此晶带的名称。如上述的一系列晶面属于 $[1\bar{1}0]$ 晶带。可以证明对于立方晶系，晶面和其法线方向同名，例如（111）面的法线为［111］。

3.2.4 晶胞内的等价点、晶向和晶面

晶胞内的某些点、晶向和晶面在几何上和物理上都是不可区分的，称这些点、晶向和晶面为等价点、等价晶向和等价晶面。

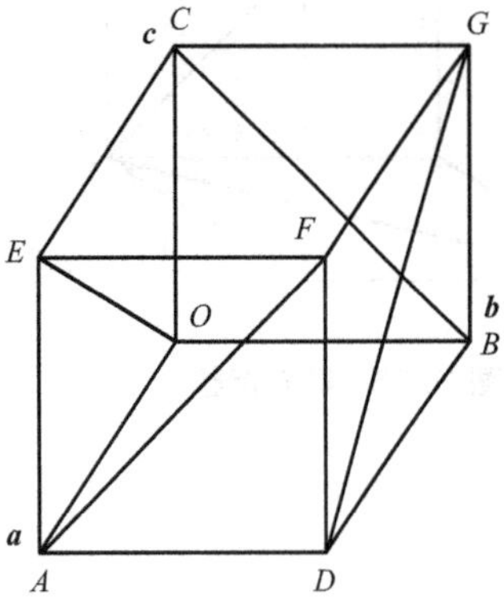

■ 图 3.28 等价点与等价晶向

在图 3.28 的立方阵胞中，各个顶角都是等价点。图中 OE、AF、DG 和 BC 的方向指数为 [101]、[011]、$[\bar{1}01]$ 和 $[0\bar{1}1]$，它们是相互等价的方向。对于立方晶系而言，等价方向的指数由晶向指数中 3 个数字正负数的全部排列构成，例如方向 [110]、$[10\bar{1}]$、$[01\bar{1}]$、$[\bar{1}10]$、$[1\bar{1}0]$、$[\bar{1}0\bar{1}]$、$[\bar{1}\bar{1}0]$、$[0\bar{1}\bar{1}]$ 与上述 4 个方向等价。

一般把相互等价的方向称为晶向族，记为 $\langle uvw \rangle$。上述 8 个方向属于 $\langle 110 \rangle$ 晶向族。对于非立方晶系，晶向族内包括的方向就不再是方向指数中 3 个数字的全部排列。例如正方晶系的 $\langle 110 \rangle$ 晶向族只包括 [110]、$[1\bar{1}0]$、$[\bar{1}\bar{1}0]$ 和 $[\bar{1}10]$ 4 个方向。

同样，立方晶系中，等价面的指数也是 3 个面指数数字正负号的全部排列，例如 (111)、$(11\bar{1})$、$(\bar{1}11)$、$(1\bar{1}1)$、$(1\bar{1}1)$、$(\bar{1}\bar{1}1)$、$(1\bar{1}\bar{1})$、$(\bar{1}1\bar{1})$ 和 $(\bar{1}\bar{1}\bar{1})$ 都是等价面，称它们为同一晶面族，记为 {111}，晶面族的一般符号是 $\{hkl\}$。又例如立方晶系的 {110} 晶面族包括 (110)、(101)、(011)、$(\bar{1}10)$、$(1\bar{1}0)$、$(\bar{1}\bar{1}0)$、$(\bar{1}01)$、$(10\bar{1})$、$(\bar{1}0\bar{1})$、$(0\bar{1}1)$、$(01\bar{1})$ 和 $(0\bar{1}\bar{1})$ 共 12 个晶面。在其他晶系中，晶面指数的数字绝对值相同的晶面就不一定都属于同一个晶面族。例如，对于正方晶系，(100)、(010)、$(\bar{1}00)$ 和 $(0\bar{1}0)$ 4 个晶面同属于 {100} 晶面族；而 (001) 和 $(00\bar{1})$ 晶面则属于另一晶面族 {001}。正方晶系的 {100} 和 {001} 是不同的晶面族。

学习晶体的对称和点群概念以后，会对等价点、等价晶向和等价晶面，即点族、晶向族、晶面族等问题有进一步的了解。现在将上述等价符号归纳于表 3.2。

■ **表 3.2 特定点、线、面的符号与点、线、面族的符号**

名　称	特定点、线、面的符号	点、线、面族的符号
点的位置	uvw 或 $\cdot uvw \cdot$	$:uvw:$
线（方向或晶向）	$[uvw]$	$\langle uvw \rangle$
面（平面或晶面）	(hkl)	$\{hkl\}$

3.2.5 六方晶系中的晶面指数

确定六方晶系中的面、方向指数时，可采用不同的轴系，这里只介绍应用最广的六方轴系及在此轴系中确定的米勒指数和米勒-布拉菲指数。

（1）六方晶系中的晶面指数

六方晶系阵胞中沿 c 轴方向存在 6 次对称轴，所以图 3.29 中的 6 个棱柱面应为等价面，属于同一晶面族。在用米勒指数标定这些棱柱面时，它们依次是（100）、（010）、$(\bar{1}10)$、

$(\bar{1}00)$、$(0\bar{1}0)$ 和 $(1\bar{1}0)$。由此看出，等价面的米勒指数之间不存在数字的排列关系。为了改变这种情况，往往在六方晶系中采用四指数系统，即在原有三基矢 $\boldsymbol{a}_1$、$\boldsymbol{a}_2$、$\boldsymbol{c}$ 中加入另一个坐标轴 $\boldsymbol{a}_3$，让 $\boldsymbol{a}_3=-(\boldsymbol{a}_1+\boldsymbol{a}_2)$，见图 3.29。用此四坐标轴定出的晶面指数记为 $(hkil)$，晶面族记为 $\{hkil\}$，称这种晶面指数为**米勒-布拉菲指数**。由 $\boldsymbol{a}_1$、$\boldsymbol{a}_2$、$\boldsymbol{a}_3$ 及 $\boldsymbol{c}$ 为轴定出六棱柱面的米勒-布拉菲指数为 $(10\bar{1}0)$、$(01\bar{1}0)$、$(\bar{1}100)$、$(\bar{1}010)$、$(0\bar{1}10)$ 和 $(1\bar{1}00)$，它们之间呈现出相同数字正负值的排列关系，记为 $\{10\bar{1}0\}$ 晶面族。已知晶面的米勒指数 (hkl)，能够方便地确定晶面的米勒-布拉菲指数。这是因为四指数中的第三个指数 $i=-(h+k)$，所以只要由米勒指数计算出 i，加在米勒指数第二个数字之后，就成了米勒-布拉菲指数 $(hkil)$。有时也将 $(hkil)$ 写成 $(hk\cdot l)$，但这种写法同样存在三指数系统的弊端。表 3.3 给出了六个棱柱面的米勒指数与米勒-布拉菲指数。此外，图 3.30 中的 a_1a_3ba 和 fa_1e 面的四指数形式分别是 $(1\bar{2}10)$ 和 $(10\bar{1}2)$。

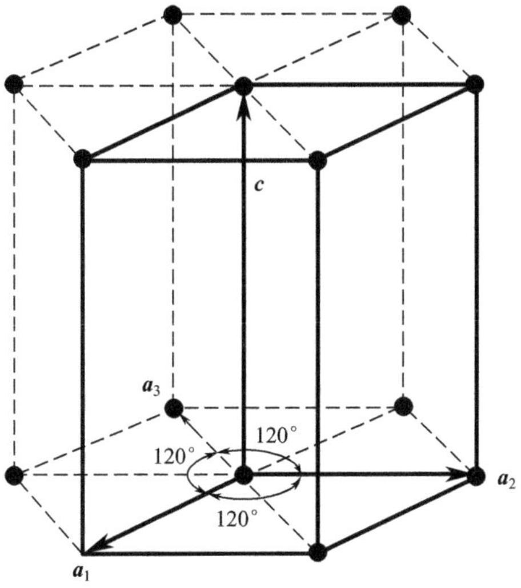

■ 图 3.29 六方晶系阵胞的基矢

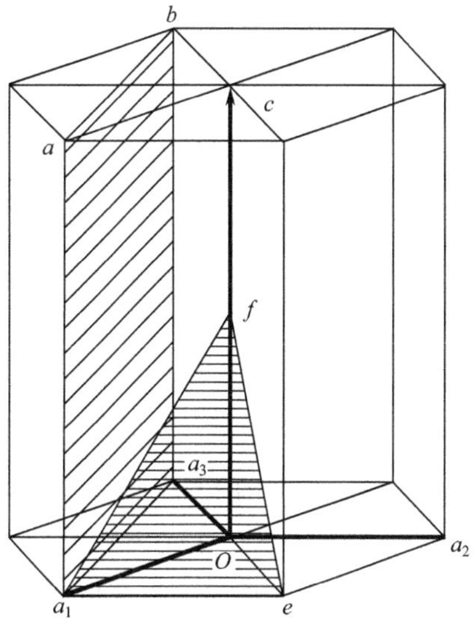

■ 图 3.30 六方晶系阵胞中的平面

■ 表 3.3 六个棱柱面的米勒指数与米勒-布拉菲指数

米勒指数	米勒-布拉菲指数	
(hkl)	$(hkil)$	$(hk\cdot l)$
100	$10\bar{1}0$	$10\cdot 0$
010	$01\bar{1}0$	$01\cdot 0$
$\bar{1}10$	$\bar{1}100$	$\bar{1}1\cdot 0$
$\bar{1}00$	$\bar{1}010$	$\bar{1}0\cdot 0$
$0\bar{1}0$	$0\bar{1}10$	$0\bar{1}\cdot 0$
$1\bar{1}0$	$1\bar{1}00$	$1\bar{1}\cdot 0$

(2) 六方晶系中的晶向指数

六方晶系中以 $\boldsymbol{a}_1$、$\boldsymbol{a}_2$、$\boldsymbol{c}$ 三基矢为坐标轴定出的方向指数记为 $[UVW]$，其底面上 6 个等价方向（图 3.31）的指数是 $[100]$、$[110]$、$[010]$、$[\bar{1}00]$、$[\bar{1}\bar{1}0]$ 和 $[0\bar{1}0]$。单从这些指数中不能反映出它们之间的等价关系，为了改变这种状况，也引入 $\boldsymbol{a}_1$、$\boldsymbol{a}_2$、$\boldsymbol{a}_3$、$\boldsymbol{c}$ 四轴

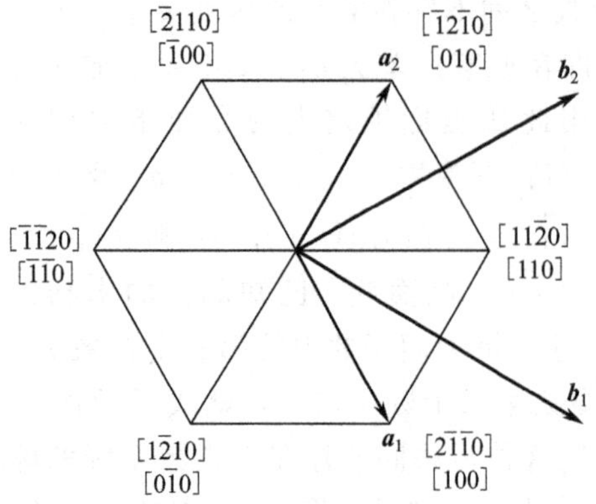

■ 图 3.31 六方阵胞基面上的方向

系统。这时，获得的是方向的米勒-布拉菲指数，记为 [$uvtw$]，要求 $t=-(u+v)$。对某一方向 $\boldsymbol{r}$，其在三轴和四轴两个坐标系中的表达式分别为

$$\boldsymbol{r}=U\boldsymbol{a}_1+V\boldsymbol{a}_2+W\boldsymbol{c}$$

$$\boldsymbol{r}=u\boldsymbol{a}_1+v\boldsymbol{a}_2+t\boldsymbol{a}_3+w\boldsymbol{c}$$

因为

$$t=-(u+v)$$

$$\boldsymbol{a}_1+\boldsymbol{a}_2=-\boldsymbol{a}_3$$

故有

$$U\boldsymbol{a}_1+V\boldsymbol{a}_2+W\boldsymbol{c}_3=u\boldsymbol{a}_1+v\boldsymbol{a}_2+(u+v)(\boldsymbol{a}_1+\boldsymbol{a}_2)+w\boldsymbol{c}$$

整理后得

$$\begin{cases}U=2u+v\\V=u+2v\\W=w\end{cases}\tag{3.5}$$

及

$$\begin{cases}u=\dfrac{1}{3}(2U-V)\\v=\dfrac{1}{3}(2V-U)\\w=W\end{cases}\tag{3.6}$$

通常可用 $\boldsymbol{a}_1$，$\boldsymbol{a}_2$ 及 $\boldsymbol{c}$ 三坐标系定出方向的米勒指数 [UVW]，再用变换式(3.6) 变成方向的米勒-布拉菲指数 [$uvtw$]。图 3.31 中的 6 个方向的四指数为：[$2\bar{1}\bar{1}0$]、[$11\bar{2}0$]、[$\bar{1}2\bar{1}0$]、[$\bar{2}110$]、[$\bar{1}\bar{1}20$] 和 [$1\bar{2}10$]。这些指数表现出六方晶系的六次对称性。式(3.6) 在电子衍射工作中计算带轴的四指数时特别有用。

在一般晶体学问题中，可以用图 3.32 中表示的新坐标系 $\boldsymbol{b}_1$、$\boldsymbol{b}_2$ 和 $\boldsymbol{c}$，按正常的米勒指数标定方法定出方向四指数 [$uvtw$] 中的三个指数 u、v 和 w，再利用 $t=-u+v$，获得米勒-布拉菲指数 [$uvtw$]。新坐标系 $\boldsymbol{b}_1$、$\boldsymbol{b}_2$、$\boldsymbol{c}$ 与原坐标系 $\boldsymbol{a}_1$、$\boldsymbol{a}_2$、$\boldsymbol{c}$ 加式(3.6) 等效。表 3.4 列出基面上六角方向的米勒指数与米勒-布拉菲指数。

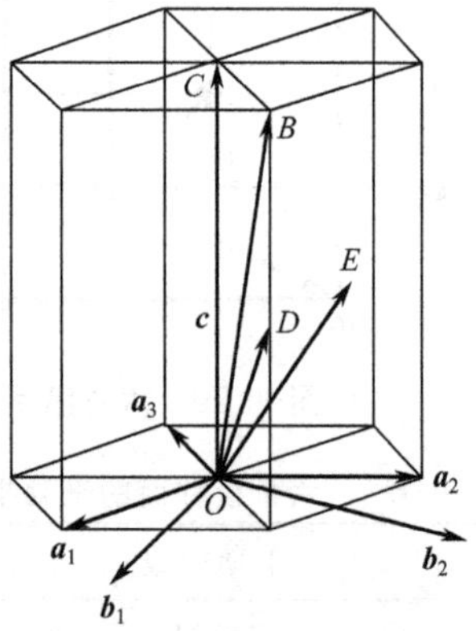

■ 图 3.32 $\boldsymbol{a}_1$、$\boldsymbol{a}_2$、$\boldsymbol{c}$ 坐标系与 $\boldsymbol{b}_1$、$\boldsymbol{b}_2$、$\boldsymbol{c}$ 坐标系

■ 表 3.4 六方晶系基面中六角方向的米勒指数与米勒-布拉菲指数

米勒指数 [UVW]	米勒-布拉菲指数		
	uvw①	[$uvtw$]	[$uv\cdot w$]
100	$2\bar{1}0$	$2\bar{1}\bar{1}0$	$2\bar{1}\cdot 0$
110	110	$11\bar{2}0$	$11\cdot 0$
010	$\bar{1}20$	$\bar{1}2\bar{1}0$	$\bar{1}2\cdot 0$
$\bar{1}00$	$\bar{2}10$	$\bar{2}110$	$\bar{2}1\cdot 0$
$\bar{1}\bar{1}0$	$\bar{1}\bar{1}0$	$\bar{1}\bar{1}20$	$\bar{1}\bar{1}\cdot 0$
$0\bar{1}0$	$1\bar{2}0$	$1\bar{2}10$	$1\bar{2}\cdot 0$

① 四指数中三个指数 uvw 的获得方法有：由米勒指数用式(3.6) 计算出；由新坐标系 $\boldsymbol{b}_1$、$\boldsymbol{b}_2$ 和 $\boldsymbol{c}$ 定出。

■ 表 3.5 图 3.32 中晶向的米勒指数与米勒-布拉菲指数

方 向	米勒指数[*UVW*]	米勒-布拉菲指数中的 *uvw*	米勒-布拉菲指数[*uvtw*]
OB	[111]	113 或[11 · 3]	$[11\bar{2}3]$
OD	[221]	223 或[22 · 3]	$[22\bar{4}3]$
OE	[121]	011 或[01 · 1]	$[01\bar{1}1]$

表 3.5 列出了图 3.32 中给出的方向在三指数系统，即 $\boldsymbol{a}_1$、$\boldsymbol{a}_2$、$\boldsymbol{c}$ 坐标系和四指数系统中的指数。在六方晶系中，除四指数的（$000l$）和 $\{hki0\}$ 与同名的方向垂直，即（$000l$）⊥[$000l$]，($hki0$)⊥[$hki0$] 外，一般的同名晶面与晶向互不垂直。

3.2.6 晶面间距

前面谈到的（hkl）面，实际上包括着一系列互相平行的、等间距的面，称为面列，面间距是指面列中两相邻平面之间的垂直距离。图 3.33 表示出（111）面列中的一部分。OP 是（111）面的法线方向，OP 被（111）面列截为等长，即 $OP_1=P_1P_2=P_2P_3=\cdots=d$，$d$ 就是（111）面的面间距，记为 d_{111}。面间距的大小是晶面指数（hkl）与点阵参数 a、b、c 和 α、β、γ 的函数。晶面间距的具体计算方法将在后面介绍倒易矢量的相关知识时再给出。这里只给出晶面间距的一般规律：晶面指数越低，晶面间距越大；晶面指数越高，晶面间距越小。一般来说，面间距大的晶面，面上的结点密度就大；面间距小的晶面，面上的结点密度就小（图 3.34）。结点密度大的面在结晶、变形、相变等过程，特别是衍射过程中都起主导作用，所以对于低指数的晶面尤其给予重视。

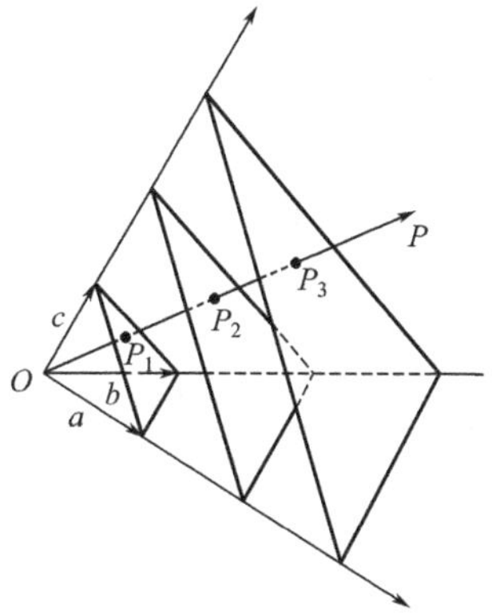

■ 图 3.33 面列与面间距

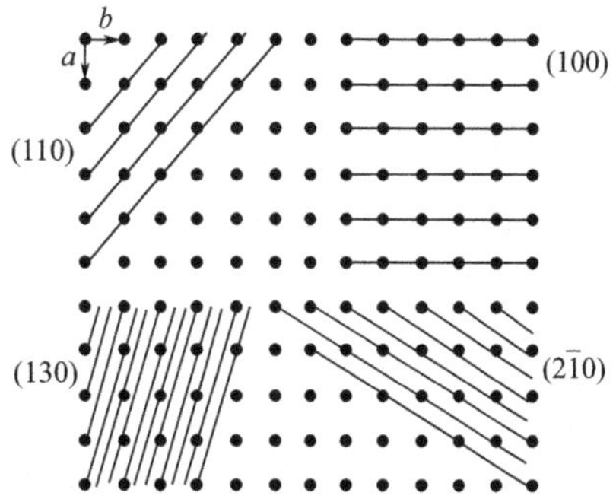

■ 图 3.34 晶面指数与面间距

3.3 晶体中的对称操作与对称元素

晶体结构是重复的图形，点阵是其重复规律的描述。重复本身就是一种平移对称性。对称规律是晶体的基本规律之一，利用晶体的对称规律可以简化晶体学问题的计算、讨论和作图。

晶体是对称图形，对称是晶体的固有属性。所谓对称图形是指图形中有若干完全相同的部分，并且它们之间由一定的动作相联系。这种将对称图形中的相同部分联系起来的动作称为对称操作，对称操作所借助的几何元素——点、线、面被称为对称元素。

晶体中可能存在的对称操作和对称元素与一般对称图形不同，它们要受到晶体周期性这个基本规律的限制，即平移特性的制约。例如，五角星中存在的对称操作在晶体中就不可能存在。

包括平移操作在内的对称操作称为微观对称操作，这种操作在讨论晶体结构时是比较重要的。由于晶体结构中的平移量仅为几个埃的量级，所以平移特性在宏观晶体多面体的性质（物理、力学、电学等）中没有反映。因此，不包括平移操作的对称操作称为宏观对称操作。下面分别讨论晶体中可能存在的宏观对称操作与晶体结构中可能存在的微观对称操作。

3.3.1 宏观对称操作与对称元素

宏观对称操作时，图形中至少有一点是固定不动的，所以也称为点操作。宏观对称操作包括旋转、反映、反演和旋转-反演四种。

（1）旋转操作与对称轴

旋转操作是将图形绕固定轴旋转一定角度的操作，称此固定轴为对称轴或转轴。若旋转角为 α，则 $n=360°/\alpha$ 为对称轴的轴次。图 3.35 是具有二次对称轴的对称图形。所谓对称图形存在二次轴，是指图中的相同部分之间由绕对称轴转 180°的动作相联系，图 3.35 中的一部分（一只手）绕转轴转 180°后形成图形中的另一部分，继续绕此轴作 180°的转动，也不会引起图形的变化。

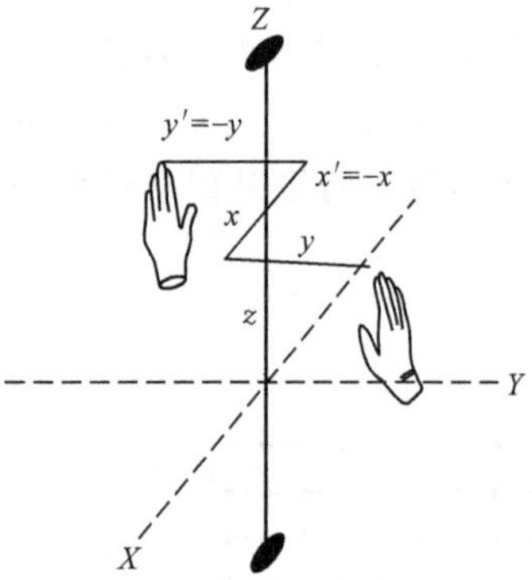

■ 图 3.35 具有二次对称轴的对称图形

晶体中只能存在 1、2、3、4、6 次对称轴，记为 1、2、3、4 和 6，垂直纸面的轴用图形表示，二次、三次、四次和六次轴分别为：⬮、▲、■和⬡。

晶体中只可能有 1、2、3、4 和 6 次轴，是由晶体结构是重复图形这一特点决定的。考虑图 3.36 所示的二维点阵，它沿 A_1A_2 轴方向的初级矢长度为 t。设图形有过结点垂直于纸面的 n 次轴，则过 A_1 点的转轴将 A_2 结点操作到 B_2 处，而过 A_2 点的转轴将结点 A_1 操作到 B_1 处。由于晶体周期性的限制，B_1 与 B_2 也必然是结点，即 B_1 与 B_2 之间的距离应为初级矢长度 t 的整数倍，设 $B_1B_2=Nt$，而从图中看出 $B_1B_2=t-2t\cos\alpha$，因此 α 角的限制式为：

$$\cos\alpha=\frac{1-N}{2} \tag{3.7}$$

其中 N 为整数，由于 $-1\leqslant\cos\alpha\leqslant1$，所以有，

$$-1\leqslant\frac{1-N}{2}\leqslant1 \tag{3.8}$$

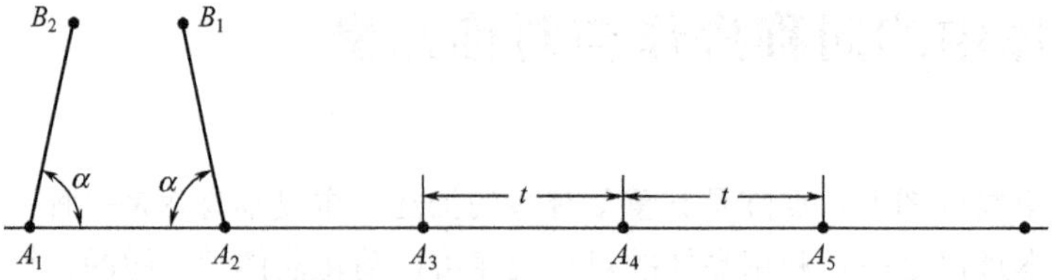

■ 图 3.36 晶体中可能存在的轴次

由式(3.8) 得出 N 的所有可能取值，以及由其决定的转角 α 和旋转轴轴次 n 列于表 3.6。

■ 表 3.6　可能存在的旋转轴的轴次

N 值	3	2	1	0	−1
cosα	−1	−1/2	0	1/2	1
α 值	180°	120°	90°	60°	360°
轴次 n	2	3	4	6	1

因此，晶体中只可能存在 1、2、3、4 和 6 次轴，不可能存在 5 次，7 次或更高次的对称轴。例如，在立方体中有 6 条二次轴 [图 3.37(a)]、4 条三次轴 [图 3.37(b)] 和 3 条四次轴 [图 3.37(c)]。

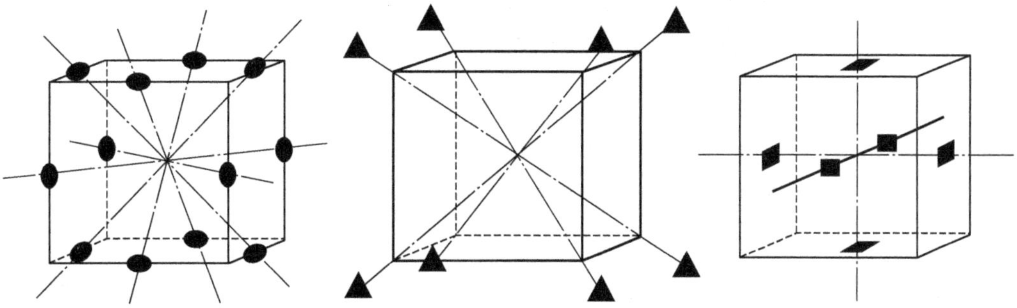

■ 图 3.37　立方体中的对称轴

如果对称轴和 Z 轴方向一致，设旋转前后对应点的坐标为 x、y、z 和 x'、y'、z'，那么它们之间的变换关系为：

$$\begin{cases} x'=x\cos\left(\dfrac{2\pi}{n}\right)-y\sin\left(\dfrac{2\pi}{n}\right) \\ y'=x\sin\left(\dfrac{2\pi}{n}\right)+y\cos\left(\dfrac{2\pi}{n}\right) \\ z'=z \end{cases} \tag{3.9}$$

即交换矩阵为

$$\begin{bmatrix} \cos\left(\dfrac{2\pi}{n}\right) & -\sin\left(\dfrac{2\pi}{n}\right) & 0 \\ \sin\left(\dfrac{2\pi}{n}\right) & \cos\left(\dfrac{2\pi}{n}\right) & 0 \\ 0 & 0 & 1 \end{bmatrix} \tag{3.10}$$

其中，n 为轴次。当 $n=2$ 时，$x'=-x$，$y'=-y$，$z'=z$，即为图 3.35 所示的情况。

值得一提的是，虽然依据上述分析，晶体中只能存在 1、2、3、4、6 次对称轴，自然界中是不可能存在 5 次、7 次或更高次的对称轴的晶体材料。然而 2011 年诺贝尔化学奖授予了发现具有 5 次对称轴的准晶材料的 D. Shechtman 教授，其实 5 次对称的准晶体不是严格意义上的晶体，因为该材料内原子堆垛成了一个个具有五重旋转对称的 20 面体结构，但 20 面之间并无平移周期性，不是真正意义上的晶体。关于准晶研究起源于 1961 年，数学家王浩提出了用不同形状的拼图铺满平面的拼图问题。1976 年王浩的学生 Roger Penrose 构造了一系列只需要两种拼图的方法，这种方法拼出来的图案具有五次对称性。1984 年年底，D. Shechtman 等宣布发现了准晶体，他们在急冷凝固的 Al-Mn 合金中观察到了具有五重旋转对称但并无平移周期性的 20 面体准晶。2009 年，矿物学上的一个发现为准晶是否能在自然条件下形成提供了证据，俄罗斯的一块铝锌铜矿上发现了 $Al_{63}Cu_{24}Fe_{13}$ 组成的准晶颗粒，和实验室中合成的一样，这些颗粒的结晶程度都非常好。图 3.38 是 Roger Penrose 构造的五次对称拼图、D. Shechtman 发现的 Al-Mn 准晶体衍射图、准晶体原子堆垛的 20 面体构型和俄罗斯发现的准晶铝锌铜矿。

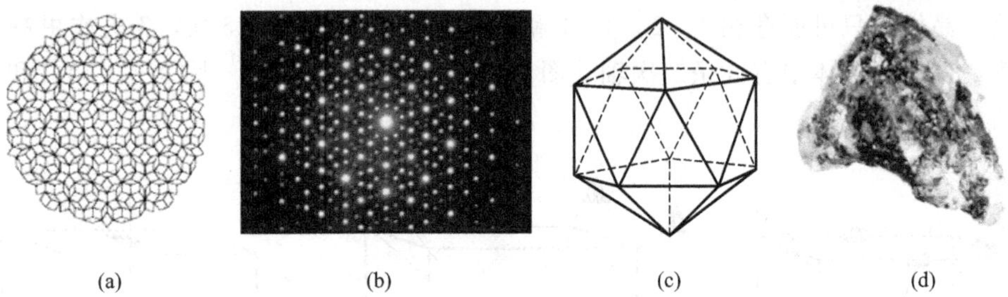

■ 图 3.38 Roger Penrose 构造的五次对称拼图(a)、D. Shechtman 发现的 Al-Mn 准晶体衍射图(b)、准晶体原子堆垛的 20 面体构型(c)和俄罗斯发现的准晶铝锌铜矿(d)

(2) 反映操作与对称面

反映操作是以固定平面为镜面，使对称图形的两部分互为镜像的操作。此固定平面称为对称面或镜面，记为 m。人的左、右手之间的关系是反映对称关系，如图 3.39 所示，如果以图中的 XOZ 面为对称面，则操作前后对称点的坐标 x、y、z 和 x'、y'、z'之间的关系为 $x'=x$、$y'=-y$、$z'=z$。变换矩阵为：

$$\begin{bmatrix} 1 & 0 & 0 \\ 0 & -1 & 0 \\ 0 & 0 & 1 \end{bmatrix} \tag{3.11}$$

在立方体中有 9 个对称面（图 3.40）。

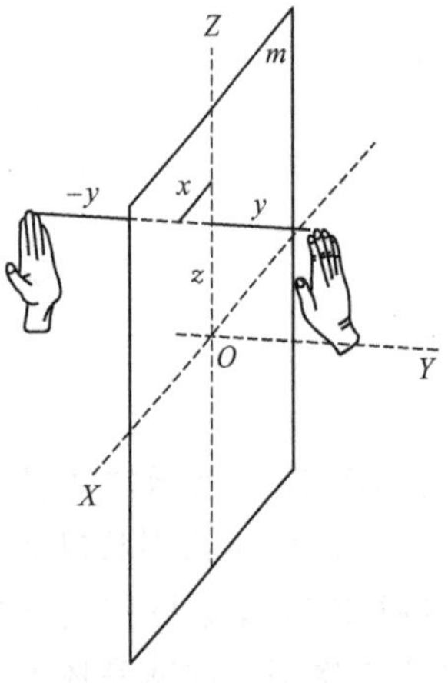

■ 图 3.39 具有对称面的对称图形

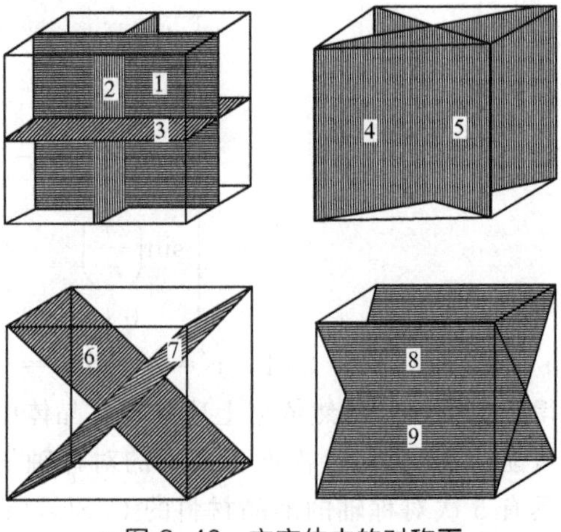

■ 图 3.40 立方体中的对称面

(3) 反演操作与对称心

反演操作是以一点为定点使图形的两部分互为反演的操作。操作中的不动点称为对称心，记为 i。如图 3.41 所示，如果以对称心为坐标原点，则反演操作所联系的对应点的坐标为：$x'=-x$、$y'=-y$、$z'=-z$，即有变换矩阵

$$\begin{bmatrix}-1 & 0 & 0\\ 0 & -1 & 0\\ 0 & 0 & -1\end{bmatrix} \tag{3.12}$$

(4) 旋转-反演操作与反演轴

旋转-反演操作是先绕对称轴旋转，再以轴上一点为中心进行反演的复合操作。旋转-反演操作所借助的轴称为反演轴或反轴。相应于 1、2、3、4 和 6 次旋转轴有相同轴次的反演轴，记为 $\bar{1}$、$\bar{2}$、$\bar{3}$、$\bar{4}$ 和 $\bar{6}$。其中 $\bar{1}$、$\bar{2}$、$\bar{3}$ 和 $\bar{6}$ 分别与对称心、垂直于轴的对称面、$3+i$ 和 $3+m$ 等价，也就是说：$\bar{1}=i$，$\bar{2}=m$，$\bar{3}=3+i$，$\bar{6}=3+m$。此处的“+”号是表示两个操作同时对图形起作用，也就是对称图形中同时存在由“+”号所联系的两种对称元素。

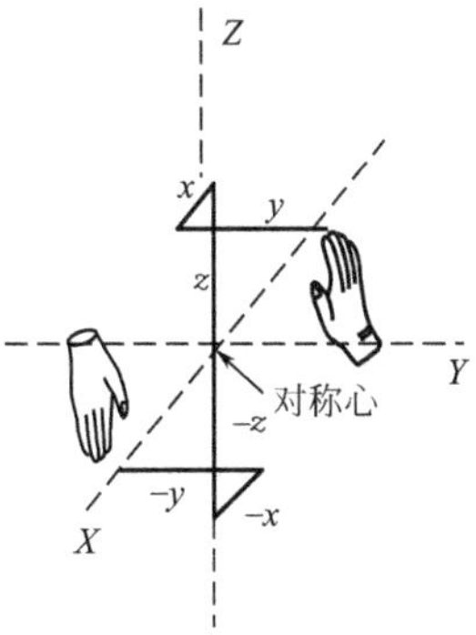

■ 图 3.41　具有对称心的对称图形

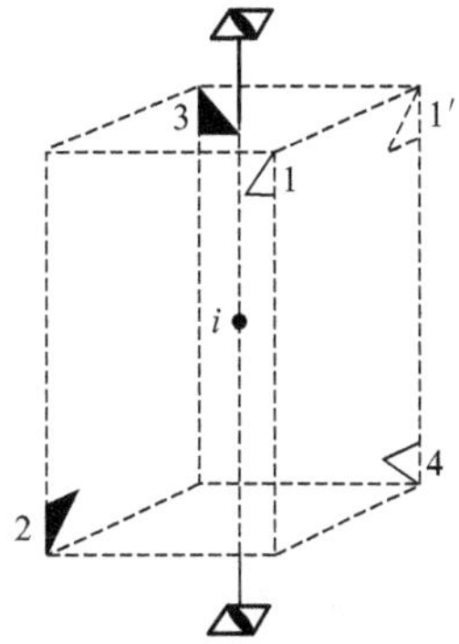

■ 图 3.42　具有四次反演轴的对称图形

现在以具有四次反演轴的图形为例，说明旋转-反演操作的含义。图 3.42 为具有四次反演轴的对称图形，它由四个小旗组成，标记上 1、2、3、4。小旗一面为深色，另一面为淡色。联系这个图形中四个相同部分的动作是：首先将小旗 1 绕四次反轴逆时针旋转 90°，到达位置 1′（由图 3.42 中的虚线所示），再以反轴上的对称心 i 对小旗 1′作反演操作到达小旗 2 的位置；小旗 2 再绕反轴逆时针转 90°，对转动后的小旗作反演操作，到达小旗 3 的位置；继续上述操作，小旗 3 又到达小旗 4 的位置，小旗 4 再到达小旗 1 的位置……再继续操作时，整个图形不变。值得注意的是，由 1′代表的小旗位置，只是对称操作过程中的过渡位置，它不是对称图形的组成部分。

旋转-反演的变换矩阵为旋转变换矩阵与反演变换矩阵的乘积，式(3.12) 乘以式(3.10)，即得出旋转-反演操作的变换矩阵：

$$\begin{bmatrix}-1 & 0 & 0\\ 0 & -1 & 0\\ 0 & 0 & -1\end{bmatrix}\begin{bmatrix}\cos\left(\frac{2\pi}{n}\right) & -\sin\left(\frac{2\pi}{n}\right) & 0\\ \sin\left(\frac{2\pi}{n}\right) & \cos\left(\frac{2\pi}{n}\right) & 0\\ 0 & 0 & 1\end{bmatrix}=\begin{bmatrix}-\cos\left(\frac{2\pi}{n}\right) & \sin\left(\frac{2\pi}{n}\right) & 0\\ -\sin\left(\frac{2\pi}{n}\right) & -\cos\left(\frac{2\pi}{n}\right) & 0\\ 0 & 0 & -1\end{bmatrix} \tag{3.13}$$

(5) 宏观对称操作小结

用表 3.7 小结宏观对称操作与对称元素。其中操作类型中的第一类是指操作前后坐标系没有左、右旋变化的操作，第二类是指操作前后有左、右旋变化的操作。

■ 表 3.7 宏观对称元素一览表

操作类型	操作名称与性质		对称元素		
			名称	书写符号	图形符号
第一类	旋转操作：绕定轴多次转动，每次转 α 角，直到图形完全重复	360°	一次转轴	1	
		180°	二次转轴	2	⬮
		120°	三次转轴	3	▲
		90°	四次转轴	4	■
		60°	六次转轴	6	⬢
第二类	旋转反演操作：先旋转再反演，反复操作，直到图形完全重复	360°	一次反轴	$\bar{1}$	
		180°	二次反轴	$\bar{2}=m$	
		120°	三次反轴	$\bar{3}=3+i$	▲
		90°	四次反轴	$\bar{4}$	◈
		60°	六次反轴	$\bar{6}=3+m$	⬢
	反映操作		对称面	m	|
	反演操作		对称心	$\bar{1}$	

综合四种宏观对称变换操作，似乎应该有 12 种对称元素。但是，由于$\bar{1}$、$\bar{2}$、$\bar{3}$和$\bar{6}$ 4种旋转-反演可以被其他对称元素取代，而一次旋转对称元素没有实际意义，所以在宏观对称变换中只有 2、3、4、6、m、i 和$\bar{4}$共 7 种独立的对称元素。

3.3.2 微观对称操作与对称元素

微观对称只能在空间无限的晶体结构图形中出现，每种对称变换都含有平移操作，平移操作不可能在有限的空间内完成，也不可能由晶体的宏观外形体现。微观对称操作总共有平移、旋转-平移和反映-平移三种，它们相应的对称元素为平移轴、螺旋轴和滑移面。

（1）平移操作与平移轴

平移操作是单位图形沿一定方向按一定周期 t 无限平行移动的操作，如图 3.43 所示。平移操作时所沿的一定方向称为平移轴，在平移轴方向上的位移周期称为平移矢量。例如，将空间点阵的阵胞分别沿三个晶轴方向，以点阵周期为平移矢量进行平移对称操作，便可复制出整个空间点阵。

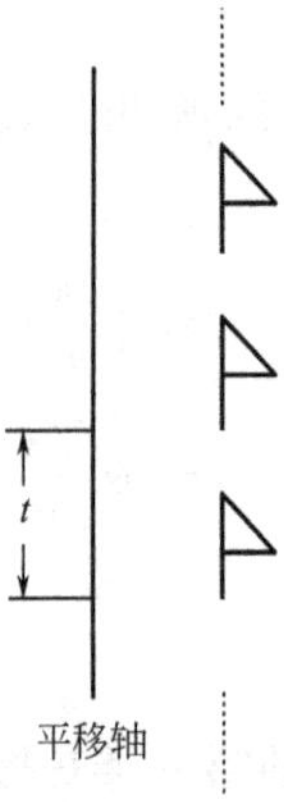

■ 图 3.43 具有平移轴的对称图形中的一部分

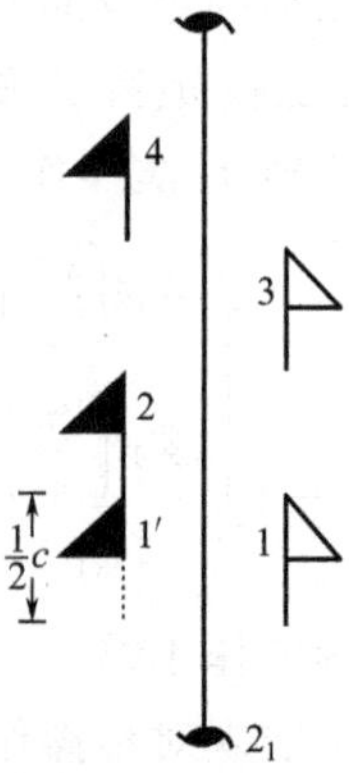

■ 图 3.44 具有 2_1 螺旋轴的对称图形的一部分

（2）旋转-平移操作与螺旋轴

旋转-平移操作是先绕 n 次对称轴旋转一定角度，再将转动后的图形沿此轴平移一定距离的复合操作。操作所借助的轴称为螺旋轴。相应于 2、3、4、6 次旋转轴有 2_1、3_1、3_2、4_1、4_2、4_3、6_1、6_2、6_3、6_4 和 6_5 螺旋轴。其中第一个数字表示螺旋轴的轴次，第一个数字和右下角的数字联合表明转动操作后沿轴平行移动的量，如 4_1 表明沿轴移动 1/4，这 1/4 是轴向基矢或阵矢长度的份数。图 3.44 所示的图形具有平行晶胞 c 轴的 2_1 螺旋轴，因为先将小旗 1 右旋 180°成小旗 1′，再将 1′沿 c 方向平移 $1/2c$，到小旗 2 的位置，如此重复操作，便形成如图所示的对称图形。它是由小旗 1，2，3，4…组成。图 3.45 表示出具有 4_1 与 4_3 螺旋轴的对称图形。4_1 表示点 1 逆时针转 90°后再沿 a 轴上升 $1/4a$ 到点 2 的位置，对点 2 再重复上述操作到达点 3 位置，如此继续下去，形成整个对称图形，图 3.45(a) 只取了一个基矢长度 a 内的图形。而 4_3 表示将点 1 逆时针转 90°后再上升 $3/4a$ 得到点 4，重复操作在图形上方 $2a$ 和 $3a$ 内会得到点 3 与点 2 的相应位置。最终一个基矢长度 a 内的对称图形如图 3.45(b) 所示。这个结果等价于 1 点顺时针转 90°后上升 $1/4a$ 得到点 2 位置，继续重复操作得点 3、点 4…。所以又称 4_1 为右旋，4_3 为左旋。图 3.44 中的 c 和图 3.45 中的 a 都是基矢长度。表 3.8 给出了各类对称轴的名称、符号、图形与平移量。

表 3.8 对称轴的名称符号、图形与平移量

名称	符号	图形	右旋后沿轴的平移	名称	符号	图形	右旋后沿轴的平移
一次转轴	1			四次转轴	4		
一次反轴	$\bar{1}$			四次螺旋轴	4_1		$\frac{1}{4}c$
二次转轴	2				4_2		$\frac{2}{4}c$
		（⊥纸面①）			4_3		$\frac{3}{4}c$
		→					
		（∥纸面）		四次反轴	$\bar{4}$		
二次螺旋轴	2_1		$\frac{1}{2}c$	六次转轴	6		
		（⊥纸面）		六次螺旋轴	6_1		$\frac{1}{6}c$
		→	$\frac{1}{2}a$ 或 $\frac{1}{2}b$				
		（∥纸面）			6_2		$\frac{2}{6}c$
三次转轴	3				6_3		$\frac{3}{6}c$
三次螺旋轴	3_1		$\frac{1}{3}c$		6_4		$\frac{1}{6}c$
	3_2		$\frac{2}{3}c$		6_5		$\frac{5}{6}c$
三次反轴	$\bar{3}$			六次反轴	$\bar{6}$		

① 纸面为 a、b 基矢构成的面。

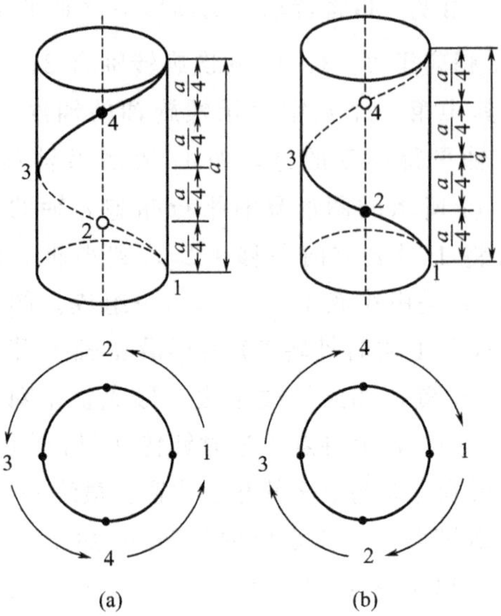

■ 图 3.45 旋转平移（a）右旋（b）左旋

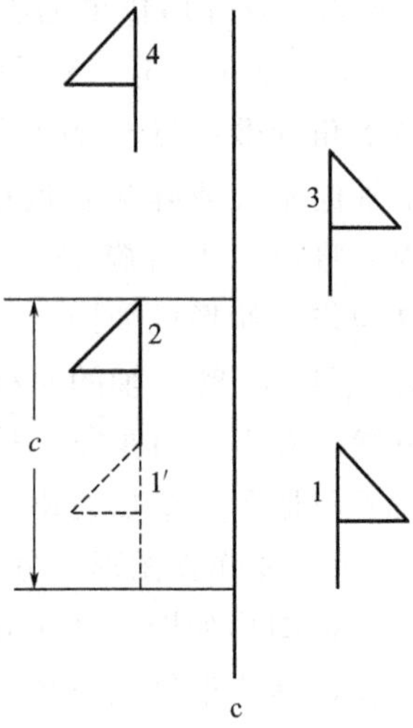

■ 图 3.46 具有滑动面 c 的对称图形

（3）反映-平移操作与滑移面

反映-平移操作是先以一平面为镜面作反映操作，再将反映后的图形沿平面上某一方向滑动某一距离的操作。操作时所借助的平面称为滑移面。图 3.46 表示的是由小旗 1，2，3，4…构成的具有滑移面的对称图形。小旗 1 经反映后到 1′位置，小旗 1′再沿 c 方向滑动 1/2c 到达小旗 2 的位置，如此重复，构成整个对称图形。滑移面的符号随面上的滑动方向而异。反映后沿 $\boldsymbol{a}$、$\boldsymbol{b}$、$\boldsymbol{c}$ 三个基矢方向滑动时，分别记此滑移面为 a、b 和 c；沿阵胞面对角线或体对角线方向滑动其 1/2 长度时，记为 n，滑动其 1/4 长度时，记为 d。表 3.9 给出了各种对称面的名称、符号和性质。其中的 a、b、c 为点阵参数。

■ **表 3.9 各类对称面的名称、符号和性质**

名称	符号	图形		滑动性质
		⊥纸面①	∥纸面	
反映对称面	m	————		
轴滑移面	a、b	— — — —		沿[100]滑动 $\boldsymbol{a}/2$ 或沿[010]滑动 $\boldsymbol{b}/2$
	c	………………		沿[001]滑动 $\boldsymbol{c}/2$；如果为菱方晶系，则沿[111]滑动$(\boldsymbol{a}+\boldsymbol{b}+\boldsymbol{c})/2$
对角滑移面	n	—·—·—		滑动$(\boldsymbol{a}+\boldsymbol{b})/2$，或$(\boldsymbol{b}+\boldsymbol{c})/2$，或$(\boldsymbol{a}+\boldsymbol{c})/2$；或$(\boldsymbol{a}+\boldsymbol{b}+\boldsymbol{c})/2$
金刚石滑移面	d	—·←·— —·→·—	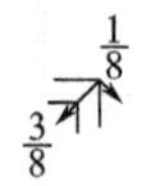	滑动$(\boldsymbol{a}+\boldsymbol{b})/4$，或$(\boldsymbol{b}+\boldsymbol{c})/4$，或$(\boldsymbol{a}+\boldsymbol{c})/4$；或$(\boldsymbol{a}+\boldsymbol{b}+\boldsymbol{c})/4$

① 纸面为 $\boldsymbol{a}$、$\boldsymbol{b}$ 基矢构成的平面。

3.4 点群与空间群

现在介绍晶体或晶体结构所具有的全部对称元素，即点群和空间群的概念。用数学方法可以证明只有 10 种二维点群，32 种三维点群，17 种平面群和 230 种空间群。材料工作者的目的不在于推导证明这些群，而在于了解它们的物理含义，并侧重于用这些概念去分析材料问题。在此，除阐明概念外，还简单介绍国际上统一规定的点群和空间群的符号，以帮助大家使用查阅相关资料。

3.4.1 点群的概念

几何形体或晶体中所包含的全部宏观对称元素至少交于一点，称这些汇聚于一点的全部宏观对称元素为这个几何形体或晶体的点群，或对称型。点群概念对于了解晶体宏观性质的对称性特别有用，同时，可以利用它简化某些晶体学问题的计算。并且从晶体点群反映的对称性，还可以完善发展晶体的外形以及揭示晶体结构中绕每个结点的原子群的对称性。

为了有助于理解点群的概念，让我们具体地分析两个几何形体的点群。图 3.47(a) 是二维几何图形，正三角形。它有一个过三角形的重心并且垂直于纸面的三次轴，三个分别过三角形的三个顶点和重心，并且垂直于纸面的对称面。这四个对称元素汇聚于正三角形的重心。于是，图 3.47(b) 所示的图形就是这个正三角形的点群。用图 3.47(b) 中的全部对称元素对图 3.47(a) 进行操作，此三角形的重心总是不动点。图 3.48(a) 所示的三维图形是立方体，它具有的宏观对称元素类型如图 3.48(b) 所示，它共有 6 个二

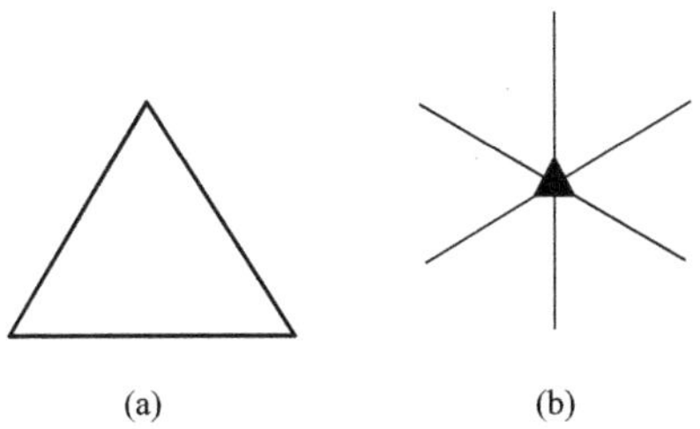

■ 图 3.47 二维几何图形 (a) 及其点群 (b)

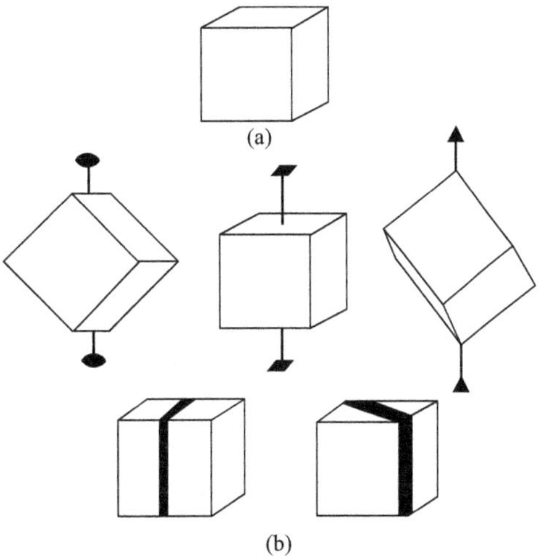

■ 图 3.48 三维几何图形 (a) 及其包含的宏观对称元素类型 (b)

次轴，3个四次轴，4个三次轴，9个两种类型的对称面和1个对称心。图3.49给出了立方体宏观对称元素的局部综合，所有这些对称元素综合在一起，交于立方体的体心，构成立方体的点群。

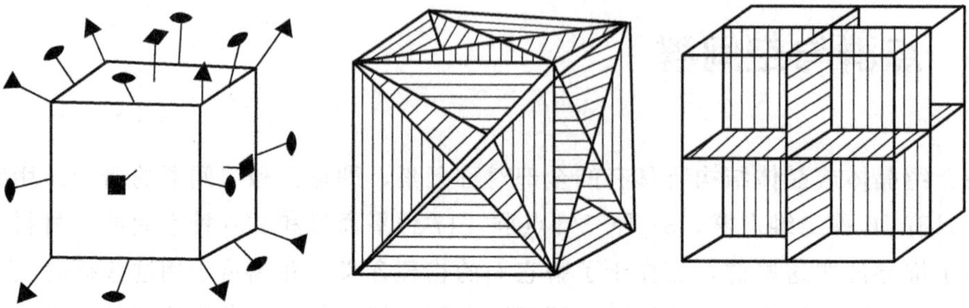

■ 图3.49　立方体对称元素的局部综合

几何形体的点群是无限制的，而晶体点群要受晶体结构周期性重复这一基本规律的限制，所以只能有32种。

3.4.2　点群符号

这里介绍晶体学点群的通用国际符号，同时也列举出原用的熊夫利斯符号。表3.10为10种可能的二维晶体学点群，它们由宏观对称元素1、2、3、4、6（旋转轴）和 m（镜面）构成。点群的国际符号如表3.10中所示，对称轴在前，对称面在后。符号 2mm 表示的点群是由一个二次轴和两个成一定角度的对称面构成。可以用简单的作图方法证明不会有 4m 和 6m 等二维点群存在。

■ 表3.10　10种可能的二维晶体学点群

对称操作	二维晶体学点群	国际符号
一个一次轴	•	1
一个二次轴		2
一个镜面		m
一个二次轴,二个镜面		2mm
一个三次轴	▲	3
一个三次轴,一个镜面,此面以轴操作又产生两个镜面		3m
一个四次轴	■	4
一个四次轴,两个互为45°的镜面,转动后形成其他镜面		4mm
一个六次轴	⬡	6

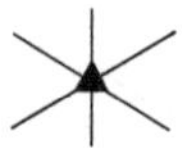

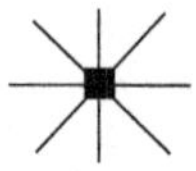

续表

对称操作	二维晶体学点群	国际符号
一个六次轴，两个互为 30°的镜面	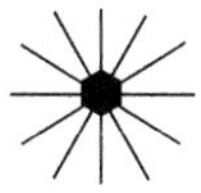	$6mm$

表 3.11 列出了 32 种三维点群，以及它们的国际符号（全写与缩写）、熊夫利斯符号和所属的晶系。点群所属的晶系是由各晶系所要求的最低对称性决定的（见表 3.12）。

■ 表 3.11　32 种点群及其符号

晶　系	国际符号		熊夫利斯符号
	全　写	缩　写	
三斜	1 $\bar{1}$	1 $\bar{1}$	C_1 C_i
单斜	m 2 $2/m$	m 2 $2/m$	C_s C_2 C_{2h}
正交	$2mm$ 222 $2/m\ 2/m\ 2/m$	mm 222 mmm	C_{2v} D_2 D_{2h}
正方	$\bar{4}$ 4 $4/m$ $\bar{4}2m$ $4mm$ 422 $4/m\ 2/m\ 2/m$	$\bar{4}$ 4 $4/m$ $\bar{4}2m$ $4mm$ 42 $4/mmm$	S_4 C_4 C_{4h} D_{2d} C_{4v} D_4 D_{4h}
菱形	3 $\bar{3}$ $3m$ 32 $\bar{3}2/m$	3 $\bar{3}$ $3m$ 32 $\bar{3}m$	C_3 C_{3i} C_{3v} D_3 D_{3d}
六方	$\bar{6}$ 6 $6/m$ $\bar{6}2m$ $6mm$ 622 $6/m\ 2/m\ 2/m$	$\bar{6}$ 6 $6/m$ $\bar{6}2m$ $6mm$ 62 $6/mmm$	C_{3h} C_6 C_{6h} D_{3h} C_{6v} D_6 D_{6h}
立方	23 $2/m\bar{3}$ $\bar{4}3m$ 432 $4/m\bar{3}2/m$	23 $m3$ $\bar{4}3m$ 43 $m3m$	T T_h T_d O O_h

■ 表 3.12 各晶系所要求的最低对称性

晶系	最低的对称要求
三斜	没有
单斜	一个二次轴或一个镜面
正交	两个相互垂直的面或三个正交的二次轴
正方	一个四次轴或四次反轴
菱形	一个三次轴或三次反轴
六方	一个六次轴或六次反轴
立方	四个三次轴

点群的熊夫利斯符号规定方法如下：只由一个旋转轴组成的点群记为 C_n。其右下角的字母 n 为轴次；点群具有 n 次轴及与之垂直的二次轴时记为 D_n；T 代表四面体对称性；S_n 代表 n 次反轴；C_s 代表对称面；右下角的小字母 i 代表对称心；h 代表与轴垂直的对称面；d 代表平分两个二次轴的对称面。

表示点群的国际符号是由各晶系特定取向上的对称元素符号按着规定的顺序排列而成。各晶系的特定取向和排列顺序如表 3.13 所示。

■ 表 3.13 点群国际符号顺序与晶系的关系

晶系	点群符号的顺序		
	第一个	第二个	第三个
三斜系	晶体中的所有方向	—	—
单斜系	**a** 轴或 **b** 轴	—	—
正交系	**a** 轴	**b** 轴	**c** 轴
正方系	**c** 轴	**a** 轴或 **b** 轴	**a**+**b**
菱方和六方系	**c** 轴	**a** 轴	2**a**+**b**
立方系	**a** 轴	**a**+**b**+**c**	**a**+**b**

点群国际符号中的对称元素与各晶系特定取向的关系为：对称轴与特定取向平行，对称面与特定取向垂直，如果在同一取向上同时存在相关的几次对称轴和对称面，则记为 n/m。

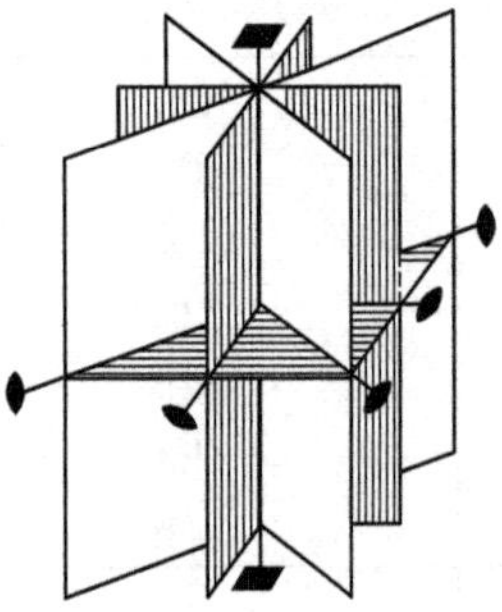

■ 图 3.50 点群 4/m 2/m 2/m 的形态图

下面以点群 4/m 2/m 2/m 为例来说明点群符号所包含的内容。该点群的第一个特征对称元素是一个四次旋转轴且第二个特征对称元素不是三次旋转轴，故它属于正方晶系。结合表 3.13 可知，该点群沿〈001〉取向有一个四次旋转轴，一个对称面与〈001〉取向正交；沿〈100〉取向有两个二次旋转轴，有两个对称面与〈100〉取向正交；沿〈110〉取向有两个二次旋转轴，有两个对称面与〈110〉取向正交。图 3.50 给出了点群 4/m 2/m 2/m 的形态图。

表 3.14 是 32 种点群（右图）和等价方向迹点（左图）的极射投影图[1]，其中 Z 轴垂直于图面。

[1] 请学过晶体投影的相关知识后，再仔细研究此图。

■ 表 3.14 32 种点群和等价方向迹点的极射投影

三斜	单斜	正方
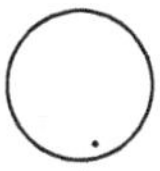 1	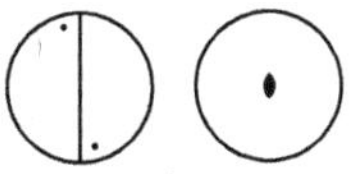 2	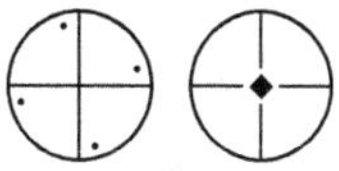 4
—	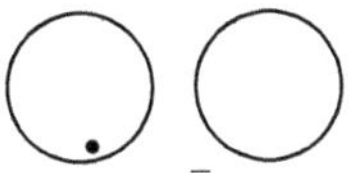 $m(=\bar{2})$	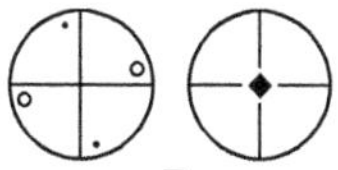 $\bar{4}$
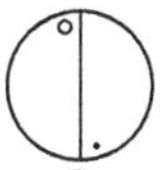 $\bar{1}$	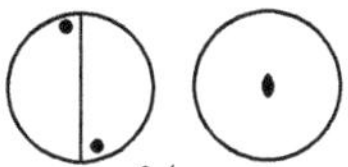 $2/m$	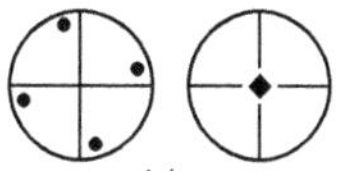 $4/m$
单斜	正交	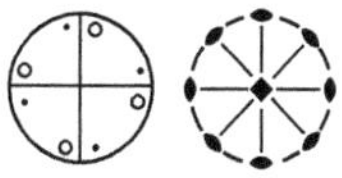 422
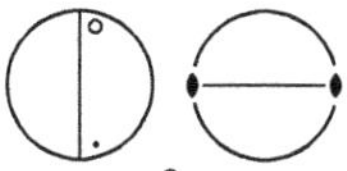 2	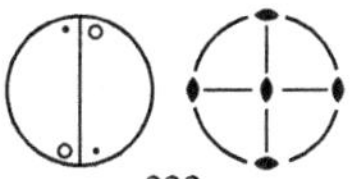 222	
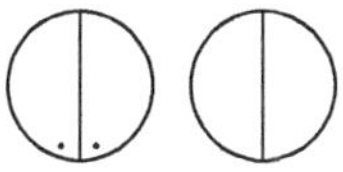 m	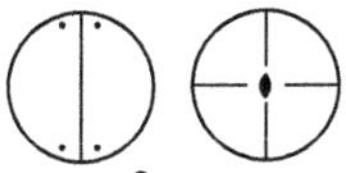 $2mm$	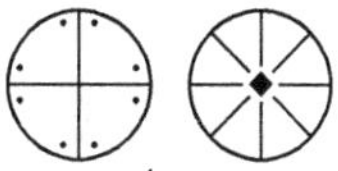 $4mm$
—	—	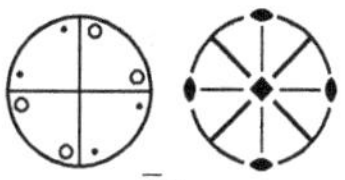 $\bar{4}2m$
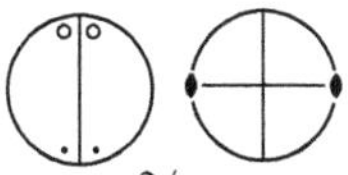 $2/m$	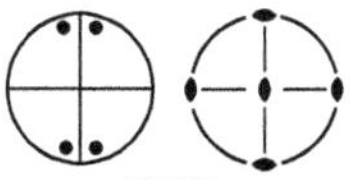 mmm	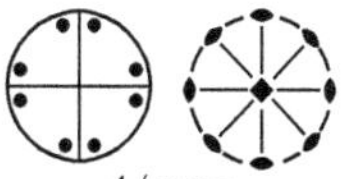 $4/mmm$
菱形	**六方**	**立方**
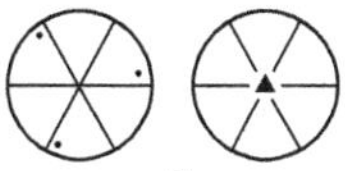 3	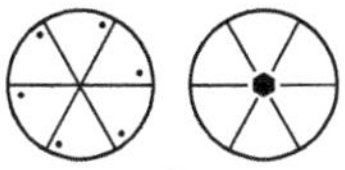 6	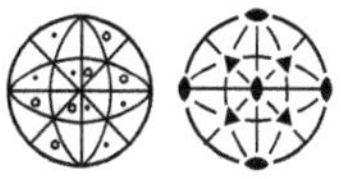 23
—	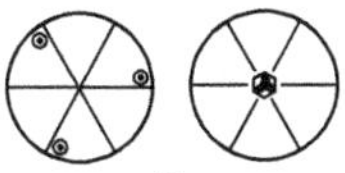 $\bar{6}$	—
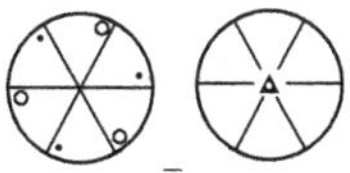 $\bar{3}$	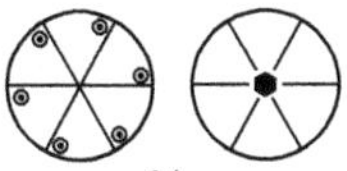 $6/m$	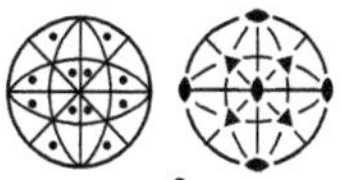 $m3$

续表

菱形	六方	立方
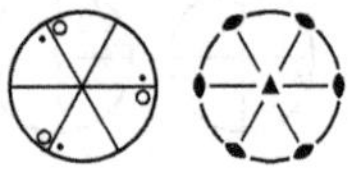 32	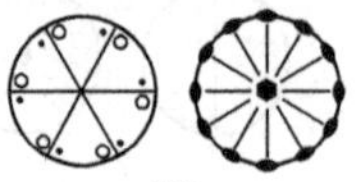 622	 432
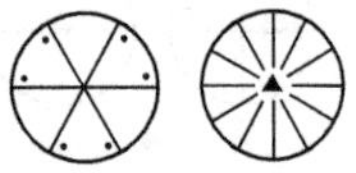 3*m*	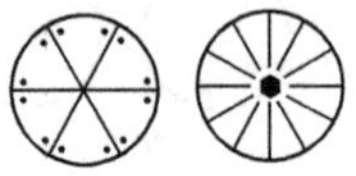 6*mm*	—
—	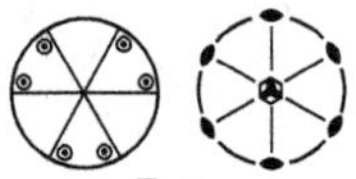 $\bar{6}m2$	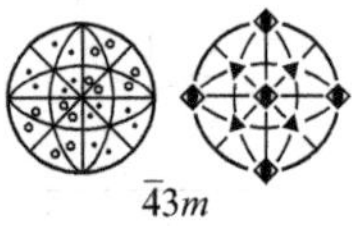 $\bar{4}3m$
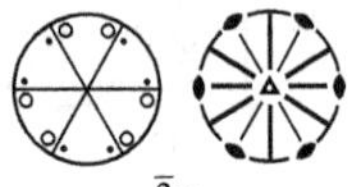 $\bar{3}m$	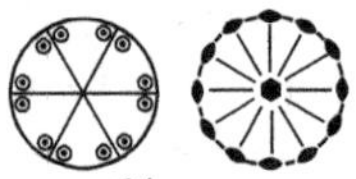 6/*mmm*	 *m*3*m*

3.4.3 空间群的概念与符号

晶体结构所具有的全部对称元素（宏观与微观）构成晶体的空间群，空间群是分布在空间的对称元素群，它反映了晶体结构中原子、空位、间隙等的分布规律。

10 种二维点群与 5 种平面群❶适当组合，再考虑由点群平移特性可能派生的微观对称元素，总共可形成 17 种平面群。32 种点群与 14 种布拉菲点阵适当组合，同样考虑由平移特性可能派生的微观对称元素，总共构成 230 种空间群。因此，空间群的国际符号由点阵与点群符号组成。例如由属单斜系的 $2/m$ 点群与简单点阵组合构成的空间群记为 $P2/m$。考虑到由平移特征派生的微观对称元素，镜面可由滑移面代替，旋转轴可由螺旋轴代替，同时单斜系有简单阵胞 P 与底心阵胞 C，于是单斜点阵与 $2/m$ 点群可以构成下面 6 种空间群：$P2/m$，$P2_1/m$，$C2/m$，$P2/c$，$P2_1/c$，$C2/c$。前面的字母代表点阵类型，后面的符号由点群符号 $2/m$ 变化而来。空间群的熊夫利斯符号是由其相应的点群符号在右上角加上数字标号形成。因为点群 $2/m$ 的熊夫利斯符号为 C_{2h}，则上述 6 种由点群 $2/m$ 形成的空间群，其熊夫利斯符号分别为：

$$C_{2h}^1，C_{2h}^2，C_{2h}^3，C_{2h}^4，C_{2h}^5 \text{和} C_{2h}^6$$

用一个阵胞中对称元素的分布就可以描述空间群中的对称元素，图 3.51 为单斜点阵与点群 2 构成的 4 种空间群。图示为单斜阵胞沿其垂直棱方向的投影。对称元素用通用符号表示，圆圈为一般等效点系的位置。所谓等效点系就是由空间群对称元素相联系的点。也就是说，给定任意一个点，经空间群所有对称元素作用后获得一系列的点，称这些点为等效点

❶ 五种平面点阵为斜形、矩形、有心矩形、正方形和六方形。

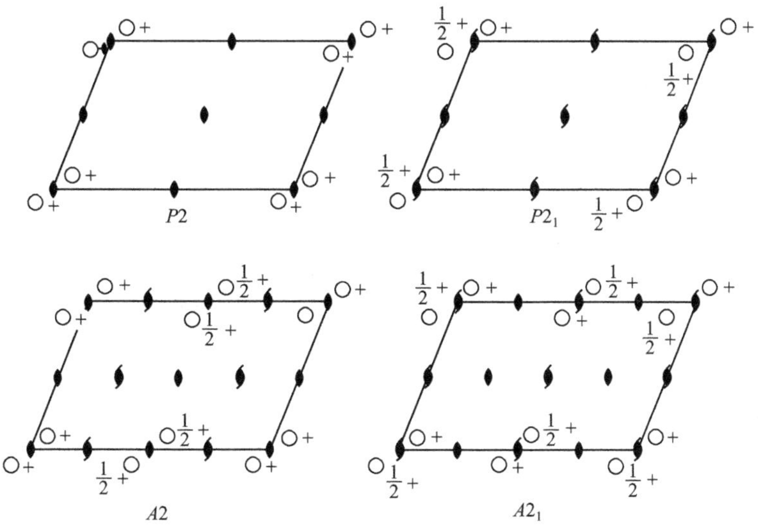

■ 图 3.51 单斜系的空间群实例

系。一般等效点系是指不在对称元素上的点系。

3.4.4 空间群图表简介

材料的粉末衍射卡片上都标有其所属的空间群符号，也可以由此获得材料的点群，判断其所属晶系。表 3.15 给出几种材料的空间群、点群及晶系，以表明三者的关系。

■ 表 3.15 几种材料的空间群、点群和晶系

材　料	空　间　群	点　群	晶　系
α-Zr	$C6/m\ mc$	$6/mmm$	六方
ZrO_2	$P2_1/c$	$2/m$	单斜
α-Al_2O_3	$R\bar{3}c$	$3m$	菱方
Si	$Fd3m$	$m3m$	立方
SiO_2(α-石英)	$C312$	32	六方

《International Tables for X-ray Crystallography》第一卷中列有 230 种空间群的图表，这是了解晶体结构规律的重要资料。现以二氧化锆的空间群为例，简要介绍这些图表的用法。图 3.52 是从该书中摘录的。在第一行中从左到右分别是晶系、点群符号、空间群符号的全写、空间群序号和空间群符号的缩写。接下的两个图形分别是一般等效点系（左图）和对称元素系（右图）在一个阵胞中分布的纸面投影图。图中的空圆圈“○”表示右手形状分子的位置，中间带逗号的“⊙”表示左手形状的分子位置，分子位置旁边的“+”或“−”号表示该分子位置高于或低于投影面。图下面的表从左到右给出 $P2_1/c$ 空间群一般等效点系和特殊等效点系中点的数目、魏柯夫记号、点的对称性、点的坐标以及能出现衍射线的衍射指数条件，最下面一行为空间群 $P2_1/c$ 在（001）、（100）和（010）面上投影时形成的平面群。

单斜　　2/*m*　　*P*12./*Cl*　　*No*14　　*P*21/*C*

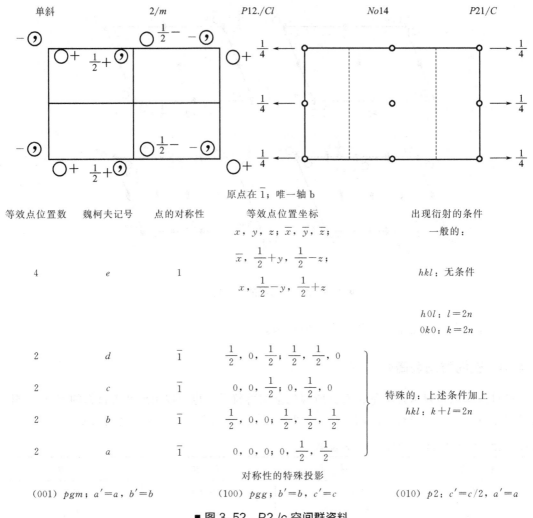

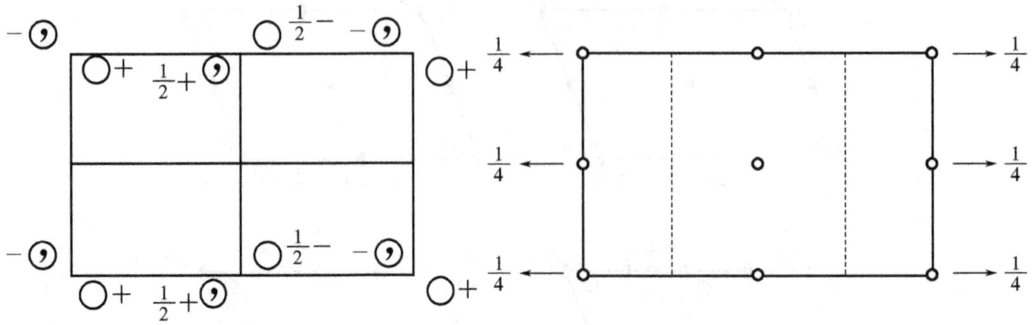

原点在 $\bar{1}$；唯一轴 b

等效点位置数	魏柯夫记号	点的对称性	等效点位置坐标	出现衍射的条件
4	*e*	1	$x, y, z; \bar{x}, \bar{y}, \bar{z}; \bar{x}, \frac{1}{2}+y, \frac{1}{2}-z; x, \frac{1}{2}-y, \frac{1}{2}+z$	一般的： *hkl*：无条件 $h0l$：$l=2n$ $0k0$：$k=2n$
2	*d*	$\bar{1}$	$\frac{1}{2}, 0, \frac{1}{2}; \frac{1}{2}, \frac{1}{2}, 0$	特殊的：上述条件加上 *hkl*：$k+l=2n$
2	*c*	$\bar{1}$	$0, 0, \frac{1}{2}; 0, \frac{1}{2}, 0$	
2	*b*	$\bar{1}$	$\frac{1}{2}, 0, 0; \frac{1}{2}, \frac{1}{2}, \frac{1}{2}$	
2	*a*	$\bar{1}$	$0, 0, 0; 0, \frac{1}{2}, \frac{1}{2}$	

对称性的特殊投影

(001) *pgm*；$a'=a$，$b'=b$　　(100) *pgg*；$b'=b$，$c'=c$　　(010) *p*2：$c'=c/2$，$a'=a$

■ 图 3.52　$P2_1/c$ 空间群资料

3.5 晶体的投影

在立方体点群图形的表达中（图 3.48），已经感到用一般几何图形描述它们极为不便。这类几何形象在三维空间中远不如在二维平面上那样容易表示。在三维空间测量晶面与晶向之间的夹角也较二维图形困难得多。如果能在三维图形与二维图形之间建立起一定的对应关系，那么就可以用二维图形来表示三维图形中晶向和晶面的对称配置和测定它们之间的关系。因此，为了清楚而方便地表达晶面、晶向、原子面、晶带以及晶体学对称元素之间的角关系，人们引入晶体投影的方法，包括球面投影、极射投影和心射投影等方法。所谓晶体投影，就是把三维晶体结构中的晶向和晶面的位置关系和数量关系投影到二维平面上来。在上述几种投影方法中，极射投影方法使用方便，用途广泛。利用一组极射投影平面图形可以解决多种晶体学问题。本节内容将简要介绍晶体的球面投影、极射投影和心射投影，并着重介绍极射投影。

3.5.1 球面投影

取一个半径极大（相对于晶体大小而言）的球作为参考球，让晶体处在参考球心。然后，将晶体中的平面（晶面）或方向之间的角关系表示到参考球面上，称该球为晶体的球面投影。可以用面痕或极点表示晶体中的平面。所谓面痕，就是把晶体中的平面从球心延展开来，与参考球面相交构成的大圆，圆心在球心的圆称为大圆；极点就是该晶面法线与参考球的交点。图3.53给出了平面A的面痕$EFNS$和极点P。按定义，图中所示极点P和面痕$EFNS$应处处成90°。相应的，晶体中的方向可用它与参考球的交点来表达，称此交点为该方向的迹点。

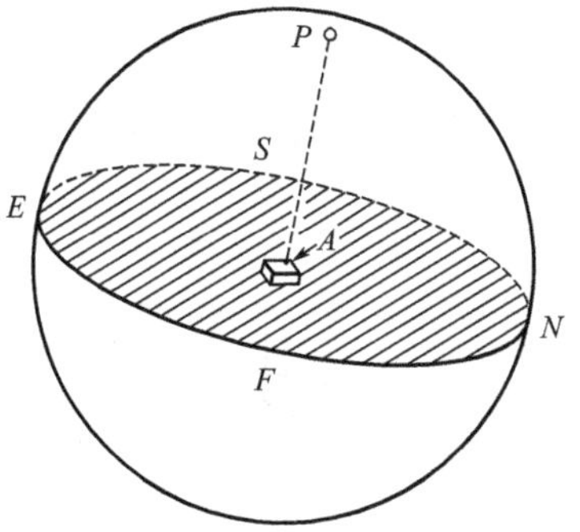

■ 图 3.53 平面 A 的球面投影

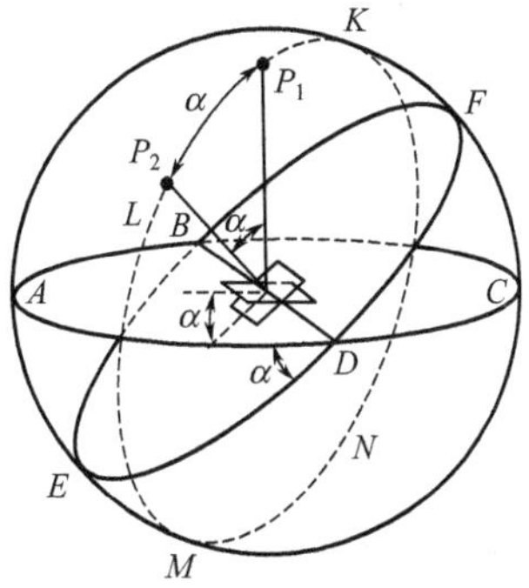

■ 图 3.54 两个晶面之间的夹角

两平面之间的夹角可以用两面痕或两极点之间的夹角表示，如图3.54所示。图中P_1和P_2分别为两平面的极点，大圆$BADC$和$BEDF$为面痕，两平面之间夹角为α。为测量极点之间的角度需要先作一个能在球面上自由转动的大圆，并把此大圆均分成360份，画上刻度。测P_1和P_2两极点之间的夹角时，在球面上转动此带刻度的大圆，让它通过极点P_1和P_2，如图3.54中的$LMNK$位置，两极点之间的刻度数就是这两个极点之间的角度数。

如果晶体绕某一轴（如图3.55中的NS）转动一周，则极点在参考球面上画出一个圆，这个圆一般不过球心，称为小圆。图3.55绘出了晶体转动时P_1、P_2极点形成的小圆。

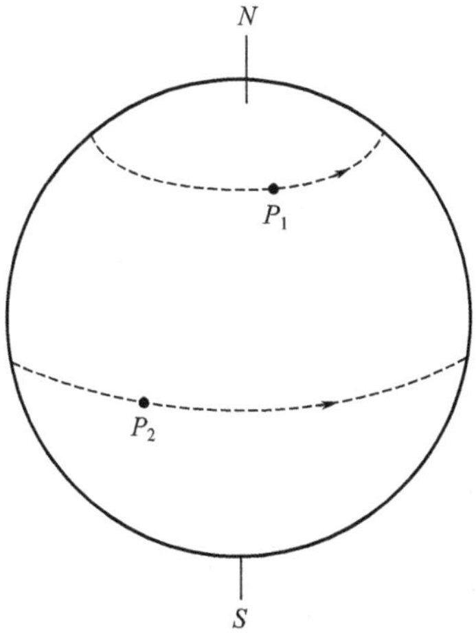

■ 图 3.55 晶体绕 NS 轴转动时其极点的轨迹为小圆

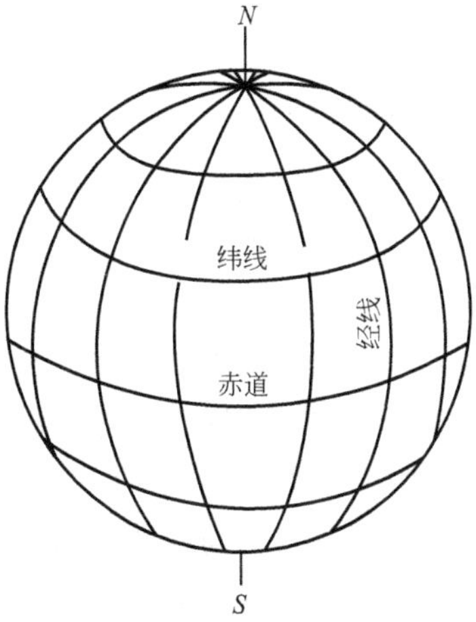

■ 图 3.56 参考球上的经、纬线

为了测量球面上极点的位置，可以作一个类似地球仪的球面经纬线网，它与参考球半径相同，见图 3.56。经线是过 NS 极的大圆，它们把赤道分成 360 等份，赤道是与 NS 轴垂直的大圆，纬线是与赤道平行的一系列小圆，它们将经线均分成 360 份。

假设球面经纬线网为带有经纬线刻度的极薄的透明塑料球。如果要测量球面投影上两极点 P_1 和 P_2（图 3.57）之间的夹角，应事先把球面经纬网紧贴到球面投影的表面，再让 P_1 和 P_2 两极点转到经纬线网的同一条经线上，读出该两极点之间的纬度差，就获得了这两极点之间夹角的度数。图 3.57 中，P_1 与 P_2 两极点之间的夹角为 30°。另一方面，如果球面投影上原有 P_1、P_2 两个极点，如图 3.58，也可以利用球面经纬线网确定晶体绕 AB 轴转某角度后极点 P_1 和 P_2 的新位置。方法是：先将两个球套在一起，并使晶体的转轴 AB 与经纬线网的南北极 NS 重合，找到 P_1 与 P_2 两极点各自所在的纬线，晶体绕 AB 轴转动多少度，它们的极点也沿各自的纬线往相同的方向转动相同的度数。图 3.58 所示为晶体绕 AB 轴逆时针方向转动某一角度，所以 P_1、P_2 两极点沿各自所在的纬线自左向右跨过相同的经线数达到新位置 P'_1 和 P'_2。这里所说的球面经纬线网必须与球面投影的参考球具有相同大小的直径。

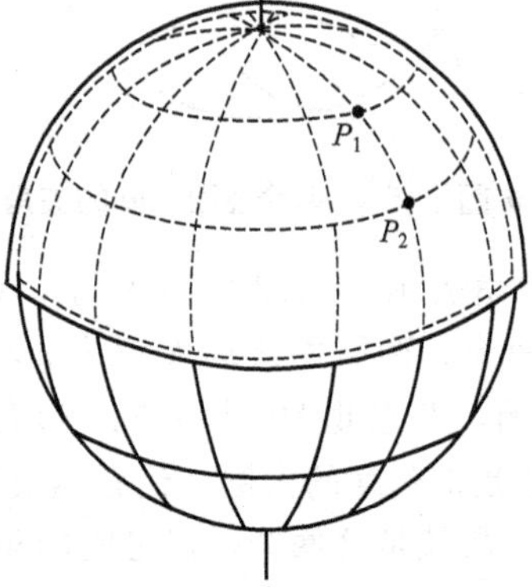

■ 图 3.57 在球面投影上测量极点 P_1、P_2 之间的角度

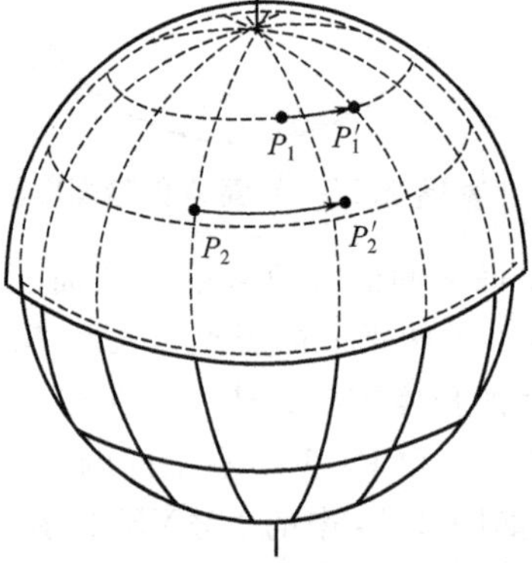

■ 图 3.58 晶体绕某一轴 AB 转动时，球面投影上的极点 P_1、P_2 的相应转动

3.5.2 极射投影

球面投影把晶面（或晶向）之间的角关系表达到球面上。这样虽然比在晶胞内表达时清晰，但仍为三维图形，不便于绘制和操作。于是，人们利用投影的方法将球面图形转化为平面图形。

极射投影就是这种球面图形的一种平面化方法，而且是应用最广泛的方法。要获得某一球面投影的极射投影图，需把投影光源 S 放在参考球面上，并使投影幕与过 S 的直径垂直。图 3.59 中的平面（Ⅰ）和（Ⅱ）为投影幕的两个特殊位置，平面（Ⅰ）为过参考球心的投影幕，平面（Ⅱ）为与参考球相切的投影幕。此时，要找球面投影上两极点 P_1、P_2 的极射投影点，只需以两直线分别连接 SP_1 和 SP_2，直线与投影面的交点 P_{s1}、P_{s2} 或 P'_{s1}、P'_{s2} 就分别是取投影面为（Ⅱ）或（Ⅰ）时，P_1 和 P_2 的极射投影点。从图 3.59 中可以明显地看出，球面投影上确定的两个极点 P_1 和 P_2，以不同位置的投影幕作极射投影时，所获得的极射投影点之间的绝对距离是不同的，如图中的 P_{s2} 与 P_{s1} 之间的距离远大于 P'_{s2} 与 P'_{s1} 之间的距离。因此，极射投影中必须包含与投影幕平行的大圆的投影，以规范各极点之间的角关系。称此大圆的投影为极射投影图中的**基圆**。图 3.59 中给出的大圆 $ABCD$，同时也是取投影幕为平面（Ⅰ）时的极射投影的基圆。

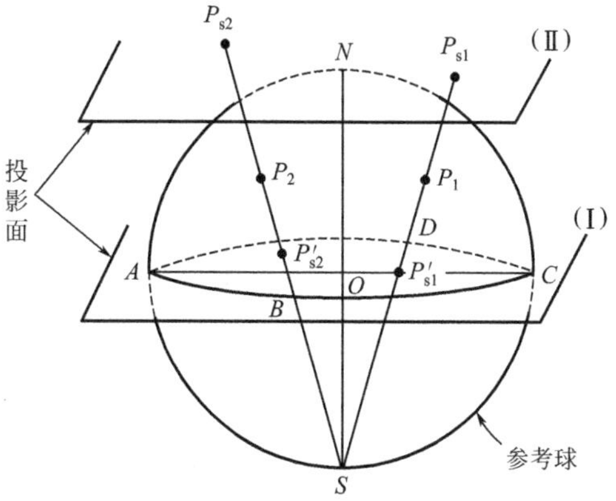

■ 图 3.59 极射投影的形成

将球面投影上的 P_1、P_2 极点转化为极射投影上的极点 P_{s1}、P_{s2} 和 P'_{s1}、P'_{s2}。图中 S 为投影光源；SON 为参考球直径；（Ⅰ）和（Ⅱ）为两个投影幕；$ABCD$ 为大圆，同时也是平面（Ⅰ）上极射投影的基圆

应该注意的是，为使极射投影中各极点之间的关系能清晰地与晶体球面投影中各极点之间的关系相对应，必须逆着投影光线去观察极射投影图。

图 3.60 表明了立方系晶体主要晶面的球面投影［图 3.60(a)］和球面投影与极射投影的转化关系［图 3.60(b)］。为了工作上的方便，往往将滑移、孪生、沉淀等在试样表面上留下的痕迹画到极射投影上，当投影面与试样表面平行时，它为过基圆中心与试样表面上痕迹方向一致的直线与基圆的交点。如图 3.61 中的 A、B 两点。

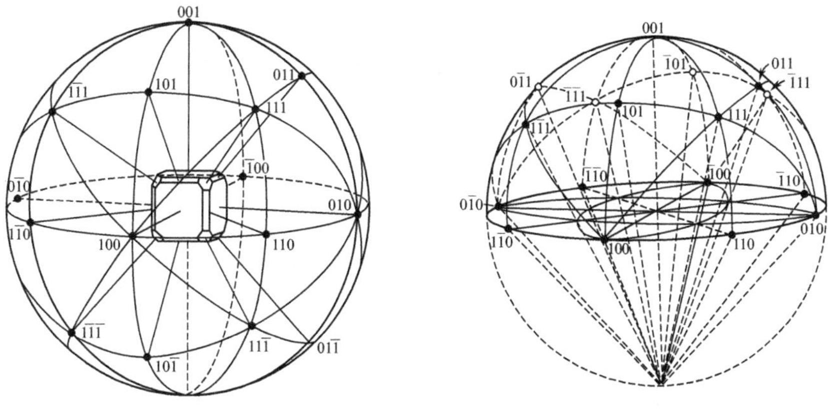

(a) (b)

■ 图 3.60 立方系晶体主要晶面的球面投影（a）及球面投影与极射投影的转化关系（b）

球面上的大圆与极射投影上的大圆（经线）相对应，见图 3.62(a)、图 3.62(b)、图 3.62(c)；球面上的小圆与极射投影上的小圆相对应，见图 3.62(d)、图 3.62(e)、图 3.62(f)。在极射投影上，过大圆与基圆的两个交点作连线应为基圆的直径。

3.5.3 吴氏网与标准投影

要利用极射投影解决晶体学问题，必须有测量投影的工具——吴氏网和晶体标准取向的投影图——标准投影。

(1) 吴氏网与极网

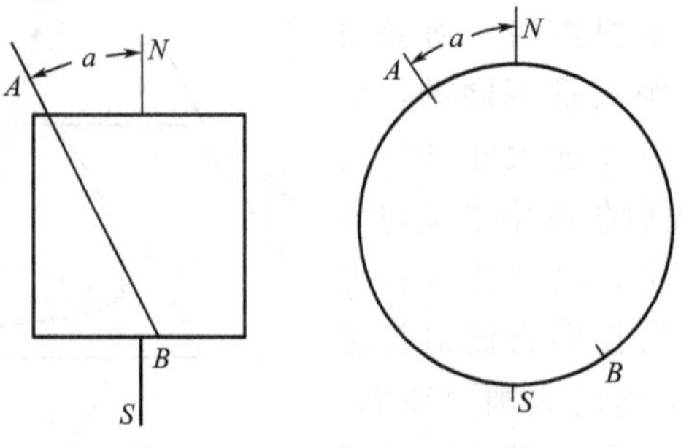

■ 图 3.61　试样表面上的痕迹（a）与其在极射投影上的表示（b）

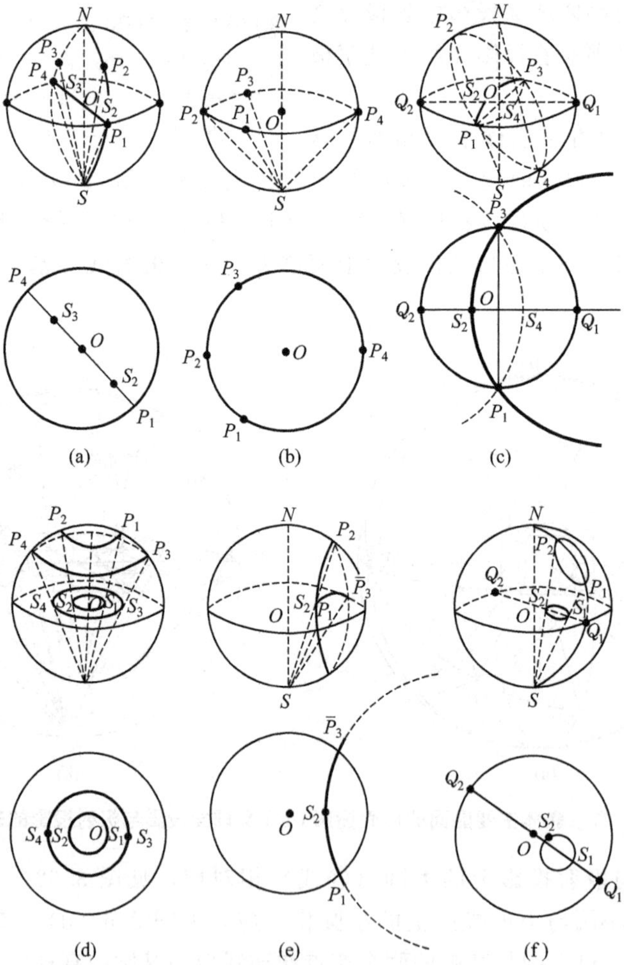

■ 图 3.62　球面上的大圆与它们相应的极射投影（a）、（b）、（c）
以及球面上的小圆与它们相应的极射投影（d）、（e）、（f）

如果把投影光源放在球面经纬线网的赤道上，作极射投影，则形成如图 3.63 所示的图形，称为吴氏网；而把投影光源放在球的南北极处时，则形成如图 3.64 所示的图形，称为极网。吴氏网的应用比极网广泛得多。正像球面经纬线网是测量球面投影的工具一样，吴氏网是测量极射投影的工具。为了书写方便，以后用 S、N、E、W 分别表示极射投影的南、北、东、西。

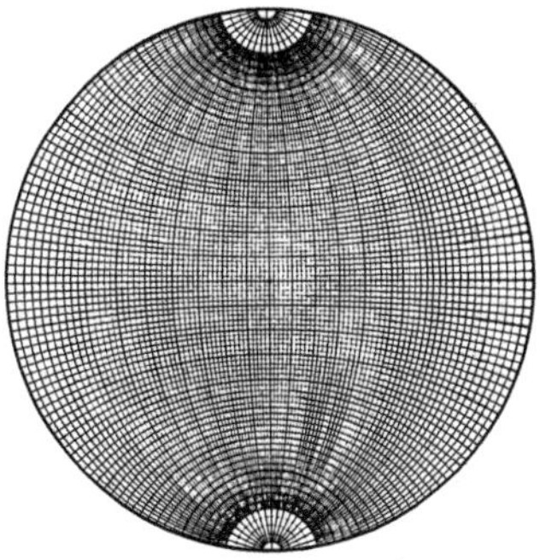

■图 3.63 吴氏网

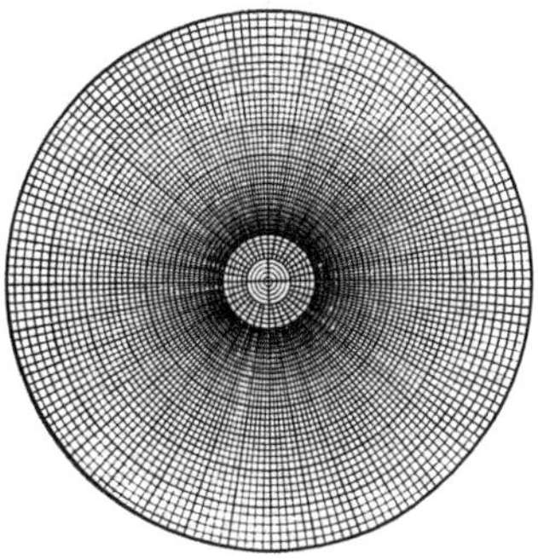

■图 3.64 极网

首先，考察如何利用吴氏网测量极射投影上任意两极点之间夹角的度数。例如要测量图 3.65(a) 所示的极射投影中极点 P_1、P_2 之间的夹角，则须把该极射投影蒙在基圆相同的吴氏网上，钉住两者的中心，转动极射投影，使这两个极点落在吴氏网的同一条经线上，如图 3.65(b) 所示，这时两极点之间的纬度差就是它们之间夹角的度数。图 3.65 中的两极点 P_1、P_2 之间的夹角为 30°。

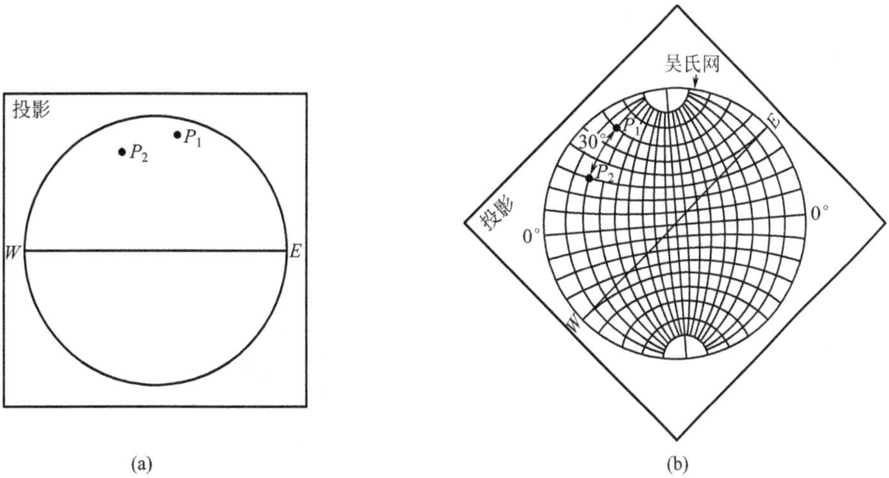

■图 3.65 极射投影上的极点 P_1、P_2 (a) 和它们之间角度的测量 (b)

下面再考察如何利用吴氏网找到晶体绕某一轴转动前后极点位置的变化。先讨论晶体绕平行于投影平面的轴转动的情况。为此，将极射投影图蒙在吴氏网上，并使晶体的转轴与吴氏网的 N-S 轴重合，如图 3.66 所示，图中的 A_1 与 B_1 为晶体转动前两个极点的位置。如果晶体绕该轴逆时针方向转动 60°，则 A_1、B_1 极点分别沿各自所在的纬线到达 A_2、B_2 位置。由于 B_1' 在投影图的背后，以⊖标明，B_2 在投影图的正面，以⊕标明。如果晶体绕垂直于投影平面的轴转动，则转动前后的极点分别在一个个以基圆圆心为心的同心圆上。图 3.67 给出了晶体转动前后的极点位置 P_1、P_2、P_3 和 P_1'、P_2'、P_3'。图中的箭头表示晶体的转动方向。同时，当晶体绕一任意方向的轴转动时，也能利用吴氏网找到晶体转动前后极点的对应位置。为此，需先将转动分解成绕平行于投影平面的轴和垂直于投影平面的轴的转动。

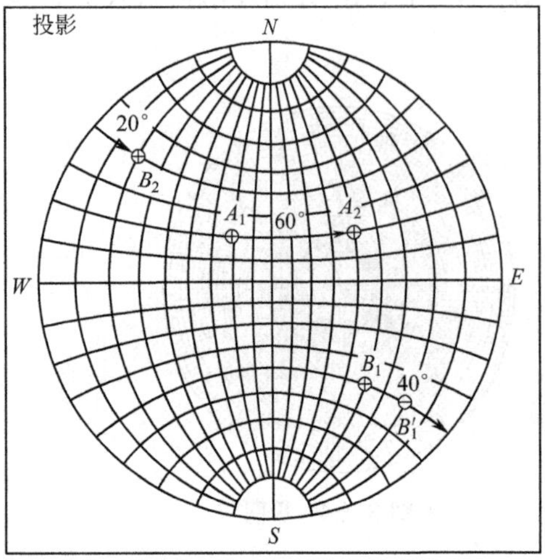

■ 图 3.66 晶体绕 NS 轴转动时，极点的转动

⊕ 代表极点在图的正面，⊖ 代表极点在图的背面；A_1、B_1 与 A_2、B_2 分别代表晶体转动前后的极点位置

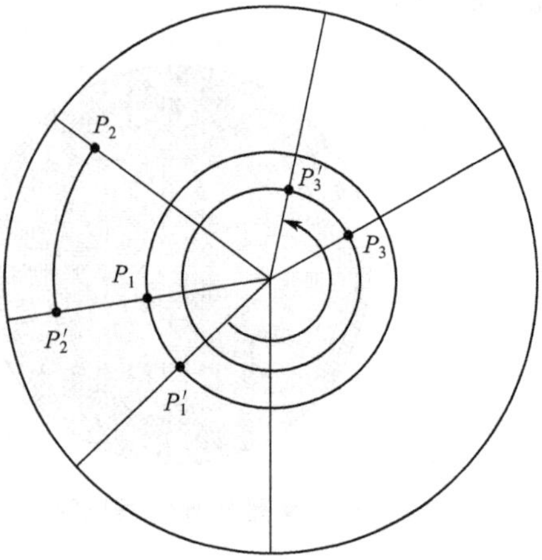

■ 图 3.67 晶体绕与投影面垂直的轴转动时，极点的转动

P_1,P_2,P_3 和 P_1',P_2',P_3' 分别代表晶体转动前后的极点位置

下面以图 3.68(a) 中极点 A_1 绕 B_1 轴顺时针转动 40°为例加以说明。先让投影中的 B_1 落在吴氏网的赤道上，如图 3.68(b) 所示，再把转轴 B_1 转到投影中心，用 B_2 表示，这时极点 A_1 也作相应的转动，到达 A_2 位置，接着再让 A_2 绕 B_2 顺时针转动 40°，到达 A_3 位置。再恢复转轴的初始位置，让 B_2 返回到 B_1，记为 B_3，同时 A_3 相应地到达 A_4 位置。图 3.68(c) 表示了极点 A_1 绕倾斜轴 B_1 顺时针转 40°的结果。实际上 A_1 绕 B_1 转动时是沿

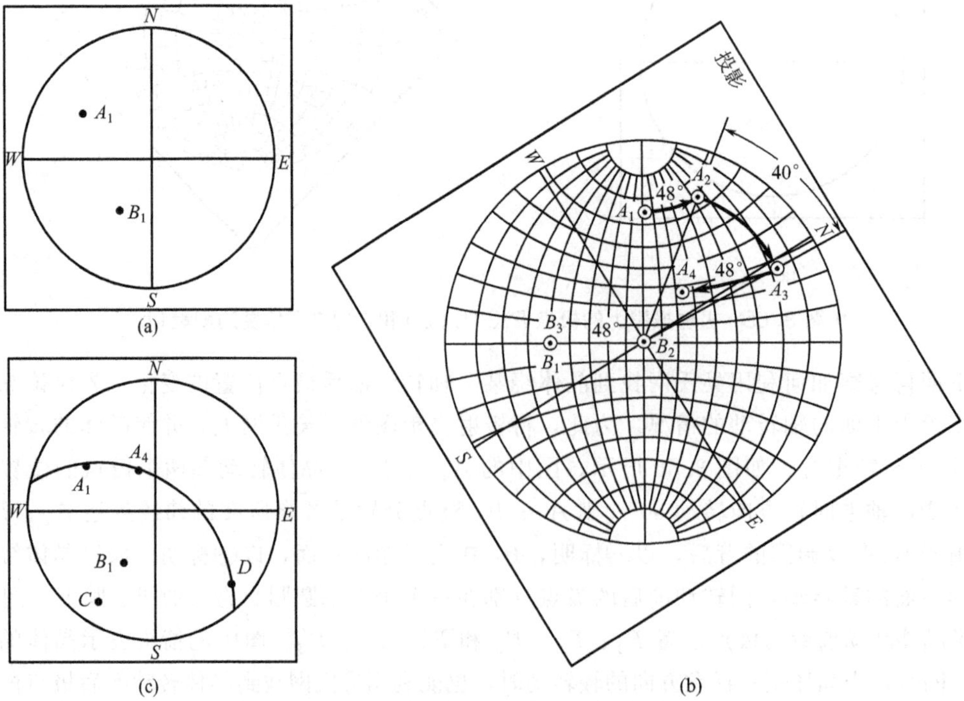

■ 图 3.68 晶体绕倾斜轴转动时极点的转动

小圆 A_1、A_4、D 运动，而该小圆的几何中心不是 B_1，而是 C。

图 3.53 表示的晶面极点与面痕的关系也可以表示在极射投影上。如图 3.69 所示。面痕 A 是一条经线，极点 a 在赤道上，与 A 相距 90°。晶带轴［uvw］与属于该晶带的所有晶面的极点之间，也存在上述关系，即属于同一晶带的极点落在一条经线上，称为晶带大圆，带轴在赤道上并与晶带大圆呈 90°角。

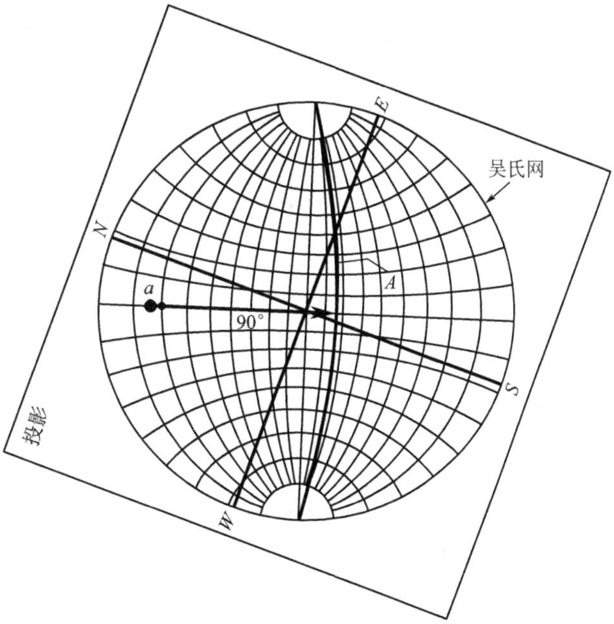

■ 图 3.69　晶面的极点 a 与面痕 A 在极射投影中的关系

现将上述吴氏网的基本用法归纳如下：

① 要用吴氏网测极射投影上任意两极点之间的角度，必须先将极点转到同一条经线上，再读出它们的纬度差，见图 3.65。

② 晶体绕任一轴转动前后，其极射投影点之间的角关系应保持不变。为此，极射投影点的转动要按前面所述的规则进行：

a. 晶体绕平行于纸面的轴转动时，转轴应与吴氏网的南北极重合，极点应沿各自所在的纬线转动，且跨过相同的经度；

b. 晶体绕垂直于纸面的轴转动时，转轴与极网的中心重合，极点也是沿各自所在的纬线（同心圆）转动，跨过相同的经度（辐射线），这种操作也能在吴氏网上进行；

c. 晶体绕倾斜轴转动时，必须先将其分解成两个分转动，即一个绕平行于纸面轴的转动和一个绕垂直于纸面轴的转动。

③ 同一晶面的极点与面痕的关系如图 3.69 所示，即面痕为吴氏网上的一条经线，与其极点呈 90°。

（2）标准投影

在解决某些实际问题时，晶体中主要晶面的极射投影特别有用，因为它以图解的形式给出了这些面之间的角关系。标准投影是以低指数晶面平行于投影面时，晶体中主要晶面或晶向的极射投影。而以平行于投影面的晶面或垂直于投影面的晶向来确定标准投影的名称。对于立方系，晶面与晶向的标准投影是一致的，所以在名称上不加以区别。而对其他晶系，

（hkl）为晶面的标准投影，［uvw］为晶向的标准投影。在标准投影图上，最高的晶面（或晶向）指数一般为7。

立方系的标准投影，对于所有的立方系晶体都通用。而非立方系晶体的则不然。图3.70给出立方系的001标准投影，并画出某些主要晶带大圆；图3.71为六方系轴比（c/a）为1.86时的（0001）标准投影。晶带大圆上的极点（hkl）与晶带轴［uvw］之间满足下述关系

$$hu+kv+lw=0 \tag{3.14}$$

称此为晶带定律，用它可以判断某指数的晶面是否属于某晶带，是晶体学中很有用的关系。

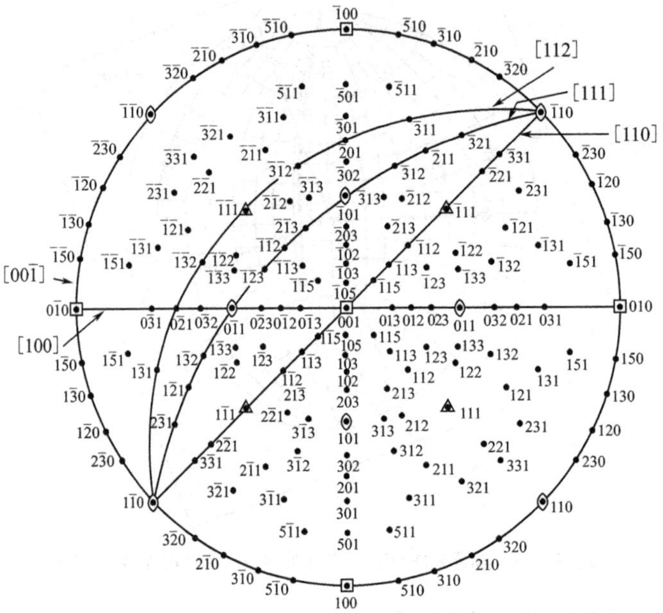

■ 图3.70 立方系的001标准投影及主要的晶带大圆

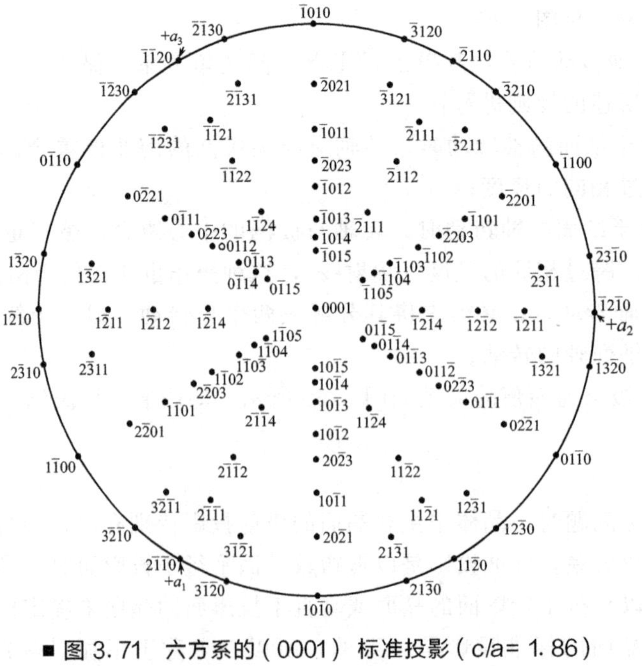

■ 图3.71 六方系的（0001）标准投影（c/a= 1.86）

给定晶体的轴比或阵胞尺寸，就能利用附录中的公式或计算机程序计算面间角，然后借助吴氏网画出标准投影。利用晶体的对称性和晶带定律可以简化绘制标准投影的过程。现以立方系的 001 标准投影为例，扼要说明其绘制过程。表 3.16 给出立方系主要晶面之间的夹角。001 标准投影是晶体（001）面平行于投影面时主要晶面的极射投影，因而（001）极点应在基圆中心。因［001］是四次对称轴，所以只要绘制出四分之一投影中的极点分布图，就可以获得整个标准投影。但是，为了使初学者记住这一重要投影的全貌，下面在整个基圆内画出几种最重要的极点。首先利用角度表和吴氏网画上｛100｝各极点，由于立方系同名的极点与迹点一致，所以能够画出［100］各晶带的晶带大圆，图 3.72 用对称元素符号表示各极点的位置。由晶带定律得知，如果（$h_1k_1l_1$）和（$h_2k_2l_2$）都属于［uvw］晶带，则（$h_1+h_2k_1+k_2l_1+l_2$）也属于［uvw］晶带。所以在［100］晶带大圆上，任意两个｛100｝极点之间都存在一个｛110｝极点，其具体指数可以由｛100｝极点的具体指数来确定，如（110）极点应在（100）与（010）极点之间，由表 3.16 中的数据可以确定它们的具体位置。｛110｝极点与〈110〉晶带大圆由图 3.73 所示。（111）极点应在（001）与（110）极点所在的晶带大圆上，也在（100）与（011）极点所在的晶带大圆上，因此在两个晶带大圆的交点处。四个｛111｝极点由四次轴〈001〉相联系。再用类似的方法将（112）、（113）等其他极点放到投影上。图 3.74 给出用对称元素符号表示的立方系 001 和 011 标准投影。实际上，图中的 3 个〈100〉晶带大圆和 6 个〈110〉晶带大圆就是立方系的 9 个对称面面痕。实际使用的标准投影，只画出极点的位置，而不画出晶带大圆。

■ 表 3.16 立方系中主要晶面之间的夹角

$\{h_2k_2l_2\}$	$\{h_1k_1l_1\}$						
	100	110	111	210	211	221	310
100	0 90	—	—	—	—	—	—
110	45 90	0 60 90	—	—	—	—	—
111	54.7	35.3 90	0 70.5 109.5	—	—	—	—
210	26.6 63.4 90	18.4 50.8 71.6	39.2 75.0	0 36.9 53.1	—	—	—
211	35.3 65.9	30 54.7 73.2 90	19.5 61.9 90	24.1 43.1 56.8	0 33.6 48.2	—	—
221	48.2 70.5	19.5 45 76.4 90	15.8 54.7 78.9	26.6 41.8 53.4	17.7 35.3 47.1	0 27.3 39.0	—

续表

$\{h_2k_2l_2\}$	$\{h_1k_1l_1\}$						
	100	110	111	210	211	221	310
310	18.4 71.6 90	26.6 47.9 63.4 77.1	43.1 68.6	8.1 58.1 45	25.4 49.8 58.9	32.5 42.5 58.2	0 25.9 36.9
311	25.2 72.5	31.5 64.8 90	29.5 58.5 80.0	19.3 47.6 66.1	10.0 42.4 60.5	25.2 45.3 59.8	17.6 40.3 55.1
320	33.7 56.3 90	11.3 54.0 66.9	61.3 71.3	7.1 29.8 41.9	25.2 37.6 55.6	22.4 42.3 49.7	15.3 37.9 52.1
321	36.7 57.7 74.5	19.1 40.9 55.5	22.2 51.9 72.0 90	17.0 33.2 53.3	10.9 29.2 40.2	11.5 27.0 36.7	21.6 32.3 40.5
331	46.5	13.1	22.0	—	—	—	—
510	11.4	—	—	—	—	—	—
511	15.6	—	—	—	—	—	—
711	11.3	—	—	—	—	—	—

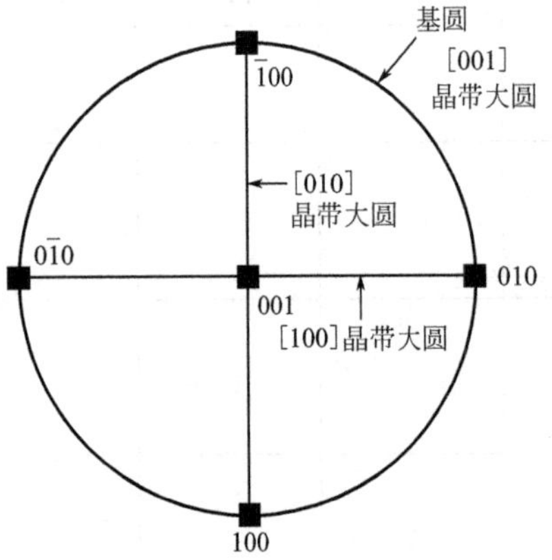

■ 图 3.72 立方系 001 标准投影上的 {100} 极点和晶带大圆

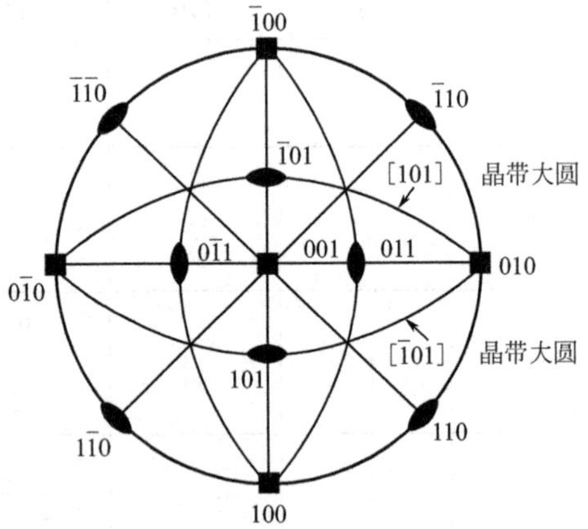

■ 图 3.73 立方系 001 标准投影的 {110} 极点和 〈110〉 晶带大圆

一般 X 射线实验室都备有立方系的标准投影。需要自己绘制标准投影时，可以参考上述方法动手绘制或者利用计算机程序自动绘制所需的标准投影。

(3) 心射投影

心射投影是把晶体的球面投影变换成平面图形的另一种形式。它的作法是将投影光源放在参考球心，投影面与参考球相切。图 3.75 中参考球与投影面相切于 N 点，投影光

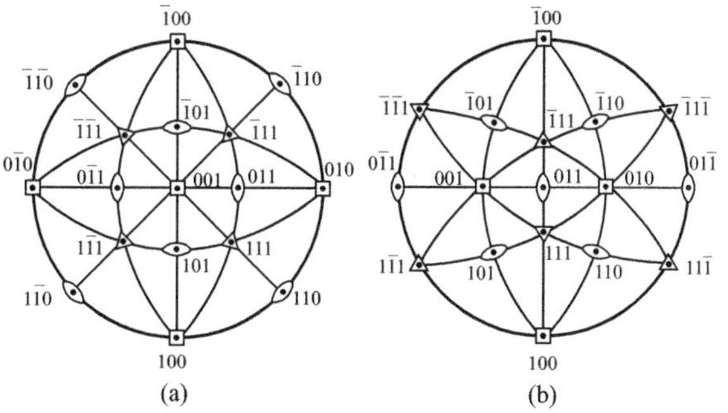

■ 图 3.74 用对称元素符号表示的立方系 001 与 011 标准投影

源和晶体都放在参考球心 O。极点（或迹点）P 的心射投影点，就是 O 与 P 点连线的延长线与投影面的交点 P_G。平行于投影面的大圆与球心的连线和投影面交于无穷远处，如图 3.76(a) 所示；其他大圆的心射投影都是直线，如图 3.76(b) 和图 3.76(c) 所示。小圆的心射投影是二次曲线，小圆心在直线 ON 上时，其心射投影是圆，如图 3.76(d) 所示；小圆心在和投影面平行的直径上时，心射投影是双曲线，如图 3.76(e) 所示；其他情况是椭圆或抛物线，如图 3.76(f) 所示。球面经纬线网的心射投影图称为心射投影网。图 3.77 所示的心射投影网分度为 10°，参考球半径为 2cm。心射投影网和心射投影图的关系与吴氏网和极射投影图的关系相同。

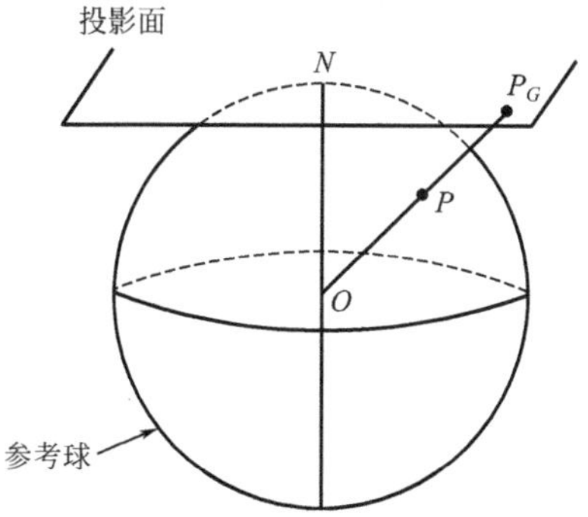

■ 图 3.75 心射投影

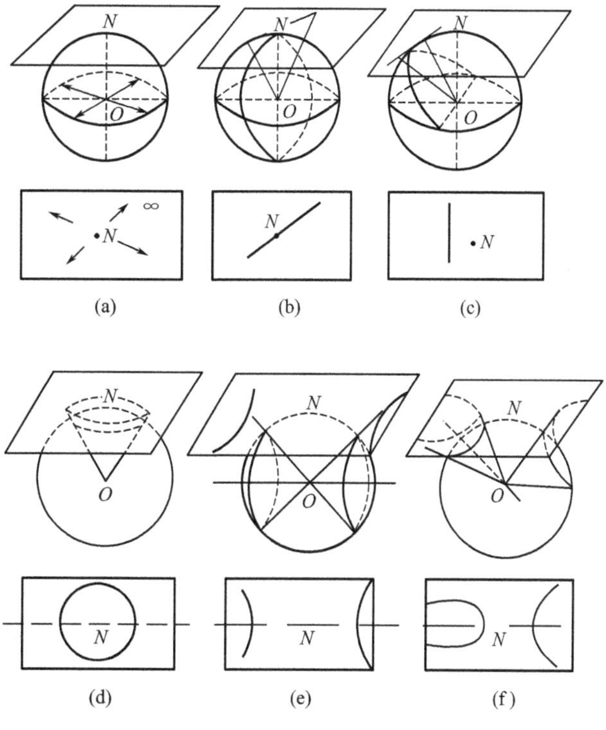

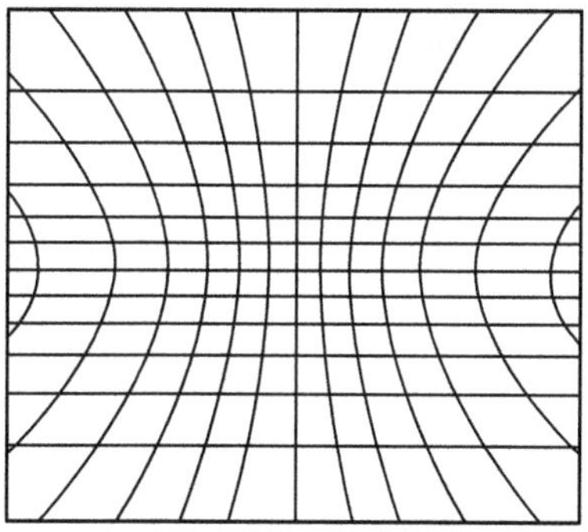

■ 图 3.77 心射投影网

■ 图 3.76 大圆和小圆的心射投影

3.6 倒易点阵

倒易点阵是晶体学中极为重要的概念之一，它不仅可以简化晶体学中的某些计算问题，并且可以形象地解释晶体的衍射现象，同时也是固体物理中的重要概念。

从数学上讲，所谓倒易点阵就是由正点阵派生的一种几何图像——点阵。一般地讲，正点阵是直接从晶体结构中抽象出来的，而倒易点阵则是与正点阵一一对应的，由正点阵演算出的。从物理上讲，正点阵与晶体结构相关，正点阵描述的是晶体中物质的分布规律，是物质空间，或正空间。倒易点阵与晶体的衍射现象相关，它描述的是衍射强度的分布。本节主要从几何图像入手介绍倒易点阵的概念，并讨论倒易点阵与正点阵的互易关系。

3.6.1 倒易点阵的概念

倒易点阵也是几何点在三维空间中有规律的排列阵式，只因它与点阵有后面介绍的倒易关系，故称为倒易点阵。倒易点阵中的点为倒易结点，可用倒易矢量描述其位置。倒易阵胞完全描述了倒易点阵的形貌，因此从倒易阵胞入手介绍倒易点阵。

对于一个给定基矢为 $\boldsymbol{a}$、$\boldsymbol{b}$ 和 $\boldsymbol{c}$ 的正点阵，必然有一个倒易点阵与它相对应，记其倒易阵胞的基矢为 $\boldsymbol{a}^*$、$\boldsymbol{b}^*$ 和 $\boldsymbol{c}^*$，它们与 $\boldsymbol{a}$、$\boldsymbol{b}$、$\boldsymbol{c}$ 的关系是

$$\begin{aligned}\boldsymbol{a}^*&=\frac{\boldsymbol{b}\times\boldsymbol{c}}{v}\\ \boldsymbol{b}^*&=\frac{\boldsymbol{c}\times\boldsymbol{a}}{v}\\ \boldsymbol{c}^*&=\frac{\boldsymbol{a}\times\boldsymbol{b}}{v}\end{aligned}\tag{3.15}$$

其中，v 是正点阵阵胞的体积，$v=\boldsymbol{a}\cdot(\boldsymbol{b}\times\boldsymbol{c})$。将式(3.15) 分别点乘 $\boldsymbol{a}$、$\boldsymbol{b}$、$\boldsymbol{c}$ 得到

$$\begin{cases}\boldsymbol{a}\cdot\boldsymbol{a}^*=\boldsymbol{b}\cdot\boldsymbol{b}^*=\boldsymbol{c}\cdot\boldsymbol{c}^*=1\\ \boldsymbol{a}^*\cdot\boldsymbol{b}=\boldsymbol{a}^*\cdot\boldsymbol{c}=\boldsymbol{b}^*\cdot\boldsymbol{a}=\boldsymbol{b}^*\cdot\boldsymbol{c}=\boldsymbol{c}^*\cdot\boldsymbol{a}=\boldsymbol{c}^*\cdot\boldsymbol{b}=0\end{cases}\tag{3.16}$$

式(3.15) 和式(3.16) 都告诉我们：倒易点阵的 $\boldsymbol{a}^*$ 垂直于正点阵中的 $\boldsymbol{b}$ 和 $\boldsymbol{c}$；$\boldsymbol{b}^*$ 垂直于 $\boldsymbol{a}$ 和 $\boldsymbol{c}$；$\boldsymbol{c}^*$ 垂直于 $\boldsymbol{a}$ 和 $\boldsymbol{b}$。$\boldsymbol{a}^*$、$\boldsymbol{b}^*$、$\boldsymbol{c}^*$ 的大小可以从式(3.15) 的标量式求出，即

$$\begin{aligned}a^*&=\frac{bc\sin\alpha}{v}\\ b^*&=\frac{ac\sin\beta}{v}\\ c^*&=\frac{ab\sin\gamma}{v}\end{aligned}\tag{3.17}$$

由 $v=\boldsymbol{a}\cdot(\boldsymbol{b}\times\boldsymbol{c})$，利用矢量算法的多重积公式可得

$$v=abc(1-\cos^2\alpha-\cos^2\beta-\cos^2\gamma+2\cos\alpha\cdot\cos\beta\cdot\cos\gamma)^{1/2} \tag{3.18}$$

设 α^*、β^*、γ^*分别为矢量 $\boldsymbol{b}^*$与 $\boldsymbol{c}^*$，$\boldsymbol{c}^*$与 $\boldsymbol{a}^*$，$\boldsymbol{a}^*$与 $\boldsymbol{b}^*$之间的夹角，故有

$$\cos\alpha^*=\frac{\boldsymbol{b}^*\cdot\boldsymbol{c}^*}{|\boldsymbol{b}^*||\boldsymbol{c}^*|};\ \cos\beta^*=\frac{\boldsymbol{c}^*\cdot\boldsymbol{a}^*}{|\boldsymbol{c}^*||\boldsymbol{a}^*|};\ \cos\gamma^*=\frac{\boldsymbol{a}^*\cdot\boldsymbol{b}^*}{|\boldsymbol{a}^*||\boldsymbol{b}^*|} \tag{3.19}$$

将式(3.15) 和式(3.18) 代入式(3.19)，可以求得

$$\begin{aligned}\cos\alpha^*&=\frac{\cos\beta\cos\gamma-\cos\alpha}{\sin\beta\sin\gamma}\\ \cos\beta^*&=\frac{\cos\alpha\cos\gamma-\cos\beta}{\sin\alpha\sin\gamma}\\ \cos\gamma^*&=\frac{\cos\alpha\cos\beta-\cos\gamma}{\sin\alpha\sin\beta}\end{aligned} \tag{3.20}$$

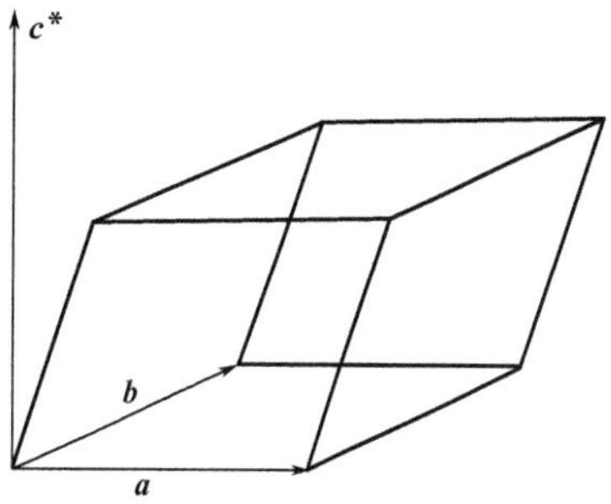

■图 3.78 倒易阵胞的 c^* 与正阵胞的关系

式(3.18) 和式(3.20) 的详细证明见附录。

由正阵胞与倒易阵胞三个基矢之间的关系，可以作出与正点阵相对应的倒易点阵。图 3.78 表示出三斜系阵胞 $\boldsymbol{a}$、$\boldsymbol{b}$、$\boldsymbol{c}$ 与其倒易阵胞基矢 $\boldsymbol{c}^*$的关系，$\boldsymbol{c}^*$垂直于 $\boldsymbol{a}$ 和 $\boldsymbol{b}$，所以 $\boldsymbol{c}^*$垂直于（001）面。图 3.79 为在单斜系的（001）面上给出的正点阵结点与倒易点阵结点的分布。

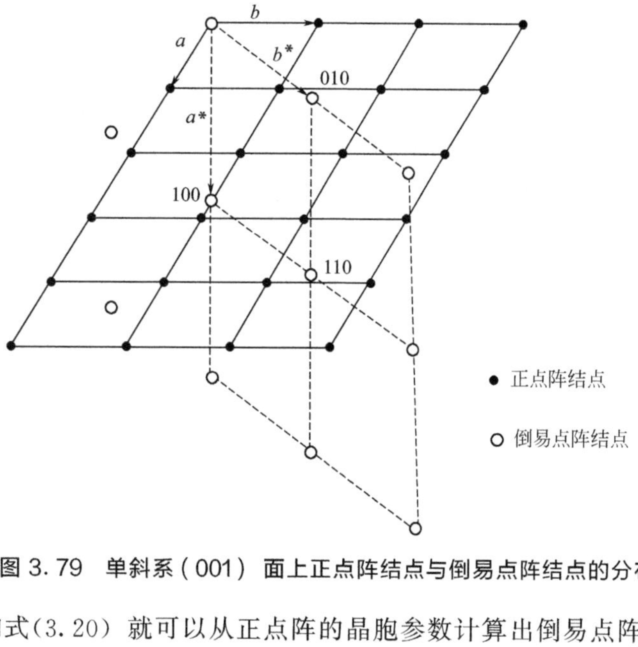

■图 3.79 单斜系（001）面上正点阵结点与倒易点阵结点的分布

由式(3.17) 和式(3.20) 就可以从正点阵的晶胞参数计算出倒易点阵的阵胞参数，这两组公式对于除三斜晶系以外的其他晶系都可以简化。例如，利用上述公式可以算出立方系的倒易阵胞为

$$a^*=\frac{1}{a},\ b^*=\frac{1}{b},\ c^*=\frac{1}{c}$$

$$\alpha^*=\beta^*=\gamma^*=90°$$

即立方系的倒易阵胞仍属立方系。其他各晶系的倒易点阵参数列于表 3.17。

■ 表 3.17 倒易点阵阵胞的基本参数

晶系	单斜	正交	六方	菱方	正方	立方
正点阵特征	$a\neq b\neq c$ $\alpha=\gamma=90°$ $\neq\beta$	$a\neq b\neq c$ $\alpha=\beta=\gamma$ $=90°$	$a=b\neq c$ $\alpha=\beta=90°$ $\gamma=120°$	$a=b=c$ $\alpha=\beta=\gamma\neq 90°$	$a=b\neq c$ $\alpha=\beta=\gamma$ $=90°$	$a=b=c$ $\alpha=\beta=\gamma$ $=90°$
体积	$abc\sin\beta$	abc	$\frac{\sqrt{3}}{2}a^2c$	$a^3\sqrt{1-3\cos^2\alpha+2\cos^3\alpha}$	a^2c	a^3
倒易点阵阵胞参数						
a^*	$\frac{1}{a\sin\beta}$	$\frac{1}{a}$	$\frac{2}{a\sqrt{3}}$	$\frac{\sin\alpha}{a\sqrt{1-3\cos^2\alpha+2\cos^3\alpha}}$	$\frac{1}{a}$	$\frac{1}{a}$
b^*	$\frac{1}{b}$	$\frac{1}{b}$	$\frac{2}{a\sqrt{3}}$	$\frac{\sin\alpha}{a\sqrt{1-3\cos^2\alpha+2\cos^3\alpha}}$	$\frac{1}{a}$	$\frac{1}{a}$
c^*	$\frac{1}{c\sin\beta}$	$\frac{1}{c}$	$\frac{1}{c}$	$\frac{\sin\alpha}{a\sqrt{1-3\cos^2\alpha+2\cos^3\alpha}}$	$\frac{1}{c}$	$\frac{1}{a}$
α^*	90°	90°	90°	$\cos^{-1}\left(-\frac{\cos\alpha}{1+\cos\alpha}\right)$	90°	90°
β^*	$180°-\beta$	90°	90°	$\cos^{-1}\left(-\frac{\cos\alpha}{1+\cos\alpha}\right)$	90°	90°
γ^*	90°	90°	60°	$\cos^{-1}\left(-\frac{\cos\alpha}{1+\cos\alpha}\right)$	90°	90°
特征	$a^*\neq b^*\neq c^*$ $\alpha^*=\gamma^*=90°$ $\neq\beta^*$	$a^*\neq b^*\neq c^*$ $\alpha^*=\beta^*=\gamma^*$ $=90°$	$a^*=b^*\neq c^*$ $\alpha^*=\beta^*=90°$ $\gamma^*=60°$	$a^*=b^*=c^*$ $\alpha^*=\beta^*=\gamma^*\neq 90°$	$a^*=b^*\neq c^*$ $\alpha^*=\beta^*=\gamma^*$ $=90°$	$a^*=b^*=c^*$ $\alpha^*=\beta^*=\gamma^*$ $=90°$

到此为止，我们了解到在正、倒空间中，单位上是互为倒易的，即正空间的长度单位为埃（Å），体积单位为埃^3，而倒易空间的长度单位为埃$^{-1}$，体积单位为埃$^{-3}$，同时正倒点阵的阵胞形状是互为倒易的，即长轴变短轴，锐角变钝角。也可以证明，正、倒点阵是互为倒易的，即

$$\boldsymbol{a}=\frac{\boldsymbol{b}^*\times\boldsymbol{c}^*}{v^*}$$
$$\boldsymbol{b}=\frac{\boldsymbol{c}^*\times\boldsymbol{a}^*}{v^*} \qquad (3.21)$$
$$\boldsymbol{c}=\frac{\boldsymbol{a}^*\times\boldsymbol{b}^*}{v^*}$$

其中，v^*为倒易阵胞体积，同时有

$$v^*=\frac{1}{v} \qquad (3.22)$$

也就是说，如果图 3.79 中“○”代表正点阵中的结点，那么“•”就代表倒易点阵中的结点。

3.6.2 倒易点阵与正点阵之间的倒易关系

为了进一步说明正、倒点阵之间的倒易关系，先定义两点阵之间相应几何元素的符号（表 3.18），再讨论它们之间的关系。

■ 表 3.18 正、倒易点阵中几何元素的符号

量的名称	正点阵	倒易点阵
晶面指数	(hkl)	$(uvw)^*$
晶向指数	$[uvw]$	$[hkl]^*$
面间距	d_{hkl}	d^*_{uvw}
晶向或阵矢	$\boldsymbol{r}=u\boldsymbol{a}+v\boldsymbol{b}+w\boldsymbol{c}$	$\boldsymbol{g}^*=h\boldsymbol{a}^*+k\boldsymbol{b}^*+l\boldsymbol{c}^*$
晶向长度或阵矢大小	r_{uvw}	g_{hkl}
结点位置	uvw	hkl

① 倒易点阵中的一个方向 $[hkl]^*$垂直于正点阵中的同名晶面（hkl），即 $[hkl]^* \perp (hkl)$。正点阵中的一个方向 $[uvw]$ 垂直于倒易点阵中的一个同名晶面 $(uvw)^*$，即 $[uvw] \perp (uvw)^*$。

因为正点阵中的方向 $[uvw]$ 就是点阵矢量 $\boldsymbol{r}_{uvw}=u\boldsymbol{a}+v\boldsymbol{b}+w\boldsymbol{c}$；倒易点阵中的方向 $[hkl]^*$也是倒易点阵矢量 $\boldsymbol{g}_{hkl}=h\boldsymbol{a}^*+k\boldsymbol{b}^*+l\boldsymbol{c}^*$。将正、倒点阵的原点放在 O 点（图 3.80），正点阵的基矢为 $\boldsymbol{a}$，$\boldsymbol{b}$ 和 $\boldsymbol{c}$，晶面（hkl）与基矢相交于 A、B、C。倒易矢 $\boldsymbol{g}_{hkl}$ 以原点 O 为起点。根据晶面指数的定义，有

$$\boldsymbol{OA}=\frac{\boldsymbol{a}}{h} \quad \boldsymbol{OB}=\frac{\boldsymbol{b}}{k} \quad \boldsymbol{OC}=\frac{\boldsymbol{c}}{l}$$

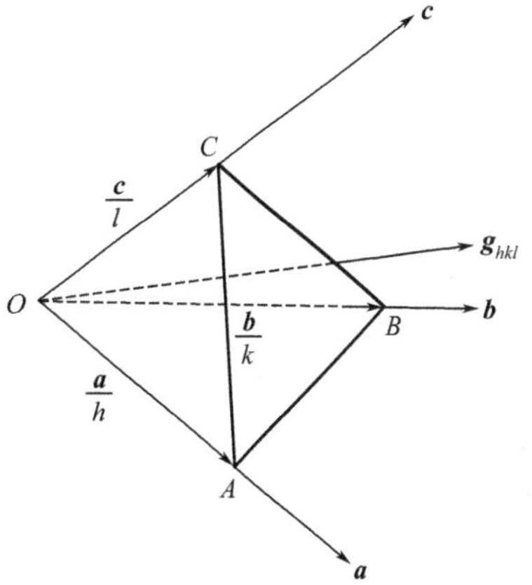

■ 图 3.80 倒易矢 g_{hkl} 与晶面（hkl）的关系

由图 3.80 可以得出

$$\begin{cases} \boldsymbol{AB}=\boldsymbol{OB}-\boldsymbol{OA}=\dfrac{\boldsymbol{b}}{k}-\dfrac{\boldsymbol{a}}{h} \\ \boldsymbol{AC}=\boldsymbol{OC}-\boldsymbol{OA}=\dfrac{\boldsymbol{c}}{l}-\dfrac{\boldsymbol{a}}{h} \end{cases} \tag{3.23}$$

计算

$$\boldsymbol{g}_{hkl} \cdot \boldsymbol{AB}=\boldsymbol{g}_{hkl} \cdot (\boldsymbol{OB}-\boldsymbol{OA})$$

将式(3.23) 代入上面的等式有

$$\boldsymbol{g}_{hkl} \cdot \boldsymbol{AB}=(h\boldsymbol{a}^*+k\boldsymbol{b}^*+l\boldsymbol{c}^*) \cdot \left(\frac{\boldsymbol{b}}{k}-\frac{\boldsymbol{a}}{h}\right) \tag{3.24}$$

利用式(3.16) 有

$$\boldsymbol{g}_{hkl} \cdot \boldsymbol{AB}=0$$

同理可以证明

$$\boldsymbol{g}_{hkl} \cdot \boldsymbol{AC}=0$$

两个矢量的点积等于零，说明 $\boldsymbol{g}_{hkl}$ 同时垂直 $\boldsymbol{AB}$ 和 $\boldsymbol{AC}$，即 $\boldsymbol{g}_{hkl}$ 垂直（hkl）晶面：

$$\boldsymbol{g}_{hkl} \perp (hkl) \tag{3.25}$$

也即

$$[hkl]^* \perp (hkl) \tag{3.26}$$

可以证明式(3.26) 对各个晶系都成立。用相似的方法还可以证明

$$\boldsymbol{r}_{uvw} \perp (uvw)^*；[uvw] \perp (uvw)^* \tag{3.27}$$

② 正点阵中，晶面（hkl）的面间距 d_{hkl} 是其同名倒易矢长度 g_{hkl} 的倒数，即 $d_{hkl}=1/g_{hkl}$。倒易点阵中，晶面 $(uvw)^*$的面间距 d^*_{uvw} 也是正点阵中同名矢量长度 r_{uvw} 的倒

数，即

$$d^*_{uvw}=\frac{1}{r_{uvw}} \tag{3.28}$$

前面已经证明了图 3.80 中的 $\boldsymbol{g}_{hkl}\perp(hkl)$，因此，晶面（$hkl$）的面间距 d_{hkl} 就是其与基矢的截距 $\boldsymbol{OA}$ 在 $\boldsymbol{g}_{hkl}$ 方向上的投影，即

$$d_{hkl}=\boldsymbol{OA}\cdot\frac{\boldsymbol{g}_{hkl}}{g_{hkl}}=\frac{\boldsymbol{a}}{h}\cdot\frac{(h\boldsymbol{a}^*+k\boldsymbol{b}^*+l\boldsymbol{c}^*)}{g_{hkl}}=\frac{1}{g_{hkl}}$$

所以

$$d_{hkl}=\frac{1}{g_{hkl}} \tag{3.29}$$

以同样的方法可以证明，倒易点阵的面间距 d^*_{uvw} 是正点阵同名矢量长度 r_{uvw} 的倒数，即

$$d^*_{uvw}=\frac{1}{r_{uvw}} \tag{3.30}$$

关系式(3.25) 至式(3.30) 说明了正、倒点阵的基本倒易关系。倒易点阵中的一个结点 hkl 不仅代表着正点阵中的一个面列（hkl）的方位，也由指向该点倒易矢的长度反映出这些面的面间距的大小。因此，倒易点阵中的一个结点 hkl 代表着正点阵中一个面列（hkl）的基本信息。图 3.81 描绘出了上述对应关系。由此，可以预计，利用倒易点阵解释问题要比利用正点阵方便得多。如果正点阵与倒易点阵具有共同的坐标原点，则正点阵中的晶面在倒易点阵中可用一个倒易阵点来表示，倒易阵点的指数用它所代表的晶面的晶面指数标定。晶体点阵中晶面取向和晶面间距这两个参量在倒易点阵中只用倒易矢量一个参量就能综合地表示出来。

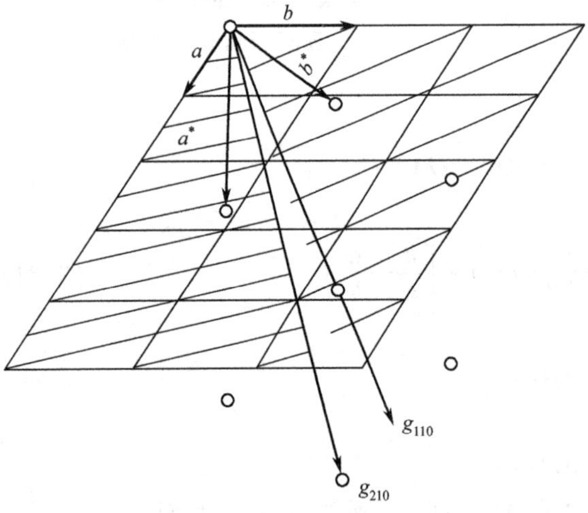

■ 图 3.81 倒易点的分布反映了正点阵中晶面列的分布

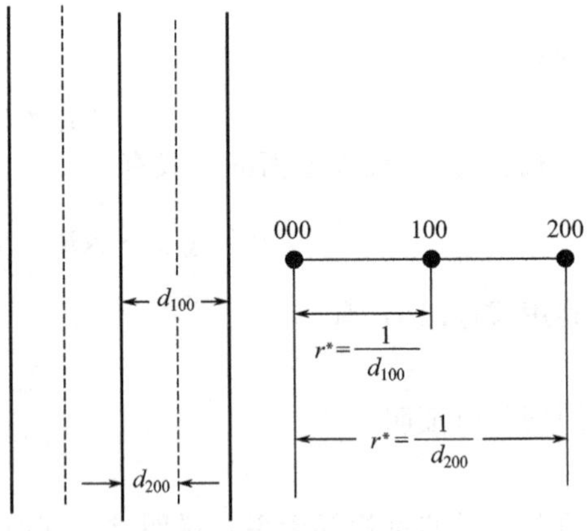

■ 图 3.82 晶面与倒易点阵的对应关系

利用这种对应关系可以由任何一个正点阵建立起一个相应的倒易点阵，反过来由一个已知的倒易点阵运用同样的对应关系又可以重新得到原来的晶体点阵。例如，在图 3.82 中画出了（100）及（200）晶面族所对应的倒易阵点，因为（200）的晶面间距 d_{200} 是 d_{100} 的一半，所以（200）晶面的倒易矢量长度为（100）的倒易矢量长度的二倍。用上述方法作出各种取向晶面族的倒易阵点列，便可得到相应的倒易阵点平面和倒易空间点阵。

3.6.3 利用倒易矢量计算晶面间距与晶面夹角

(1) 晶面间距的计算公式

利用晶面间距 d_{hkl} 和倒易矢量 $\boldsymbol{g}_{hkl}$ 互为倒易关系可得：

$$|g_{hkl}|^2=\frac{1}{d_{hkl}^2}=(h\boldsymbol{a}^*+k\boldsymbol{b}^*+l\boldsymbol{c}^*)\cdot(h\boldsymbol{a}^*+k\boldsymbol{b}^*+l\boldsymbol{c}^*)$$
$$=h^2(a^*)^2+k^2(b^*)^2+l^2(c^*)^2 \tag{3.31}$$
$$+2klb^*c^*\cos\alpha^*+2lhc^*a^*\cos\beta^*+2hka^*b^*\cos\gamma^*$$

利用表 3.17 将上式中的倒易点阵参数 a^*、b^*、c^*、α^*、β^*和 γ^*换算成正点阵参数 a、b、c、α、β 和 γ，便可以得到除三斜晶系之外的各个晶系的晶面间距的计算公式。

立方晶系：

$$d_{hkl}=\frac{a}{\sqrt{h^2+k^2+l^2}} \tag{3.32}$$

正方晶系：

$$d_{hkl}=\frac{1}{\sqrt{\frac{h^2+k^2}{a^2}+\frac{l^2}{c^2}}} \tag{3.33}$$

正交晶系：

$$d_{hkl}=\frac{1}{\sqrt{\frac{h^2}{a^2}+\frac{k^2}{b^2}+\frac{l^2}{c^2}}} \tag{3.34}$$

六方晶系：

$$d_{hkl}=\frac{1}{\sqrt{\frac{4}{3}\frac{h^2+hk+k^2}{a^2}+\frac{l^2}{c^2}}} \tag{3.35}$$

菱方晶系：

$$d_{hkl}=\frac{a}{\sqrt{\frac{(h^2+k^2+l^2)\sin^2\alpha+2(hk+hl+kl)(\cos^2\alpha-\cos\alpha)}{(1-3\cos^2\alpha+2\cos^3\alpha)}}} \tag{3.36}$$

单斜晶系：

$$d_{hkl}=\frac{1}{\sqrt{\frac{h^2}{a^2\sin^2\beta}+\frac{k^2}{b^2}+\frac{l^2}{c^2\sin^2\beta}-\frac{2hl\cos\beta}{ac\sin^2\beta}}} \tag{3.37}$$

利用式(3.17) 和式(3.20) 将式(3.31) 的倒易点阵参数换算成正点阵参数，可得三斜晶系晶面间距的计算公式：

$$\frac{1}{d_{hkl}^2}=\frac{1}{v^2}[h^2b^2c^2\sin^2\alpha+k^2c^2a^2\sin^2\beta+l^2a^2b^2\sin^2\gamma$$
$$+2kla^2bc(\cos\beta\cos\gamma-\cos\alpha)+2lhab^2c(\cos\gamma\cos\alpha-\cos\beta)$$
$$+2hkabc^2(\cos\alpha\cos\beta-\cos\gamma)] \tag{3.38}$$

其中，v 的值由式(3.18)确定。

(2) 晶面夹角的计算公式

晶面夹角可以用晶面法线间的夹角来表示。所以，晶体点阵中两个晶面 $(h_1k_1l_1)$ 和 $(h_2k_2l_2)$ 之间的夹角 φ 可以用它们所对应的倒易矢量 $\boldsymbol{g}_1$ 和 $\boldsymbol{g}_2$ 之间的夹角来表示。于是有：

$$\boldsymbol{g}_1 \cdot \boldsymbol{g}_2 = g_1 g_2 \cos\varphi$$

$$\begin{aligned}\cos\varphi &= \frac{\boldsymbol{g}_1 \cdot \boldsymbol{g}_2}{g_1 g_2} = \frac{1}{g_1 g_2}(h_1\boldsymbol{a}^* + k_1\boldsymbol{b}^* + l_1\boldsymbol{c}^*) \cdot (h_2\boldsymbol{a}^* + k_2\boldsymbol{b}^* + l_2\boldsymbol{c}^*) \\ &= \frac{1}{g_1 g_2}[h_1h_2(a^*)^2 + k_1k_2(b^*)^2 + l_1l_2(c^*)^2 + (k_1l_2 + k_2l_1)b^*c^*\cos\alpha^* \\ &\quad + (h_1l_2 + h_2l_1)c^*a^*\cos\beta^* + (h_1k_2 + h_2k_1)a^*b^*\cos\gamma^*]\end{aligned} \tag{3.39}$$

利用表3.17将式中的倒易点阵参数换算成正点阵参数，并且利用各晶系晶面间距的倒数（倒易矢量的标量）来取代 g_1 和 g_2，便可以得到各晶系晶面夹角的计算公式。

立方晶系：

$$\cos\varphi = \frac{h_1h_2 + k_1k_2 + l_1l_2}{\sqrt{h_1^2 + k_1^2 + l_1^2}\sqrt{h_2^2 + k_2^2 + l_2^2}} \tag{3.40}$$

正方晶系：

$$\cos\varphi = \frac{\dfrac{h_1h_2 + k_1k_2}{a^2} + \dfrac{l_1l_2}{c^2}}{\sqrt{\dfrac{h_1^2 + k_1^2}{a^2} + \dfrac{l_1^2}{c^2}}\sqrt{\dfrac{h_2^2 + k_2^2}{a^2} + \dfrac{l_2^2}{c^2}}} \tag{3.41}$$

正交晶系：

$$\cos\varphi = \frac{\dfrac{h_1h_2}{a^2} + \dfrac{k_1k_2}{b^2} + \dfrac{l_1l_2}{c^2}}{\sqrt{\dfrac{h_1^2}{a^2} + \dfrac{k_1^2}{b^2} + \dfrac{l_1^2}{c^2}}\sqrt{\dfrac{h_2^2}{a^2} + \dfrac{k_2^2}{b^2} + \dfrac{l_2^2}{c^2}}} \tag{3.42}$$

六方晶系：

$$\cos\varphi = \frac{\dfrac{4}{3a^2}\left(h_1h_2 + k_1k_2 + \dfrac{h_1k_2 + h_2k_1}{2}\right) + \dfrac{l_1l_2}{c^2}}{\sqrt{\dfrac{4}{3}\dfrac{h_1^2 + h_1k_1 + k_1^2}{a^2} + \dfrac{l_1^2}{c^2}}\sqrt{\dfrac{4}{3}\dfrac{h_2^2 + h_2k_2 + k_2^2}{a^2} + \dfrac{l_2^2}{c^2}}} \tag{3.43}$$

菱方晶系：

$$\begin{aligned}\cos\varphi = [&(h_1h_2 + k_1k_2 + l_1l_2)\sin^2\alpha + (h_1k_2 + h_2k_1 + h_1l_2 + h_2l_1 + k_1l_2 \\ &+ k_2l_1)(\cos^2\alpha - \cos\alpha)]/\{[(h_1^2 + k_1^2 + l_1^2)\sin^2\alpha + 2(h_1k_1 + h_1l_1 \\ &+ k_1l_1)(\cos^2\alpha - \cos\alpha)]^{1/2}[(h_2^2 + k_2^2 + l_2^2)\sin^2\alpha + 2(h_2k_2 + h_2l_2 \\ &+ k_2l_2)(\cos^2\alpha - \cos\alpha)]^{1/2}\}\end{aligned} \tag{3.44}$$

单斜晶系：

$$\cos\varphi=\left[\frac{h_1h_2}{a^2\sin^2\beta}+\frac{k_1k_2}{b^2}+\frac{l_1l_2}{c^2\sin^2\beta}-\frac{(h_1l_2+h_2l_1)\cos\beta}{ac\sin^2\beta}\right]\Bigg/ \left[\left(\frac{h_1^2}{a^2\sin^2\beta}+\frac{k_1^2}{b^2}+\frac{l_1^2}{c^2\sin^2\beta}-\frac{2h_1l_1\cos\beta}{ac\sin^2\beta}\right)^{\frac{1}{2}} \left(\frac{h_2^2}{a^2\sin^2\beta}+\frac{k_2^2}{b^2}+\frac{l_2^2}{c^2\sin^2\beta}-\frac{2h_2l_2\cos\beta}{ac\sin^2\beta}\right)^{\frac{1}{2}}\right] \tag{3.45}$$

三斜晶系晶面夹角的计算公式请大家自行推导。

3.6.4　晶带与倒易面

前面已经谈到，平行于某一特定方向的面构成一个晶带，称此特定方向为晶带轴。该晶带轴的名称也是此晶带的名称。图3.83(a)给出了 $[uvw]$ 晶带中的三个面，$(h_1k_1l_1)$、$(h_2k_2l_2)$ 和 $(h_3k_3l_3)$，它是一个晶带在正点阵中的图像。下面让我们考察一个晶带在倒易点阵中的图像。根据前面讲述的正、倒易点阵之间的倒易关系，得知

$$(hkl)\perp[hkl]^* \tag{3.46}$$

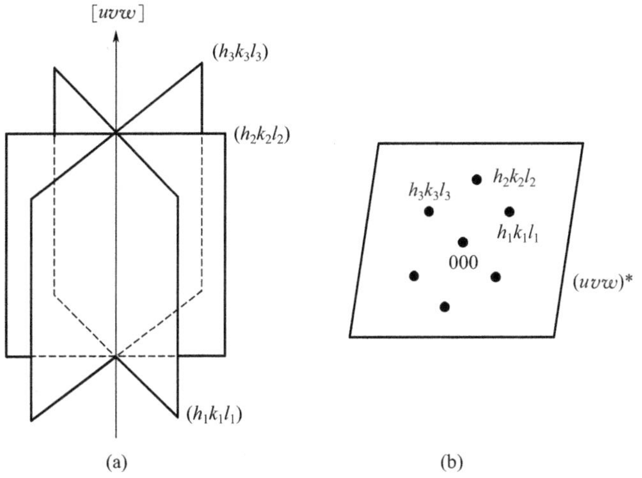

■ 图3.83　正空间中的晶带及其在倒易点阵中的位置

如果以 $(h_ik_il_i)$ 表示属于 $[uvw]$ 晶带中的各个面，则在倒易点阵中必有一系列的倒易矢 $[h_ik_il_i]^*$ 与它们相对应，同时两者之间存在如下关系

$$(h_ik_il_i)\perp[h_ik_il_i]^*;\ i=1,2,3\cdots \tag{3.47}$$

根据晶带定义有

$$(h_ik_il_i)\parallel[uvw] \tag{3.48}$$

所以

$$[h_ik_il_i]^*\perp[uvw] \tag{3.49}$$

垂直于某一方向的一系列矢量，自然在一个过原点的平面上。也就是说，代表正点阵中同一晶带中各个面的倒易矢在倒易点阵中的一个过倒易原点的平面上。换种说法是：代表正点阵中同一晶带中各个面的倒易结点处在倒易点阵中一个过原点的平面上。同时，由于该倒

易面垂直于正点阵中的一个方向 $[uvw]$，所以此倒易面应为 $(uvw)^*$。于是，如图 3.83(a) 所示的晶带，在倒易点阵中由过倒易原点的 $(uvw)^*$ 面上的结点 $h_1k_1l_1$、$h_2k_2l_2$ 和 $h_3k_3l_3$ 描述，如图 3.83(b) 所示。

由于晶带轴 $[uvw]$ 与晶带面 (hkl) 的倒易矢之间存在 $[uvw] \perp [hkl]^*$ 关系，即

$$\boldsymbol{r}_{uvw} \cdot \boldsymbol{g}_{hkl} = 0 \tag{3.50}$$

展开有

$$(u\boldsymbol{a} + v\boldsymbol{b} + w\boldsymbol{c}) \cdot (h\boldsymbol{a}^* + k\boldsymbol{b}^* + l\boldsymbol{c}^*) = 0$$

即

$$uh + vk + wl = 0 \tag{3.51}$$

于是前面谈到的晶带定律得以证明。晶带定律是判断某晶面 (hkl) 是否属于某晶带 $[uvw]$ 的判据。由于导出晶带定律时，只涉及晶带定义与正、倒易点阵之间的关系，而没有涉及晶系，所以对于只包含三个基矢的系统，它都能适用。

如果已知两个晶面 $(h_1k_1l_1)$ 和 $(h_2k_2l_2)$，可以利用晶带定律求出其带轴（即交线）指数 $[uvw]$。具体作法如下：

$$h_1u + k_1v + l_1w = 0$$
$$h_2u + k_2v + l_2w = 0$$

从而解出 $[uvw]$ 是

$$u : v : w = \begin{vmatrix} k_1 & l_1 \\ k_2 & l_2 \end{vmatrix} : \begin{vmatrix} l_1 & h_1 \\ l_2 & h_2 \end{vmatrix} : \begin{vmatrix} h_1 & k_1 \\ h_2 & k_2 \end{vmatrix}$$

便于记忆的形式为

$$\begin{array}{c|cc|c} h_1 & k_1 \quad\quad\quad l_1 \quad\quad\quad h_1 \quad\quad\quad k_1 & l_1 \\ & \times \quad\quad \times \quad\quad \times & \\ h_2 & k_2 \quad\quad\quad l_2 \quad\quad\quad h_2 \quad\quad\quad k_2 & l_2 \end{array}$$

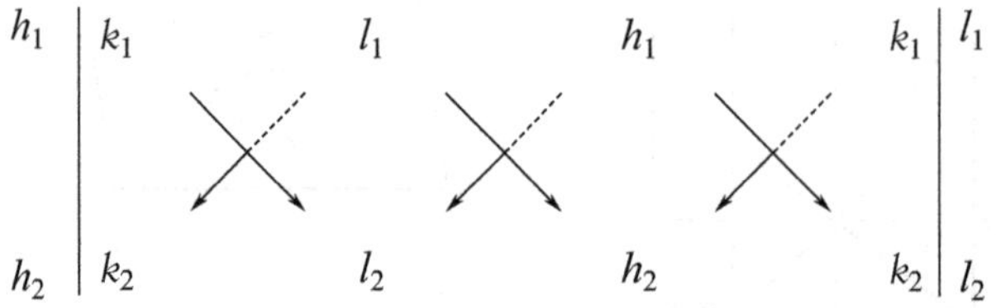

上表中 "↘" 项为正号，"↗" 项为负号，例如 $(\bar{1}02)$ 面与 $(\bar{3}42)$ 面的交线，即带轴是

$$\begin{array}{c|cc|c} \bar{1} & 0 \quad\quad\quad 2 \quad\quad\quad \bar{1} \quad\quad\quad 0 & 2 \\ & \times \quad\quad \times \quad\quad \times & \\ \bar{3} & 4 \quad\quad\quad 2 \quad\quad\quad \bar{3} \quad\quad\quad 4 & 2 \end{array}$$

$$u = \bar{8} \quad\quad\quad v = \bar{4} \quad\quad\quad w = \bar{4}$$

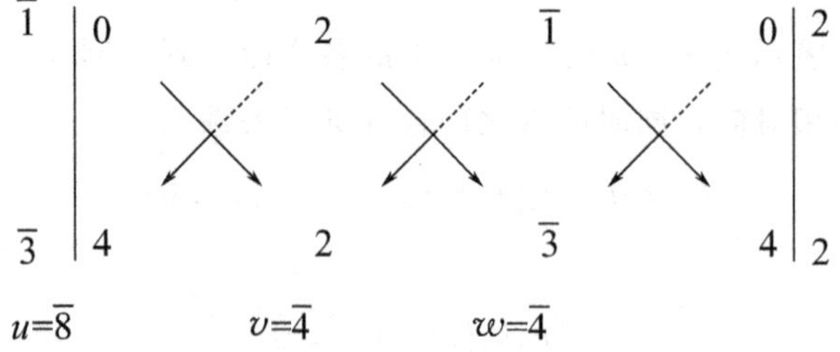

即 $[\bar{2}\bar{1}\bar{1}]$。

与正点阵相同，倒易点阵中的 $(uvw)^*$ 也是一个面列，如图 3.84 所示，$(uvw)^*$ 中过原点的面称为零阶面，记为 $N = 0$，往 $[uvw]$ 正方向排去有一阶面，二阶面等，记为 $N = 1, 2\cdots$，往 $[uvw]$ 的负方向排去有负一阶面、负二阶面等，记为 $N = -1, -2\cdots$，称 N 为倒易面 $(uvw)^*$ 的阶数。$(uvw)^*$ 面的面间距是 $d^*_{uvw} = 1/r_{uvw}$。前面谈到，$(uvw)^*$

中过原点的面代表正点阵中的 [uvw] 晶带。如果将晶带的概念加以扩展，认为倒易面列 $(uvw)^*$ 都代表 [uvw] 晶带，则称为广义晶带。广义晶带只在倒易点阵中有明确的图像。现在讨论倒易点阵面列 $(uvw)^*$ 上的结点 hkl 与广义晶带轴 [uvw] 之间的关系。所谓广义晶带轴 [uvw] 是指倒易面 $(uvw)^*$ 的垂直方向在正点阵中的表示。在 $(uvw)^*$ 诸面上，任取一结点 hkl，有倒易矢 $\boldsymbol{g}_{hkl}$，如图 3.84 所示。倒易矢 $\boldsymbol{g}_{hkl}$ 在 [uvw] 方向上的投影应是面间距 d^* 的 N 倍，N 的数值是结点 hkl 所在面 $(uvw)^*$ 的阶数。即

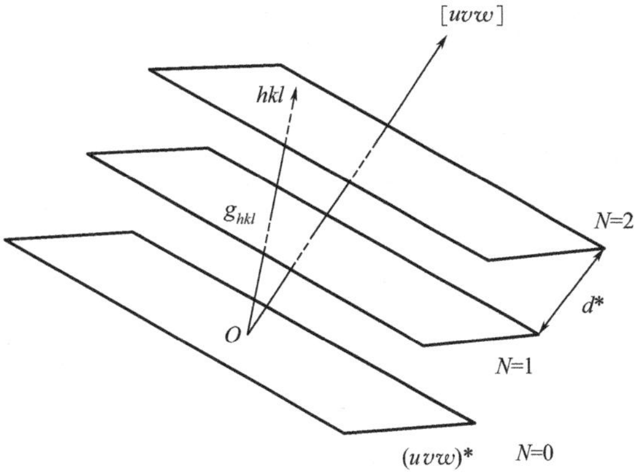

■图 3.84 广义晶带定律的证明

$$\boldsymbol{g}_{hkl} \cdot \frac{\boldsymbol{r}_{uvw}}{|\boldsymbol{r}_{uvw}|} = Nd^*_{uvw} \tag{3.52}$$

因为

$$|\boldsymbol{r}_{uvw}| = 1/d^*_{uvw}$$

所以有

$$hu + kv + lw = N \tag{3.53}$$

称式(3.53) 为广义晶带定律，它是正点阵中某晶面 (hkl) 是否属于广义晶带 [uvw] 的判据。同时可以看出，式(3.51) 表达的晶带定律只是广义晶带定律的特殊情况，即式(3.53) 中 N 为零的情况。

思考与练习题

1. 什么是晶体点阵？晶体点阵与晶体结构有什么关系？
2. 什么是阵胞？它们的基本参量是什么？什么是原胞？什么是复胞？
3. 图 3.85 给出金刚石、Cu_2O 和 $CaTiO_3$ 晶胞，请判断它们属于何种点阵。

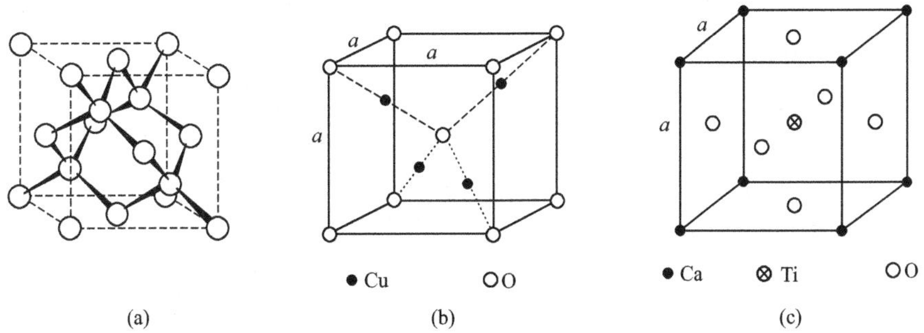

■图 3.85 金刚石(a)、Cu_2O(b) 和 $CaTiO_3$(c) 的晶胞

4. 请在图 3.86 所示的石墨结构中画出石墨结构晶胞，并给出其点阵阵胞。

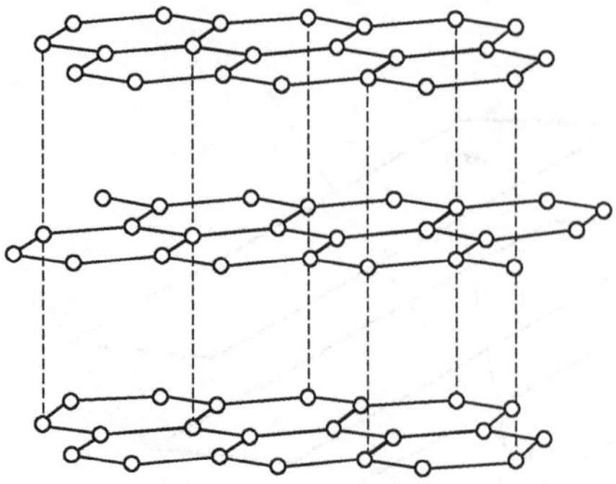

■ 图 3.86 石墨结构

虚线标明在同一垂直方向上的各层原子

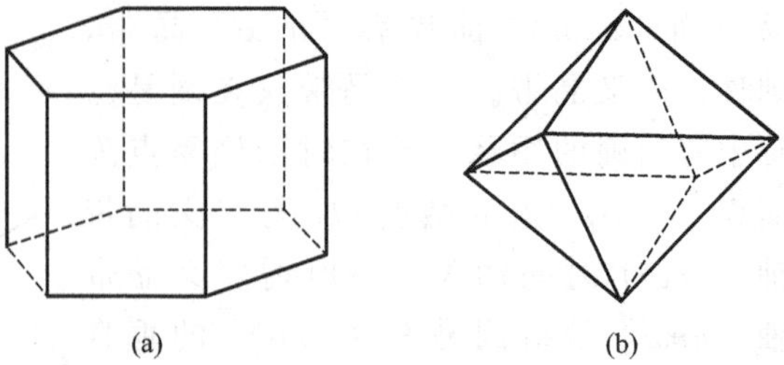

■ 图 3.87 六棱柱(a)与八面体(b)

5. 请画出在图 3.87 所示的图形中存在的对称元素⬮、■和⬡。

6. 请在图 3.85(a) 所示的金刚石结构中画出一个滑动面。

7. 请标明图 3.88 中各面的米勒指数。

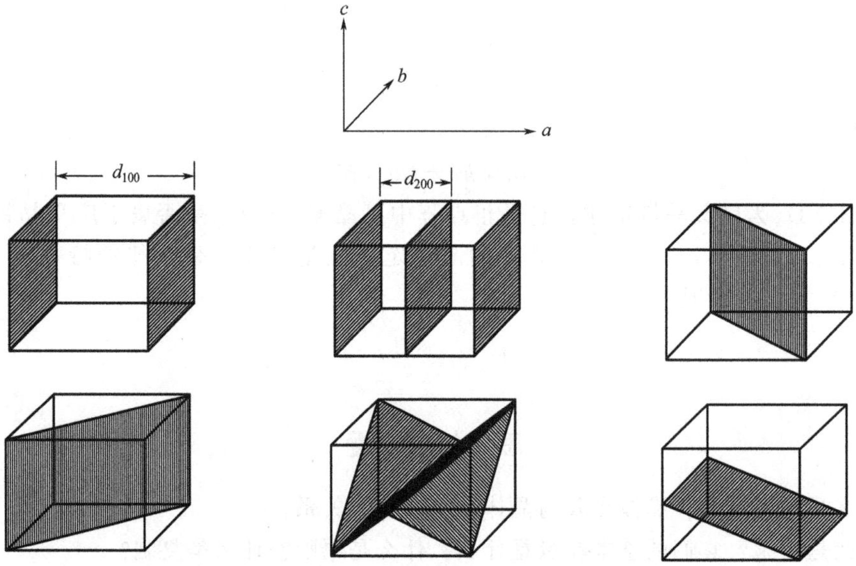

■ 图 3.88 正交系中的几种晶面

8. 图 3.89 中，(a) 为在面心立方复胞中取出的原胞，(b) 为在体心立方复胞中取的原胞。请以立方阵胞基矢为坐标给出各原胞基矢的方向指数。

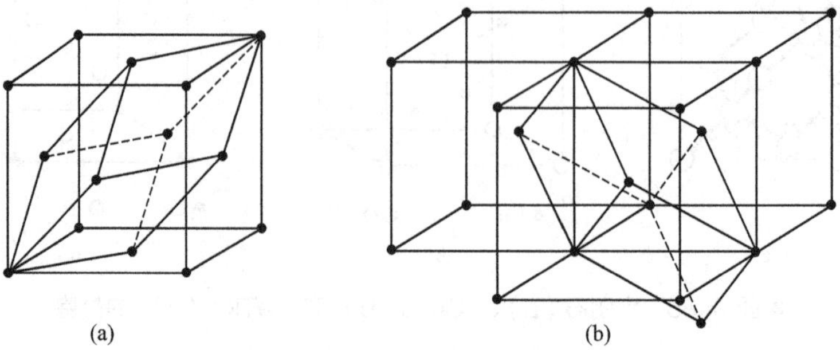

■ 图 3.89 复胞与原胞

9. 图 3.90 为汤姆逊四面体（a）和它的展开图（b）。请给出四面体各面和各棱的指数，以及（b）中各指向三角形重心的方向的指数。

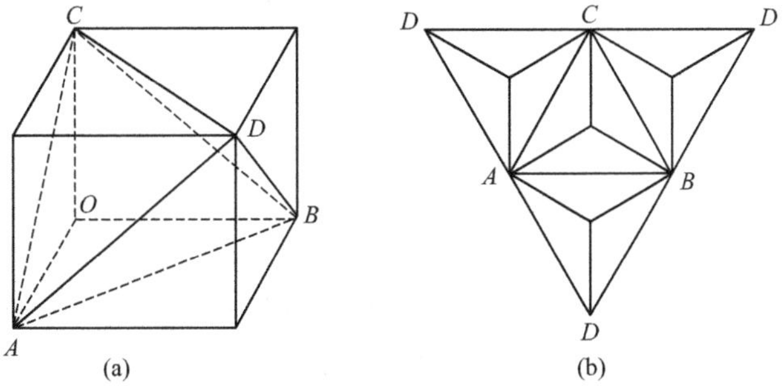

■ 图 3.90　汤姆逊四面体（a）及其展开图（b）

10. 请在图 3.91 中给出 AB 方向（a）和六棱柱基面中箭头表示的方向（b）的米勒指数和米勒-布拉菲指数，并在六棱柱中画出米勒-布拉菲指数为 $[10\bar{1}1]$ 的方向。

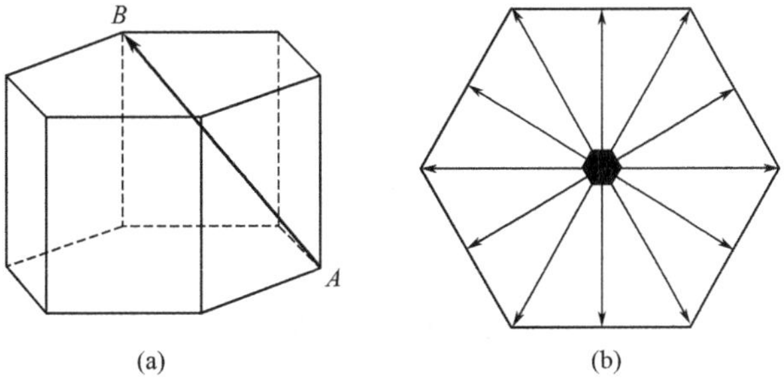

■ 图 3.91　六棱柱（a）和它的基面（b）

11. 请给出图 3.92 中各箭头所示的方向和影线面的米勒-布拉菲指数。

*12. 已知 $(Ti_2N)12U$ 的空间群为 $I4_1/a2/m2/d$，请给出它的点群和点阵。

13. 如图 3.93 所示，极射投影图上有大圆 AB，若将投影绕 NS 轴顺时针转 90°，请给出转动后 AB 的形状。

14. 什么是晶带，什么是晶带大圆？

已知晶带轴极点在经纬度都是 45°处，请画出此晶带的晶带大圆。如果此极点为立方晶系的 [111] 迹点，请画出（111）面痕。

15. 什么是标准投影？立方系 112，113 标准投影的基圆是什么晶带大圆？中心是什么极点？若极射投影中 [111] 迹点在经纬度都是 60°处，要得到 111 标准投影应把极射投影作何种转动？

16. 利用吴氏网将 001 标准投影转成 111 标准投影。

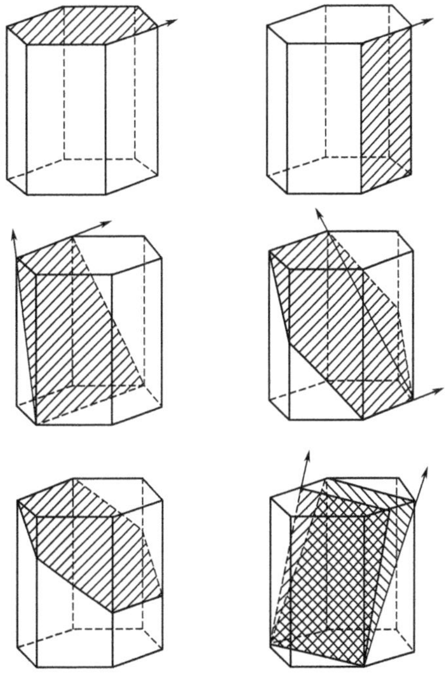

■ 图 3.92　六方晶系中的主要面和方向

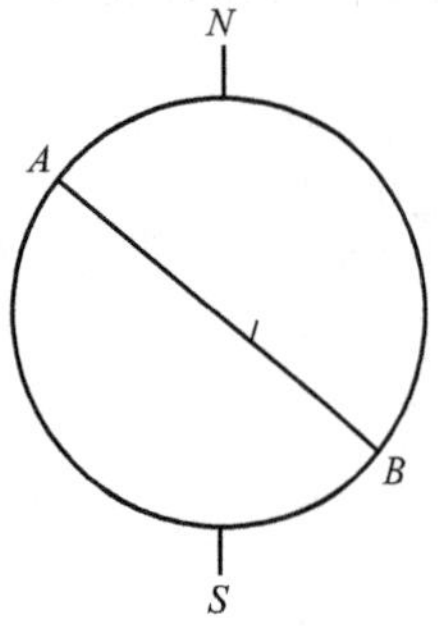

■ 图 3.93 极射投影图

17. 请在 001 标准投影上标出 Al 的一个滑移系统。Al 为面心立方结构，其滑移系统为 {111}⟨110⟩。请注意滑移方向应在滑移面上。

18. 请在（0001）标准投影上标出 Be 的一个滑移系统。Be 为六方系，滑移系统为 {0001}⟨$11\bar{2}0$⟩。

*19. 利用 001 标准投影，给出立方晶体（111）反映孪生的 {100} 极点。

20. 六方晶系点阵参数 $a_1=a_2=2.50\times10^{-10}$m，$a_1$ 与 a_2 之间夹角 $\gamma=120°$，请用坐标纸给出其倒易点阵基面（0001）* 上倒易结点的分布，并注明长度单位。

21. 什么是晶带定律与广义晶带定律？请给以证明。

*22. 请利用倒易点阵概念证明立方系的同名指数晶面和晶向相互垂直。

23. 请利用倒易点阵概念推导立方系面间距公式

$$d=\frac{a}{\sqrt{h^2+k^2+l^2}}$$

*24. 请利用倒易点阵概念计算立方系（110）与（111）面之间的夹角。

25. 请利用极射投影给出 $4/m\bar{3}2/m$ 点群中的对称元素位置。

参 考 文 献

[1] 王英华．X 光衍射技术基础．北京：原子能出版社，1993.
[2] Cullity B D. Elements of X-Ray Diffraction, Addison Wesley, 1978.
[3] 李树棠．晶体 X 射线衍射学基础．北京：冶金工业出版社，1990.
[4] 许顺生．金属 X 射线学．上海：上海科技出版社，1962.
[5] Azaroff L Y. Elements of X ray Crystallography. McGraw-Hill, 1968.

第4章 X射线的散射、干涉与衍射

X 射线衍射已成为物质结构研究的重要方法。为了更好掌握 X 射线衍射方法，有必要了解 X 射线与物质作用发生衍射的规律，探讨 X 射线与物质内部自由电子、核外电子云、质子、中子、原子核、晶胞、点阵、小晶体、多晶体等不同层次结构相互作用的过程。乍一看这一作用过程非常复杂，难以入手，而本章将介绍一种科学的方法，从复杂的多因素问题中找到解决问题的关键——电子与 X 射线的作用，并从最简单的作用过程逐步解析出 X 射线与物质相互作用而出现衍射现象的规律。

X 射线与物质的相互作用中最基本的单元是原子，其中包含电子和原子核。下面从最小物质单元——电子开始，讨论其对 X 射线的散射作用，并揭示衍射现象主要源于电子对 X 射线的波动性——电磁波的相干散射，原子核对 X 射线的散射在整个衍射现象中的作用可以忽略不计，并最终确定获得衍射线的方法。

4.1 单个电子对 X 射线的散射

当一束 X 射线照射到物质上，首先就被物质中的电子所散射，每个电子都是一个新的辐射波源，向空间辐射出与入射 X 射线同频率或者不同频率的电磁波。为方便起见，先讨论自由电子对 X 射线的散射。在第 2 章中已经提到了，X 射线被电子散射时有两种模式：相干散射和非相干散射。相干散射最早由汤姆逊提出，它是基于 X 射线以电磁波形式与自由电子相互作用为出发点，相干散射只引起 X 射线方向的变化。非相干散射由康普顿首先提出，它是基于 X 射线以单个光子的形式与自由电子进行弹性碰撞，非相干散射改变 X 射线的方向和频率。下面分别介绍上述两种散射过程，并重点讨论相干散射。

4.1.1 相干散射

X 射线是一种电磁波，当它照射到自由电子上时，光束中的交变电场就会强迫电子作频率相同的振动。于是，电子就成了新的“光源”，向四面八方发射 X 射线。称电子发出的 X 射线为散射线，而照射到电子的 X 射线为入射线。由于散射线与入射线波长相同，相位滞后恒定，因而这些散射线之间是能够相互干涉的，所以称这种散射为相干散射。下面分两步讨论这种散射过程，并引出电子散射强度的表达式与偏振因子的概念。

（1）平面偏振光入射时，自由电子的散射强度

为简单起见，先讨论X射线入射线为平面偏振光的情况。所谓平面偏振光，就是X射线中的电场（磁场）矢量不会绕入射线方向发生转动，而仅仅在一个平面内振动，如图4.1所示。分别用 $\boldsymbol{E}$ 和 $\boldsymbol{H}$ 来表示X射线中的电矢量和磁矢量。

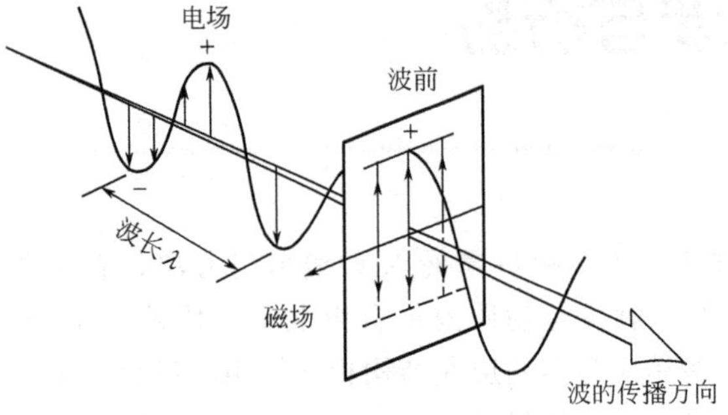

■ 图4.1 平面偏振X射线束

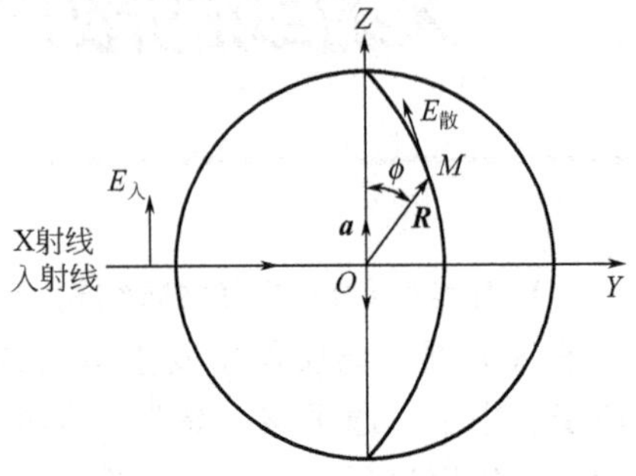

■ 图4.2 平面偏振光的散射

图4.2表示了平面偏振光照射到 O 点处的自由电子时，所发生的相干散射过程。以 O 为坐标原点，取一直角坐标系 O-XYZ。X 射线沿 OY 方向入射到电子上，其电矢量 $\boldsymbol{E}$ 平行于 OZ，因此，电子产生沿 OZ 方向的受迫振动，加速度 a 也沿 OZ 方向。图中的球面为某瞬时电子散射波的波前。假设散射线是在真空中传播，即介电常数 ε 和磁导率 μ 皆为1，观测点 M 与 O 之间的距离为 R，并且它远远大于电子的振幅，则根据经典电磁理论可以得知，散射波电矢量的大小为

$$E_{散}=\frac{ea}{c^2R}\sin\phi \tag{4.1}$$

式中，e 和 a 分别为电子的电荷数和加速度；c 为光速；ϕ 为加速度矢量 $\boldsymbol{a}$ 与散射方向 $\boldsymbol{R}$ 之间的夹角，称 ϕ 为极角。散射线的电矢量 $\boldsymbol{E}_{散}$ 在 $\boldsymbol{a}$ 和 $\boldsymbol{R}$ 决定的平面内，并且与散射方向 $\boldsymbol{R}$ 垂直。电子振动的加速度由X射线入射线的电场强度 $E_{入}$ 决定，根据牛顿第二定律有

$$ma=eE_{入} \tag{4.2}$$

m 为电子的质量。将式(4.2) 代入式(4.1) 有

$$E_{散}=\frac{E_{入}e^2}{mc^2R}\sin\phi$$

散射线强度 $I_{散}$ 为单位时间内通过单位面积上的能量，它与入射线强度 I_0 之比等于它们各自振幅的平方之比，即

$$\frac{I_{散}}{I_0}=\frac{E_{散}^2}{E_{入}^2} \tag{4.3}$$

因此有

$$I_{散}=I_0\left(\frac{e^2}{mc^2R}\right)^2\sin^2\phi \tag{4.4}$$

式(4.4) 描述了入射线为平面偏振波时，一个自由电子的散射线强度的空间分布，强度只是极角 ϕ 的函数，如图4.3所示，它是以 OZ 为轴的回转体。

（2）非偏振光入射时的散射强度

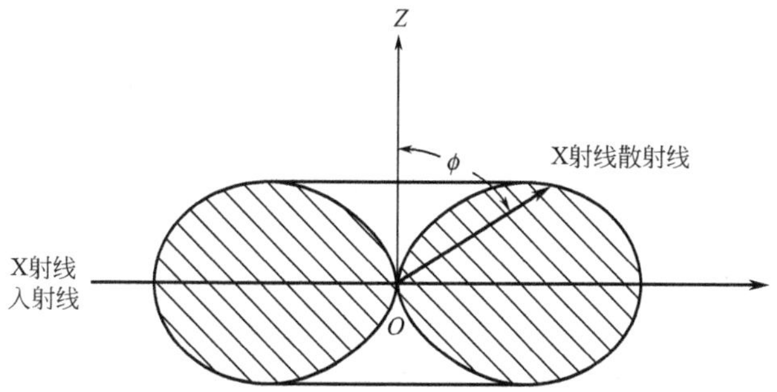

■ 图 4.3 入射线为平面偏振光时自由电子的散射线强度按 ϕ 角的分布（R 为定值）

现在讨论，强度为 I_0 的一束非偏振光照射到 O 点的自由电子上时，P 点处的散射线强度，P 点与 O 点之间的距离为 R。为简单起见，按图 4.4(b) 所示的方式取坐标，即入射线 OY 和所讨论的散射线 OP 都在 YOZ 平面内，散射角为 2θ。所谓散射角，是指入射线与散射线之间的夹角。入射线为非偏振光，其电矢量如图 4.4(a) 所示，它在与入射线垂直的平面内，以入射方向为起点，指向各个方向的概率都相等。先讨论其中任意一个方向的电矢量 $\boldsymbol{E}_0$。如图 4.4(b) 所示，可以将 $\boldsymbol{E}_0$ 沿 OX 和 OZ 轴分解为 $\boldsymbol{E}_{OX}$ 和 $\boldsymbol{E}_{OZ}$。$\boldsymbol{E}_{OX}$ 和 $\boldsymbol{E}_{OZ}$ 与电子相互作用后分别产生散射线 $\boldsymbol{E}_X$ 和 $\boldsymbol{E}_Z$。$\boldsymbol{E}_X$ 和 $\boldsymbol{E}_Z$ 都在与 OP 垂直的平面内。按前面讨论的结果应有

$$\boldsymbol{E}_X=\frac{e^2}{mc^2R}\boldsymbol{E}_{OX} \tag{4.5}$$

$$\boldsymbol{E}_Z=\frac{e^2}{mc^2R}\boldsymbol{E}_{OZ}\cos 2\theta$$

因此，

$$\boldsymbol{E}^2=\boldsymbol{E}_X^2+\boldsymbol{E}_Z^2=\frac{e^4}{m^2c^4R^2}(\boldsymbol{E}_{OX}^2+\boldsymbol{E}_{OZ}^2\cos^2 2\theta) \tag{4.6}$$

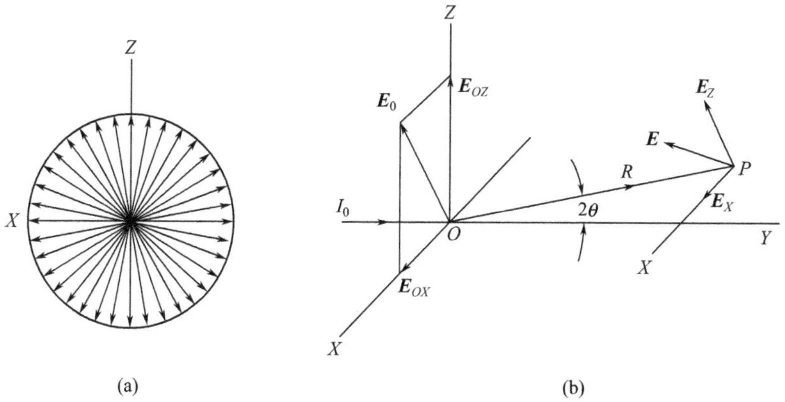

■ 图 4.4 非偏振光中的电矢量（a）和任一电矢量 E_0 的散射线（b）

自由电子在 O 点，观测点 P 与 O 的距离为 R，OP 在 YOZ 平面内，散射角为 2θ

对于入射线中的任一电矢量都有 $E_0^2=E_{OX}^2+E_{OZ}^2$，并且 E_0 在 XOZ 平面内的方向是随机的，所以各个电矢量在 OX 与 OZ 轴上振幅的分量平方的平均值应相等，即

$$\langle E_{OX}^{2} \rangle = \langle E_{OZ}^{2} \rangle = \frac{1}{2} \langle E_{0}^{2} \rangle \tag{4.7}$$

同时由于散射线与入射线的强度之比等于它们的电矢量平方之比，即：

$$\frac{I}{I_0} = \frac{\langle E^2 \rangle}{\langle E_0^2 \rangle}$$

于是，得到电子的散射线强度表达式

$$I_{电子} = I_0 \left(\frac{e^2}{mc^2 R} \right)^2 \frac{1+\cos^2 2\theta}{2} \tag{4.8}$$

式(4.8) 为采用经典理论讨论问题时，非偏振 X 射线入射到一个自由电子上所产生的相干散射强度，这是一个极重要的公式，一般称其为汤姆逊公式。式(4.8) 中与散射角 2θ 有关的项为 $(1+\cos^2 2\theta)/2$，它使得散射线在各个方向上的强度不同，如图 4.5 所示，它是绕入射线方向 OY 的回转体。

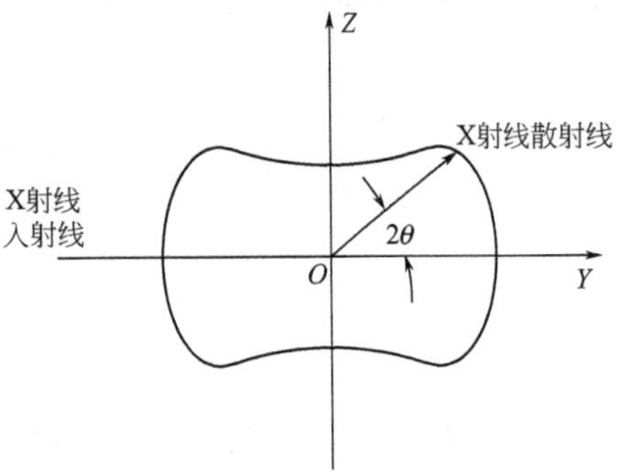

■ 图 4.5 入射线为非偏振光时，一个自由电子的散射线强度按 2θ 角的分布（R 为定值）

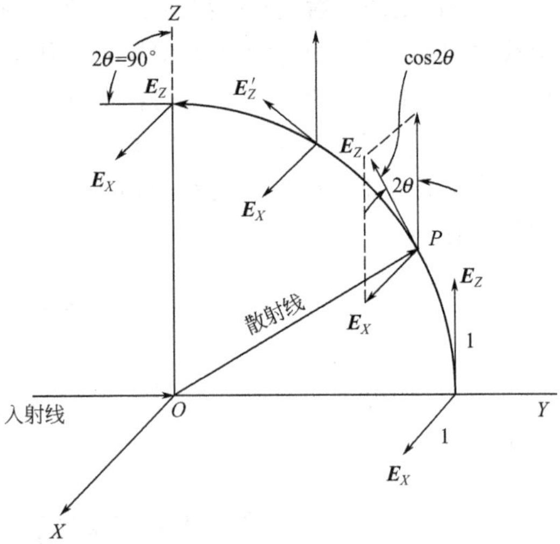

■ 图 4.6 非偏振光入射时，O 点处电子的散射线在不同方向上的偏振情况

图中的圆弧为某时刻的波前

图 4.6 给出非偏振光入射时，散射线偏振情况的图解说明。电子处在 O 点，图中的圆弧为某时刻的波前。图 4.6 表明，当散射角 2θ 为零时，散射线中的两个分量 E_X 和 E_Z 相等，即这时的散射线也是非偏振光。由式(4.5) 可知，散射线中的 E_X 分量大小是恒定的，它不随 2θ 角的变化而改变，但 E_Z 分量却是 2θ 的函数，它随 2θ 角的增加而减小。所以随 2θ 角的增加，散射线的偏振程度就加大。当 $2\theta=90°$时，E_Z 分量变为零，于是散射线变成仅含 E_X 分量的平面偏振光。由此看出，散射线在各个方向上强度不同的原因是由于它们的偏振程度不同。沿原 X 射线传播方向上（$2\theta=0°$或 180°）的散射强度比垂直原 X 射线方向（$2\theta=90°$）的强度大一倍。因此，式(4.8) 中的 $(1+\cos^2 2\theta)/2$ 称为偏振因子。不过，应该说明，偏振因子的表达式因 X 射线入射线的情况而异，$(1+\cos^2 2\theta)/2$ 仅是入射线为非偏振光时的偏振因子。

讨论了自由电子对强度为 I_0 的一束非偏振光的作用，可以以同样的方法来计算原子核对 X 射线束的作用，所不同的仅仅是原子核所带的电荷为正，电子所带电荷为负，两者之间的质量也存在一些差别。当强度为 I_0 的一束非偏振光照射到原子核上时，在 X 射线电磁场的作用下，原子核作频率相同的振动，原子核的散射强度表达式可以写成

$$I_{原子核}=I_0\left(\frac{e^2}{Mc^2R}\right)^2\frac{1+\cos^2 2\theta}{2} \tag{4.9}$$

式中，M 为原子核的质量；e 为原子核的电荷数。

由汤姆逊公式(4.8) 和式(4.9) 可知，散射线的强度与质量的平方成反比，原子核的质量比电子的质量大得多，对于自由电子的散射，汤姆逊公式［式(4.8)］中

$$\left(\frac{e^2}{mc^2}\right)^2=\left[\frac{(4.80\times10^{-10})^2}{(9.107\times10^{-28})(2.998\times10^{10})^2}\right]^2=7.94\times10^{-26}\ (\mathrm{cm}^2)$$

这一数值虽然很小，但是它比最轻的原子核的散射值 $e^4/(M^2c^4)$ 还是大得多，因为原子核的质量 M 起码为电子质量 m 的 1836 倍，而电量相当。对于最轻的原子 H，电子相干散射强度是原子核的 3.34×10^6 倍，随着原子序数增加，这一比例进一步增加。对于原子序数分别为 20 和 42 的 Ca 和 Mo 原子，电子相干散射强度分别是原子核的 1.34×10^7 和 1.76×10^7 倍。所以由原子核产生的散射线的强度相对于电子产生的散射线的强度来说非常微弱，几乎可以忽略。可见，原子中只有电子才是 X 射线的有效散射体。

4.1.2 非相干散射

从 X 射线的粒子性出发，X 射线束实质上是一束光子流。因此，电子的散射还可以来源于 X 射线光子与自由电子的弹性碰撞。

入射束中的 X 射线子与 O 点的自由电子发生弹性碰撞，如图 4.7(a) 所示，碰撞后电子沿 OP 方向离开原位，OP 与光子入射方向呈 η 角，称此电子为反冲电子。入射光子被碰撞后，既改变了前进的方向，也改变了频率，称为散射光子。它沿 OS 方向辐射出去，频率为 γ'，入射光子的频率为 γ。根据弹性碰撞的能量守恒原理，有

$$h\gamma=h\gamma'+\frac{1}{2}mv^2$$

式中，h 为普朗克常数；v 为反冲电子速率。用波长代替频率时可以改写成

$$\frac{hc}{\lambda}=\frac{hc}{\lambda+\Delta\lambda}+\frac{1}{2}mv^2 \tag{4.10}$$

根据弹性碰撞的动量守恒原理，有动量守恒三角形，如图 4.7(b) 所示。其中因 $\Delta\lambda$ 极小，可以认为 h/λ 近似与 $h/(\lambda+\Delta\lambda)$ 相等，即认为入射光子与散射光子的动量大小相等。从而有

$$\frac{1}{2}mv=\frac{h}{\lambda}\sin\theta \tag{4.11}$$

结合式(4.10) 和式(4.11)，将 v 消去，得到

$$\Delta\lambda=\frac{2h}{mc}\sin^2\theta \tag{4.12}$$

或

$$\Delta\lambda=\frac{h}{mc}(1-\cos2\theta) \tag{4.13}$$

将物理常数代入上式，以 Å 为单位，得出

$$\Delta\lambda=0.024(1-\cos2\theta)\ (\text{Å}) \tag{4.14}$$

式(4.14)表明，在康普顿散射过程中，波长的改变量 $\Delta\lambda$ 与入射线波长无关，只与散射角有关。当 $2\theta=0°$时，$\Delta\lambda=0$；当 $2\theta=180°$时，$\Delta\lambda$ 有最大值，为 0.048Å。总的来说，这种散射所引起的波长改变量极小，所以对于中等波长以上的 X 射线可以忽略不计。然而，对于波长为 1Å 左右的 X 射线，这种变化量是有意义的，它为辐射中 $K_{\alpha1}$ 与 $K_{\alpha2}$ 双线波长差的 10 倍。

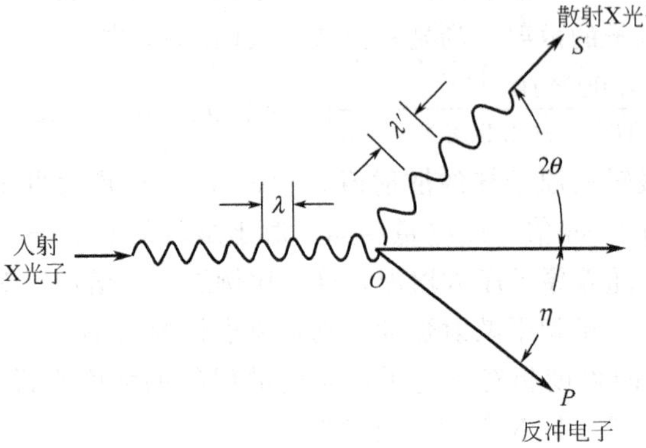

(a) 散射光子与反冲电子

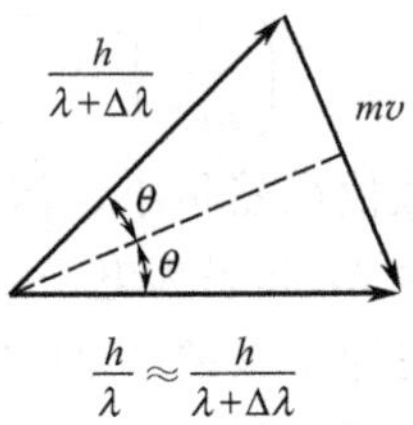

(b) 动量守恒三角形

■ 图 4.7 非相干散射

由于在上述过程中散射线的波长与入射线的不同，所以它们是不相干的。因此，称这种过程为**非相干散射**。

4.2 散射线的干涉

4.2.1 相位差与散射矢量

从式(4.9)中物理常数的量级可以看到，一个电子的散射线强度是极弱的，平时探测到的散射线强度是大量电子散射线的干涉结果。散射线的干涉是 X 射线衍射方法的物理基础。

先讨论只包含两个散射中心的体系。这里的散射中心是泛指，而不是特指电子。一束平行的 X 射线照到两个散射中心 O、M 上（图 4.8），O 与 M 之间的距离远远小于它们到观测点的距离，从而可以认为，观测到的是两束平行散射线的干涉。下面考察散射角为 2θ 时散射线的干涉情况。$\boldsymbol{S}_0$ 和 $\boldsymbol{S}$ 分别表示入射线和散射线方向上的单位矢量。两条散射线之间的光程差为

$$\delta=mO+On$$

$$\delta=-\boldsymbol{S}_0\cdot\boldsymbol{r}+\boldsymbol{S}\cdot\boldsymbol{r}=(\boldsymbol{S}-\boldsymbol{S}_0)\cdot\boldsymbol{r} \tag{4.15}$$

式中，$\boldsymbol{r}$ 为两个散射中心之间的位置矢量。两束散射线之间的相位差 ϕ 为 $(2\pi/\lambda)\cdot\delta$，因此有

$$\phi = 2\pi \frac{\boldsymbol{S}-\boldsymbol{S}_0}{\lambda} \cdot \boldsymbol{r} \tag{4.16}$$

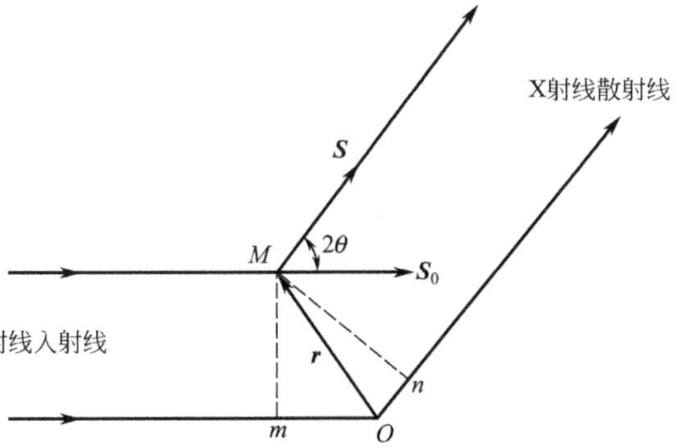

■ 图 4.8 来自两个散射中心的散射线之间的干涉

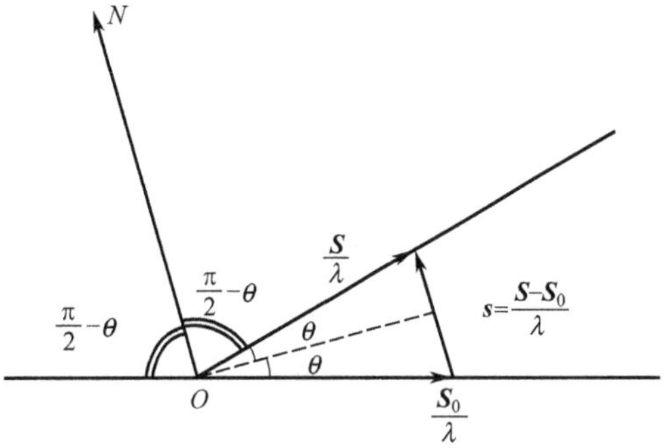

■ 图 4.9 散射矢量 s 的定义

由于散射线之间的相位差 ϕ 是决定散射线干涉结果的关键量，因此有必要再做进一步的讨论。

式(4.16) 中矢量 $(\boldsymbol{S}-\boldsymbol{S}_0)/\lambda$ 是新引入的量，记为 $\boldsymbol{s}$，定义

$$\boldsymbol{s} = \frac{\boldsymbol{S}-\boldsymbol{S}_0}{\lambda} \tag{4.17}$$

称 $\boldsymbol{s}$ 为散射矢量，由图 4.9 所示。散射矢量与散射角 2θ 的角平分线垂直，它的大小为

$$s = \frac{2\sin\theta}{\lambda} \tag{4.18}$$

也就是说，散射矢量的大小只与散射角和所用波长有关，而与入射线与散射线的绝对方向无关。$\boldsymbol{s}$ 的量纲为米的倒数（m^{-1}），所以它是倒易点阵中的矢量。在后面的讨论中，会逐渐明确散射矢量的物理意义。引入散射矢量后，式(4.16) 可以写成

$$\phi = 2\pi \boldsymbol{s} \cdot \boldsymbol{r} \tag{4.19}$$

这是通用的相位差表达式。

4.2.2 合成振幅与强度

合成振幅与强度可以用矢量作图法，也可以用分析法获得。

(1) 矢量作图法

一个振动可以用一个矢量表示，矢量的模表示振幅的大小，矢量的方向表示振动的相位。当几个振动在观测点合成时，合振幅就是各个分振动振幅的矢量和。如图 4.8 中所示的 O，M 两个散射中心的散射线，可以分别用矢量 $\boldsymbol{A}_0$ 和 $\boldsymbol{A}_M$ 表示，矢量的模和相位分别为 f_0、f_M 和 ϕ_0、ϕ_M。它们的合成由图 4.10 所示，其中图 4.10(a) 以散射中心 O 的散射线为基准，即 $\phi_0=0$，从而 ϕ_M 为 O 与 M 两点散射线之间的相位差。合成振幅由矢量 $\boldsymbol{A}$ 描述，它与 O 点散射线之间的相位差为 ϕ。

如果 $f_0=f_M=f$，则可以方便地计算出合振幅的大小 A 与相位 ϕ，它们分别是

$$A = 2f\cos\frac{\phi_M}{2} \tag{4.20}$$

$$\phi = \frac{\phi_M}{2} \tag{4.21}$$

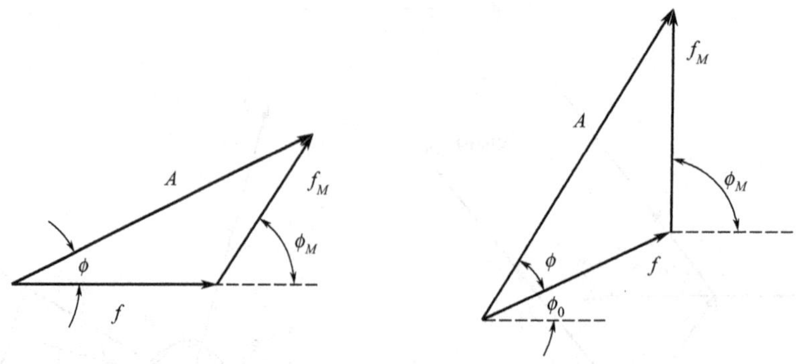

(a) 振幅相等相位角ϕ_0=0的情况　　(b) 一般情况

■ 图 4.10　两条散射线的振幅合成

在一般情况下，$f_0 \neq f_M$，$\phi_0 \neq 0$，由图 4.10(b) 描述。这时可以先将矢量 $\boldsymbol{A}_0$ 与 $\boldsymbol{A}_M$ 沿水平与垂直轴分解，再计算合成振幅，为

$$A=[(f_0\cos\phi_0+f_M\cos\phi_M)^2+(f_0\sin\phi_0+f_M\sin\phi_M)^2]^{1/2} \tag{4.22}$$

相位为

$$\tan\phi=\frac{f_0\sin\phi_0+f_M\sin\phi_M}{f_0\cos\phi_0+f_M\cos\phi_M} \tag{4.23}$$

如果体系中包含有 n 个散射中心，它们的散射线振幅大小和相位分别用 f_1，f_2，…，f_n 和 ϕ_1，ϕ_2，…，ϕ_n 表示，则它们的合成由图 4.11 所示。

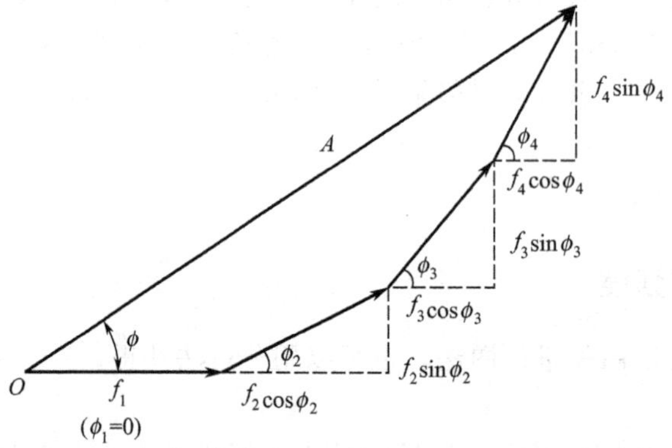

■ 图 4.11　4 个散射中心时合振幅的矢量获得法

同样由图 4.11 可以得到合成振动振幅大小 A 和相位 ϕ 的表达式

$$A=\left[\left(\sum_{j=1}^{n} f_j\cos\phi_j\right)^2+\left(\sum_{j=1}^{n} f_j\sin\phi_j\right)^2\right]^{1/2} \tag{4.24}$$

$$\tan\phi=\frac{\sum_{j=1}^{n} f_j\sin\phi_j}{\sum_{j=1}^{n} f_j\cos\phi_j} \tag{4.25}$$

其中，相位 $\phi_j=2\pi\boldsymbol{s}\cdot\boldsymbol{r}_j$，$\boldsymbol{s}$ 为散射矢量，$\boldsymbol{r}_j$ 为第 j 个散射中心的位置矢量。

上一节中谈到，散射线强度 I 只与散射线振幅 A 的平方有关，所以一般对 A^2 给予更大的注意。

$$A^2=\left(\sum_{j=1}^{n}f_j\cos\phi_j\right)^2+\left(\sum_{j=1}^{n}f_j\sin\phi_j\right)^2$$

写成更一般的形式为

$$A^2(s)=\left(\sum_{j}f_j\cos2\pi\boldsymbol{s}\cdot\boldsymbol{r}_j\right)^2+\left(\sum_{j}f_j\sin2\pi\boldsymbol{s}\cdot\boldsymbol{r}_j\right)^2 \tag{4.26}$$

(2) 分析法

振动的振幅也可以用一个复数来描述，如 $fe^{i\phi}$，其中 f 为振幅的大小，ϕ 为相位。这时 n 个散射中心的合振幅可以写成

$$A=\sum_{j=1}^{n}f_j e^{i\phi_j}$$

或

$$A(s)=\sum_{j}f_j e^{i2\pi\boldsymbol{s}\cdot\boldsymbol{r}j} \tag{4.27}$$

式(4.27) 一般为复数，记为

$$A(s)=A+iB$$

振幅的大小由共轭复数的乘积获得，即

$$|A(s)|=[A(s)\cdot A^*(s)]^{1/2}$$

其中

$$A^*(s)=\sum_{k}f_k e^{-i2\pi\boldsymbol{s}\cdot\boldsymbol{r}_k}$$

于是有

$$|A(s)|=\left[\sum_{j}\sum_{k}f_jf_k e^{i2\pi\boldsymbol{s}\cdot(\boldsymbol{r}_j-\boldsymbol{r}_k)}\right]^{1/2} \tag{4.28}$$

相位

$$\tan\phi=\frac{B}{A}$$

散射线强度 I

$$I=|A(s)|^2 \tag{4.29}$$

(3) 几个常用关系式

比较矢量作图法和分析法得出的结果，二者的形式不同，但是本质是一样的。矢量作图法得出的振幅是用三角函数表示的 [如式(4.26)]，而分析法得出的振幅是用复数的指数形式表示的 [如式(4.28)]。而根据欧拉公式，对于任意实数 x，有

$$e^{ix}=\cos x+i\sin x \tag{4.30}$$

显然，

$$e^{ix}+e^{-ix}=2\cos x \tag{4.31}$$

当 n 为整数时，式(4.30) 还可以衍生出几种特例，

$$e^{in\pi}=(-1)^n \tag{4.32}$$

$$e^{in\pi}=e^{-in\pi} \tag{4.33}$$

在不同的 X 射线衍射参考书籍中，有的使用三角函数形式来推导 X 射线的衍射方程，有的使用复数的指数形式来推导衍射方程，其得到的结果都是一样的，大家要注意两者之间

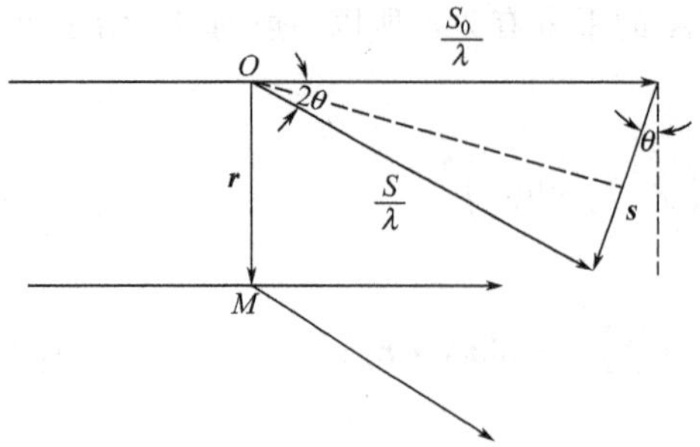

■ 图 4.12 两个电子的散射线的干涉

的转换。本书后面的内容主要基于复数的指数形式来进行推导，因此，式(4.31)～式(4.33) 的结论在后面会多次用到。

(4) 例题

如果有两个电子分别处在 O 和 M 点，它们之间的间距 r 为 λÅ，一束平行非偏振 X 射线垂直于 OM 入射到电子上，问当散射角 $2\theta=30°$时，在 R 处两个电子的散射强度各是多少？($R\gg r$) 两个电子的干涉强度是多少？

解：题意由图 4.12 所示。

因为观测点与电子的距离 R 远远大于两个电子之间的距离，因此可以近似认为两个电子与观测点等间距，从而依据式(4.8) 有

$$I_{e_1}=I_{e_2}=I_0\left(\frac{e^2}{mc^2R}\right)^2\frac{1+\cos^2 2\theta}{2}$$

代入 2θ 值得到

$$I_{e_1}=I_{e_2}=0.875I_0\left(\frac{e^2}{mc^2R}\right)^2$$

现计算两电子的干涉强度：两电子散射线的相位差为 ϕ_2（认为 $\phi=0$），按式(4.16) 和式(4.17)，有

$$\phi_2=2\pi\boldsymbol{s}\cdot\boldsymbol{r}$$

代入 r 与 s 值，得

$$\phi_2=2\pi\frac{2\sin\theta}{\lambda}\cdot\lambda\cdot\cos(\boldsymbol{s}\cdot\boldsymbol{r})$$

从图 4.12 可以看出，$\cos(\boldsymbol{s}\cdot\boldsymbol{r})$ 为 $\cos\theta$，于是有

$$\phi_2=4\pi\sin\theta\cdot\cos\theta=2\pi\sin 2\theta$$

将 2θ 值代入得到 $\phi_2=\pi$。因此合振幅为

$$A=\left|\sum_j^2 f_j e^{\mathrm{i}\phi j}\right|=|f_1-f_2|$$

式中，f_j 为第 j 个电子散射线振幅的大小。按题意有 $f_1=f_2$，于是两个电子的干涉强度

$$I=A^2=0$$

4.3 单个原子对 X 射线的散射

原子中的电子都具有一定的能态，它们处在分立的能级上。当 X 射线与电子作用时，可能产生相干散射，即汤姆逊散射，这时电子的能量不改变；也可能产生非相干散射，即康

普顿散射，这时要伴随电子能量的变化，即电子能级跃迁，或跑出原子。非自由电子散射时，总是同时存在上述两种散射过程，要计算它们之间相对量的大小，必须用波动力学的方法去处理。这种处理给出的结论是：非自由电子的汤姆逊散射和康普顿散射的总强度，等于汤姆逊公式(4.8) 中给出的值。

4.3.1 单电子原子的散射

原子中的电子并不是点电荷，而是具有一定分布的电子云。电子云中的电荷密度由满足薛定谔方程的波函数 $\phi(\boldsymbol{r})$ 描述，$\boldsymbol{r}$ 为坐标原点设在原子重心处时的向径。在 $\boldsymbol{r}$ 端点处的电荷密度为$\rho(\boldsymbol{r})$，并且 $\rho(\boldsymbol{r})=|\phi(\boldsymbol{r})|^2$。同时，此处小体积 dv 内的电荷数为$\rho(\boldsymbol{r})dv$。由于这里所涉及的电荷密度是以电子的电荷为单位，所以 $\rho(\boldsymbol{r})dv$ 的散射线振幅为一个单电子散射线振幅的$\rho(\boldsymbol{r})dv$ 倍，且与原点的相位差 $\phi=2\pi\boldsymbol{s}\cdot\boldsymbol{r}$。由于原子中电荷的分布是连续的，所以在计算其散射线振幅时，要用积分代替式(4.27) 的累加，即

$$f(\boldsymbol{s})=\int_v \rho(\boldsymbol{r})e^{i2\pi\boldsymbol{s}\cdot\boldsymbol{r}}dv \tag{4.34}$$

$f(\boldsymbol{s})$ 是原子中一个电子的散射因子。对于仅有一个电子的原子来说，它也是原子散射因子。所谓**原子散射因子**（f）就是原子相干散射线的振幅（A_a）与位于原子重心处的一个电子的相干散射线振幅（A_e）之比。

$$f=\frac{\text{一个原子散射的相干散射波振幅}}{\text{一个电子散射的相干散射波振幅}}=\frac{A_a}{A_e}$$

对于自由原子，可以认为其电子的波函数是球对称的，即原子中的电荷密度只与 $\boldsymbol{r}$ 的大小有关，与方向无关，因此只记为 $\rho(r)$。下面用球坐标计算这时的原子散射因子。由图 4.13 看出，r 端点处的小体积元 $dv=r^2\sin\alpha\, d\alpha\, d\beta dr$，从而积分式(4.34) 可写作

$$f(\boldsymbol{s})=\int_0^{\infty}\int_0^{2\pi}\int_0^{\pi}\rho(r)e^{i2\pi\boldsymbol{s}\cdot\boldsymbol{r}}\cdot r^2\sin\alpha\, d\alpha\, d\beta dr$$

使散射矢量 $\boldsymbol{s}$ 平行于 Z 轴，得 $\boldsymbol{s}\cdot\boldsymbol{r}=sr\cos\alpha$，上述积分式经简化后得到

$$f(\boldsymbol{s})=\int_0^{\infty}4\pi r^2\rho(r)\frac{\sin 2\pi sr}{2\pi sr}dr \tag{4.35}$$

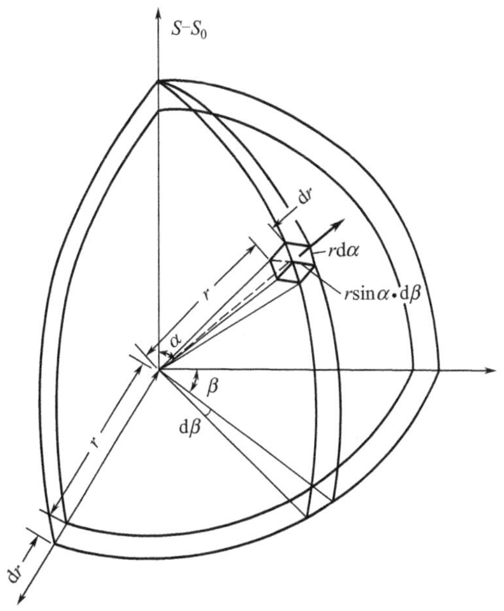

■ 图 4.13 球坐标中的小体积元 du

式(4.35) 表明当原子中的电荷密度为球对称时，该原子的散射因子为实数。

可以证明$\left[\frac{\sin 2\pi sr}{2\pi sr}\right]_{s\to 0}=1$，即当散射矢量 s（或散射角 2θ）为零时，散射因子 $f(\boldsymbol{s})$ 总为 1。一般情况下，$f(\boldsymbol{s})$ 随 s 或散射角 2θ 的增加而减小。函数 $f(\boldsymbol{s})$ 的变化速度由电子云的状态决定。

此时，原子中电子的相干散射强度 $I_{相干}$ 为

$$I_{相干}=f^2(s)I_{电子} \tag{4.36}$$

由于 $I_{电子}$代表了电子的总散射强度，所以非自由电子的非相干散射强度为

$$I_{非相干}=I_{电子}-I_{相干}=[1-f^2(s)]I_{电子} \tag{4.37}$$

4.3.2 多电子原子的散射

一般的原子包含若干个电子，这时理论上常用的计算整个原子相干散射线振幅与强度的办法是：近似地找出原子中各个电子的波函数，并且假设原子的总电荷密度相当于其中各个电子的电荷密度之和，即

$$\rho_{原子}(s)=\sum_{j=1}^{Z}\rho_j(r) \tag{4.38}$$

式中，Z 为原子所包含电子数，即原子序数；$\rho_j(r)$ 为第 j 个电子的电荷密度。因此，整个原子的散射线振幅为

$$f(\mathbf{s})=\int_v \rho_{原子}(r)\mathrm{e}^{\mathrm{i}2\pi \mathbf{s}\cdot \mathbf{r}}\mathrm{d}v \tag{4.39}$$

式中，v 是原子体积，将式(4.38) 代入式(4.39) 有

$$f(\mathbf{s})=\int_v \sum_{j=1}^{Z}\rho_j(r)\mathrm{e}^{\mathrm{i}2\pi \mathbf{s}\cdot \mathbf{r}}\mathrm{d}v$$

将累加号提出，得到

$$f(\mathbf{s})=\sum_{j=1}^{Z}\int_v \rho_j(r)\mathrm{e}^{\mathrm{i}2\pi \mathbf{s}\cdot \mathbf{r}}\mathrm{d}v \tag{4.40}$$

根据式(4.34) 得到第 j 个电子的散射因子为

$$f_j(\mathbf{s})=\int_v \rho_j(r)\mathrm{e}^{\mathrm{i}2\pi \mathbf{s}\cdot \mathbf{r}}\mathrm{d}v$$

从而得到多电子原子的散射因子为

$$f(\mathbf{s})=\sum_{j=1}^{Z}f_j(\mathbf{s}) \tag{4.41}$$

因为 $f_j(0)=1$，所以 $f(0)=Z$，Z 为原子序数。图 4.14 给出了钾离子不同壳层电子的电荷密度的径向分布［图 4.14(a)］和相应各壳层电子的散射因子与离子的总散射因子［图 4.14(b)］。

从图 4.14 中可以看出，电子的电子云分布越密集，与其对应的散射因子曲线变化就越平缓，如图 4.14 (a) 中的 1s 曲线和图 4.14(b) 中的 K(1s) 曲线所示；反之，电子的电子云分布越分散，则与其对应的散射因子曲线变化越陡峭，如图 4.14(a) 中的 3p 曲线与图 4.14(b) 中的 M(3p) 曲线所示。同时，图 4.14 中也反映出，K^+ 的总散射因子为其所包含的各个电子的散射因子之和，即为 $\sum_{j=1}^{18}f_j$ 。

由于电子的散射因子表达了电子对 X 射线的相干散射能力，所以对于束缚较弱的电子，只有在散射角较小时才能观测到它的散射强度，这是由于它的散射因子仅在小散射角时才有较大的值；反之，对于束缚较紧的电子，则在一个较大的散射角变化范围内，都能观测到它的相干散射强度。对于同种元素的原子和离子，区别仅在于外层电子的多少，即弱束缚电子的多少；同时，一般的实验手段，难以准确测量散射角较小时的 X 射线强度，所以一般的实验难以区别原子和它的离子。对于重元素，往往难以获得其中各个电子的波函数。这时，多用 Thomas-Fermi 近似法计算原子散射因子。即假设所有的原子都有相似的总电

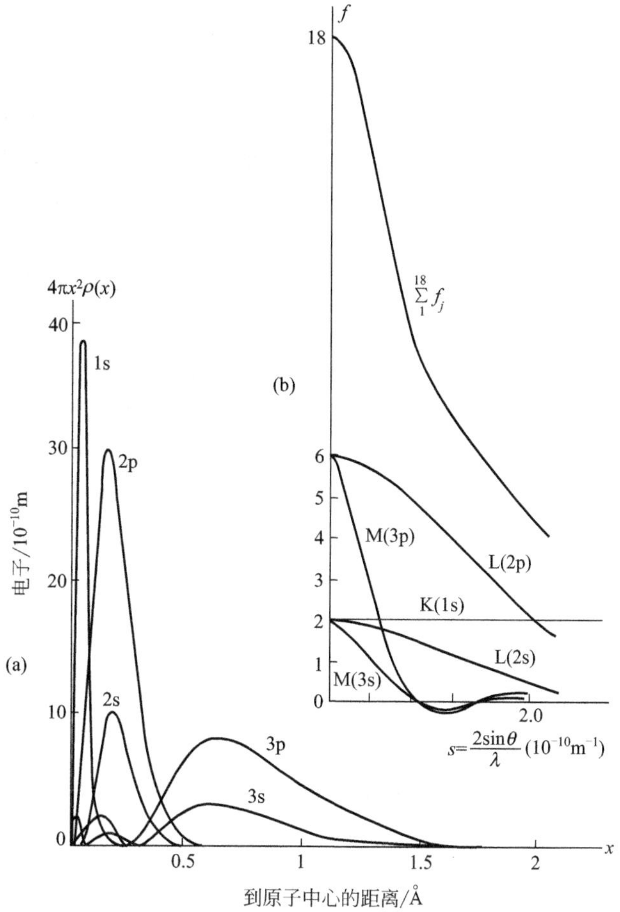

■ 图 4.14 K^+ 各壳层的径向电子密度（a）和各壳层电子的散射因子和 K^+ 的总散射因子（b）

荷密度分布函数。图 4.15 为用 Thomas-Fermi 近似计算所得到的氖（$Z=10$）的径向电子密度。

各元素的原子散射因子可以在《International Tables for X-Ray Crystallography》第三卷和第四卷中查到，在本书附录中也列出了简表。为了便于利用计算机计算，也可以用解析式表达原子散射因子，如

$$f(s)=\sum_{j=1}^{Z} a_j \exp(-b_j \lambda^{-2} \sin^2\theta)+c \tag{4.42}$$

《International Tables for X-Ray Crystallography》第四卷表 2.2B 中给出了与散射因子（表 2.2A）相应的系数 a_j、b_j 和 c 值。

上述表中给出的原子散射因子的数值，记为 f_0，是假设 X 射线入射线的频率比原子的任何一个吸收频率都大的前提下计算出的，也就是按上述经典散射模型计算出的。计算时假设原子中的电荷密度呈球对称分布。当入射 X 射线波长接近吸收限（λ_K）时，f 值就会出现明显的波动，这种现象称为原子的反常散射。在这种情况下，要对 f 值进行色散修正，此时原子散射因子有如下的形式

$$f=f_0+\Delta f'+i\Delta f'' \tag{4.43}$$

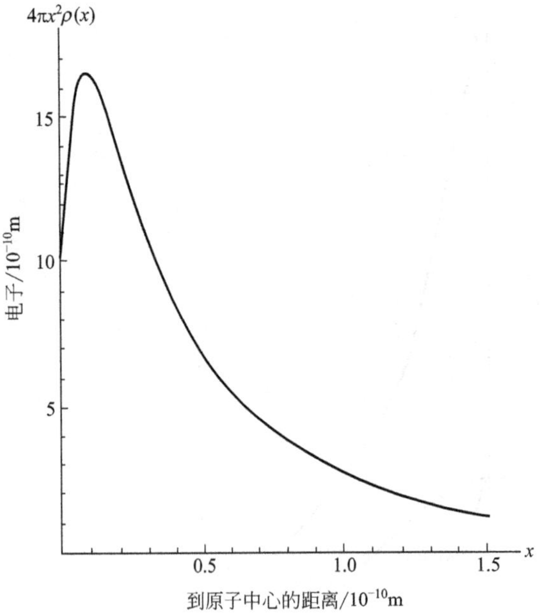

■ 图 4.15 用 Thomas-Fermi 近似计算法得到的氖的径向电子密度

分别称式(4.43)中的 $\Delta f'$ 和 $\Delta f''$ 为原子散射因子色散项的实部与虚部，它们是由于考虑到实际情况与理想情况的差别而引入的。然而，即使在吸收限附近，它们的值也远小于 f_0。同时，在一般的X射线衍射工作中，选择X射线入射线波长时，总要避开被照物质的原子的吸收限波长，所以在一般衍射工作中，可以不必考虑色散修正。

前面谈到原子散射因子随散射角的变化规律是由原子中电荷密度分布决定的。对于给定的原子，这种电荷分布还与温度有关。温度升高，电子云的分布范围就增大，因而高温下的原子散射因子比常温下的随 $\sin\theta/\lambda$ 的增加而下降得更迅速，如图 4.16 所示。图中 f 为常温下的原子散射因子，f' 为高温下的原子散射因子，两者之间的关系由下式表示

$$f' = f e^{-M} \tag{4.44}$$

式中，e^{-M} 为影响原子散射因子的温度因子，M 与温度、材料特性、散射角等有关，以后再加以讨论。

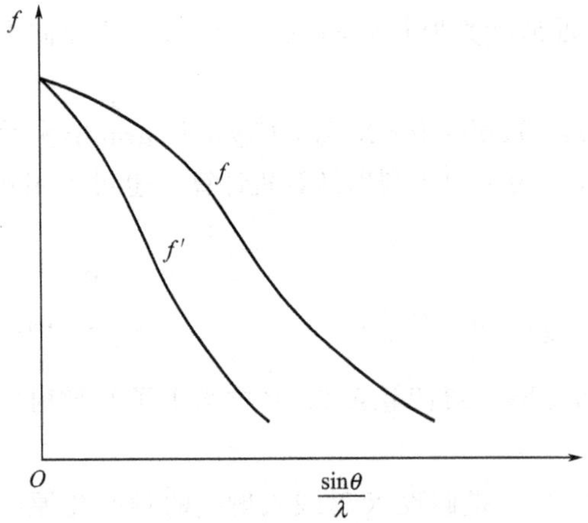

■ 图 4.16 温度对原子散射因子的影响

f 和 f′ 分别为常温和高温下的原子散射因子

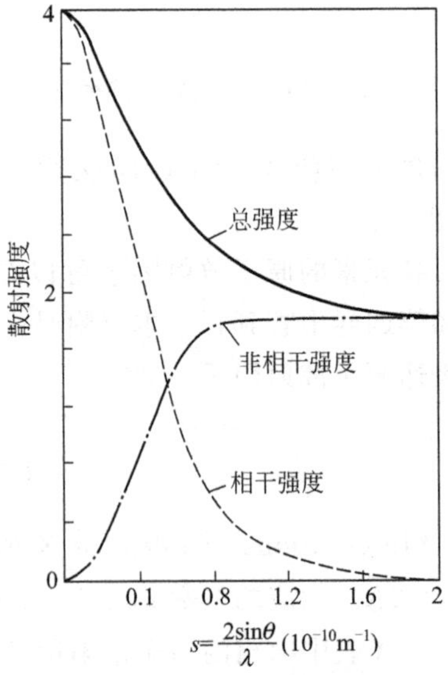

■ 图4.17 氦的总散射强度

原子散射因子是相干散射振幅与相同条件下单电子相干散射振幅之比，因此原子的相干散射强度应为

$$I_{原子、相干} = f^2 I_{电子} \tag{4.45}$$

$$I_{原子、相干}=\left(\sum_{j=1}^{Z} f_j\right)^2 I_{电子} \tag{4.46}$$

而原子的非相干散射强度为原子中各个电子非相干散射强度之和，即为

$$I_{原子、非相干}=\sum_{j=1}^{Z}(1-f_j^2)I_{电子} \tag{4.47}$$

图 4.17 给出了氦原子的相干散射强度、非相干散射强度和总散射强度曲线。

4.4 原子群体的散射

在本小节的讨论中，不再由 X 射线与物质中的电子的相互作用出发来考察物质的散射强度，而是直接考察 X 射线与原子的相互作用，即以原子为散射单元来分析物质的散射强度。首先讨论当平行的 X 射线束照到以任意方式在空间排列的原子群体上时散射线的干涉情况，以建立散射线强度与物质中原子结构之间关系的一般式，然后把这种关系式应用于一些特定情况。

4.4.1 散射振幅与强度

一束 X 射线照到某原子群体上，群体中各个原子的散射线彼此之间是相干的，它们在空间发生干涉，下面讨论这些散射线相干后的振幅与强度。

考虑一束平行的 X 射线照到由 N 个原子组成的群体上，各个原子的散射因子分别为 f_1，f_2，…，f_N。在群体中任选一点为原点，则各个原子的位置可由矢量 $\boldsymbol{r}_1$，$\boldsymbol{r}_2$，$\boldsymbol{r}_3$，…，$\boldsymbol{r}_N$ 表示。如果群体中各个原子之间的间距 $\boldsymbol{r}_j-\boldsymbol{r}_k$（$j$，$k=1$，2，…，$N$）都远远小于其到观测点的距离，那么根据式(4.19) 有第 j 个原子与原点的相位差

$$\phi_j=2\pi\boldsymbol{s}\cdot\boldsymbol{r}_j$$

由式(4.27) 得到原子群体的散射振幅，为

$$F(\boldsymbol{s})=\sum_{j}^{N} f_j \mathrm{e}^{\mathrm{i}2\pi\boldsymbol{s}\cdot\boldsymbol{r}_j} \tag{4.48}$$

因为它与群体的结构有关，所以又称为群体的**结构因子**，一般为复数。在某些情况下也用原子群体中的电荷密度 $\rho(\boldsymbol{r})$ 表示其结构因子，即

$$F(\boldsymbol{s})=\int\rho(\boldsymbol{r})\mathrm{e}^{\mathrm{i}2\pi\boldsymbol{s}\cdot\boldsymbol{r}}\mathrm{d}v \tag{4.49}$$

群体的散射线强度以电子散射强度为单位时为

$$I_N(\boldsymbol{s})=|F(\boldsymbol{s})|^2 \tag{4.50}$$

其中

$$|F(\boldsymbol{s})|^2=F(\boldsymbol{s})F^*(\boldsymbol{s}) \tag{4.51}$$

式中，$F^*(\boldsymbol{s})$ 为 $F(\boldsymbol{s})$ 的共轭复数。$F(\boldsymbol{s})$ 有两种表达式，$I_N(\boldsymbol{s})$ 相应也有两种表达形式。

以原子散射因子表达时有

$$I_N(\boldsymbol{s})=\sum_j^N f_j \mathrm{e}^{\mathrm{i}2\pi\boldsymbol{s}\cdot\boldsymbol{r}_j}\sum_k^N f_k \mathrm{e}^{-\mathrm{i}2\pi\boldsymbol{s}\cdot\boldsymbol{r}_k}=\sum_j^N\sum_k^N f_j f_k \mathrm{e}^{\mathrm{i}2\pi\boldsymbol{s}\cdot(\boldsymbol{r}_j-\boldsymbol{r}_k)} \tag{4.52}$$

散射强度应该为实数，这一点可以由下面的重新组合看出。在式(4.52) 表示的双重累加式中，$j=k$ 的项有 N 个，它们的和为 $\sum_i^N f_j^2$，$j\neq k$ 的项有 $N(N-1)$ 个，并且总有两个相应的 j 与 k 值使

$$f_j f_k[\sin 2\pi\boldsymbol{s}\cdot(\boldsymbol{r}_j-\boldsymbol{r}_k)+\sin 2\pi\boldsymbol{s}\cdot(\boldsymbol{r}_k-\boldsymbol{r}_j)]=0$$

设 $\boldsymbol{r}_{jk}=\boldsymbol{r}_j-\boldsymbol{r}_k$，从而式(4.52) 有如下形式

$$I_N(\boldsymbol{s})=\sum_j^N f_j^2+\sum_{j\neq k}\sum f_j f_k \cos 2\pi\boldsymbol{s}\cdot\boldsymbol{r}_{jk} \tag{4.53}$$

如果原子群体是由相同的原子构成，则有

$$I_N(\boldsymbol{s})=Nf^2+f^2\sum_{j\neq k}\sum\cos 2\pi\boldsymbol{s}\cdot\boldsymbol{r}_{jk} \tag{4.54}$$

如果原子群体是由结构因子相同的原子团构成，则有

$$I_N(\boldsymbol{s})=NF^2+F^2\sum_{j\neq k}\sum\cos 2\pi\boldsymbol{s}\cdot\boldsymbol{r}_{jk} \tag{4.55}$$

式中，F 为构成群体的原子团的结构因子。

由式(4.49) 可以获得散射强度与原子群体中电荷密度之间的关系式，即

$$\begin{aligned}I_N(\boldsymbol{s})&=F(\boldsymbol{s})\cdot F^*(\boldsymbol{s})=\int\rho(\boldsymbol{u})\mathrm{e}^{\mathrm{i}2\pi\boldsymbol{s}\cdot\boldsymbol{u}}\mathrm{d}v_u\cdot\int\rho(\boldsymbol{u}')\mathrm{e}^{-\mathrm{i}2\pi\boldsymbol{s}\cdot\boldsymbol{u}'}\mathrm{d}v_{u'}\\&=\iint\rho(\boldsymbol{u})\rho(\boldsymbol{u}')\mathrm{e}^{-\mathrm{i}2\pi\boldsymbol{s}\cdot(\boldsymbol{u}'-\boldsymbol{u})}\mathrm{d}v_u\mathrm{d}v_{u'}\end{aligned}$$

引入 $\boldsymbol{r}=\boldsymbol{u}'-\boldsymbol{u}$，有

$$I_N(\boldsymbol{s})=\iint\rho(\boldsymbol{u})\rho(\boldsymbol{r}+\boldsymbol{u})\mathrm{e}^{-\mathrm{i}2\pi\boldsymbol{s}\cdot\boldsymbol{r}}\mathrm{d}v_r\mathrm{d}v_u=\int P(\boldsymbol{r})\mathrm{e}^{-\mathrm{i}2\pi\boldsymbol{s}\cdot\boldsymbol{r}}\mathrm{d}v_r \tag{4.56}$$

此处

$$P(\boldsymbol{r})=\int\rho(\boldsymbol{u})\rho(\boldsymbol{r}+\boldsymbol{u})\mathrm{d}v_u \tag{4.57}$$

函数 $P(\boldsymbol{r})$ 为 Patterson 函数或电子的自相关函数。散射线强度 $I_N(\boldsymbol{s})$ 与 Patterson 函数之间为傅里叶变换与反变换的关系，即有

$$\left.\begin{aligned}I_N(\boldsymbol{s})&=\int P(\boldsymbol{r})\mathrm{e}^{-2\pi\mathrm{i}\boldsymbol{s}\cdot\boldsymbol{r}}\mathrm{d}v_r\\P(\boldsymbol{r})&=\int I_N(\boldsymbol{s})\mathrm{e}^{2\pi\mathrm{i}\boldsymbol{s}\cdot\boldsymbol{r}}\mathrm{d}v_s\end{aligned}\right\} \tag{4.58}$$

因为函数 $I_N(\boldsymbol{s})$ 是散射图样，所以式(4.58) 定量地描述了散射图样与原子群体中电荷密度的自相关函数之间的关系。它一方面揭示了散射图样与物质空间的对应关系，一方面又告诉我们不能由散射图样直接获得物质分布。式(4.58) 与 Patterson 函数在结构测定中极为有用，但在一般散射图样分析中用式(4.53) 较为有利。

4.4.2 多原子气体与“粉尘”的散射

气体和晶态粉尘的共同特点是它们的分子或颗粒都有确定的内部结构，只是它们在空间

的分布是随机的，即位置和取向都是无规则的，并且各个分子或颗粒之间的距离远远大于其内部原子之间的间距。所以在研究这种体系时，只考虑分子或粉尘内原子散射线的相互干涉，不考虑各个分子或颗粒之间散射线的干涉。即认为各个颗粒或分子之间的散射线是强度相加关系，颗粒或分子内部各原子的散射线是振幅相加关系。

（1）德拜公式

现在从式(4.53)出发，进一步讨论气体分子和“粉尘”的散射强度计算。为了叙述方便，总称气体中的分子和“粉尘”中的颗粒为单元。由气体和粉尘的特点出发，可以知道单元是在不停地运动，它们的空间位置和取向都是任意的，也就是说单元中各原子的位置矢量只有瞬时值。由此，计算出的强度也为瞬时值。而实际测量的衍射强度是按时间的平均值，即 $\langle I(\boldsymbol{s})\rangle$。图 4.18 给出某个分子内各原子散射线相互干涉形成总散射线的示意说明。

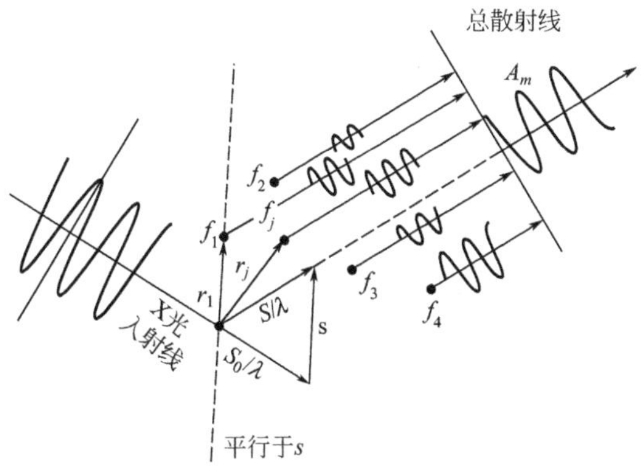

■ 图 4.18 单个分子内原子的散射与散射线的干涉

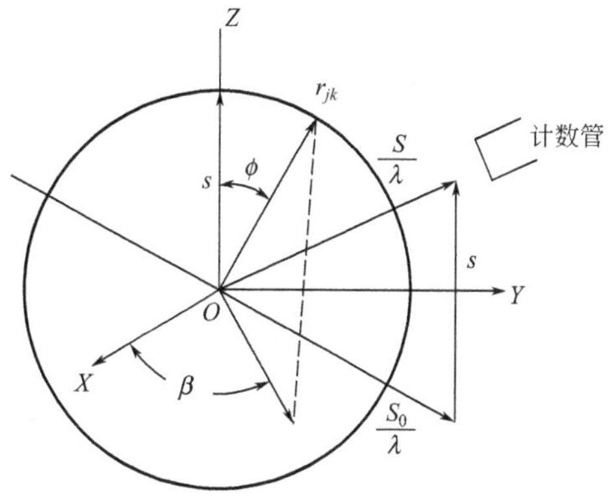

■ 图 4.19 散射矢量 s 与某瞬时 $\boldsymbol{r}_{jk}$ 之间的夹角
O 为单元的转动中心和 $\boldsymbol{r}_{jk}$ 的起点， 球面为不同时刻矢量 $\boldsymbol{r}_{jk}$ 的末端轨迹

在具体分析单元的运动时，可以把它分解成整个单元的平移和单元绕固定点的转动。平移使各个原子的位置矢量 $\boldsymbol{r}$ 发生连续变化，而单元内各原子之间的相对位置（$\boldsymbol{r}_{jk}$）则是不变的。从式(4.53)看出，散射线的强度仅与各原子之间的相对位置 $\boldsymbol{r}_{jk}$ 有关，而与其绝对位置 $\boldsymbol{r}_j$ 无关。因此，单元的平移并不影响它的散射线强度。单元绕定点的转动并不引起两原子之间相对间距的变化，即 $\boldsymbol{r}_{jk}$ 的大小 $\boldsymbol{r}_{jk}$ 不变，而方向在随时改变。也就是说矢量 $\boldsymbol{r}_{jk}$ 与散射矢量 $\boldsymbol{s}$ 之间的夹角在时时改变。对某一散射方向，矢量 $\boldsymbol{r}_{jk}$ 与矢量 $\boldsymbol{s}$ 之间的夹角关系由图 4.19 所示。图中 O 点为单元的转动中心和矢量 $\boldsymbol{r}_{jk}$ 的起点。因此，可以认为矢量 $\boldsymbol{r}_{jk}$ 的端点等概率地分布在以 $\boldsymbol{r}_{jk}$ 为半径的球面上，而某一瞬间 $\boldsymbol{r}_{jk}$ 的方位则由角 ϕ 与 β 决定。于是，强度对时间取平均就转化为对所有的 $\boldsymbol{r}_{jk}$ 方位取平均，即求 $\langle \mathrm{e}^{\mathrm{i}2\pi\boldsymbol{s}\cdot\boldsymbol{r}_{jk}}\rangle$。利用图 4.19，可以看出

$$\langle \mathrm{e}^{\mathrm{i}2\pi\boldsymbol{s}\cdot\boldsymbol{r}_{jk}}\rangle=\frac{1}{4\pi r_{jk}^{2}}\int_{0}^{\pi}\mathrm{e}^{\mathrm{i}2\pi\boldsymbol{s}\cdot\boldsymbol{r}_{jk}\cos\phi}\cdot 2\pi r_{jk}^{2}\sin\phi\,\mathrm{d}\phi$$

计算后得到

$$\langle \mathrm{e}^{\mathrm{i}2\pi\boldsymbol{s}\cdot\boldsymbol{r}_{jk}}\rangle=\frac{\sin 2\pi s r_{jk}}{2\pi s r_{jk}} \tag{4.59}$$

于是，对于运动着的多原子分子，或“粉尘”颗粒其散射线强度 表达式为

$$\langle I_N(\mathbf{s})\rangle=\sum_j^N f_j^2+\sum_j^{j\neq k}\sum_k f_j f_k\frac{\sin 2\pi s r_{jk}}{2\pi s r_{jk}} \tag{4.60}$$

此处 $s=|\mathbf{s}|$，$r_{jk}=|\mathbf{r}_{jk}|$，或写成如下形式

$$I_N=\sum_j\sum_k f_j f_k\frac{\sin 2\pi s r_{jk}}{2\pi s r_{jk}} \tag{4.61}$$

获得的式(4.60) 和式(4.61) 为在空间任意取向的某一定原子排列的相干散射强度（以电子强度为单位）的一般式，称为德拜散射公式。

(2) 多原子分子气体的散射

现以四氯化碳气体为例，说明如何使用德拜散射公式计算多原子分子的散射强度。四氯化碳分子由图 4.20 所示，其中氯原子之间的距离为碳原子与氯原子之间距离的$\sqrt{8/3}$倍，即

$$r_{\text{Cl-Cl}}=\sqrt{\frac{8}{3}}r_{\text{C-Cl}}$$

由德拜散射公式可以计算出一个分子的相干散射强度

$$I_{\text{CCl}_4}=\sum_j^5\sum_k^5 f_j f_k\frac{\sin 2\pi s r_{jk}}{2\pi s r_{jk}}$$

具体计算得出

$$I_{\text{CCl}_4}=f_{\text{C}}\left(f_{\text{C}}+4f_{\text{Cl}}\frac{\sin 2\pi s r_{\text{C-Cl}}}{2\pi s r_{\text{C-Cl}}}\right)+4f_{\text{Cl}}\left(f_{\text{Cl}}+f_{\text{C}}\frac{\sin 2\pi s r_{\text{C-Cl}}}{2\pi s r_{\text{C-Cl}}}+3f_{\text{Cl}}\frac{\sin 2\pi s r_{\text{Cl-Cl}}}{2\pi s r_{\text{Cl-Cl}}}\right)$$

整理后有

$$I_{\text{CCl}_4}=f_{\text{C}}^2+4f_{\text{Cl}}^2+8f_{\text{C}}f_{\text{Cl}}\frac{\sin 2\pi s r_{\text{C-Cl}}}{2\pi s r_{\text{C-Cl}}}+12f_{\text{Cl}}^2\frac{\sin 2\pi s r_{\text{Cl-Cl}}}{2\pi s r_{\text{Cl-Cl}}} \tag{4.62}$$

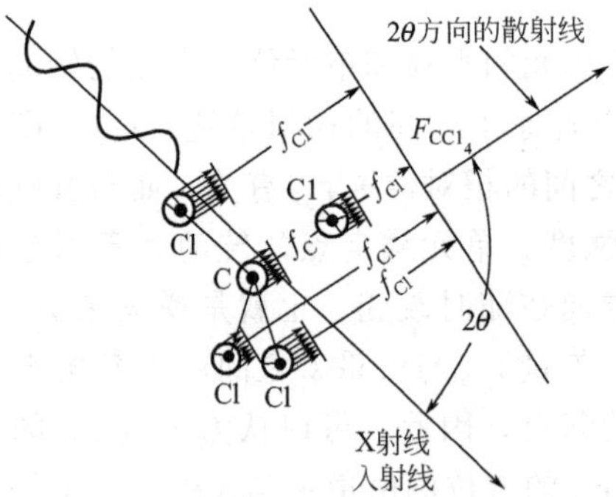

■ 图 4.20 四氯化碳分子示意图

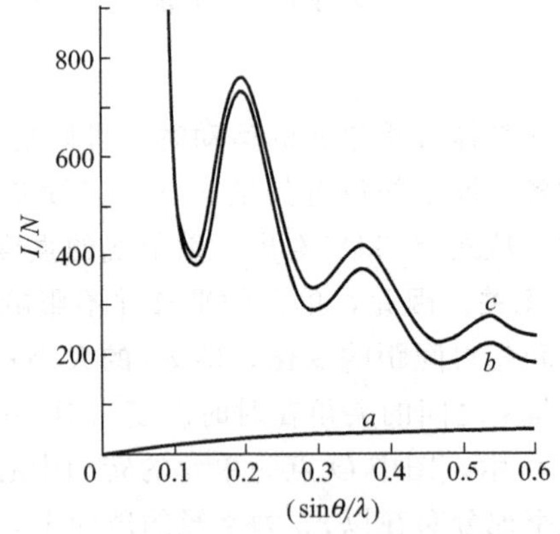

■ 图 4.21 四氯化碳气体的单个分子散射强度

以电子为单位，$r_{\text{C-Cl}}$= 1.82Å，a 为非相干散射强度，b 为相干散射强度，c 为每个分子的总强度，即 a 与 b 之和

在给定 $r_{\text{Cl-Cl}}$值后，可用式(4.62) 计算出不同 s 值时的单分子散射强度 I_{CCl_4}。图 4.21 中曲线 b 是在 $r_{\text{C-Cl}}=1.82$Å 时用上式计算出的散射强度，以电子为单位；曲线 a 为非相干散射强度；曲线 c 为总强度，即相干散射强度与非相干散射强度之和。

(3) "粉尘" 颗粒的散射

将晶体“粉尘”按一个分子那样处理，就会得到它的散射强度曲线。下面举例说明。取一包含 14 个同种原子的小立方体，8 个原子在顶角，6 个在立方体的各面心，如图 4.22 所示，原子的散射因子为 f。考虑两两原子之间的间距，由式(4.61)得到

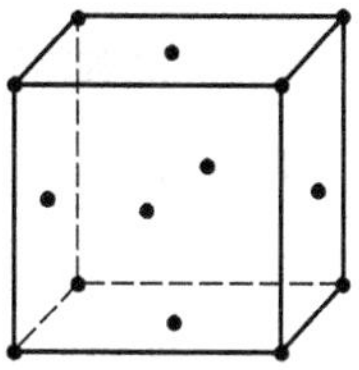

■图 4.22 由 14 个同种原子组成的小立方体

$$I_{14}/f^2=14+72\frac{\sin 2\pi sa/\sqrt{2}}{2\pi sa/\sqrt{2}}+30\frac{\sin 2\pi sa}{2\pi sa}+48\frac{\sin 2\pi sa\sqrt{1.5}}{2\pi sa\sqrt{1.5}}+24\frac{\sin 2\pi sa\sqrt{2}}{2\pi sa\sqrt{2}}+8\frac{\sin 2\pi sa\sqrt{3}}{2\pi sa\sqrt{3}} \quad (4.63)$$

式中，a 为立方体的棱长。利用计算机程序可以方便地计算出 $2\pi sa$ 与 I_{14}/f^2 的关系曲线，见图 4.23。而图中的直线为实际的面心立方晶体材料的衍射线位置分布。由图看出，即使这样一个由 14 个原子组成的极小的面心立方单元，也呈现出类似于面心立方晶体的衍射图样分布形貌。

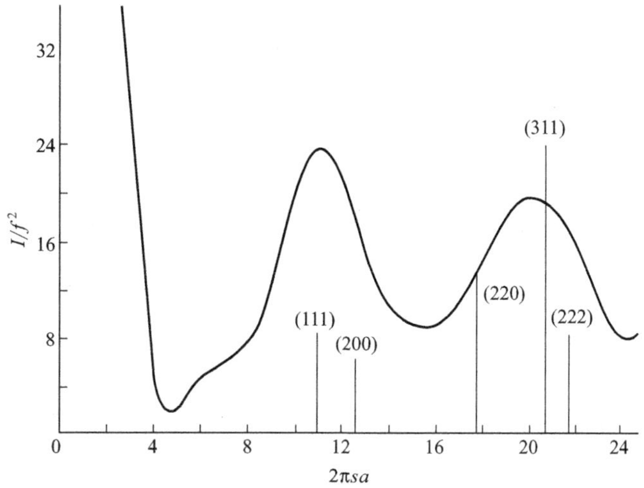

■图 4.23 由 14 个原子构成的面心立方颗粒的 $I(s)/f^2$（曲线）及面心立方晶体的衍射线（直线）

4.5 晶体的衍射

小晶体是指所讨论的晶体尺度远远小于晶体与观测点之间的距离，从而在平行 X 射线束入射时，各原子的散射线可以近似地认为是平行地到达观测点，各原子所接受的入射线强度 I_0 相等。

组成晶体的基本单元为晶胞，整个晶体是由晶胞有规则地周期排列而成。因此，可以把晶体的衍射分解为两个层次的衍射，即晶胞的散射和晶胞格架的衍射。晶体又是点阵与结构单元的结合，所以又能够把晶体的衍射分解为结构单元的散射和晶体点阵的衍射。按处理晶体衍射问题的习惯，采取第一种分类的方法。

4.5.1 晶胞对X射线的散射

以原子为散射单元，原子重心为散射中心来讨论晶胞的散射振幅与强度。设晶胞内有 n 个原子，其位置由矢量 $\boldsymbol{r}_j$ 表示，原子散射因子由 f_j 表示，其中 $j=1, 2, \cdots, n$。根据式(4.48)，晶胞的散射线振幅为

$$F(\boldsymbol{s})=\sum_{j}^{n} f_j \mathrm{e}^{\mathrm{i}2\pi \boldsymbol{s}\cdot \boldsymbol{r}_j} \tag{4.64}$$

式中，$\boldsymbol{s}$ 为散射矢量。因为 $F(\boldsymbol{s})$ 是由晶体的具体结构决定的，所以称为晶体的结构因子，一般为复数。称其模 $|F(\boldsymbol{s})|$ 为结构振幅，结构振幅又可以定义为一个晶胞相干散射振幅与一个电子相干散射振幅的比值，即

$$|F(\boldsymbol{s})|=\frac{\text{一个晶胞的相干散射振幅}}{\text{一个电子的相干散射振幅}} \tag{4.65}$$

晶胞的散射线强度与散射线振幅的平方成正比，即：

$$I_{\text{晶胞}}=|F(\boldsymbol{s})|^2 I_{\text{电子}} \tag{4.66}$$

其中

$$|F(\boldsymbol{s})|^2=F(\boldsymbol{s})F^*(\boldsymbol{s})$$

$F^*(\boldsymbol{s})$ 为 $F(\boldsymbol{s})$ 的共轭复数。式(4.66) 表明，结构振幅的平方 $|F(\boldsymbol{s})|^2$ 是个重要的函数。它是散射强度与晶体结构之间的桥梁。可以由式(4.26) 或式(4.28) 具体计算其值，即由式

$$|F(\boldsymbol{s})|^2=(\sum f_j \cos 2\pi \boldsymbol{s}\cdot \boldsymbol{r}_j)^2+(\sum f_j \sin 2\pi \boldsymbol{s}\cdot \boldsymbol{r}_j)^2 \tag{4.67}$$

或与原点选择无关的形式计算：

$$|F(\boldsymbol{s})|^2=\sum_j \sum_k f_j f_k \mathrm{e}^{\mathrm{i}2\pi \boldsymbol{s}\cdot(\boldsymbol{r}_j-\boldsymbol{r}_k)} \tag{4.68}$$

利用计算机程序可以方便地获得任何结构的 $|F(\boldsymbol{s})|^2$ 函数的图形。图 4.24 为面心立方晶胞的 $|F(\boldsymbol{s})|^2$ 函数图。

由于散射矢量 $\boldsymbol{s}=(\boldsymbol{S}-\boldsymbol{S}_0)/\lambda$，是倒易空间中的量，可以把它写成

$$\boldsymbol{s}=s_1\boldsymbol{a}^*+s_2\boldsymbol{b}^*+s_3\boldsymbol{c}^* \tag{4.69}$$

式中，s_1、s_2、s_3 为矢量 $\boldsymbol{s}$ 的端点坐标，是任意实数。在图 4.24 中给出了 $|F(\boldsymbol{s})|^2$ 在倒易空间中的等值线，图中的“•”为倒易结点，并标明了它们的指数是 000，111…

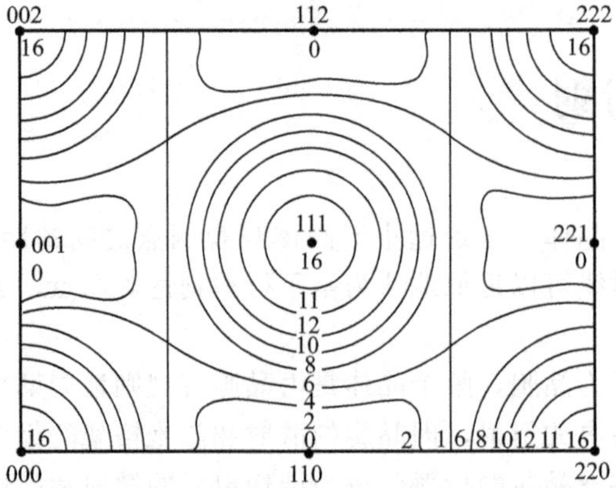

■ 图 4.24 面心立方晶胞 $|F(s)|^2$ 的等值线，图中的数值为 $f^2(s)$ 的倍数

4.5.2 小晶体的衍射

在讨论小晶体的衍射时，把晶胞看成是一个散射单元，散射中心取在各个晶胞的原点上，整个晶体的散射中心就分布在如图 4.25 所示的格点上。在晶体中任取一散射中心为原点 O，则所有散射中心的位置都能用矢量 $\boldsymbol{R}_{mnp}$ 表示，即

$$\boldsymbol{R}_{mnp}=m\boldsymbol{a}+n\boldsymbol{b}+p\boldsymbol{c} \tag{4.70}$$

式中，$\boldsymbol{a}$、$\boldsymbol{b}$、$\boldsymbol{c}$ 为晶胞的三个基矢；m、n、p 为任意整数。图 4.25 中所示的矢量为 $\boldsymbol{R}=1\boldsymbol{a}+1\boldsymbol{b}+2\boldsymbol{c}$。

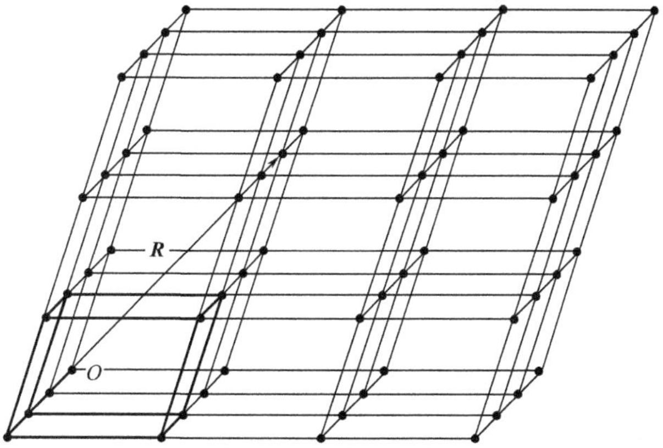

■ 图 4.25 晶体中散射中心的分布

(1) 小晶体的衍射强度

为简单起见，设小晶体的外形为平行六面体，它沿 $\boldsymbol{a}$、$\boldsymbol{b}$、$\boldsymbol{c}$ 三个基矢方向的棱长分别为 $N_a a$、$N_b b$ 和 $N_c c$。于是，小体积中包含的晶胞数 $N=N_aN_bN_c$。由式(4.27) 得到小晶体的衍射线振幅为

$$A_{晶体}(\boldsymbol{s})=\sum_{m=0}^{N_a-1}\sum_{n=0}^{N_b-1}\sum_{p=0}^{N_c-1}F(\boldsymbol{s})\mathrm{e}^{\mathrm{i}2\pi\boldsymbol{s}\cdot\boldsymbol{R}_{mnp}}$$

因其中的结构因子与晶胞的位置无关，从而有

$$A_{晶体}(\boldsymbol{s})=F(\boldsymbol{s})\sum_{m=0}^{N_a-1}\sum_{n=0}^{N_b-1}\sum_{p=0}^{N_c-1}\mathrm{e}^{\mathrm{i}2\pi\boldsymbol{s}\cdot\boldsymbol{R}_{mnp}} \tag{4.71}$$

于是，晶体的衍射线强度为

$$I_{晶体}(\boldsymbol{s})=|F(\boldsymbol{s})|^2\left|\sum_{mnp}^{N}\mathrm{e}^{\mathrm{i}2\pi\boldsymbol{s}\cdot\boldsymbol{R}_{mnp}}\right|^2 I_{电子} \tag{4.72}$$

定义

$$L(\boldsymbol{s})\equiv\left|\sum_{mnp}^{N}\mathrm{e}^{\mathrm{i}2\pi\boldsymbol{s}\cdot\boldsymbol{R}_{mnp}}\right|^2 \tag{4.73}$$

由于它表示的是晶体散射线的干涉结果，故称为晶体的**干涉函数**，或**劳厄函数**，从而晶体的衍射线强度可以简写成

$$I_{晶体}(\boldsymbol{s})=|F(\boldsymbol{s})|^2L(\boldsymbol{s})I_{电子} \tag{4.74}$$

由上式出发，干涉函数也可以定义为晶体的散射线强度与一个晶胞的散射线强度的比值，即

$$L(\boldsymbol{s})=\frac{\text{晶体相干散射强度}}{\text{晶胞相干散射强度}}$$

(2) 干涉函数的一般表达式

为了探讨晶体衍射线强度在倒易空间中的分布情况，要对干涉函数 $L(\boldsymbol{s})$ 作进一步的讨论。将式(4.69) 和式(4.70) 代入式(4.73)，并利用正、倒易点阵之间的倒易关系获得

$$L(\boldsymbol{s})=\left|\sum_{m=0}^{N_a-1}e^{i2\pi ms_1}\sum_{n=0}^{N_b-1}e^{i2\pi ns_2}\sum_{p=0}^{N_c-1}e^{i2\pi ps_3}\right|^2 \tag{4.75}$$

记为

$$L(\boldsymbol{s})=L(s_1)L(s_2)L(s_3) \tag{4.76}$$

现以 $L(s_1)$ 为例进行简化计算。

$$L(s_1)=\left|\sum_{m=0}^{N_a-1}e^{i2\pi ms_1}\right|^2=\left|1+e^{i2\pi s_1}+e^{i4\pi s_1}+\cdots+e^{i2\pi(N_a-1)s_1}\right|^2 \tag{4.77}$$

利用等比级数

$$s=a+ar+ar^2+\cdots+l=\frac{a-rl}{1-r}$$

得到

$$L(s_1)=\left|\frac{1-e^{i2\pi N_a s_1}}{1-e^{i2\pi s_1}}\right|^2$$

而共轭复数乘积为

$$[L(s_1)L^*(s_1)]^{\frac{1}{2}}=\left(\frac{1-e^{i2\pi N_a s_1}}{1-e^{i2\pi s_1}}\right)\left(\frac{1-e^{-i2\pi N_a s_1}}{1-e^{-i2\pi s_1}}\right)$$
$$=\frac{2-2\cos2\pi N_a s_1}{2-2\cos2\pi s_1}=\frac{\sin^2\pi N_a s_1}{\sin^2\pi s_1}$$

从而得到

$$L(s_1)=\frac{\sin^2\pi N_a s_1}{\sin^2\pi s_1} \tag{4.78}$$

因此，干涉函数的一般形式为

$$L(\boldsymbol{s})=\frac{\sin^2\pi N_a s_1}{\sin^2\pi s_1}\cdot\frac{\sin^2\pi N_b s_2}{\sin^2\pi s_2}\cdot\frac{\sin^2\pi N_c s_3}{\sin^2\pi s_3} \tag{4.79}$$

由式(4.79) 看出，干涉函数与晶体的大小 N_a、N_b 和 N_c 有关，也就是说干涉函数在倒易空间中的分布与晶体的形状有关。

(3) 干涉函数的图像

讨论干涉函数的图像就是讨论干涉函数在倒易空间中的形貌。首先讨论干涉函数中的一个因子 $L(s_1)$。

$$L(s_1)=\frac{\sin^2\pi N_a s_1}{\sin^2\pi s_1}$$

当 $s_1=K$，K 为任意整数时，函数 $L(s_1)$ 有极值。同时用罗必达法则可以证明，当 s_1 为零时 $L(s_1)$ 有极大值，为 N_a^2。图 4.26 为 N_a 等于 3 和 15 两种情况下的函数 $L(s_1)$ 沿倒易基矢 $\boldsymbol{a}^*$ 方向的分布。称函数 $L(s_1)$ 取最大值的峰为主峰，主峰侧的小峰为副峰。主峰位于 s_1 为整数（即倒易点阵结点）处。副峰位于两个函数零值点的中间，且其强度随与主峰的距离

的增加而下降。主峰强度（值）与其侧边上的第一个副峰强度之比记为 $L_{主}/L_{副I}$，有

$$\frac{L_{主}}{L_{副I}}=\frac{N_a^2}{\dfrac{\sin^2\pi\left(1+\frac{1}{2}\right)}{\sin^2\pi\left(1+\frac{1}{2}\right)\frac{1}{N_a}}}=N_a^2\sin^2\left[\pi\left(1+\frac{1}{2}\right)\frac{1}{N_a}\right] \tag{4.80}$$

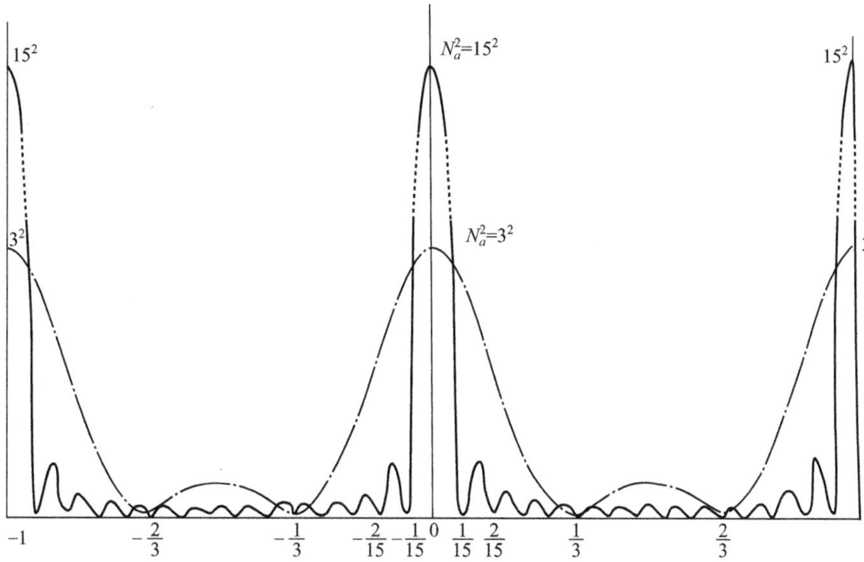

■ 图 4.26 一维干涉函数的分布

其中细线表示 N_a= 15 时的 $L(s_1)$，点画线为 N_a= 3 时的 $L(s_1)$

一般情况下，当 $N_a>100$，即 N_a 方向的尺度为几百埃时有

$$\sin\pi\left[\left(1+\frac{1}{2}\right)\Big/N_a\right]\approx\left(1+\frac{1}{2}\right)\pi/N_a$$

因此

$$\frac{L_{主}}{L_{副I}}=\left(1+\frac{1}{2}\right)^2\pi^2\approx 22.2$$

所以在后面凡涉及干涉函数时，只考虑其主峰。称主峰存在的范围，例如 $-1/N_a$ 到 $+1/N_a$，为主峰区，主峰区的宽度为 $2/N_a$。即晶体在 $\boldsymbol{a}$ 方向的尺度越大，$L(s_1)$ 的主峰宽度越小。

对于三维干涉函数 $L(s)$，在 s_1、s_2、s_3 都为整数处取最大值 $N_a^2N_b^2N_c^2$。主峰区为由 $2/N_a$、$2/N_b$、$2/N_c$ 限定的空间。一般当晶粒的线度大于 10^{-5}cm 时，就可以认为主峰区收缩成一个个的点，即倒易点阵的结点。微晶衍射时干涉函数的主峰区是围绕倒易结点的一个个几何形体。图 4.27 示意给出几种三维、二维、一维微晶形体［图 4.27(a)］及其对应的干涉函数主峰区形状［图 4.27(b)］。从图中可以看出，如果晶体是一个具有三维尺度的小体积，则与其相对应的倒易点阵中的结点也变为三维尺度的小体积，称为倒易畴，只是它们在尺度上具有相反的关系，即晶体尺度大的方向对应着倒易畴尺度小的方向；如果晶体为二维小圆片，则与其对应的倒易点阵的结点就变为长的圆杆，称为倒易杆；如果晶体为二维长方片，则与其对应的倒易点阵的结点就变为长方杆；如果晶体为一维原子列，则与其对应

的倒易点阵变成了一层层等间距的片。

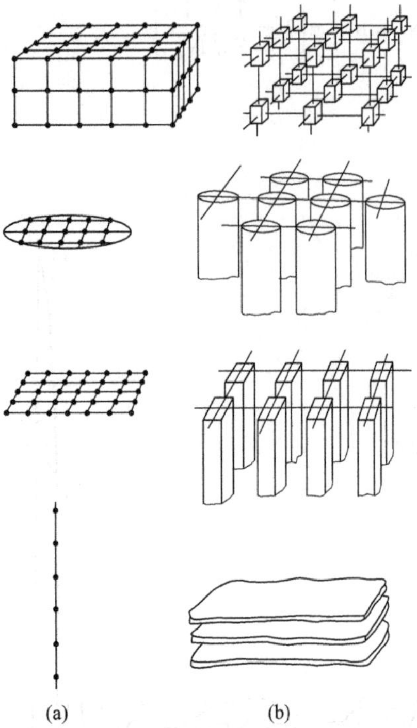

■ 图 4.27 几种微晶（a）与所对应的干涉函数主峰区形状（b）

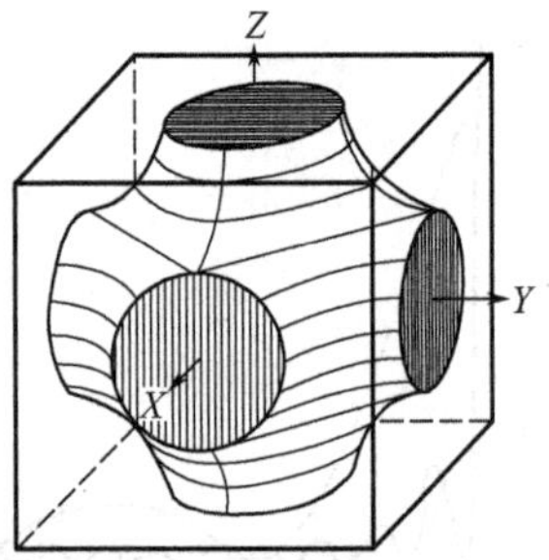

■ 图 4.28 干涉函数主峰区内的等值面（VC 立方形微晶）

干涉函数的主峰区，只表示了干涉函数主峰存在的范围，并没说明在此区域中函数值的大小。在精细结构分析中，特别是在电子衍射精细结构分析中，要考虑干涉函数主峰区的强度分布状况，为此可以在主峰区内给出等强度线。图 4.28 表示的是碳化钒（NaCl 结构）立方形微晶干涉函数的等值面的一部分，倒易结点在立方体的体心。实际上，立方微晶的干涉函数等值面是以倒易结点为心的六角星芒，六个角沿 $\boldsymbol{a}^*$、$\boldsymbol{b}^*$、$\boldsymbol{c}^*$ 三个方向伸展出去。

前面讨论了结构振幅和干涉函数在倒易空间中的分布，由式(4.74) 得到小晶体的衍射强度

$$I_{晶体}(\boldsymbol{s})=|F(\boldsymbol{s})|^2 L(\boldsymbol{s}) I_{电子}$$

从而能够得到小晶体衍射强度在倒易空间中的分布。也就是说，对于一般小晶体，干涉函数限定了衍射线强度的存在范围，即衍射线束的方向，而结构振幅决定了衍射线的强弱。

4.6 X射线的衍射方向

在干涉函数图像的讨论中，我们已经了解到了衍射强度在倒易空间中的分布。这一节将介绍确定衍射线方向的干涉方程，并从正、倒易点阵的关系出发引出晶面反射的概念，给出确定衍射方向的布拉格定律和厄瓦尔德图解。

干涉方程和布拉格定律都是晶体产生衍射线的必要条件，两者是等价的，利用正、倒点阵的关系可以从干涉方程导出布拉格定律，也可以由布拉格定律导出干涉方程。因此，也可以说干涉方程是布拉格定律的矢量形式。厄瓦尔德图解是晶体产生衍射线必要条件的图解说明，它可以由干涉方程或布拉格定律导出。干涉方程是在倒易空间中讨论问题，布拉格定律是在正空间中讨论问题，厄瓦尔德图解则是以作图方式表现的干涉方程。

4.6.1 干涉方程

前面谈到干涉函数 $L(\boldsymbol{s})$ 为倒易空间中的函数，其中自变量 $\boldsymbol{s}$ 为倒易空间中的矢量，记为 $\boldsymbol{s}=s_1\boldsymbol{a}^*+s_2\boldsymbol{b}^*+s_3\boldsymbol{c}^*$，$s_1$、$s_2$、$s_3$ 为任意实数。而当 s_1、s_2、s_3 皆为整数时干涉函数有最大值 $N_a^2N_b^2N_c^2$。同时，对一般晶体而言，在 s_1、s_2、s_3 不为整数时，干涉函数的值可以忽略不计，也就是说，对于一般晶体，只有当散射矢量 $\boldsymbol{s}$ 的三个分量 s_1、s_2、s_3 皆为整数时，晶体的衍射强度 $I(\boldsymbol{s})$ 才有可观测的值。上面的事实也可以表达成：当倒易点阵原点与散射矢量的起点一致时，只有在散射矢量的端点落在一个倒易结点上时，才会有可观测的衍射强度 $I(\boldsymbol{s})$。因此，晶体产生衍射线的必要条件是散射矢量 $\boldsymbol{s}$ 与倒易矢量 $\boldsymbol{g}_{hkl}$ 相等，也就是散射矢量的三个分量 s_1、s_2、s_3 与倒易结点的一个指数一致。这一条件的矢量式为

$$\boldsymbol{s}=\boldsymbol{g}_{hkl} \tag{4.81}$$

其中，$\boldsymbol{g}_{hkl}=h\boldsymbol{a}^*+k\boldsymbol{b}^*+l\boldsymbol{c}^*$，$h$、$k$、$l$ 为整数。称式(4.81) 为**干涉方程**。

利用干涉方程可以在倒易空间中判断哪些方向上可能观测到衍射线。图 4.29 表示了沿某方向入射的 X 射线与某特定取向晶体的倒易点阵之间的关系。利用干涉方程从图中可以判断：只有在倒易矢量 $\boldsymbol{g}_{hkl}$ 与入射方向的矢量 $\boldsymbol{S}_0/\lambda$ 和衍射方向的矢量 $\boldsymbol{S}/\lambda$ 构成等腰三角形时，在衍射方向上才可能观测到衍射线。图 4.29 中给出了两个这种等腰三角形，称其为干涉三角形。介绍图 4.29 是为了帮助理解干涉方程的含义，而不是直接用它来判断有哪些方向可能产生衍射线。

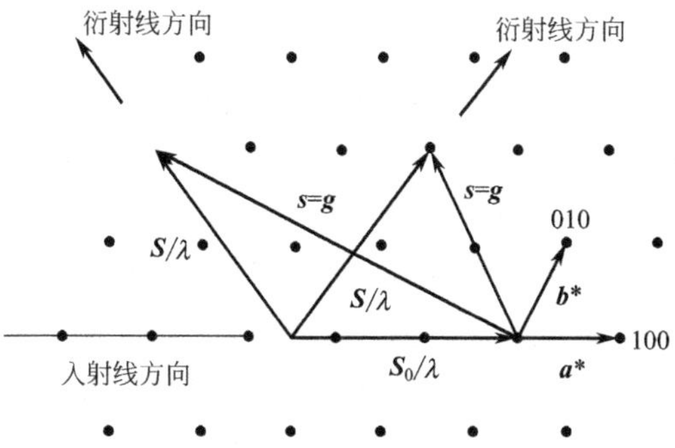

■ 图 4.29 用干涉三角形判断可能的衍射方向

$\boldsymbol{S}_0$、$\boldsymbol{S}$ 分别为入射线和衍射线方向上的单位矢量。

$\boldsymbol{a}^*$、$\boldsymbol{b}^*$ 为倒易点阵基矢

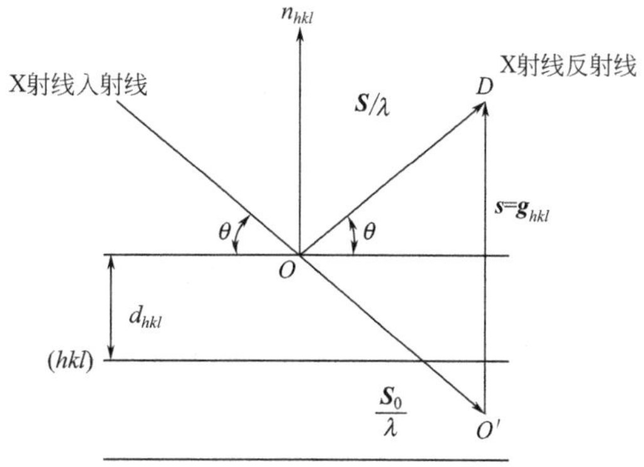

■ 图 4.30 晶面反射概念的提出

4.6.2 布拉格定律

根据散射矢量的定义和正、倒易点阵之间的关系，可以获得满足衍射条件时的几何图

形。在图 4.29 中加入一列与倒易矢量 $\boldsymbol{g}_{hkl}$ 垂直的面（hkl），就构成图 4.30。面列（hkl）垂直于干涉三角形的底，平分散射角 2θ。也就是说，面（hkl）与入射线 $\boldsymbol{S}_0$ 和衍射线 $\boldsymbol{S}$ 都成 θ 角，并且其法线 $\boldsymbol{n}_{hkl}$ 与入射线 $\boldsymbol{S}_0$ 和衍射线 $\boldsymbol{S}$ 在同一平面内。图 4.30 表示，从结论上讲，可以把晶体产生的衍射线看成是某晶面的反射线。而满足干涉方程时，必然有下述关系

$$|\boldsymbol{g}_{hkl}|=\frac{2\sin\theta}{\lambda}$$

因为

$$|\boldsymbol{g}_{hkl}|=\frac{1}{d_{hkl}}$$

于是有

$$2d_{hkl}\sin\theta=\lambda \tag{4.82}$$

上式定量地描述了产生衍射线的必要条件，即当一束波长为 λ 的 X 射线以 θ 角掠射到面间距为 d 的晶面上，并且 λ、θ 和 d 满足式(4.82）时，就会在反射方向上产生一束衍射线；否则不会产生衍射线。式(4.82）是由布拉格导出的，因此称为布拉格定律，式中的 θ 角称为布拉格角。应当提及的是，这里所涉及的晶面指数（hkl）是与倒易结点相对应的面，即倒易点阵结点的指数，对它是不能进行简约操作的，称这种晶面指数为干涉指数。例如，倒易点阵中的结点 111 与 222 是在不同的位置，它们分别代表了正点阵中（111）面列与（222）面列，（111）面列与（222）面列虽然方位相同，但面间距不同，所以不能认为它们是相同的。

布拉格定律与干涉方程是等价的。由于布拉格定律将倒易空间中的问题转化到了正空间，它利用晶面反射的概念来直接描述 X 射线被晶体中电子散射和散射线干涉的结果，而不涉及衍射的物理过程，所以它较易为初学者接受和记忆。从布拉格定律出发解释晶体的衍射问题更加直观形象，容易“理解”，因此应用广泛。一般在讨论三维晶体衍射问题时，都可以用它来处理。但是应当注意，晶体产生衍射的物理实质并不是由于晶面的反射，晶面反射概念和布拉格定律仅是晶体衍射现象的表观规律。

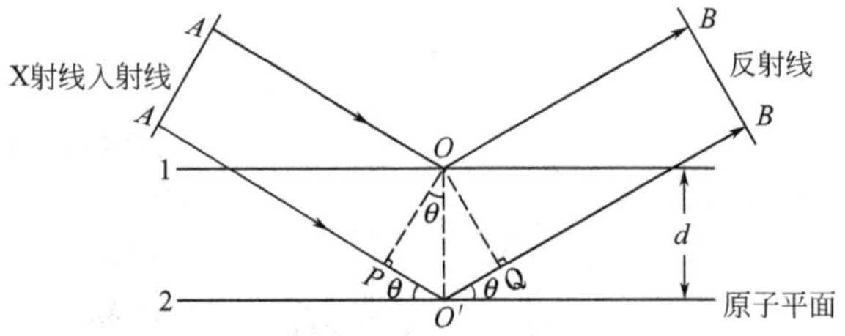

■ 图 4.31　两个相邻原子面的反射线的光程差

布拉格定律也可以直接由晶面反射概念推出，即利用计算相邻原子面之间光程差的办法获得。图 4.31 给出了米勒指数为（hkl）的面列。让我们考虑两个相邻的原子面 1 和 2，X 射线入射线与原子面成 θ 角，且与面 1 交于 O，与面 2 交于 O'。面 1 和 2 的反射线之间光程差为 $PO'Q$，它等于 $2d\sin\theta$，当这光程差为 X 射线波长的整数倍时，这两束反射线就会产生相长干涉，因此要观察到反射线就必须满足条件

$$2d\sin\theta=n\lambda \tag{4.83}$$

式中，n 为整数，称为反射线的级数。式(4.83）可以写成如下形式

$$2(d/n)\sin\theta=\lambda$$

其中，d/n 为干涉指数是（$nh\ nk\ nl$）的面列的面间距。于是，可以写成通用的布拉格定律形式

$$2d\sin\theta=\lambda \tag{4.84}$$

此时，所谈到的反射面指数，都是指它的干涉指数，而不是米勒指数。

利用布拉格定律既能够方便地解释晶体的衍射图样，又能够进行有关衍射方向的定量计算。下面以计算单色器的 X 射线入射角为例，说明布拉格定律的用法。所谓晶体单色器就是一块反射能力强的大块单晶体，其表面与内部原子密排面平行或成一定角度。可以利用这些原子密排面的选择反射获得单色线。图 4.32 表示用 LiF 的（200）面作为单色器的反射面，$d_{200}=2.01\text{Å}$。如果要选用 Cu 辐射中的 K_α 单色线，可以利用布拉格定律计算辐射的入射角。Cu-K_α 的波长 $\lambda=1.54\text{Å}$，将 d 与 λ 代入式（4.69），得到 $\theta=22.5°$。也就是说，当 Cu 辐射以 22.5°角掠射到 LiF 单色器的表面时，在反射方向上就能得到 Cu-K_α 单色线。

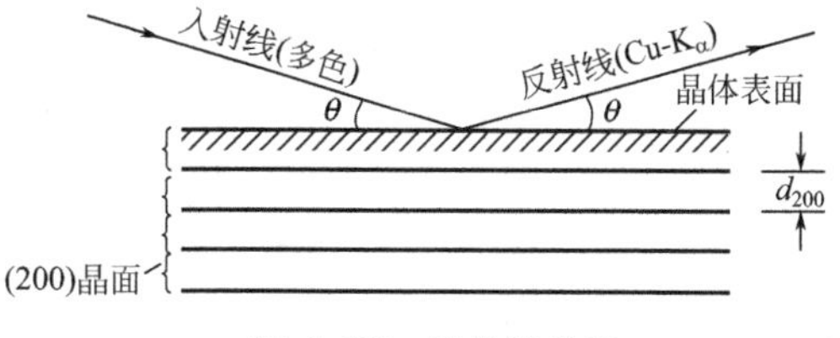

■ 图 4.32　晶体单色器

4.6.3　厄瓦尔德图解

把图 4.29 所示的干涉三角形与图 4.30 所示的晶面反射结合起来，就构成了说明衍射条件的厄瓦尔德图解。所谓厄瓦尔德图解就是用作图的方法表示衍射线产生的必要条件。具体的作图方法是在 X 射线的入射方向上任取一点为心，以 X 射线波长 λ 的倒数为半径作一个球面，称此球面为干涉球。再以入射线方向与干涉球的交点为原点，利用正、倒点阵之间的关系，根据晶体的取向绘出其倒易点阵中的结点。一般认为晶体放在干涉球的球心。因为干涉球心与倒易原点之间的矢量为 $\boldsymbol{S}_0/\lambda$，所以倒易点阵原点与干涉球面上任一点的连线都是散射矢量 $\boldsymbol{s}$。因此，只要倒易点阵中的结点落在干涉球面上，就满足了衍射条件 $\boldsymbol{s}=\boldsymbol{g}$，从而沿 $\boldsymbol{S}/\lambda$ 方向就有一束衍射线产生。因为这种作图方法是厄瓦尔德首先提出的，所以称为厄瓦尔德图解法。有的场合中也称干涉球为厄瓦尔德球。

厄瓦尔德图解法清晰而形象地描述了衍射条件。图 4.33 是用厄瓦尔德图解预计衍射线束方向的例子。干涉球心在 O，倒易点阵原点在 O'。图面为倒易点阵（001）* 面列中的零层面。倒易结点的指数用它附近的数字表明，它代表正点阵中的同名面列。从图中看出，有四个零层结点落在球面上，它们是 $\bar{2}20$，$0\bar{2}0$，$\bar{5}20$ 和 $\bar{3}\bar{2}0$，因此，仅零层就有四条衍射线由球心通过球面上的倒易结点发出。这些衍射线分别是（$\bar{2}20$），（$\bar{5}20$），（$\bar{3}\bar{2}0$）和（$0\bar{2}0$）晶

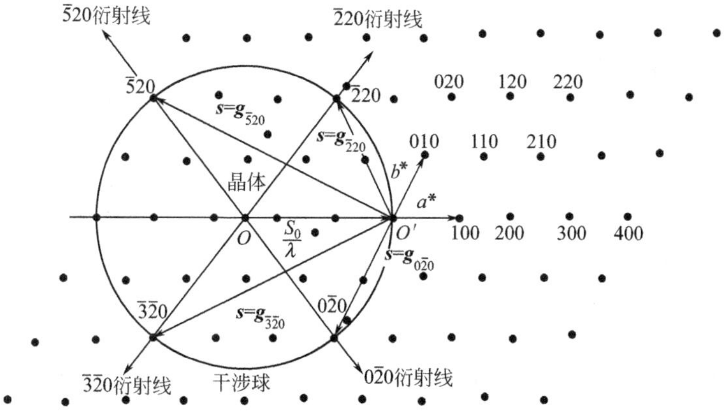

■ 图 4.33　厄瓦尔德图解

面反射的。

利用厄瓦尔德图解可以清晰地解释一般晶体的衍射现象。如果再考虑到晶体形状与倒易点阵结点形状之间的对应关系，则可以利用它定性地说明微晶的衍射效应、缺陷晶体的衍射特点以及二维和一维晶体的衍射图样。例如，二维单晶体的倒易空间是与二维晶体面垂直的一系列规则排列的线（图 4.27）。图 4.34 为入射 X 射线垂直二维晶体时的厄瓦尔德图解。图 4.34(a) 给出了在零阶 $(001)^*$ 面上倒易杆与干涉球相交的情况，图 4.34(b) 中的 X 射线入射线与纸面垂直，晶体膜面与纸面平行，即逆入射线方向看去时，倒易杆与干涉球面的交点。由于 X 射线衍射线是由球心通过倒易杆与球面的交点发出，所以用平行膜面的平底片会记录到一系列分布在二次曲线上的衍射斑。图 4.35 和图 4.36 表示了一维单晶体产生的衍射锥。一维晶体的倒易空间为与晶体垂直的一系列等间距的面（见图 4.27）。图 4.35 为入射线与晶列垂直时的情况，图 4.35(a) 用截面表示了这些倒易面列与干涉球相交，图面与倒易面列垂直，图 4.35(b) 为干涉球的立体图，球面上的小圆为倒易面列与干涉球的交线。因此，衍射线成为一个个衍射锥，图 4.35(b) 中只标出 $h=3$ 的一个衍射锥。图 4.36 为入射线与晶列平行时的情况，其他意义与图 4.35 相同。在图 4.36(b) 中只标出 $h=-1$ 的衍射锥。因此，用平底片记录一维晶体的衍射线时，得到的是一系列二次曲线。具体是同心圆、椭圆、抛物线还是双曲线，由底片与晶列方向之间的角度而定。

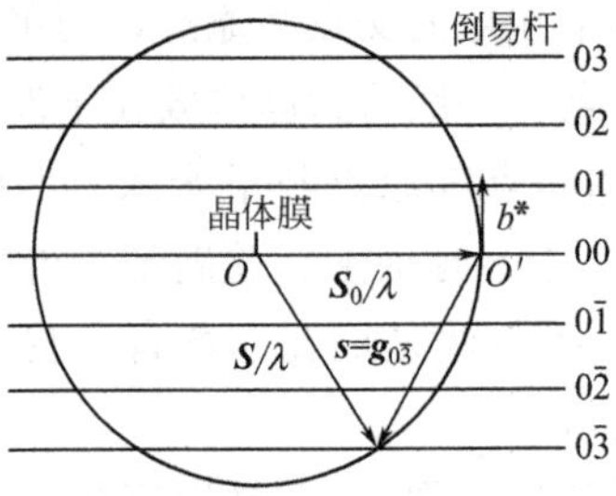

(a) 示意了a^*为零的一层倒易杆与干涉球相交的情况

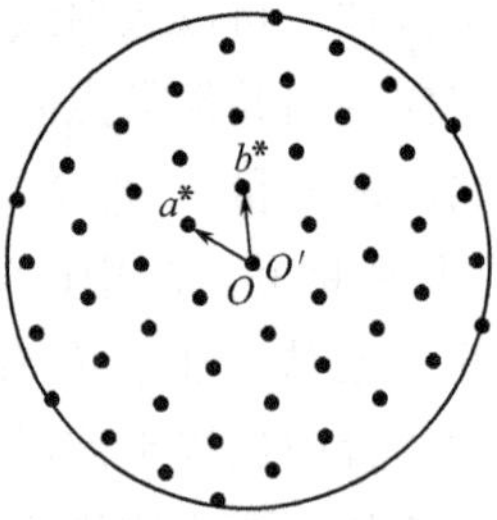

(b) 逆入射线看去时倒易杆与干涉球面的交点

■ 图 4.34 二维晶体的厄瓦尔德图解

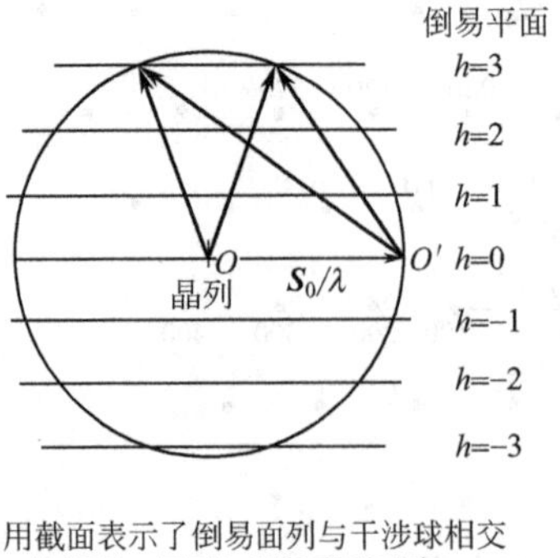

(a) 用截面表示了倒易面列与干涉球相交的情况，图面与倒易面列垂直

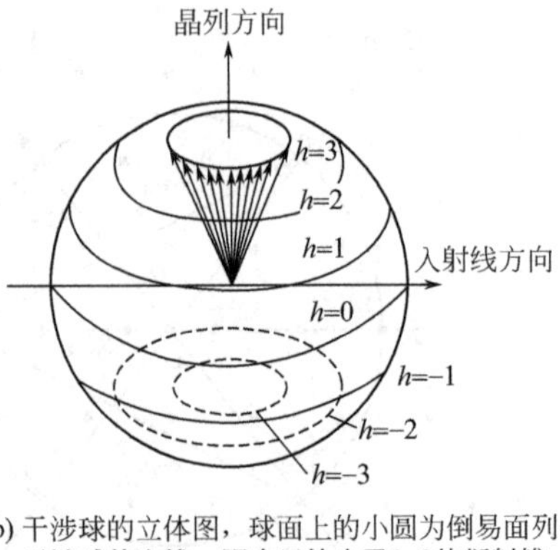

(b) 干涉球的立体图，球面上的小圆为倒易面列与干涉球的交线。图中只给出了$h=3$的衍射锥

■ 图 4.35 一维晶列与入射线垂直时的衍射锥

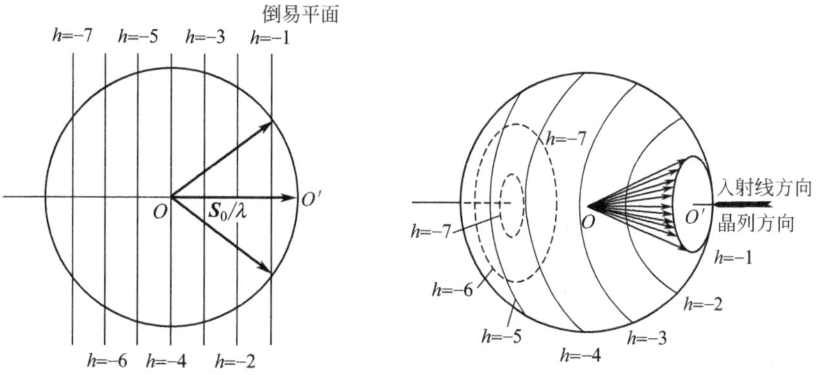

(a) 用截面表示了倒易面列与干涉球相交的情况，截面与倒易面列垂直

(b) 干涉球的立体图，球面上的小圆为倒易面列与干涉球的交线。图中只给出了$h=-1$时的衍射锥

■ 图 4.36 一维晶列与入射线平行时的衍射锥

4.7 结构因子与消光条件

由式(4.74) $I_{晶体}=|F|^2L(\boldsymbol{s})I_{电子}$得知，当结构振幅平方 $|F|^2$ 为零时，即使满足衍射条件，也观测不到衍射线，因为这时衍射强度为零。因此，倒易结点处的结构因子值极为重要。一般称使 $|F_{hkl}|=0$ 的条件为衍射线的消光条件，或倒易结点的消失条件。而产生衍射线的充要条件是满足干涉方程或布拉格定律，同时 $|F|^2\neq 0$。下面具体讨论几种点阵和典型结构的消光条件，并引入加权倒易点阵的概念。

4.7.1 点阵消光与结构消光

结构因子 $F(\boldsymbol{s})$ 是晶胞散射线的振幅，一般讲，它是复数，表达式为

$$F(\boldsymbol{s})=\sum_{j}^{n}f_j\mathrm{e}^{\mathrm{i}2\pi\boldsymbol{s}\cdot\boldsymbol{r}_j} \tag{4.85}$$

式中，$\boldsymbol{r}_j$ 为阵胞中各个原子的位置矢量；$\boldsymbol{s}$ 为散射矢量，它们分别为

$$\begin{cases}\boldsymbol{r}_j=u_j\boldsymbol{a}+v_j\boldsymbol{b}+w_j\boldsymbol{c}\\ \boldsymbol{s}=h\boldsymbol{a}^*+k\boldsymbol{b}^*+l\boldsymbol{c}^*\end{cases} \tag{4.86}$$

将式(4.86) 代入式(4.85)，并利用正、倒点阵之间的关系，得到

$$F(\boldsymbol{s})=\sum_{j}^{n}f_j\mathrm{e}^{\mathrm{i}2\pi(u_jh+v_jk+w_jl)} \tag{4.87}$$

式(4.87) 为常用的计算倒易结点处结构因子的实用式，其中 n 为晶胞中所包含的原子数。

然而，对于包含原子数目较多，又属于非简单点阵的晶胞，一般不直接利用式(4.87)

计算其晶胞的结构因子，而是先计算点阵中的一个结点相对应的结构单元的结构因子 F_s，再对其进行点阵平移。即

$$F(s)=\sum_{p}^{Q}F_s\mathrm{e}^{\mathrm{i}2\pi(u_p h+v_p k+w_p l)} \tag{4.88}$$

而

$$F_s=\sum_{j}^{m}f_{jp}\mathrm{e}^{\mathrm{i}2\pi(u_{jp}h+v_{jp}k+w_{jp}l)} \tag{4.89}$$

式中，f_{jp}、v_{jp}…分别是与第 p 个结点相对应的第 j 个原子的原子散射因子和坐标，并且每个结点对应的结构单元中包含 m 个原子。u_p、v_p、w_p 为结点的坐标，阵胞内包含 Q 个结点，各结点的结构因子 F_s 只是干涉指数 hkl 的函数，而与正点阵中的结点位置 p 无关。由式(4.87) 或式(4.88) 计算的结构因子，都是倒易结点 hkl 处的值，因此记为 F_{hkl}。

由式(4.88) 可以得到

$$|F_{hkl}|^2=|F_s|^2\left[\sum_{p}^{Q}\mathrm{e}^{\mathrm{i}2\pi(u_p h+v_p k+w_p l)}\right]^2=|F_s|^2\ |F_l|^2 \tag{4.90}$$

式中，$|F_l|$ 为点阵阵胞的结构振幅；$|F_s|$ 为各结点的结构振幅，即为结构单元的结构振幅。所以 $|F_s|^2=0$，或 $|F_l|^2=0$ 都使 $|F_{hkl}|^2=0$。晶体所属的点阵类型不同，使 $|F_l|^2$ 为零的 h、k、l 指数规律不同。点阵相同，结构不同的晶体，$|F_l|^2=0$ 的指数规律相同，但 $|F_s|^2=0$ 的指数规律不同。使 $|F_l|^2=0$ 的条件被称为**点阵消光条件**，使 $|F_{hkl}|^2=0$ 的条件被称为**结构消光条件**。

4.7.2 点阵消光条件

在复杂点阵中，由于面心或体心上有附加结点而引起的 $|F_l|^2=0$ 称为点阵消光。通过计算阵胞的结构因子可以总结出四种布拉菲点阵类型的点阵消光规律。下面分别计算这几种类型点阵的消光条件。

(1) 简单点阵

简单点阵的阵胞内只包含一个结点，其坐标为 000。所以其结构因子为

$$F_l=\mathrm{e}^{\mathrm{i}2\pi(0h+0k+0l)}=1 \tag{4.91}$$

因此对于简单点阵来说，不存在消光条件。也就是说，在简单点阵的情况下，F_l 不受 hkl 的影响，即 hkl 为任意整数时，都能产生衍射。

(2) 底心点阵

底心点阵的阵胞包含两个结点，其坐标为 000 和 $\frac{1}{2}\frac{1}{2}0$。因此有

$$F_l=\mathrm{e}^{\mathrm{i}2\pi(0h+0k+0l)}+\mathrm{e}^{\mathrm{i}2\pi\left(\frac{1}{2}h+\frac{1}{2}k+0l\right)}=1+\mathrm{e}^{\mathrm{i}\pi(h+k)} \tag{4.92}$$

① 当 $h+k$ 为偶数时，即 h、k 全为奇数或全为偶数时，结合式(4.32)，可得：

$$F_l=1+1=2$$

② 当 $h+k$ 为奇数时，即 h、k 中一个为奇数，另一个为偶数时：

$$F_l=1+(-1)=0$$

所以对于底心点阵，不会出现 $h+k$ 为奇数的衍射线。也即在底心点阵中，F_l 不受 l 的

影响，只有当 h、k 全为奇数或全为偶数时才能产生衍射。

（3）体心点阵

体心点阵的阵胞中有两个结点，它们的坐标为 000 和 $\frac{1}{2}\frac{1}{2}\frac{1}{2}$。于是有

$$F_l = e^{i2\pi(0h+0k+0l)} + e^{i2\pi\left(\frac{1}{2}h+\frac{1}{2}k+\frac{1}{2}l\right)} = 1 + e^{i\pi(h+k+l)} \tag{4.93}$$

① 当 $h+k+l$ 为偶数时：

$$F_l = 1+1 = 2$$

② 当 $h+k+l$ 为奇数时：

$$F_l = 1+(-1) = 0$$

因此，在体心点阵中只有当 $h+k+l$ 为偶数时才能产生衍射，也就是说属于体心点阵的晶体不会出现指数和为奇数的衍射线。

（4）面心点阵

面心点阵的阵胞包含四个结点，其坐标为 000，$\frac{1}{2}\frac{1}{2}0$，$\frac{1}{2}0\frac{1}{2}$ 和 $0\frac{1}{2}\frac{1}{2}$。于是有

$$\begin{aligned} F_l &= e^{i2\pi(0h+0k+0l)} + e^{i2\pi\left(\frac{1}{2}h+\frac{1}{2}k+0l\right)} + e^{i2\pi\left(\frac{1}{2}h+0k+\frac{1}{2}l\right)} + e^{i2\pi\left(0h+\frac{1}{2}k+\frac{1}{2}l\right)} \\ &= 1 + e^{i\pi(h+k)} + e^{i\pi(h+l)} + e^{i\pi(k+l)} \end{aligned} \tag{4.94}$$

① 当 h、k、l 全为奇数或全为偶数时，则 $h+k$、$h+l$、$k+l$ 均为偶数，故：

$$F_l = 1+1+1+1 = 4$$

② 当 h、k、l 中有两个奇数一个偶数或者两个偶数一个奇数时，则 $h+k$、$h+l$、$k+l$ 中总是有两项为奇数一项为偶数，故：

$$F_l = 1+(-1)+1+(-1) = 0$$

因此，在面心点阵中，只有当 h、k、l 全为奇数或全为偶数时才能产生衍射。也就是说属于面心点阵的材料，不会出现三个指数奇偶混杂的衍射线。

4.7.3 结构消光条件

对于结构简单的晶体，例如 α-Fe，Al，Cu 等，它们的点阵阵胞中的一个结点与结构晶胞中的一个原子相对应，因此它们的结构消光条件与点阵消光条件相一致。而对于结构复杂的晶体，其结构消光条件是由其点阵消光条件 F_l 为零和结构单元的结构振幅 $|F_s|$ 为零共同决定的。下面举几个典型结构加以说明。

（1）金刚石结构的消光条件

金刚石结构属于面心立方点阵，每个晶胞内包含 8 个原子，它们的坐标可以看成是把 000，$\frac{1}{4}\frac{1}{4}\frac{1}{4}$ 加上相应的面心平移，即 000，$\frac{1}{4}\frac{1}{4}\frac{1}{4}$；$\frac{1}{2}\frac{1}{2}0$，$\frac{3}{4}\frac{3}{4}\frac{1}{4}$；$\frac{1}{2}0\frac{1}{2}$，$\frac{3}{4}\frac{1}{4}\frac{3}{4}$；$0\frac{1}{2}\frac{1}{2}$，$\frac{1}{4}\frac{3}{4}\frac{3}{4}$ 共 4 对原子，每一对原子可以看成一个结点。目前，可以只计算一个结点的结构振幅 $|F_s|$。$|F_s|$ 的一般式为

$$\begin{aligned} |F_s|^2 &= \sum_j^m \sum_j^m f_j f_j' e^{i2\pi[h(u_j-u_j')+k(v_j-v_j')+l(w_j-w_j')]} \\ &= \sum_{j=j} f_j^2 + \sum_{j\neq j'} f_j f_j' e^{i2\pi[h(u_j-u_j')+k(v_j-v_j')+l(w_j-w_j')]} \end{aligned} \tag{4.95}$$

将原子坐标 000 和$\frac{1}{4}\frac{1}{4}\frac{1}{4}$代入有

$$|F_s|^2=f^2[2+e^{i\frac{\pi}{2}(h+k+l)}+e^{-i\frac{\pi}{2}(h+k+l)}] \tag{4.96}$$

所以当 $(h+k+l)/2$ 为奇数时，$|F_s|^2=0$。

因此，金刚石结构的消光条件为 h、k、l 奇偶混杂（即 $|F_l|^2=0$）或 $(h+k+l)/2$ 为奇数（即 $|F_s|^2=0$）。所以，凡属金刚石结构的材料，例如 Si 等，都不会出现 h、k、l 奇偶混杂和 $(h+k+l)/2$ 为奇数的衍射线。

金刚石结构属于面心立方布拉菲点阵。从 $|F_s|$ 的计算结果来看，凡是 h、k、l 不为同性数的反射面均不能产生衍射线，这一点与面心布拉菲点阵的系统消光规律是一致的。但是，由于金刚石型结构的晶胞中有 8 个原子，分别属于两类等同点，比一般的面心立方结构多出 4 个原子，因此，需要引入附加的结构消光条件，即 $(h+k+l)/2$ 为奇数的衍射线也不会出现。

（2）密排六方结构

密排六方结构按单斜晶胞计算，属简单点阵，每个晶胞内包含两个原子，其坐标为 000 和$\frac{1}{3}\frac{2}{3}\frac{1}{2}$。与计算金刚石结构消光条件时相同，根据 $|F_s|^2$ 的一般式，将上述原子坐标代入有

$$|F_s|^2=f^2\{2+e^{i\pi\left[\frac{2}{3}(h+2k)+l\right]}+e^{-i\pi\left[\frac{2}{3}(h+2k)+l\right]}\} \tag{4.97}$$

因此当 $2(h+2k)/3+l$ 为奇数时，$|F_s|^2=0$。即当 $(h+2k)/3$ 为整数，l 为奇数时，$|F_s|^2=0$。也就是说，属于密排六方结构的材料，例如 Zr 等，不会出现指数 $(h+2k)$ 为 3 的整数倍且 l 为奇数的衍射线。

4.7.4 加权倒易点阵

衍射条件的厄瓦尔德图解表明，倒易点阵的结点直接与能否产生衍射线相联系。这里谈的倒易点阵结点为几何点。而衍射线的强度与结点振幅平方——$|F_{hkl}|^2$ 呈正比。如果将倒易点阵结点加上权重 $|F_{hkl}|^2$，这时倒易点阵结点与干涉球相结合，既能确定衍射线的方向，又能预示衍射线的强度。将这种把倒易结点加上 $|F_{hkl}|^2$ 权重的倒易点阵，称为**加权倒易点阵**。下面讨论几种结构的加权倒易点阵。

（1）体心立方结构的加权倒易点阵

根据正、倒点阵之间的关系得知立方晶胞的倒易基矢 $\boldsymbol{a}^*$、$\boldsymbol{b}^*$和 $\boldsymbol{c}^*$ 相互垂直并且等长。由式(4.72) 计算得到各结点处的结构振幅平方为

$$|F_{hkl}|^2=\begin{cases}4f^2 & h+k+l\text{ 为偶数}\\ 0 & h+k+l\text{ 为奇数}\end{cases}$$

因此，当考虑倒易结点的权重 $|F_{hkl}|^2$ 时，倒易点阵中有的结点就消失了。图 4.37 给出了体心立方结构的加权倒易点阵，其中（a)、(b) 和（c）分别为 0 层、1 层和 2 层倒易结点，（d）为加权倒易点阵的阵胞。加权倒易阵胞棱长为 $2a^*$，加权倒易阵胞体积 $V^*=8/v$，v 为正点阵阵胞的体积。于是，体心立方结构晶胞对应于面心立方加权倒易阵胞。而加权倒易阵胞的体积为不加权阵胞体积 v^* 的 8 倍。

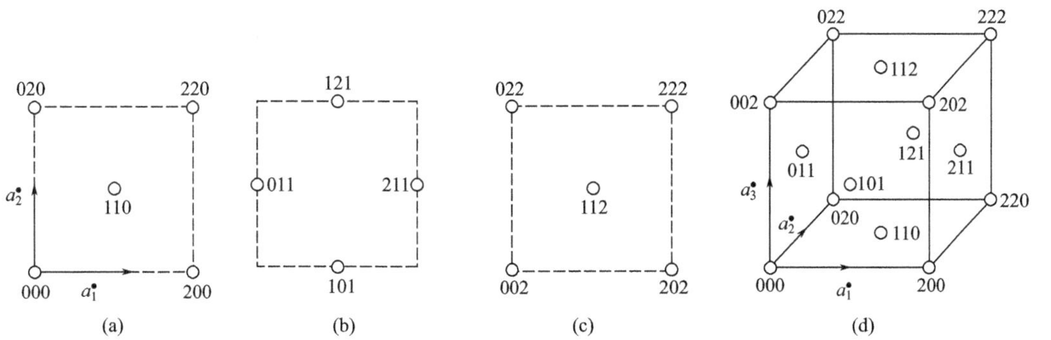

■ 图 4.37 体心立方晶胞的加权倒易阵胞

（a）、（b）和（c）分别为 0 层、1 层和 2 层倒易面，（d）为加权倒易阵胞

（2）面心立方结构的加权倒易点阵

这时正、倒点阵关系和倒易基矢 $\boldsymbol{a}^*$、$\boldsymbol{b}^*$和 $\boldsymbol{c}^*$ 与体心立方时的一致，只是由于原子个数与位置的不同导致结构振幅平方 $|F_{hkl}|^2$ 与指数 h、k、l 之间的关系不同。这时

$$|F_{hkl}|^2=\begin{cases}16f^2 & h,k,l \text{ 全奇或全偶} \\ 0 & h,k,l \text{ 奇偶混杂}\end{cases}$$

因此有图 4.38 所示的加权倒易点阵 0 层、1 层、2 层面和阵胞。面心立方结构晶胞具有体心立方加权倒易阵胞。两者体积关系为 $V^*=8/v$。

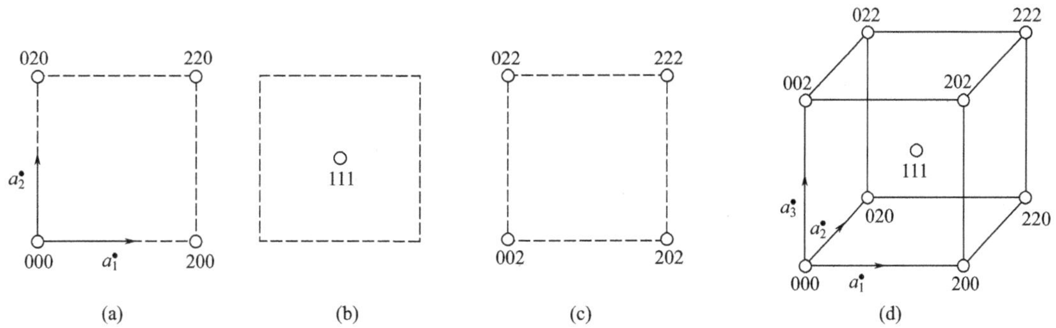

■ 图 4.38 面心立方结构晶胞对应的加权倒易点阵 0 层（a）、1 层（b）、2 层（c）面和阵胞（d）

（3）密排六方结构的加权倒易点阵

式(4.82）给出了密排六方结构的消光条件及各类型指数的结构振幅。即

$$h+2k=3m,\ l=2n+1 \text{ 时 } |F|^2=0,\ l=2n \text{ 时 } |F|^2=4f^2$$

$$h+2k=3m\pm1,\ l=2n+1 \text{ 时 } |F|^2=3f^2,\ l=2n \text{ 时 } |F|^2=f^2$$

式中，m 和 n 都是整数。图 4.39 为只考虑消光条件时密排六方结构的倒易点阵中 0 层和 1 层面上的结点分布。图 4.40 为倒易结点分布的空间图形（a）与阵胞（b）。如果考虑倒易结点的全部权重，则应该用大小不等的球表示倒易点阵中的结点。

由于加权倒易点阵各结点的结构振幅的平方都不为零，所以后面用厄瓦尔德图解解释衍射现象时，都采用加权倒易点阵。这时，倒易结点落在干涉球面上就成为产生衍射线的充要条件。

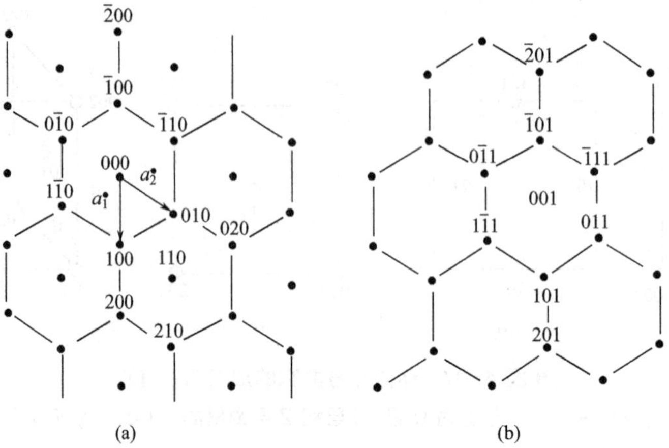

■ 图 4.39 密排六方结构的倒易点阵中 0 层（a）与 1 层（b）面上的倒易结点分布

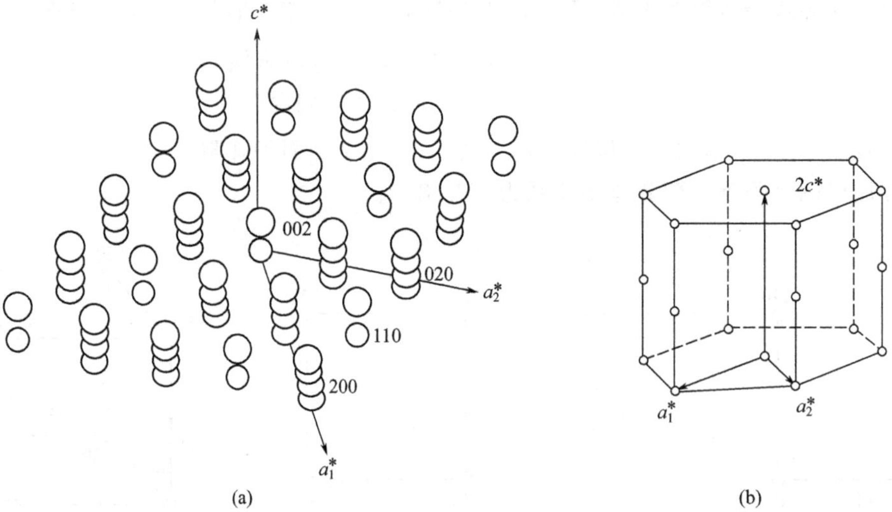

■ 图 4.40 密排六方结构的加权倒易点阵与阵胞（没表示出权重大小）

4.8 获得衍射线的方法概述

X 射线衍射方法就是利用晶体对 X 射线的衍射线来判断晶体状况。因此，各种 X 射线衍射方法的首要条件是获得 X 射线衍射线。由图 4.33 看出，利用单色 X 射线照射单晶体可能获得衍射线的概率很小。为了增加衍射线数目，必须改变 X 射线入射线的波长，或改变晶体的取向。可以从干涉方程、布拉格定律或厄瓦尔德图解出发来概述获得衍射线的一些基本方法。在本节中，主要从厄瓦尔德图解出发来阐述这一问题。

4.8.1 连续谱 X 射线

对于固定不动的单晶体，为了增加干涉球与固定的倒易结点相交的机会，通常采用连续谱 X 射线照射样品，来获得较多的衍射线，如图 4.41 所示。如果入射 X 射线的波长是连续谱，其最长波长为 $\lambda_{最大}$，最短波长为 $\lambda_{最小}$，则在图 4.41 所示的最小干涉球（半径为 $1/\lambda_{最大}$）和最大干涉球（半径为 $1/\lambda_{最小}$）之间存在着一系列的干涉球面。图中的黑点为晶体的倒易点阵结点。从图中看出，凡是处在最小干涉球面与最大干涉球面之间的倒易结点，都会落在某个干涉球面上，因此它们都满足衍射条件，都可能产生衍射线。

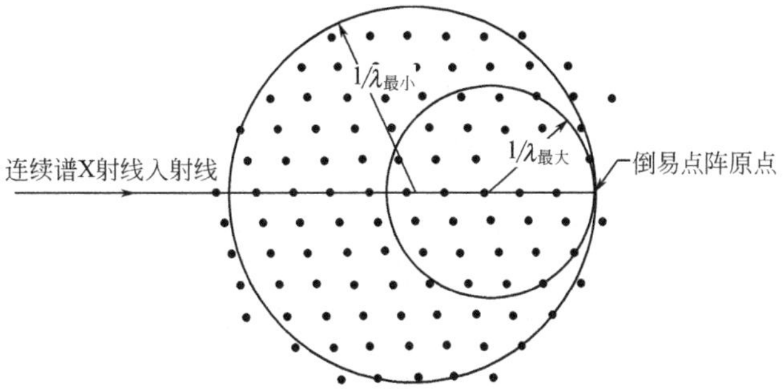

■ 图 4.41 连续谱 X 射线照射固定单晶体时的厄瓦尔德图解

图中的黑点为晶体的倒易点阵结点

应用上述原理的实用衍射方法有劳厄法与四圆衍射仪法。劳厄法是用底片或面探测器记录衍射线，底片或探测器与入射线垂直，如图 4.42 所示，根据底片或探测器的位置不同，可将它们分为透射劳厄法与背射劳厄法。也可以用计数器收集空间的劳厄斑，实用装置为四圆衍射仪，将在随后章节中详述。

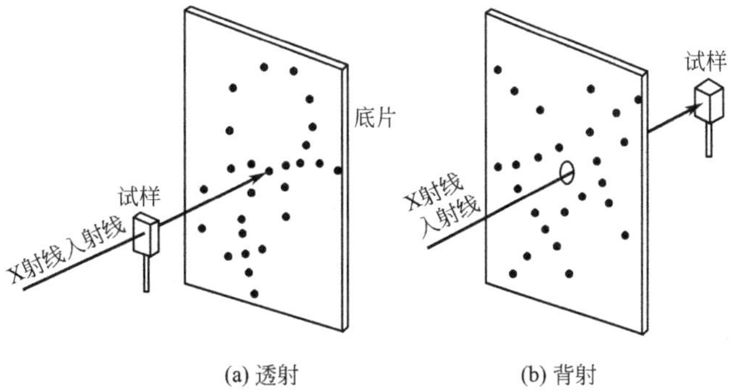

■ 图 4.42 劳厄法

4.8.2 转动晶体法

如果用单色 X 射线照射绕一定轴转动或在一定角度范围内摆动的单晶体，也能增加衍射概率。由图 4.43 示意表示这种情况。晶体绕 c 轴转动或摆动，其倒易点阵绕相应的轴（如 c^* 轴）转动，这样就增加了倒易结点与干涉球相交的机会，从而能获得较多的衍射线。

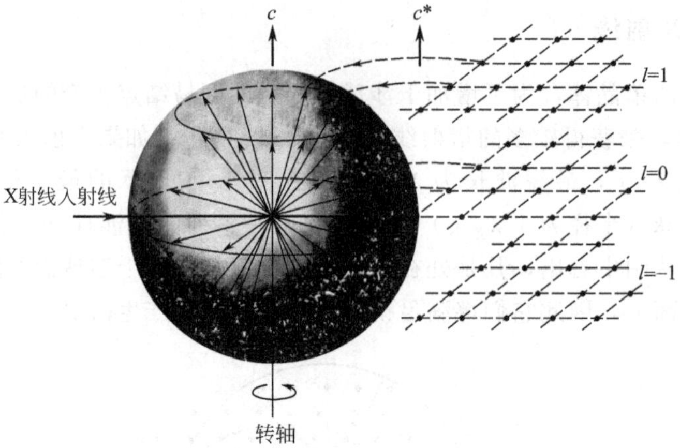

■ 图 4.43 晶体绕固定轴转动时的厄瓦尔德图解

使用上述原理的实用衍射方法有转动晶体法、回摆法、魏森堡法和旋进法（此时晶体在作旋进运动）。转动晶体法和回摆法照相时选用晶体的低指数方向为转轴或摆轴，用固定的圆筒底片记录衍射线，如图 4.44(a) 所示。这时衍射斑在照片上呈层状分布，由图 4.44(b) 表示。魏森堡法只记录某一层衍射线，将其他层线屏蔽掉，并且在晶体转动的同时让底片沿转轴方向运动。因此，它可将层线中的衍射斑在平面上展开，构成所谓的魏森堡图。旋进法是测试与入射线垂直的倒易面，见图 4.45(a)，为获得衍射线，照相时使晶体绕垂直于图面的轴旋转，使欲测的倒易面法线与入射线成 μ 角，再在保持 μ 角不变的情况下使倒易面绕入射线转动。如图 4.45(b) 所示，用平底片记录衍射线，同时，在上述旋进过程中要保持底片始终与待测的倒易面平行，从而这种方法能测试某一倒易面上的结点分布。

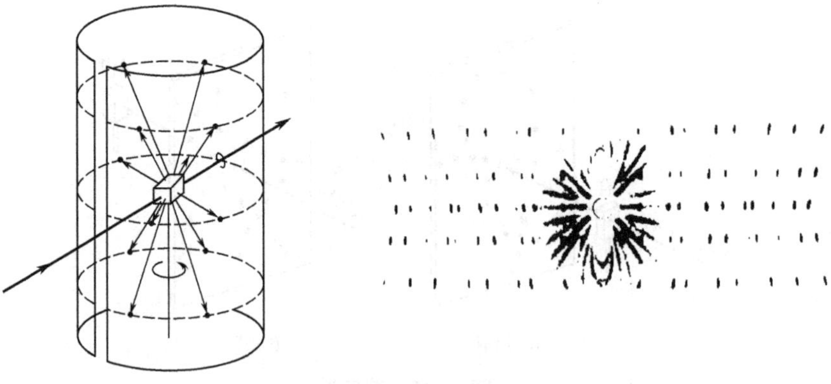

■ 图 4.44 转动晶体法或回摆法照相 (a) 和照片上的层线 (b)

随着 X 射线衍射仪光源和探测器的发展，本段介绍的衍射方法在实际的应用中使用得越来越少，因此，除在这里作简要介绍外，以后不再详细讨论。

4.8.3 发散 X 射线束

使用大发散角（几十度）的单色 X 射线入射线照射单晶体，也能增加衍射概率。图 4.46

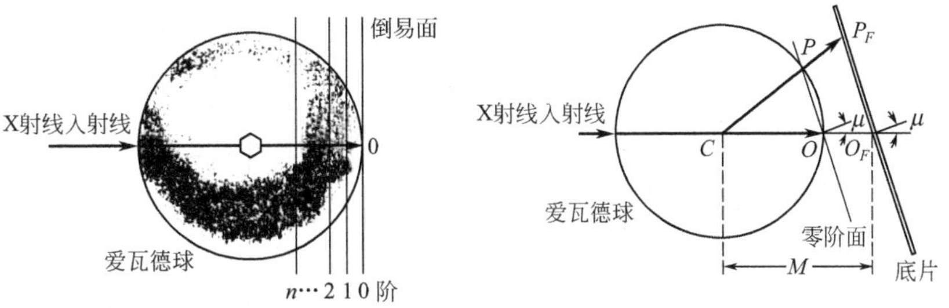

(a) 与入射线垂直的倒易面

(b) 倒易面的倾斜与照相底片的放置

■ 图 4.45 旋进照相时的厄瓦尔德图解

(a) 示意表示利用这种原理的实验布局之一。光源在试样与底片之间。试样中某一晶面所选择的满足布拉格条件的入射线由试样上的环所示，它的反射线在底片上（图左边）形成椭圆。图 4.46(b) 是翻印的一张照片，其中的每一个椭圆都是由一个晶面的反射线构成的。称这种线条为 Pseudo-Kossel 线。

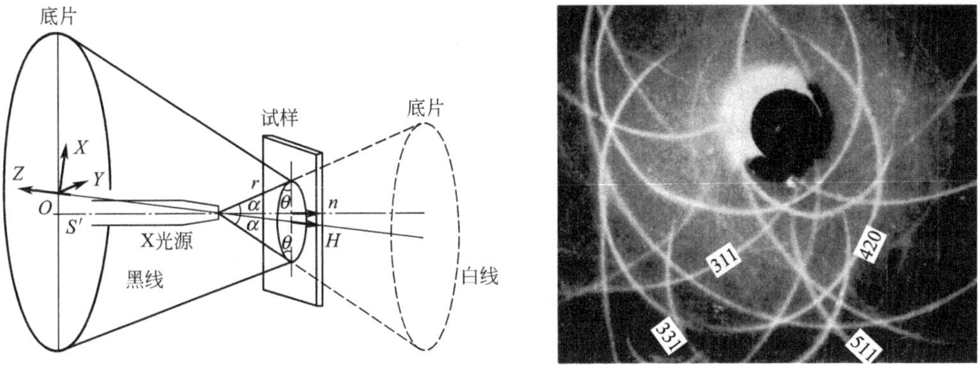

(a)

(b)

■ 图 4.46 用大角度发散 X 射线照射单晶体 (a) 及用这种方法获得的照片 (b)

图 4.47 为这种照相方法的厄瓦尔德图解。如果入射线的发散角为 2ϕ，则可以认为入射线在 2ϕ 为顶角的圆锥内由 O 射向干涉球面，它们与干涉球面的交点为图中所示的带影线的球冠。因为倒易点阵原点为入射线与干涉球面的交点，因此可以认为整个倒易点阵随 X 射线入射方向的改变在作平移运动。倒易点阵原点的运动轨迹为干涉球球冠的外表面。于是，倒易点阵中所有结点都扩展成同样大小的球冠面，从而增加了衍射概率。球冠与干涉球的交线为小圆，所以背射底片上记录到一个个椭圆。

4.8.4 粉末多晶法

用单色 X 射线照射随时任意变换取向的单晶体，或任意取向的单晶集合体——多晶体或晶体粉末，也能增加衍射概率。在上述状态的试样中，某一指数的倒易结点都分布在以倒易原点为心的某一球面上。也就是说，这种试样的倒易结点都分布在以倒易原点为心的一个个同心球上。只要同心球的半径小于干涉球的直径，它们就能与干涉球相交。如图 4.48 所示。因此，衍射线集中在一系列的同轴衍射锥上。

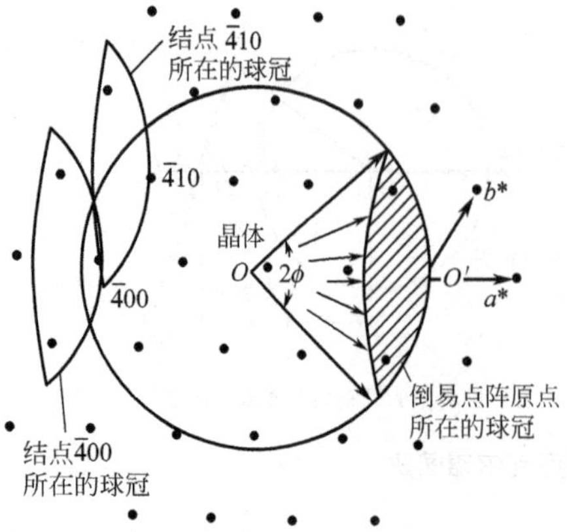

■ 图 4.47 大发散角入射线照相的厄瓦尔德图解

每一个倒易点阵结点都扩展成一球冠上的表面，图中只绘出了倒易原点，$\bar{4}00$ 结点和 $\bar{4}10$ 结点的球冠面

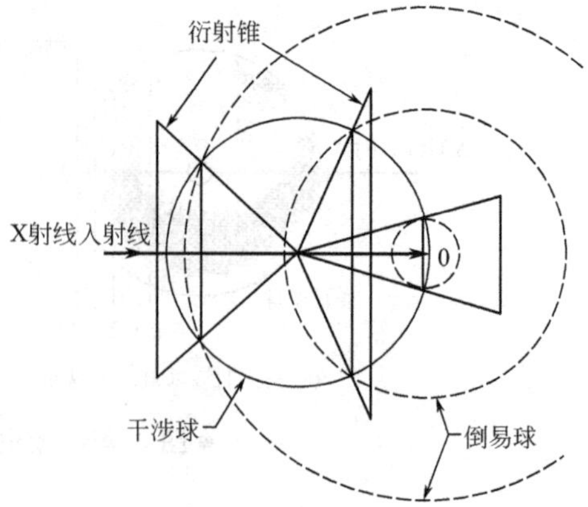

■ 图 4.48 粉末法的厄瓦尔德图解

应用这种原理获得衍射线的方法称为粉末法。用 X 射线底片记录衍射线时称为粉末照相法，用计数器记录衍射线时称为衍射仪法。这是一般材料工作者最常用的方法，以后要详细阐述，此处就不再重复。

思考与练习题

1. 请说明什么是相干散射，什么是非相干散射，以及它们对衍射图样的作用。
2. 请写出偏振因子的表达式，并说明它的物理意义。
3. 请写出散射线相位差的表达式，并说明式中各符号的物理意义。
4. 请写出原子散射因子的定义式。
5. 请写出汤姆逊公式，并说明它的物理意义。
6. 请利用附录中的原子散射因子数值表，在坐标纸上绘出 Be、Zr、U 的原子散射因子 f 与散射矢量 $2\sin\theta/\lambda$ 之间的关系图。
7. 请写出结构因子的表达式，并指明式中各个符号的物理意义。
8. 请写出干涉函数的表达式，并指明式中各个符号的物理意义。
9. 什么是干涉函数的主峰区，它与哪些因素有关？
10. 请说明干涉方程的物理意义。
11. 请说明布拉格定律的物理意义。
12. 请说明厄瓦尔德图解的物理意义。
13. 请由干涉方程推导出布拉格定律。
14. 请由布拉格定律推导出厄瓦尔德图解。
15. 获得衍射线的充要条件是什么？

*16. 四个等同的相干散射体排成一行，相互间的距离是 3λ，一个波长为 λ 的 X 射线束沿散射体的垂直方向射到散射体上，请计算散射角 $2\theta=0°\sim180°$ 每间隔 $20°$ 处的散射振幅与散射强度。以四个散射体放在一点处时的份数表示计算结果。

*17. 八个等同的相干散射体放在边长为 λ 的立方体顶角上，波长为 λ 的平行 X 射线束沿立方体体对角线的方向照到散射体上。试求沿立方体一边的散射强度与相同散射角时由单个散射体所得散射强度之比。

*18. 什么是德拜散射公式？请说明它的适用场合。

*19. 苯分子 C_6H_6 具有 6 个碳原子，它们处在边长 C—C＝1.39×10^{-10} m 的六边形角上。认为 H 原子的散射完全是康普顿散射。

(a) 请给出每个苯分子的相干散射强度表达式 $I_N(s)$，以电子强度为单位；

(b) 请在坐标纸上画出 $I_N(s)$ 与 $\sin\theta/\lambda$ 的关系曲线，$\sin\theta/\lambda$ 值在 0.0～0.6 之间；

(c) 如果用 Cu-K_α 辐射（$\lambda=1.542\times10^{-10}$ m），请计算产生第一个峰的散射角 2θ。

*20. 假设 P_4 分子具有四面体结构，P—P＝2.20×10^{-10} m。请在坐标纸上画出单个 P_4 分子的散射强度 $I(s)$（以电子强度为单位）与 $\sin\theta/\lambda$ 的关系曲线，$\sin\theta/\lambda$ 值范围为 0～0.5。若散射图样用 Cu-K_α 辐射获得，请计算第一个峰发生在 2θ 为多少度附近。

21. 铜为面心立方结构，请推导它的结构消光条件。

22. Fe 为体心立方结构，点阵参数为 2.861×10^{-10} m，请画出它的加权倒易阵胞，并注明阵胞棱长。

23. 请计算 NaCl 的结构因子。

24. 请从布拉格定律出发说明几种可行的衍射方法。

*25. 请构思一种利用布拉格定律测试 X 射线谱（X 射线强度与波长的关系）的实验原理图。

参 考 文 献

[1] 王英华. X 光衍射技术基础. 北京：原子能出版社，1993.
[2] 肖序刚. 晶体结构的几何理论. 北京：人民教育出版社，1960.
[3] Cullity B D. Elements of X-Ray Diffraction, Addison Wesley, 1978.
[4] 李树棠. 晶体 X 射线衍射学基础. 北京：冶金工业出版社，1990.
[5] 许顺生. 金属 X 射线学. 上海：上海科技出版社，1962.
[6] Azaroff L Y. Elements of X ray Crystallography. McGraw-Hill, 1968.

第5章 衍射线的强度分析

5.1 晶体的嵌镶块结构

在上一章已经得到了理想完整小晶体的衍射线强度，即式(4.74) 所表达的衍射强度。在推导式(4.74) 的过程中，总是假定，入射 X 射线是一束严格平行的单色 X 射线，而被 X 射线照射的晶体则是理想完整的小晶体，即晶体之中的晶胞都是按点阵平移规则排列。所以称式(4.74) 为理想的衍射强度公式。当倒易点阵结点 hkl 刚好落在干涉球面上时，产生 hkl 衍射强度的最大值，根据式(4.74) 此时的强度为

$$I_{小晶体}=|F_{hkl}|^2N^2I_{电子}$$

式中，N 为小晶体中所包含的晶胞数。

当小晶体沿三个维度的尺度都在 100nm 以上时，干涉函数的主峰区近似于一个点，所以衍射线线宽的理论值接近于零。或者说，只有严格在某晶面的布拉格角 θ_0 处，才能有该晶面的衍射线，如图 5.1 中的实线所示。然而，利用 X 射线实测晶体材料时发现即使单晶体材料也不是理想完整的，实际的衍射线如图 5.1 虚线所示。

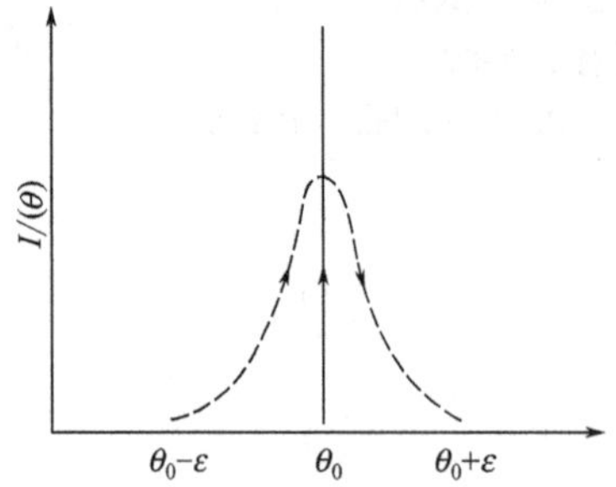

■ 图 5.1 理想完整小晶体的衍射线强度（实线）和实际晶体的衍射线强度曲线（虚线）

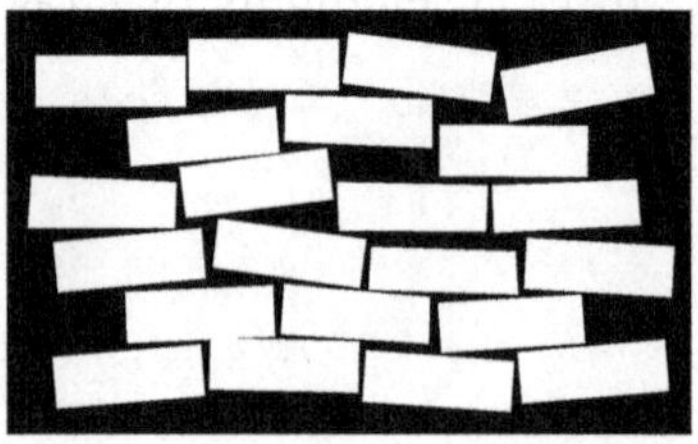

■ 图 5.2 实际单晶体的嵌镶块结构

图中小块为嵌镶块， 尺度为 100nm，各块之间取向差为几秒到几分

实际晶体具有嵌镶块结构（如图 5.2 所示）。所谓嵌镶块结构，就是说晶体由一些小块组成，小块的尺度为 100nm 量级。每个小块都是理想完整晶体，即由一个点阵贯穿的晶体，而各小块之间没有固定的取向关系，称这些小块为嵌镶块。具有嵌镶块结构的晶体，其衍射

强度是各个嵌镶块衍射强度之和。同时实际上应用的平行 X 射线束，都具有几分到几度的发散度，称为准平行 X 射线束。准平行 X 射线束与晶体的嵌镶块结构相配合，使得当晶体中的某个嵌镶块满足衍射条件时，整个晶体的各个嵌镶块都有相同的机会满足衍射条件。鉴于上述原因，实际晶体的衍射线强度并不集中于布拉格角 θ_0 处，而是有一定的角分布，如图 5.1 中的虚线。因此，不能简单地用式(4.74) 表达实际晶体的衍射强度，而是采用积分强度来描述它。积分强度就是衍射线的总强度，即图 5.1 曲线下的面积，为

$$I_{积}=\int_{\theta_0-\varepsilon}^{\theta_0+\varepsilon} I(\theta)\mathrm{d}\theta \tag{5.1}$$

这实际上也是 X 射线探测器单位时间内所接受到的衍射能量。积分强度与 X 射线入射线强度 I_0 有关，为了表征晶体的衍射特征，引入**积分衍射能力** R，R 为积分强度 $I_{积分}$ 与 X 射线入射强度 I_0 之比，即

$$R=\int_{\theta_0-\varepsilon}^{\theta_0+\varepsilon} \frac{I(\theta)}{I_0}\mathrm{d}\theta \tag{5.2}$$

对于某种晶体而言，图 5.1 中的曲线形状和最大值可能不同，然而 R 值不会改变。在接下来的讨论中，会进一步推导嵌镶晶体的积分强度和积分衍射能力的表达式。

5.2 实际小晶体的衍射积分强度

假设体积为 ΔV 的嵌镶晶体，使它浸浴在波长为 λ、强度为 I_0 的准平行单色 X 射线中。如果 X 射线入射线中有刚好与某嵌镶块的（hkl）面成布拉格角 θ_0 的线束，则入射线的发散度将使晶体中所有嵌镶块的（hkl）面满足布拉格条件。下面利用厄瓦尔德图解来进一步分析这个问题。

图 5.3 表示晶体中某（hkl）面刚好满足布拉格条件的情况。图中所用符号的意义与图 4.33 相同。晶体的嵌镶块结构，使得晶体取向有微小变动，而面间距 d_{hkl} 不变，这种情况，相当于倒易结点 hkl 变成一个小圆弧面 A^*，A^* 在以倒易矢 $\boldsymbol{g}_{hkl}$ 为半径的球面上，对倒易原

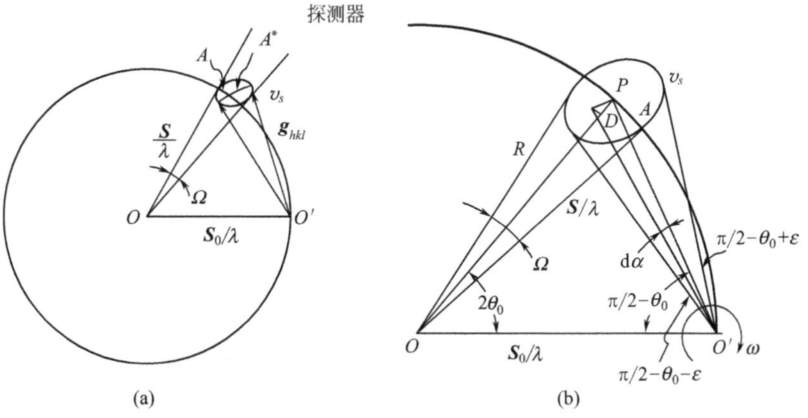

■ 图 5.3　积分强度的理论计算

点成立体角 Ω^*。同时，X 射线束的发散度使一个个倒易结点变成与倒易原点处干涉球面相同的一个个小圆弧面。这两个因素的联合作用，使各个倒易结点都变成一个个小体积，称其为倒易畴。所讨论的倒易畴某时刻与干涉球面交于 A（图 5.3 表示出 hkl 倒易畴 v_s 与干涉球相交）。交面 A 对干涉球心 O 所张的立体角为 Ω，由于准平行 X 射线束与晶体嵌镶结构的联合作用，使得如果交面 A 满足衍射条件，则整个小晶体也应满足衍射条件；这就是说，在衍射过程中，整个倒易畴 v_s 要通过干涉球面。上述过程等价于：设想某一取向的晶体，绕与纸面相垂直的轴（即 $\boldsymbol{S}_0\times\boldsymbol{g}_{hkl}$ 方向），以角速度 ω 旋转，当其扫过 $\theta_{0-\varepsilon}\sim\theta_{0+\varepsilon}$ 角的范围时［图 5.3(b)］，晶体中各个嵌镶块以等概率满足衍射条件，即整个倒易畴 v_s 通过干涉球。这时，相应的衍射装置上的 X 射线探测器就会收到此条衍射线的总能量 E，称其为积累能量。

下面推导积分强度的理论计算公式。图 5.3(a) 表示某时刻倒易畴 v_s 与干涉球交于弧面 A，这时探测器上被照射的面积为 A'，单位时间里接受的辐射能量为 $\mathrm{d}I_{积}$

$$\mathrm{d}I_{积}=\int_{A'}\!\!\int I(\boldsymbol{s})\mathrm{d}A'=r^2\int_{\Omega}\!\!\int I(\boldsymbol{s})\mathrm{d}\Omega \tag{5.3}$$

式中，Ω 为衍射线的立体发射角，其值与图 5.3(a) 中表示的相同；r 为晶体到探测器的距离。在倒易畴 v_s 全部跨过干涉球面过程中，探测器接受到的总能量 E 为

$$E=\int_t \mathrm{d}I_{积}\ \mathrm{d}t=\frac{1}{\omega}\int_\theta \mathrm{d}I_{积}\ \mathrm{d}\theta=r^2\int_\theta\int_\Omega\!\!\int I(s)\mathrm{d}\Omega\,\mathrm{d}\theta/\omega \tag{5.4}$$

因为 $I_{积}=\int_\theta \mathrm{d}I_{积}\ \mathrm{d}\theta$，因此

$$I_{积}=E\omega=r^2\int_\theta\int_\Omega\!\!\int I(\boldsymbol{s})\mathrm{d}\Omega\,\mathrm{d}\theta \tag{5.5}$$

要使积分元与积分变量一致，应作如下变换：设 $\mathrm{d}v_s$ 为倒易体积 v_s 的微分体积元，它是倒易畴与干涉球交面的面积元 $\mathrm{d}A$ 和干涉球半径径向微分元 $\mathrm{d}r$ 的乘积，即 $\mathrm{d}v_s=\mathrm{d}A\,\mathrm{d}r$。图 5.3(b) 为图 5.3(a) 的局部放大，图中

$$\mathrm{d}r=PD=O'P\cos\theta\mathrm{d}\theta \tag{5.6}$$

其中，在图 5.3(b) 中 $\mathrm{d}\alpha=\mathrm{d}\theta$，根据布拉格公式有

$$O'P=\frac{2\sin\theta}{\lambda} \tag{5.7}$$

联立式(5.6) 和式(5.7) 有

$$\mathrm{d}v_s=\mathrm{d}A\,\mathrm{d}r=\frac{1}{\lambda^2}\mathrm{d}\Omega\cdot\frac{2\sin\theta}{\lambda}\cos\theta\mathrm{d}\theta=\frac{\sin2\theta}{\lambda^3}\mathrm{d}\Omega\,\mathrm{d}\theta \tag{5.8}$$

另一方面也可以用倒易点阵的变量 s_1、s_2、s_3 表示倒易点阵中的体积元 $\mathrm{d}v_s$，即

$$\mathrm{d}v_s=v^*\mathrm{d}s_1\mathrm{d}s_2\mathrm{d}s_3 \tag{5.9}$$

式中 $v^*=\boldsymbol{a}^*\cdot(\boldsymbol{b}^*\times\boldsymbol{c}^*)$，为倒易阵胞体积。由式(5.8) 和式(5.9) 可得

$$\mathrm{d}\Omega\,\mathrm{d}\theta=\frac{\lambda^3v^*}{\sin2\theta}\mathrm{d}s_1\mathrm{d}s_2\mathrm{d}s_3 \tag{5.10}$$

由于晶胞体积 $v_0=1/v^*$，所以有

$$\mathrm{d}\Omega\,\mathrm{d}\theta=\frac{\lambda^3}{v_0\sin2\theta}\mathrm{d}s_1\mathrm{d}s_2\mathrm{d}s_3 \tag{5.11}$$

将式(5.11) 代入式(5.5) 得到

$$I_{积}=r^2\iiint_{v_s}\frac{\lambda^3}{v_0\sin 2\theta}I(\boldsymbol{s})\mathrm{d}s_1\mathrm{d}s_2\mathrm{d}s_3 \tag{5.12}$$

将式(4.74)代入上式，同时因 θ 角变化范围极小，$|F|^2$ 随 $\boldsymbol{s}$ 变化缓慢，从而小晶体的积分强度理论计算公式为

$$I_{积}=\frac{\lambda^3 r^2 |F|^2 I_{电子}}{v_0\sin 2\theta}\iiint_{v_s}L(\boldsymbol{s})\mathrm{d}s_1\mathrm{d}s_2\mathrm{d}s_3 \tag{5.13}$$

下面计算上式中的三重积分。利用式(4.76)将 $L(\boldsymbol{s})$ 化为 $L(s_1)L(s_2)L(s_3)$，于是可以先计算

$$\int_{s_1}L(s_1)\mathrm{d}s_1 \tag{5.14}$$

由式(4.75)得知

$$L(s_1)=\left|\sum_{m=0}^{N_a-1}\mathrm{e}^{\mathrm{i}2\pi m s_1}\right|^2=\sum_{m=0}^{N_a-1}\sum_{m'=0}^{N_a-1}\mathrm{e}^{\mathrm{i}2\pi(m-m')s_1} \tag{5.15}$$

于是，式(5.14)变为

$$\int_{s_1}\sum_{m=0}^{N_a-1}\sum_{m'=0}^{N_a-1}\mathrm{e}^{\mathrm{i}2\pi(m-m')s_1}\mathrm{d}s_1 \tag{5.16}$$

式中，m、m'都是整数。同时，在倒易空间中一个倒易畴的最大范围只可能在 $\pm 1/2$ 之间。因此，作近似处理时，可以取积分限 $\pm 1/2$。于是，上式变为

$$\sum_{m=0}^{N_a-1}\sum_{m'=0}^{N_a-1}\int_{-\frac{1}{2}}^{\frac{1}{2}}\mathrm{e}^{\mathrm{i}2\pi(m-m')s_1}\mathrm{d}s_1 \tag{5.17}$$

其中

$$\int_{-\frac{1}{2}}^{\frac{1}{2}}\mathrm{e}^{\mathrm{i}2\pi(m-m')s_1}\mathrm{d}s_1=\frac{\sin\pi(m-m')}{\pi(m-m')}=\begin{cases}1 & 当\ m=m'\ 时\\ 0 & 当\ m\neq m'\ 时\end{cases}$$

从而得到

$$\sum_{m=0}^{N_a-1}\sum_{m'=0}^{N_a-1}\int_{-\frac{1}{2}}^{\frac{1}{2}}\mathrm{e}^{\mathrm{i}2\pi(m-m')s_1}\mathrm{d}s_1=N_a \tag{5.18}$$

则三重积分的结果为

$$\iiint_{v_s}L(\boldsymbol{s})\mathrm{d}s_1\mathrm{d}s_2\mathrm{d}s_3=N_aN_bN_c=N \tag{5.19}$$

N 为小晶体中所包含的晶胞数。

将式(5.19)和式(4.8)代入式(5.13)，得出实际小晶体的积分强度的表达式

$$I_{积}=\frac{I_0\lambda^3}{v_0^2}\left(\frac{e^2}{mc^2}\right)^2\frac{1+\cos^2 2\theta}{2\sin 2\theta}F^2\Delta V \tag{5.20}$$

单位的量纲为 $[E]/[T]$。积分衍射能力为

$$R=\frac{I_{积}}{I_0}=\frac{\lambda^3}{v_0^2}\left(\frac{e^2}{mc^2}\right)^2\frac{1+\cos^2 2\theta}{2\sin 2\theta}F^2\Delta V \tag{5.21}$$

因为 I_0 的量纲为 $[E]/[T][L]^2$，所以 R 的量纲为 $[L]^2$。从式(5.20)和式(5.21)看出，对于具有嵌镶块结构的小晶体（不考虑吸收时），在实验条件一定的情况下，其衍射线的积分强度或积分衍射能力与晶体体积成正比。因此，可以写成

$$I_{积}=I_0 Q\Delta V$$

$$R=Q\Delta V$$

$$Q=\frac{\lambda^3}{v_0^2}\left(\frac{e^2}{mc^2}\right)^2\frac{1+\cos^2 2\theta}{2\sin 2\theta}F^2 \tag{5.22}$$

式中，Q 是单位体积的积分衍射能力。式(5.20)～式(5.22) 中的 $1/\sin 2\theta$ 项是由实验的几何条件决定的，称为洛伦兹因子。

从小晶体的积分衍射能力出发，可以导出各种具体实验条件下的衍射强度公式。下面以粉末图样中的衍射强度为例加以说明。

5.3 多晶体的衍射线强度

工业中大量使用的材料一般为多晶体材料，它是由许多小晶粒组成。图 5.4 中各个由曲线包围着的面积都是这种晶粒的剖面。每个小晶粒都是具有嵌镶块结构的小晶体。现在讨论由 M 个小晶粒组成的多晶（或称晶体粉末）试样。设每个小晶粒的体积相等，为 ΔV，它们的取向是任意的，忽略试样的吸收，并且 X 射线入射线为准平行单色光束。

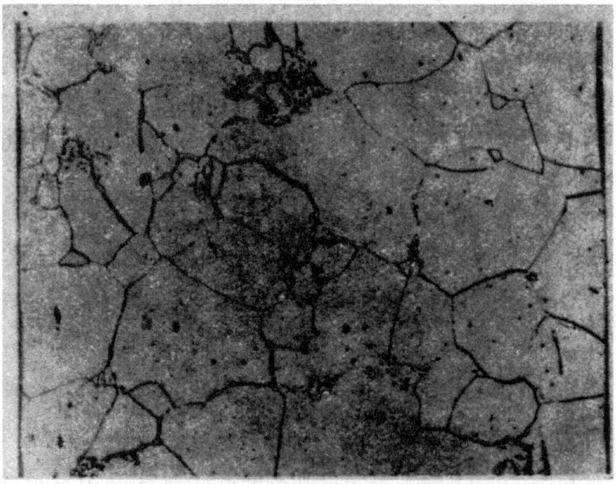

■ 图 5.4　纯铁的显微组织示意图

对于多晶试样，$\{hkl\}$ 晶面的倒易结点均匀地分布在以 $|\boldsymbol{g}_{hkl}|$ 为半径的倒易球面上。总结点数为 PM，P 为多重因子，它是晶面族 $\{hkl\}$ 中所包含的晶面数目。在倒易球 hkl 与干涉球的交线上的 hkl 结点，都满足衍射条件，从而 hkl 衍射线构成锥面。由于晶粒具有嵌镶结构，入射线具有一定发散度，从而使各个倒易点都变成倒易畴 v_s。因此，凡处在倒易球带（图 5.5 中的两实线间的带区）上的结点都对衍射线的强度有贡献，该球带对倒易球心 O' 的张角为 α。

某一时刻某一结点处产生的衍射强度为

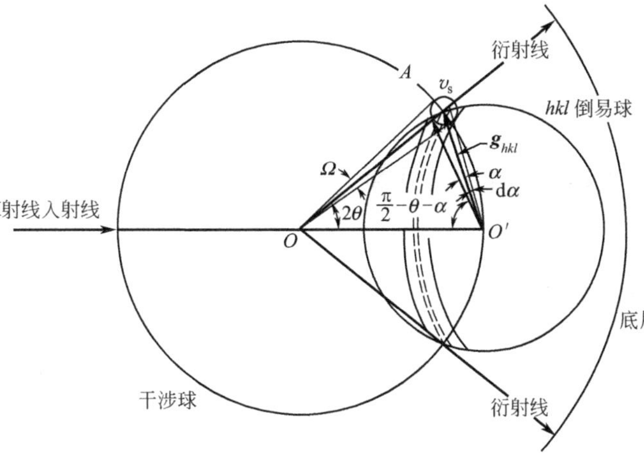

■ 图 5.5 多晶衍射几何

图中表示出干涉球、倒易球 hkl、hkl 衍射锥和底片记录的衍射线。倒易畴 v_s 对干涉球心 O 的张角为 Ω，倒易环带（影线区）对倒易球心 O′ 的张角为 α

$$dI'=r^2\int_A\int I(\boldsymbol{s})\,d\Omega$$

倒易球带元上的结点数目为

$$dN=\frac{PM\cos\theta}{2}d\alpha \tag{5.23}$$

倒易球带元（图 5.5 中两虚线间的带区）上结点对衍射线强度的贡献为

$$dI=dI'dN$$

整个倒易球带内的所有结点都满足衍射条件，相当于各个晶粒都以 X 射线入射方向 $\boldsymbol{S}_0$ 与其倒易矢 $\boldsymbol{g}$ 叉乘方向为轴，转过 α 角。因此，整个衍射环的强度为

$$I_{环}=\int_\alpha dI=r^2\iiint\frac{PM\cos\theta}{2}I(\boldsymbol{s})\,d\Omega\,d\alpha \tag{5.24}$$

由于 α 角范围很小，可以认为 $\cos\theta$ 不变，因此有

$$I_{环}=\frac{PM\cos\theta}{2}r^2\iiint F^2L(\boldsymbol{s})I_{电子}\,d\Omega\,d\theta \tag{5.25}$$

将式(5.25) 与式(5.5) 比较，可以得出

$$I_{环}=\frac{PM\cos\theta}{2}I_{积分} \tag{5.26}$$

因此有

$$I_{环}=\frac{PM\cos\theta}{2}\frac{I_0\lambda^3}{v_0^2}F^2\left(\frac{e^2}{mc^2}\right)^2\frac{1+\cos^2 2\theta}{2\sin 2\theta}\Delta V \tag{5.27}$$

如果底片与晶体相距为 R，则衍射环总长度为 $2\pi R\sin 2\theta$，单位长度衍射环上的强度为

$$I=\frac{I_{环}}{2\pi R\sin 2\theta}=\frac{I_0\lambda^3}{32\pi R v_0^2}\left(\frac{e^2}{mc^2}\right)^2\frac{1+\cos^2 2\theta}{\sin^2\theta\cos\theta}F^2PV \tag{5.28}$$

其中，$V=M\Delta V$ 为试样中被 X 射线照射的体积。式(5.28) 为不考虑吸收、温度与消光影响时的多晶衍射强度公式，它表示了单位长度衍射线上的积分强度。

5.4 影响衍射强度的因素

我们可以从衍射强度的理论公式出发，讨论影响理论强度的因素。例如可以从式(5.20)出发讨论影响实际小晶体衍射强度的因素，或从式(5.28)出发讨论影响多晶衍射强度的因素等。这里重点讨论影响多晶体衍射强度的因素，特别是德拜线和衍射仪所测衍射线的强度的影响因素。

5.4.1 洛伦兹因子

在式(5.20)和式(5.28)中都有一些由实验布局与强度定义所决定的因数，称这些因数为洛伦兹因子。例如浸在准平行单色X射线入射线中，绕入射线方向 $\boldsymbol{S}_0$ 与散射矢量 $\boldsymbol{S}$ 叉乘方向转动的小晶体，其积分强度的洛伦兹因子为 $1/\sin 2\theta$。准平行单色X射线束照射多晶体（或晶体粉末）试样时，其衍射线单位长度上的积分强度表达式中，洛伦兹因子为 $1/(\sin^2\theta\cos\theta)$。对应于不同的获取衍射的方法，推导其理论强度表达式，都会获得各自的洛伦兹因子。

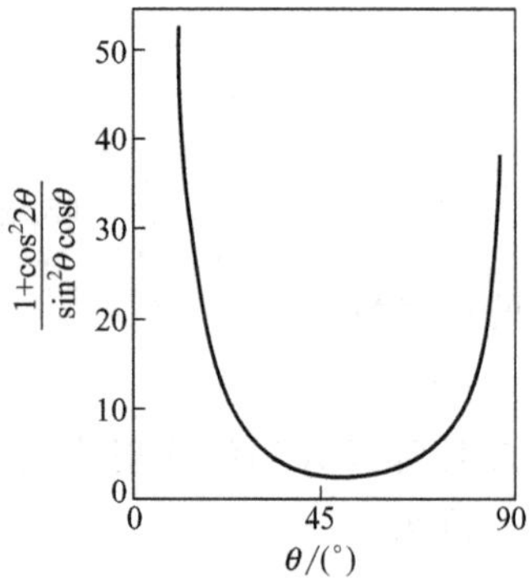

■图5.6 角因子与布拉格角θ的关系

一般将洛伦兹因子与电子散射的偏振因子合在一起，称为角因子。由于角因子的存在，使得由同一试样获得的各条衍射线中，其强度随布拉格角 θ 的改变发生极大的变化。图5.6给出了角因子随 θ 角的变化。此图表明，仅角因子一项就可以使 θ 角为10°和45°处的衍射线强度相差22倍。本书附录中给出了德拜法的洛伦兹-偏振因子。《International Tables for X-ray Crystallography》第二卷中可以查到各种实验方法的洛伦兹因子。

5.4.2 吸收因子

前面在推导衍射强度的理论计算公式时，都忽略了试样的吸收。但是实际上，试样的吸收对衍射的强度影响很大。一般用吸收因子 $A(\theta)$ 来描述这种影响，它定义为

$$A(\theta)=\frac{I'}{I} \tag{5.29}$$

式中，I' 与 I 分别为考虑吸收与不考虑吸收的影响时的衍射线强度。下面仅讨论平行光束入射时吸收因子的计算方法。

(1) 柱状或球状试样的吸收

如果小晶体浸在强度为 I_0 的平行光束中，如图5.7所示，则小体积元 $\mathrm{d}V$ 的衍射线强度取决于入射线与衍射线在试样中的路程 p 与 q，有

$$\mathrm{d}I=QI_0\exp[-\mu(p+q)]\mathrm{d}V$$

μ 为材料的线吸收系数，Q 为晶体单位体积的积分衍射能力，则整个晶体的衍射线强度为

$$I' = \int_v I_0 Q \exp[-\mu(p+q)] \mathrm{d}V$$

而不考虑吸收影响时的衍射线强度为

$$I = I_0 QV$$

所以有

$$A(\theta) = \frac{1}{V}\int \exp[-\mu(p+q)] \mathrm{d}V \tag{5.30}$$

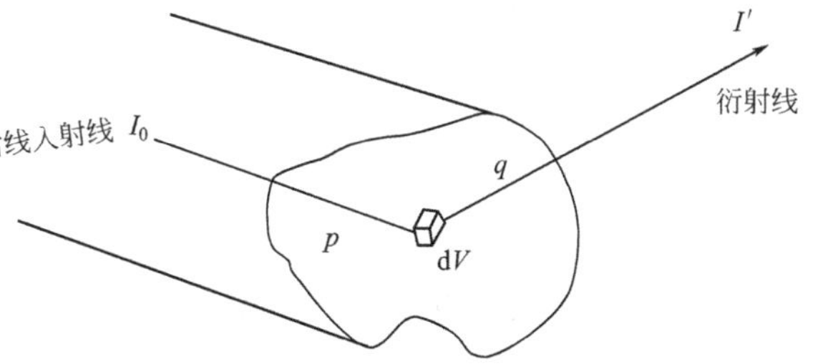

■ 图 5.7　浸在平行 X 射线束中的小晶体，以及吸收对衍射线强度的影响

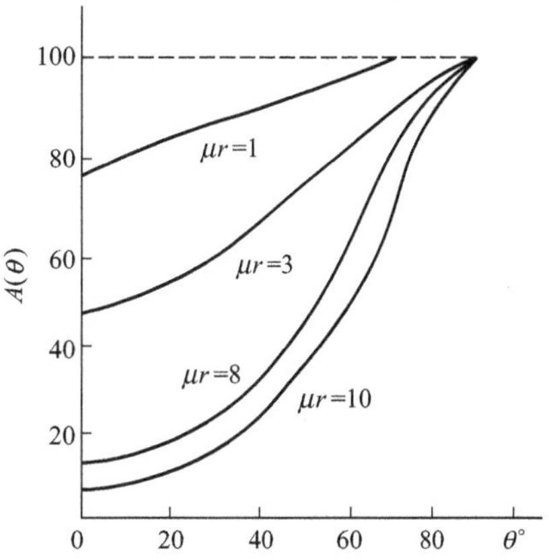

■ 图 5.8　浸在平行 X 射线束中，圆柱试样的吸收因子 A(θ) 与 μr 的关系

μ 与 r 分别为试样的线吸收系数与半径

对于形状简单的试样，如球状、柱状等，可以直接利用式(5.30) 计算其吸收因子。实际上，对球状和圆柱状试样已有计算好的表可查。这时，一般取 $A(\theta)$ 为 μr 与 θ 角的函数，r 为试样半径，μ 为试样的线吸收系数。图 5.8 给出了圆柱形试样的吸收曲线。

(2) 板状试样的吸收

如果试样的尺寸大于 X 射线的照射面积，也即试样能截住 X 射线入射线时，则认为吸收因子 $A(\theta)$ 为

$$A(\theta) = \frac{1}{S_0}\int_0^t \exp[-\mu(p+q)] \mathrm{d}V \tag{5.31}$$

式中，S_0 为入射线束横截面的面积。下面由此公式出发，计算几种常见情况下试样的吸收因子。

板状试样反射衍射线的吸收因子如图 5.9 所示，入射线以 α 角掠射到板状试样表面上，衍射线与表面成 β 角，入射线束截面为 S_0（图中为 A），试样厚度为 t。考虑试样中的小体积元 $\mathrm{d}V$，$\mathrm{d}V = (S_0/\sin\alpha)\mathrm{d}x$，入射线到达 $\mathrm{d}V$ 的路程为 $x/\sin\alpha$，$\mathrm{d}V$ 的衍射线到达试样表面的路程为 $x/\sin\beta$，因此有

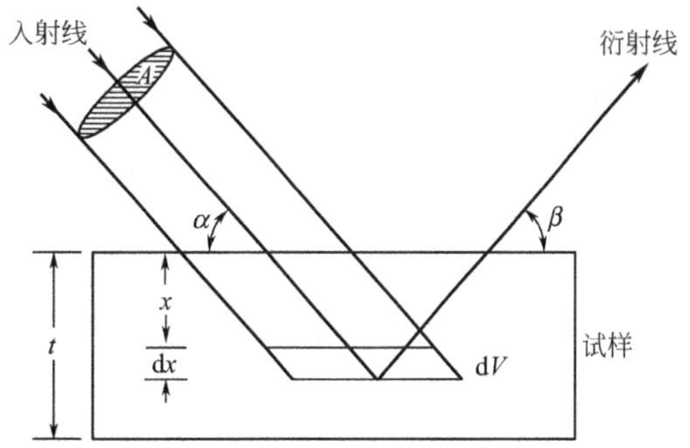

■ 图 5.9　板状试样反射衍射线吸收因子的计算

$$A(\theta)=\frac{1}{S_0}\int_0^t \exp\left[-\mu\left(\frac{x}{\sin\alpha}+\frac{x}{\sin\beta}\right)\right]\frac{S_0}{\sin\alpha}\mathrm{d}x$$
$$=\frac{1}{\mu}\left(\frac{\sin\beta}{\sin\alpha+\sin\beta}\right)\left\{1-\exp\left[-\mu\left(\frac{t}{\sin\alpha}+\frac{t}{\sin\beta}\right)\right]\right\} \tag{5.32}$$

当试样厚度 $t\to\infty$ 时，有

$$A(\theta)=\frac{1}{\mu}\left(\frac{\sin\beta}{\sin\alpha+\sin\beta}\right) \tag{5.33}$$

将式(5.32) 与式(5.33) 比较，可以看出当试样厚度 $t=3/\mu$ 时，两式相差大约为 4%。因此，当试样厚度 $t>3/\mu$ 时，就可以认为是无限厚试样。用 Fe-K_α 研究铁试样时，$3/\mu$ 的值为 0.05mm，用 Cu-K_α 研究铝试样时其值为 0.2mm。

如果实验条件使角 $\alpha=\beta$（如衍射仪正常扫描时），并且试样为无限厚，则式(5.33) 可以简化成

$$A(\theta)=\frac{1}{2\mu} \tag{5.34}$$

此时的吸收因子与布拉格角无关。因此，在考虑同一试样的各条衍射线的相对强度时，可以忽略吸收因子的影响。

因此，利用衍射仪所测的衍射图样，只要试样能截住 X 射线入射束，厚度达到 $3/\mu$，在比较其中各条衍射线的相对强度时，就不必考虑吸收因子的影响。否则，必须经过吸收校正后，才能进行比较。

如果试样的厚度很小，衍射线透过试样，则此时衍射线的吸收因子就不一样，图 5.10 表示了这种情况。此时，入射线与试样表面法线成 α 角，衍射线与试样表面法线成 β 角，入射线束横截面为 S_0，试样的厚度为 t。先考虑小体积元 dV 的衍射，得

$$\mathrm{d}V=\frac{S_0}{\cos\alpha}\mathrm{d}x$$

入射线与衍射线在试样内的路程分别为 $x/\cos\alpha$ 与 $(t-x)/\cos\beta$，从而有

$$A(\theta)=\frac{1}{S_0}\int_0^t \exp\left[-\mu\left(\frac{x}{\cos\alpha}+\frac{t-x}{\cos\beta}\right)\right]\frac{S_0}{\cos\alpha}\mathrm{d}x$$
$$=\frac{\cos\beta}{\mu(\cos\beta-\cos\alpha)}e^{-\mu t/\cos\beta}\left\{1-\exp\left[-\mu t\left(\frac{1}{\cos\alpha}-\frac{1}{\cos\beta}\right)\right]\right\}$$

即

$$A(\theta)=\frac{\cos\beta}{\mu(\cos\beta-\cos\alpha)}\{\exp(-\mu t/\cos\beta)-\exp(-\mu t/\cos\alpha)\} \tag{5.35}$$

当 $\alpha=90°$时，也就是入射线垂直于试样时，有

$$A(\theta)=\frac{1}{\mu}\exp(-\mu t/\cos\beta) \tag{5.36}$$

当角 $\alpha=\beta$ 时，衍射面垂直于试样表面（图 5.11），于是 $\alpha=\beta=\theta$，θ 为布拉格角。这时，在试样中，任一体积元 dV 的入射线与衍射线所经过的路程和相等，为 $t/\cos\theta$，X 射线照射的体积为 $tS_0/\cos\theta$，于是

$$A(\theta)=\frac{1}{S_0}\exp(-\mu t/\cos\theta)\cdot S_0 t/\cos\theta$$

设 $t'=t/\cos\theta$，有

$$A(\theta)=t'\exp(-\mu t') \tag{5.37}$$

因此，当 $t'=1/\mu$ 时，有 $A(\theta)$ 最大值，即获得最佳衍射强度，称此时的试样厚度为最佳厚度。

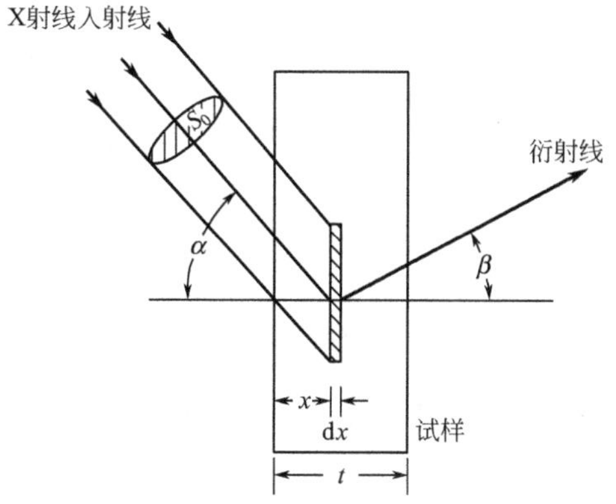

■ 图 5.10 板状试样透射衍射线的吸收因子计算

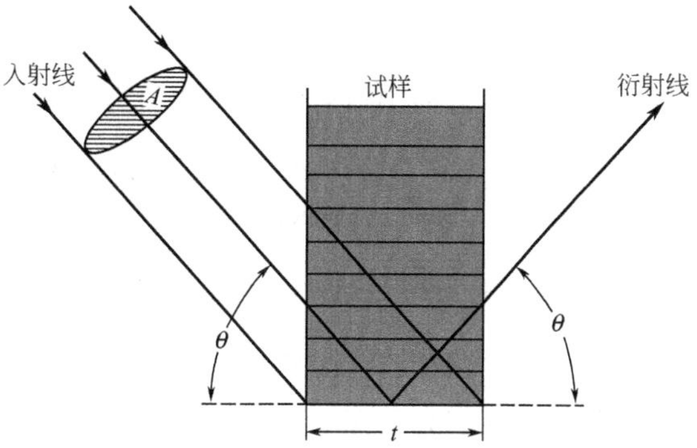

■ 图 5.11 衍射面与试样表面垂直时的吸收因子

(3) 表面层效应

由于试样的吸收，使得试样表面层对衍射线强度有突出的贡献。例如，利用衍射仪对试样进行正常扫描，即图 5.9 中的 $\alpha=\beta=\theta$ 时，从式(5.32) 与式(5.33) 比较，可以得出当试样无穷厚时的衍射强度 I_∞ 与由其表层到深度 t 处的衍射强度 I_t 之比为

$$\frac{I_t}{I_\infty}=1-\exp(-2\mu t/\sin\theta) \tag{5.38}$$

以钨块为例，当用 Cu-K_α 辐射照射时，1.5μm 厚的表层所贡献的强度占总强度的 85% 左右。表 5.1 给出几种常见金属的 $1/\mu$ 与 $3/\mu$ 值。由表中数据看出，在研究金属材料时，要特别注意表面层的质量。

■ **表 5.1 几种常见金属的最佳厚度 ($1/\mu$) 与无限厚厚度 ($3/\mu$)** 单位：mm

材料	Mo-K_α (波长 0.711×10^{-10}m)	Cu-K_α (波长 1.542×10^{-10}m)	Co-K_α (波长 1.790×10^{-10}m)	Fe-K_α (波长 1.937×10^{-10}m)	Cr-K_α (波长 2.291×10^{-10}m)
Be	18.3(54.9)	4.07(12.2)	2.27(6.81)	1.70(5.09)	1.16(3.48)
Al	0.70(2.10)	0.08(0.24)	0.05(0.15)	0.04(0.12)	0.02(0.07)
Si	0.64(1.92)	0.07(0.21)	0.05(0.14)	0.04(0.11)	0.02(0.07)
Ti	0.09(0.28)	0.01(0.03)	0.007(0.02)	0.006(0.02)	
Cr	0.04(0.13)	0.005(0.02)			0.02(0.05)
Mn	0.04(0.12)	0.005(0.01)		0.02(0.06)	0.01(0.04)
Fe	0.03(0.10)	0.004(0.01)	0.02(0.06)		
Cu	0.02(0.07)	0.02(0.06)	0.01(0.04)		
Zn	0.03(0.08)	0.02(0.07)	0.02(0.05)		
Zr	0.09(0.27)	0.011(0.03)			
Ag	0.03(0.10)	0.004(0.01)			
Ta	0.006(0.02)	0.004(0.01)			
Pb	0.006(0.02)	0.004(0.01)			
U	0.003(0.01)	0.002(0.005)			

注：() 内数据为 $3/\mu$。

(4) 有效体积

由前面的讨论看出，如果试样中参加衍射的总体积为 V，不考虑吸收时 $V=\int dV$，而考虑吸收影响时的试样体积效应为

$$\int \exp[-\mu(p+q)]dV \tag{5.39}$$

于是，如果参加衍射的试样体积为 V，考虑吸收时衍射强度公式(5.28) 应有如下形式

$$I=\frac{I_0\lambda^3}{32\pi R v_0^2}\left(\frac{e^2}{mc^2}\right)^2\frac{1+\cos^2 2\theta}{\sin^2\theta\cos\theta}F^2 P\int \exp[-\mu(p+q)]dV \tag{5.40}$$

比较式(5.40) 与式(5.28)，可以看出 $\int \exp[-\mu(p+q)]dV$ 的值与不考虑吸收时参加衍射的试样体积相当，因此称其为有效体积。对于衍射仪正常扫描时，即满足式(5.34) 的条件时，试样的有效体积 $V_{有效}$ 为

$$V_{有效}=\frac{S_0}{2\mu} \tag{5.41}$$

5.4.3 多重因子

式(5.28) 中的多重因子 P 是试样材料与实验方法的函数。下面仅讨论粉末多晶法的多重因子。由于粉末法中倒易结点 hkl 均匀地分布在倒易球上，也就是同一晶面族 $\{hkl\}$ 中的各个面都以相同的概率参加衍射。因此，这时某衍射线 hkl 的多重因子 P 就是晶面族 $\{hkl\}$ 中所包含的晶面数。同时，由于正常衍射不能区分 (hkl) 与 ($\bar{h}\bar{k}\bar{l}$) 面，所以这个面族中总包含着指数正、负相对应的成对晶面。换句话说，这里指的晶面族是由晶体的劳埃群[1]所联系着的晶面，而不是由晶体的点群所联系着的晶面。因此，P 与晶体的对称性有关。另一方面，从倒易点阵看出，粉末法的多重因子是试样中任一小单晶体所具有的等长度的倒易矢的数目。

表 5.2 为粉末衍射法中各个晶系的多重因子值。表中数字上的“*”号表明，该多重因子是由面间距相等，晶面指数相似，结构因子不同的，分属于几个晶面族的面组成。例如 AuBe 晶体的 {1 2 3} 与 {2 1 3} 面族就属于这种情况。

表 5.2 各晶系不同面晶族的粉末法多重因子 P

晶系	晶面族									
	hkl	***hhl***	***hol***	***okl***	***hko***	***hho***	***hhh***	***ool***	***oko***	***hoo***
三斜	2		2	2	2			2	2	2
单斜	4		2	4	4			2	2	2
正交	8		4	4	4			2	2	2
正方	16*	8	8		8*	4		2	4	
菱方、六方(三方)	24*	12*	12*		12*	6		2	6	
立方	48*	24	24*			12	8	6		

[1] 晶体的劳埃群是晶体的点群加对称心，共有 11 种。

利用极射投影这一工具，可以方便地判断所用试样的多重因子。例如，Zr 的点群为 6/mm，具有对称心，所以与其劳埃群一致。图 5.12(a) 用极射投影表示出 Zr 劳埃群的全部对称元素。利用这个投影，可以得知各种指数面族的多重因子。下面以 $\{hkl\}$ 面族为例加以说明。在图 5.12(a) 中给出任一不在对称元素上的点，它的指数是 (hkl)，经劳埃群中所有对称元素的作用，由一个点派生出 23 个点。这 24 个点就是晶面族 $\{hkl\}$ 包括的全部晶面的极点，因此 $\{hkl\}$ 晶面族的多重因子为 24，与表 5.2 所列的一致。

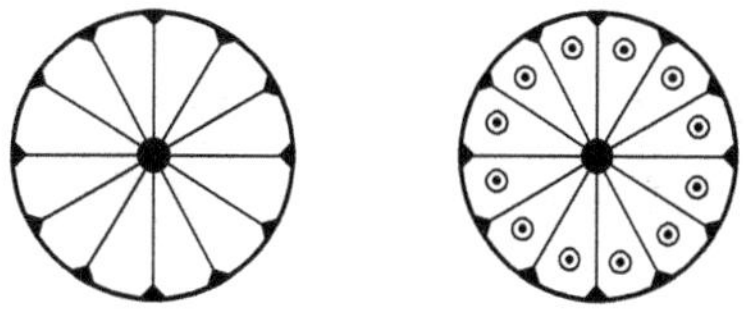

(a) (b)

■ 图 5.12 Zr 的劳埃群(a) 和 Zr 的 $\{hkl\}$ 面族中包含的晶面数(b)
“•” 和“○” 分别表示在投影前面和背面的极点

5.4.4 温度因子

前面的讨论都是认为原子固定在一定的位置上。然而所涉及的原子位置，实际上是指原子的平衡位置，原子本身则在不停地振动，温度越高，振幅就越大。例如 Al 在室温时，原子平均位移就达 0.17×10^{-10}m，这相当于 Al 晶体原子间距的 6%，因此不能忽略不计。原子热振动，引起原子散射因子减小，强度降低。有

$$\frac{f}{f_0}=e^{-M} \tag{5.42}$$

$$\frac{I'}{I}=e^{-2M} \tag{5.43}$$

式中，f 与 I' 为考虑温度影响时的原子散射因子与强度；f_0 与 I 为不考虑温度影响时的原子散射因子与强度；e^{-M} 与 e^{-2M} 分别是修正原子散射因子和强度的**温度因子**，又称为**德拜瓦洛因子**。

在由德拜提出的模型，并由瓦洛修正的温度因子中，M 值为

$$M=\frac{6h^2T}{m_a k\Theta^2}\left[\phi(x)+\frac{x}{4}\right]\frac{\sin^2\theta}{\lambda^2} \tag{5.44}$$

式中 h——普朗克常数；
m_a——原子的质量；
k——玻尔兹曼常数；
Θ——德拜温度，$\Theta=hv_m/k$（v_m 为固体弹性振动的最大频率）；
x——Θ/T（T 为热力学温度）；
θ——布拉格角；
λ——X 射线波长。

式中的 $\phi(x)$ 可以用下列关系表示

$$\phi(x)=\frac{1}{x}\int_0^x \frac{g\,dg}{e^g-1} \tag{5.45}$$

式中，$g=\frac{h\nu}{kT}$，ν 为固体弹性振动的频率，$\phi(x)$ 的值可以在《International Tables for X-Ray Crystallography》中查出。表 5.3 给出了一些金属及离子晶体的德拜温度，表 5.4 给

出 $\phi(x)+x/4$ 之值。

■ 表 5.3 某些金属和离子晶体的德拜温度 Θ

金属	Θ/K	金属	Θ/K	金属	Θ/K	金属	Θ/K
Li	510	Mn	350	Rh	370	W	310
Be	900	Fe	430	Pd	275	Re	300
Na	150	Co	410	Ag	210	Os	250
Mg	320	Ni	375	Cd	155	Ir	285
Al	390	Cu	320	In	100	Pt	230
Si	790	Zn	220	Sn	130	Au	175
K	100	Sr	170	Sb	140	Hg	95
Ca	230	Zr	280	La	150	Tl	93
Ti	350	Mo	380	Hf	213	Pb	88
Cr	485	Ru	400	Ta	245	Bi	100

■ 表 5.4 不同 x 值时的 $\phi(x)+x/4$ 的值

x	$\phi(x)+x/4$	x	$\phi(x)+x/4$
0.0	1.000	3.0	1.233
0.2	1.001	4	1.388
0.4	1.004	5	1.446
0.6	1.010	6	1.771
0.8	1.018	7	1.984
1.0	1.028	8	2.205
1.2	1.040	9	2.433
1.4	1.054	10	2.664
1.6	1.069	12	3.187
1.8	1.087	14	3.614
2.0	1.107	16	4.103
2.5	1.164	20	5.082

另一方面，M 还可以用原子偏离其平衡位置的均方位移来表示。如果$\overline{u^2}$为原子中心与其平衡位置在垂直于反射晶面方向的均方位移，则

$$M=8\pi^2\overline{u^2}\frac{\sin^2\theta}{\lambda^2} \tag{5.46}$$

而

$$e^{-2M}=e^{-16\pi^2\overline{u^2}\left(\frac{\sin\theta}{\lambda}\right)^2}=e^{-4\pi^2\left(\frac{1}{d}\right)^2\overline{u^2}} \tag{5.47}$$

由上式可以看出，反射晶面的面间距 d 愈小，温度因子的影响也愈大。因此，布拉格角 θ 越大，由原子热振动所引起的强度降低越严重。

5.4.5 晶体结构的影响

前面谈衍射问题时，把晶体结构分解为晶胞和晶胞格架两个层次的问题，因此晶体结构的影响就可以归结为晶胞与晶胞位置的影响，即结构因子 F 与晶胞位置矢量 $\boldsymbol{R}$ 的影响，下

面简要分析这些情况。

(1) 完整晶体

对于完整晶体，可以直接利用式(4.88) 和式(4.90) 计算其结构因子。某条衍射线 hkl 的结构因子为

$$F_{hkl}=F_sF_l$$

其中

$$F_s=\sum_j^m f_j \mathrm{e}^{\mathrm{i}2\pi(u_jh+v_jk+w_jl)}$$

式中，F_s 为每个结点的结构因子；u_j、v_j、w_j 为相应结点的原子坐标；m 为结点对应的原子数；f_j 为各原子的原子散射因子。而

$$F_l=\sum_P^Q \mathrm{e}^{\mathrm{i}2\pi(u_ph+v_pk+w_pl)}$$

式中，F_l 为点阵对结构因子的影响；u_p、v_p、w_p 是阵胞中结点的位置；Q 为总结点数。

(2) 非完整晶体

晶体的非完整性有的可以归结为结构因子本身的变化，即原子种类的改变和位置的改变，例如合金化等因素引起的置换、间隙和空位等。这种变化，可以反映出各个晶胞的结构因子不同，而考虑晶体的衍射强度时可以只取其平均值 $\langle F\rangle$。有的非完整性可以认为晶胞内无畸变，只是晶胞位置不是严格地处在晶胞格架上，例如晶格畸变、面间无序等，这时可以将结构因子加以修正，如

$$F_{mnp}=F\mathrm{e}^{\mathrm{i}2\pi \boldsymbol{s}\cdot\Delta\boldsymbol{R}_{mnp}}$$

式中，F_{mnp} 为 $\boldsymbol{R}=m\boldsymbol{a}+n\boldsymbol{b}+p\boldsymbol{c}$ 处晶胞的结构因子；$\Delta\boldsymbol{R}_{mnp}$ 为此晶胞原点与晶胞格架点之间的偏离；F 为无畸变晶体的结构因子。

5.4.6 消光的影响

在推导积分强度公式(5.28) 时，我们认为晶体是理想非完整晶体，即具有嵌镶块结构，嵌镶块的大小在 100nm 量级，并且各块之间都有几秒到几分的取向差。但是实际试样中的晶体，可能与上述模型有所偏离，或者嵌镶块尺度过大，或者嵌镶块之间相互平行，这些偏离都会引起消光。

如果嵌镶块尺度过大，单位体积的积分衍射能力 Q_{hkl} 值又较大时，二次衍射线（图 5.13）的强度就较大。同时，X 射线经二次衍射后产生的物理相位差为 π，所以二次衍射线与入射线相互作用，使入射线强度受干涉而减弱。此种因嵌镶块尺度过大，或晶体完整性较好引起的 X 射线入射束中强度明显减弱的现象被称为**原消光**。

如果嵌镶块尺度不大，但相互平行（图 5.14），则在某一衍射角时会有大量的嵌镶块满足衍射条件，从而使晶体内部的入射线强度减弱，于是，相继的衍射线强度也减弱。图 5.14 中 I_0 为入射到晶体表面上的强度，经三个相互平行的嵌镶块衍射后，入射线强度减弱成 $I_0-(I_1+I_2+I_3)$，I_1、I_2、I_3 分别为三个相继参加衍射的嵌镶块的衍射强度，有 $I_1>I_2>I_3$。这种相互平行的嵌镶块使衍射线减弱的现象被称为**次消光**。

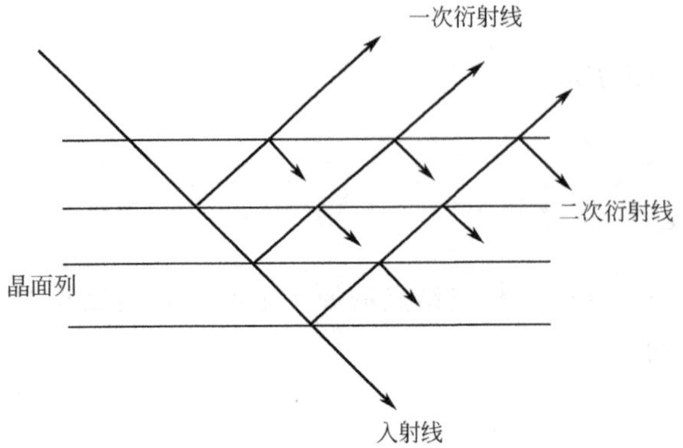

■ 图 5.13 由于嵌镶块尺度过大引起的原消光示意图

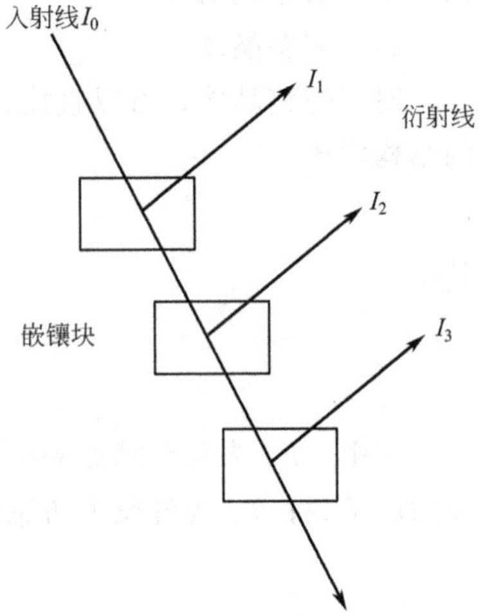

■ 图 5.14 因嵌镶块相互平行引起的消光-次消光示意图

考虑原消光和次消光的影响时，应在积分强度公式(5.28) 中加入晶体完整情况的修正项。

5.4.7 粉末多晶法的积分强度与相对强度

将上述几种能用函数形式表达的因素，引入描述多晶衍射的强度的公式(5.28) 中，就得到多晶衍射积分强度的一般表达式

$$I=\frac{I_0\lambda^3}{32\pi Rv_0^2}\left(\frac{e^2}{mc^2}\right)^2\frac{1+\cos^2 2\theta}{\sin^2\theta\cos\theta}F^2PVA(\theta)\mathrm{e}^{-2M} \tag{5.48}$$

式中 I_0——入射 X 射线束强度，为非偏振光；

λ——入射 X 射线的波长；

R——观测点与试样之间的距离；

v_0——晶胞体积；

e、m、c——分别为电子的电荷、质量和光速；

θ——布拉格角；

F——结构因子；

P——多重因子；

V——试样中被 X 射线照射的体积；

$A(\theta)$——吸收因子；

e^{-2M}——温度因子。

式(5.48) 中未包括消光的影响。式中的 $VA(\theta)$ 也可用 $V_{有效}$ 代替。则有

$$I=\frac{I_0\lambda^3}{32\pi Rv_0^2}\left(\frac{e^2}{mc^2}\right)^2\frac{1+\cos^2 2\theta}{\sin^2\theta\cos\theta}F^2PV_{有效}\mathrm{e}^{-2M} \tag{5.49}$$

如果 X 射线入射线为偏振光，只需将上式中的偏振因子 $(1+\cos^2 2\theta)/2$ 改变成相应的形式即可。

如果只需要考察同一张衍射图样中各条衍射线之间的强度时，即仅需考察衍射线的相对

强度时，由于试样的$V_{有效}$、e^{-2M}以及式(5.49) 中的各个常数对各条衍射线都相同，所以相对强度公式为

$$I_{相对}=\frac{1+\cos^2 2\theta}{\sin^2\theta\cos\theta}F^2P \tag{5.50}$$

5.5 衍射强度的计算实例

5.5.1 列表计算衍射线的相对强度

从式(5.50) 看出，只要得知各条衍射线的干涉指数，就能根据实验条件获得布拉格角θ、角因子、结构因子和多重因子，从而计算出该试样各条衍射线的相对强度。

下面计算用 Cu-K_α 辐射照射 Cu 粉试样时各条衍射线的相对强度。并将计算结果列在表 5.5 中。

(1) 衍射线的干涉指数

Cu 属于面心立方结构，可知其衍射线的指数必是同奇或同偶。于是可以将这 8 条衍射线的序号与指数按θ角增加的顺序列在表 5.5 中的第 1 竖行与第 2 竖行。

(2) 布拉格角θ的计算

根据布拉格定律

$$2d\sin\theta=\lambda$$

以及立方系的面间距与干涉指数的关系

$$d=\frac{a}{\sqrt{h^2+k^2+l^2}}$$

可以根据干涉指数hkl和点阵参数a，计算出$\sin\theta$及θ。

$$\sin\theta=\frac{\lambda\sqrt{h^2+k^2+l^2}}{2a}$$

利用在附录 2 和附录 4 中查得 Cu 的点阵参数a和 Cu-K_α 辐射波长λ，计算出的各条衍射线的$\sin\theta$和θ角列于表 5.5 中的第 3 竖行和第 4 竖行。

(3) 原子散射因子f_{Cu}的获得

计算出$\sin\theta/\lambda$，列于表 5.5 的第 5 竖行。根据$\sin\theta/\lambda$值，在附录 8 中查得各条衍射线的原子散射因子f_{Cu}值，列于表 5.5 的第 6 竖行。

(4) 结构因子的获得

由第 4 章得知，面心立方结构的结构因子

$$F_{hkl}^2=\begin{cases}16f^2 & hkl\ 同奇或同偶\\ 0 & hkl\ 奇偶混杂\end{cases}$$

于是，可由f_{Cu}计算出各条衍射线的F_{hkl}^2，列于表 5.5 的第 7 竖行。

(5) 角因子

由附录10查得各条衍射线的角因子值，列于表5.5的第8竖行。

(6) 多重因子

在表5.2中查得各条衍射线的多重因子，列于表5.5的第9竖行。

(7) 相对强度的计算

将表中数据代入

$$I_{相对}=\frac{1+\cos^2 2\theta}{\sin^2\theta\cos\theta}F^2P$$

计算出Cu粉各条衍射线的相对强度，见表5.5中的第10竖行，并以最大强度的衍射线为100，标准化各条衍射线的强度值，列于表5.5中的第11竖行。

表5.5 Cu粉衍射线的相对强度（Cu-K_α辐射）

线号	hkl	$\sin\theta$	$\theta(\theta)$	$\sin\theta/\lambda$ /10nm^{-1}	f_{Cu}	F^2	$\frac{1+\cos^2 2\theta}{\sin^2\theta\cos\theta}$	P	$I_{相对}$理论值	
									计算值 /$\times 10^5$	标准化后
1	111	0.369	21.7	0.24	22.1	7814	12.03	8	7.52	100
2	200	0.427	25.2	0.27	20.9	6989	8.50	6	3.56	47
3	220	0.603	37.1	0.39	16.8	4516	3.70	12	2.10	27
4	311	0.707	45.0	0.46	14.8	3506	2.83	24	2.38	32
5	222	0.739	47.6	0.48	14.2	3226	2.74	8	0.71	9
6	400	0.853	58.5	0.55	12.5	2500	3.18	6	0.48	6
7	331	0.930	68.4	0.60	11.5	2116	4.81	24	2.45	33
8	420	0.954	72.6	0.62	11.1	1971	6.15	24	2.91	39

5.5.2 利用计算机计算衍射线的相对强度

对于相结构较为复杂的试样，利用列表法人工计算其衍射线相对强度极为困难。设计适当的计算机程序，可以方便地获得各种物相衍射线相对强度的理论值。

利用计算机程序计算衍射线相对强度的过程与列表法的计算过程是一致的，它们的主要区别在于，需将由人工查表获得的数据尽可能地公式化，以利于计算机程序的自动运行。下面以1987年美国IBM公司推荐的Y-Ba-Cu-O高温超导相结构为例，分析其相对强度的计算过程。

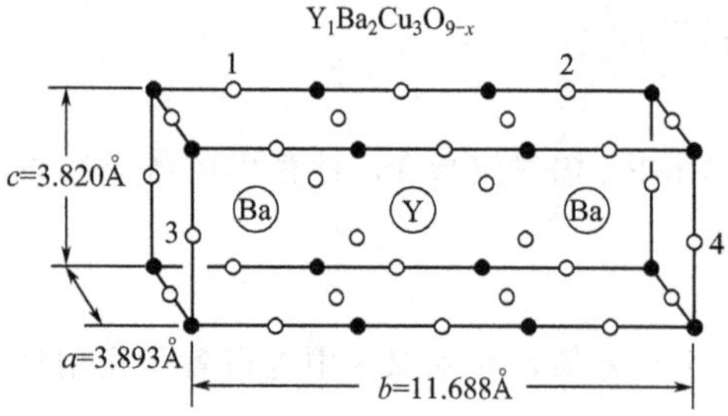

■图5.15 $YBa_2Cu_3O_{9-x}$ ($x\approx2$) 的相结构（1987年IBM推荐）

$YBa_2Cu_3O_{9-x}$的相结构如图5.15所示，其中$x\approx2$，属正交系，点阵参数为$a=3.893$Å，$b=11.688$Å，$c=3.820$Å。该晶胞相当于三个近于立方的晶胞沿b轴方向排列而成，每个小晶胞的顶角处全是Cu原子，棱的中点处为氧原子或氧缺位，它们的体心处依次由Ba、Y、Ba原子占据。建议的氧缺位有两种可能性，即Ba面上缺氧（图5.15中的1、2位置）或两Ba面之间的Cu面上缺氧（图5.15中的3、4位置）。于是，可以根据晶胞确定Y、Ba、Cu、O原子的坐标u_j，v_j，w_j，$j=1, 2, \cdots, 13$。

根据实验所用辐射，可知X射线入射线波长λ。现以Cu-K_α辐射为例。主要的程序块应有：

（1）hkl、d 及 θ 的计算

正交晶系的面指数 hkl、面间距 d 和点阵参数之间的关系为

$$\frac{1}{d^2}=\frac{h^2}{a^2}+\frac{k^2}{b^2}+\frac{l^2}{c^2}$$

因此，当 a、b、c 已知时，可以设定任何面指数 hkl，并计算出其面间距。例如（020）面的面间距 $d=5.844\text{Å}$。由 d、λ 可以计算出各条衍射线的 θ 角，并按 d 由大到小排列各条衍射线，这时所获得的是表 5.6 中的第 1、2 和 3 竖行。

（2）由 θ 计算角因子（LP）

根据公式

$$(LP)=\frac{1+\cos^2 2\theta}{\sin^2\theta\cos\theta}$$

可以计算出相应于各条衍射线时的角因子（LP）。

（3）由 $\sin\theta/\lambda$ 计算原子散射因子 $f_{\mathrm{Y}}(\sin\theta/\lambda)$、$f_{\mathrm{Ba}}(\sin\theta/\lambda)$、$f_{\mathrm{Cu}}(\sin\theta/\lambda)$ 和 $f_{\mathrm{O}}(\sin\theta/\lambda)$

利用公式

$$f_i(\sin\theta/\lambda)=\sum_{j=1}^{4}a_{j_i}\exp[-b_{j_i}(\sin\theta/\lambda)^2]+c_i$$

此处 i 分别为 Y、Ba、Cu 和 O 原子，它们各自的系数为 a_{j_i}、b_{j_i} 和 c_i，可以由国际晶体学用表第 4 册中查出，输入到计算机中。

（4）结构因子计算

hkl 衍射线的结构因子应为

$$F_{hkl}^2=\sum_{j}^{13}\sum_{k}^{13}f_j f_k \mathrm{e}^{\mathrm{i}2\pi \boldsymbol{s}\cdot\boldsymbol{r}_{jk}}$$

由于 $\boldsymbol{r}_{jk}$ 为第 j 与第 k 个原子之间的矢量，所以

$$\boldsymbol{r}_{jk}=(u_j-u_k)\boldsymbol{a}+(v_j-v_k)\boldsymbol{b}+(w_j-w_k)\boldsymbol{c}$$

同时，由于 $\boldsymbol{r}_{jk}$ 与 $\boldsymbol{r}_{kj}$ 在累加式内必然成对出现，且 $\boldsymbol{r}_{jk}=-\boldsymbol{r}_{kj}$，所以

$$f_j f_k(\sin 2\pi\boldsymbol{s}\cdot\boldsymbol{r}_{jk}+\sin 2\pi\boldsymbol{s}\cdot\boldsymbol{r}_{kj})=0$$

于是有

$$F_{hkl}^2=\sum_{j}^{13}\sum_{k}^{13}f_j f_k\cos 2\pi[h(u_j-u_k)+k(v_j-v_k)+l(w_j-w_k)]$$

在计算过程中，应注意的是：

① 最好将图 5.15 中的各个原子标上序号，以免用错不同 j 时的原子散射因子。例如让 $f_1=f_{\mathrm{Y}}$，$f_2=f_3=f_{\mathrm{Ba}}$，$f_4=f_5=f_6=f_{\mathrm{Cu}}$，$f_7=f_8=\cdots=f_{13}=f_{\mathrm{O}}$。

② 理解清楚 $\sum^{13}\sum^{13}$ 的意义，即对应于任一个 j 值，都必须对 $k=1$，2，…，13 各项进行累加，不能有漏项。

（5）多重因子 P

按表 5.2 给出的各个晶系不同 hkl 的 P 值输入，或分析 P 值与 hkl 之间的规律编制程序由计算机自动为各条衍射线选择多重因子 P 值。例如，对正交晶系，hkl 都不为零时 P 为 8；当 h、k、l 其中有一个为零时 P 为 4；而当 h、k、l 中有两个为零时，P 为 2。

（6）程序流程图举例

计算衍射线理论强度的程序流程图如图 5.16 所示。

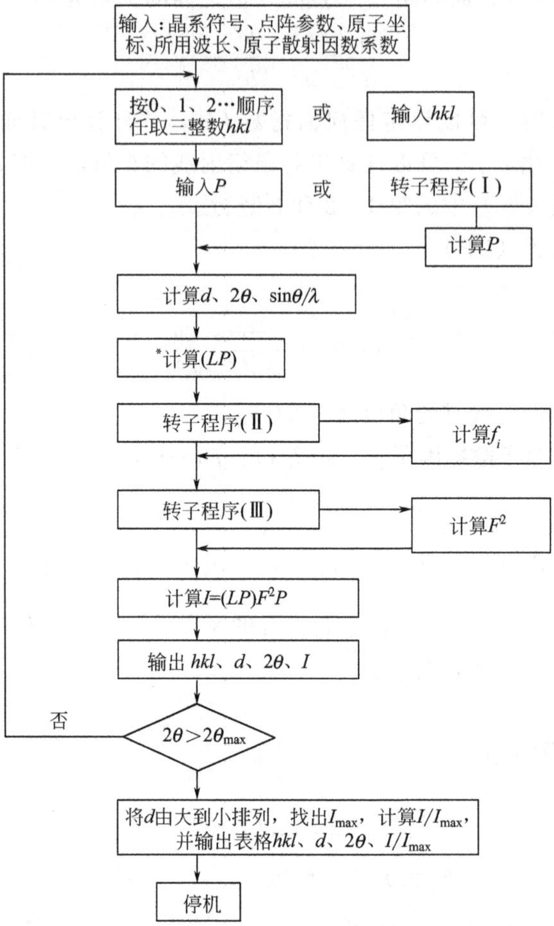

■ 图 5.16 计算衍射线理论强度的程序流程

（7）$YBa_2Cu_3O_{9-x}$ 相计算结果与实验值

■ 表 5.6 $YBa_2Cu_3O_{9-x}$ 衍射线相对强度

hkl	2θ/(°)	d/Å	$I_1$①	$I_2$①	$I_3$①
010	7.56	11.688	1	1	0.5
020	15.16	5.844	2	2	6
030/100	22.82	3.896	12	7	9
001	23.29	3.820	2	6	3
120	27.53	3.240	5	1	1
021	27.90	3.197	5	1	1
040	30.59	2.922	2	0.1	0.2
130	32.51	2.754	58	58	48
031/101	32.83	2.728	100	100	100
111	33.75	2.655	2	0.3	2
121	36.36	2.471	3	0.6	0.3
050/140	38.51	2.338	26	0.6	0.3
041	38.80	2.321	5	0.3	0.3
131	40.38	2.234	18	18	16
051	45.49	1.994	1	0.8	0.8

续表

hkl	2θ/(°)	d/Å	$I_1$①	$I_2$①	$I_3$①
060/200	46.62	1.948	37	29	28
002	47.61	1.910	15	15	13
151	51.49	1.775	6	0.3	0.8
230/160	52.56	1.741	4	0.6	1
061/201	52.65	1.737	4	3	1
211/032/102	53.41	1.716	3	1	2
221	55.252	1.663	1	0.4	0.3
122	55.82	1.645	1	0.4	0.3
161/231	58.20	1.584	44	35	35
132	58.80	1.569	23	19	16

① I_1 为实验值；I_2 与 I_3 为计算结果。I_2 为 Ba 面缺氧，I_3 为两 Ba 面之间的 Cu 面缺氧。

从表 5.6 中看出衍射强度的实验值与计算值基本相符，但还有不少差别。于是，后来的研究人员又对图 5.15 所示的晶胞作了某些调整，具体结果可以参考相应的文献。

思考与练习题

1. 请说明式(4.72) 与式(5.49) 的区别。
2. 请说明式(5.49) 中各种符号的物理含义。
3. 请说明式(5.50) 的适用条件。
4. 请证明对于衍射仪正常扫描条件的吸收因子

$$A(\theta)=\frac{1}{2\mu}$$

5. 请给出 Al 粉末试样前 6 条衍射线（从小 θ 角算起）的多重因子 P。
6. 请给出 Zr 粉末试样前 6 条衍射线（从小 θ 角算起）的多重因子 P。
7. 用 Fe-K_α 辐射照 α-Fe 试样，请计算布拉格角最小的一条衍射线的温度因子。Fe-K_α 波长 $\lambda=1.937$Å。
8. 请计算用 Cu-K_α 辐射时，铜（111）与（200）衍射线的强度比（不考虑吸收、温度和消光的影响）。

参考文献

[1] 王英华．X 光衍射技术基础．北京：原子能出版社，1993.
[2] Cullity B D. Elements of X-Ray Diffraction, Addison Wesley, 1978.
[3] 肖序刚．晶体结构的几何理论．北京：人民教育出版社，1960.
[4] 李树棠．晶体 X 射线衍射学基础．北京：冶金工业出版社，1990.
[5] 周公度．晶体结构测定．北京：科学出版社，1981.
[6] 许顺生．金属 X 射线学．上海：上海科技出版社，1962.
[7] Azaroff L Y. Elements of X ray Crystallography. McGraw-Hill, 1968.

第6章 多晶体衍射信息的获取方法

多晶体或者粉末试样是由数目极多的微小晶粒组成，这些晶粒的取向是无规则的，各晶粒中晶面取向随机分布于空间的任意方向。如果采用倒易空间的概念，则这些晶面的倒易矢量分布于整个倒易空间的各个方向，而它们的倒易阵点布满在以倒易矢量的长度为半径的整个倒易球面上。由第 4 章的厄瓦尔德图解可知，在使用特征 X 射线照射多晶或者粉末试样时，就可以获得一系列衍射圆锥，将衍射圆锥的信息记录下来就可以获得对应的晶体信息。根据衍射线记录方法的不同，可以把粉末多晶法分为粉末照相法（德拜法）和衍射仪法。粉末照相法使用照片记录衍射线，是早期研究晶体结构的衍射方法。而衍射仪法使用计数器记录衍射线信息，是当今材料工作者最常用的衍射方法。

6.1 德拜法

6.1.1 德拜法原理

德拜法的示意图如图 6.1 所示，德拜法通常利用 K_α 特征辐射，入射线通过光阑系统照射到试样上。光阑系统一般包括光源和视场两个光阑。前者靠近光源，后者靠近试样。它们的作用，简单地讲，是限制入射线的发散程度，或者说是准直入射线。

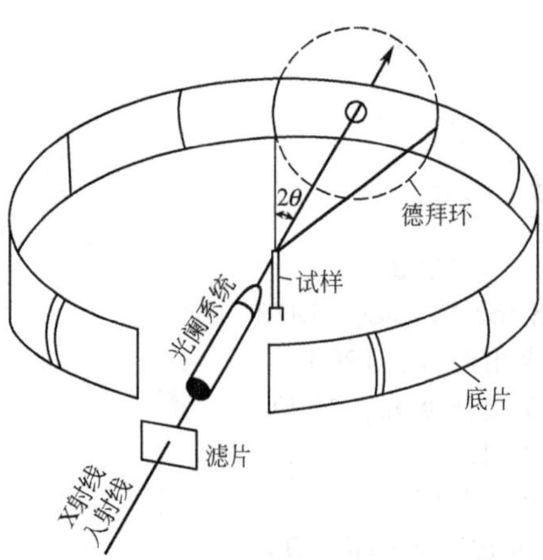

■ 图 6.1 德拜法示意图

德拜法的试样为直径 0.3～0.6mm 的细丝，由多晶材料或晶体粉末制成。试样的晶粒不能过于粗大，一般要小于 50μm。德拜法照相时，底片成带状，围绕试样放置。当德拜照片的宽度比较窄时，所记录的衍射线近似于一些圆弧，称为**德拜环**。

利用厄瓦尔德图解可以说明德拜环的形成（图 6.2），首先在多晶试样中取一特定取向的晶粒，记为 A。在图 6.2 中以“∘”表示晶粒 A 的倒易点阵中的某些结点，并标出了这些倒易结点的干涉指数。如果试样中有另一晶粒 B，其取向相当于晶粒 A 绕 $\boldsymbol{a}$ 轴逆时针转动某一角度，则 B 晶粒的倒易结点由图 6.2 中的“•”所示。结点“∘”相当于结点“•”绕倒易点阵原点 O'逆时针转某一角度。于是，试样中任意取向的晶粒，其倒易点阵中的结点都可以由倒易结点“•”绕倒易原点 O'旋转构成。因此，当 X 射线照射的晶粒数足够多时，只要这些晶粒的取向是任意的，它们的倒易点阵就是由一个个同心球构成，由图 6.2 中的虚线所示。称这些同心球为倒易球。每一个倒易球都是由一个晶面族的倒易结点构成的，倒易球的名称由该晶面族的名称确定。图 6.2 中给出了 011、002 和 $0\bar{5}2$ 倒易球（虚线圆）。每个倒易球与干涉球的交线都是圆，并且它们的圆心都落在 X 射线入射线上。图中仅给出了倒易球 002 与干涉球的交线。由厄瓦尔德图解得知：凡倒易结点落在干涉球面上时，就有一束衍射线由干涉球心经该倒易结点射出。因此，当单色 X 射线照射多晶体用德拜法照相时，就会从干涉球心通过各个倒易球与干涉球的交线射出衍射线，这些衍射线形成一个个圆锥，称为衍射锥。衍射锥的名称由与其对应的倒易球的名称而定。图 6.2 中仅绘出 011、002 和 $0\bar{5}2$ 衍射锥。这些衍射锥都以 X 射线入射线为轴线，以 $4\theta_i$ 为顶角（θ_i 为干涉指数为 i 的晶面的布拉格角）。

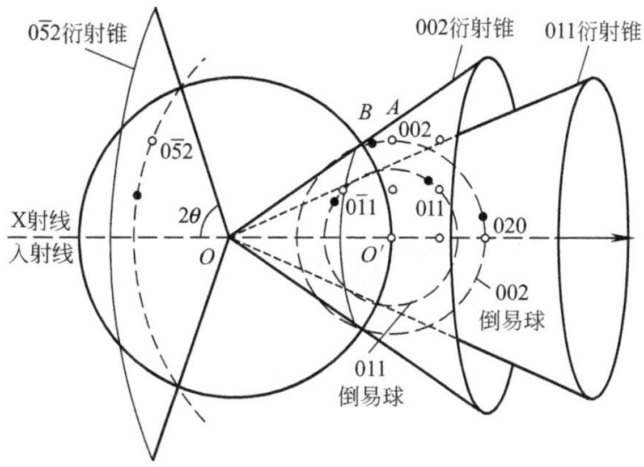

■ 图 6.2 德拜环形成的厄瓦尔德图

衍射锥与底片的交线就是所记录的德拜环。德拜环的名称以衍射锥的名称而定，称为德拜环的干涉指数。于是，用以图 6.1 所示的典型方法照相时，就获得如图 6.3 所示的德拜照片。照片上记录了一系列的德拜线。德拜线是德拜环的一部分。在德拜照片上，德拜线是两两成对的弧线，每一对德拜线属于同一个德拜环。照片上方的数字为德拜环的干涉指数。

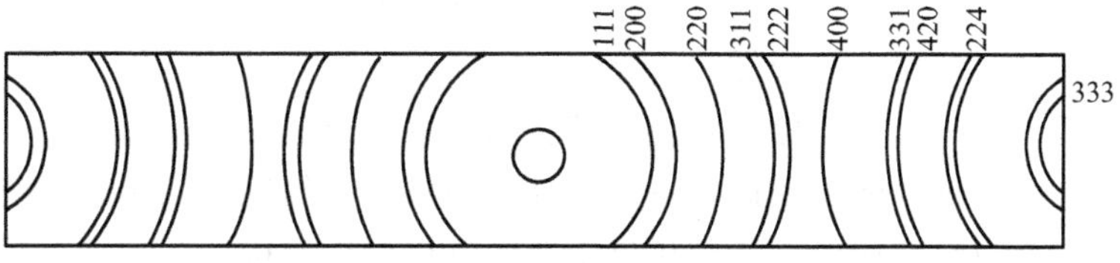

■ 图 6.3 德拜照片（铝试样，Cu-K_α 辐射）

德拜法所用的特征辐射的波长范围为 0.5～3Å。波长太长时，X 射线很容易被 X 射线管和空气吸收；而波长太短时，德拜环过于密集，难以分辨。同时，应避免选用的辐射被试样严重吸收，因为试样的吸收意味着衍射线的减弱和X射线荧光的增强，使德拜线与背底的强度比下降。

德拜照片上线条的密集程度取决于晶体的点阵类型、点阵参数和辐射波长。在14种点阵中，晶胞对称性越高，线条越少。例如立方晶系的（100）、（010）和（001）面间距相等，其衍射线构成一条德拜线。正方晶系由于点阵参数 $a=b\neq c$，结果只有（100）和（010）的面间距相等，而（001）面间距则有所不同，于是形成两条德拜线。正交晶系则有（100）、（010）和（001）三条德拜线。对于点阵参数大的晶体，其德拜线会向小 θ 角密集。此外，德拜线的疏密程度，可以通过辐射波长的选择来加以调整。选用长波辐射，可以使德拜线变稀；而选用短波辐射则可以使德拜线密集。

6.1.2 德拜相机

德拜相机按照图6.2所示的衍射几何来设计，图6.4给出了德拜相机的剖面示意图。德拜相机是由圆筒形外壳、试样架和光阑等部分构成。照相底片紧贴在圆筒外壳的内壁，相机的半径等于底片的曲率半径。因此，相机的内壁需要加工得非常光滑，其曲率半径要非常准确，否则会给衍射花样的测量和计算带来误差。

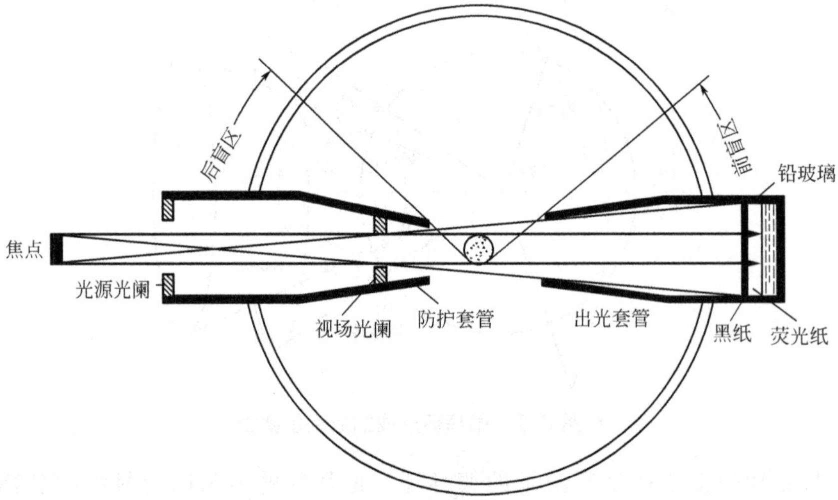

■ 图6.4 德拜相机的结构示意图

德拜相机的直径一般为57.3mm或114.6mm。其优点在于，当相机直径为57.3mm时，其周长为180mm，因为圆心角为360°，所以底片上每1mm的长度对应2°的圆心角。同样，当直径为114.6mm时，其周长为360mm，所以底片上每1mm的长度对应1°的圆心角。这样的相机直径可简化衍射花样的计算。

德拜相机照相时，试样在不停地旋转，其目的是尽量使晶粒在空间各个方位出现的概率相等，从而得到连续的德拜环。因此，一个未处于旋转中心的试样，转动时就会晃动，会使德拜线变宽甚至产生位移。所以，德拜相机中要有试样对中机构。

光阑的主要作用是限制入射线的不平行度以及固定入射线的尺寸和位置。德拜相机通常有两个光阑：光源光阑和视场光阑。这两个光阑一般呈圆形，直径有0.5mm和1mm两种，可以换用。图6.5中的 AB 和 CD 分别为光源光阑和视场光阑，F 为X射线源的焦点。图

6.5(a) 和图 6.5(b) 分别为沿试样 S 的轴向和横向的断面图。光源光阑的作用是遮去一部分由焦点发出的 X 射线，如图 6.5 所示。这时，入射线可以看成是由光阑发出的，可以把光源光阑看成是真正的光源。视场光阑的作用是限制试样的照射范围，如图 6.5(a) 所示。不过，对于德拜试样，只能在试样轴线方向体现这种作用。德拜试样的直径一般小于视场光阑的直径，所以从试样的横向断面看，视场光阑不起作用，如图 6.5(b) 所示。

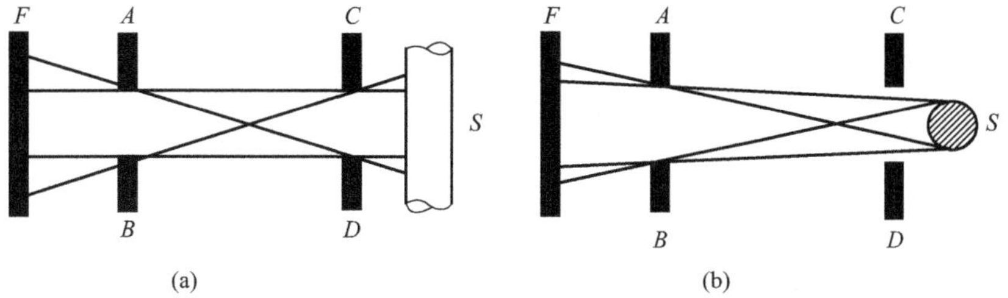

■ 图 6.5 光源光阑 AB 与视场光阑 CD 及它们的作用

6.1.3 德拜照片的计算与标定

从德拜照片上各条衍射线的位置获得与其相应的衍射面的面间距 d，就是德拜照片的计算。为德拜照片上的德拜线标定干涉指数，就是德拜照片的标定。德拜照片的计算和标定往往是应用德拜法解决实际问题的第一步。

每张德拜照片都包括一系列的衍射圆弧对，每对衍射圆弧是它所对应的衍射圆锥与底片相交时所留下的痕迹，它代表一组等同晶面族 $\{HKL\}$ 的衍射。当需要计算 θ 角时，首先要知道它所对应的衍射线条的相对位置。所谓测量衍射线条的相对位置就是要测量每对衍射圆弧的线间距，通过圆弧的线间距就可以计算出圆弧对应的顶角 4θ。

因为 X 射线的波长 λ 为已知量，所以在计算出 θ 角之后，可利用布拉格方程计算出每对衍射圆弧所对应的衍射面的面间距 d，即

$$d=\frac{\lambda}{2\sin\theta}$$

在获得了每对衍射圆弧所对应的面间距之后，需要对各条衍射线的指数进行标定。标定各条衍射线的干涉指数，实际上就是指明产生各条衍射线的衍射晶面。

对于未知试样的标定，有分析法和图解法。分析法的准确度较高，但计算繁杂，适用于在计算机上进行。分析法多用于比较复杂的情况，例如对低对称晶系试样的标定。图解法比较直观，多用于立方晶系、正方晶系和六方晶系试样的标定。

标定的做法是由简到繁，首先假定试样是立方晶系的，如果不成功，再假设试样是六方或正方晶系的。如此继续下去，直到标定成功为止，这实质上是尝试法。实验数据的精确度是尝试能否取得成功的决定性因素。如果能由其他途径取得某些关于试样晶体学方面的数据，则可以不同程度地减轻尝试的难度。

(1) 分析法标定立方晶系德拜线干涉指数

对于未知试样，首先尝试按立方晶系标定，可以利用各条德拜线的 $\sin^2\theta$ 值。在立方晶系中，晶面间距的计算公式为，

$$d=\frac{a}{\sqrt{h^2+k^2+l^2}}$$

结合布拉格公式，可得，

$$\sin^2\theta=\frac{\lambda^2}{4a^2}(h^2+k^2+l^2)$$

上式中，λ 和 a 对于任何一条德拜线，都是相同的数值，令

$$\frac{\lambda^2}{4a^2}=K$$

则 K 为常数。设 m 为干涉指数的平方和，即

$$m=h^2+k^2+l^2$$

于是，

$$\sin^2\theta=Km \tag{6.1}$$

设各条德拜线的 $\sin^2\theta$ 值为 $\sin^2\theta_1$，$\sin^2\theta_2$，…，与其对应的 m 值为 m_1，m_2…则

$$\sin^2\theta_1:\sin^2\theta_2:\sin^2\theta_3:\cdots=m_1:m_2:m_3:\cdots \tag{6.2}$$

由上式可知，当 $\sin^2\theta$ 值测定后，即可得到 m 的比值。考虑到 m 值都是正整数，就可以求出各条德拜线的 m 值和干涉指数。

根据衍射花样的消光规律可知，立方晶系中各种晶体结构类型衍射线条出现的顺序应如图 6.6 所示。将其中前 10 条衍射线的干涉指数、干涉指数的平方和以及干涉指数平方和的顺序比（等于 $\sin^2\theta$ 的顺序比）列于表 6.1 中。

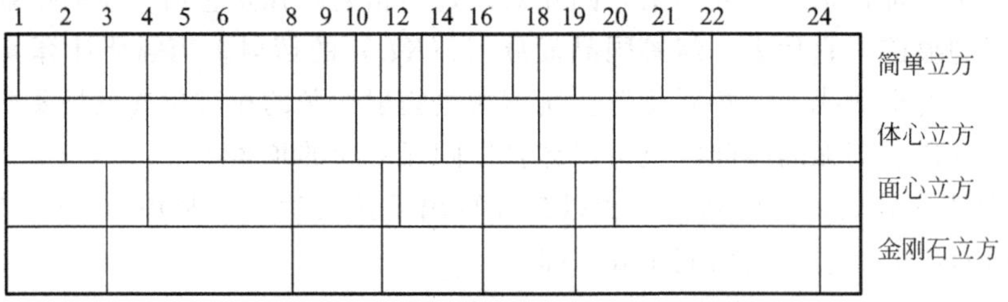

■ 图 6.6 立方晶系衍射花样示意图

■ **表 6.1 立方晶系衍射线的干涉指数**

衍射线的顺序号	简单立方			体心立方			面心立方			金刚石立方		
	HKL	***m***	m_i/m_1	***HKL***	***m***	m_i/m_1	***HKL***	***m***	m_i/m_1	***HKL***	***m***	m_i/m_1
1	100	1	1	110	2	1	111	3	1	111	3	1
2	110	2	2	200	4	2	200	4	1.33	220	8	2.66
3	111	3	3	211	6	3	220	8	2.66	311	11	3.67
4	200	4	4	220	8	4	311	11	3.67	400	16	5.33
5	210	5	5	310	10	5	222	12	4	331	19	6.33
6	211	6	6	222	12	6	400	16	5.33	422	24	8
7	220	8	8	321	14	7	331	19	6.33	333,511	27	9
8	300,221	9	9	400	16	8	420	20	6.67	440	32	10.67
9	310	10	10	411,330	18	9	422	24	8	531	35	11.67
10	311	11	11	420	20	10	333,511	27	9	620	40	13.33

从表 6.1 中可以看出，四种结构类型的干涉指数平方和的顺序比是各不相同的。在进行指数化时，只要首先计算出各衍射线条的 $\sin^2\theta$ 的顺序比，然后与表 6.1 中 m_i/m_1 的顺序比相对照，便可确定其晶体结构类型和各衍射线条的干涉指数。

需要说明的是简单立方与体心立方衍射花样的判别问题。初看起来，似乎它们的 m_i/m_1 顺序比是相同的，但仔细分析是有差别的，可以从以下两个方面来区别这两种衍射花样。

首先，简单立方与体心立方的衍射花样中的前六条衍射线的 m_i/m_1 顺序比是相同的，但是第七条的顺序比值不同。因为在简单立方中，m_i/m_1 的顺序比等于 m 的顺序值。由于任何三个整数的平方和都不可能等于 7、15、23 等，故在 m 顺序值中不可能有 7、15、23 等数值。所以，简单立方的 m_i/m_1 顺序比中也不可能有 7、15、23 等数值。但是，在体心立方中 m 本身的数值为 m_i/m_1 顺序比的二倍，因此在 m_i/m_1 的顺序比中能出现 7、15、23 等数值。由此看来，如果 $\sin^2\theta$ 的顺序比中第七个数值为 8 时，即为简单立方；如果 $\sin^2\theta$ 的顺序比中第七个数值为 7 时，即为体心立方。当然对少于七条线的衍射花样，这种办法就无能为力了。因此，为了使立方晶系衍射花样指数化方便起见，最好选择适当的入射线波长使衍射花样中超过七条衍射线。

第二个方面，还可以通过衍射线的相对强度来鉴别体心立方和简单立方晶系。从衍射强度公式(5.28) 中可以看出，对衍射角相近的线条其相对强度的差别主要取决于多重因子 P。简单立方衍射花样中头两条衍射线的干涉指数为 100 和 110，而体心立方衍射花样头两条衍射线的干涉指数为 110 和 200。其中，100 和 200 的多重因子为 6，而 110 的多重因子为 12 (表 5.2)。因此，在简单立方衍射花样中，第二条衍射线的强度比第一条强，而在体心立方衍射花样中，第一条衍射线的强度比第二条强。

立方晶系的衍射花样是比较简单的，当熟练地掌握它们的特征之后，常常可以一目了然地识别出它们的结构类型。例如，简单立方和体心立方的衍射花样，虽然均具有相似的线条序列，但是前者的线条数目比后者几乎多一倍，并且在简单立方衍射线条的均匀序列中第六、七两条线之间的距离明显拉长。而面心立方衍射花样的特点则是成对的线条和单根的线条交替地排列（图 6.6）。

(2) 图解法标定正方晶系德拜线干涉指数

在利用分析法进行衍射花样指数化时，未知的结构参数愈多，就愈复杂。立方晶系只有一个未知参量 a，所以用分析法标定干涉指数时比较方便。而六方和正方晶系都有两个未知参量，它们的指数化较之立方晶系要复杂得多，因此，图解法展现了比手动分析更为方便直观的特点。然而随着计算机技术的发展，利用计算机基于分析法实现衍射花样的标定日益普及，图解法逐渐退出应用的舞台。故这里仅对其进行简单的介绍。以 Hull 和 Davey 创作的图解法为例，这种方法适用于正方晶系等点阵参数仅有两个变量的任何晶系。

正方晶系轴比 c/a 相同的两种晶体，易知其相同指数晶面的面间距 d_1 和 d_2 有

$$d_1 = kd_2$$

其中，记 $k=c/a$，为两晶体相同的轴比。对上式取对数，有

$$\ln d_1 = \ln k + \ln d_2$$

如果将两种晶体的各指数晶面的面间距画在对数坐标纸上，会发现通过平移 $\ln k$，两图形可以重合。这种不同指数晶面的面间距绘在对数坐标纸上的图形称为 **d 图形**，轴比 c/a

相同的任意晶体，它们的 d 图形平移后都是相同的。这就是图解法所基于的原理。

根据正方晶系的面间距与点阵参数和晶面指数的关系

$$\frac{1}{d^2}=\frac{h^2+k^2}{a^2}+\frac{l^2}{c^2}$$

可将面间距转化成与轴比 c/a 的关系

$$\frac{1}{d^2}=\frac{1}{a^2}[(h^2+k^2)+l^2/(c/a)^2]$$

任选点阵参数 a，以 c/a 值为纵坐标，沿横坐标做不同 c/a 值下的 d 图形。因为 $h00$ 和 $hk0$ 晶面不受 c/a 影响，通过平移可将相应的点平行于纵坐标排成一列，再将不同 c/a 下相同指数的点连成曲线，便构成了正方晶系的 Hull-Davey 列线图，如图 6.7 所示。以图解法分析 MgO 德拜照片为例，分析照片可获得各条衍射线的 θ 值。由于

$$\ln d=c-\ln\sin\theta$$

其中，c 为常数，将其 $\sin\theta$ 值标到对数坐标中，再将图形首尾颠倒就可获得 MgO 的 d 图形。将 d 图形与列线图的横坐标平行，沿横纵坐标平移，在误差范围内使 d 图形上各点都与列线图中曲线上的点重合，由此实现德拜线指数的标定，进而得到 c/a 的近似值。

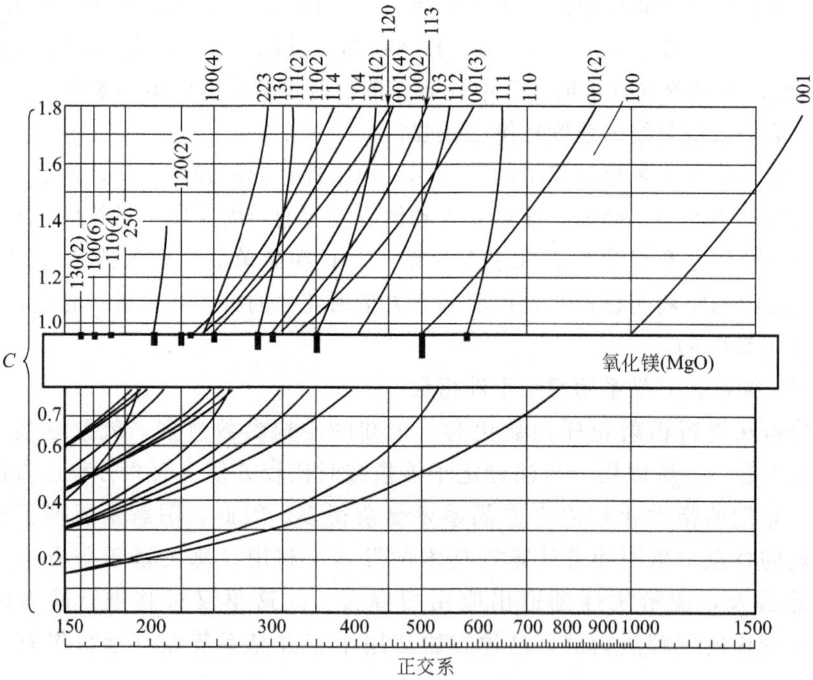

■ 图 6.7 正方晶系的 Hull-Davey 列线图与 MgO 德拜照片的标定

（应注意的是这种标定结果可靠性并不高）

6.1.4 其他照相方法

除德拜法外，聚焦法也是常用的照相方法，特别是应用在物相分析中。此外，还有用各种平底片记录德拜环的方法，或采用不同光阑形式的方法。

聚焦法照相与德拜法相比，灵敏度高，分辨率也高，这是由于它利用了聚焦原理。所谓聚焦原理就是：当X射线光源S、试样P和底片L都处在一个称为聚焦圆的圆周上时，不管X射线所照射的试样面积有多大，其同指数的衍射线都汇聚于底片的一点上，如图6.8所示。为了说明为什么同指数的衍射线能汇聚于底片上的同一个点，图6.8中给出了X射线入射线的两个极端位置1与2，它们被 $\{hkl\}$ 晶面所衍射，相应的衍射线的两个极端位置为1′与2′。由于 $\{hkl\}$ 面的衍射角 $2\theta_{hkl}$ 是定值，所以图中的 $2\theta_1=2\theta_2=2\theta_{hkl}$，而圆周角 $2\phi_1=2\phi_2=180°-2\theta_{hkl}$。于是，衍射线1′与2′必然汇聚于底片上的1，也就是试样各处的同指数衍射线必然在底片上聚焦。聚焦法照相的各种布局都是利用了上述原理，从而能得到大面积试样的尖锐衍射线。

聚焦法照相有透射法、背射法（图6.8）以及透、背射法联用的双筒法等布局。利用图6.8所示的背射法构成的相机通常被称为塞曼-巴林相机。实用的聚焦相机常常是与弯曲晶体单色器联用，以减小背底、增加衬度。图6.9给出了弯曲晶体单色器聚焦X射线的原理。选择单晶体的一组平行晶面作为衍射晶面，设对于特定波长的X射线，其衍射角为 θ。以 $90°-\theta$ 为圆周角，可在聚焦圆上相对于点光源 A 确定一点 O，以 O 为圆心，弯曲所选平行晶面，则所有平行晶面将位于以 O 为圆心的同心圆上。再将晶体以聚焦圆为轮廓进行打磨，去除多余的晶体，则聚焦圆上任意一点（R_1、R_2、R_3）处的晶面都将严格满足衍射角为 θ 的衍射几何，进而可将由 A 点入射的X射线汇聚于聚焦圆上的同一点 B。图6.10～图6.12分别给出了弯曲晶体单色器与透射法、背射法和双筒法联用时的衍射几何。图6.10中表示出光源S、弯曲晶体单色器M、辐射的聚焦点 F 和试样P之间的关系。单色辐射的聚焦点 F 即在由光源S、单色器M决定的单色器聚焦圆上，也在试样P所在的相机聚焦圆上。采用这种布局的相机，称为纪尼叶（Guinier，A.）相机。图6.11中也有单色器聚焦圆和相机聚焦圆，单色化的辐射经聚焦之后再照到试样上。自然 F 也是两个聚焦圆的交点。图6.11(a) 为非对称布局，图6.11(b) 为对称布局。图6.12所示的实际上是纪尼叶相机和塞曼-巴林相机的组合，称为Guinier-Jagodzinski双筒聚焦相机，其中有单色器、透射相机与背射相机三个聚焦圆，单色辐射的汇聚点 F 为三个聚焦圆的交点。它可以同时安放两类试样，分别获得透射与背射聚焦照片，图6.12(a) 为非对称布局，图6.12(b) 为对称布局。在需要记录特定角度范围的衍射线时，可以选择上述布局中的一种。

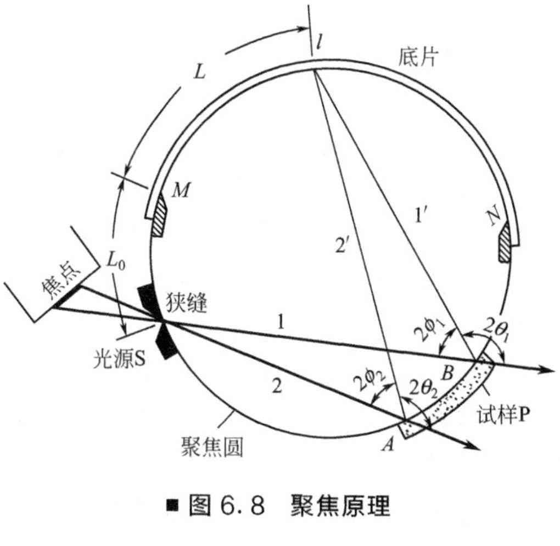

■图6.8 聚焦原理

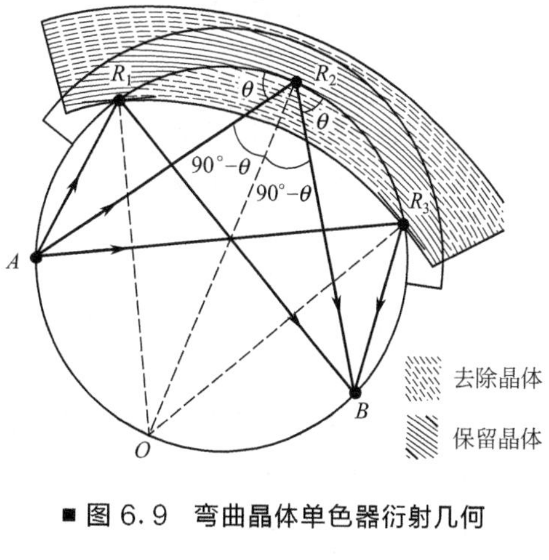

■图6.9 弯曲晶体单色器衍射几何

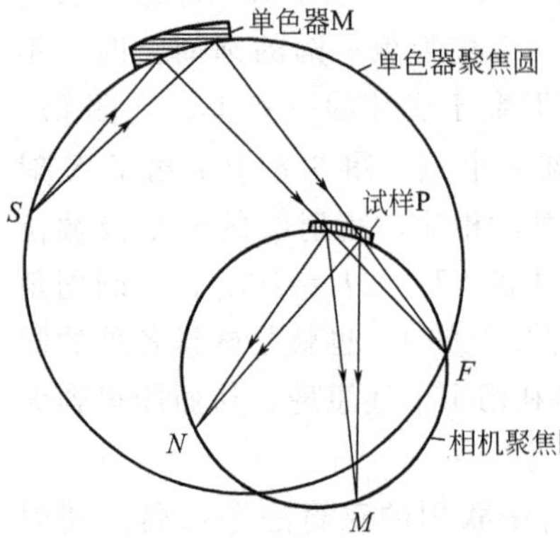

■ 图 6.10 纪尼叶相机的衍射几何

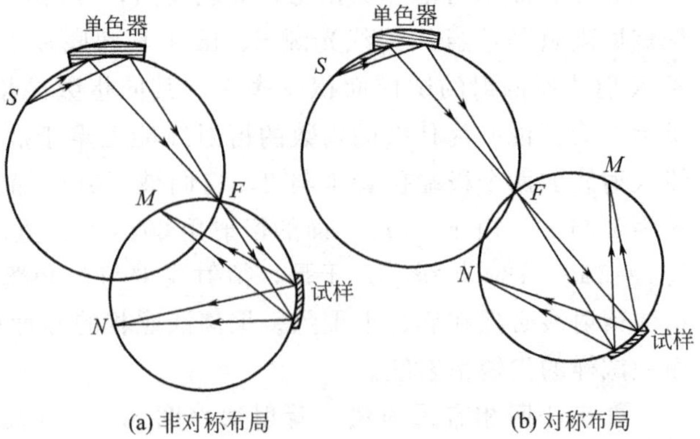

■ 图 6.11 弯曲晶体单色器与塞曼-巴林相机的联合装置

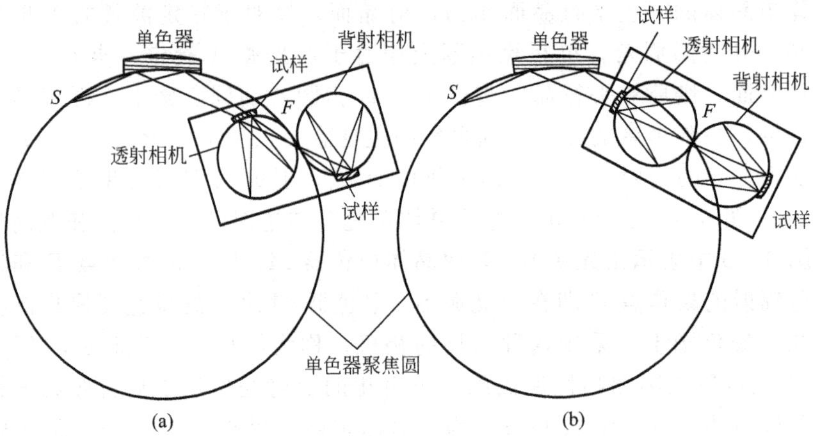

■ 图 6.12 Guinier-Jagodzinski 双筒聚焦相机的衍射几何

6.2 衍射仪法

在 20 世纪 50 年代之前，基本上是用照相法来进行 X 射线衍射分析，即以底片来记录衍射信息。但用照相法难以准确地测量衍射线的强度和线形。因而从 20 世纪 50 年代起，衍射仪法逐渐发展起来。在衍射仪中，采用可以逐个记录衍射光子的探测器。探测器每接收到一个衍射 X 射线光子，即把它转化成一个电脉冲，经后续电子学系统处理后输出，得到衍射图样。因此，利用衍射仪可以准确地测量衍射线的强度和线形。

近几十年来，衍射仪技术已有了很大的发展。就其品种而言，有测定多晶试样衍射用的粉末衍射仪、测定单晶衍射用的四圆衍射仪、用于特殊用途的双晶谱仪、微区衍射仪和表层用衍射仪等。在这些衍射仪中粉末衍射仪的应用最广，它已成为 X 射线实验室的通用仪器。探测器、电子学系统以及计算机的联机运行及软件等方面在近几十年来也都有着极大的发展。

在本节中主要介绍最通用的粉末衍射仪，它是由 X 射线发生器、测角仪和控制系统、记录和数据处理系统三部分组成。为了特殊的分析目的，还可外加一些附件。图 6.13 是衍射仪的实物照片与组成的方框图。

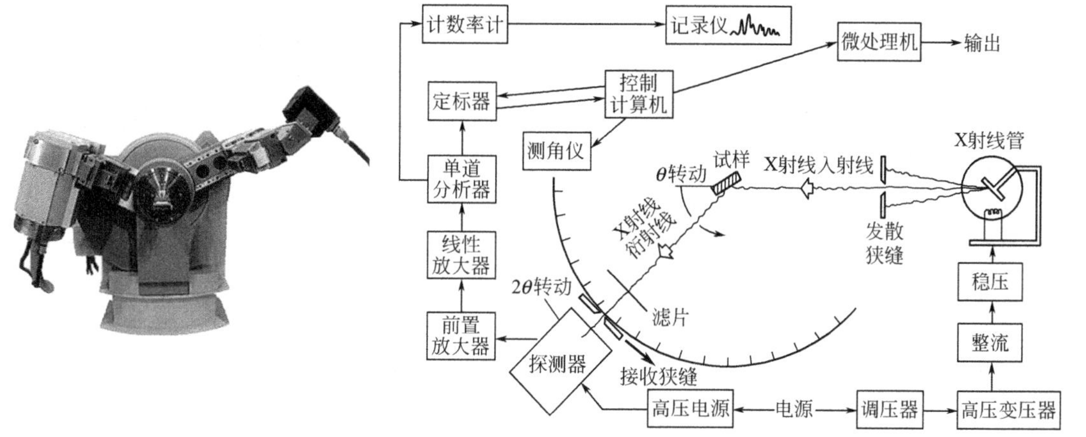

■ 图 6.13　衍射仪实物照片与构成方框图

6.2.1　测角仪

测角仪是衍射仪的核心部件，它有两个同轴转盘，如图 6.14 所示，轴心为 O。两个转盘既可以联动，又能分立转动。两个转盘联动时，大盘转动的角速度为小盘的两倍。小转盘中心装有试样支架，放有试样 P，大转盘上放有接收狭缝 RS 和探测器 C。接收狭缝绕轴心 O 转动的轨迹为衍射仪圆 G。

衍射仪用的 X 射线源为线焦。光源 S 在衍射仪圆上。测角仪的台面上装有刻度尺 K，用以读出试样和接收狭缝的转动位置。以 X 射线源 S 与转轴 O 的连线与衍射仪圆的交点作为大、小转盘的共同初始位置，即 θ 角与 2θ 角的共同零点。从图 6.14 中可以看出，当大、小转盘从它们的共同零点开始，顺时针方向联动转动时，如果试样表面与 X 射线入射线呈 θ 角，接收狭缝和探测器就与入射线呈 2θ 角。当 θ 为试样中某晶面的布拉格角时，探测器中就刚好探测到该晶面的衍射线。该衍射线的衍射角 2θ，既可以从刻度尺上读出，也可以由电子系统显示。探测器的转动速度被称为扫描速度，衍射仪的扫描速度一般可在很大范围内变动。

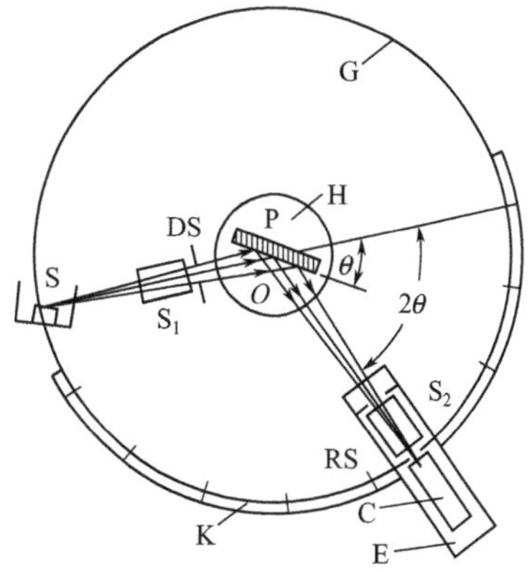

■ 图 6.14　测角仪构造示意图

G—衍射仪圆；S—光源；S_1、S_2—索拉狭缝；P—试样；H—试样台；DS—发散狭缝；RS—接收狭缝；C—探测器；E—支架；K—刻度尺

X 射线源 S 和接收狭缝 RS 都处在衍射仪圆上，可以提高测角仪测量的灵敏度和分辨率。由图 6.15 可以看出，当大、小转盘联动时，不管它们转动到什么角度，试样、焦点和接收狭缝都处在一个圆上，如图中的虚线所示，并且试样表面总与该圆相切，这个圆就是聚焦圆。由于这种聚焦几何的安排，即使试样被照射的面积较大，也可以得到角宽度较小而峰

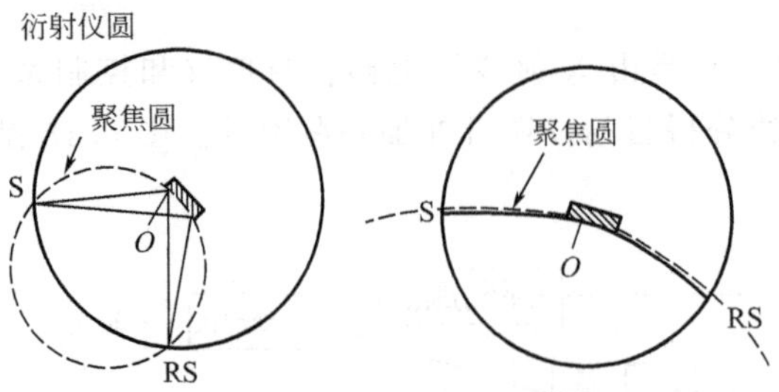

■ 图 6.15 测角仪的聚焦原理

值强度较大的衍射线，从而提高了分辨率与灵敏度。从图 6.15 中还可以看出，除 X 射线源 S 之外，聚焦圆与测角仪圆只能有一点相交。这也就是说，无论衍射条件如何改变，在一定的衍射条件下，只能有一条衍射线在测角仪圆上聚焦。因此，沿测角仪圆移动的计数器只能逐个地对衍射线进行测量。当计数器沿测角仪圆测量衍射花样时，聚焦圆半径将随之而变。

只有试样表面是曲线，而且其曲率与聚焦圆的曲率相等时，才严格符合聚焦条件。但是聚焦圆的曲率半径是随 θ 角的变化而改变的，因而实际上只能采用平面试样这种“半聚焦”方法。此时，衍射线并不完全聚焦，而是略有宽化。当入射光束的水平发散度增大时，宽化情况增加，分辨率则随之降低。

测角仪包含一套狭缝系统，如图 6.16 所示，用以改变 X 射线入射线与衍射线的光路。这套狭缝系统对衍射仪的灵敏度和分辨率影响很大，对衍射线的线形和峰背比影响也很大(峰背比是指衍射线峰高与背底的比值)。

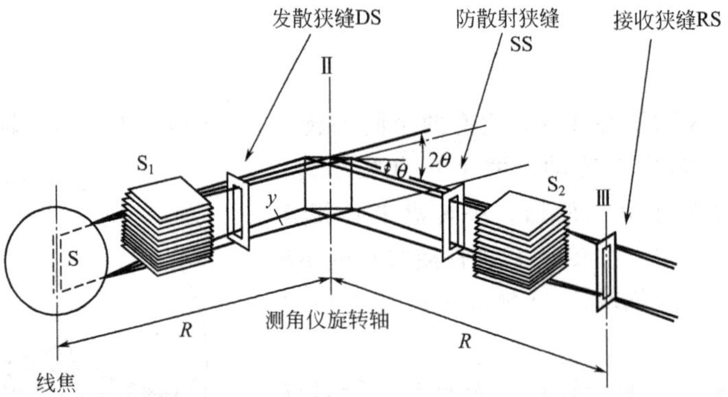

■ 图 6.16 测角仪的狭缝系统

线焦 S、发散狭缝、测角仪旋转轴、防散射狭缝和接收狭缝要相互平行，S_1、S_2 为索拉狭缝

发散狭缝 DS 决定了 X 射线入射线的发散角度，即入射线的强度和试样被 X 射线照射的面积。防散射狭缝 SS 用于仅让 X 射线衍射线通过接收狭缝进入探测器，防止其他物体和空气的散射线进入探测器，从而增加灵敏度，提高峰背比。接收狭缝 RS 决定了同时进入探测器的衍射线的角宽度，因此它对衍射线形与仪器分辨率的影响很大。

由图 6.16 可以看出，由于 X 射线源的线焦垂直于衍射仪圆，所以 X 射线入射线和衍射线都有很大部分不平行于衍射仪圆，而是具有较大的垂直发散度，它降低了仪器的分辨率与灵敏度。为了减小 X 射线光路中的这种垂直发散效应，在光路中放入两个索拉狭缝 S_1 和 S_2。索拉狭缝是一叠相互平行的金属薄片，相邻两片间的距离为 δ，薄片的长度为 l，可用来限制垂直发散效应。δ/l 称为测角仪的垂直发散度。垂直发散度过小则强度显著下降；过大则垂直发散效应十分显著。在测角仪的狭缝系统中，两个索拉狭缝一般是不能更换的，而发散狭缝、防散射狭缝和接收狭缝都可以根据工作需要而更换。

衍射仪法的分辨率比德拜法高。例如对于结晶性良好的单晶硅的粉末试样，当发散狭缝为 1°，接收狭缝为 0.03°时，就可见到 2θ 为 28.5°处 111 晶面的 $K_{\alpha2}$ 小峰，而在 90°处，$K_{\alpha1}$ 和 $K_{\alpha2}$ 的峰就可基本分开。

6.2.2 探测器

探测器是用来记录衍射谱的，因而是衍射仪中不可或缺的部件之一。探测器可以通过电子电路直接记录衍射的光子数，使用非常方便，已经全面取代了早先使用的照相底片的记录方法。最初的探测器是盖革计数器，但由于它的时间分辨率不高，计数的线性范围不大，故不是一个良好的探测器。后来，正比计数器和闪烁计数器取代了盖革计数器，成为应用最广泛的探测器。随着实验要求的提高，近几十年又发展出固体探测器、阵列探测器和位置灵敏探测器等新型探测器。

图 6.17 为正比计数管和盖革计数器的结构示意图。它是由一个充气的圆筒形金属套管（阴极）和一根与圆筒同轴的细金属丝（阳极）构成的。圆筒的一端用一层对 X 射线透明的材料（云母或铍片）封住，作为计数管的窗口。如果在阴阳极之间加上 600～900V 的电压，它就构成了正比计数管。图 6.18 表示气体放大倍数随计数管电压的变化情况。当电压一定时，正比计数器所产生的脉冲大小与被吸收的 X 射线光子的能量成正比。例如，如果吸收一个 Cu-K_α 光子（$h\nu$=9000eV），则产生一个 1.0 mV 的电压脉冲，而吸收一个 Mo-K_α 光子（$h\nu$=20000eV）时，便产生一个 2.2 mV 的电压脉冲。正比计数器是一种快速计数器，它能分辨输入速率高达 10^6/s 的分立脉冲。

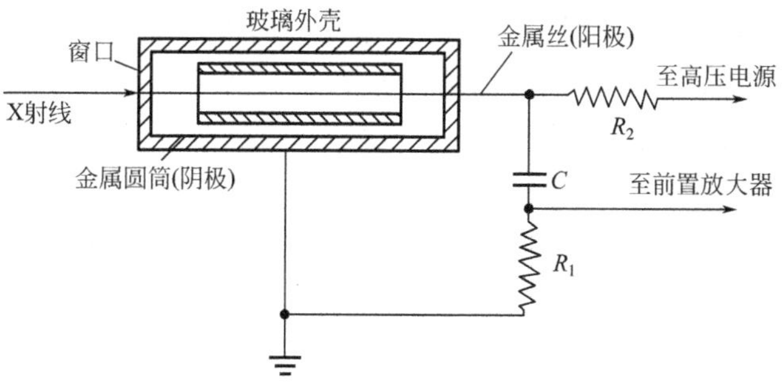

■ 图 6.17　正比计数管和盖革计数器的示意图

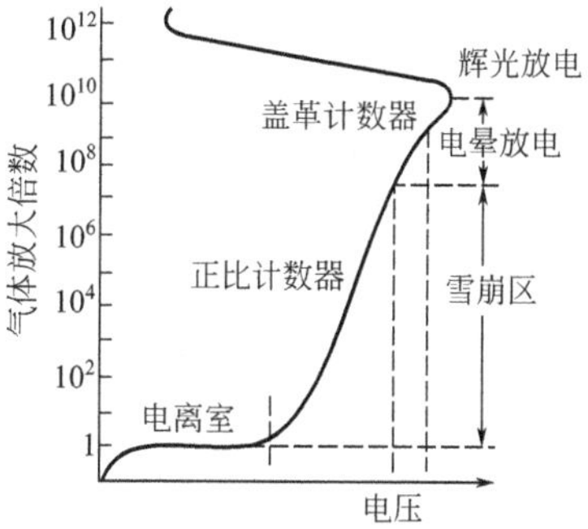

■ 图 6.18　电压对气体放大倍数的影响

图 6.19 为闪烁探测器的示意图。整个探测器装在一个密闭的套子内，以防止可见光进入。一端为约 0.3mm 厚的铍窗。当一个 X 射线光子穿透铍窗，就射入一块铊激活的碘化钠晶体，使碘化钠晶体发出蓝光。光电倍增管紧贴着晶体。由于碘化钠单晶对可见光是透明的，所以蓝光可穿过晶体及光电倍增管的玻璃壳，射到光电倍增管的光阴极上，并从光阴极上击出许多电子。光电倍增管中装有大约 10 个打拿极，最后还有一个阳极。从光阴极起，每个打拿极的电压逐级增高约 100V，直到阳极。因此，光阴极放出的电子射向第一个打拿极，并在第一个打拿极表面上击出更多的电子而射向第二个打拿极，如此继续下去，直到阳极。这样，射入一个 X 射线光子，就会造成大量的电子到达阳极上，因而在阳极处形成一个电流脉冲，这个过程所需的时间不到 1μs。虽然光电倍增管的电子数量倍增率可达约 10^6，但转变成的输出电压脉冲一般还很小，不宜于作稍长距离的传输，为此，紧接光电倍增管的阳极要装一个前置放大器或射极输出器，把脉冲信号进行线性放大，然后再输往后续电子学

系统。Si(Li) 探测器（锂漂移硅探测器）是由锂向硅中漂移制作而成，为一类早期的半导体探测器。当光子进入检测器后，在 Si(Li) 晶体内激发出一定数目的电子空穴对。产生一个空穴对的最低平均能量 ε 是一定的，因此由一个能量为 ΔE 的 X 射线光子造成的空穴对的数目 $N=\Delta E/\varepsilon$。入射 X 射线光子的能量越高，N 就越大。利用加在晶体两端的偏压收集电子空穴对，经过前置放大器转换成电流脉冲，电流脉冲的高度取决于 N 的大小。电流脉冲经过主放大器转换成电压脉冲进入多道脉冲高度分析器，脉冲高度分析器按高度把脉冲分类进行计数，这样就可以描出一张 X 射线按能量大小分布的图谱。由于 Si(Li) 探测器需在低温下（-90℃）工作，以避免 Li 的反向迁移，保障最佳的信噪比，因此并未在衍射仪中广泛使用。

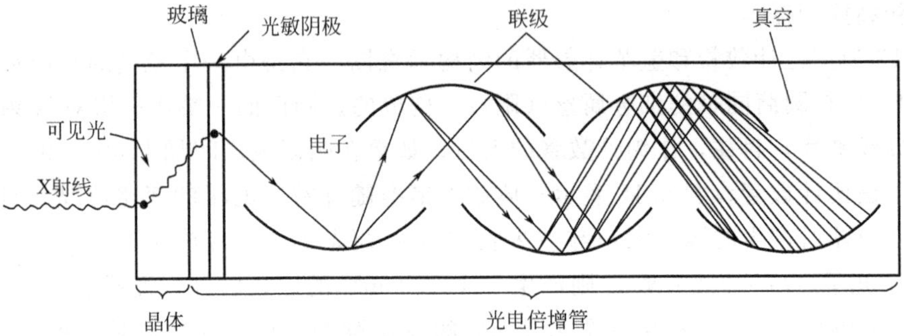

■ 图 6.19 闪烁探测器示意图

然而，近年发展起来硅漂移探测器（silicon drift detector，简称 SDD）通过将场效应管（FET）和 Peltier 效应器件整合到一起，可在室温下满足其制冷需求，因而借助于其能量分辨率高的特点，在衍射仪中的应用日益增加。SDD 探测器的结构如图 6.20 所示。它的主要结构是一块低掺杂的高阻硅，背面的辐射入射处有一层很薄的异质突变结，正面的异质掺杂电极设计成间隔很短的条纹（通常做成同心圆环状），反转偏置场在电极间逐步增加，形成平行表面的电场分量。耗尽层电离辐射产生的电子受该电场力驱动，向极低电容的收集阳极“漂移”，形成计数电流。

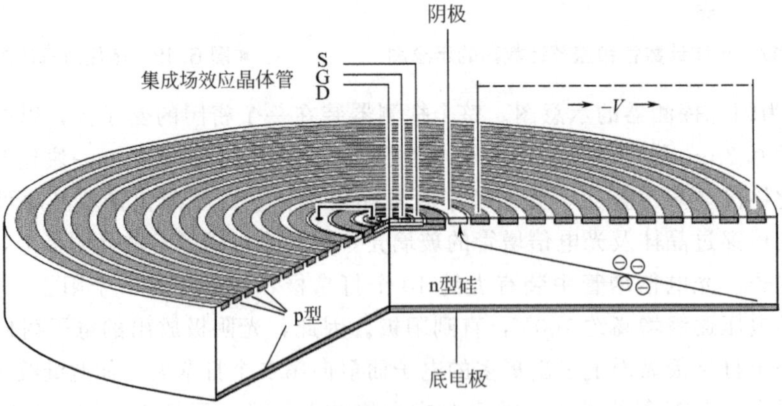

■ 图 6.20 硅漂移探测器示意图

探测器的优劣一般用探测效率、能量分辨率、背底计数和抗漏计性能等指标来衡量。

(1) 探测效率

对闪烁探测器而言，其探测效率取决于铍窗和碘化钠晶体对射入的X射线的吸收效率。铍窗的吸收是无效的吸收，它越厚则探测效率越低，但铍的吸收系数较小，一般影响较小。约1mm厚的碘化钠晶体就可以全部吸收一般衍射用的特征X射线。两者的综合结果如图6.21中的SC曲线所示，从图中可知，闪烁探测器的探测效率是很高的。

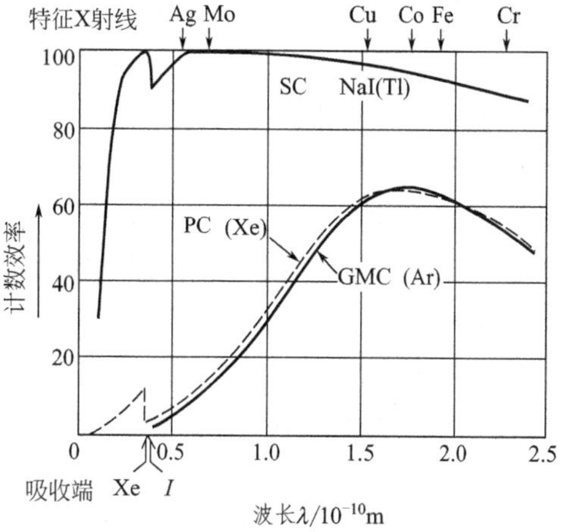

■ 图6.21 探测器的探测效率（计算值）

SC为闪烁探测器的探测效率随X射线子的变化；PC和GMC分别为充Xe正比计数管和充Ar盖格计数管的计数效率

Si(Li)固体探测器前面也有一薄层铍窗，探测效率也很高。而电离室、盖革计数管、正比计数管和位置灵敏探测器都是利用X射线对气体的电离作用形成电子与正离子而进行探测的。气体对X射线的吸收系数较低，因而探测效率较低。盖革计数管和正比计数管的探测效率曲线绘于图6.21中。图中的PC曲线（虚线）表示正比计数管的探测效率，GMC曲线表示盖格计数管的探测效率。它们都对Cu-K_α和Co-K_α的X射线有较高的吸收效率。目前，已发展出了探测效率较高的新型正比计数管。

（2）能量分辨率

所谓探测器的能量分辨率，是指探测器分辨入射X射线光子能量的能力。对于盖革计数管，无论射入的X射线光子的能量是多少，每个光子所造成的电脉冲幅度都相近，因而不能根据产生的脉冲幅度分辨入射光子的能量，即没有能量分辨能力。

图6.22描述了闪烁探测器、正比计数管和Si(Li)固体探测器的能量分辨率的比较。它说明，当入射光子的能量一定时，各种探测器输出的脉冲个数按能量的分布。也就是说，尽管入射光子的能量一定，探测器输出的脉冲幅度也不严格相等，而是围绕平均幅度有一分布，图6.22描述的就是这种分布。记分布高度一半处的宽度为$W_{1/2}$，平均脉冲幅度为$\overline{V}$，则用$W_{1/2}/\overline{V}$描述探测器的能量分辨率。从图6.22中看出，上述三种探测器中，闪烁探测器的能量分辨率最低，其$W_{1/2}=3070\text{eV}$，$W_{1/2}/\overline{V}=52\%$。正比计数器的能量分辨率为17%。Si(Li)固体探测器的能量分辨率最高，为2.7%，它能区分辐射中的K_α与K_β光子，因此不需要石墨单色器，可避免石墨单色器75%的损失，相当于提高强度的4倍。Si(Li)固体探测器的能量分辨率虽高，但价格昂贵，体积较大且安装不便，最大线性计数有限，同

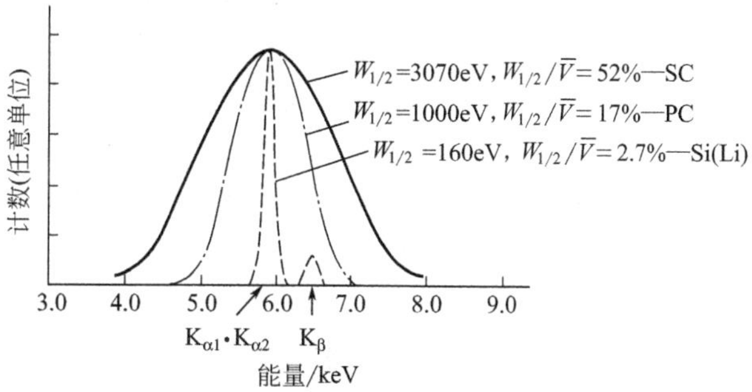

■ 图6.22 三种探测器的能量分辨率的比较

实线、点画线和虚线分别表示闪烁、正比和Si(Li)固体探测器的能量分辨情况

时需在低温下工作，因而在一般衍射仪中尚未广泛采用。而常温使用的SDD探测器的阳极面积小于通常硅PIN器件，由于电容的减小，在收集等量电荷的情况下具有更高的电压，提高了其能量分辨率。

(3) 背底计数

即使完全没有X射线入射，闪烁探测器在加上工作电压以后，阳极仍然有一定的“暗电流”。这主要是由于光阴极和打拿极是由很容易发出次级电子的材料制成的。这些材料在温度稍高时，会以一定的概率发射出电子。这些电子经过倍增后，就成为阳极上的暗电流。实际上，热电子是一个个地发射的，阳极上得到的也就是一个个的小电流脉冲。这就是闪烁计数器的背底脉冲（或噪声脉冲）。除热电子发射外，打拿极间的漏电、离子反馈等也会造成背底脉冲。

工作电压增大时，光电倍增管的放大倍数增加，背底脉冲的幅度也增大。如果电压高到一定的程度，各电极的棱角和尖端处的场致发射和残余气体的离子反馈效应明显增加，导致背底脉冲的数目急剧增加，这就会降低衍射线的峰背比。因此工作电压不能过高。但光电倍增管工作电压过低，则达不到倍增放大作用。因此，必须施加适当的电压，一般为900V左右。

各种探测器都有背底脉冲计数问题，其原因不尽相同。但共同之处是都需适当调节工作电压，使之不仅能工作，背底计数又少，还要在工作电压有所波动时，工作状态比较稳定。一般说来闪烁探测器的背底比其他几种探测器的略高，但目前闪烁探测器配以单道脉冲高度分析器，可做到背底计数率在每秒两个以下，对X射线衍射工作而言，已满足要求。

(4) 抗漏计性能

X射线射入碘化钠晶体后，在很短的时间内（约10^{-11}s）就损失掉全部能量而使晶体中的一些原子激发，但这些被激发的原子的退激发光却不是在同一时刻内进行，而是有早有晚。对碘化钠晶体而言，这一过程约为1μs。可以设想，如果两个X射线光子在不到1μs内连续射入时，则闪烁探测器不可能区分它们，而是把它们当作一个X射线光子记下，也就是说漏计了一个X射线光子。若每秒有10^3个光子以相等的时间间隔射入，在理论上没有漏计。而各光子的射入时间是随机分布的，因此实际存在“漏计”。漏计会造成测得的衍射强度不准确，这就是探测器的时间分辨特性。

各种探测器均有漏计问题。图6.23给出了盖革与正比计数管的“漏计”情况。从图中看出，对于盖革计数管，当每秒有数百个光子入射时，就有明显漏计，而正比计数管则无明显漏计。对闪烁探测器来说，一般当计数率每秒小于10^4时可不考虑漏计问题。Si(Li)探测器的分辨时间很短，约为$10^{-9}\sim10^{-8}$s，但实际上此种探测系统的分辨时间往往由其前置放大器决定，有时分辨时间甚至可大到10^{-3}s，因此也要考虑漏计问题。

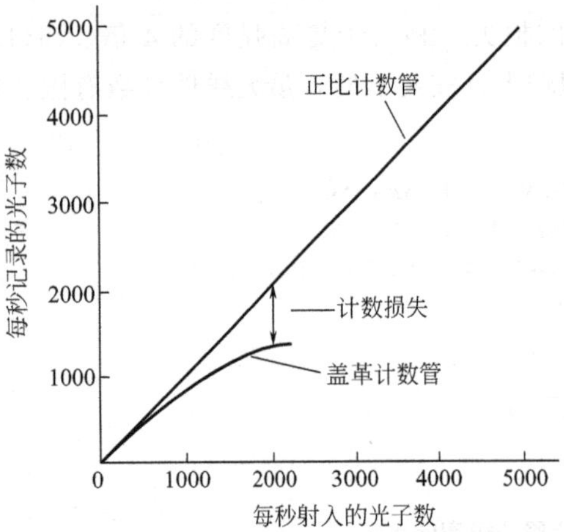

■ 图6.23 计数率对计数损失的影响

与此同时，为实现更高的探测效率，阵列探测器和位置灵敏探测器等可进行多位置同时记录的探测器得以发展并应用于实际衍射仪中。根据探测位置的分布，可将这类多位置探测器分为一维探测器和二维探测器。

一维探测器可在探测器全长范围同时探测入射 X 射线光子，同时记录不同衍射角的数据，以此大幅提高探测效率。常见一维探测器有多丝正比位置灵敏探测器与 Si 阵列探测器。多丝正比位置灵敏探测器实物图与探测系统示意图如图 6.24 所示。探测器内排列着多个阴极，各阴极间以延迟线连接，并以一根阳极丝贯穿全长。X 射线射入时，在相应位置产生气体电离放电，附近阴极电信号向探测器两头传输，放电位置不同，则两边接收到的时间不同，由此时间差确定入射光子的位置。而通过弯曲形的此种探测器，则可同时探测大角度范围的衍射线。类似地，Si 阵列探测器则是通过微器件加工技术在约 1cm 的宽度内制作近百个并列的细长探测器，各自同时探测记录。记录效率比多丝正比位置灵敏探测器更高。通过多位置同时记录，极大地提高了工作效率，1～2min 即可记录一条谱线。但这样一种探测，与常规配置相比，能量分辨率下降，甚至严重下降，当样品中含有荧光物质时，峰背比严重下降。虽然有上述缺点，但在样品无荧光物质并要求快速测定时，如高温或大批量样品筛选时，这样一种探测颇具优势。

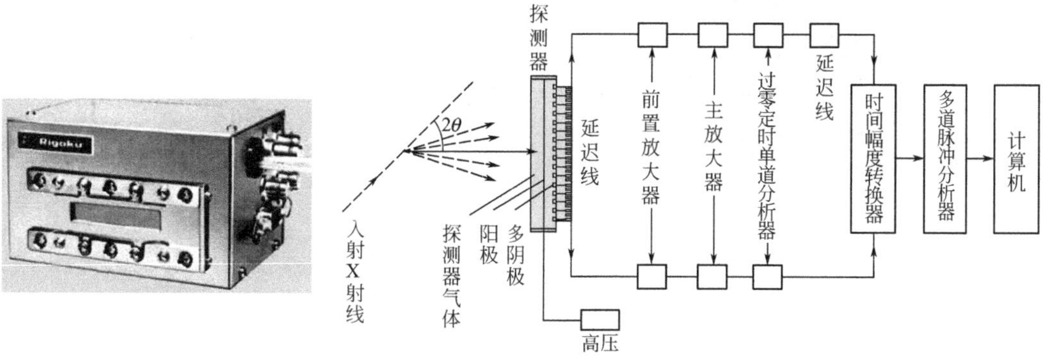

■ 图 6.24　一维多丝正比位置灵敏探测器的实物图与探测系统示意图

二维探测器又称面探测器，常规使用的类型有二维多丝正比探测器、图像板探测器(image plate，IP)、电荷耦合元件探测器（charge-coupled device，CCD）三类。二维多丝正比探测器的原理与一维的相同，由在一个平面上的阳极丝构成平面网状阳极，前后各一排阴极丝构成两个阴极平面。前后两排阴极丝排列方向相互垂直，分别探测确定一个 X 光子入射位置的 X 和 Y 坐标。图 6.25 给出了二维多丝正比探测器的实物图与内部结构示意图。

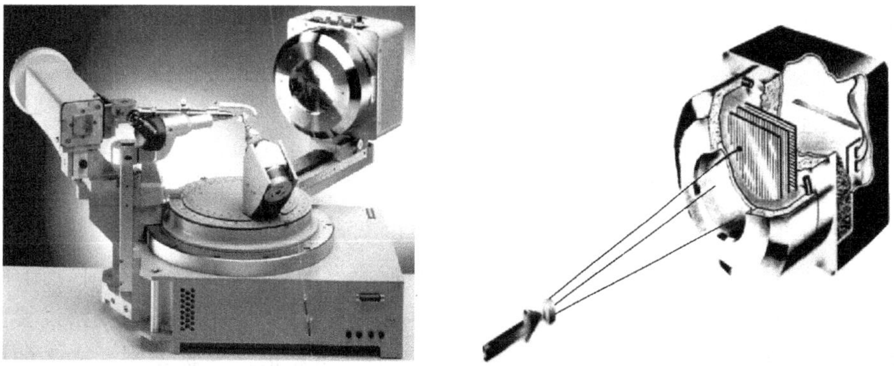

(a) 探测器实物　　(b) 探测器内部结构示意图

■ 图 6.25　二维多丝正比探测器的实物图与内部结构示意图

通过与探测器相连的阴极射线管显示器（cathode ray tube，CRT）可以实现对衍射线强度变化的实时观测。现有的二维多丝正比探测器面积约 $100cm^2$，因此需要通过旋转改变位置才能探测衍射角相差较大的衍射线。类似功能的还有大面积的CCD探测器，均已应用于单晶结构分析的衍射仪上。相较于实时记录的优势，图像板则通过在可弯曲的柔性板上涂以能记录光子照射情况的化合物记录衍射图像，利用激光扫描读出，并可以清除原纪录实现反复使用。其优点是面积大，可以弯曲，因而可记录 2θ 从$-60°$～$140°$范围的衍射线，如图 6.26 所示。

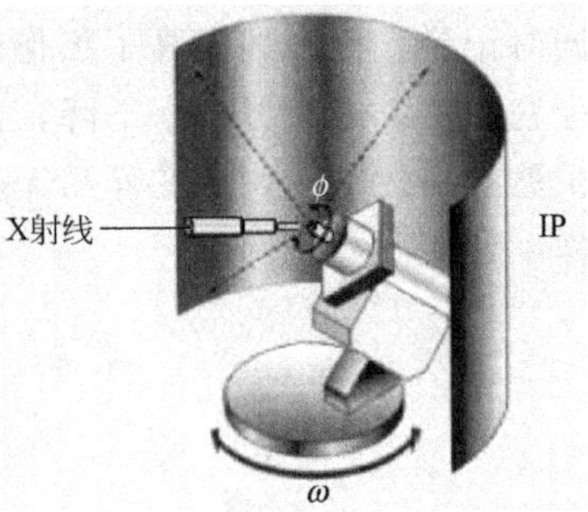

■ 图 6.26 图像板探测器实物图与结构示意图

6.2.3 控制和数据处理系统

这部分系统包括图 6.13 中除 X 射线机、测角仪和探测器以外的所有部件。这一部分的功能是控制 X 射线窗口的开关，使测角仪按需要的方式运行，按需要的方式输出探测器的信号，记录、打印衍射图形和处理衍射数据等。

一台衍射仪自动化程度的高低，主要体现在这一部分。一台单板机就能控制整个衍射仪的运行与信号记录，并能作衍射数据的简单处理。需要作复杂的数据处理时，应使用计算机。计算机中可以配有各种数据处理程序，为使用者提供了方便。这里仅介绍这部分的核心部件，即单道脉冲高度分析器、定标器和计数率计。

（1）单道脉冲高度分析器

实际上，射入探测器的 X 射线光子中，除了相干散射造成的衍射光子外，还有试样的荧光散射光子和空气、滤片、狭缝边缘、索拉狭缝以及探测器窗口的散射光子，这些因素都会形成一定的干扰脉冲。为了排除这些干扰脉冲的影响，使用了单道脉冲高度分析器，或简称单道。

如图 6.22 所示，当使用一定的能量分辨率的探测器时，真正待测的衍射光子所造成的脉冲幅度分布在一定范围以内。单道分析器就利用这一特性。它用电子学线路设置两个脉冲幅度的阈值——上阈值和下阈值。下阈值称基线，上、下阈值之差称窗宽。输入的脉冲，凡低于下阈值和高于上阈值者，均不能通过，只有在两阈值之间者可以通过。这样就排除了干扰脉冲而提高了信噪比。当然，随着所用特征辐射波长的变化，上、下阈值也需要调整。

(2) 定标器

定标器又称计数器，它把预定时间内通过单道的脉冲数用数码管显示出来，从而得到衍射线的强度。在某些仪器上还可以有定时计数或定数计时两种用法。即使仪器很稳定，对于同一强度的 X 射线源以相同的条件连续作多次记录，所得的各次计数值也不完全相同，这是因为衍射 X 射线光子的产生在时间上是随机分布的。在给定的时间 t 内，某次测得的脉冲数目 N 围绕其多次测量平均值 $\overline{N}$ 按统计规律变化，它的标准误差为 $\sigma=\sqrt{N}$。

实际上常用相对误差的计算公式为，

$$相对标准误差=\frac{1}{\sqrt{N}}\times 100\%$$

按此计算，则预定的相对标准误差与所测的计数 N 之间的关系为

预定相对标准误差/%	所测计数 N
0.2	250000
0.4	62500
0.6	27700
0.8	15625
1.0	10000
1.5	4444
2.0	2500

假如一次记录得总计数为 10^4，则此时误差小于 1%的置信度只有 67%。倘若需要更高的置信度，则需要有更多的计数。上述计算只是在峰背比很大时才是正确的。当背底的强度较大时，实际的误差还要大。设在某衍射峰的峰顶的总计数为 N_T（包括背底），而背底的计数为 N_B，此时并不能以 N_T 按上式计算误差，因为 N_B 本身也有误差。这时实际纯峰高的相对标准误差为

$$\sigma_p=\frac{(N_T+N_B)^{\frac{1}{2}}}{N_T-N_B}\times 100\%$$

若 $N_T=10000$，$N_B=5000$，则 $\sigma_p=2.45\%$，显然大于 1%。

(3) 计数率计

一般使用衍射分析时，往往需要快速得到衍射图样，此时要使用计数率计。它所反映的并不是某一预定时间内的总计数值，而是“此时”平均每秒接收到的脉冲数，即计数率。计数率计内有一个由电阻和电容组成的并联电路（RC 电路），脉冲在到达此电路之前，先要经过成形电路，使所有脉冲都具有相同的高度和宽度。当每个脉冲到达此 RC 电路时，就给电容充电，同时通过电阻放电。计数率高时，电容器上的电压就高，反之则低。当测角仪扫描时，随着衍射线的出没，就用纸速与测角仪扫描速度同步的电位差记录仪记下此电压的变化，即可得到衍射图。

显然，利用 RC 电路测量计数率的变化时，将有时间滞后效应。也就是说，滞后的输出量才能准确地反映实时的输入量。这种效应与 RC 的乘积有关。如果电阻的单位为 MΩ（兆欧），电容的单位为 μF（微法），则 RC 的量纲是 s（秒）。一般称此 RC 值为**时间常数**。例如，当输入的计数率由某一恒定值突然变到另一恒定值时，输出量要经过一个 RC 的时间后，才变化了改变值的 63%，经过 $4RC$ 的时间后才变化了 99%。可见，要记录快速变化的

计数率（或衍射图形），就要把 RC 调得较小。

但是，即使是在恒定的衍射条件下，射入 X 射线光子的速度在时间上也是有瞬时波动的，因此，如果 RC 太小，记录下的图形就会有图 6.27(a) 所示的波动。在平均计数率较小时，此现象特别明显。如果适当加大时间常数，就会得到“抹平”计数率统计波动的效果，如图 6.27(c) 所示。因此，在选择时间常数时，必须兼顾这两方面的因素：既不明显滞后，又适当消除统计波动。在稍好的衍射仪上，时间常数可由十分之一秒调到数十秒。

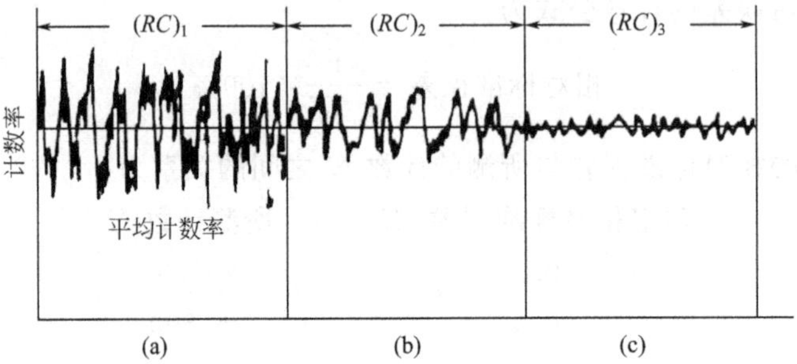

■ 图 6.27 时间常数对“抹平”统计波动的作用

(a)、(b)、(c) 中的时间常数 $(RC)_1 < (RC)_2 < (RC)_3$

6.2.4 晶体单色器

降低背底的最好方法是采用晶体单色器。如图 6.28 所示，在衍射仪的接收狭缝后面先放置一块单晶体——晶体单色器，此单色器的某晶面与通过接收狭缝的衍射线所成的角度等于此晶面对靶的 K_α 射线的布拉格角。这样，试样的衍射线经单晶体再次衍射后，再进入探测器。而非试样的衍射线则不能在单晶体处发生衍射，从而不能进入探测器。同时，接收狭缝、单色器和探测器的位置是相对固定的。于是，尽管衍射仪在转动，也只有试样对 K_α 的衍射线才进入探测器，因而大大降低了背底。例如用 Cu-K_α 测 Fe，甚至可能使背底降到 10cps（每秒计数）以下。

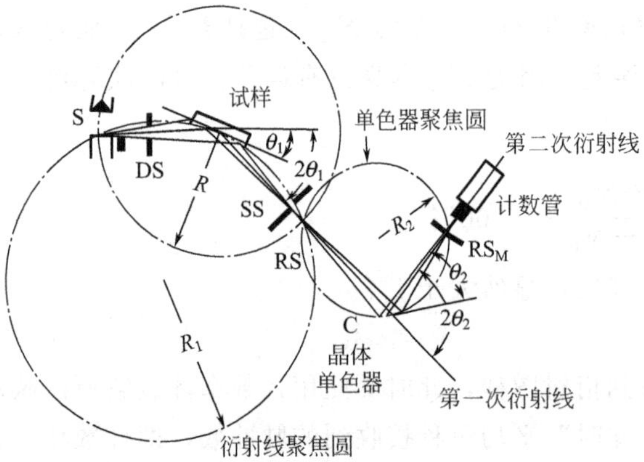

■ 图 6.28 采用衍射光束单色器时的几何光路图

选择单色器用的晶体及晶面时，有两种方案：一是强调分辨率；二是强调绝对衍射能力，即强度。对于前者，一般选用石英等晶体。对于后者，则使用热解石墨单色器，它的 (0002) 晶面的衍射效率高于其他单色器。与此同时，由于石墨单色器并不足以区分 $K_{\alpha1}$ 和 $K_{\alpha2}$ 两条线，研发者利用四块晶体依次衍射构成的四晶单色器通过合适的衍射几何可将入射线的 $K_{\alpha2}$ 滤除，但由于多次衍射会导致强度下降，因此四晶单色器的使用往往需要更高的入射光强和更敏锐的探测器。

晶体单色器不能排除所用 K_α 射线的高次谐波。例如 $1/2\lambda_{K_\alpha}$ 和 $1/3\lambda_{K_\alpha}$ 的 X 射线和 K_α 一

起在试样上和单色器上发生反射，进入探测器。然而，后续的单道脉冲幅度分析器，可以排除这些高次谐波所贡献的信号。图 6.29 是采用滤片和石墨单色器的对比图例。应注意的是，在衍射光束中加进石墨单色器时，偏振因子 $(1+\cos^2 2\theta)/2$ 应改为 $(1+\cos^2 2\theta_M \cos^2 2\theta)/2$。式中，$\theta_M$ 是单色器的布拉格角。

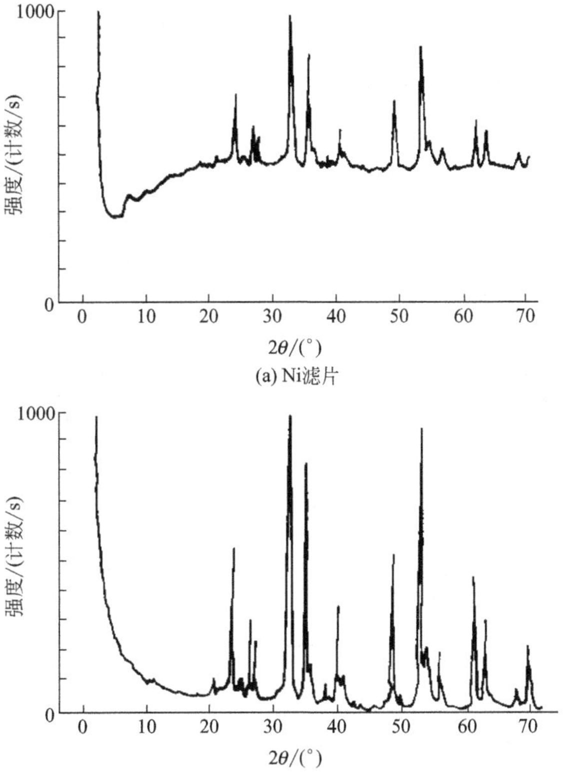

■ 图 6.29 衍射束单色器的效果，试样：$FeTiO_3$，Cu-K_α 辐射

6.2.5 衍射仪

以上部分已介绍了衍射仪的核心配件，而实际测试过程中，由于测试样品、测试条件、测试需求的不同，除常规粉末衍射仪外，功能多样的衍射仪得以面世。

随着温度的变化，材料的晶格由于热效应发生着膨胀与收缩，与此同时，对于存在相转变的材料，温度的改变会导致晶体结构的改变。为表征这样一种随温度变化的晶格信息，通过为衍射仪样品台添加温度调节配件，变温 X 射线衍射仪得以发展并广泛应用。图 6.30 所示为配有圆弧形一维多丝正比探测器的变温衍射仪，这样一种探测器的选择，使得衍射仪可以在大角度范围内同时记录衍射信息，因而实现了在 0.1s

■ 图 6.30 变温 X 射线衍射仪
配有圆弧形一维多丝正比探测器

内完成一次衍射谱的记录。虽然分辨率并不能达到最高水平，但可实现变温过程晶格变化的实时记录，为探究晶体随温度变化的改变提供了有力的手段。图 6.31 为南京大学唐绍龙教授课题组在稀土合金 $PrFe_{1.9}$ 中利用变温 X 射线手段，对低温下的磁致伸缩效应进行的研究。结果表明，当具有立方 Laves 相结构的材料发生磁致伸缩时，会产生不同的结构畸变，相应的 X 射线衍射特征峰也会发生变化。通过对 $PrFe_{1.9}$ 立方 Laves 相合金的特征峰｛400｝和｛222｝在不同温度下的 X 射线衍射谱测量，发现该合金在 70～300K 之间发生了菱方结构畸变，而在 15～30K 之间发生了四方结构畸变。

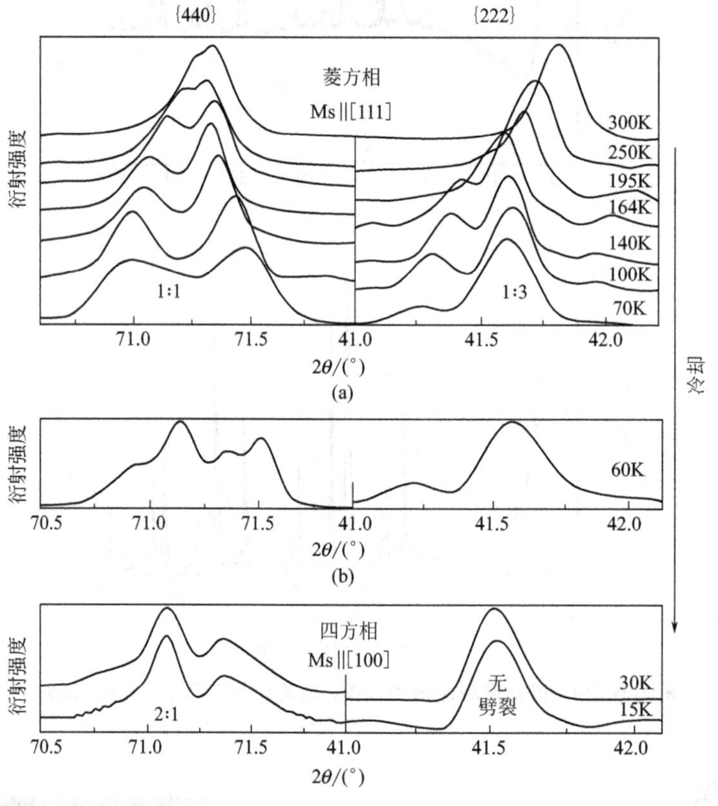

■ 图 6.31 $PrFe_{1.9}$的变温 X 射线谱

图中为｛440｝和｛222｝衍射峰随温度下降的变化

考虑到样品的形状特性，不同的测试方法使得衍射仪具备了不同的形式。图 6.32 所示为专门针对单晶试样测试而开发的一种单晶衍射仪，通过样品台转动、平移自由度的设计，可以探测单晶试样在空间各个方向上的信息。图 6.33 则在是在五自由度样品台的基础上，通过四晶单色器和衍射光程单色器，提高了衍射仪的分辨率，实现了高分辨衍射仪的构建，可用于倒易空间谱的测定。图 6.34 所示的是可进行掠入射探测的衍射仪，通过使入射线、探测器所测衍射线二者所在平面几乎平行于样品表面，该衍射仪可测定薄膜中垂直于表面的晶面的衍射。图 6.35 则展示了用于织构测定的衍射仪。为了达到织构测定时对样品空间的全覆盖，用于测定织构的衍射仪同样具备了单晶衍射仪的高转动自由度。图 6.36 所示为可进行试样宏观残余应力测试的衍射仪。

■ 图 6.32　单晶衍射仪

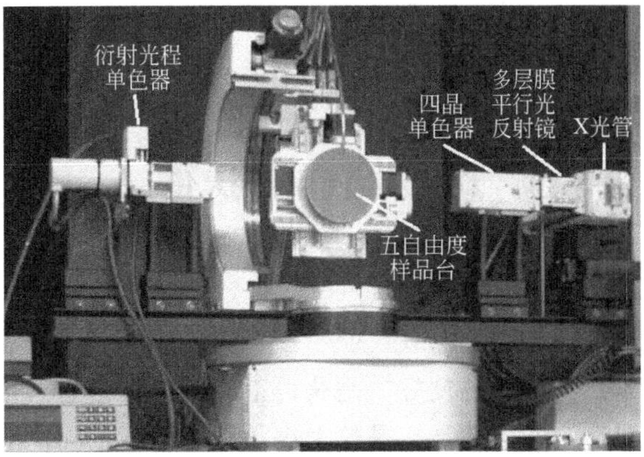

■ 图 6.33　高分辨衍射仪

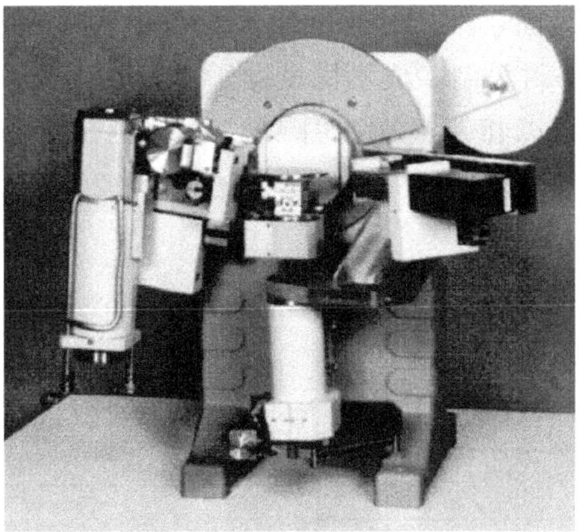

■ 图 6.34　测定面内掠入射的衍射仪

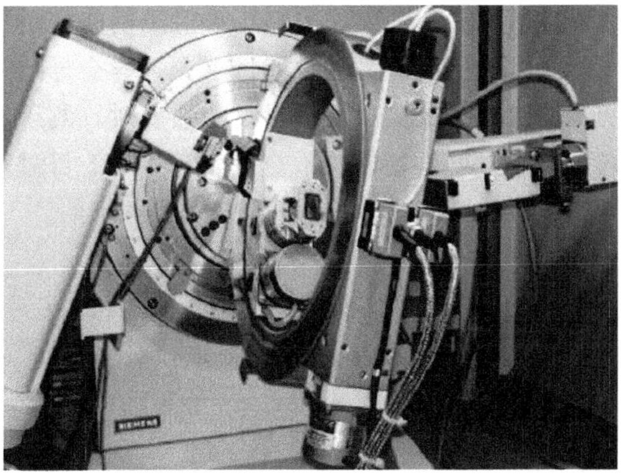

■ 图 6.35　织构测定的衍射仪

(a) 可进行大工件测试　(b) 配有一维弯曲位置敏感探测器，测试速较快　(c) 具有大的空心轴，可对曲轴进行测试

■ 图 6.36　可用于宏观残余应力测试的衍射仪

6.3 衍射图样的获得

6.3.1 试样制备要求

试样制备良好，是获得正确的衍射信息（衍射线的角度、强度、线形）的必要条件。主要注意的问题是：晶粒大小，试样厚度，择优取向，加工应变，表面平整度等。如果忽略了上述问题则将带来许多误差。

（1）晶粒大小

作为衍射仪的试样，只有其中晶粒的 hkl 面平行于试样表面时，才对所测得的 hkl 衍射线强度有贡献。同时，X 射线入射线仅能穿透试样的表面层。所以，如果试样的晶粒过大，实际上参加衍射的晶粒数就过少。这样会导致，用同一材料制备成不同试样，或用同一试样的不同部分测试其某条衍射线的强度时，测得的结果可以相差很大，图 6.37 大致给出了晶粒大小与强度误差的关系。一般常以 325 目过筛的粉末为获得试样粉末的方法，但 325 目筛子的孔径约 40μm，由图可知它是不够细的。

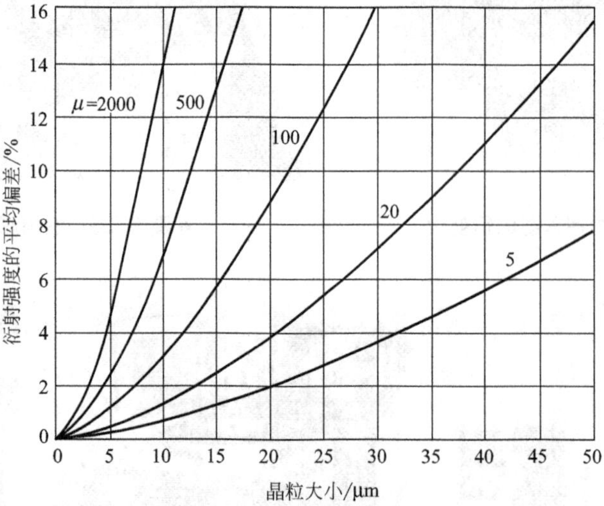

■ 图 6.37 晶粒大小与衍射强度误差的大体关系

图中 μ 为线吸收系数

要测得准确的强度，需要约 2μm 的晶粒度。这种粒度难以得到。在一般测量时，采用使试样转动、平移或振动等补救办法。当晶粒度大小为几十微米时，转动试样可使强度的均方误差大为降低。最理想的方法是使试样绕测角仪轴作角度范围不大的振动。在没有这些工作条件时，也可多次制样测试加以平均。

（2）试样的大小、厚度与质量

利用衍射仪测试试样的各条衍射线的相对强度时，要求 X 射线入射线所照射的试样面积小于试样本身的面积。只有这样，各条衍射线的强度之间才具有可比性。并且要求试样的厚度应大于 $3/\mu$，μ 为试样材料的线吸收系数。

试样表面的平整状况会影响所测衍射线的位置、形状与强度。由于试样表层物质与同等厚度的内层物质相比，对衍射线强度的贡献要大，例如用 Cu-K_α 辐射照 W 试样，1.5μm 厚的表层所贡献的衍射强度约为总强度的 85%，因此要特别注意试样的表面质量。

(3) 避免产生择优取向

只有当试样中的晶粒取向是随机分布时，所测试的衍射线强度的相对值才与理论值大体一致，才具有代表性。然而，用粉末物质制作衍射仪试样时，常采用图 6.38 所示的带孔试样板。对于具有不透孔的试样板，在槽中倒入粉末后从正面压制，获得试样。对于透孔，则下垫平板后，倒入粉末再从上面压样。如果颗粒本身具有解理面，或生成时以某晶面为外表面，则压制往往使此种晶面大量平行于试样表面，造成择优取向，从而使相对强度变化。

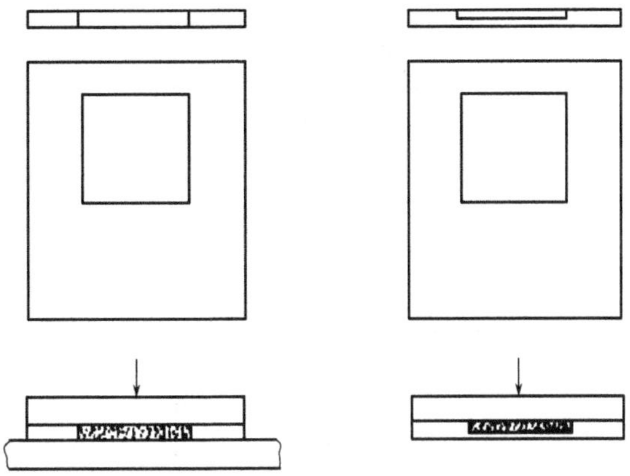

(a) 带透孔的试样板及试样压制方法　(b) 带不透孔的试样板及试样压制方法

■ 图 6.38 粉末物质制样示意图

为了解决此问题，可以采用不同方法。一是特制侧面开口的试样板，从侧面装入粉末。二是混入球形或不规则形状的粉末。三是用颗粒度适当的砂纸垫在下面用透孔试样板压样，用与砂纸接触的面作测试面。无论采用哪种方法，对制样及其测试结果均须谨慎处理。

6.3.2 衍射全图的获得

当要求得知某试样的全部衍射线位置和强度时，就要测试该试样的衍射全图，称衍射图样。试样的衍射全图与为其拍摄的德拜照片功能相同。只是衍射图样比德拜照片更直观，获得的衍射数据更方便、更准确。

要获得衍射图样，应采用计数率计记录。这时所选择的发散狭缝应使 X 射线入射线能被试样全部截住，即使在小 θ 角时也应如此。一般情况下，可选 1°～2°。接收狭缝大小、测角仪扫描速度、计数率的时间常数 RC 及记录纸走速等（对于早期衍射仪，采用 X-Y 记录仪记录衍射信号，因此走纸速度将决定所获衍射图的长宽比），都可以依据对衍射图样精确度的要求而定。一般情况下接收狭缝可用 0.1°，扫描速度 2°/min 或 4°/min，时间常数取 1～3s。

将欲测试的试样安放在图 6.14 所示的试样支架上。让 θ 与 2θ 零点一致，即都在 X 射线源 S 和转轴 O 连线与衍射仪圆的交点处。然后，采用 θ-2θ 联动方式扫描。这样，只要入射线与试样表面呈 θ 角，接收狭缝和探测器就刚好处在 2θ 位置上。于是，只要从小 θ 开始进行连续扫描，探测器就会接收到各条衍射线，并将它们的强度按 2θ 角的分布作出记录。

图 6.39 是 W 粉试样的衍射图样。采用 Cu-K_α 辐射为 X 射线源。图中横坐标上的分度线由记录仪自动给出。由衍射线的高低可以判断它们的相对强度。衍射全图的横坐标为 2θ，早期采用 X-Y 记录仪记录衍射信号，其横坐标 2θ 值自右至左增加，而现代衍射仪采用 AD

转换直接记录衍射强度数据，因此衍射全图横坐标 2θ 自左至右增加。

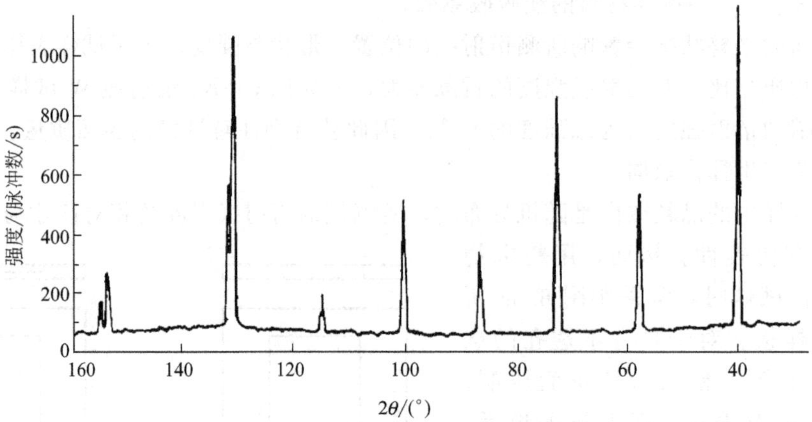

■ 图 6.39 钨粉的衍射图样（Cu-K_α 辐射）

6.3.3 单峰测试

在某些场合，需要准确地测试出一条衍射线的形状或位置。这时，往往在衍射全图中找到合适的衍射线后，再进行细致的单峰测试。单峰测试可以采用不同的方法进行。

（1）慢速连续扫描

在精度要求不太高时，可在待测衍射线的角度范围内作 θ-2θ 联动模式下的慢速连续扫描，从而在记录仪上获得一个连续的线形。这时要认真考虑时间常数对线形的影响。

（2）步进扫描

步进扫描工作是不连续的，试样每转动一定的 $\Delta\theta$ 就停止，此时，后续电子仪器开始工作一定预定时间，用定标器记录下此时间内的总计数，并将此总计数与此时的 2θ 角打印出来，或将此总计数转换成记录仪上的高度。然后试样再转动一定的 $\Delta\theta$，作重复的测量。如此一步步进行下去，就可得到图 6.40 中的图形。

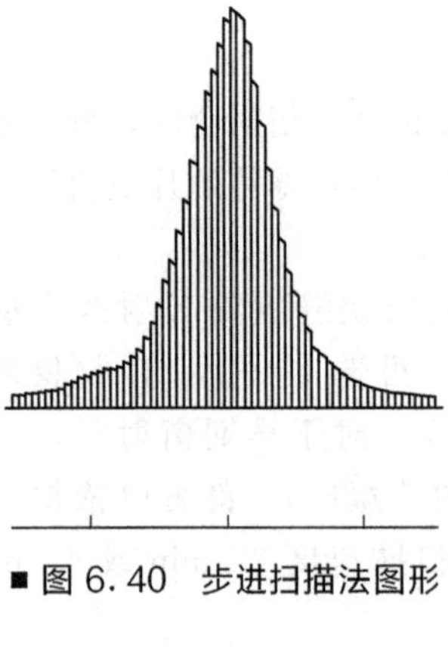

■ 图 6.40 步进扫描法图形

步进法的优点是没有滞后及平滑效应，因此分辨率不受其影响。同时它在衍射线极弱或背底很高时特别有用，在两者共存时更是如此。因为用步进法时，可以在每个 θ 角处延长停留时间，以得到较大的每步总计数，从而减小统计波动的影响。如果后续工作由电子计算机联机处理，则均采用步进法。

步进扫描一般耗费时间较多，故须认真考虑其参数。选择步进宽度时需考虑两个因素：一是所用接收狭缝的宽度，步进宽度一般不应大于狭缝宽度；二是所测衍射线形的变化急剧程度，步进宽度过大则会降低分辨率甚至掩盖衍射线的细节。在不违反上述原则的情况下，不应使步进宽度过小。

（3）θ 或 2θ 独立运动

测角仪的大小转盘，一般可以按要求进行分立的运动。例如使 2θ 固定不动，或使 θ 在一定角度范围内摆动等，可以应用于薄膜取向度的测定等。

6.4 衍射信息的获取

6.4.1 衍射线的线位

衍射线的线位是从衍射线线形获得的基本参数之一，它是点阵参数、宏观应力测定等分析工作中的关键参量。而所谓衍射线的线形，是指衍射线的强度按衍射角 2θ（或按散射矢量 **s**）的分布。下面介绍几种常用的确定线位的实验方法。

（1）图形法

直接从衍射图形出发确定线位的方法称为图形法。测得衍射线的线形以后，在做各种校正或确定各种参数之前，必须先去除背底。当衍射线比较尖锐时，只要作连接线形两侧根部平缓区的直线就去除了背底，如图 6.41 所示。而当衍射线比较漫散时，则难以确定衍射线两侧的平底，需要使用其他方法。图 6.42 为利用 Cu 粉作为标准物，以 Cu 粉衍射的背底作为 Cu 轧板衍射线的背底。

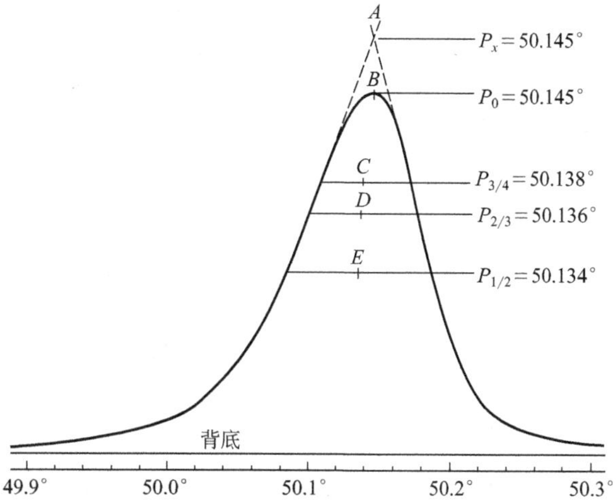

■ 图 6.41 衍射线背底的去除和线位的图形法确定

图 6.41 给出了从衍射线的图形上用不同的方法确定出的某衍射线的线位值。延长衍射线顶部两侧的直线部分，两虚线交于 A 点。过 A 作背底线的垂线，垂足为 a，a 所对应的 2θ 标尺处的度数为 50.145°，记为 P_x，这种确定线位的方法被称为延长直线法。直接寻找衍射线的强度最大点 B，定义它所对应的 2θ 标尺为衍射线的线位，记为 P_0，称为顶点法。在强度与最大强度之比为 m/n 处取一点，过该点作平行于背底的弦，取弦的中点，如图 6.41 中的 C，D，E…定义弦中位对应的 2θ 标尺上的度数为线位，记为 $P_{m/n}$。图中给出了 $P_{3/4}$、$P_{2/3}$和 $P_{1/2}$。一般常用 $P_{1/2}$作为线位。从图中看去，各种确定线位的方法给出的线位略有不同，m/n 越逼近于 1，$P_{m/n}$越逼近于 P_x。

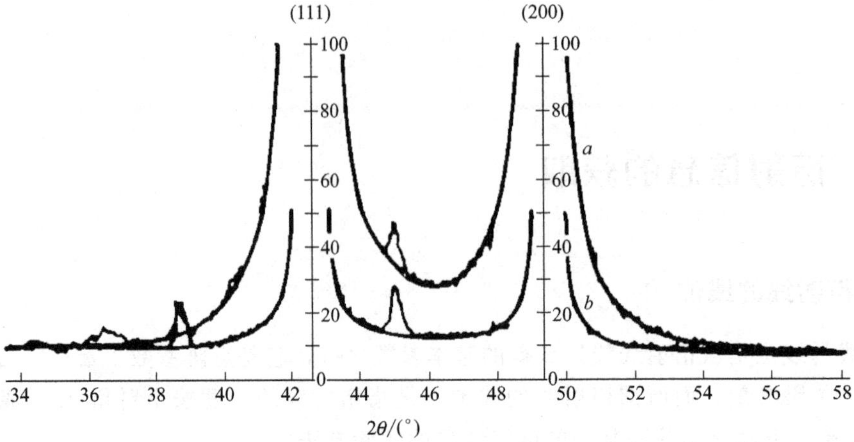

■ 图 6.42 标准物法去除背底

曲线 a 为 Cu 轧板的衍射线，曲线 b 为 Cu 粉的衍射线，以 Cu 粉衍射线的背底为 Cu 轧板衍射线的背底

图形法简单明了，是最常用的办法。然而具体选用哪种图形方法，要依实验数据的重复性而定。虽然常用 $P_{1/2}$，但它难以排除 K_α 双线分离程度的影响。但对于真实线形，则不存在这一问题。

(2) 曲线近似法

曲线近似法中最常用的办法是将衍射线顶部近似成抛物线，再用 3～5 个实验点来拟合此抛物线，找出其顶点，将抛物线的顶点所对应的 2θ 标尺 $2\theta_P$ 作为衍射线的线位。图 6.43 介绍了三点抛物线近似法。这种办法是先扫描测量衍射线线形，取强度大于总强度 85%部分为衍射线的顶部。在实测衍射线形顶点的两侧取等间隔的三个实验点 $2\theta_1$、$2\theta_2$ 和 $2\theta_3$，在此三点处测量衍射线的强度 I_1、I_2 和 I_3，将以上测试的数据 $2\theta_1$、$2\theta_2$、$2\theta_3$ 和 I_1、I_2、I_3 代入抛物线方程

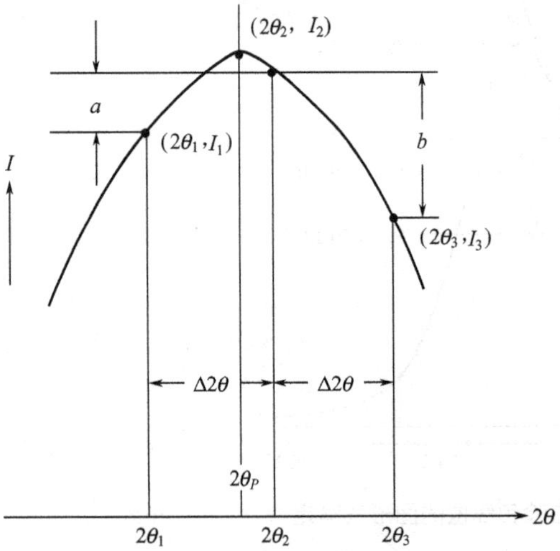

■ 图 6.43 三点抛物线法确定线位

$$(2\theta-2\theta_P)^2=\alpha(I-I_P)$$

求出抛物线顶点坐标 $2\theta_P$ 和 I_P，就获得了衍射线的线位 $2\theta_P$。

图中给出等间隔的三个点的强度 I_1、I_2、I_3 和它们的差值 a、b。不难证明 $2\theta_P$ 为

$$2\theta_P=2\theta_1+\frac{\Delta 2\theta}{2}\left(\frac{3a+b}{a+b}\right)=2\theta_1+\frac{\Delta 2\theta}{2}\times\frac{4I_2-3I_1-I_3}{2I_2-I_1-I_3} \tag{6.3}$$

如果取五个等间距的实验点，则称为五点抛物线近似法，线位 $2\theta_P$ 为

$$2\theta_P=2\theta_3+0.7(\Delta 2\theta)\frac{2(I_1-I_5)-(I_2-I_4)}{2(I_1+I_5)-(I_2+I_4)-2I_3} \tag{6.4}$$

抛物线近似法常用于峰/背比高且峰位处较为光滑的衍射线。

(3) 重心法

所谓重心法确定线位，就是取衍射线重心所对应的 2θ 标尺上的度数为衍射线的线位，记为 $\langle 2\theta \rangle$，定义式为

$$\langle 2\theta \rangle = \frac{\int 2\theta I \, \mathrm{d}2\theta}{\int I \, \mathrm{d}2\theta} \tag{6.5}$$

如图 6.44 所示，上面的积分式可以写成累加式

$$\langle 2\theta \rangle = \frac{\sum_{i=1}^{N} 2\theta_i I_i}{\sum_{i=1}^{N} I_i} \tag{6.6}$$

式中，N 为将衍射线所在区间 2θ 分成的间隔数。

这种方法是唯一利用了衍射线的全部数据来确定衍射线线位的办法，因此所得的结果受其他因素的干扰较小，重复性较好。但计算工作量较大，适用于计算机联机处理数据的情况。

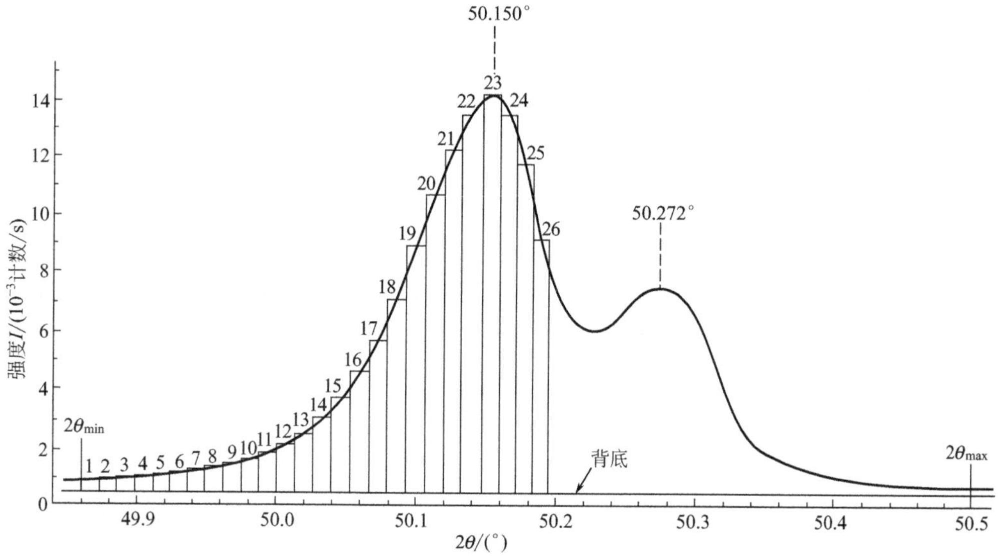

■ 图 6.44　重心法确定衍射线的线位

6.4.2　衍射线的强度

衍射线的强度是定量相分析、织构程度测定、原子面“平整”程度测定等工作中的关键参量，是由衍射线测定出的重要参数之一，下面介绍衍射线实验强度的确定办法。

（1）峰高强度

在通常情况下，峰高法可以用于比较同一试样中各条衍射线的强度，也可以用于比较不同试样中衍射线的强度。峰高法是用一条衍射线的最大强度值代表整个衍射线的强度，也就是以衍射线的峰高来表示它的强度。图 6.45 为利用 Cu-K_α 辐射测试的 NaCl 试样的衍射线，图中以最强线的强度为 100 给出了强度的标度。在此图上能够很方便地确定各条衍射线的相对强度，例如 200 衍射线强度为 100，222 衍射线强度为 22……峰高强度以 I_P 表示。利用

峰高法确定的强度值往往与计算的理论值不完全相符，这除了实验和试样因素外，还与两者的定义有关。

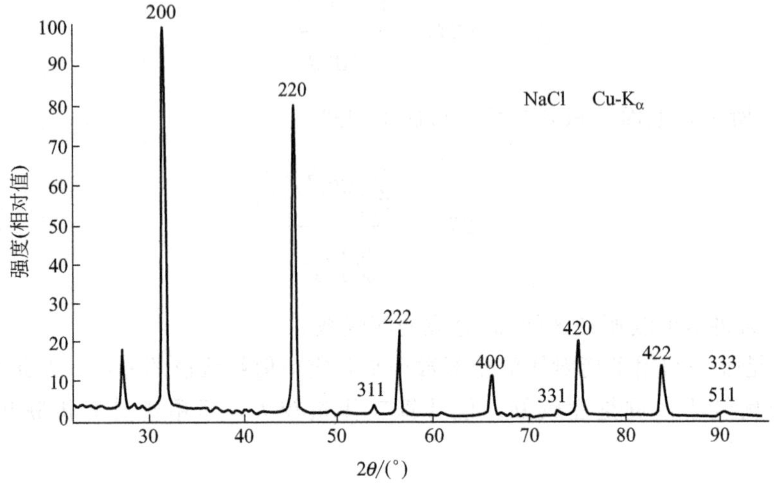

■ 图 6.45 峰高强度

（2）积分强度

衍射线的积分强度就是衍射线曲线以下，背底以上的面积，数学表达式为

$$I_{积分}=\int[I(2\theta)-I_{背底}(2\theta)]\mathrm{d}2\theta=\sum_{i=1}^{N}(I_i-I_{i背底})\Delta 2\theta \tag{6.7}$$

式中，N 为将衍射线分成的等分数；$\Delta 2\theta$ 为两个分点之间相隔的度数。

实验测定衍射线的积分强度就是设法测定上述面积，也可以逐点采集数据 I_i 与 $I_{i背底}$，再利用式(6.7) 计算积分强度。目前，在计算机控制的衍射仪中，能够很方便地给出积分强度数据。

6.4.3 衍射线的宽度

衍射线的宽度也是实验测定的基本参数之一，它对判断或测量试样结晶状况、晶粒大小、微观应力等极为有用。

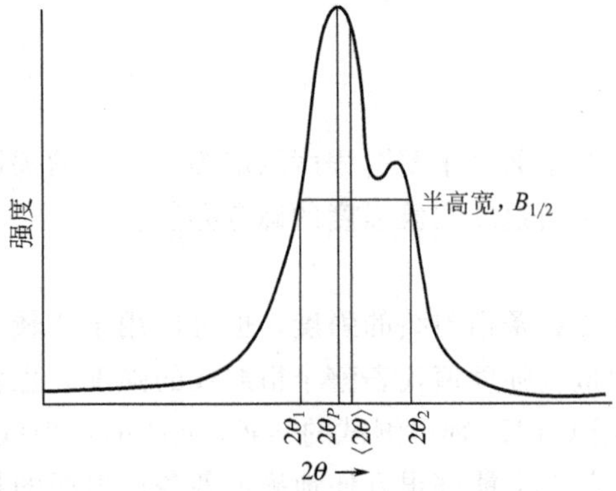

■ 图 6.46 衍射线的半高宽

（1）半高宽度

衍射线的半高宽，就是在衍射线最大强度的一半处，做与背底平行的弦（图 6.46），用此弦长来表示衍射线的宽度。记为 $B_{1/2}$。例如，图 6.46 所示的衍射线，其半高宽为

$$B_{1/2}=2\theta_2-2\theta_1 \tag{6.8}$$

从衍射图形上能够方便地寻找到衍射线的半高宽。然而它不便于联机计算，下面的几种方法则有便于联机计算的优点。

（2）积分宽度

衍射线的积分宽度 B 就是衍射线的积分强

度除以峰高强度 I_P，即

$$B=\frac{1}{I_P}\int I(2\theta)\mathrm{d}2\theta \tag{6.9}$$

实际上，上式表达的积分宽度相当于一个高度等于峰高强度 I_P，面积等于积分强度 $I_{积分}$ 的矩形的宽度。

（3）方差

线形的方差〈B〉也能体现线形的宽度，它的定义式是

$$\langle B\rangle=\frac{\int(2\theta-\langle 2\theta\rangle)^2 I(2\theta)\mathrm{d}2\theta}{\int I(2\theta)\mathrm{d}2\theta} \tag{6.10}$$

〈2θ〉为式(6.5)表达的线形重心。方差的引入对某些线形分析工作是有利的。

表 6.2 给出图 6.44 所示的 α-石英 $11\bar{2}2$ 衍射线的方差计算。将衍射线的角度范围 49.860°～50.50°分成 50 等份，间隔为 0.0128°。

■ 表 6.2　图 6.44 所示 α-石英 $11\bar{2}2$ 衍射线的方差

间隔数	$2\theta/(°)$	$I(2\theta)=I-I_{背底}$	$2\theta\cdot I(2\theta)$	$(2\theta-\langle 2\theta\rangle)^2$	$(2\theta-\langle 2\theta\rangle)^2\cdot I(2\theta)$
1	49.866	0.30	14.96	0.09382	0.028146
2	49.879	0.34	16.96	0.08614	0.029288
3	49.892	0.40	19.96	0.07879	0.031517
4	49.905	0.44	21.96	0.07177	0.031579
5	49.918	0.50	24.94	0.06508	0.032538
6	49.930	0.55	27.46	0.05871	0.032290
7	49.943	0.63	31.46	0.05267	0.033182
8	49.956	0.74	36.97	0.04696	0.034750
…	…	…	…	…	…
22	50.135	12.98	650.75	0.00141	0.018253
23	50.148	13.60	685.02	0.00061	0.008334
24	50.161	12.99	651.59	0.00014	0.001840
25	50.174	11.22	562.95	0.00008	0.000909
26	50.186	8.61	432.10	0.00019	0.001616
…	…	…	…	…	…
50	50.494	0.26	13.13	0.10298	0.026774
Σ		193.02	9684.34		1.802474

表 6.2 与图 6.44 相配合，给出 α-石英 $11\bar{2}2$ 衍射线的半高宽、积分宽和方差如下：

$$B_{1/2}=0.0128\times\begin{pmatrix}33.5 & \\ & -17.5\\ 26.5 & \end{pmatrix}=\begin{matrix}0.205°（考虑\ K_{\alpha1},K_{\alpha2}\ 双线谱时）\\ \\ 0.115°（只考虑\ K_{\alpha1}\ 线时）\end{matrix}$$

$$B=0.0128\times193.02\div14.2=0.174°$$

$$\langle B\rangle=\frac{1.802474}{193.02}=0.009°$$

通过上述计算看出，衍射线宽的定义不同，物理含义不同，其值相差甚大。

除了上面谈到的由实测衍射线确定的线位、线宽和强度以外，有时还需要应用衍射线的

傅里叶系数，衍射线的傅里叶系数可以由线形计算出。而在某些研究中，不能直接用实测的衍射线寻求线位、线宽和强度等参量，而是要首先对衍射线作各种校正，再来寻求上述各个参量。

6.5 衍射线的线形分析

6.5.1 实测线形与真实线形

实测线形就是由衍射仪直接测试到的衍射线线形。图 6.47 是 Si 粉 111 衍射线的实测线形。图 6.47(c) 为试样安放不当对线形的影响。实际工作中影响实测线形的主要因素如下。

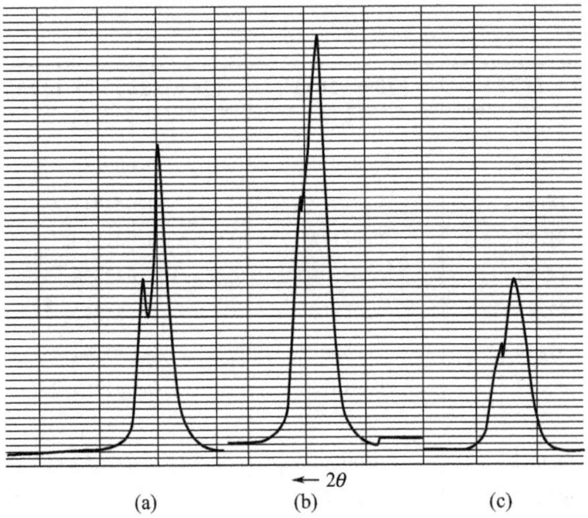

■ 图 6.47 实验条件对衍射线形的影响（Si 的 111 衍射线， Cu-K_α 辐射）

(a) S_1= 1°，S_2=0.1mm；(b) S_1= 1°，S_2=0.2mm；(c) S_1= 1°，S_2=0.1mm，试样后倾 0.07mm

(1) 实验条件对衍射线形状的影响

图 6.47(a) 和图 6.47(b) 为接收狭缝发生变化，其他实验条件都相同时，同一试样的同一条衍射线的线形，它们之间的区别很大。用不同的衍射仪测试同一试样的同指数衍射线时，即使狭缝系统的参数相同，所测得的衍射线形也可能有所不同。

(2) K_α 双线的影响

图 6.47(a) 中的衍射线，2θ 为 28.44°，可以明显地看出它由两条衍射线组成，一条线的强度是另一条的两倍。它们分别是 $K_{\alpha1}$ 与 $K_{\alpha2}$ 辐射所形成的衍射线。由于 $K_{\alpha1}$ 与 $K_{\alpha2}$ 辐射的波长相差甚小，所以它们的衍射峰时常是重合的，从而影响了从实测线形上直接读取的衍射参数的准确性。

(3) 角因子的影响

讨论衍射线线形就是分析一条条孤立的衍射线，分析其强度按衍射角 2θ 的分布情况，所以一切随 2θ 角变化的因素，都会影响衍射线的形状。这主要有吸收因子、温度因子和洛伦兹-偏振因子。

相对于实测线形，真实线形或称纯线形，是能反映试样内部情况的线形。真实线形是由实测线形经过对上述各种因素的校正后获得的。

当衍射线的宽度很小，K_α 双线又能完全分离的情况下，也可以用实测线形代替真实线形。然而对于较漫散的衍射线，例如由微晶试样或微观内应力严重的试样形成的衍射线，则必须由它们的真实线形获得衍射参数，才能反映试样的真实情况。某些情况下，仅需要对实测线形作某一种或两种校正，即获得准真实线形。

6.5.2 K_α 双线的分离

实际上，所用的 K_α 辐射中包含着两种波长相差甚小的成分，即 $K_{\alpha1}$ 和 $K_{\alpha2}$。$K_{\alpha1}$ 和 $K_{\alpha2}$ 都有极窄的波长范围，同时强度按波长的分布与辐射种类有关。但可以近似认为这种分布是相同的，只是 $K_{\alpha1}$ 的强度是 $K_{\alpha2}$ 的两倍。即实测线形 $I(2\theta)$ 是 $K_{\alpha1}$ 和 $K_{\alpha2}$ 所形成的线形 $I_1(2\theta)$ 和 $I_2(2\theta)$ 的叠加，并且

$$I_2(2\theta)=\frac{1}{2}I_1(2\theta-\Delta2\theta) \tag{6.11}$$

$\Delta2\theta$ 是双线的分离角度，称为**双线分离度**。
于是

$$I(2\theta)=I_1(2\theta)+I_2(2\theta)=I_1(2\theta)+\frac{1}{2}I_1(2\theta-\Delta2\theta) \tag{6.12}$$

图 6.48 中，由于 $K_{\alpha2}$ 线的存在，使得衍射线变形，并且这种变化与所用辐射和衍射线的布拉格角有关，因为它们共同决定着双线分离度 $\Delta2\theta$。由布拉格定律可以获得双线分离度的定量表达式

$$\Delta2\theta=2\left(\frac{\Delta\lambda}{\lambda}\right)\tan\theta \tag{6.13}$$

式中，$\Delta\lambda$ 为 $K_{\alpha1}$ 和 $K_{\alpha2}$ 之间的波长差；λ 为平均波长。附录 6 中给出与辐射和布拉格角相对应的 $\Delta\theta$ 值。图 6.49 给出了 Mo、Cu、Fe 三种辐射的 K_α 双线分离度与 2θ 角之间的函数关系曲线。

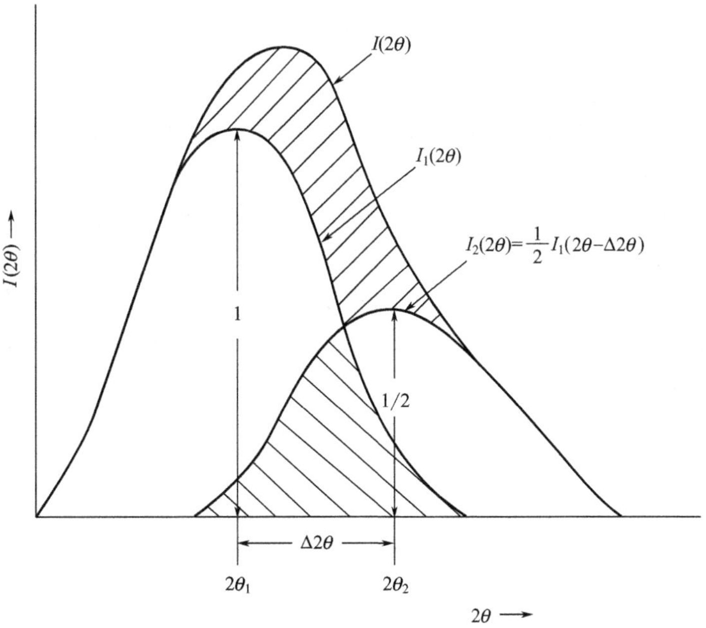

■ 图 6.48 $K_{\alpha1}$ 与 $K_{\alpha2}$ 线的存在对 X 射线衍射线线形的影响

从以上分析可以看出，要精确确定衍射线的线位、宽度、强度和形状，应作 K_α 双线的分离工作。下面介绍几种常用的分离方法。

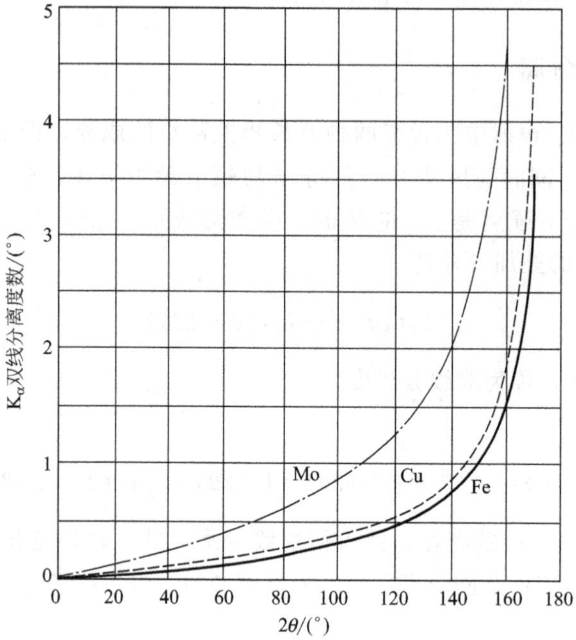

■图 6.49 Mo、Cu、Fe 三种辐射中 $K_α$ 双线分离度数与衍射角 2θ 之间的函数关系

(1) 图形分离法

图 6.48 中的 $I(2\theta)$ 为 $K_{\alpha1}$ 和 $K_{\alpha2}$ 辐射的叠加线形。要从 $I(2\theta)$ 中分出 $I_1(2\theta)$ 和 $I_2(2\theta)$，应首先确定出 $K_{\alpha1}$ 和 $K_{\alpha2}$ 辐射的标准布拉格位置 $2\theta_1$ 和 $2\theta_2$，以 $2\theta_1$ 和 $2\theta_2$ 位置为 $I_1(2\theta)$ 和 $I_2(2\theta)$ 的峰顶，使 $I_{1最大}=2I_{2最大}$，两个线形形状相似，并且图示中的两个阴影部分的面积相等，从而得到 $I_1(2\theta)$ 和 $I_2(2\theta)$。如果 $2\theta_1$ 和 $2\theta_2$ 的位置不能准确地确定，则可以由已知的 $\Delta 2\theta$ 值确定出图形中双线峰位的间距，并使它在 $2\theta_1$ 和 $2\theta_2$ 附近移动，找到使两线形满足上述条件的位置。就是准确的 $2\theta_1$ 和 $2\theta_2$ 位置。同时也就确定了两个峰的形状。

图解法分离双线，简单易行，但人为性较大，所以包含着一定的任意性。在精确度要求不高时，特别是在图形上的 $K_{\alpha1}$ 和 $K_{\alpha2}$ 线已有某种程度的分离时，适合用图解法分离双线。

(2) Rachinger 法

根据前面的假设可以得知，在 $K_{\alpha1}$ 和 $K_{\alpha2}$ 叠加的线形 $I(2\theta)$ 中，自 2θ 角端算起，在 $\Delta 2\theta$ 范围内没有 $I_2(2\theta)$ 线形的影响。如果将 $I(2\theta)$ 有值的角范围分成 n 等份，$\Delta 2\theta$ 相当于 m 份，第 i 份的 $K_{\alpha1}$ 分量将是

$$I_1^i = I^i - \frac{1}{2} I_1^{i-m} \tag{6.14}$$

图 6.50(a) 表示的是 $n=21$，$m=3$ 的情况，图 6.50(b) 是由 (a) 分解出的 $I_1(2\theta)$ 和 $I_2(2\theta)$ 线形，$I_1(2\theta)$ 各点得值的计算系列为

$$I_1^1 = I^1$$

$$I_1^2 = I^2$$

$$I_1^3 = I^3$$

$$I_1^4 = I^4 - \frac{1}{2} I_1^1$$

$$I_1^5 = I^5 - \frac{1}{2} I_1^2$$

$$\vdots$$

$$I_1^i = I^i - \frac{1}{2} I_1^{i-3}$$

$$\vdots$$

$$I_1^{21} = I^{21} - \frac{1}{2} I_1^{18}$$

上面字母 I 右上方的数字角标代表图 6.50 中的间隔分数。表 6.3 给出了具体计算结果。

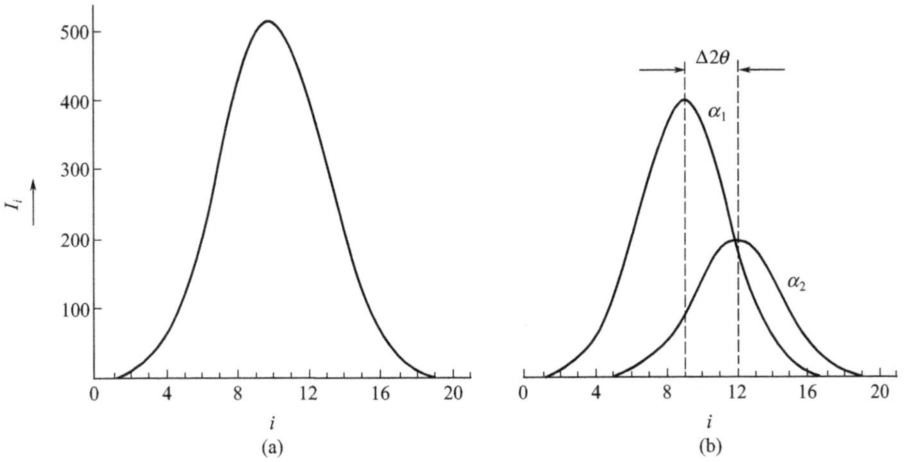

■ 图 6.50　Rachinger 的双线分离方法（将双线叠加线形的角范围分成 21 等份，$\Delta 2\theta$ 占 3 等份）

■ 表 6.3　Rachinger 法分离 $K_{\alpha1}$、$K_{\alpha2}$ 双线的计算实例

间隔数(i)	$\Delta 2\theta$/(°)	I^i	$-1/2I^{i-m}(a_1)$	$I_1^i(a_1)$
0	0	0	0	0
1	0.1	2	0	2
2	0.2	8	0	8
3	0.3	22	0	22
4	0.4	55	1	54
5	0.5	115	4	111
6	0.6	205	11	194
7	0.7	317	27	290
8	0.8	424	56	368
9	0.9	496	97	399
10	1.0	513	145	368
11	1.1	474	184	290
12	1.2	394	200	194
13	1.3	295	184	111
14	1.4	199	145	54
15	1.5	119	97	22
16	1.6	64	56	8
17	1.7	29	27	2
18	1.8	11	11	0
19	1.9	4	4	0
20	2.0	1	1	0
21	2.1	0	0	0

Rachinger 方法计算简单，可用人工或计算机计算。但它对零点的选取较为敏感，也就是受背底的去除方法影响较大，有时会使 $I_2(2\theta)$ 尾部出现负值。

(3) 傅里叶级数分离法

任何满足狄义赫利（Dirichlet）条件的函数都可以用三角多项式来表达，因此，叠加线形 $I(2\theta)$ 可以写成

$$I(2\theta)=\frac{A_0}{2}+\sum_{n=1}^{\infty}\left[A_n\cos\left(\frac{2\pi n}{2N}2\theta\right)+B_n\sin\left(\frac{2\pi n}{2N}2\theta\right)\right] \tag{6.15}$$

$2N$ 为 $I(2\theta)$ 有值区间角度等分的份数，A_0、A_n 和 B_n 都是函数 $I(2\theta)$ 的傅里叶系数，有

$$\begin{aligned} A_0&=\frac{1}{N}\int_1^{2N+1}I(2\theta)\mathrm{d}2\theta \\ A_n&=\frac{1}{N}\int_1^{2N+1}I(2\theta)\cos\left(\frac{2\pi n}{2N}2\theta\right)\mathrm{d}2\theta \\ B_n&=\frac{1}{N}\int_1^{2N+1}I(2\theta)\sin\left(\frac{2\pi n}{2N}2\theta\right)\mathrm{d}2\theta \end{aligned} \tag{6.16}$$

其中 $n=1, 2, 3\cdots$为阶数。同理 $K_{\alpha1}$ 的线形 $I_1(2\theta)$ 也可以写成

$$I_1(2\theta)=\frac{a_0}{2}+\sum_{n=1}^{\infty}\left[a_n\cos\left(\frac{2\pi n}{2N}2\theta\right)+b_n\sin\left(\frac{2\pi n}{2N}2\theta\right)\right] \tag{6.17}$$

利用式(6.12) 可以得出 $I_1(2\theta)$ 的傅里叶系数 a_0，a_n，b_n 和 $I(2\theta)$ 的傅里叶系数 A_0，A_n，B_n 之间的关系，有

$$\begin{aligned} a_0&=2A_0/3 \\ a_n&=\frac{A_n+\frac{1}{2}\left[A_n\cos\left(\frac{2\pi n}{2N}\Delta 2\theta\right)+B_n\sin\left(\frac{2\pi n}{2N}\Delta 2\theta\right)\right]}{1+\cos\left(\frac{2\pi n}{2N}\Delta 2\theta\right)+\frac{1}{4}} \\ b_n&=\frac{B_n+\frac{1}{2}\left[B_n\cos\left(\frac{2\pi n}{2N}\Delta 2\theta\right)-A_n\sin\left(\frac{2\pi n}{2N}\Delta 2\theta\right)\right]}{1+\cos\left(\frac{2\pi n}{2N}\Delta 2\theta\right)+\frac{1}{4}} \end{aligned} \tag{6.18}$$

因此，可以根据已知函数形式的 $I(2\theta)$，首先计算出其傅里叶系数 A_0、A_n 和 B_n，再利用式(6.18) 计算出线形 $I_1(2\theta)$ 的傅里叶系数，最后由式(6.17) 计算出 $I_1(2\theta)$ 的线形。图 6.51(a) 为具有微观应力的 Cu 试样的 222 衍射线的实测线形。图 6.51(b) 为利用傅里叶级数分离法从图 6.51(a) 中分离出的 $I_1(2\theta)$ 线形。

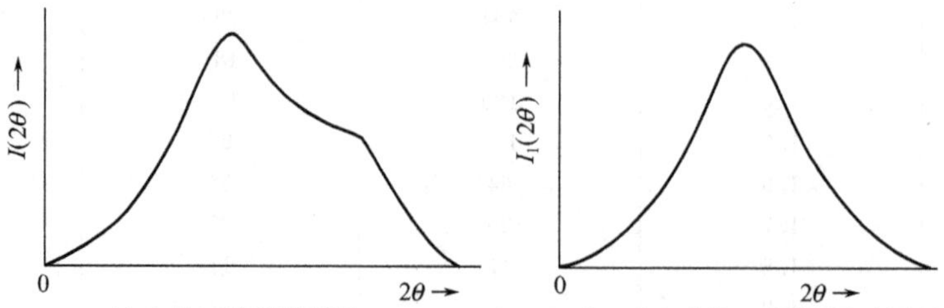

(a) Cu的222衍射线线形　(b) 从(a)中分出的$K_{\alpha1}$辐射的衍射线线形

■ 图 6.51　用傅里叶级数法分离 Cu 的 222 衍射线

傅里叶级数分离方法的特点是受人为因素干扰少，它的独到之处是能获得 $I_1(2\theta)$ 的傅里叶系数。利用计算机处理数据，可以方便地得到所要求的结果。

(4) 利用校正曲线获得 $I_1(2\theta)$ 线宽

在某些场合，如微晶尺寸测定、微观应力测定等，仅仅需要衍射线的线宽参数。这时，可以针对所用的仪器，事先作好校正曲线，工作时，可以直接由实测线形 $I(2\theta)$ 的宽度 b_0，获得 $K_{\alpha1}$ 辐射的线形 $I_1(2\theta)$ 的宽度 b。

图 6.52 为利用小于 350 目的 α-SiO_2 粉末试样，在某型号衍射仪上实测获得的 K_α 双线校正曲线。工作中采用傅里叶方法分离双线。图中“∘”为积分宽度的实验点，“×”为半高宽的实验点。实验表明，一般试样的实验点都落在这条曲线的附近。

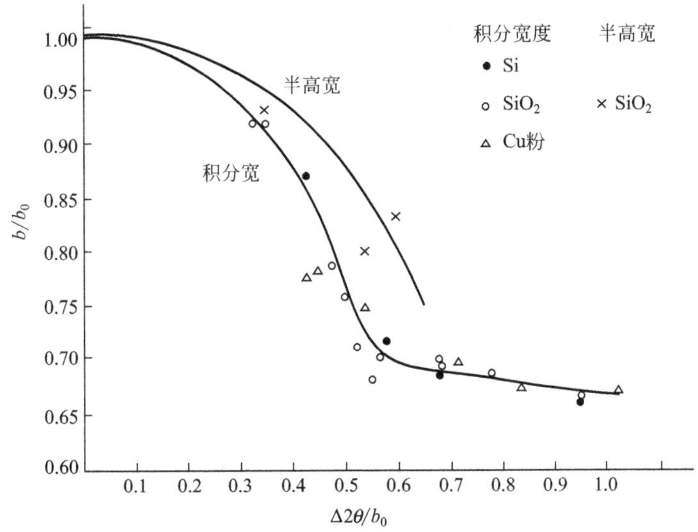

■ 图 6.52　K_α 双线的校正曲线

b 和 b_0 为 $I_1(2\theta)$ 和 $I(2\theta)$ 线形的宽度；$\Delta2\theta$ 为双线分离度；

图中除“×”表示半高宽的实验点外，其他都是积分宽度的实验点

下面举例说明如何利用校正曲线获得 $I_1(2\theta)$ 线宽。

实测 Cu 的 222 衍射线的积分宽度 $b_0=0.33°$，根据所用辐射的 $\Delta\lambda/\lambda$ 和衍射线的布拉格角 θ，利用式(6.13) 算得

$$\Delta2\theta=2\tan\theta\left(\frac{\Delta\lambda}{\lambda}\right)=0.32°$$

因此有

$$\frac{\Delta2\theta}{b_0}=0.97$$

利用此数据在图 6.52 上查得

$$\frac{b}{b_0}=0.67$$

于是，可以得到 Cu 的 222 衍射线中的 $I_1(2\theta)$ 的积分宽度

$$b=0.22°$$

应用 K_α 双线校正曲线时，应注意的是：实验中所采用的确定线宽的方法，应与校正曲线上标明的方法一致。获得 K_α 双线校正曲线的方法有两种，即实验法与计算法。

图 6.52 是利用实验法获得的。首先认真测试选定试样的各条衍射线线形，再利用傅里叶级数分离法获得 $K_{\alpha1}$ 辐射的衍射线形 $I_1(2\theta)$。利用上一节中所述的方法确定各条衍射线的 $I(2\theta)$ 和 $I_1(2\theta)$ 的线宽 b_0 和 b。按所用辐射计算出各条衍射线的双线分离度 $\Delta 2\theta$。按 b/b_0 与 $\Delta 2\theta/b_0$ 作图，就获得所用仪器条件下的 K_α 双线校正曲线。这种方法适用于经常利用某台衍射仪获得 $I_1(2\theta)$ 宽度的场合。它可以给出与实际情况符合较好的结果。

K_α 双线校正曲线也可以利用计算法获得。其方法是首先设定衍射线线形 $I_1(2\theta)$，由式(6.11) 获得 $I_2(2\theta)$，再利用式(6.12) 合成 $I(2\theta)$。于是可以获得各种双线分离度 $\Delta 2\theta$ 情况下的 b 与 b_0，从而作图获得校正曲线。K_α 双线校正曲线随实验条件而变，或随所设衍射线线形而变，但它们的基本形状却大体相同。

6.5.3 吸收、温度和角因子的校正

吸收因子、温度因子和角因子（即洛伦兹-偏振因子）等一般都是衍射角的函数，所以它们都影响着衍射线的线形。本节的任务是找到这些因子与衍射角之间的函数关系，从而获得有关这些因子的校正办法。

（1）吸收因子校正

试样的吸收因子 $A(\theta)$ 与试样的形状和放置方法有关。这里仅讨论板状试样反射衍射线的情况，即图 5.9 所示的情况。

第 5 章中已经证明，此时试样的吸收系数应由式(5.33) 决定，即

$$A(\theta)=\frac{1}{\mu}\left(\frac{\sin\beta}{\sin\alpha+\sin\beta}\right)$$

如果将上式中的 α 和 β 换成通常应用的角度 θ 和 ψ，则可以证明上式有如下形式

$$A(\theta)=\frac{1}{2\mu}(1-\tan\psi\cot\theta) \tag{6.19}$$

式中，θ 为布拉格角；ψ 为试样表面法线与衍射面法线之间的夹角。这时 $\alpha=\theta+\psi$，$\beta=\theta-\psi$。式(6.19) 是对平板试样反射衍射线线形进行吸收校正时用的函数式。一般可以只利用其与 θ 角有关的部分，去除常数项，即有

$$A(\theta)=1-\tan\psi\cot\theta \tag{6.20}$$

如果利用衍射仪对试样进行正常扫描，即 $\psi=0$，则 $A(\theta)=1/2\mu$，为常数。因此，这时所测得的衍射线形，不需作吸收校正。

图 6.53(a) 给出，当衍射线的 θ 角宽达 10°时（76°～86°），对应于不同的 ψ 角，吸收因子的变化情况。从图中看出，ψ 角越大，吸收将衍射线低 θ 角部分的强度压低的程度越大，即使衍射线线形变形越严重。对衍射线线形作吸收校正，就是将实测的强度值 $I(2\theta)$ 逐点除以与其 θ 角对应的吸收因子 $A(\theta)$，即经吸收校正后的线形应为 $I(2\theta)/A(\theta)$。

（2）温度因子和原子散射因子校正

分析温度因子 e^{-2M} 中 M 的表达式，即式(5.44) 和式(5.46)。可以看出，不管用何种方法描述 M，在特定的实验条件下，M 总与 $\sin^2\theta$ 呈线性关系。所以温度因子 $T(\theta)$ 的表达式可以写成如下形式

$$T(\theta)=\exp(-K\sin^2\theta) \tag{6.21}$$

式中，常数 K 可以由已知数据确定。

图 6.53(d) 给出了温度因子对宽衍射线线形的影响。由图中观之，在该角度范围内，

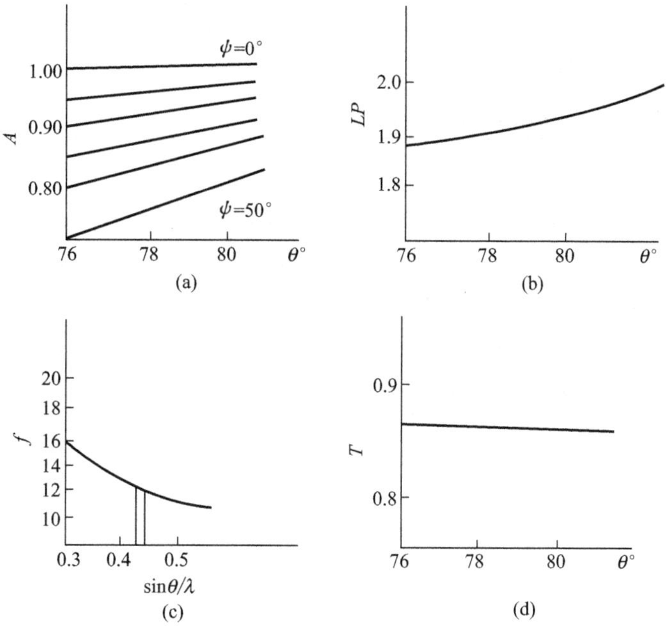

■图 6.53 吸收因素 A(a)，角因子 LP(b)，原子散射因子 f(c) 和温度因子 T(d) 在所研究角度范围内的变化

温度因子几乎为常数，因此，它对线形的影响很小。

结构因子中的原子散射因子，也是 θ 角的函数，它的形式已由式(4.42) 给出，即

$$f(\theta)=\sum_{j=1}^{4}a_j\exp(-b_j\lambda^{-2}\sin^2\theta)+c$$

其对宽衍射线线形的影响由图 6.53(c) 所示。它的影响是使衍射线高 θ 角部分的强度下降。

(3) 洛伦兹-偏振因子的影响

从第 5 章的式(5.48) 中可知，洛伦兹-偏振因子为

$$\frac{1+\cos^2 2\theta}{\sin^2\theta\cos\theta}$$

但使用上式作为校正衍射线线形的函数显然是不正确的。因为，式(5.48) 是描述衍射线积分强度的表达式，而不是描述衍射线线形±2(θ) 的表达式。

为了获得衍射线线形 $I(2\theta)$ 的函数形式，可以对 $\iiint L(s)\mathrm{d}s$ 作近似处理，得到

$$\iiint L(s)\mathrm{d}s=\iiint\cos\theta/(\lambda a_3^*)L(s)\mathrm{d}s_1\mathrm{d}s_2\mathrm{d}2\theta$$

从而有

$$I(2\theta)=K\frac{1+\cos^2 2\theta}{\sin^2\theta}F^2A(\theta)T(\theta) \tag{6.22}$$

式中，K 为与试样和衍射线指数有关的常数，从而校正衍射线线形的角因子应为

$$LP=\frac{1+\cos^2 2\theta}{\sin^2\theta} \tag{6.23}$$

其对宽衍射线线形的影响由图 6.53(b) 所示。

图 6.53 所示的情况是用 Cr-K_α 辐射测 Fe 锉屑的 211 衍射线时，各因子在其衍射线角度范围内的变化情况。表 6.4 给出了这些因子在该角度范围内的相对变化量，图 6.54 给出它

们对 $\psi=55°$时衍射线线位的影响。从图表中看出，吸收因子对衍射线线形的影响较大，而原子散射因子和温度因子的影响较小。

■ 表 6.4 用 Cr-K_α 测铁 211 衍射线时各校正因子的变化率

因子	A		LP	f	T
	$\psi=10°$	$\psi=15°$			
变化率/%	1.6	13.3	0.06	−1.3	−0.5

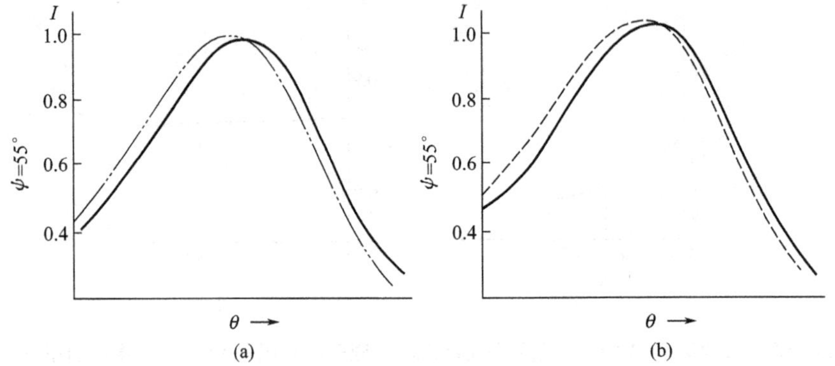

■ 图 6.54 各种校正因子对 $\psi=55°$ 衍射线顶部的影响

"——" 为未修正的线形，"-·-·-" 与 "- - - -" 分别为经吸收修正与经 A、LP、f、T 修正的线形

6.5.4 仪器因数的校正

即使使用理想标样，衍射线也总有一定的宽度和形状，并且它们与衍射仪的光学系统有关，称这时的衍射线线形为标样线形，记为 $g(2\theta)$。实际上它是由标样的物理因素与仪器因素共同决定的。记标样线形的宽度为 b。

标样线形一般是由光源尺寸、试样状况、轴向发散度、X 射线在试样中的穿透性和接收狭缝等因素决定的。图 6.55 给出了这些因素的近似函数形状，称它们为衍射仪的权重函数。同时，为了让这些函数综合而成的线形与实测的标样线形更为一致，又引入了不重合函数，如图 6.55 中的 $g_{Ⅵ}$。

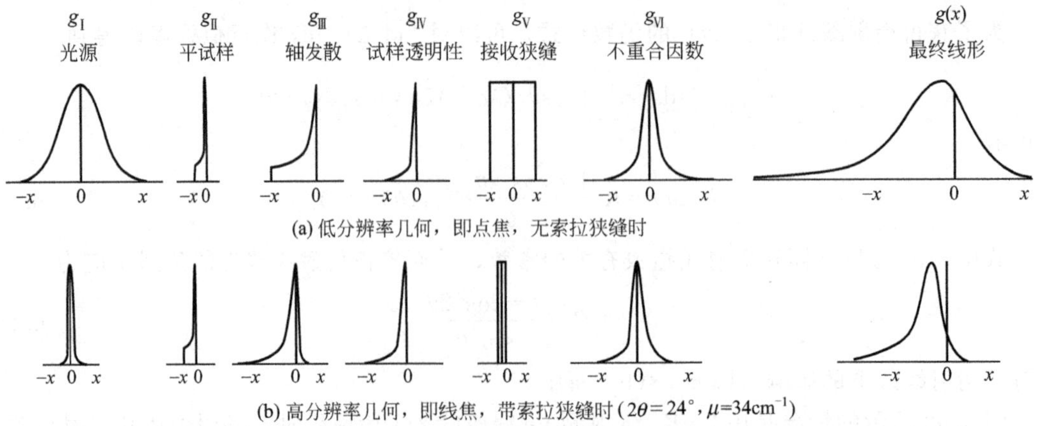

■ 图 6.55 衍射仪的六个权重函数

由于这些权重函数相互叠加形成标样线形，因此在数学上它们是卷积关系，如果记

$$\int_{-\infty}^{+\infty} g_{\blacklozenge}(y) g_{\blacklozenge}(x-y)\mathrm{d}y = g_{\blacklozenge}^{*} g_{\blacklozenge} \tag{6.24}$$

式中，◆表示可以换的任意角标；x 为与标准 2θ 值的偏离量，即将坐标原点移到衍射线极大值处。则有

$$g(x) = g_{\mathrm{I}}^{*} g_{\mathrm{II}}^{*} g_{\mathrm{III}}^{*} g_{\mathrm{IV}}^{*} g_{\mathrm{V}}^{*} g_{\mathrm{VI}}^{*} \tag{6.25}$$

实验中使用的标样线形 $g(2\theta)$ 为标准试样的实测线形，常用的标准试样有纯度高、结晶良好的 α-SiO_2 和 Si，它们的粒度应在 350 目左右。

待研究试样的实测线形记为 $h(2\theta)$，其宽度记为 B，代表试样特征的线形即真实线形，记为 $f(2\theta)$，其宽度记为 β。同理 $h(2\theta)$、$g(2\theta)$ 和 $f(2\theta)$ 三个函数之间有卷积关系，即

$$h(x) = \int_{-\infty}^{+\infty} g(y) f(x-y)\mathrm{d}y \tag{6.26}$$

因此，需要获得真实线形 $f(2\theta)$ 时，应首先实测 $g(2\theta)$ 和 $h(2\theta)$ 线形，再利用式(6.26) 解出 $f(2\theta)$，这种由 $h(2\theta)$ 中解出 $f(2\theta)$ 的过程称为仪器因素校正，下面介绍几种常用的校正办法。

(1) 利用傅里叶变换解卷积

如果实测线形 $h(x)$，标样线形 $g(x)$ 和真实线形 $f(x)$ 的最大有值区间为 $-\alpha/2 \sim +\alpha/2$，在只考虑衍射线形状，不考虑其绝对强度时，利用傅里叶变换关系，有

$$\left.\begin{aligned} h(x) &= \sum_t H(t)\mathrm{e}^{-2\pi \mathrm{i} xt/\alpha} \\ g(x) &= \sum_t G(t)\mathrm{e}^{-2\pi \mathrm{i} xt/\alpha} \\ f(x) &= \sum_t F(t)\mathrm{e}^{-2\pi \mathrm{i} xt/\alpha} \end{aligned}\right\} \tag{6.27}$$

和

$$\left.\begin{aligned} H(t) &= \sum_x h(x)\mathrm{e}^{2\pi \mathrm{i} x/\alpha} \\ G(t) &= \sum_x g(x)\mathrm{e}^{-2\pi \mathrm{i} x/\alpha} \\ F(t) &= \sum_x f(x)\mathrm{e}^{-2\pi \mathrm{i} x/\alpha} \end{aligned}\right\} \tag{6.28}$$

由于两个函数为卷积关系时，它们的傅里叶变换为乘积关系。因此根据式(6.26) 可以得知 $h(x)$、$g(x)$ 和 $f(x)$ 的傅里叶变换之间有如下关系：

$$H(t) = G(t)F(t) \tag{6.29}$$

从而有

$$F(t) = H(t)/G(t) \tag{6.30}$$

因此，可以利用实测线形 $h(x)$ 和标样线形 $g(x)$，先由式(6.28) 计算出它们的傅里叶变换 $H(t)$ 和 $G(t)$，再由式(6.30) 计算出真实线形的傅里叶变换 $F(t)$，最后可由 $F(t)$ 计算出真实线形 $f(x)$，即

$$f(x) = \sum_t H(t)/G(t) \cdot \mathrm{e}^{-2\pi \mathrm{i} xt/\alpha} \tag{6.31}$$

然而，实际运算过程中，是将 $H(t)$ 和 $G(t)$ 写成三角函数形式，它们的实部记为 $H_r(t)$ 和 $G_r(t)$，虚部记为 $H_i(t)$ 和 $G_i(t)$，即

$$H(t)=H_r(t)+iH_i(t)$$
$$G(t)=G_r(t)+iG_i(t) \tag{6.32}$$

从而

$$F(t)=\frac{H_r(t)+iH_i(t)}{G_r(t)+iG_i(t)}$$

分母实数化后有

$$F(t)=\frac{H_r(t)G_r(t)+H_i(t)G_i(t)}{G_r^2(t)+G_i^2(t)}+i\frac{H_i(t)G_r(t)-H_r(t)G_i(t)}{G_r^2(t)+G_i^2(t)}=F_r(t)+iF_i(t)$$

$$\left.\begin{aligned}F_r(t)&=\frac{H_r(t)G_r(t)+H_i(t)G_i(t)}{G_r^2(t)+G_i^2(t)}\\F_i(t)&=\frac{H_i(t)G_r(t)-H_r(t)G_i(t)}{G_r^2(t)+G_i^2(t)}\end{aligned}\right\} \tag{6.33}$$

由于 $f(x)$ 为实函数，所以有

$$f(x)=\sum_t F_r(t)\cos\frac{2\pi xt}{a}+\sum_t F_i(t)\sin\frac{2\pi xt}{a} \tag{6.34}$$

通常可以将区间 α 分成 48、60 或 120 等份，如果分成 60 等份，可以利用下面的一系列式子计算 $f(x)$，即先计算

$$H_r(t)=\sum_{x=-30}^{30}h(x)\cos\frac{2\pi xt}{60}$$

$$H_i(t)=\sum_{x=-30}^{30}h(x)\sin\frac{2\pi xt}{60}$$

$$G_r(t)=\sum_{x=-30}^{30}g(x)\cos\frac{2\pi xt}{60}$$

$$G_i(t)=\sum_{x=-30}^{30}g(x)\sin\frac{2\pi xt}{60}$$

再用式(6.33) 计算出 $F_r(t)$ 和 $F_i(t)$，最后由式(6.34) 计算 $f(x)$，即

$$f(x)=\sum_t F_r(t)\cos\frac{2\pi xt}{60}+\sum_t F_i(t)\sin\frac{2\pi xt}{60}$$

利用傅里叶方法去除仪器因素时，可以同时将 K_α 双线的影响去除，因此可以不必事先作 K_α 双线的分离工作。图 6.56 为 Stokes 作的测定和傅里叶分析的结果。

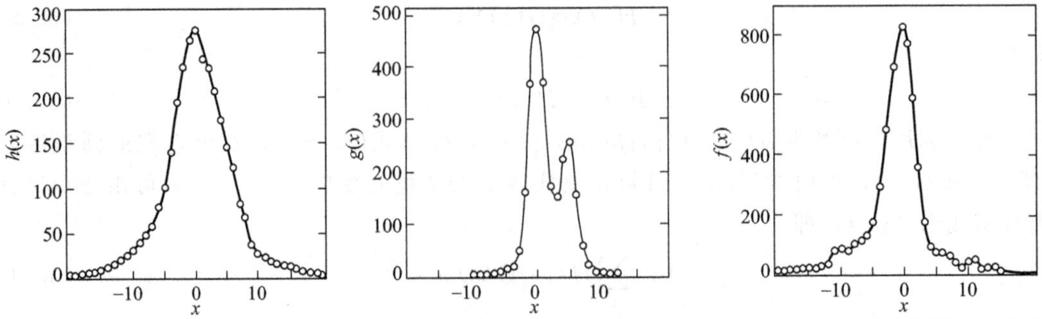

(a) 冷加工铜的线形$h(x)$　(b) 充分退火铜的线形$g(x)$　(c) 利用傅里叶分析法获得的真实线形$f(x)$

■ 图 6.56　冷加工铜线形的傅里叶分析

(2) 用迭代法解卷积

迭代法是先假设一个真实线形 $f_0(x)$，然后作卷积 $g(x)^*f_0(x)$，再用差值 $h(x)-g(x)^*f_0(x)$ 去修正 $f_0(x)$，得到 $f_1(x)$，再作 $g(x)^*f_1(x)$，找差值 $h(x)-g(x)^*f_1(x)$ 再去修正 $f_1(x)$，得到 $f_2(x)$。经多次迭代找到 $f(x)$，使 $f(x)^*g(x)$ 与 $h(x)$ 相差甚小。实际工作中难以设 $f_0(x)$，Burger 首先以 $h(x)$ 为 $f_0(x)$，利用如下关系寻找 $f(x)$

$$f_1=h+(h-g^*h)$$

$$f_2=f_1+(h-g^*f_1)$$

$$f_3=f_2+(h-g^*f_2)$$

$$\vdots$$

$$f_{n+1}=f_n+(h-g^*f_n) \tag{6.35}$$

式中，f_1，f_2，…，f_{n+1}表示 $f(x)$ 的一级，二级，…，n 级近似，同时设

$$u_n=h-g^*f_n$$

为 n 级残数，迭代法要能进行必须有 $u_{n-1}>u_n$。这种作法虽然缺乏严格的数学证明，但 Ergun 用了各种已知函数进行计算，计算结果表明很易收敛。王英华等人设 $f(x)$ 和 $g(x)$ 为一个高斯函数，作卷积形成 $h(x)$，再用上述方法解出 $f(x)$，仅经过四次迭代，$f_4(x)$ 与 $f(x)$ 函数值和傅里叶系数相差都小于 0.1%。

图 6.57～图 6.59 介绍了 Ergun 的工作。由于他研究的衍射线角范围较大，所以采用散射矢量 $s=2\sin\theta/\lambda$ 代替变量 2θ。图 6.57 为经 2θ 到 s 变化后的实测线形 $h(s)$ 和 $g(s)$。$h(s)$ 是炭黑的 10/004 衍射线，$g(s)$ 是尺寸和密度与炭黑试样相同的金刚石试样的 111 衍射线，$h(s)$ 和 $g(s)$ 的测试条件相同。图 6.58 为 $h(s)$ 原函数，$h(s)^*g(s)$ 一次迭代函数和真实函数的一级近似 $f_1(s)$。

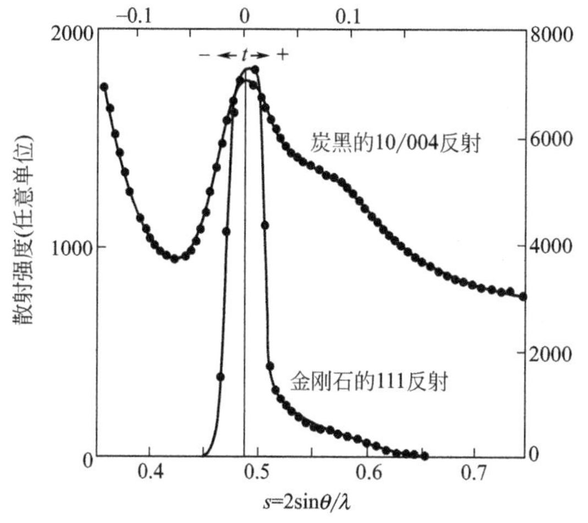

■ 图 6.57　炭黑的 10/004 衍射线 $h(s)$ 和金刚石的 111 衍射线（Mo-K_α 辐射）

t 为将 S 坐标原点移至强度最大值处

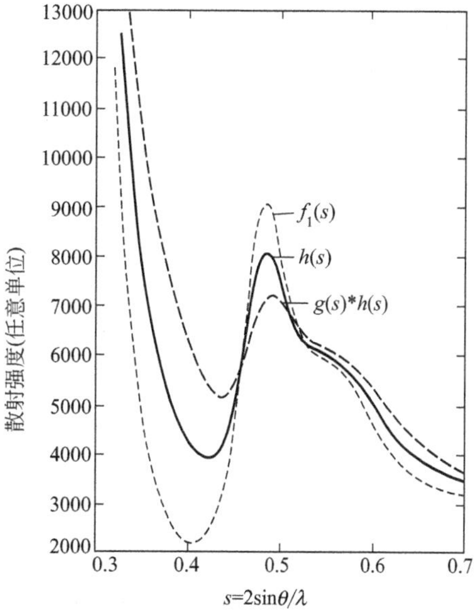

■ 图 6.58　炭黑 10/004 衍射线的原函数 $h(s)$，一次迭代函数 $h(s)*g(s)$ 以及一级近似函数 $f_1(s)=2h(s)-h(s)*g(s)$

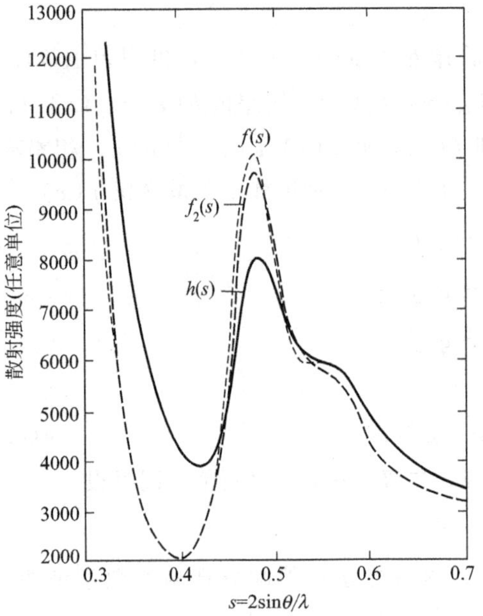

■图 6.59 炭黑 10/004 衍射线的原函数 h(s)，二级近似函数 $f_2(s)$ 和最终函数 f(s)

可以看出，$f_1(s)$ 中的 10 和 004 两个分量的轮廓比 $h(s)$ 中的清晰多了。图 6.59 为原函数 $h(s)$，炭黑的二次近似函数 $f_2(s)$ 和最终的真实函数 $f(s)$。在最终的真实函数中已明显看出衍射线中二维的 10 和三维 004 的两个分量。实际计算过程中 4 级残数 $u_4(s)$ 已小于 0.5%。

以上两种校正方法计算工作量都较大，然而借助小型计算机都能在一两分钟内既给出线形又给出傅里叶系数，并给出各种方法获得的线位、线宽和强度数据。

(3) 方差分析法

因为线形的方差宽度具有叠加性，所以在只需要真实线形的方差宽度时，仪器因素的校正工作极为方便。如果实测线形的方差为 $\langle B\rangle$，标样线形的方差为 $\langle b\rangle$，真实线形的方差为 $\langle \beta\rangle$，则

$$\langle B\rangle=\langle b\rangle+\langle \beta\rangle \tag{6.36}$$

从而它将卷积计算转化成了简单的代数计算。前面谈到，方差的计算工作量也较大。但借用计算机可以协助完成这一工作。

(4) 真实线形宽度的获得

如果仅需要真实线形的宽度 β，则可以有几种处理办法。

① 曲线分离法　首先利用标样线形 $g(x)$ 从实测线形 $h(x)$ 中解出真实线形 $f(x)$，再根据上一节介绍的方法，确定衍射线 $f(x)$ 的宽度 $\beta_{1/2}$、β 或 $\langle \beta\rangle$。

② 设定线形法　一般情况下，可以将衍射线线形设定为高斯形或柯西形。高斯（Gauss）线形为

$$I(x)=\frac{I_p}{e^{\alpha^2x^2}} \tag{6.37}$$

柯西（Cauchy）线形为

$$I(x)=\frac{I_p}{1+\alpha^2x^2} \tag{6.38}$$

式中，I_p 为最大强度；α 为常数，归一化后 $I_p=1$。如果 $h(x)$、$g(x)$ 和 $f(x)$ 三个函数都是高斯线形，那么由式(6.26) 可以解得衍射线宽度之间的关系

$$B^2=b^2+\beta^2$$

从而可以获得真实线形的积分宽度

$$\beta^2=B^2-b^2 \tag{6.39}$$

如果三个函数都是柯西线形，则有

$$B=b+\beta$$

即

$$\beta=B-b \tag{6.40}$$

③ 校正曲线法 实际工作中，$h(x)$、$g(x)$ 和 $f(x)$ 都不一定是上述线形。特别是利用衍射仪测出的 $h(x)$ 和 $g(x)$，经常是不对称的线形。这时，要获得真实线形 $f(x)$ 的宽度，可以利用下述的方法首先获得校正曲线 β/B-b/B，然后实测试样与标样线形，由实测的 $h(x)$ 和 $g(x)$ 可以获得它们的宽度比 b/B。利用已知的 b/B 值可以在校正曲线上方便地查得 β/B 值，从而获得 β。

a. 根据使用仪器的具体情况，实测出标样线形 $g(x)$，并对不同的试样（估计它们的函数宽度不同）测出实测线形 $h(x)$，再利用前面介绍过的方法解出 $f(x)$，从而获得 β/B 和 b/B，可以得到校正曲线。

b. 实测出所用仪器的标样线形 $g(x)$，假设真实线形为高斯函数或柯西函数，在式(6.27) 和式(6.38) 中取不同的 α 值，作 $g(x)$ 与各不同 α 值 $f(x)$ 的卷积，求出 $h(x)$ 获得 β/B-b/B 曲线。

c. 根据所使用的仪器和试样，假设 $g(x)$ 和 $f(x)$ 函数的归一化形式，从而得到线形宽度 b 和 β。利用

$$B=\frac{\int h(x)\mathrm{d}x}{h(0)}=\frac{\iint g(x)f(y-x)\mathrm{d}y\mathrm{d}x}{\int g(x)f(-x)\mathrm{d}x}$$

$f(x)$ 为偶函数，并作变量代换后有

$$B=\frac{\int g(x)\mathrm{d}x\int f(x)\mathrm{d}x}{\int g(x)f(x)\mathrm{d}x} \tag{6.41}$$

上式中

$$\int g(x)\mathrm{d}x=b$$

$$\int f(x)\mathrm{d}x=\beta$$

$$\int g(x)f(x)\mathrm{d}x=\sum_n g(x_n)f(x_n)\Delta x$$

从而得到 β/B 和 b/B。

图 6.60 为带索拉狭缝的衍射仪在使用线焦时的校正曲线。低反射角的校正曲线要求试

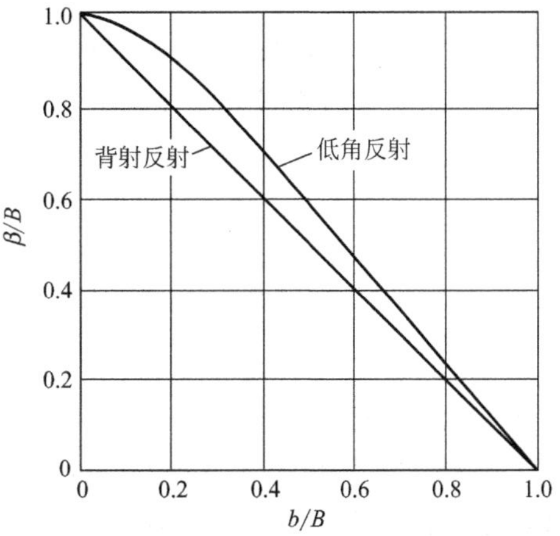

■ 图 6.60 带索拉狭缝的衍射仪在使用线焦时的校正曲线

样线形 $f(x)$ 为柯西型，这时曲线的半高宽与积分宽相差甚小。

思考与练习题

1. 铝的点阵参数为 4.04Å，钼辐射的波长 $K_{\alpha1}$ 为 0.709Å，$K_{\alpha2}$ 为 0.714Å，铜辐射的波长 $K_{\alpha1}$ 为 1.541Å，$K_{\alpha2}$ 为 1.544Å。请计算：分别用铜辐射和钼辐射时，铝试样的 422 和 333 衍射线的 K_α 双线的角距离（以 $\Delta 2\theta$ 表示、θ 的单位为弧度）。

2. 如果用 Cu-K_α 为 Al 粉末试样拍德拜照片，请计算照片上的德拜线条数及它们的指数（一般认为德拜线的分辨率为 1°，德拜相机所能记录的最大布拉格角为 85°）。

3. 如果用 Cr-K_α 为 Al 粉末试样拍照德拜相片，照片上的衍射线条数及指数将怎样变化？

4. 请比较德拜法与聚焦法的优、缺点。

5. 请比较衍射仪法与德拜法的特点。

6. 请说明衍射仪由哪几部分组成？

7. 试分析影响衍射图样质量的因素。

8. 试说明欲获得一张衍射全图应做的工作。

9. 试说明记录衍射线的方法及它们各自的特点。

10. 试说明如何才能较准确地确定衍射线的线位。

11. 若以 Cu-K_α 分析铝试样，欲求各衍射线相对强度，问试样至少应有多厚？

12. 若以 Cu-K_α 分析钨试样（点阵参数 3.16）。欲求各衍射线相对强度。试样面积为 2cm×2cm，衍射仪半径为 185mm，请粗略计算应取多大角宽度的发散狭缝。

13. 实测一条衍射线，分别利用图形法、曲线近似法和重心法确定它的线位。

14. 认真测试 NaCl 试样的各条衍射线，并列表给出各条衍射线的峰高强度和积分强度。

15. 在一条衍射线的顶部用定数法测得三个点。$2\theta_1=154.5°$，$\Delta 2\theta=1.0°$，在 $2\theta_1$、$2\theta_2$、$2\theta_3$ 三个等间距角度处测到 10^4 计数所用的时间分别为 66.6s、62.1s 和 72.1s，请计算衍射线线位。

16. 将上题所测数据经过角因子校正后，再计算其线位，并对两者进行比较。

17. 请按下式在坐标纸上绘制高斯和柯西线形，并测出它们的半高宽与积分宽度。

$$I(x)=e^{-\alpha^2x^2}$$

$$I(x)=\frac{1}{1+\alpha^2x^2}$$

取 $\alpha=0.5$，1 和 2。

18. 利用图形法分离 K_α 双线的原则校核图 6.48 的 Rachinger 的分离。

19. 请利用图形法分离 K_α 双线的原则由图 6.51 中分离出 $K_{\alpha2}$ 的衍射线线形。

20. 请用 BASIC 语言设计迭代法解卷积的计算机程序。

21. 设计用傅里叶变换法解卷积的计算机程序流程图。

参考文献

[1] 王英华 . X 光衍射技术基础 . 北京：原子能出版社，1993.
[2] Cullity B D. Elements of X-Ray Diffraction, Addison Wesley, 1978.
[3] 李树棠 . 晶体 X 射线衍射学基础 . 北京：冶金工业出版社，1990.
[4] 许顺生 . 金属 X 射线学 . 上海: 上海科技出版社，1962.
[5] Azaroff L Y. Elements of X-ray Crystallography. McGraw-Hill, 1968.
[6] 马礼敦 . 近代 X 射线多晶体衍射——实验技术与数据分析 . 北京：化学工业出版社，2004.
[7] 江超华 . 多晶 X 射线衍射技术与应用 . 北京：化学工业出版社，2014.
[8] Tang Y M. Giant low-temperature magnetostriction and spin-reorientation of polycrystalline alloy $PrFe_{1.9}$, Journal of Applied Physics, 113, 233902, 2013.

第7章 单晶体衍射信息的获取方法

从本章开始，主要介绍各种获取X射线衍射线的方法、原理及应用领域。在第4章中，通过厄瓦尔德图解已经初步介绍了一些获取衍射线的基本方法。从材料的角度出发，可以把材料分为单晶体、多晶体和非晶材料，这些不同类型的材料产生衍射线的特点不一样。单晶体的倒易点阵与特征X射线对应的厄瓦尔德球相交的概率很小，所以在单晶体的衍射方法中一般使用连续X射线或者使单晶体转动以增加倒易点阵与厄瓦尔德球相交的概率；多晶体中各个晶粒的取向在空间随机分布，使用特征X射线照射固定不动的样品就可以获得大量的衍射信息；非晶材料不能产生衍射线，但依据其对于X射线的散射情况仍然可以分析其内部结构。第6章已介绍了多晶体的衍射方法，本章将介绍单晶体的衍射方法，而非晶材料分析方法将在第15章单独介绍。

7.1 劳厄法

7.1.1 劳厄法照相

劳厄法是用连续X射线谱照射固定不动的单晶体，从而获得衍射图样的方法。在该方法中底片（也可以使用荧光屏或者面探测器）与X射线入射束垂直，用于记录衍射斑点。按底片、试样和入射束之间的位置关系，又可分为透射劳厄法与背射劳厄法，如图7.1(a)、图7.1(b)所示。图中A为X射线入射线的准直管；B为试样支架；C为单晶体试样；F为底片与支架；D为试样与底片之间的距离，一般在透射法中D取50mm，在背射法中D取30mm；2θ为入射线与衍射线之间的夹角；S为劳厄斑到底片中心的距离，X射线入射线与底片的交点为底片中心。同时，为分清底片的正、反面，照相时，逆X射线衍射线方向看去切去底片的左上角。图7.1(c)和图7.1(d)分别为Al单晶的透射和背射劳厄照片。当X射线光源很强时，也可以用荧光屏观察单晶体的衍射图样。单晶体的衍射线在底片上或荧光屏上形成的斑点，统称为**劳厄斑**。图7.1(c)中的Y为X射线入射线与底片的交点，即试样表面法线在底片上留的痕迹；图7.1(d)中的h为X射线入射线通过在底片上打的孔洞，试样表面法线在此孔中留的痕迹，也可以在底片上留下某方向的痕迹。

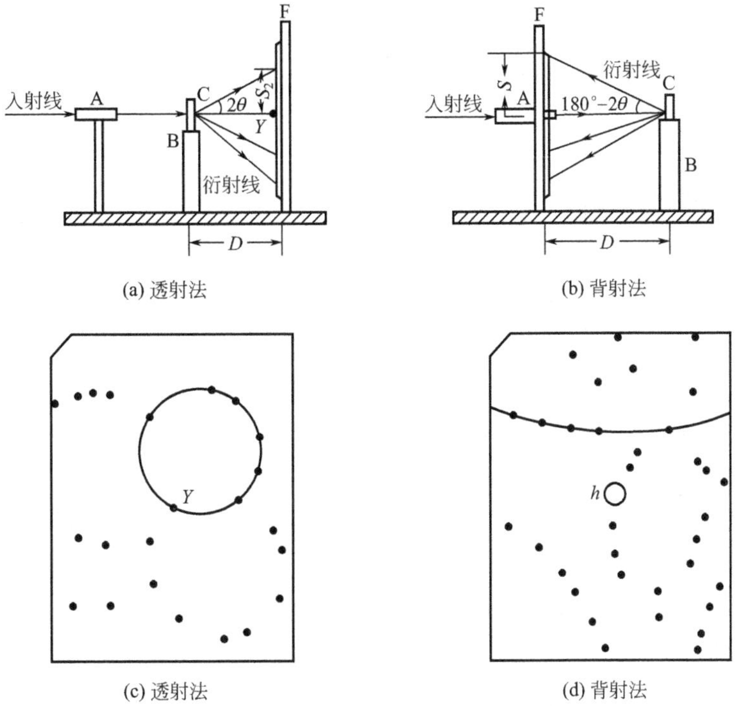

■ 图 7.1 劳厄法示意图与照片

用连续 X 射线谱照射固定不动的单晶体，可以获得很多衍射线束，图 4.41 所示的厄瓦尔德图解形象地说明了这一问题。在图 4.41 中，单晶体的倒易点阵是固定的，干涉球的半径（$1/\lambda$）随波长 λ 连续地变化。图 7.2 是劳厄法的厄瓦尔德图解的另一种形式，即让干涉球的半径不变，固定为 1，而倒易点阵中的结点位置的确定由原先的 $g=1/d$ 变为 $g=\lambda/d$ 来决定。因此干涉球大小不变，而结点位置变为波长 λ 的函数，随波长的连续改变而连续变化。

利用干涉球固定的厄瓦尔德图解，很容易看出（hkl）、（$2h\ 2k\ 2l$）、（$3h\ 3k\ 3l$）等晶面的衍射线的方向一致，即形成一个劳厄斑。换句话说，每一个劳厄斑是由一系列相互平行，晶面间距分别为 d，$d/2$，$d/3$…的晶面的反射线组成的，它们各自反射的波长为 λ，$\lambda/2$，$\lambda/3$…由此观之，晶面指数较小的晶面，能在所用的连续谱波长范围内选择比较多的波长数进行反射，从而它对应的劳厄斑较强。故劳厄照片上的强斑，一般与低指数的晶面相对应。当然，刚好满足特征谱波长反射的晶面也形成强的劳厄斑，但其晶面指数的高低不限。

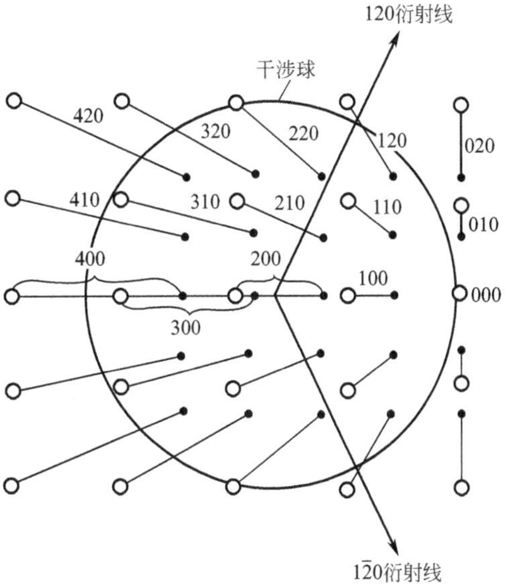

■ 图 7.2 劳厄法的厄瓦尔德图解（干涉球固定）

图中用“O”和“●”分别表示 $\lambda_{最大}/d$ 和 $\lambda_{最小}/d$ 构成的倒易点阵。同一指数的白点和黑点，可以用线段连接在一起。这指向原点的连线表示倒易点的变动范围，称为结点连线。衍射线即由干涉球心通过结点连线与干涉球的交点处射出从上述分析可以看出，劳厄法照相时，应使用强度高、波长范围广的连续谱，这样不但会提高劳厄斑的强度，也会增加劳厄斑的数目。因为连续 X 射线谱的强度除了随管电压的增加而增加以外，还与阳极靶的原子序数成正比，故劳厄法一般选用原子序数较高的 W 靶来拍摄劳厄照片。

7.1.2 劳厄照片的特征

劳厄照片上劳厄斑的分布是很有规律的，如图 7.1 所示。透射劳厄照片上的劳厄斑，都分布在一个个椭圆上，同时这些椭圆都通过 X 射线入射束与底片的交点 Y，如图 7.1(c) 所示；背射劳厄照片上的劳厄斑则分布在一条条双曲线上，如图 7.1(d) 所示。也就是说，劳厄照片上的劳厄斑，都分布在二次曲线上。可以利用厄瓦尔德图解来说明这一问题。

由于同属于一个晶带的晶面，其倒易结点都在过倒易点阵原点的一个倒易面上，此倒易面与干涉球的交线是圆，而衍射线是由干涉球心通过交线射出的，于是，同一晶带的晶面的衍射线都处在同一个圆锥面上，衍射线和 X 射线入射线都是此圆锥的母线。透射法圆锥顶角小，与底片的交痕为椭圆［见图 7.3(b)］；背射法圆锥顶角大，与底片的交痕为双曲线［见图 7.3(a)］。所以，反过来在劳厄照片上，凡处在同一条二次曲线上的劳厄斑，都是由同一晶带的晶面衍射产生的。于是，称劳厄照片上的二次曲线为**晶带曲线**。

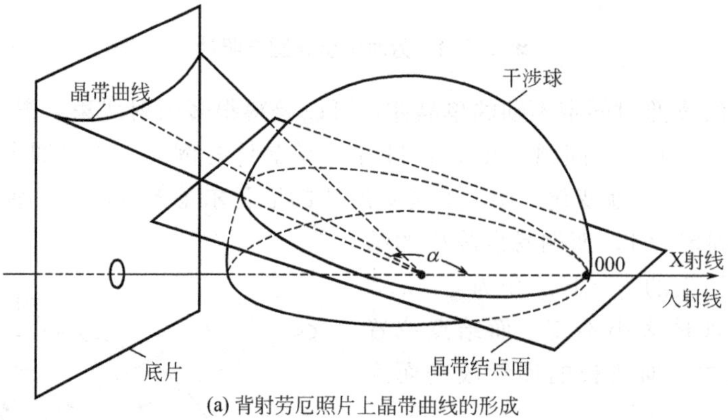

(a) 背射劳厄照片上晶带曲线的形成

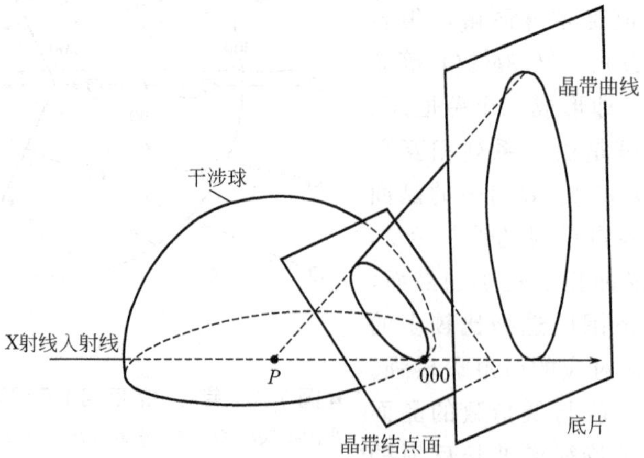

(b) 透射劳厄照片上晶带曲线的形成

■ 图 7.3 劳厄照片上晶带曲线的形成示意图

低指数的晶带，所包含的主要晶面较多，即低指数的晶面较多，且衍射强，因而劳厄照片上包含劳厄斑强而多的二次曲线，是由低指数的晶带产生的。

7.2 劳厄法的应用

7.2.1 单晶取向的测定

在材料的基础研究或应用过程中，往往要了解单晶体的取向。例如，在相变、形变及晶体各向异性的研究中，需要测定晶体的取向、析出相与基体的取向关系、形变过程中的取向变化以及晶体取向与物理性质之间的关系等。又如，对于Ge、Si、SiO_2、TiO_2、Fe_2MgO_4等功能单晶体，一般要在特定的取向时应用以保障性能，因此需按一定的取向进行切割成形。

要测定单晶体的取向，就是要确定单晶体的外形坐标与内部晶体学坐标之间的关系。对于形状较为规则的单晶试样，可以利用其边或棱作为外形坐标，例如图7.4(a)中的O-xyz。单晶体的晶体学坐标按不同的晶系有所不同，一般是取能代表其晶系特征的晶体学方向组为坐标系。例如对于立方晶系，采用〈001〉、〈011〉和〈111〉三个晶体学方向为其晶体学坐标系；对于正交晶系采用〈001〉、〈010〉和〈100〉方向组；对于六方晶系则采用〈0001〉、〈$10\bar{1}0$〉和〈$11\bar{2}0$〉方向组。

通常将试样外形坐标表示到其晶体学坐标构成的标准三角形中，以给出单晶取向测定结果。所谓标准三角形就是在001标准投影中，上述方向组各自构成的三角形。图7.4(b)中分别给出立方晶系、正交晶系和六方晶系的标准三角形。

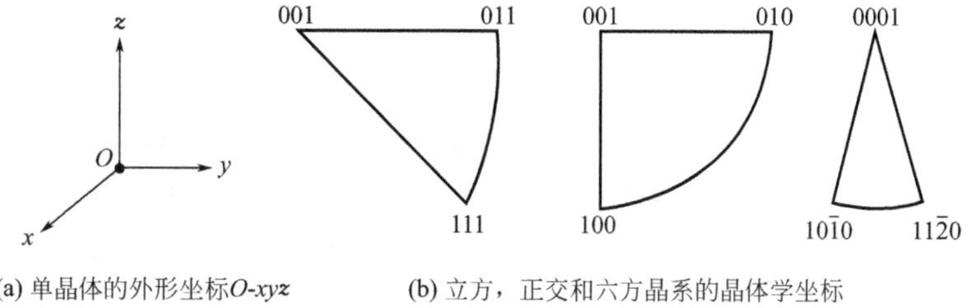

(a) 单晶体的外形坐标O-xyz　　(b) 立方，正交和六方晶系的晶体学坐标

■ 图7.4 单晶体的外形坐标与晶体学坐标

由于劳厄斑是单晶内部晶体学坐标的信息，所以利用劳厄法测定单晶取向之前，应首先了解劳厄斑与其反射晶面极点之间的关系。透射劳厄照相时的几何条件如图7.5(a)所示，劳厄斑与底片中心的距离为S，试样与底片之间的距离为D。如果将投影幕与底片放在一起，投影光源与X射线入射线在试样的同一侧，如图7.5(a)所示，则根据入射线和衍射线可以确定反射晶面的位置，再根据极射投影的定义获得反射晶面的极射投影点。图中的θ由下式决定：

$$\tan 2\theta = \frac{S}{D} \tag{7.1}$$

由于入射线、衍射线和晶面法线应在同一平面内，所以劳厄斑和它所对应的晶面极点，应在过底片和投影幕两者的共同中心的一条直线上，且分布在中心的两侧。如果，令底片及投影面与试样之间的距离 D 加上干涉球的半径 R 等于标准投影的半径，则晶面极点到基圆的距离正是其所产生的衍射线的布拉格角 θ，如图 7.5(b) 所示。图 7.5(b) 是逆衍射线和投影光线方向观察图 7.5(a) 所得的图形。可以利用 S 与 θ 之间的关系，作劳厄斑-极点变换尺，如图 7.5(b) 所示，利用此尺，可将劳厄斑直接转换成相应的晶面极点。该变换尺实际上就是图形化的 S-θ 关系，即图形化的 $\tan 2\theta = S/D$。

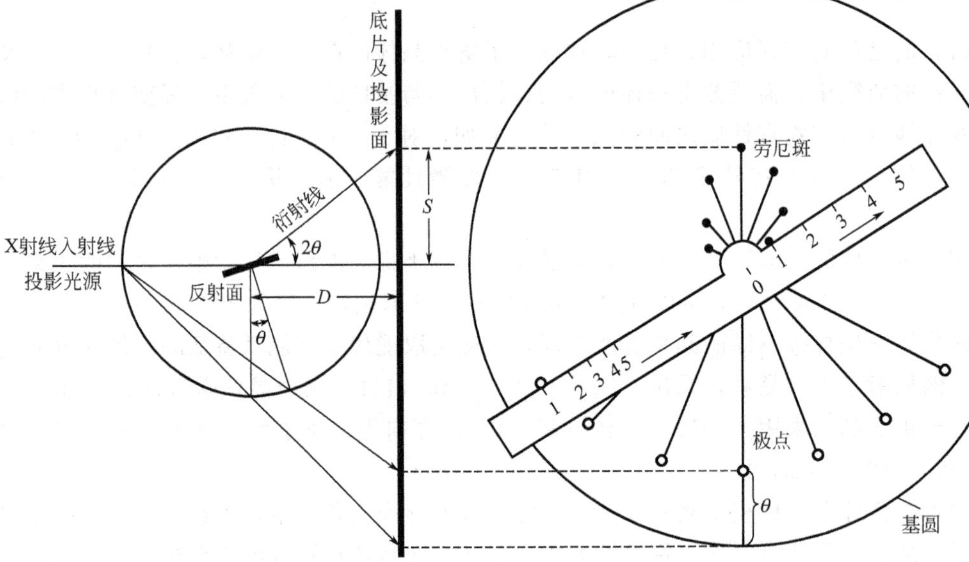

(a) 透射劳厄照相与反射晶面的极射投影的布局　　(b) 逆投影光线和衍射线观察图 (a) 所得

■ **图 7.5　透射劳厄照片上的劳厄斑和与其对应的晶面极点**

劳厄斑与其对应的极点在过基圆中心的一条直线上，但分居中心的两侧

也可以用类似于图 7.5 的办法找到背射劳厄照片中劳厄斑与其晶面极点之间的关系。但是由于背射劳厄照片中所记录的都是大 θ 角的衍射线，所以其对应的晶面极点都集中在极射投影的中心部位。于是，如果仍用变换尺完成劳厄斑到晶面极点的转化，就会带来比较大的误差。因此，一般都不用变换尺，而是采用格氏网（Greninger 网）来完成这种转化。

由于劳厄斑和晶面极点是一一对应的，所以吴氏网上的经、纬线在“照片”上也会有一定的对应位置。A. B. Greninger 首先利用这种关系，对应于试样与底片间距 $D=30\text{mm}$，绘制了相应于吴氏网的“照片”——格氏网，如图 7.6 所示。格氏网中的等 γ 线为双曲线，相应于吴氏网中的经线；等 δ 线与吴氏网中的纬线相对应。

当需要将照片上的劳厄斑转化成相应的晶面极点时，只需将照片放置到格氏网上，让两者的中心重合，如图 7.7(a) 所示，读出劳厄斑的坐标 γ、δ，再按此 γ、δ 值在吴氏网上找到相应的位置，如图 7.7(b) 所示，此位置就是该劳厄斑所对应的极射投影点。图中标出了劳厄斑 1 与相应的晶面极点 $1'$。

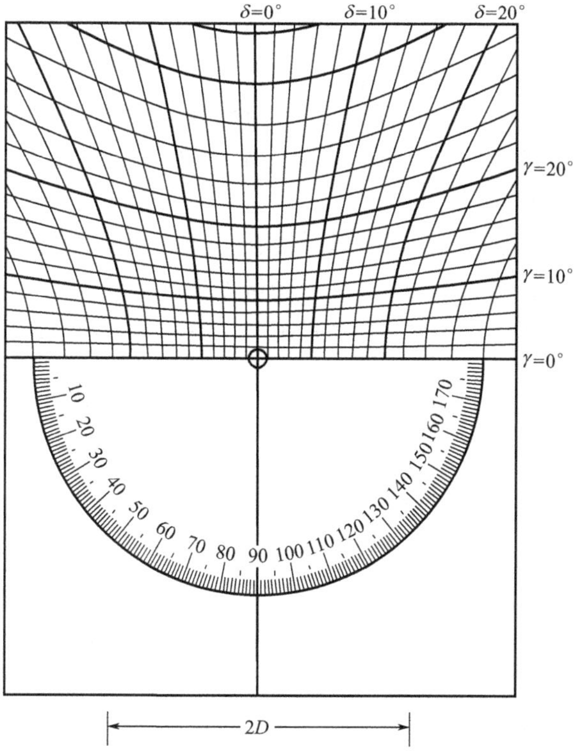

■ 图 7.6 格氏网

其中的等 γ 线与等 δ 线分别与吴氏网的经线与纬线相对应

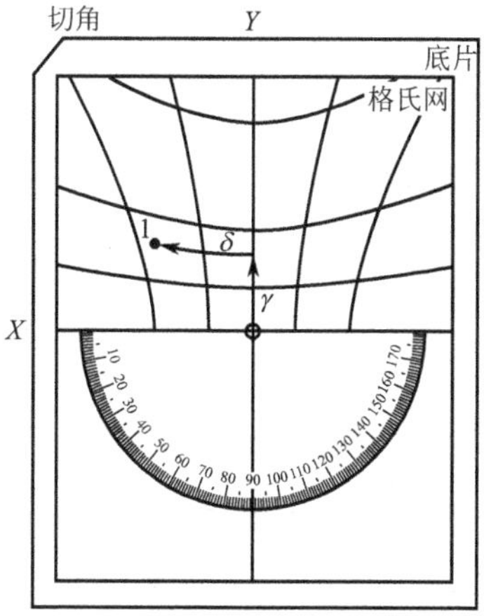

(a) 由格氏网读出劳厄斑的坐标 γ、δ

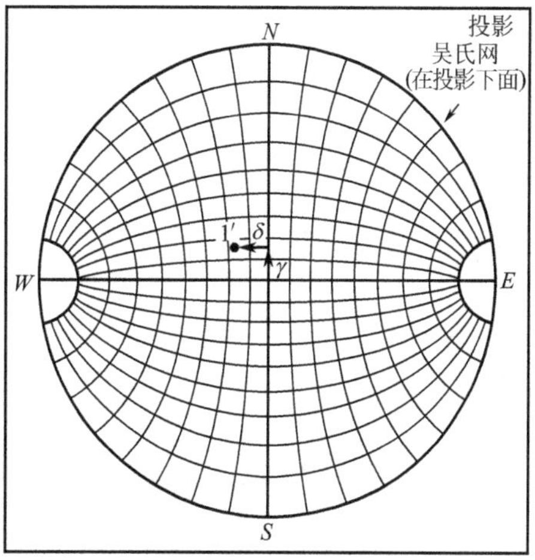

(b) 由吴氏网给出晶面极点的相应位置

■ 图 7.7 背射劳厄斑与其相应的极射投影点

7.2.2 透射劳厄法测定单晶取向

如果能够获得单晶体的薄试样，就可以利用透射劳厄法测定其取向。测定单晶取向就是要测定单晶体外形几何元素和晶体学几何元素之间的关系。因此，测定单晶取向时，必须让劳厄照片同时记录出试样外形坐标与晶体学信息。一般取试样表面法线和某棱边为试样外形坐标。劳厄斑为试样内部的晶体学信息，因此解劳厄照片，就能获得试样外形与晶体学坐标之间的关系。

解劳厄照片的方法有计算机法与图解法。图解法是以极射投影为工具，比较直观，便于初学者掌握测定单晶取向的原理。下面以图解法解 Al 单晶的劳厄照片为例，说明用透射劳厄照片测定单晶取向的过程。

逆 X 射线衍射线方向观测劳厄照片，认清试样外形留下的痕迹，例如当试样表面与底片平行时，底片中心即为试样表面法线，让一金属丝平行于试样某棱边贴在底片上，照相后底片上也会留下金属丝的影子，即试样棱边的痕迹。在众多椭圆中选择一个劳厄斑多而强的为主要椭圆，其他的为参考椭圆。

利用图 7.5 所示的原则，将照片转化为极射投影图，称为照片投影。应注意的是，照片投影中要包含与劳厄斑对应的极点，也要包含与外形痕迹对应的迹点。图 7.8 仅给出照片中的主要椭圆与其对应的极点，这些极点应在吴氏网的一条经线上，为一个晶带大圆。图中的 Y 和 X 为试样外形迹点，Y 为试样表面法线，X 为一竖直的棱边。实际工作时，应将几个椭圆上的劳厄斑都转化为极点。将所得的主要晶带大圆转至与基圆重合，并相应转动外形痕迹对应的迹点，如图 7.9 所示。让所测晶体的标准投影图一一与转动后的照片投影相对照，观察照片投影能否与某标准投影相重合，即它们之间在点的分布、强弱及各晶带之间的夹角等方面都能够较好地符合。由图 7.10 可知，上述照片投影与立方系的 001 标准投影相符合。这时测得棱边 X 与 $(\bar{1}00)$、$(\bar{1}\bar{1}0)$ 和 $(\bar{1}\bar{1}1)$ 极点之间的夹角分别为 38°、24°和 18°。最后，将测得结果放到由 (001)、(110) 和 (111) 极点构成的标准三角形中，如图 7.11 所示。

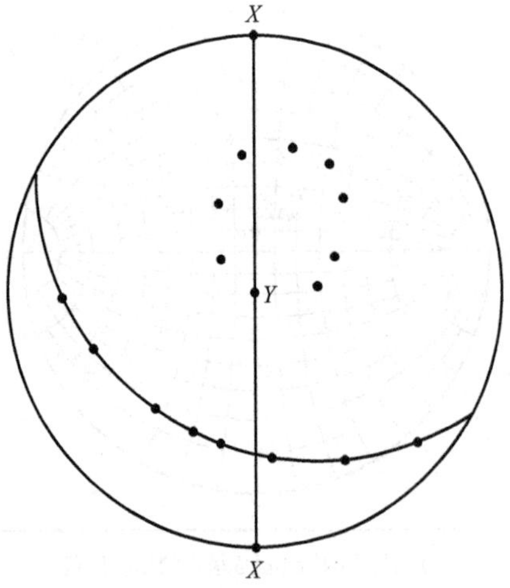

■ 图 7.8 将主要椭圆转化为极点，它们应构成一个晶带大圆

X 为试样某一棱边的迹点，Y 为试样表面法线的迹点

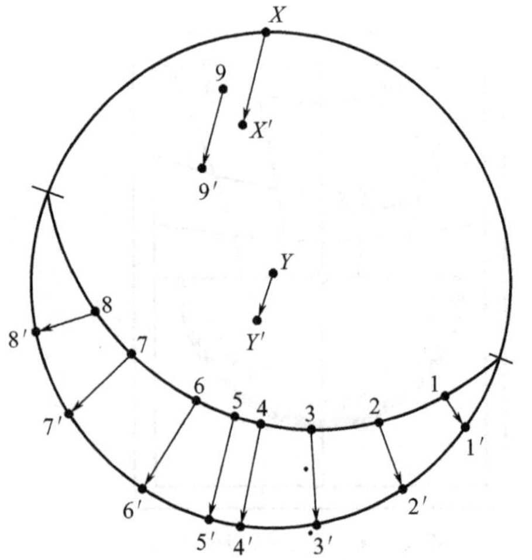

■ 图 7.9 将主要晶带大圆转到基圆上

综合上述过程可以看出，解劳厄照片实质上只需两个步骤：首先是用极射投影表示出照片所记录的信息；然后是利用标准投影标定晶体内部几何元素。

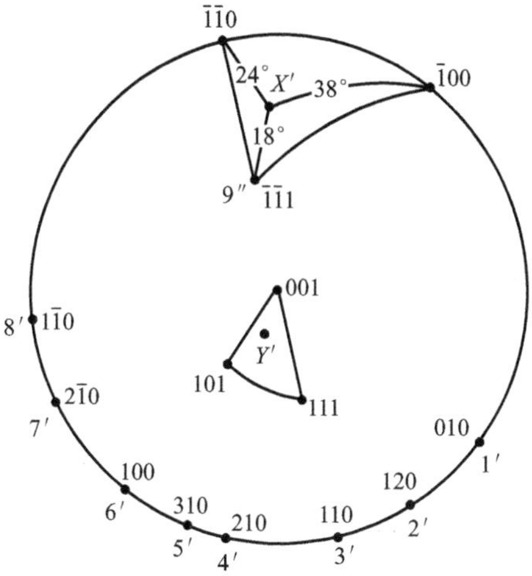

■图 7.10 主要晶带大圆在基圆上与标准投影吻合

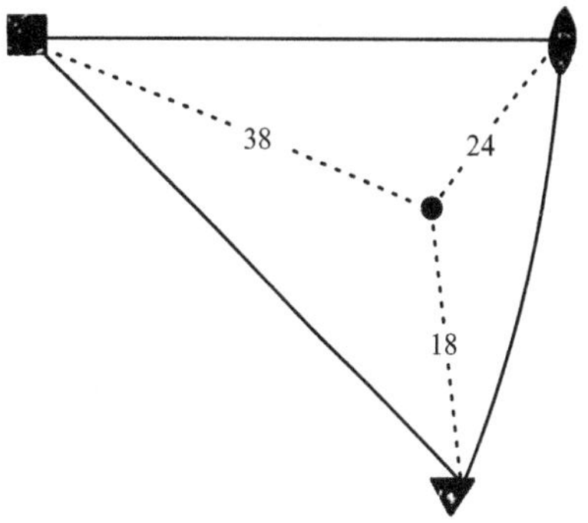

■图 7.11 试样棱边的取向

7.2.3 背射劳厄法测定单晶取向

对于大块的单晶体，要用背射法测定其取向。如果背射劳厄照片上记录的双曲线条数较少，则可以利用相似于解透射照片的办法来解背射照片。只是将照片转化为照片投影时要用图 7.7 所示的原则。下面以图 7.12 说明其标定过程。

图 7.12(a) 为 Al 单晶的背射劳厄照片，照片中仅有 A、B 两条晶带曲线，底片中心 Y 为试样表面法线迹点。利用格氏网测出各个劳厄斑的坐标，如图 7.12(b) 所示。利用图 7.7 所示的原则将与劳厄斑相应的各个极点放在极射投影图上，如图 7.12(c) 所示，外形迹点 Y 在投影中心。将晶带大圆 A 转到基圆上，其他各点要做相应的转动，如图 7.12(d) 所示。图 7.12(e) 为转动后的照片投影。图 7.12(f) 为照片投影与标准投影的符合情况，标定结果由图 7.12(g) 表示。当然也可以直接由图 7.12(b) 中的读数获得图 7.12(e)，即将晶带 A 中的各极点直接放到基圆上，并相对于 A 标出其他各点的位置。

一般情况下，背射劳厄照片上的斑点极多，可以明显地看出很多条晶带曲线，如图 7.13(a) 所示，为硅钢片中某一个大晶粒的劳厄照片。图 7.13(b) 仅给出照片中的晶带曲线，并为它们编号。这时，如果仍采用上述办法标定各个劳厄斑，将很困难。但可以利用晶带轴指数较低的特点，作各个晶带轴的极射投影图，并标定它们的指数，以测定晶体取向。

图 7.14(a) 为用格氏网测量晶带 1，如图中的虚线，γ 为 13°，轧向（照片上端的竖线）在垂直方向右边，偏 3°，利用吴氏网将此结果放到极射投影上，如图 7.14(b) 所示。投影中的极点 1 为晶带 1 的带轴位置。为找晶带 3 的带轴位置，需将底片和投影同时沿逆时针方向转动，让晶带 3 与格氏网上的一条双曲线重合，如图 7.15(a) 所示，读出 γ 为 18°，轧向在垂直方向右边，偏 43°，即轧向沿逆时针方向转动了 40°。将极射投影上的轧向转到与赤道成 43°角处，按晶带大圆 3 的位置找到其带轴 3，如图 7.15(b) 所示。按此方法可以将 8 条晶带的带轴都画到极射投影图上如图 7.16 所示，并在图中标出 n 条晶带的交点位置 a、b 和 c。a 点为 4 条晶带的交点，可能为低指数，将其转到投影中心，其他极点都作相应转动，如图 7.17 所示。将转动后的投影与标准投影相对照，发现与 111 标准投影符合较好，如图 7.18 所示。图 7.19 则为该晶粒取向的标定结果。目前有多种自动解劳厄照片的计算机程序，它们所基于的原理与图解法无本质区别，这里不再介绍。

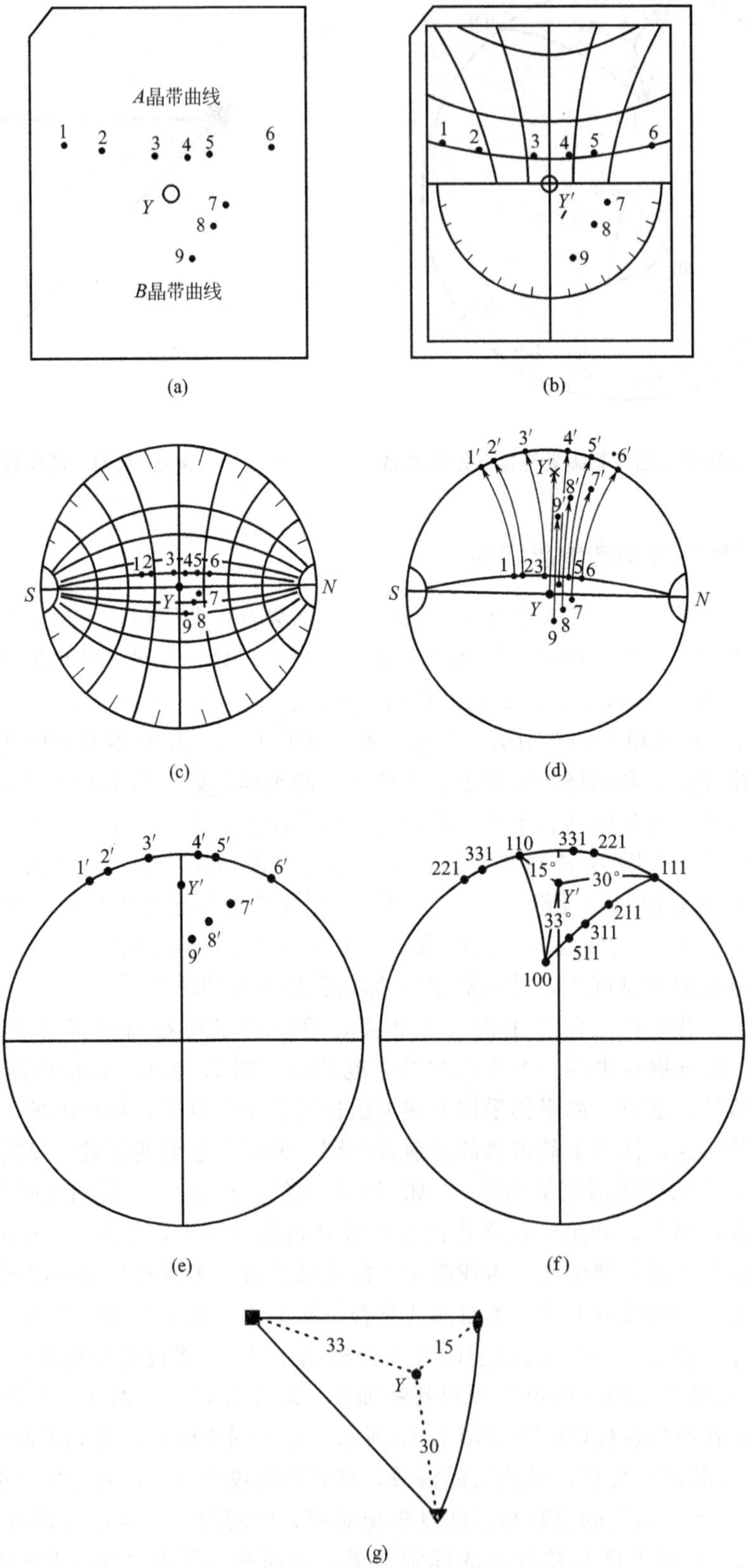

■ 图 7.12 背射照片的标定

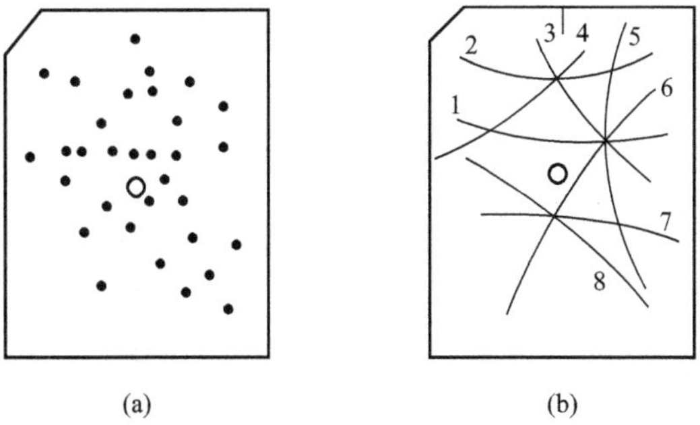

■ 图 7.13 硅钢片中某一晶粒的背射劳厄照片（a）和照片中的晶带曲线（b）
（照片上端的竖线为轧向的痕迹）

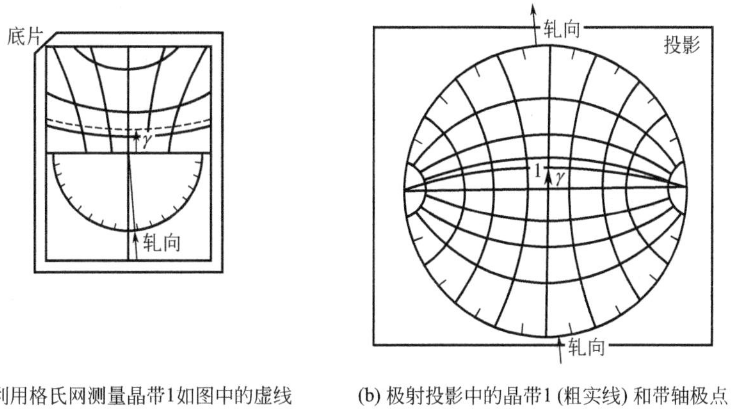

(a) 利用格氏网测量晶带1如图中的虚线　(b) 极射投影中的晶带1 (粗实线) 和带轴极点

■ 图 7.14 晶带大圆“1”与带轴“1”

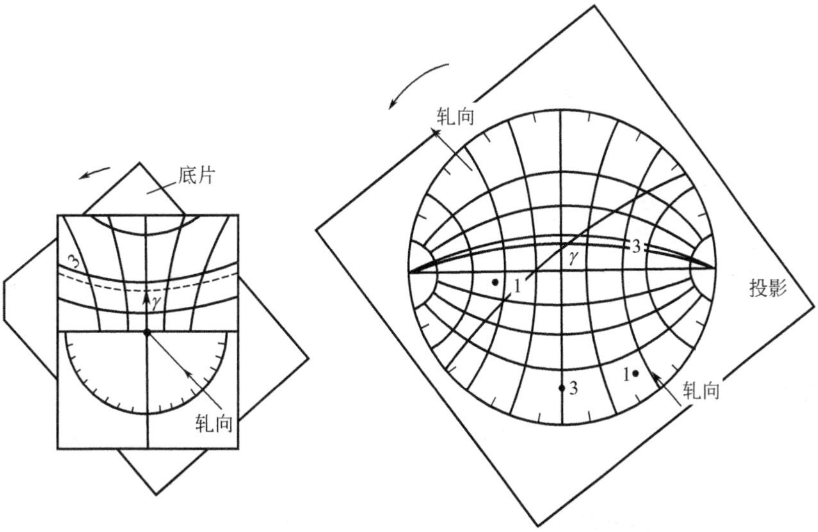

(a) 晶带“3”在格氏网上　(b) 晶带大圆“3”和带轴“3”

■ 图 7.15 晶带大圆“3”和带轴“3”

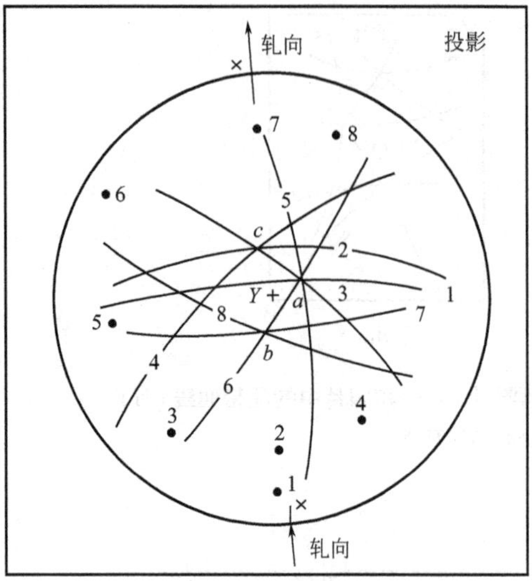

■ 图 7.16 照片的极射投影图

a、b 和 c 为 n 条晶带的交点，1、2、…、8 分别为各晶带的带轴迹点

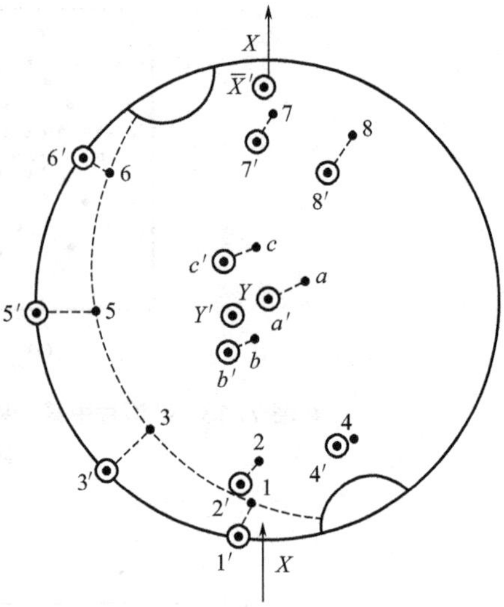

■ 图 7.17 照片投影的转动过程

让 a 点转到投影中心，其他各点作相应的转动

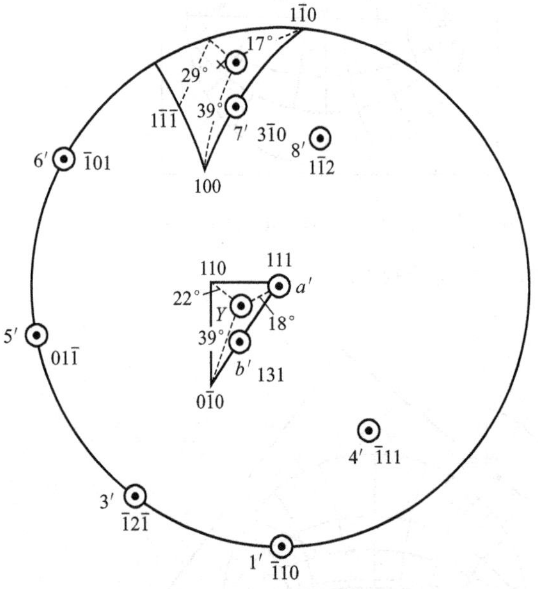

■ 图 7.18 照片投影与 111 标准投影相符合

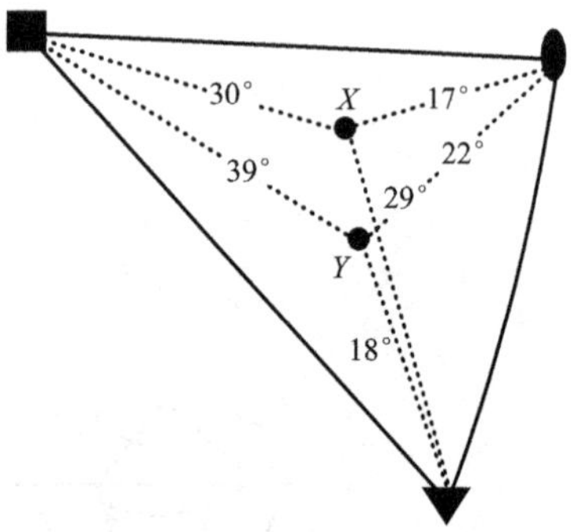

■ 图 7.19 晶粒的取向

7.2.4 单晶体的定向切割

单晶体的电、磁、光等性质具有明显的各向异性，往往要研究其性质与特定的晶体学方向之间的关系。同时，某些工业器件中也往往需要特定晶体学方向或面呈特殊要求的单晶体材料。因此，往往需要沿特定晶体学方向或面切割单晶体，这就是单晶体的定向切割问题。

单晶体的定向切割分两个步骤：首先，应用劳厄法测定单晶体的取向；然后，再利用极射投影寻找出让晶体的某方向或面呈特定晶体学方向或晶面时应转动的角度数。为此，拍摄劳厄照片和切割晶体时，应使用同一个晶体支架，以避免晶体重置带来的误差。这种晶体支架一般具有三个相互垂直的转轴，如图 7.20 所示。利用极射投影获得晶体的预定取向时，在极射投影上的转动应与晶体支架上的转动相对应。并且应注意，前面的转动不能影响后序转动的转轴位置。于是，对应上述的晶体支架，三个转轴的转动顺序应为从上到下依次进行。

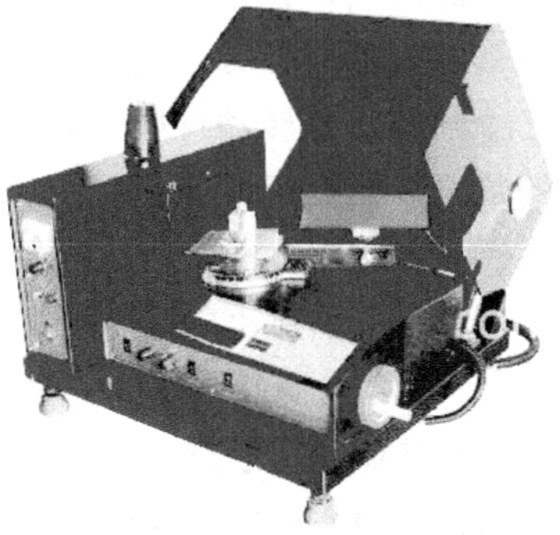

■ 图 7.20　配有三维转动支架的晶体定向仪（两个相互垂直的水平转轴和一个竖直转轴）

下面以立方系单晶体为例，说明定向切割的过程。使晶体支架的三个刻度线都处在零位，安放好待测晶体。让 X 射线沿支架最上面的转轴入射到晶体上，即 X 射线入射线垂直于支架的最上面的刻度线，拍摄背射劳厄照片。晶体的竖直方向为 NS，与入射线垂直的水平方向为 WE。

解劳厄照片，获得的晶体取向由图 7.21 中的白色图形所示。图中仅给出 (010)、(011)、(001)、$(0\bar{1}1)$ 和 (100) 五个极点的位置。投影中心为 X 射线入射线迹点，NS 和 WE 与晶体外形上的两个方向对应。现以要求晶体的最终取向是 (011) 极点在投影中心，(100) 极点在投影左侧为例，考察如何利用极射投影获得晶体绕支架三个轴的转动角度数。如果不考虑晶体支架的实际情况，仅在极射投影上操作，则有多种方法达到晶体的最终取向，然而，要求在极射投影上的操作与晶体支架上的实际操作相对应时，则仅有一种转动方式。从立方系的 011 标准投影得知，当 (100) 极点在左侧时，正上方为 $(0\bar{1}1)$ 极点。为让 $(0\bar{1}1)$ 极点到位，首先使投影绕其中心转动，即绕晶体支架最上面的水平轴转动，顺时针转动 22° 后，$(0\bar{1}1)$ 极点落在竖直方向上。这时，竖直轴为 $N'S'$，水平轴为 $W'E'$。接着，让投影的 $W'E'$ 轴与吴氏网的南-北极方向一致，绕 $W'E'$ 轴使投影逆时针转动 38°，$(0\bar{1}1)$ 极点到达投影的正上方，(100) 和 (011) 极点到达 $W'E'$ 轴。转动后的极点位置由图 7.21 中带影线的小图形所示。最后，使吴氏网的南-北极与投影的 $N'S'$ 轴相重合，让投影绕 $N'S'$ 轴顺时针转动 28°。这时，晶体到达了预定的取向。极点位置由图 7.21 中的黑色小图形所示。这样，

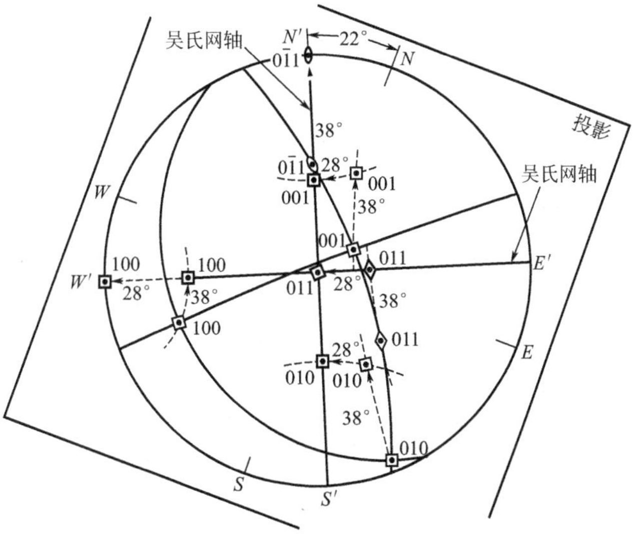

■ 图 7.21　将晶体转动成特定的取向

获得了晶体到达预定取向的三个转角，即绕最上面的水平轴沿顺时针方向转 22°，绕第二个水平轴沿逆时针方向转 38°，绕竖直轴沿顺时针方向转 28°。由极射投影图获得了分别绕三个轴的正确转动度数后，在晶体支架上实际转动晶体时，各轴转动的前后次序对晶体的最终取向并无影响。通常，在晶体切割后应再拍一张劳厄照片，以校核晶体的切割效果。

当解劳厄照片比较困难时，则可以不具体标定出每个劳厄斑，而是与衍射仪（第 6 章）相配合，确定出某个劳厄斑的指数。例如要求沿立方系单晶体的 {111} 面切割晶体时，可以先观察晶体的劳厄照片，寻找可能为三次对称轴的劳厄斑，再利用极射投影寻找出将该斑点转到投影中心处所要求的三个转动的角度数。将晶体按上述角度转动后，再利用衍射仪测出该晶面的衍射角 2θ，从而可以判定出该晶面的指数。如果该晶面是所要求的指数，则可以切割晶体。否则，应重新寻找合适的劳厄斑。

7.2.5 塑性变形的研究

晶体的塑性变形通常是以滑移和孪生方式进行。劳厄法在塑性变形研究中的应用主要是测定滑移面、滑移方向、孪生面等，下面举几个实例来加以说明。

（1）双面法测滑移面

取一块欲研究的单晶体，磨出两个相互垂直的金相平面，如图 7.22(a) 中的 A、B 面，A、B 面的交线是棱 NS。加外力，使该单晶体变形，则滑移面会在两金相平面上产生痕迹，即滑移线。用金相显微镜测出 A、B 面上的滑移线与 NS 棱的夹角分别是 α 和 β。分别

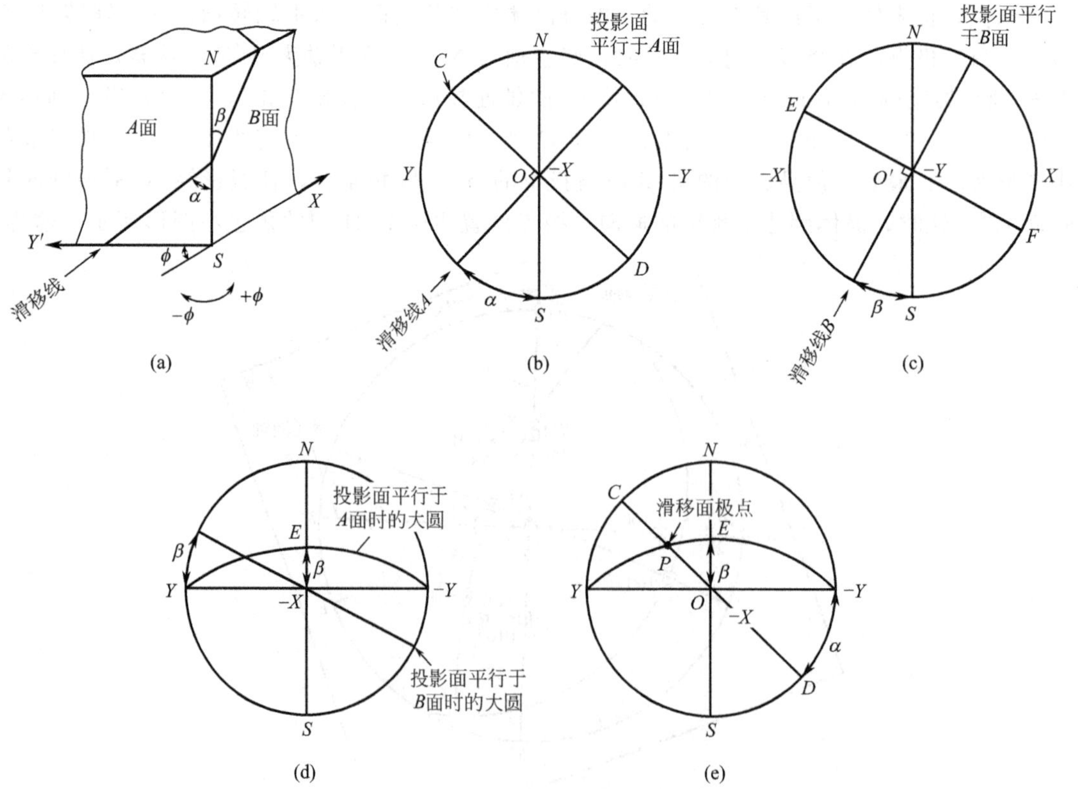

■ 图 7.22 双面法测滑移面

称 A、B 面上的滑移线为滑移线 A、B。根据上述条件，可以首先利用极射投影找到滑移面极点的位置，再利用劳厄法标定滑移面指数。

为解释图形方便，在试样的 A、B 面上取一直角坐标系，让 NS 为 Z 方向，X、Y 分别在 B 和 A 面上，如图 7.22(a) 所示。先让投影面平行于 A 面作极射投影，如图 7.22(b) 所示，投影的中心为 O，即为 $-X$，滑移线 A 与 NS 棱成 α 角，滑移面极点轨迹为与滑移线 A 成 90°的大圆 COD。再让投影面平行于 B 面作极射投影，如图 7.22(c) 所示，投影的中心为 O'，即为 $-Y$。滑移线 B 与 NS 棱成 β 角，这时滑移面极点的轨迹应为与滑移线 B 垂直的大圆 $EO'F$。由于滑移线 A 与滑移线 B 是由同一滑移面产生的，所以可将两个投影图重合，找到滑移面极点的位置。为此，必须将图 7.22(c) 逆时针方向转 90°，让其与图 7.22(b) 外形坐标一致。转动的滑移面极点轨迹为一条经线，如图 7.22(d) 所示。图 7.22(d) 与图 7.22(b) 重合，两滑移面极点轨迹交于 P 点，P 点即为滑移面的极点，如图 7.22(e) 所示。最后，为 A 面拍一张劳厄照片，按单晶取向测定方法标定劳厄照片，就能获得 P 点的指数，即测定出滑移面的指数。

(2) 极点轨迹法测孪生面

极点轨迹法是一种利用多晶（晶粒尺寸小于几毫米）试样测定滑移面或孪生面的单面法。下面以 Cahn 的工作为例说明极点轨迹法的应用。Cahn 用形变退火方法制得晶粒尺寸为 3mm 的铀多晶试样，并制出金相磨面。在进行 1%～2%的拉伸或 10%的压缩形变后，将金相磨面重新抛光，去除滑移线，然后用偏光显微镜观察，就可以看到细线状的孪晶。图 7.23(a) 是某一晶粒中的孪晶，一共有 A、B、C、D 四种取向。

极点轨迹法要求在多晶试样中选取多个晶粒作为考察对象。例如图 7.23(a) 所示的晶粒就是其中之一。首先用背射劳厄法测定其取向。测定结果用平行于金相磨面的投影表示，图 7.23(b) 投影中心点即为金相磨面的投影点，投影中标明了铀的三个主要晶面极点 (001)、(010) 和 (100) 的位置。铀是正交晶系，这三个晶面极点的指数不能互换。投影中，与 A、B、C、D 四组孪晶垂直的四条直径用图 7.23(b) 中的 A、B、C、D 表示，它们是孪生面的极点轨迹所在的大圆。

对于所考察的多个晶粒，都作上述处理，分别画出类似图 7.23(b) 的投影，再把各个投影都转到标准投影的位置，例如将图 7.23(b) 换成图 7.23(c)。然后将所得的各个晶粒的极点轨迹都表示在同一标准投影上，于是得出如图 7.23(d) 所示的交点，它们就是孪生面极点的位置。Cahn 用上述办法测得铀的孪生面为 (130)、(172)、(112) 和 (121)。用类似的方法得到了铀的滑移面为 (010) 和 (110)，扭折带为 (100)。

(3) 滑移方向的测定

滑移方向可以根据两个条件来确定。首先，滑移方向一定在滑移面上。反映到极射投影上，滑移方向的迹点必然位于与滑移面极点成 90°的大圆上。图 7.24 表示了立方晶系晶体的滑移面为 ($\bar{1}\bar{1}2$) 时，滑移方向所在的大圆。其次，晶体拉伸形变时，滑移方向会逐渐转向拉伸轴。图 7.24 中，极点 1，2，3，4…表示拉伸程度逐渐增加时的拉伸取向变化动向。从变化趋势看，是指向上述大圆上的 [111] 方向。由此得出结论，[111] 即滑移方向。

劳厄法除了在单晶取向测定、晶体定向切割和塑性变形研究方面的应用以外，还可以用于测定大晶粒材料中的各个晶粒的取向，从而研究材料中的晶粒取向分布与工艺的关系或分析材料的断裂行为等。

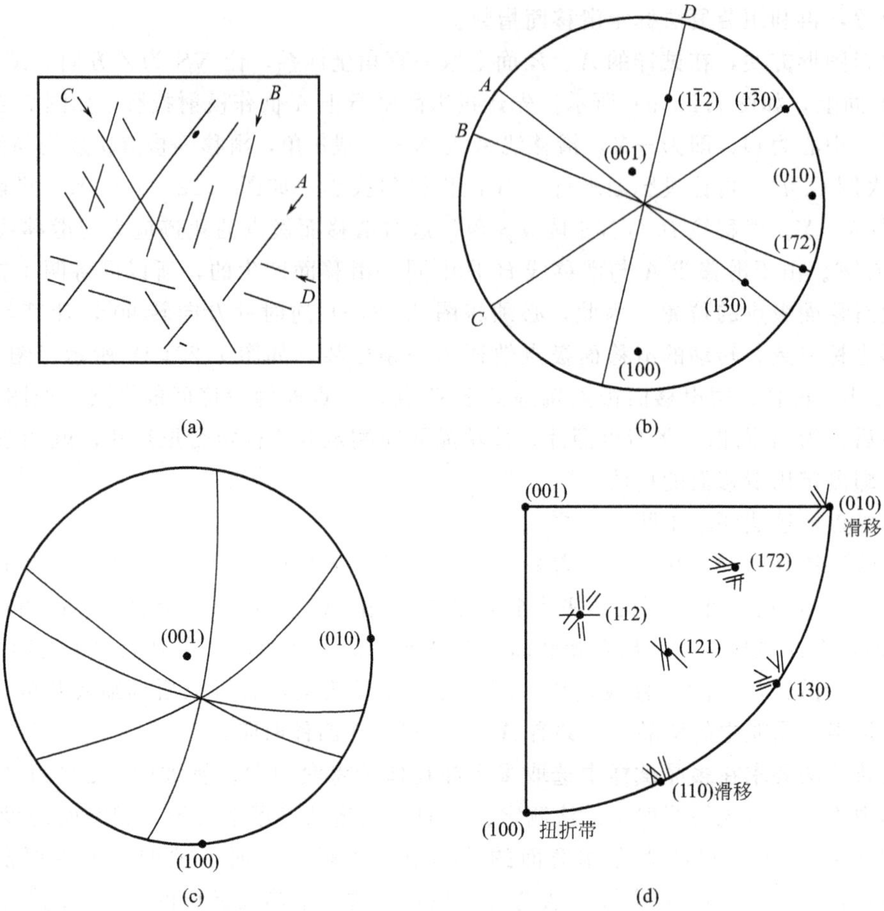

■ 图 7. 23 用极点轨迹法测定形变几何元素

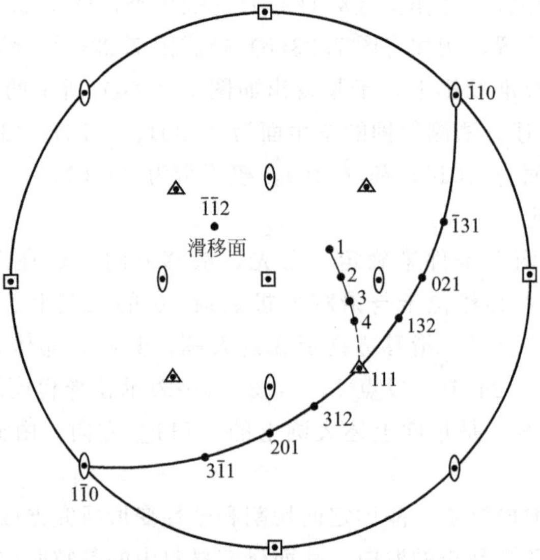

■ 图 7. 24 立方系晶体滑移方向的测定

同时，利用劳厄斑的形状和完整性可以判断晶体的变形情况和三维缺陷。例如，良好的单晶体的劳厄斑呈椭圆形；变形晶体的劳厄斑拉长，呈星芒状，如图 7.25 所示；有三维缺陷的晶体，其劳厄斑有内部结构，图 7.26 为沿某方向弯曲再经高温退火的硅铁晶体的某一劳厄斑。

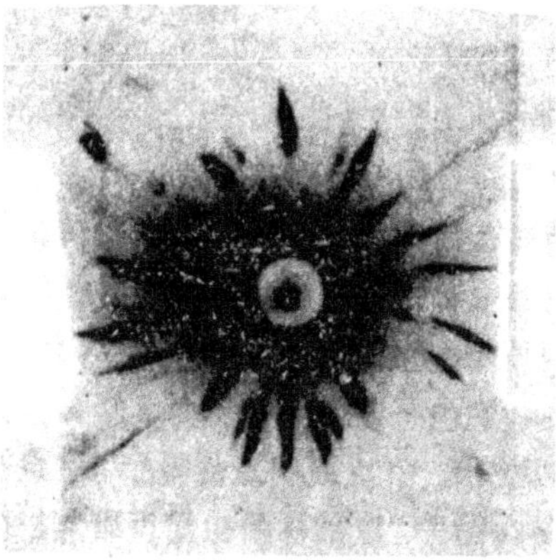

■ 图 7.25 弯曲单晶的透射劳厄照片

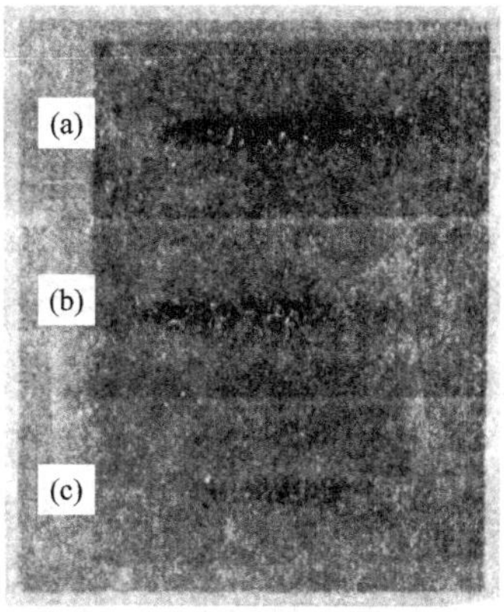

■ 图 7.26 弯曲后再经高温退火的硅铁晶体的某个劳厄斑

7.3 四圆单晶衍射仪法

除了使用连续 X 射线的劳厄照相法之外，单晶体的衍射方法还有使用特征 X 射线的回摆法、魏森堡法和旋进法等照相方法。使用特征 X 射线源的照相方法都会让单晶体绕一定轴转动或在一定角度范围内摆动，以增加衍射概率。但是照相方法都需要显影和定影，过程繁复，并且线性范围不大，衍射强度不准，因而照相法所得结果的准确性比较差。使用照相法收集衍射数据时，完成一套小分子晶体的三维数据收集一般需要数月甚至经年。在 20 世纪 20～60 年代，完成一个晶体结构的测定所需的时间常以年计。

20 世纪 60 年代末，计算机控制的四圆衍射仪开始出现，并在其后成为晶体结构测定的主要工具。同时，大量精确的衍射数据的获得和计算机技术的进步，使结构计算方法得以发展成熟。四圆衍射仪利用特征 X 射线逐点记录衍射点的强度，这种方法记录的强度数据准确，灵敏度高，并且能够利用计算机通过程序控制来完成衍射的自动寻峰、晶胞参数的测定、衍射强度数据的收集以及根据消光条件来确定空间群等工作。

7.3.1 四圆单晶衍射仪简介

四圆单晶衍射仪是通过探测器上的计数器来逐点记录衍射点的强度（单位时间内衍射光束的光子数）。入射 X 射线和探测器在一个平面内，称赤道平面。晶体位于入射光与探测器的轴线的交点，探测器可在此平面内绕交点旋转。因此只有那些法线在此平面内的晶面族才可能通过样品和探测器的旋转在适当位置发生衍射并被记录。如何让那些法线不在赤道平面内的面族也会发生衍射并能被记录呢，办法是让晶体作三维旋转，就有可能将那些不在赤道平面内的晶面族法线转到赤道平面内，让其发生衍射，四圆单晶衍射仪正是按此要求设计的。

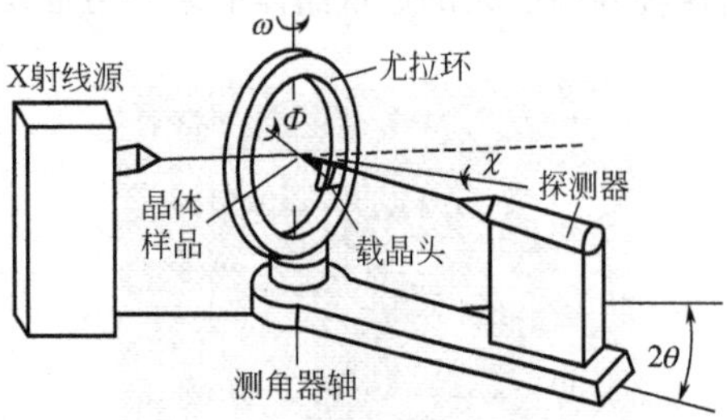

■ 图 7.27 四圆衍射仪的构造示意图

四圆单晶衍射仪的构造示意如图 7.27 所示，其核心为一个尤拉环，其轴线即为测角器的轴。单晶试样置于载晶头上，需要调整试样到尤拉环的中心，同时也在测角器轴上。试样可以绕载晶头的轴线旋转（Φ），整个载晶头可在尤拉环内绕环心旋转（χ），而整个尤拉环还可绕测角器轴旋转（ω）。这三个旋转可将空间任一方向的衍射线转到赤道平面内，亦即入射光和探测器轴线构成的平面内。入射光与探测器轴线的交点与尤拉环的中心相重合，也即单晶试样的位置。探测器可在赤道平面内绕交点旋转，此为第四圆 2θ，故可顺序记录下所有的衍射数据。此种转动和记录方式比较复杂，通常使用计算机进行控制。

四圆单晶衍射仪的组成包括 X 射线发生装置、测角仪、探测器和计算机控制系统。四圆单晶衍射仪的每个圆都由一个独立的步进电机带动运转，通过计算机控制系统控制，调整晶体坐标轴和入射 X 射线的相对取向以及 X 射线探测器的位置，使各个晶面满足衍射条件产生衍射，并记录它们的强度。

（1） X 射线发生装置

X 射线发生装置是为了提供稳定的特征 X 射线，以满足分析工作的要求。初期多使用封闭 X 射线管，而随着转靶 X 射线发生器的研发，亮度高出传统 X 射线管一个数量级的光源得以面世，故后来的设备中多使用转靶 X 射线发生器。

（2） 四圆测角仪

四圆测角仪是四圆单晶衍射仪的核心部件。它具有加工精度高并且旋转轴相交于同一点的四个圆，这是保证强度数据准确性的关键。四圆测角仪的结构示意图如图 7.27 所示。

测角仪由 4 个圆组成，它们分别是 Φ 圆、χ 圆、ω 圆和 2θ 圆。Φ 圆是载晶头绕晶轴自转的圆，即载晶头可在这个圆上运动。χ 圆是安放载晶头的垂直大圆（尤拉环），χ 圆的轴是水平方向的。ω 圆是使尤拉环垂直转动的圆，也就是晶体绕垂直轴转动的圆。2θ 圆是与 ω 圆同轴并带动计数器转动的圆。

Φ 圆和 χ 圆的作用是调节晶体的取向，把晶体中某一组晶面转到适当的位置，以使其衍射线处于水平面上。ω 圆和 2θ 圆的作用是使晶体旋转到能使该晶面产生衍射的位置，并使衍射线进入计数器。

4 个圆共有 3 个轴。这 3 个轴与入射 X 射线在空间交于一点。对于商用的四圆衍射仪，其交点的误差在 20μm 以内，晶体安放在这 3 个轴的交点上。由高稳定的 X 射线发生器发出的 X 射线照射样品后进入测角仪，按测角仪中限制光路的安排，测得样品在衍射角的光子计数。测角仪的运动由步进电机驱动。仪器在工作过程中，通过四个圆的配合，将晶体的倒易点阵结点旋转到衍射平面并与反射球相交，通过探测器检测到所有衍射点的衍射角和强度。

测角仪的坐标系是以 4 个圆的旋转轴的交点为原点的右手坐标系，通常，坐标系的取向是以 ω 圆和 2θ 圆的共同轴线为 Z 轴，入射 X 射线的方向为 Y 轴，按右手定则，$2\theta=90°$的方向为 X 轴。

（3） 探测器

在 X 射线衍射仪中 X 射线不能直接测量，必须把它转换成可测量的电信号，然后经过计数器转换成可以记录的数字量。探测器就是用来测量 X 射线强度的装置。探测器的种类很多，对于探测器和测角仪的详细内容，已在第 6 章中介绍。

（4）计算机控制系统

除四圆测角仪外，计算机控制系统也非常重要，其作用主要是控制仪器运转以及进行结晶学数据的计算。现代计算机控制系统能够完成衍射的自动寻峰、晶胞参数的测定、衍射强度数据的收集，以及根据消光条件来确定空间群等工作。控制系统能够引导用户以最少量的用户输入和最大量的图形反馈来完成整个的实验，使用户能够集中注意于眼前的结构测定，而不要求对于仪器几何原理或数据收集策略具备太多的知识。

7.3.2　四圆单晶衍射仪的晶体结构分析过程

晶体结构测定的核心问题是求得原子在晶体结构中的排列，并了解原子间结合的方式和规律。四圆单晶衍射仪的晶体结构分析过程步骤如下：

① 选择大小适度、晶质良好的单晶体作试样，转动晶体，改变各晶面族与 X 射线入射线的交角，使其符合布拉格方程产生衍射，并收集衍射数据。

② 指标化衍射数据，求出晶胞常数，依据全部衍射数据，总结出消光规律，推断晶体所属的空间群。

③ 在衍射强度收集阶段，通过实验工作只能获得晶体的衍射强度数值 I_{hkl}。对衍射强度数据作吸收校正、洛伦兹校正等各种处理后，可求得结构振幅 $|F_{hkl}|$。

④ 相角和初结构的推测。当晶体产生衍射时，晶胞中全部原子在 hkl 方向产生衍射的周相与处于原点的原子在该方向散射光的周相之差称为相角。相角 α_{hkl} 的数据不能直接测得，实际上它是隐含在衍射强度数据之中的。计算相角时，首先需要知道原子的坐标，所以解决相角问题就是结构测定的关键。

⑤ 结构的精修。由相角推出的结构是较粗糙的，故需要对此初始结构进行完善和精修。常用的完善结构的方法为电子密度及差值电子密度图，常用的精修结构参数的方法是最小二乘方法，经过多次重复最后可得精确的结构。同时需计算各原子的各向同性或各向异性温度因子及位置占有率等因子。

⑥ 结构的表达。在获得精确的原子位置以后，要把结构完美地表达出来，这包括键长、键角的计算，绘出分子结构图和晶胞图，并从其结构特点探讨某些可能的性能。

7.3.3　四圆单晶衍射仪的衍射几何

四圆单晶衍射仪是通过三个工作空间和一个仪器坐标系来具体实现单晶衍射数据收集。这三个空间分别是衍射空间、探测器空间和样品空间。

（1）衍射空间

衍射空间是晶体在一定的波长下发生衍射，与晶体结构和波长有关，其理论公式为布拉格公式：$\lambda=2d\sin\theta$。衍射空间的作用是根据一定的波长 λ 和衍射角 θ 得到晶体的面间距 d。由于晶体衍射过程中衍射点的分布是在三维空间上的（图 7.28），衍射发生的位置由空间球形坐标 γ（经线）和 2θ（纬线）来决定（图 7.29），其衍射的单位向量可以由以下的矩阵给出：

$$\boldsymbol{h}_{\mathrm{L}}=\begin{bmatrix}h_x\\h_y\\h_z\end{bmatrix}=\begin{bmatrix}-\sin\theta\\-\cos\theta\sin\gamma\\-\cos\theta\cos\gamma\end{bmatrix}\tag{7.2}$$

其中，衍射空间中的 2θ 为衍射角，其取值范围为 0～180°，当 γ 为 0～360°时该向量得到的是一个衍射圆锥。

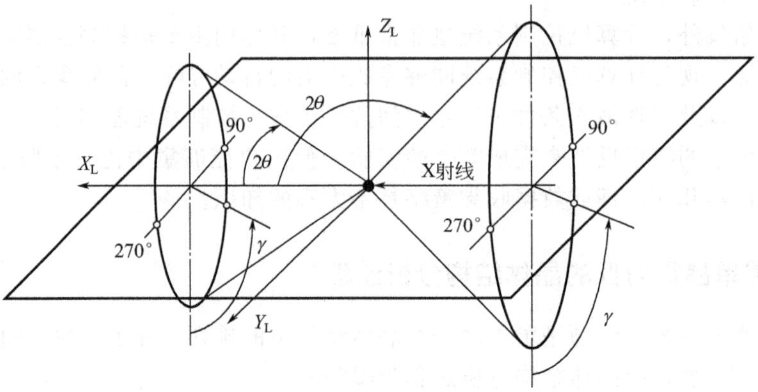

■ 图 7.28 四圆衍射仪的衍射空间和衍射原理

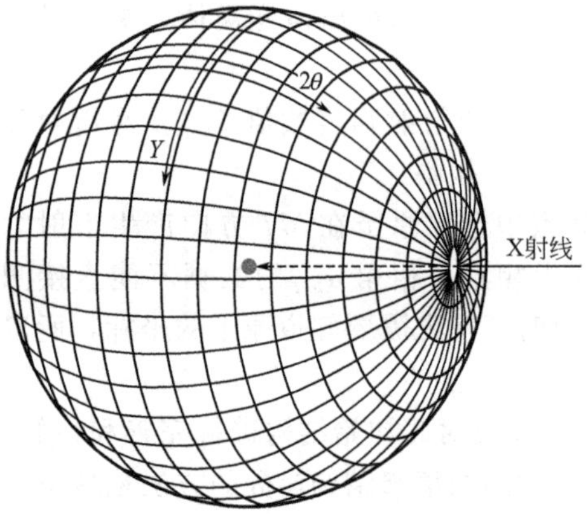

■ 图 7.29 四圆衍射仪中的衍射点的分布坐标

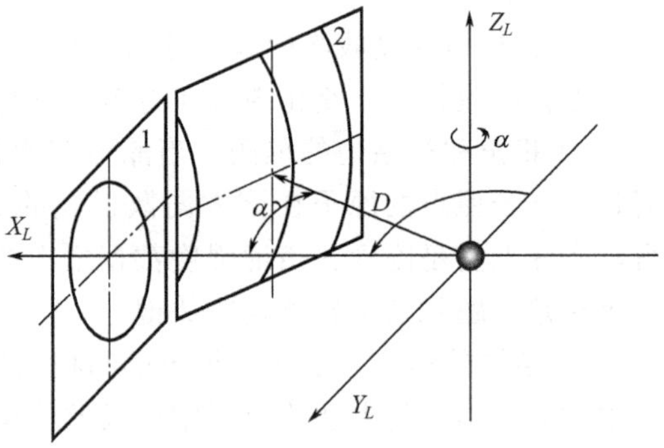

■ 图 7.30 四圆衍射仪中的探测器空间示意图

（2）探测器空间

探测器空间即探测器在实验坐标系中的位置（见图 7.30），包括探测器离样品之间的距离（D）以及探测器在衍射平面转动的角度（α），即探测器绕实验坐标轴 Z_L 逆时针方向转动的角度（图 7.30 中 α 为负角），该转动角在仪器中由 2θ 圆提供。若需设置探测器的位置，用 $2\theta_D$ 参数来进行设置。但是，该参数和衍射角的 2θ 并不是一回事，这里的 $2\theta_D$ 是指实验坐标系中的 α 角。

（3）样品空间

样品空间包括 χ 圆、Φ 圆、ω 圆及样品坐标 X、Y、Z。图 7.31(a) 中表示了各圆和实验坐标（X_L、X_L、Z_L）的关系，其中 ω 圆与实验坐标的 Z_L 完全重合并固定在此方向上，逆时针方向为正方向。χ 圆是与 ω 和 Φ 圆垂直的大圆，其轴在水平方位，χ 圆顺时针方向为正，Φ 圆为样品的自转圆。图 7.31(b) 为样品坐标（X、Y、Z）与各圆的关系，其中 ω 为主轴，它的转动将带动其他所有轴的转动，χ_g 为水平方向的轴，令 $\chi_g=90°-\psi$。当 $\omega=\Phi=\psi=0°$时，实验坐标系和样品坐标系的方位关系是：$X=-X_L$，$Y=Z_L$，$Z=Y_L$。Φ 的转动轴总是与样品坐标的 Z 方向一致。XY 平面是样品的底表面。样品坐标将随着 χ 圆、Φ

圆、ω 圆的转动而改变在实验坐标系中的方位，从而使晶体各方向的晶面都有机会得到反射。

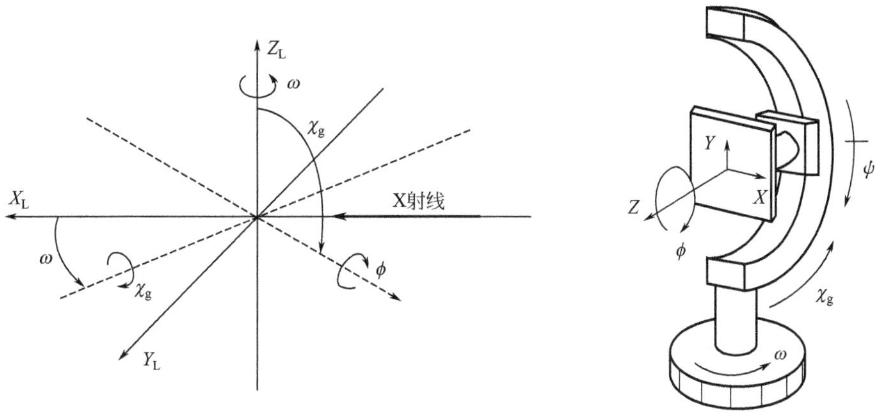

(a) χ圆、Φ圆和ω圆与实验坐标的关系　(b) χ圆、Φ圆和ω圆与样品坐标的关系

■ 图 7.31　样品空间示意图

（4）仪器实验坐标系

仪器实验坐标系是仪器的三维空间几何坐标，用 X_L、Y_L、Z_L 来表示，其坐标原点就是仪器的几何中心和各轴的中心点，而样品坐标中心也和这个中心完全重合。该坐标系是仪器的基本坐标，不随各圆的转动而转动。在实际仪器中所有各圆转动的角度参数都将最终转换到该坐标系中来进行运算，从而查找倒易向量得到晶体的晶胞参数。

所有的三个空间都基于仪器实验坐标系，衍射空间与晶体的结构、X 射线方向及波长有关。探测器空间取决于探测器的大小以及探测器到样品的距离、转动的角度。样品空间取决于样品的取向和方位，与三个圆的转动有关。探测器空间的选择取决于衍射空间，改变探测器空间可以改变衍射的测量范围。在单晶衍射中，改变样品空间将改变样品的衍射方位。图 7.32 表示了四圆单晶衍射仪中这几个空间之间的关系。

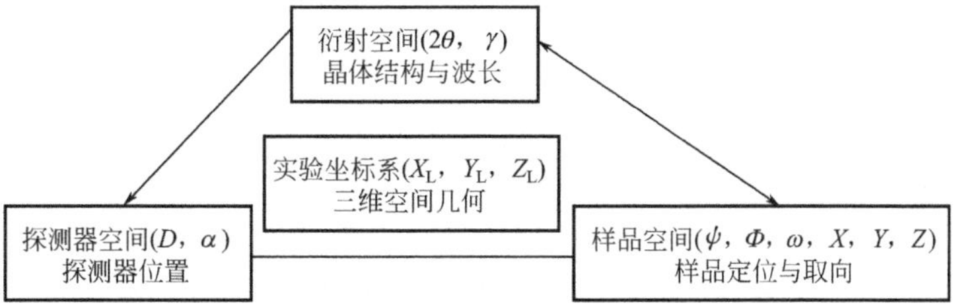

■ 图 7.32　三个工作空间与仪器坐标系之间的关系

7.3.4　衍射几何转换矩阵

（1）仪器坐标、样品坐标与四圆衍射几何的数学关系

在衍射几何系统中，所有的旋转轴和样品中心都交于一点，即仪器坐标中心点。当样品在仪器中转动时，符合布拉格衍射条件的晶面产生衍射，为了在仪器坐标系中定位所有的衍射点，将所有的衍射操作都转换到仪器坐标中进行处理。样品坐标（X、Y、Z）和仪器坐标（X_L、Y_L、Z_L）的关系如表 7.1 所示。

■ 表 7.1 仪器坐标与样品坐标的关系

坐标	X_L	Y_L	Z_L
X	a_{11}	a_{12}	a_{13}
Y	a_{21}	a_{22}	a_{23}
Z	a_{31}	a_{32}	a_{33}

如果把从样品坐标转换到仪器坐标的转换矩阵叫做矩阵 **A**，则该矩阵与衍射仪各圆的关系如下：

$$\boldsymbol{A}=\begin{bmatrix} a_{11} & a_{12} & a_{13} \\ a_{21} & a_{22} & a_{23} \\ a_{31} & a_{32} & a_{33} \end{bmatrix}$$
$$=\begin{bmatrix} -\sin\omega\sin\psi\sin\Phi-\cos\omega\cos\Phi & \cos\omega\sin\psi\sin\Phi-\sin\omega\cos\Phi & -\cos\psi\sin\Phi \\ \sin\omega\sin\psi\cos\Phi-\cos\omega\sin\Phi & -\cos\omega\sin\psi\cos\Phi-\sin\omega\sin\Phi & \cos\psi\cos\Phi \\ -\sin\omega\cos\psi & \cos\omega\cos\psi & \sin\psi \end{bmatrix} \tag{7.3}$$

其中，$\psi=90°-\chi$。式(7.3) 表明，载晶头上的晶体在仪器坐标中的衍射位置可以通过三个圆的转动几何操作来实现，通过该矩阵可以将仪器实验坐标与样品坐标联系起来，即当 ω、Φ、ψ 的角度变化时就能得到相应的衍射点的实验坐标向量。在四圆单晶衍射仪系统中，衍射单位向量可以用 $\boldsymbol{h}_s=\boldsymbol{A}\boldsymbol{h}_L$ 得到，结合式(7.2) 和式(7.3) 可得：

$$h_s=\begin{bmatrix} h_1 \\ h_2 \\ h_3 \end{bmatrix}=\begin{bmatrix} a_{11} & a_{12} & a_{13} \\ a_{21} & a_{22} & a_{23} \\ a_{31} & a_{32} & a_{33} \end{bmatrix}\begin{bmatrix} h_x \\ h_y \\ h_z \end{bmatrix}$$
$$=\begin{bmatrix} -\sin\omega\sin\psi\sin\Phi-\cos\omega\cos\Phi & \cos\omega\sin\psi\sin\Phi-\sin\omega\cos\Phi & -\cos\psi\sin\Phi \\ \sin\omega\sin\psi\cos\Phi-\cos\omega\sin\Phi & -\cos\omega\sin\psi\cos\Phi-\sin\omega\sin\Phi & \cos\psi\cos\Phi \\ -\sin\omega\cos\psi & \cos\omega\cos\psi & \sin\psi \end{bmatrix}$$
$$\cdot\begin{bmatrix} -\sin\theta \\ -\cos\theta\sin\gamma \\ -\cos\theta\cos\gamma \end{bmatrix} \tag{7.4}$$

当测定了样品空间中的 ω、Φ、ψ 和衍射空间中的 θ、γ 的角度后，通过上式得到的倒易点阵向量的结果就是：

$$\begin{aligned} h_1&=\sin\theta(\sin\Phi\sin\psi\sin\omega+\cos\Phi\cos\omega)+\cos\theta\cos\gamma\sin\Phi\cos\psi \\ &\quad-\cos\theta\sin\gamma(\sin\Phi\sin\psi\cos\omega-\cos\Phi\sin\omega) \\ h_2&=-\sin\theta(\cos\Phi\sin\psi\sin\omega-\sin\Phi\cos\omega)-\cos\theta\cos\gamma\cos\Phi\cos\psi \\ &\quad+\cos\theta\sin\gamma(\cos\Phi\sin\psi\cos\omega+\sin\Phi\sin\omega) \\ h_3&=\sin\theta\cos\psi\sin\omega-\cos\theta\sin\gamma\cos\psi\cos\omega-\cos\theta\cos\gamma\sin\psi \end{aligned} \tag{7.5}$$

(2) 仪器坐标与倒易点阵、晶体点阵

通过式(7.5) 得到的晶体衍射向量坐标，是在仪器笛卡尔坐标系中的参数，尚需进行一系列的变换操作，以便求得在晶体坐标系中的倒易点阵参数，从而获得晶体的晶胞参数。

① **B** 矩阵　在三维空间中，倒易点阵向量 **s** 可以写作

$$\boldsymbol{s}=s_1\boldsymbol{a}^*+s_2\boldsymbol{b}^*+s_3\boldsymbol{c}^* \tag{7.6}$$

式中，$\boldsymbol{a}^*$、$\boldsymbol{b}^*$、$\boldsymbol{c}^*$ 为倒易晶胞的三个单位晶轴。为了简化起见，将仪器直角坐标系中的 X 定义为与 $\boldsymbol{a}^*$ 一致，Y 在 $\boldsymbol{a}^*$，$\boldsymbol{b}^*$ 平面，Z 垂直于 $\boldsymbol{a}^*$，$\boldsymbol{b}^*$ 平面。

倒易向量从晶体坐标转换为实验直角坐标的转换公式为：

$$\boldsymbol{s}_c=\boldsymbol{B}\boldsymbol{s} \tag{7.7}$$

式中，$\boldsymbol{B}$ 叫做 $\boldsymbol{B}$ 矩阵，它给出了倒易晶胞单位向量在实验直角坐标系中的分量，具体表示如下，

$$\boldsymbol{B}=\begin{bmatrix} a^* & b^*\cos\gamma^* & c^*\cos\beta^* \\ 0 & b^*\sin\gamma^* & -c^*\sin\beta^*\cos\alpha_1 \\ 0 & 0 & \dfrac{1}{a_3} \end{bmatrix} \tag{7.8}$$

式中，$\cos a_3=\dfrac{a^*b^*\sin\gamma^*}{v}$；$\cos\alpha_1=\dfrac{\cos\beta^*\cos\gamma^*-\cos\alpha^*}{\sin\beta^*\sin\gamma^*}$，而 α^*、β^*和 γ^* 是倒易点阵晶胞三个晶轴之间的夹角，v 为晶胞的体积。

② **$\boldsymbol{U}$ 矩阵** $\boldsymbol{B}$ 矩阵是将晶体坐标转换到直角坐标的转换矩阵，在实际的晶体安装过程中，由于晶体是随机安装在测角头上的，因此，样品在样品坐标中的取向也是随机的。当所有圆的角度为零时，四个圆的三个轴与样品坐标系的坐标轴完全重合，同时与实验坐标轴也完全重合（仅定向有所不同），$\boldsymbol{U}$ 矩阵就是晶体在样品直角坐标系中的取向矩阵，这个矩阵可以从测量两个实际的衍射点位置而得到。因此，对于实际的样品，其衍射向量为：

$$\boldsymbol{s}=\boldsymbol{U}\boldsymbol{s}_c=\boldsymbol{U}\boldsymbol{B}\boldsymbol{s} \tag{7.9}$$

③ **$\boldsymbol{UB}$ 矩阵** 在实际的操作中，当四圆的各圆均处于零位时，任一倒易向量 $\boldsymbol{H}$ 可以表示为：$\boldsymbol{H}=h\boldsymbol{a}^*+k\boldsymbol{b}^*+l\boldsymbol{c}^*=x\boldsymbol{i}+y\boldsymbol{j}+z\boldsymbol{k}$。$\boldsymbol{i}$、$\boldsymbol{j}$、$\boldsymbol{k}$ 为衍射仪笛卡尔坐标轴的单位向量，将 $\boldsymbol{a}^*$、$\boldsymbol{b}^*$、$\boldsymbol{c}^*$ 按 $\boldsymbol{i}$、$\boldsymbol{j}$、$\boldsymbol{k}$ 方向分解，可得：

$$\begin{cases} \boldsymbol{a}^*=a_x^*\boldsymbol{i}+a_y^*\boldsymbol{j}+a_z^*\boldsymbol{k} \\ \boldsymbol{b}^*=b_x^*\boldsymbol{i}+b_y^*\boldsymbol{j}+b_z^*\boldsymbol{k} \\ \boldsymbol{c}^*=c_x^*\boldsymbol{i}+c_y^*\boldsymbol{j}+c_z^*\boldsymbol{k} \end{cases} \tag{7.10}$$

于是，可得：

$$\boldsymbol{H}=(ha_x^*+kb_x^*+lc_x^*)\boldsymbol{i}+(ha_y^*+kb_y^*+lc_y^*)\boldsymbol{j}+(ha_z^*+kb_z^*+lc_z^*)\boldsymbol{k}=x\boldsymbol{i}+y\boldsymbol{j}+z\boldsymbol{k} \tag{7.11}$$

由此可以得到以下矩阵

$$\begin{bmatrix} x \\ y \\ z \end{bmatrix}=\boldsymbol{R}\begin{bmatrix} h \\ k \\ l \end{bmatrix} \tag{7.12}$$

$$\boldsymbol{R}=\begin{bmatrix} a_x^* & b_x^* & c_x^* \\ a_y^* & b_y^* & c_y^* \\ a_z^* & b_z^* & c_z^* \end{bmatrix} \tag{7.13}$$

$\boldsymbol{R}$ 矩阵就是倒易点阵三个主轴在实验坐标系中的分量，该矩阵是 $\boldsymbol{U}$ 矩阵和 $\boldsymbol{B}$ 矩阵的乘

积，因此也称为 ***UB*** 矩阵，***UB*** 提供了倒易晶胞的大小数据（***B*** 矩阵）及倒易晶胞在载晶头上的取向（***U*** 矩阵），同时 ***UB*** 矩阵也将倒易向量与仪器坐标联系了起来。通过倒易点在仪器坐标中的位置就可以得到晶体的倒易晶胞。

7.4 二维面探测器

在 X 射线晶体学发展的初期，单晶衍射数据的收集几乎全部采用照相法（劳厄法、回摆法、魏森堡法和旋进法），在照相底片上收集衍射点的图像，然后根据不同方法的设计原理进行测量，换算获得相应的 d 值和强度，以此求得晶胞参数和结构数据。

随着 X 射线发生器功率的提高和探测技术的改进，四圆单晶衍射仪逐点收集衍射强度数据的方法逐渐代替了照相法，这种方法使强度数据的精度大为提高，速度的提高也使得可以获得更多的衍射数据，数据的储存和操作更为简便。但是，四圆单晶衍射仪由于采用逐点方式收集衍射数据，虽然数据精度高，但数据收集时间较长，在某些方面也无法完全替代照相方法。四圆单晶衍射仪对于那些晶胞体积大、衍射能力弱、不稳定或者较长时间暴露在 X 射线中衍射能力会衰减的晶体样品如超分子体系或生物大分子的研究显得力不从心。

20 世纪 90 年代中后期，电子技术的发展促进了新一代二维探测 X 射线单晶衍射仪的出现，它主要是采用了近年来最新发展的 X 射线二维探测技术，其特点是探测器为一定面积的平面或曲面来进行衍射强度记录的装置。图 7.33 为带面探测器的四圆衍射仪工作原理示意图。面探测器型的 X 射线单晶衍射系统能够成十倍、百倍地提高数据收集速度，而且由于其灵敏度高，对于弱衍射能力或小尺寸的晶体样品也能获得高质量的衍射数据，面探测器相对于四圆单晶衍射仪的优势如表 7.2 所示。因此，面探测器法已经日渐替代四圆衍射仪和照相法成为 X 射线晶体结构分析的主要手段。

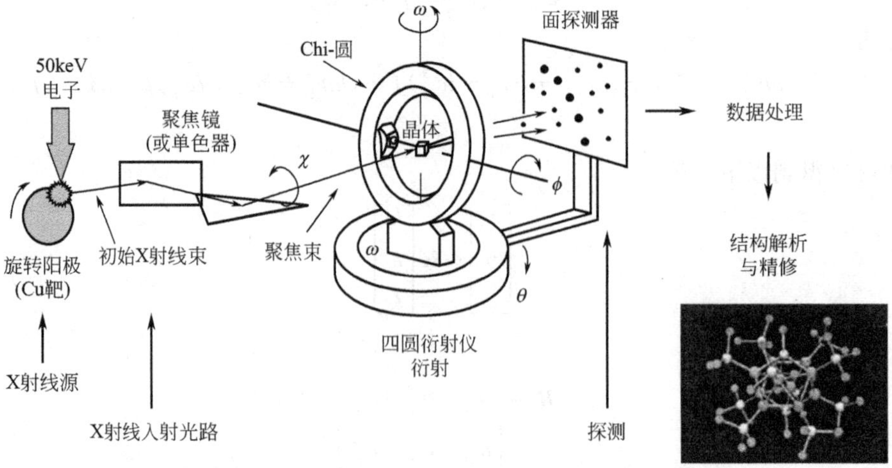

■ 图 7.33　带面探测器的四圆衍射仪工作原理示意图

■ 表 7.2 四圆衍射仪法和面探测器法的比较

数据收集方法	四圆衍射仪法	面探测器法
数据收集方式	逐个衍射点收集	一次收集多个衍射点
数据收集速度	每分钟一到几个衍射点，慢	每分钟几十到几千个衍射点，快
数据容量	少量，一套小分子晶体原始数据容量一般在 1MB 以内	大量，一套原始数据容量一般在 10^2～10^3MB
数据点数目	一般等于或略多于一个独立区	通常为数个独立区，重复测量次数多
完成一套数据收集所需时间	数天到数周	几个到几十个小时
数据处理	相对简单，费时少，对计算机的容量和速度要求低	复杂，费时多，要求大容量和高速度计算机

较早的电子面探测器有多丝正比计数器和 TV 型面探测器，但因二者在空间分辨和动态范围等性能方面均不及后来的影像板（image plate，IP）和电荷耦合器件（charge coupling device，CCD）而逐渐被替代。IP 和 CCD 已成为了当前的主流面探测器。

IP 的工作模式类似于照相底片，所依据的原理是光致荧光。IP 的结构是在基片上涂有一层光致荧光涂层，这层涂层通常由掺杂 Eu^{2+} 的 BaFBr：Eu 微晶（粒径 5μm 左右）组成。当 IP 暴露在 X 射线中时，Eu^{2+} 受到激发失去一个电子变为 Eu^{3+}，失去的电子进入导带并为晶格中卤素离子的空穴所俘获，形成亚稳态色心。当用激发光照射 IP 时，色心吸收激光释放被俘获的电子，与 Eu^{3+} 结合成激发态的 Eu^{2+}，然后释放光致荧光，荧光通过光电倍增管读取。IP 的工作过程如下：IP 在 X 射线中曝光，形成 X 射线图像的潜像，然后用红色激光逐个像素地扫描 IP（光激励），激发光致荧光，其强度正比于 IP 在该像素所接受的 X 射线的照射剂量，并通过光电倍增管将光致荧光转化为电信号，形成数字化 X 射线图像。在完成 X 射线图像的读出后，用卤素灯照射 IP 就可以完全擦去潜像，使 IP 恢复原来的空白状态，重新使用。

IP 有如下特点：①高灵敏度，比底片高 2～3 个数量级，可达每像素一个 X 射线光子；②很宽的动态线性范围，在 $1 \sim 10^{6\sim7}$ 的范围内光致荧光强度正比于 X 射线照射剂量；③高空间分辨率，像素大小为 50～200μm，并可以根据需要来确定；④数据数字化，便于计算机处理；⑤测量精度高，特别是在测量高强度时精度高；⑥背景低，并且累积背景可以完全擦除。

CCD 最早应用于 X 射线天文学和哈勃太空望远镜的光学成像。其工作原理与 IP 大不相同。在 CCD 系统中，前面部分通常有一个 Be 窗，Be 窗后面是掺杂 Tb 的荧光膜 Cd_2O_2S：Tb，其作用是将照射到荧光膜上的 X 射线转化为可见光。这样，X 射线衍射图像被转变为可见光图像。系统的中部是由数以百万计的光导纤维构成的光导纤维束锥，它可将荧光膜上的可见光图像缩小并投射到后面的 CCD 芯片上。CCD 芯片是由 1242×1152 个硅电容器构成的二维网格，每个硅电容器即是一个像素。CCD 芯片将投射到其上的光信号变为电子并储存在像素中，然后由放大器读出而获得数字化的 X 射线衍射图像。CCD 芯片部分由半导体制冷器控制在－60℃的工作温度，半导体制冷器热端由 CCD 循环液体制冷器控温在 0℃。整个 CCD 装置处于真空腔室中以利于低温维持和 CCD 工作温度的恒定。

CCD 与 IP 具有相当的功能。其优于 IP 的地方包括：①CCD 的空间分辨率和动态线性范围比 IP 高 2～3 倍；②数据读出时间短，仅数秒，适宜时间分辨的晶体学研究；③装置小，重量轻，可以安装在测角仪的 2θ 臂上，很容易变化 CCD 的 2θ 角度和 CCD 到被测晶体的距离。CCD 的不足之处有：①CCD 面积较小，但可以通过 2×2 或 3×3 的拼接来解决；②CCD 存在由于光导纤维束锥和 CCD 芯片制造上的缺陷产生的图像变形和光信号在光导纤维束锥中传导时的强度耗损，因此需要通过校准；③为了保证低噪声，CCD 芯片部分必须在－60～－50℃的低温下工作，因此使用和维护略为复杂一些。

以 IP 和 CCD 为代表的二维面探测器已经成为了研究晶体结构的强大工具。其实，照相底片是最原始的面探测器，它为后来的面探测器从数据收集方法到数据处理提供了基础。现在的面探测可以在各种 X 射线衍射仪上替代点探测器，从而大大缩短了单晶衍射测试时间并提高了精度。例如，将二维面探测器与单晶回摆法结合可使试验时间大大缩短，适应近代生命科学发展提出的测定生物大分子晶体结构的需求，非常便于研究生物大分子结构与生物功能间关系，已经成为了单晶衍射仪的主流。

思考与练习题

1. 解释劳厄斑是由一组谐波构成的：

a. 用布拉格定律 $2d\sin\theta=n\lambda$；

b. 用布拉格定律 $2d\sin\theta=\lambda$；

c. 用固定倒易点阵的厄瓦尔德图解；

d. 用固定波长的厄瓦尔德图解。

2. 用厄瓦尔德图解说明，为什么 X 射线管电压提高以后：

a. 劳厄斑的强度会增加；

b. 劳厄斑的数目会增多。

3. 用钨靶产生的连续辐射，同时摄取铝单晶的透射和背射劳厄照片。单晶与底片之间的距离，透射为 50mm，背射为 30mm。X 射线管的管电压为 40kV。底片为圆形，直径 120mm。

a. 该晶体的（100）面的法线与入射线之间的角度为 30°，是否能记录 100 劳厄斑。

b. 100 劳厄斑是由哪几级反射构成，并列出各级反射的波长。波长范围的长波界限假定为 2×10^{-10} m。也就是认为波长超过 2×10^{-10} m 的辐射全部被空气吸收而不可能到达底片。

4. 画出将透射劳厄照片的劳厄斑换到投影点的换算尺。试样与底片的距离假定为 50mm。可选用任何直径的吴氏网。

5. 当背射劳厄法测定单晶取向时，如何利用格氏网在照片投影上标出晶带轴的投影点？

参考文献

[1] 王英华 . X 光衍射技术基础 . 北京：原子能出版社，1993.

[2] Cullity B D. Elements of X-Ray Diffraction, Addison Wesley, 1978.

[3] 李树棠 . 晶体 X 射线衍射学基础 . 北京：冶金工业出版社，1990.

[4] 许顺生 . 金属 X 射线学 . 上海：上海科技出版社，1962.

[5] Azaroff L Y. Elements of X-ray Crystallography. McGraw-Hill, 1968.

[6] 李国武 . CCD 平面探测 X 射线单晶衍射新技术开发及在调制结构研究中的应用［博士学位论文］. 北京：中国地质大学，2005.

[7] 王昕炜 . 四圆单晶衍射仪控制系统的研制与开发［硕士学位论文］. 武汉：中国地质大学，2007.

[8] 王哲明，严纯华 . 单晶 X 射线衍射技术的进展评述，2001，6：1-8.

[9] 马礼敦 . 多功能 X 射线衍射仪的由来与发展（上），2010，46（8）：500-506.

第8章 物相分析

8.1 定性相分析

定性相分析是指以样品的X射线衍射数据为基本依据来得到样品物相组成的分析工作。例如，判断淬火钢试样中是否有残余奥式体的存在等。各种物相都有自己特定的粉末衍射图样。衍射线的方向取决于晶体结构类型，衍射线的强度取决于晶胞的内容。对于各种物相，其晶胞大小和内容各不相同，因而衍射图样也会不一样，这就是定性相分析的基础。

相分析与化学分析不同，例如马氏体和奥氏体分别为体心正方和面心立方结构，两者化学成分相同，而反映晶体结构的衍射图样却并不相同。又如石英的化学成分是氧和硅，化学式为 SiO_2，但它可以是非晶态的石英玻璃，也可以是晶态的石英晶体，而石英晶体也有六种晶体结构。用X射线衍射方法可以对此一一加以分辨。化学分析与物相分析两者不能互相代替。例如即使得到钢的化学成分——碳、锰、硅、硫、磷等的含量，也不能判断钢的物相组成。反过来，即使知道钢中含有马氏体和一定量的奥氏体，也不能因此得出钢的化学成分。但与此同时，物相分析与化学分析却能够相互补充，例如已知化学成分可以大大减轻物相分析的难度。

定性物相分析的基本方法是：将试样的衍射图样与各种已知晶体的衍射图样进行对比。早期进行定性相分析，是将试样的德拜照片与预先照出各种晶体的标准德拜照片进行比较。这种方法看来简单，实际上局限性很大。要获得一整套标准照片很不容易，拿一张未知晶体的照片去同标准照片一一对照，也很费事。这种方法只能在分析有限的几种物相的实验室应用。

目前大量应用的是粉末衍射卡片库，其中包括各种晶体的卡片，每张卡片上列出粉末衍射图样的基本数据：各条衍射线的指数、面间距和强度。作定性相分析，就是从试样衍射图样中取得上述各类数据，并将其与卡片进行比较。定性相分析的核心，就是如何运用卡片库。

1942年，美国材料试验协会出版了一套卡片，约1300张，通常称为ASTM卡片。这套卡片数量逐年增加。1969年起，改由粉末衍射标准联合委员会（JCPDS）负责卡片的编辑出版，改称PDF卡片。整个粉末衍射卡片库到1977年为止，已有近四万张卡片，其中无机物卡片约三万张。为了便于运用卡片库，还出版了几种检索手册。1978年JCPDS更名为国际衍射数据中心（International Center for Diffraction Data，ICDD），反映衍射数据的收集与营销的合作规模更加扩大，在 1987 年 PDF 共有 37 集，化合物总数超过 50000 种。到了 2007 年，PDF 数据库增至 57 集，共包括 199574 个条目。现在 PDF 以 CD-ROM 的形式发行，并提供数据库的管理软件以便使用 PDF 卡片进行物相鉴定。

8.1.1 PDF 卡片

ICDD 的 PDF 卡片以衍射数据（一张晶面间距 d 对应于衍射强度 I 的表）代替衍射图，所以应用时同样需要将所测得的衍射谱图提取出一张 d 对应于 I 的表，才能与标准 PDF 卡直接进行对比。从衍射图中提出的 d-I 表与获取衍射图谱时使用的 X 射线的波长无关。例如，图 8.1 是一张 TiO_2 的 PDF 卡片，其中不仅列出了定性相分析所必需的数据，还简要表明了资料来源和列出了某些晶体学数据和物理性质。

21-1276

d	3.25	1.69	2.49	3.25	$(TiO_2)6T$ Titanium Oxide (Rutile) ★
I/I_1	100	60	50	100	

Rad.Cu$K_{\alpha1}$ λ 1.54056 Filter Mono.Dia.
Cut off I/I_1 Diffractometer $I/I_{cor.}$=3.4
Ref.National Bureau of Standards，Mono.25，Sec.7，83 (1969)

Sys. Tetragonal S.G.P42/mnm(136)
a_0 4.5933 b_0 c_0 2.9592 A C 0.6442
α β γ Z 2 D_x 4.250
Ref. Ibid.

ε_a $n\omega\beta$ ε_γ Sign
2V D mp Color
Ref.

No impurity over 0.001%
Sample obtained from National Lead Co.，South Amboy，New Jcrsey，USA.
Pattern at 25℃. Internal standard：W.
Two other polymorphs anatase (tetragonal) and brookite (orthorhombic) converted to rutile on heating above 700℃.
Merck Index，8th Ed.，p. 1054

dA	I/I_1	hkl	dA	I/I_1	hkl
3.247	100	110	1.0425	6	411
2.487	50	101	1.0364	6	312
2.297	8	200	1.0271	4	420
2.188	25	111	0.9703	2	421
2.054	10	210	9644	2	103
1.6874	60	211	9438	2	113
1.6237	20	220	9072	4	402
1.4797	10	002	9009	4	510
1.4528	10	310	8892	8	212
1.4243	2	221	8774	8	431
1.3598	20	301	8738	8	332
1.3465	12	112	8437	6	422
1.3041	2	311	8292	8	303
1.2441	4	202	8196	12	521
1.2006	2	212	8120	2	440
1.1702	6	321	7877	2	530
1.1483	4	400			
1.1143	2	410			
1.0936	8	222			
1.0827	4	330			

■ 图 8.1 TiO_2 的 PDF 卡片

为了说明方便，将 PDF 卡片分为 10 栏，并加以介绍，如图 8.2 所示。

1 栏——1a，1b，1c 这三个位置，是衍射图样中位于前射区（$2\theta<90°$）范围内的三条最强线的面间距，按强度由大到小的顺序排列。1d 是试样的最大面间距。

2 栏——2a，2b，2c，2d，分别为 1 栏各条线的相对强度。通常是以最强线为 100。如果最强线比其他各线强得多，则可以将该线的强度定为大于 100 的数值。

3 栏——实验条件。Rad.——X 射线源种类，如 Cu-K_α、Mo-K_α 等；λ——X 射线的波长，单位为 Å；Filter——滤波片材料，注明 Mono 表示使用晶体单色器；Dia.——圆筒相机内径，注明 Guiner 表示使用纪尼叶相机；Cut off——实验装置所能测得的最大面间距；Coll.——光阑或狭缝的尺寸；I/I_1——强度测量方法；d corr. abs.？——d 值是否经过吸收校正；Ref.——参考资料。

d	1a	1b	1c	1d	7			8		
I/I_1	2a	2b	2c	2d						

Rad. Dia. I/I_1 Ref.			λ　Filter Cut off Coll. d corr.abs.? 3		$d\overset{\circ}{A}$	I/I_1	hkl	$d\overset{\circ}{A}$	I/I_1	hkl
Sys.　　　　S.G. a_0　　b_0　　c_0　　A　　C α　　β　　γ　　z Ref.　　　　4					9			9		
ε_a　　$n\omega\beta$　　ε_γ　　Sign $2V$　　D　　mp　　Color Ref.　　D_x　　5										
6										

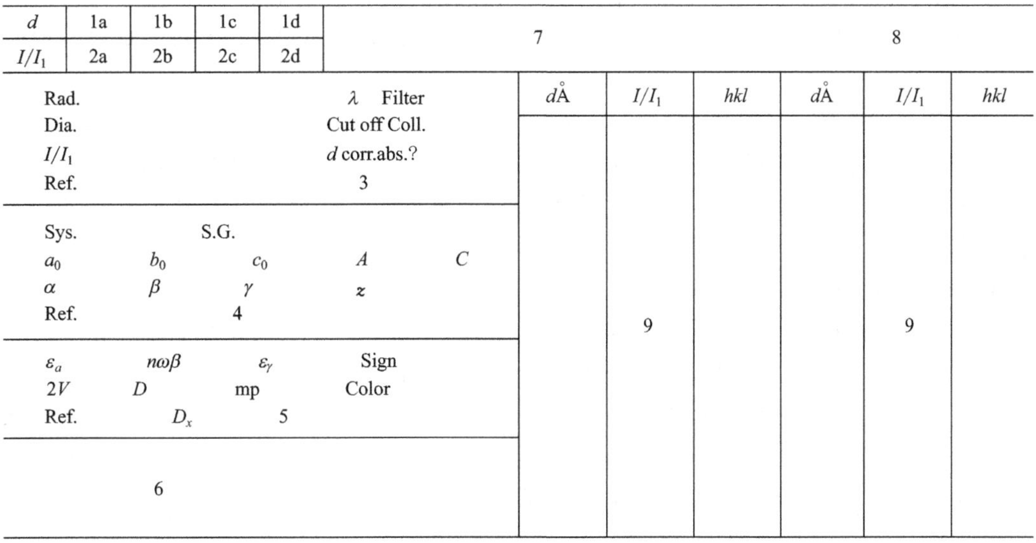

■ 图 8.2　PDF 卡片的说明

4 栏——晶体学数据。Sys.（晶系）；a_0，b_0，c_0，α，β，γ（点阵参数）；A（轴比 a_0/b_0）；C（轴比 c_0/b_0），Z（晶胞中的原子或化学式单元的数目），Ref.（参考资料）。

5 栏——光学性质等。ε_a，$n\omega\beta$，ε_γ（折射率）；Sign（光性正负）；$2V$（光轴夹角）；D（密度）；D_x（由衍射数据计算的密度）；mp（熔点）；Color（颜色）；Ref.（参考资料）。

6 栏——试样情况，如试样化学成分、来源、制备方法、热处理等。有时注明 S. P.（升华点）；D. T.（分解温度）；T. P.（转变点）。获取衍射图样的温度也注在此栏。此栏实际上相当于备注栏，其他如旧卡片的删除情况也表示在这一栏内。

7 栏——试样的化学式和化学名称。合金和金属氢化物、硼化物、碳化物、氮化物和氧化物，是采用美国材料试验协会的金属体系物相符号。这种符号分为两部分，首先是在圆括号内表明物相的组成，当物相有一定化学比或成分变动范围不大时，用化学式表示，如（Fe_3C）、（$VC_{0.88}$）、（$Mg_2Cu_6Al_5$）、（TiO_2）等。在圆括号之后，注明晶胞中的原子数目和点阵类型，如（Fe_3C）16O、（$VC_{0.88}$）61. 16C、（$Mg_2Cu_6Al_5$）39C、（TiO_2）6T。表示点阵类型的符号是：C——简单立方；B——体心立方；F——面心立方；T——简单正方；U——体心正方；R——简单菱形；H——简单六方；O——简单正交；P——体心正交；Q——底心正交；S——面心正交；M——简单单斜；N——底心单斜；Z——简单三斜。

8 栏——矿物学名称。此栏右上角标有☆号者，表示数据高度可靠；i 表示已经标定指数和估计强度，但可靠性不如前者；o 表示可靠性较差；c 表示数据是计算值。

9 栏——$d\overset{\circ}{A}$ 为面间距（埃）；I/I_1 为相对强度；hkl 为衍射指数。

10 栏——PDF 卡片编号。图 8.1 中 TiO_2 的编号为 21-1276。前一数目表示该卡片位于第 21 组；后一数目表明卡片在该组内为 1276 号。PDF 卡片逐年进行修正、增删。到 1980 年，已经出版 30 组卡片。旧卡片经过重大修正的，在编号后注明"MAJOR CORRECTION"；经过次要修改的则注明"MINOR CORRECTION"。

8.1.2　PDF 检索

PDF 卡片检索手册是一种帮助实验者从数十万张卡片中迅速查到所需要的 PDF 卡片的

工具书，在这里简要介绍几种检索手册的结构和使用方法，以便了解PDF检索与物相鉴定的原理和步骤。现代物相分析都是利用计算机自动检索，能够非常快速和准确地检索到衍射数据所对应的物相。

(1) 字序检索手册（Alphabetical Index）

这是按物质化学名称的英文书写法的字母顺序排列的检索手册。手册后面还附有按物质矿物名称英文书写法的字母顺序排列的检索部分。下面是（TiO_2)6T的英文名称字母检索手册中的条目。

★Titanium Oxide：/Rutile syn（TiO_2）6T　3.25_x　1.69_6　2.49_5　21-1276　3.40

条目中从左到右列出卡片的可靠性、物质的英文化学名称、英文矿物名称、化学式、三条最强线的面间距、卡片编号及参比强度 I/I_c 值。面间距数字的下角标表示衍射线的相对强度，上列中三条最强线的相对强度是100、60和50。参比强度 I/I_c 是该条目所列物质与 α-Al_2O_3（刚玉粉）按1∶1的重量混合后，所得该物质最强线与 α-Al_2O_3 最强线的比值。

同时，在该检索手册中的矿物英文名称部分也能查到（TiO_2)6T的条目，内容如下：

★Rutile syn　（TiO_2)6T　3.25_x　1.69_6　2.49_5　21-1276　3.40

该条目包含卡片的可靠性标志、矿物名称、化学式、三条最强线的面间距和相对强度、卡片编号及参比强度。

这部检索手册是为了便于查找已知物质的卡片。例如摄取某种物质的德拜照片后，如果要标定各条德拜线的指数，只要从这本检索手册中查出该物质的卡片编号，即可立即从上万张卡片中找出所需的卡片。将各条德拜线的 d 值加以对照，就能完成标定工作。这是粉末衍射图样标定的常规方法。

(2) 哈拉华特检索手册（Hanawalt Search Manual）

这部手册的条目是按强线的 d 值排列。每个条目一共列出8条强线的 d 值。原则上，第一条线是最强线，第二条线是次强线。全手册将最强线从超过10.00Å到1Å分为45组。在每组中，按次强线的 d 值顺序排列，其余6条线按强度大小依次排列在次强线之后。TiO_2 的条目如下：

★3.25_x　2.49_5　1.69_6　2.19_3　1.62_2　1.36_2　1.35_1　0.82_1　TiO_2　21-1276　3.40

该条目中从左到右列出卡片可靠性标志、八条强线的面间距和相对强度、化学式、卡片编号及参比强度值。

该检索手册的每页上端都给出此页中所包含的最强线的晶面距 d 值的范围。例如上述 TiO_2 的条目，是在3.24-3.20(±0.01) 组中找到的。此组所包含的最强线的 d 值范围为3.25～3.19Å。该组中的 d 值都放宽（±0.01）是由于考虑到所测 d 值的误差。在定性相分析过程中，所测得的 θ 值往往有±0.1°的误差，这就使所得 d 值常有随 θ 角而变化的误差，即 $\Delta d=\pm d\cot\theta\Delta\theta$。

定性相分析问题，实际上就是如何从粉末衍射卡片库中找出与试样图样的 d 值和 I/I_1 值相符的卡片。而关键的步骤在于如何从检索手册中查出有限几个与试样数据基本相符的条目。这样才有可能经过与有限几张卡片进行详细对照之后，而最终判定试样的物相。因此，如何正确判定试样衍射图样中哪两条线是最强线和次强线，是定性相分析的首要问题。在检索手册的编制上，也考虑了如何减少因最强线或次强线判断错误而造成的困难。

在定性相分析时，首先从试样衍射图样上 $2\theta<90°$ 的范围内，选出三根最强线①，②，③。假定这的确是最强的三条线，只不过由于强度测量误差而不能确切判定哪一条是最强

线。这时，可以将这三条线分别作为最强线，再配上可能的次强线，尝试着在检索手册中进行查找。这样配成的“最强线-次强线”对，一共有 6 对：①②，②①，①③，③①，②③，③②；要相应地查找 6 次并依此对比其余的衍射线的强度，便可以检索到物相对应的 PDF 卡片。

8.1.3 定性相分析方法

8.1.3.1 人工检索比对法

利用粉末衍射卡片库进行相分析，一般有如下几个步骤：

① 获得试样的衍射图样。

② 计算 d 值和测定 I/I_1——这些数据是定性相分析的依据，要使 d 值有足够的精确度。因为进行相分析时，主要是根据 d 值并参考 I/I_1 值来判定物相，从而对 I/I_1 值的精确度相对要求不高。

③ 检索卡片——例如，可以用最强线 d 值判定卡片在哈氏检索手册中所在的大组，用次强线 d 值判定卡片在大组中所在的位置，用全部 8 条强线的 d 值检验判断是否正确。如果 8 条强线已基本相符，即可以从卡片库中抽取该卡片，将试样的衍射数据与其进行全面对照。

如果试样是由多种物相构成，分析的难度就会大大增加。解决问题的基本办法仍然是尝试法。通过任意搭配“最强线-次强线”线对，尝试找出其中一种物相的衍射线。去除该物相的衍射线以后，再将余下的衍射线重新进行搭配，再进行尝试；直到全部衍射线都得到解释为止。下面列举实例说明定性相分析方法。

【例 8-1】 实验测得未知物（I）衍射图样的数据由表 8.1 所示。从表中看出最强线的面间距为 3.34Å，次强线的面间距为 4.25Å。以最强线的 d 值寻找该物相所在的组，线 3.34±0.01 应在检索手册的 3.39-3.32 组内。然后以次强线的 d 值寻找其在组内的位置，4.25±0.01 在 3.39-3.32 组内的位置由图 8.3 所示。从图 8.3 中看出，与 3.34±0.01 和 4.25±0.01 线对相适应的条目有 4 个，由图中左端的箭头所示。然而再考察条目中其余 6 条线的 d 值时，就只有条目 α-SiO_2 的数据与表 8.1 相符合。于是，按条目中给出的卡片编号 5-490（即第 5 组，490 号），取出 α-SiO_2 的卡片，将卡片中给出的数据与表 8.1 相对照，如表 8.2 所示。由实测数据与 α-SiO_2 卡片中数据的相符情况，可以判断未知物相（I）为 α-SiO_2。

■ **表 8.1 未知物（I）的衍射数据**

I/I_1	d	I/I_1	d
38	4.25	7	1.670
100	3.340	2	1.658
14	2.455	15	1.538
14	2.278	2	1.451
7	2.235	6	1.381
8	2.125	12	1.374
5	1.978	8	1.371
16	1.815	4	1.286

■ 表 8.2 未知物（I）的衍射数据与 α-SiO_2 卡片数据相比较

未知物数据		5-490 α-SiO_2
I/I_1	d	
38	4.25	4.26_{35}
100	3.340	3.343_{100}
14	2.455	2.458_{12}
14	2.278	2.282_{12}
7	2.235	2.237_6
8	2.125	2.128_9
5	1.978	1.980_6
16	1.815	1.817_{17}
7	1.670	1.672_7
2	1.658	1.659_3
15	1.538	1.541_{15}
2	1.451	1.453_3
6	1.381	1.382_7
12	1.374	1.375_{11}
8	1.371	1.372_9
4	1.286	1.288_3

	i	3.38_x	4.26_7	3.28_6	2.78_6	2.25_3	6.24_3	2.71_4	2.29_4	$Cs_2B_6O_{10}$	27-107	
	o	3.37_x	4.26_8	5.11_8	4.18_4	2.98_8	8.53_4	6.77_6	3.49_6	$Cs_2VCl_3 \cdot 4H_2O$	28-353	
	c	3.37_9	4.26_9	2.64_x	2.08_4	2.38_4	1.80_3	1.42_2	1.59_2	(BiLi)4T	27-422	
→	i	3.34_x	4.268	2.138	7.40_0	2.57_6	2.03_6	3.49_4	2.24_4	$Co_2Mn(SO_2)_2(OH)_6 \cdot 3H_2O$	20-226	
→	i	3.34_x	4.26_7	2.13_6	7.40_3	3.49_3	2.58_3	2.24_3	2.21_3	$Co_2Ge(SOs_4)_2(OH)_4 \cdot 4H_2O$	19-225	
→	*	3.34_x	4.26_4	1.82_2	1.54_2	2.46_1	2.28_1	1.38_1	2.13_1	α-SiO_2	5-490	←3.60
		3.32_x	4.26_2	8.47_x	3.21_8	2.90_8	7.12_7	3.10_5	2.84_5	$(NH_4)_2V_{12}O_{29}$	23-30	
		3.30_x	4.26_8	4.24_7	3.66_7	2.89_6	2.30_4	2.63_5	2.32_5	$Sm_2O(CO_2)_2 \cdot H_2O$	28-994	
		3.30_x	4.26_7	2.79_8	2.05_8	2.13_7	1.70_7	3.69_6	1.65_6	$PbSO_4 \cdot Pb_2(PO_4)_2$	6-278	
	i	3.39_9	4.25_7	2.81_x	9.97_7	3.12_7	2.59_7	1.78_3	6.51_5	$No_{21}MoCl_2(SO_4)_{10}$	12-196	
		3.40_x	4.24_6	3.00_4	5.72_2	2.65_2	2.85_2	2.37_2	0.00_1		27-395	
	*	3.37_x	4.24_2	2.32_2	2.12_2	2.45_1	1.84_1	1.83_1	1.54_1		8-497	
→	*	3.33_x	4.24_6	3.79_6	3.28_6	3.23_5	2.59_5	2.58_4	3.46_2		25-618	
	*	3.31_x	4.24_5	2.99_x	3.78_8	2.05_8	2.02_7	3.19_3	2.74_3		17-775	
		3.30_x	4.24_7	4.26_8	3.66_7	2.89_6	2.30_6	2.63_5	2.32_3		28-994	

■图 8.3 3.34±0.01与4.25±0.01线对在检索手册中的位置

由最强线 3.34±0.01 判断条目所在组数，由次强线 4.25+0.01 判断条目在组内的位置

【例 8-2】 实测含金属 Bi 的试样，衍射数据列于表 8.3。首先在字序检索手册中，按 Bi 的英文名称 Bismuth 找到其对应的条目，从条目中得到 Bi 的 PDF 卡编号，5-0519。将该卡片中的数据与实验数据相对照（表 8.3）。将实测衍射数据中的 Bi 线条去除后，还有 10 条衍射线。然后按【例 8-1】的方法找到 UO_2 的 PDF 卡，其数据与实测数据吻合良好，见表 8.3。于是，判定该试样为 Bi 与 UO_2 的混合物。

■ 表 8.3 含 Bi 试样的物相分析

测试数据		5-0519 Bi	5-0550 UO_2
d	*I*		
3.26	很强	3.28_{100}	
3.15	强		3.16_{100}
2.75	中		2.74_{48}
2.34	强	2.35_{50}	
2.25	强	2.27_{50}	
2.03	很弱	2.01_{7}	
1.98	弱	1.96_{18}	
1.94	中		1.93_{49}
1.87	中	1.86_{30}	
1.65	中		1.65_{47}
1.62	中	1.63_{20}	
1.57	很弱		1.58_{13}
1.50	中	1.49_{20}	
1.45	中	1.44_{27}	
1.31	弱	1.33_{13}	
1.25	弱		1.26_{18}
1.23	弱		1.22_{15}
1.13	弱	1.14_{10}	
1.11	很弱		1.12_{13}
1.08	很弱	1.09_{7}	
1.06	很弱	1.07_{7}	
1.04	弱		1.05_{15}
0.93	弱		0.92_{15}

通过以上例子说明物相分析的一般步骤。值得注意的是，往往在了解试样的历史或已知化学成分后，才能更容易获得确切的定性相分析结果。

8.1.3.2 计算机自动检索与匹配

PDF 卡片检索的发展已经历了三代，第一代就是上面介绍的利用检索工具书来检索纸质 PDF 卡片。随着计算机的应用普及，第二代是通过一定的检索程序，按给定的检索误差窗口条件对光盘 PDF 卡片库进行检索，例如曾经应用较多的 PCPDFWin 程序。现代 X 射线衍射系统都配备有自动检索匹配软件，通过图形对比方式检索多物相样品中的物相。

利用计算机自动检索匹配的过程可以概括为：根据样品情况，给出样品的已知信息或检索条件，从 PDF 数据库中找出满足这些条件的 PDF 卡片并显示出来，最后由检索者根据匹配的好坏情况确定样品中含有何种卡片对应的物相。这一过程的具体步骤如下。

① 给出检索条件。检索条件主要包括检索子库、样品中可能存在的元素等。

a. 检索子库　为方便检索，PDF 卡片按物相的种类分为：无机物、矿物、合金、陶瓷、水泥、有机物等多个子数据库。检索时，可以按样品的种类，选择在一个或几个子库内检索，以缩小检索范围，提高检索的命中率。

b. 样品的元素组成　在做 X 射线衍射实验前应当先检查样品中可能存在的元素种类。在 PDF 卡片检索时，选择可能存在的元素，以缩小元素检索范围。可以这样说，X 射线衍射物相检索就是根据已知样品的元素信息来确定这些元素的组成状态或存在形式。

c. 其他检索条件 包括PDF卡片号、样品颜色、文献出处等几十种辅助检索条件。检索时应当尽可能利用这些检索条件，以缩小检索范围，提高检索的命中率。

② 计算机按照给定的检索条件对衍射线位置（面间距 d）和强度（I/I_0）进行匹配。计算匹配品质因数（FOM）。匹配品质因数的定义为：完全匹配时，$FOM=0$，完全不匹配时，$FOM=100$。将匹配品质因数最小的前100种（或设定的个数）物相列出一个表。

③ 操作者观察列表中各种物相（PDF卡片）与实测X射线谱的匹配情况做出判断。检出一定存在的物相。

④ 观察是否还有衍射峰没有被检出，如果有，便重新设定检索条件，重复上面的步骤，直到全部物相被检出。

在利用计算机进行PDF卡片与实验衍射图的比对工作时，有一些技巧能够有助于判定匹配是否恰当，有助于做出正确的、合理的物相鉴定结论。下面罗列这些技巧和要领。

① 如果已知样品组成的元素信息，则用来进行比对的PDF卡片中的物相的元素必须在样品元素之内，所以应充分利用样品的化学信息。样品组成的元素信息、晶体结构信息及其一般理化性质对复杂样品的物相鉴定十分重要。

② “峰位符合”是指在峰位的误差范围内两者的峰可以重合。如果样品的衍射图与某张PDF卡片的峰位的偏差明显超过实验结果的不确定度，但如果能合理说明偏差产生的原因（样品表面平整度或定位的影响、样品化学上的原因等），也可以认为是找到了可匹配的PDF卡片。

③ 对于无机物样品，d 值比强度的对比更重要，但是对于有机晶体而言，d 值与强度值的对比都很重要。对于同一物相，影响其衍射强度的因素很多，即使在相同的仪器条件下，强度的再现性都比较差。特别是对于结晶性良好而硬度又较大的物相，样品粒度对衍射强度再现性的影响尤为显著。相比而言，样品 d 值的测定误差一般比较小。如果样品在空气中是稳定的，衍射数据中 d 值的误差主要来源于样品平面的平整度和定位的精度及衍射角的零位偏差。对于一般的物相鉴定工作可以忽略测角仪的角度读出误差（$2\theta<0.01°$），而零位偏差是可以校准的，因此只要样品平面制作符合要求，样品定位正确，d 值的测定误差是比较小的。而对于有机晶体，分子不同但是晶体结构相似的情况较多，或者晶体结构可能比较空旷（存在一些较大的“孔隙”）而可以包含一些小分子而不引起结构的明显变化。这种情况下虽然 d 值的差异不明显，但是衍射强度会有较大的差异。因此鉴定有机物晶体时 d 值和强度的对比都很重要。

④ 低角度的衍射峰要比高角度的衍射峰重要，尤其是 d 值最大的衍射峰。各种物相在低角度区间衍射峰相互重叠的概率较小，也比较敏锐，出现衍射峰的数目比较少，衍射强度比较高。每种物相 d 值最大的衍射线，常常还是该物相的特征线。但在高角度区间则不同，物相衍射峰相互重叠的情况较多，衍射峰的数目也较多，衍射峰比较宽化，强度也比较弱，特别是一些结晶性不好的物相，其高角度的衍射峰甚至不会呈现。因此，应该更重视低角度（$2\theta<60°$）的衍射峰，样品扫描时尤其不可缺失 d 值最大的衍射峰。

⑤ 强线比弱线重要。样品衍射图中强线为样品主成分的衍射，而且是所对应物相的特征线。在检出主要物相之后，余下强度不高的以至弱的衍射线应属于样品组成中的次要或微量物相。如有强线对不上，即使有若干弱峰比较接近，一般也应该否定该物相的存在。

⑥ 同一个物相在数据库中可能有多套衍射数据，要注意有的 PDF 卡片是已被删除的。

⑦ 由于样品择优取向或粗大晶粒的影响，某些衍射线的强度会发生异常变化或导致某些强峰的消失。所以应该综合各方面的因素来鉴定衍射结果。

8.2 定量相分析

定量相分析的目的，是确定多相混合物中各相的含量。多相混合物的衍射图样中，会同时呈现各个相的衍射线，各衍射线的强度与其含量有关。定量相分析的理论基础是，物质的衍射强度与该物质参加衍射的体积成正比，其衍射强度的积分公式如第 5 章的式(5.48) 所示，即

$$I=\frac{I_0\lambda^3}{32\pi Rv_0^2}\left(\frac{e^2}{mc^2}\right)^2\frac{1+\cos^2 2\theta}{\sin^2\theta\cos\theta}F^2PV\mathrm{e}^{-2M}A(\theta) \tag{8.1}$$

这个强度公式是对于单相物质而言的。对于多相物质，参加衍射的物质中各相对于 X 射线的吸收各不相同［对于粉末衍射仪法，$A(\theta)=1/2\mu$］。每个相的含量发生变化时，都会改变实际吸收系数 μ 的数值。因此，在多相物质的衍射花样中，由于吸收的影响，某一组分相的衍射线强度与该相参加衍射的体积，并不呈现线性关系。所以，在多相物质定量相分析方法中，要想从衍射强度求得各相的含量，必须先处理吸收系数 μ 的影响，这是定量相分析方法中要处理的主要问题。

假设试样为 α 相与 β 相的双相混合物，衍射线的强度与其中每个相参与衍射的体积 V_α 和 V_β有关，衍射强度分别为

$$I_\alpha=\frac{I_0\lambda^3}{32\pi Rv_\alpha^2}\left(\frac{e^2}{mc^2}\right)^2\left(\frac{1+\cos^2 2\theta}{\sin^2\theta\cos\theta}F^2P\mathrm{e}^{-2M}\right)_\alpha\frac{V_\alpha}{2\mu} \tag{8.2}$$

$$I_\beta=\frac{I_0\lambda^3}{32\pi Rv_\beta^2}\left(\frac{e^2}{mc^2}\right)^2\left(\frac{1+\cos^2 2\theta}{\sin^2\theta\cos\theta}F^2P\mathrm{e}^{-2M}\right)_\beta\frac{V_\beta}{2\mu} \tag{8.3}$$

式中，μ 为混合物的线吸收系数；v_α与 v_β分别为 α 相与 β 相的晶胞体积，上述两式是定量相分析的基础。

从上式可以看出，定量相分析与定性相分析不同，它所关心的不是整个衍射图样的形状，而是试样所包含的各个物相的某条衍射线的强度。选择物相中的衍射线时，应使它的强度尽量高，与其他衍射线的分离情况尽量好。同时，在进行定量相分析时要注意两点：一是试样制作要极仔细，要使各相的颗粒足够细，混合足够均匀，以使所测数据能代表整个试样的情况；二是强度测量要极为精确，因为这是计算的依据。

定量相分析的方法极多，本书主要以标样的选择方式进行分类。这里所谓标样就是作为强度标准的试样或物相。

8.2.1 外标法

外标法是以外部试样为标样的方法，并且通常是以待测物相的纯物相试样为标样。假设试样由α，β，γ…各相组成。各相的体积分数为c_α，c_β，c_γ…质量分数为w_α，w_β，w_γ…而ρ_α，ρ_β，ρ_γ…，μ_α，μ_β，μ_γ…和μ_α^*，μ_β^*，μ_γ^*…分别为各相的实际密度、线吸收系数和质量吸收系数。μ和μ^*为试样的线吸收系数和质量吸收系数。

如果要测定试样中α相的含量，则可以将式(8.2) 中与α相含量无关的各项归结为常数K，从而该试样中的α相的衍射线强度应为

$$I_\alpha = K\frac{c_\alpha}{\mu} \tag{8.4}$$

式中，K为与测试条件、α相结构与所选择的衍射线指数有关的常数；μ为变数，它随试样中物相的组成而变化。按定义，有

$$\mu = \sum\mu_i c_i/\sum c_i,\ i=\alpha,\beta,\gamma\cdots \tag{8.5}$$

并且

$$c_\alpha = \frac{w_\alpha}{\rho_\alpha}\Big/\sum\frac{w_i}{\rho_i} \tag{8.6}$$

于是，由式(8.5) 可以得到

$$\mu = \left(\sum\mu_i\frac{w_i}{\rho_i}\right)\Big/\left(\sum\frac{w_i}{\rho_i}\right)$$

按质量吸收系数的定义，$\mu_i^* = \mu_i/\rho_i$；混合试样的质量吸收系数$\mu^* = \sum w_i\mu_i^*$，有

$$\mu = \mu^*/\sum\frac{w_i}{\rho_i}$$

于是，式(8.4) 可以写成

$$I_\alpha = K\frac{w_\alpha}{\rho_\alpha\mu^*} \tag{8.7}$$

而对于纯α相的试样，即标样，其同指数衍射线的强度应为

$$I_{\alpha 0} = K\frac{1}{\rho_\alpha\mu_\alpha^*} \tag{8.8}$$

从而，待测试样中α相的衍射强度与α相标样的衍射强度的比值为

$$\frac{I_\alpha}{I_{\alpha 0}} = \frac{\mu_\alpha^*}{\mu^*}w_\alpha \tag{8.9}$$

如果试样仅由α、β两相组成，则上式可以写成

$$\frac{I_\alpha}{I_{\alpha 0}} = \frac{w_\alpha\mu_\alpha^*}{w_\alpha(\mu_\alpha^* - \mu_\beta^*) + \mu_\beta^*} \tag{8.10}$$

式中，μ_α^*和μ_β^*均为常数。所以在实验条件保持不变的情况下，$I_\alpha/I_{\alpha 0}$是w_α的单值函数。

在定量相分析之前，可以计算或实测得到$I_\alpha/I_{\alpha 0}$与w_α的对应值。获得类似图 8.4 所示的工作曲线。图 8.4 分别为石英（SiO_2)-氧化铍（BeO），石英（SiO_2)-方石英（SiO_2），石英（SiO_2)-氯化钾（KCl）这三类混合物的工作曲线。

石英和方石英是同素异构体，其质量吸收系数相等，即

$$\mu_{\alpha}^{*}=\mu_{\beta}^{*} \tag{8.11}$$

于是式(8.10) 简化为

$$\frac{I_{\alpha}}{I_{\alpha_0}}=w_{\alpha} \tag{8.12}$$

这时的工作曲线应为一条直线。在氧化铝粉的工业生产中，测定产品中的 α-Al_2O_3 与 γ-Al_2O_3 的相对含量，也属于这种简单情况。

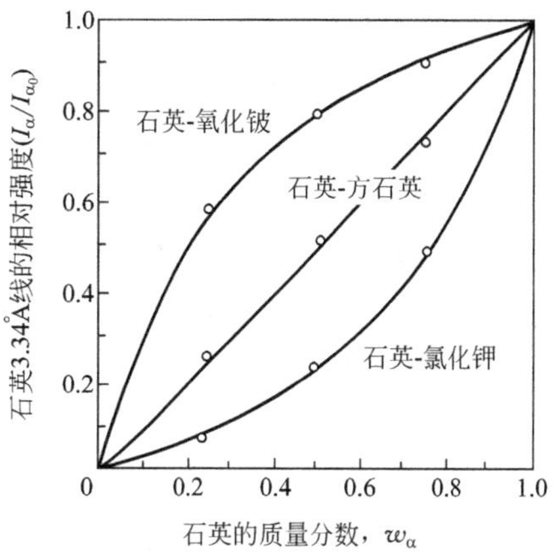

■ 图 8.4　定量相分析的工作曲线

定量相分析时，只要分别测得试样和标样的一条衍射线（通常为最强线）的强度 $I_{\alpha}/I_{\alpha0}$ 就可根据 $I_{\alpha}/I_{\alpha0}$ 这一比值，利用工作曲线获得试样中的 α 相含量 w_{α}。I_{α} 和 I_{α_0} 是通过两次实验分别测定的，任何影响衍射线强度的实验条件变化，都会使测定结果出现偏差。这是外标法的最大弱点。

【例 8-3】 用外标法分析 α-SiO_2 与 KCl 混合物的相成分。选用 Cu-K_{α} 辐射测试衍射线强度。

首先令 α-SiO_2 为 α 相，KCl 为 β 相，并且以纯 α-SiO_2 试样为标样。接着计算 μ_{α}^{*}、μ_{β}^{*}，目的是为了得到 α-SiO_2 含量分别为 25%、50%、75%时的 I_{α}/I_{α_0} 值，以绘出工作曲线。按定义有

$$\mu_{\alpha}^{*}=w_{Si}\mu_{Si}^{*}+w_{O}\mu_{O}^{*}=34.4$$

$$\mu_{\beta}^{*}=w_{K}\mu_{K}^{*}+w_{Cl}\mu_{Cl}^{*}=125.4$$

于是，根据式(8.10) 可以得到设定 α 相含量时的 I_{α}/I_{α_0} 值，有

$w_{\alpha}/\%$	25	50	75
I_{α}/I_{α_0}	0.08	0.22	0.45

利用上述数据获得的工作曲线如图 8.4 所示。

如果实测试样和标样的最强线——α-SiO_2 的 $10\bar{1}1$ 衍射线，获得 $I_{\alpha}/I_{\alpha0}=0.4$，则可以从工作曲线上查得试样中 α-SiO_2 的含量为 70%，如图 8.4 所示。

8.2.2　内标法

内标法是在试样中加进一定质量的标准物之后，根据待测相与标准物的衍射线强度比，来确定两者的含量比。

设试样中的待测相为 α 相，其含量为 w_{α}。在试样中加进标准物之后，α 相的含量降低为 w'_{α}，而标准物的含量为 w_s，可按试样与标准物的配比计算，是已知量。于是由式(8.2)、式(8.3) 可以得到

$$\frac{I'_{\alpha}}{I_s}=K'\frac{c_{\alpha}}{c_s}=K'\left(\frac{\rho_s}{\rho_{\alpha}}\right)\left(\frac{w'_{\alpha}}{w_s}\right)$$

将常数 ρ_s、ρ_{α} 和 K' 归并成常数 K，有

$$\frac{I'_\alpha}{I_s}=K\frac{w'_\alpha}{w_s} \tag{8.13}$$

式中，I'_α和I_s分别为α相和标准物的衍射线强度，可由实验测出。w_s为已知，所以只要得知K值，就能由实验结果计算出w'_α值。

K值的获得方法有三：一是利用任何已知物相成分的试样测出两相强度比后，根据式(8.13)算出K值；二是利用粉末衍射卡片库。在检索手册的某些条目中，列出了参考强度比I/I_c。显然，如果由PDF卡片中查到α相和s相的参考强度比分别为I_α/I_c和I_s/I_c，则式(8.13)中的K值可由下式计算

$$K=\frac{I_\alpha/I_c}{I_s/I_c} \tag{8.14}$$

获得K值的第三个办法就是直接计算。根据K值的定义，有

$$K=\left(\frac{v_s^2}{v_\alpha^2}\right)\frac{\left(\dfrac{1+\cos^2 2\theta}{\sin^2\theta\cos\theta}F^2Pe^{-2M}\right)_\alpha}{\left(\dfrac{1+\cos^2 2\theta}{\sin^2\theta\cos\theta}F^2Pe^{-2M}\right)_s}\left(\frac{\rho_s}{\rho_\alpha}\right) \tag{8.15}$$

式中，各项均可在手册中查到，或通过简单计算得到。

如果设定试样的质量W与标准物的质量W_s之和为1，则

$$\left.\begin{aligned} w_s&=\frac{W_s}{W+W_s}\\ w'_\alpha&=\frac{W_\alpha}{W+W_s}\end{aligned}\right\} \tag{8.16}$$

将上式中的w'_α取倒数，得

$$\frac{1}{w'_\alpha}=\frac{1}{w_\alpha}+\frac{W_s}{W_\alpha}$$

再以$W+W_s$除上式，得到实际α相含量w_α与w'_α之间的换算关系

$$w_\alpha=\frac{w'_\alpha}{1-w_s} \tag{8.17}$$

内标法可以借用标准物来一一测定试样中各个晶态相的含量。在测定某一物相的含量时只涉及该相的衍射线强度，而与其他相的衍射图样无关。即使试样中含有非晶态物质，也不妨碍内标法对试样中各个晶态相的测定。此外，内标法不受试样吸收的干扰。由于它清除了试样基体吸收的影响，有时又称为基体清除法，而将标准物称为清除剂。也可以用待测物相α本身作为标准物加入。

【例 8-4】 请用内标法分析$CaCO_3$、$BaCO_3$和$BaSO_4$晶态相及SiO_2非晶相的混合试样。以Al_2O_3为内标准物。试样与标准物按100∶20混合，测得各相最强线的强度比$I_{CaCO_3}:I_{BaCO_3}:I_{BaSO_4}:I_{Al_2O_3}$为1∶2∶3∶4。试求试样中各相的含量。

分别以α、β、γ按顺序标记上述试样中的三个晶态相。在PDF卡片中可以找到它们的参比强度，其值为

$$I_\alpha/I_c=2.00$$

$$I_\beta/I_c=4.20$$

$$I_\gamma/I_c=2.60$$

于是可以用参比强度计算 K 值。按题意，

$$w_s=\frac{20}{100+20}=17\%$$

由式(8.13) 可知

$$w'_\alpha=\frac{I_\alpha}{I_s}\frac{w_s}{K}$$

因标准物为 Al_2O_3，所以

$$w'_\alpha=\frac{I_\alpha}{I_s}\frac{w_s}{(I_\alpha/I_c)}=\frac{1}{4}\times\frac{20/120}{2.00}=2.1\%$$

试样中 $CaCO_3$ 相的实际含量 w_a 应为

$$w_\alpha=\frac{w'_\alpha}{1-w_s}=2.5\%$$

同样方法可以求得

$$w'_\beta=\frac{I_\beta}{I_s}\frac{w_s}{(I_\beta/I_c)}=2.0\%$$

$$w_\beta=\frac{w'_\beta}{1-w_s}=2.4\%$$

$$w'_\gamma=\frac{I_\gamma}{I_s}\frac{w_s}{(I_\gamma/I_c)}=4.8\%$$

$$w_\gamma=\frac{w'_\gamma}{1-w_s}=5.8\%$$

所以非晶相 SiO_2 含量为 $1-2.5\%-2.4\%-5.8\%=89.3\%$。

8.2.3 自标法

自标法是将衍射图样中的 α 相和 β 相的衍射线强度加以比较，根据 I_α/I_β 来确定 w_α/w_β。与式(8.13) 相似，可以获得

$$\frac{I_\alpha}{I_\beta}=K\frac{w_\alpha}{w_\beta}$$

这是自标法的基本公式，它已经清除了质量吸收系数的影响，所以强度比与物相含量之间能够保持线性关系，这样不但可使分析工作简单化，还可以提高测定精确度。自标法能够自动清除质量吸收系数的影响，因此又称为自动清除法。自标法还可以测定多相混合物中各个相的含量。

设混合物中含有 n 种物相，现以其中第 n 种物相为标准物，于是

$$\left.\begin{aligned} &\frac{I_1}{I_n}=K_1\frac{w_1}{w_n}\\ &\frac{I_2}{I_n}=K_2\frac{w_2}{w_n}\\ &\cdots\\ &\frac{I_j}{I_n}=K_j\frac{w_j}{w_n}\\ &\cdots\\ &\frac{I_{n-1}}{I_n}=K_{n-1}\frac{w_{n-1}}{w_n} \end{aligned}\right\} \tag{8.18}$$

上式中各个强度值，可以根据同一试样的衍射图样一次全部获得，各个 K 值根据前述的方法一一获得。如果再求得 w_n，即可得出各个物相的质量分数 w_1，w_2，…，w_j，…，w_{n-1}。根据式(8.18) 得到

$$w_j=\left(\frac{w_n}{I_n}\right)\left(\frac{I_j}{K_j}\right) \tag{8.19}$$

考虑到

$$\sum_{j=1}^{n}w_j=1 \tag{8.20}$$

于是得到

$$w_n=\frac{I_n}{\sum_{j=1}^{n}\left(\frac{I_j}{K_j}\right)} \tag{8.21}$$

代入式(8.19) 得到

$$w_j=\frac{I_j}{K_j\sum_{j=1}^{n}\left(\frac{I_j}{K_j}\right)} \tag{8.22}$$

上述结果是直接由式(8.18) 推导得出，未加任何额外的假定。而式(8.18) 是根据这样的原理列出的，即在多物相系统中，任何两种物相的衍射线强度比，正比于其含量比，即

$$\frac{I_j}{I_n}=K_j\frac{w_j}{w_n} \tag{8.23}$$

而与是否存在其他物相无关。首先提出用这一原理进行多相分析的 Chung（1974），认为这一原理类似于分子光谱学和量子力学中的绝热原理，因此有时称其为绝热法。但在试样中含有非晶相时，此法就失效了。内标法与自标法都是利用同一试样中的两条衍射线的强度比进行相的定量计算的，因此要注意影响双线强度的因素，如织构、粒度均匀性等的影响。

【例 8-5】 请用自标法分析淬火钢中的残余奥氏体含量。已用电解萃取法测得碳化物含量为 5%。采用 Co-K_α辐射测马氏体（α 相）的 211 线和奥氏体（γ 相）的 311 线，$I_\alpha/I_\gamma=0.21$。211_α 的 2θ 为 99.6°，311_γ 的 2θ 为 111°。求残余奥氏体含量。

淬火钢中仅有碳化物、马氏体和残余奥氏体三相。因已知其中碳化物的含量，所以可利用

$$\frac{I_\alpha}{I_\gamma}=K\frac{w_\alpha}{w_\gamma}$$

求得其中马氏体和奥氏体的含量。

此时，利用式(8.2) 计算法求 K 值。

$$K=\left(\frac{v_{\gamma}^{2}}{v_{\alpha}^{2}}\right)\frac{\left(\frac{1+\cos^{2}2\theta}{\sin^{2}\theta\cos\theta}F^{2}Pe^{-2M}\right)_{\alpha}}{\left(\frac{1+\cos^{2}2\theta}{\sin^{2}\theta\cos\theta}F^{2}Pe^{-2M}\right)_{\gamma}}\left(\frac{\rho_{\alpha}}{\rho_{\gamma}}\right)$$

(1) 计算体积比

因马氏体为正方系，但 c/a 随含碳量变化接近于 1，所以可将其近似为体心立方结构；奥氏体为面心立方结构。于是

$$\left(\frac{v_{\gamma}}{v_{\alpha}}\right)^{2}=\left(\frac{a_{\gamma}}{a_{\alpha}}\right)^{6}$$

由于立方系 $d=a/\sqrt{h^{2}+k^{2}+l^{2}}$，$2d\sin\theta=\lambda$，所以

$$a=\sqrt{h^{2}+k^{2}+l^{2}}\cdot\frac{\lambda}{2\sin\theta}$$

按题中所给数据

$$a_{\alpha}=28.7\text{nm}$$

$$a_{\gamma}=36.0\text{nm}$$

故有

$$\left(\frac{v_{\gamma}}{v_{\alpha}}\right)^{2}=3.90$$

(2) 计算结构因子 F

由于含碳很少，且碳原子的散射因数远小于铁原子，因此仅计算铁原子引起的散射。对于马氏体的 211 线，因指数之和为偶数，所以

$$F_{211_{\alpha}}=2f_{Fe}$$

对于奥氏体的 311 线，各指数同性，所以

$$F_{311_{\gamma}}=4f_{Fe}$$

Co-K_{α}波长为 17.9nm，211_{α} 线 θ_{α} 角为 49.8°，311_{γ} 线 θ_{γ} 角为 55.5°，根据 $\sin\theta_{\alpha}/\lambda$ 和 $\sin\theta_{\gamma}/\lambda$ 值分别查得铁的原子散射因数

$$(f_{Fe})_{\alpha}=12.8$$

$$(f_{Fe})_{\gamma}=12.3$$

由于 Co-K_{α}波长与铁的吸收限相近，所以要对原子散射因子作色散修正，从附录中查得此时原子散射因子的减小值 $\Delta f=3.1$。于是

$$\frac{F_{211_{\alpha}}}{F_{311_{\gamma}}}=0.53$$

(3) 角因子 LP 的计算

$$LP=\frac{1+\cos^{2}2\theta}{\sin^{2}\theta\cos\theta}$$

于是

$$\frac{(LP)_{\alpha}}{(LP)_{\gamma}}=0.93$$

(4) 重复因子 P

因都按立方系处理，所以 $P_{211_\alpha}=P_{311_\gamma}=24$。

(5) 温度因子 T

$$T=e^{-2M}$$

$$M=\frac{6h^2T}{m_\alpha k\Theta^2}\left[\phi(x)+\frac{x}{4}\right]\frac{\sin^2\theta}{\lambda^2}$$

$$x=\frac{\Theta}{T}$$

铁的德拜温度 Θ 为 430K，衍射线在室温条件下获得，T 为 298K，

$$x\approx 1.4$$

查得

$$\phi(x)+\frac{x}{4}=1.054$$

并且

$$\frac{6h^2T}{m_\alpha k\Theta^2}=\frac{6\times(6.02\times10^{26})\times(6.63\times10^{-34})^2T}{A\Theta^2\times(1.38\times10^{-23})(10^{-20})}=\frac{1.15\times10^4T}{A\Theta^2}$$

此处 A 为原子量，因为 $m_\alpha=A/N$，N 为阿伏加德罗常数。于是有

$$M_\alpha=\frac{6h^2T}{m_\alpha k\Theta^2}\left[\phi(x)+\frac{x}{4}\right]\frac{\sin^2\theta_\alpha}{\lambda^2}=\frac{1.15\times10^4\times298}{55.85\times430^2}\times1.054\times\frac{\sin^2 49.8°}{1.79^2}$$

$$=0.109\sin^2 49.8°=0.064$$

并且

$$M_\gamma=0.109\sin^2 55.5°=0.074$$

从而

$$\frac{e^{-2M_\alpha}}{e^{-2M_\gamma}}=1.02$$

(6) 密度

$$\rho_\alpha\approx\rho_\gamma$$

从而

$$K=3.90\times0.53^2\times0.93\times1.02=1.04$$

于是 α 相与 γ 相的相对含量应为

$$\frac{w_\alpha}{w_\gamma}=\frac{1}{K}\frac{I_\alpha}{I_\gamma}=0.20$$

因为已知

$$w_\alpha+w_\gamma=95\%$$

所以残余奥氏体含量为

$$w_\gamma=79\%$$

8.2.4 其他方法举例

除前面介绍的外标法、内标法和自标法以外，还可以根据具体情况，采用变通的方法进行定量相分析工作。此处仅介绍一种内、外标相结合的实验方法。例如，人们在研究 Y-Ba-Cu-O 高温超导相时，特别关心工艺过程与 $YBa_2Cu_3O_x$ 的正交相、四方相相对含量之间的关系，这是因为仅其正交相才具有高温超导性。为了确定试样中正交相（O）和四方相（T）的相对含量，黄家山等首先用纯正交相和纯四方相按不同质量分数配制成一套试样，分别混合均匀，测试正交相的 200 和四方相的 020 衍射线，分别记它们的峰高强度为 I_{200_O} 和 I_{020_T}。以 w_O 和 w_T 分别表示试样中正交相和四方相的含量百分数。以 w_O/w_T-I_{200_O}/I_{020_T} 作图，如图 8.5 所示。然后，测试待测试样的 I_{200_O}/I_{020_T}，从图中查得该试样中正交相和四方相的相对含量。

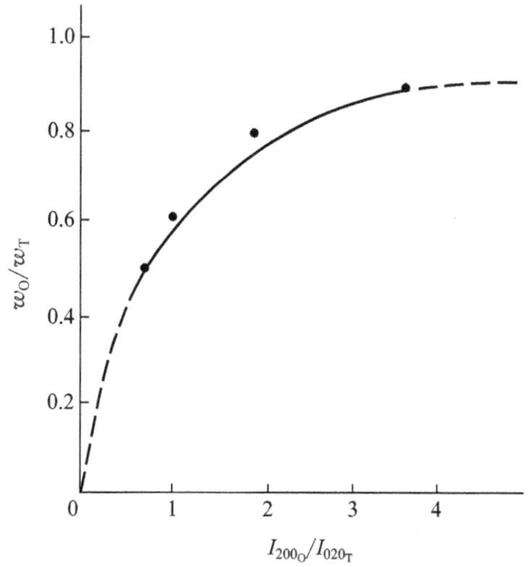

■ 图 8.5 $YBa_2Cu_3O_x$ 试样中正交相与四方相相对含量 w_O/w_T 与衍射线峰高强度 I_{200_O}/I_{020_T} 之间的关系

在此研究中，由于待测试样为块状，应注意织构程度对测试结果的影响。

8.3 衍射全谱拟合法与 Rietveld 结构精修

前面介绍的物相分析方法都是基于 X 射线衍射强度公式(8.1)，使用时每个待测物相仅需要测定其某个衍射峰（通常是最强峰）的积分强度作为计算其含量的依据，而且有时候还仅用峰高作为其强度的度量。虽然式(8.1) 对于晶体的任何一个衍射峰都成立，但是晶体的单个衍射峰的强度不仅决定于式(8.1)，还受一些实验因素的影响，即式(8.1) 成立需满足以下前提条件：假定粉末样品中各物相都很细很均匀，样品中晶粒的取向完全随机；微吸收效应、颗粒效应都可忽略；试样厚度足够，可视为无限厚等。事实上这些条件常常不能完全满足，这是前面物相定量分析方法的主要实验误差的来源，这其中尤其以样品中存在的择优取向和粗大晶粒的影响较为显著。因此，一个物相的某一个 hkl 干涉面的衍射强度不是一个不变量，而是因为晶胞内的原子位置、种类及微结构的不同处境会发生变化，这些弱点是传统的物相分析方法中难以克服的。

近二十年来，对 X 射线衍射谱的全谱线进行拟合成为了一种物质结构分析的新方法。全谱拟合方法不仅能够对待测样品的物相进行定量分析，还能够对物相进行结构精修，分析晶粒大小和晶胞中的微结构等，甚至发展出了利用多晶体衍射数据从头解晶体结构的方法。全谱拟合依据的理论基础是散射能量守恒原理。

在相同的光路下，如果入射 X 射线的强度保持不变，则一定体积的散射体在整个衍射空间中的相干散射总量是只与该体积内的化学物质的总质量有关的一个不变量，而与其中的原子的聚集态无关，这就是散射能量守恒原理，这个原理也是能量守恒定律的扩展。多物相样品在衍射空间的散射总量应是各组成物相散射分量的叠加，每个物相的散射分量亦仅与其在样品中的含量有关。因此以样品中各组成物相的散射分量为依据测定各组成物相的含量，在理论上比前面介绍的各种基于个别衍射峰强度的物相定量方法要完善得多，这种从整个衍射谱角度分析物相组成的方法就是衍射全谱拟合法的依据。然而，衍射全谱拟合分析法与前面介绍的物相定量分析方法仍然是密切相关的，因为样品衍射图谱中任何一个衍射峰的强度都取决于式(8.1)。但是应用全谱拟合的方法能够避免或弱化在各种基于个别衍射峰强度的分析方法中难以克服的缺点，提高了衍射物相分析的可靠性。

8.3.1 全谱拟合的原理

以一个晶体结构模型为基础，利用它的各种晶体结构参数（如峰形参数）及一个峰形函数计算一张在大 2θ 范围内的理论的多晶体衍射谱，并将此计算谱与实验测得的衍射谱进行比较，根据其差别修改结构模型、结构参数和峰形参数，在此新模型和参数的基础上再计算理论谱，再比较理论谱与实验谱，再修改参数……这样反复进行多次，以使计算谱和实验谱的差最小（最小二乘法），这种逐渐趋近的过程就称为拟合。因为拟合目标是整个衍射谱的线形，拟合范围是整个衍射谱，而不是个别衍射峰，故称为全谱拟合法。

一张多晶体衍射谱是由一些在一定 2θ 范围内的、有一定强度和强度分布（峰形）的衍射峰构成的。所以，全谱拟合的关键是要确定所有衍射峰的位置（2θ）、积分强度（I）和强度分布。通常，2θ 和 I 可以从晶体的结构参数和组成元素计算出来，而强度分布却和各种实验条件密切有关，很难理论计算，故一般是从经验上设定一个峰形函数（G）来代表。G 中也有一些参数可以调整，以使计算峰形和实验峰形相符。按照全谱拟合过程中所用的已知参量的不同，可将全谱拟合方法分成两大类：一类需要使用有关物相的晶体结构数据，这种方法称为 Rietveld 结构精修方法；另一类不需要物相的晶体结构数据，但是需要有关物相纯态时的标准谱。本书主要介绍 Rietveld 结构精修方法，相应分析的一般过程如下。

（1）各衍射峰 2θ 位置的计算

从设定的结构模型的晶胞参数出发，计算出不同 hkl 晶面对应的一组 d 值。再设定入射 X 射线的波长 λ，就可以用布拉格公式计算出各个衍射峰的位置 $(2\theta)_k$（下标 k 为衍射指数 hkl 的缩写，代表一个衍射，以下亦然）。

（2）衍射峰的结构因子和强度分布的计算

从设定的结构模型的原子位置和原子散射因子等参数出发，计算出各 hkl 衍射的结构因子 F_k 及积分强度 I_k，再根据经验设定 hkl 衍射的面积归一化峰形函数 G_k，则衍射峰上第 i 测量点 $(2\theta)_i$ 处的实测强度 Y_{ik} 表示为

$$Y_{ik}=G_{ik}I_k \tag{8.24}$$

计算出各 $(2\theta)_i$ 处的 Y_{ik}，就得到了 k 衍射的强度分布。式(8.24) 中，

$$I_k=SP_k(LP)_k|F_k|^2 \tag{8.25}$$

式中，P_k、$(LP)_k$ 及 $|F_k|$ 分别为衍射线 k 的多重因子、角因子及包括温度因子的结构

振幅，根据式(5.28)，将决定衍射线强度的各因素中除以上三项外的系数的乘积记为 S，因为它是一个与各物相在样品中的含量有关的权重因子，故称为比例因子。

（3）整个衍射谱的计算

整个衍射谱是各衍射峰的强度分布的叠加，故衍射谱上某点 $(2\theta)_i$ 处的实测强度 Y_i 表示为

$$Y_i = Y_{ib} + \sum_k Y_{ik} \tag{8.26}$$

式中，Y_{ib} 为本底强度。在作 Y_{ik} 加和时，需设定每个衍射峰的延展范围，通常定义为该峰的半峰宽的若干倍，例如 5 倍或 7 倍等。这样可以知道在某个 $(2\theta)_i$ 处的 Y_i 是由哪几个衍射贡献的。

（4）用最小二乘法作拟合

根据一定的晶体结构模型计算峰形函数，按式(8.26) 计算衍射谱上各 $(2\theta)_i$ 处的衍射强度 Y_{ic}（下标 c 表示为计算值）。改变各结构参数或峰形参数，即可改变 Y_{ic}。用非线性最小二乘法使 Y_{ic} 拟合实测的高分辨、高准确的多晶体衍射谱上的各 Y_{io}（下标 o 表示实测值），以使下式中的 M 值最小，

$$M = \sum_i W_i (Y_{io} - Y_{ic})^2 \tag{8.27}$$

式中，$W_i = 1/Y_i$ 为基于技术统计的权重因子。Y_{io} 为实测值，在反复循环中不限，而 Y_{ic} 是依据模型计算出来的，在每次参数修改后，此值都会变化。

（5）拟合优劣的判断

为了判别精修中各参数的调整是否合适，设计出一些判别因子，简称 R 因子。常用的 R 因子有下列几种定义：

$$R_p = \frac{\sum_i |Y_{io} - Y_{ic}|}{\sum_i Y_{io}} \tag{8.28}$$

$$R_{wp} = \left[\frac{\sum_i W_i (Y_{io} - Y_{ic})^2}{\sum_i W_i Y_{io}^2}\right]^{1/2} \tag{8.29}$$

$$R_B = R_I = \frac{\sum_k |I_{ko} - I_{kc}|}{\sum_k I_{ko}} \tag{8.30}$$

$$R_F = \frac{\sum_k |\sqrt{I_{ko}} - \sqrt{I_{kc}}|}{\sum_k I_{ko}} \tag{8.31}$$

$$GofF = \frac{\sum_i W_i (Y_{io} - Y_{ic})^2}{N - P} = \left(\frac{R_{wp}}{R_e}\right)^2 \tag{8.32}$$

式中，N 为衍射谱上数据点的数目；P 为拟合中被精修的参数数目；$GofF$ 为 Goodness of Fitting 的缩写；R_e 为 R_{wp} 的期望值，即

$$R_e = \left[\frac{N - P}{\sum_i W_i Y_{io}^2}\right]^{1/2}$$

R_{wp} 和 $GofF$ 这两个因子是根据 Y_o 和 Y_c 计算的，反映的是计算值与实测值之间的差别。R_{wp} 中的分子即是最小二乘法拟合中所算的极小量，最能反映拟合的优劣。精修过程中 R_{wp} 的变化能最好地指示精修方向，是最有意义的。这两个因子受到衍射谱每点实测强度及所用本底强度准确性的严重影响。

R_B 和 R_F 这两个因子是由衍射峰的积分强度计算的，在 Rietveld 法中各衍射峰的积分强度 I_{ko} 是通过将衍射峰 k 的 2θ 范围内的各 Y_{ik} 扣除本底后相加获得的，而 I_{kc} 是依据结构参数计算得到的，这两个因子强烈依赖于结构模型，故是最能判断结构模型是否正确的最有价

值的 R 因子。

R_e 为 R_{wp} 的期望值，是从与测量强度有关的统计误差导出的。因此 R_{wp} 与 R_e 之比值 $GofF$ 可以作为拟合质量的判断，其理想值为 1。若 $GofF$ 为 1.3 或者更小时，则拟合可以认为是很满意的。若 $GofF$ 大于 1.5，说明所用结构模型不良，与实际相差较大，或者精修是收敛在一个伪极小。若 $GofF$ 过小，表明所用数据质量不够好，也许是计数时间不够，也可能是本底太高。

8.3.2 Rietveld 方法中的拟合函数

(1) 峰形函数 G_k

选择正确的能和各个实验峰形吻合的峰形函数是全谱拟合能否成功的一个关键，Rietveld 在首次处理中子多晶体衍射谱时用的是高斯函数（GF），这是一个对称的钟形函数，能较好地吻合中子多晶体衍射峰。另一个常用的对称函数是洛伦兹函数（LF）。对 X 射线衍射，不论是高斯函数还是洛伦兹函数都不能与实际峰形很好相符。这是因为高斯函数在峰顶处太宽、在峰尾处太窄，而洛伦兹函数正好相反。况且，实际衍射峰形还总是或多或少地显示出不对称。已经知道，衍射峰形是由各种仪器因素造成的峰形与由样品本身的各种结构因素造成的峰形卷积而成的。一般认为，前者可用 GF 大致近似，而后者可用 LF 来描述。因此，用由 GF 和 LF 卷积成的 Voigt 函数（VF）能较好地拟合 X 射线的衍射峰形。但是用 VF 拟合时，计算工作量太大，因而后来又提出了 Pearson Ⅶ 函数（$P7$）和 Pseudo-Voigt 函数（PV），如表 8.4 所示。实际上，$P7$ 和 PV 函数是 GF 和 LF 的线形组合，$P7$ 的两种极限情况就分别是 GF 和 LF。因而 PV 和 $P7$ 是被广泛接受的峰形函数。

表 8.4 常用的峰形函数

函数名称	表达式
Gaussian(GF)	$G_{ik}=\dfrac{2\sqrt{\ln 2}}{\sqrt{\pi}H_k}\exp\left[\dfrac{-4\ln 2}{H_k^2}(2\theta_i-2\theta_k)^2\right]$
Lorentzian(LF)	$G_{ik}=\dfrac{2}{\pi H_k\left[1+\dfrac{4(2\theta_i-2\theta_k)^2}{H_k^2}\right]}$
Intermediate Lorentzian(IL)	$G_{ik}=\dfrac{\sqrt{2^{2/3}-1}}{H_k\left[1+\dfrac{4(2^{2/3}-1)(2\theta_i-2\theta_k)^2}{H_k^2}\right]^{3/2}}$
Modified Lorentzian(ML)	$G_{ik}=\dfrac{4\sqrt{\sqrt{2}-1}}{\pi H_k\left[1+\dfrac{4(\sqrt{2}-1)(2\theta_i-2\theta_k)^2}{H_k^2}\right]^2}$
Pearson Ⅶ($P7$)	$G_{ik}=\dfrac{2\Gamma(m)\sqrt{2^{l/m}-1}}{\sqrt{\pi}\Gamma(m-0.5)H_k\left[1+\dfrac{4(2^{l/m}-1)(2\theta_i-2\theta_k)^2}{H_k^2}\right]^m}$
Voigt(VF)	$G_{ik}=\dfrac{1}{\sqrt{\pi}\beta_g}Re\left\langle\Omega\left[0,\dfrac{\beta_c^2}{\beta_g^2\pi}\right]\right\rangle Re\left\langle\Omega\left[\dfrac{\sqrt{\pi}}{\beta_g}\lvert 2\theta_i-2\theta_k\rvert,\dfrac{\beta_c^2}{\beta_g^2\pi}\right]\right\rangle$
Pseudo-Voigt(PV)	$G_{ik}=\eta L_{ik}+(1-\eta)g_{ik}$

注：G_{ik} 为衍射谱中第 k 个衍射峰上第 i 点处的强度；$2\theta_k$ 为布拉格角；H_k 为衍射峰的最大强度一半处的峰全宽；β_c 和 β_g 为 Voigt 函数中洛伦兹组分和高斯组分的积分宽度；η 为 PV 函数中洛伦兹组分所占的分数；Ω 为复合误差函数；Re 为函数中的实数部分。

（2）峰宽函数 H_k

所有的峰形函数都包含两个变量，一个是 θ_k，第二个就是衍射峰的半高宽 H_k。一张衍射谱中各个衍射峰的 H_k 并不是完全相同的，它随 θ 的变化。一般，θ 越大，H_k 也越大。H_k 与 θ 之间的关系也可以用函数来表达。对应于不同的峰形函数，不同的实验者常采用不同的峰宽函数。Caglioti 等在 1958 年提出如下公式：

$$H_k^2 = U\tan^2\theta_k + V\tan\theta_k + W \tag{8.33}$$

式中，U、V、W 是精修参数。Greaves 在式(8.33) 的基础上引入了一个峰宽各向异性的校正因子，得到

$$H_k = (U\tan^2\theta_k + V\tan\theta_k + W)^{1/2} + X\cos\Phi/\cos\theta_k \tag{8.34}$$

式中，X 为增加的参数；Φ 是散射矢量与宽化方向的夹角。这两个公式最早应用于分辨中子粉末衍射，在简单的高斯反射峰型函数上效果非常好。后来，由于粉末衍射仪的需要，情况就复杂多了。仪器测得的峰型足够狭窄，因而由于样品缺陷如晶粒大小或微应力所造成的固有衍射峰型加宽现象成了重要问题，各种宽化作用不再像上述简单公式所表述的那样，不能仅仅用某种依赖于角度的简单加和来描述。因此，有人认为式(8.33) 仅适用于高斯函数，对于洛伦兹函数需要用另一种形式的峰宽函数。

$$H_{kL} = X\tan\theta_k + Y/\cos\theta_k \tag{8.35}$$

在 PV 函数中，对高斯和洛伦兹两部分可分别用不同的峰宽函数。在做对开拟合时，左右两半所用的峰宽函数或其中的参数也可以是不同的。

（3）本底函数 Y_{ib}

本底是衍射谱中必然包含的。如何正确测定本底强度，从实测强度中减去本底以得到正确的衍射强度，也是保证全谱拟合得以成功的一个重要因素。本底产生的原因很多，大致上可以分为三类。第一类是由样品产生的荧光、非相干散射、空气和狭缝的散射、探测器的噪声等造成的，在 2θ 范围内呈平滑变化。第二类是漫散射，这是由晶体中的原子的热振动造成的，它使布拉格散射减弱，转变为本底。这类漫散射导致的本底也是随 2θ 平滑变化的，可用下式表达

$$Y_{bT} = f^2(1-e^{-2M}) \tag{8.36}$$

式中，f 为原子散射因子；e^{-2M} 为德拜瓦洛因子。

测定以上两类本底强度的最简单方法就是在谱线上选一些与衍射峰相隔较远的点，通过线形内插来模拟。显然，这种方法只能用于衍射峰分离较好的情况，能在衍射峰之间找到代表背底的点。但是多数衍射谱的情况并不是那么简单，本底随 2θ 的变化还是要用函数来模拟，一般可用低阶多项式。这种函数的形式非常多，例如 Hill 和 Madsen 使用的

$$Y_{ib} = \sum_m \beta_m (2\theta_i)^m \tag{8.37}$$

以及 Wiles 和 Young 使用的

$$Y_{ib} = B_0 + B_1T_i + B_2T_i^2 + B_3T_i^3 + B_4T_i^4 + B_5T_i^5 \tag{8.38}$$

其中，$T_i = 2\theta - 90°$，各 B_j 为本底系数，在拟合的过程中确定。

第三类本底是由样品中所含有的非晶成分造成的。它由非晶成分中的短程有序决定，可用短程相互作用造成的干涉函数来表征，非晶散射对衍射峰的影响有时是非常大的。对近似的非晶散射谱做傅里叶变换，可以得到非晶成分的径向分布函数图（RDF），RDF 图中的峰

的位置是与非晶成分中原子间距有关的。然后，依据一个非晶成分的结构模型，选取一定的RDF范围，作反傅里叶变换，就得到了与样品中非晶成分对应的散射谱Y_{ba}。然后，从已减去常规本底的实验谱中减去这部分非晶散射谱，从而得到真正的晶体的布拉格衍射谱，再进行接下来的精修。关于非晶散射的内容，将在第15章具体介绍。

（4）择优取向校正函数P_k

由于晶粒常具有一定的形状，例如扁平状、针状等，则在制样的过程中特别是在用背压法制平板样品时难免会造成择优取向，因此实测强度在减去背底强度之后并不等于真实强度，尚需要作择优取向校正。校正的形式有多种，Rietveld、Will和Dollase采用的校正函数分别为

$$P_k=\exp(-G\alpha^2) \tag{8.39}$$

$$P_k=\exp\left[G\left(\frac{\pi}{2}-\alpha\right)^2\right] \tag{8.40}$$

$$P_k=(G^2\cos^2\alpha+\sin^2\alpha/G)^{-3/2} \tag{8.41}$$

式中，G为择优取向参数，在精修中确定；α为择优取向面与衍射面之间的夹角。以上的方法中因为引入的参数少，计算少，因而常被使用。但是他们是假定晶粒是轴向对称的，不完全符合实际，不能描述复杂的择优取向。对于择优取向的校正还一直有人在不断研究。

8.3.3 Rietveld结构精修步骤

进行Rietveld结构精修应视情况而决定步骤，不可能有一成不变的同一步骤，下面介绍的是一个大致的步骤。

① 采集衍射数据与设计初始结构。按要求选择实验条件，获得一张高分辨、高准确度的数字粉末衍射谱。根据各方面信息，设计一个初始结构。

② 选择模型参量。在精修以前，必须建立一个合适的初始结构模型。在这个初始结构模型中，包括正确的空间群、相当精确的点阵常数、近似的原子坐标和占有率、各向同性温度因子。峰形参数可用相同实验条件下得到的标准样品的峰形函数。衍射仪零点和样品位移量置为0。如果有些参数的初值设置得与真实值差别较大，修正很难进行下去。例如，若点阵常数的初值与真实值差别较大，初值的修正过程中比例因子总是很小，以至于在计算谱图上观察不到衍射峰，其原因是因为计算峰形与实验峰形不重合，在不发散的情况下，迭代不可能向着R因子增加的方向进行。

③ 检查输入模型。完成初始参数的输入后对计算谱图与实测谱图进行目视比较，检查模型是否有明显的错误。从图形上容易发现如标度因子、晶格常量、零点偏移、结构模型和物相污染等方面存在的问题，在精修的过程中要不断地检查图形。

④ 安排待精修参量的顺序。在精修过程中要有选择地让某些参量加入到精修行列中，依次参加精修，形成一个精修参量选择序列。把参量一个个按顺序加入修正，才能最有效地鉴别修正过程中出现问题的原因。

⑤ 使用相关矩阵。在修正过程中，还可以通过对相关矩阵的检查，发现待修参量之间是否存在相关。冗余参量因有较大的偏移，而且其偏移是相互补偿的，会引起精修过程发散而失败，所以应该找出冗余参量并去掉。强相关参量的偏移对精修影响极大，容易引起发

散，必须减小其偏移。背底多项式的各参量之间、热参量之间和占位数之间、峰形参量之间，经常会出现相关。

⑥ 终止精修。精修过程若不加以终止，将会不断运行下去。一般 Rietveld 精修程序中都设置了一个最大循环次数，用户可以根据需要修改它。在实际操作中，经常以连续 10 次循环为一个单元，每当完成一个单元后，查看精修结果，估计进展情况，决定是否需要继续进行精修。精修得到的结果必须在物理和化学上具有意义，如果只是为了尽可能提高拟合程度而任意修改模型，则失去了其应该具有的物理和化学含义，那么精修结果必然是错误的，得到的只是一种虚假的极小。一旦发现精修朝着不可能的方向进行，就应当立即终止精修，寻找正确的方法重新开始精修。

8.3.4 Rietveld 定量相分析方法

多相混合物的粉末衍射谱是由各组成物相的粉末衍射谱按照一定权重叠加出来的，在叠加过程中，各组成物相的衍射线的位置不会发生变动，而衍射线的强度是随该物相在混合物中所占的百分数（体积或质量）、散射能力及其他物相的吸收而变化的，权重因子就是这种强度变化的反映。因而从拟合中找出各相的权重因子（也称标定因子），再按权重因子与质量分数的关系式，我们就可以得出各相的质量分数。

Rietveld 定量相分析是以标度因子与参考强度之间的关系为基础而推导出相的相对含量与标度因子间的关系。由式(8.26) 可知，衍射谱上某一点的总的强度是每个衍射峰的强度与本底强度的加和。而对于多相样品则有

$$Y_i = Y_{ib} + \sum_p \sum_k I_{pk} G_{pki} \tag{8.42}$$

式中，I_{pk} 为第 p 个物相的第 k 个衍射峰的积分强度；G_{pki} 为相应的峰形函数，对 p 的加和是指对样品中存在的各物相的加和，将计算积分强度的公式(8.1) 代入式(8.42)，有

$$Y_i = Y_{ib} + \sum_p S_p \sum_k P_{pk} (LP)_{pk} A_{pk} |F_{pk}|^2 G_{pki} \tag{8.43}$$

式中，P_{pk} 为 p 相 k 衍射的多重因子；$(LP)_{pk}$ 为 p 相 k 衍射的角因子；A_{pk} 为 p 相 k 衍射的吸收因子；$|F_{pk}|$ 为 p 相 k 衍射的包含温度因子的结构振幅；S_p 是一个与各物相在样品中的含量有关的权重因子，或称为比例因子，是作为一个变量在拟合中确定的。根据式(8.1) 和式(8.43)，有

$$S_p = \frac{I_0 \lambda^3 e^4 V_p}{32\pi R m^2 c^4 v_{pu}^2} = K\left(\frac{V_p}{v_{pu}^2}\right) \tag{8.44}$$

式中，V_p、v_{pu} 依次为 p 相在混合物中的体积及 p 相的晶胞体积。由于

$$V_p = \frac{m_p}{\rho_p}, \qquad v_{pu} = \frac{Z_p M_p}{\rho_p}$$

故有

$$S_p = \frac{K m_p}{Z_p M_p v_{pu}} \tag{8.45}$$

$$m_p = \frac{S_p Z_p M_p v_{pu}}{K} \tag{8.46}$$

$$w_p = \frac{m_p}{\sum_p m_p} = \frac{S_p Z_p M_p v_{pu}}{\sum_p S_p Z_p M_p v_{pu}} \tag{8.47}$$

式中，Z_p 为 p 相晶胞中所含的原子或化学式的个数；m_p 和 ρ_p 分别为 p 相的质量及密度；w_p 和 M_p 分别为 p 相的质量分数和摩尔质量。$\sum$ 表示对待测样品中所有物相的加和，样品中的每一个物相，可知道其 Z、M 与 v_{pu} 的值，Rietveld 拟合提取各相的比例因子 S_p，根据式(8.47) 即可得到各物相的含量。

X 射线 Rietveld 法定量分析的最大特点是它基于 XRD 整个衍射谱，是一种物理方法，排除了改变物质的状态，引入新的影响因素的化学测量法的缺点。拟合结果正确性由前面提到的判别因子 R_p 和 R_{wp} 的数值作判据。Rietveld 定量相分析是一种无标样、基于晶体结构计算和粉末衍射全图谱的定量相分析方法。较传统定量相分析方法，它有以下优点。

① 用全谱拟合可减少一些系统误差对定量结果的影响；

② 可有效地处理重叠的衍射峰，对复杂的衍射图谱（可多至十几个物相）和宽的衍射峰也可得到较好的结果；

③ 可对晶体结构和衍射峰形同时修正，得到更多的信息；

④ 能在全谱图范围对本底进行校正，而不是仅在峰的附近，这样可更准确地确定衍射峰的强度；

⑤ 可对每一个相的择优取向、微吸收及消光等影响强度的因素进行校正；

⑥ 可依据标度因子的标准偏差对定量分析结果的误差做出准确的估计；

⑦ 在一定的程度上可避免常规定量相分析所要求的繁琐的制样步骤。

以上方法是以已知晶体结构数据为基础，如果晶体结构数据不知道该怎么办呢？这时可以利用另外一种全谱拟合方法，Smith 提出了一种以已知混合物中各物相纯态时的标准谱来进行分析的方法。其依据是：混合物的粉末谱是各组成物相粉末谱的权重叠加。故混合物衍射谱上某一点 $(2\theta)_i$ 处的强度：

$$I_c(2\theta)_i = \sum_p w_p C_p I_p(2\theta)_i \tag{8.48}$$

式中，w_p、C_p、$I_p(2\theta)_i$ 分别为混合物中物相 p 的质量分数、参考强度比及纯 p 相衍射谱在 $(2\theta)_i$ 处的强度（已扣除背底和经过平滑）。拟合就是使下式最小：

$$\delta(2\theta) = I_0(2\theta) - \sum_p w_p C_p I_p(2\theta) \tag{8.49}$$

式中，C_p、$I_p(2\theta)$ 已事先求得，拟合就是改变 w_p 使 $\delta(2\theta)$ 最小，以求得 w_p 的过程。

拟合好坏的判断用 R 因子：

$$R = \frac{\sum_p |I_0(2\theta)_i - I_c(2\theta)_i|}{\sum_i I_0(2\theta)_i} \tag{8.50}$$

在拟合时图谱可作左右移动，以使峰位达到很好的拟合，得出各项值最佳的 w_p。纯相的标准谱 $I_p(2\theta)$ 应该与未知样有相同的实验条件，都应该扣除本底及经过平滑，且采集数据的间隔均相同。

以上就是利用全谱拟合进行物相定量分析的两种方法。需要说明的是，Rietveld 结构精修的方法是利用物质的晶体结构参数（晶胞参数、原子位置参数等）与非结构参数（峰宽、择优取向因子等）模拟计算出一个接近实验谱的理论衍射谱，因此，Rietveld 方法可以应用于晶体点阵参数测定、无相分析、微观应力测定、择优取向测定等多个方面，还可以应用于薄膜材料、纳米材料等低维度材料的分析。无相分析只是 Rietveld 方法众多应用的其中一个应用，Rietveld 法的应用可参考文献中列出的书目。

思考与练习题

1. (TiO_2)6T 的 PDF 卡片见图 8.1。

a. 指出最强线、次强线和三强线的 d 值和强度值。

b. 采用哪些线对才能在哈氏检索手册中查到该相的条目?

c. 试按顺序列出该相的 8 条强线。

2. 现用外标法分析 SiO_2-NaCl 混合物的物相成分。

a. 请计算 SiO_2 含量为 25%、50%、75%时的 $I_\alpha/I_{\alpha 0}$值(α 指 SiO_2)。

b. 将计算所得数据,标在图 8.4 的同一坐标上,绘制出 $I_\alpha/I_{\alpha 0}$-w_α曲线。

c. 将所得曲线与 SiO_2-KCl 混合物的曲线进行比较,说明两者不同的原因。

d. 外标法的 $I_\alpha/I_{\alpha 0}$-w_α曲线是否适用于任何一条衍射线?

3. 现用自标法分析含有 $CaCO_3$、$BaCO_3$ 和 $BaSO_4$ 这三种化合物的混合试样。

a. 请由 PDF 字序检索手册查出各种物相的参考强度比。

b. 列出根据强度比计算含量比所需的公式。

c. 计算出所需的 K 值。

d. 测得 $I_{CaCO_3}:I_{BaCO_3}:I_{BaSO_4}$ 为 1∶2∶3,请计算三者的含量。

4. 已知氧化锌压敏陶瓷中含 ZnO 与 ZnSbO 两相,请设计用自标法确定上述两相相对含量的实验。

参 考 文 献

[1] 王英华. X 光衍射技术基础. 北京:原子能出版社,1993.

[2] Cullity B D. Elements of X-Ray Diffraction, Addison Wesley, 1978.

[3] 李树棠. 晶体 X 射线衍射学基础. 北京:冶金工业出版社,1990.

[4] 马礼敦. 近代 X 射线多晶体衍射——实验技术与数据分析. 北京:化学工业出版社,2004.

[5] Azaroff L Y. Elements of X ray Crystallography. McGraw-Hill, 1968.

[6] 江超华. 多晶 X 射线衍射技术与应用. 北京:化学工业出版社,2014.

[7] 周玉华. X 射线 Rietveld 法测定纳米铝粉中单质铝含量及微观应力的研究 [硕士学位论文],武汉:华中科技大学,2012.

[8] 许顺生. 金属 X 射线学. 上海:上海科技出版社,1962.

[9] 刘晓轩. Rietveld 方法在无机材料中的一些应用 [硕士学位论文]. 厦门:厦门大学,2006.

第9章 点阵常数的精确测定

9.1 基本原理

晶体的点阵参数随晶体的成分和外界条件（温度、压力等）的改变而变化，所以在很多研究工作中，如测定固溶体类型与成分、相图中相界、热膨胀系数、密度等，都需要测定点阵参数。例如，在压电材料氧化锌的掺杂改性中，掺杂元素的离子半径大小对于氧化锌材料的压电常数有重要影响，离子半径小于锌离子半径的元素通过掺杂能极大地提高氧化锌薄膜的压电性能，如表9.1所示。不同的掺杂元素由于其离子半径的差异而导致氧化锌材料晶格常数的变化，进而影响了其压电常数。在不同的研究工作中，对点阵参数的精度要求会有所不同。例如在研究固溶体成分与点阵参数的关系时，要求能判断点阵参数的变化量为±0.001Å，如图9.1所示。总之，点阵参数的变化量一般极微小，测定工作必须达到一定的精度，才能反映出其变化规律。

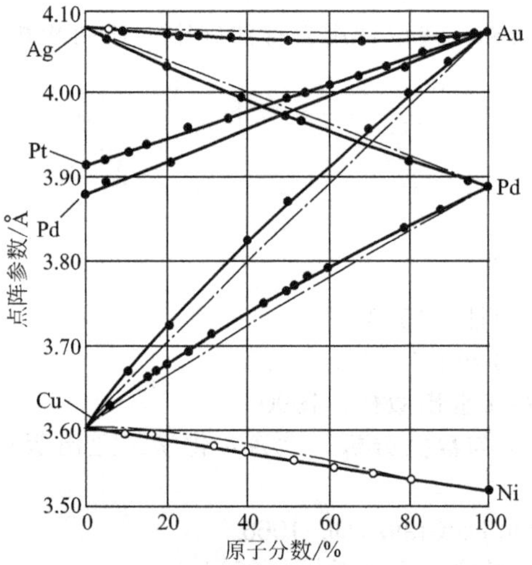

■ 图9.1 某些连续固溶体的点阵参数

■ 表9.1 不同离子半径大小的掺杂元素对氧化锌压电常数的影响

材料(掺杂约2.5%)	离子半径/Å	压电常数/(pC/N)
纯 ZnO	0.74(Zn^{2+})	10～12
V : ZnO	0.59	170
Cr : ZnO	0.64	110
Cu : ZnO	0.71	14
Ni : ZnO	0.72	12
Fe : ZnO	0.76(Fe^{2+})	11
Co : ZnO	0.79	10
Mn : ZnO	0.80(Mn^{2+})	9
Ag : ZnO	0.97	6

通常利用 X 射线衍射方法测定晶体的点阵常数时，对于结晶良好的试样，在有一定数量不相互重叠的高角度衍射线的情况下，只要工作方法正确，并且认真操作可以达到±0.0001Å 的精确度。而如果要求达到±0.00001Å 的精确度，则需要极为谨慎地处理各种误差。

利用 X 射线衍射法测定点阵常数的基本依据是衍射线的位置，即 2θ 角。在衍射花样已经指数化的基础上，可以通过布拉格方程和晶面间距公式计算点阵常数。以立方系为例，点阵常数的计算公式即为

$$a=\frac{\lambda}{2\sin\theta}\sqrt{h^2+k^2+l^2} \tag{9.1}$$

由上式可见，在衍射花样中，通过每一条衍射线都可以计算出一个点阵常数值。虽然从理论上讲，晶体的点阵常数是一个固定值，但是通过每条衍射线的计算结果之间都会有微小的差别，这是由于测量误差所造成的。从式(9.1) 来看，干涉指数是整数，波长在衍射测量中可认为是固定不变的，所以点阵常数测量的精确度主要取决于 2θ 值测量的精度。

点阵参数的测量是间接测量，即直接测量衍射角 θ，由 θ 计算面间距 d，再由 d 计算点阵参数。将布拉格方程写成 $\sin\theta=\lambda/2d$ 的形式，把波长 λ 看作常数，对等式两边微分后可得，

$$\cos\theta\Delta\theta=-\frac{\lambda}{2d^2}\Delta d=-\sin\theta\frac{\Delta d}{d}$$

即

$$\frac{\Delta d}{d}=-\cot\theta\Delta\theta \tag{9.2}$$

由上式可以看出，当 $\Delta\theta$ 一定时，θ 角越大，$|\Delta d/d|$ 值越小。即选用大 θ 角衍射线，有助于减少点阵参数的误差。而对于立方晶系，则有

$$\frac{\Delta a}{a}=\frac{\Delta d}{d}=-\cot\theta\Delta\theta \tag{9.3}$$

在实际测量中，$\theta=90°$的衍射线是得不到的。但是通过选用适当的波长，可以得到尽可能靠近 90°的衍射线。必要时可以利用 K_β衍射线，使 $\theta>60°$的区域出现尽可能多的衍射线，并使其中最大 θ 角的衍射线尽可能靠近 90°。这样有利于进一步减小测量误差。当需要测量一些常见金属的点阵参数时，可以参考表 9.2，选用合适的辐射和衍射线。

■ 表 9.2　一些常见金属辐射与衍射线的选取

物　质	采用辐射	波长/Å	衍射晶面	布拉格角 θ/(°)
Al	Cu-$K_{\alpha1}$	1.54056	333/511	81.27
	Co-$K_{\alpha1}$	1.7890	420	81.06
α-Fe（马氏体）	Co-$K_{\alpha1}$	1.7890	310	80.71
	Fe-$K_{\beta1}$	1.7566	310	75.70
	Cr-$K_{\alpha1}$	2.2897	211	78.05
γ-Fe（奥氏体）	Cr-$K_{\beta1}$	2.0849	311	75.51
	Fe-$K_{\alpha1}$	1.9360	222	69.89
Fe_4N(γ'相)	Cr-$K_{\beta1}$	2.0849	222	72.18
	Co-$K_{\alpha1}$	1.7890	400	70.49
Fe_3N	Cr-$K_{\alpha1}$	2.2897	103	67.41
			200	80.73
Ni	Cr-$K_{\alpha1}$	1.54056	420	77.83
	Cr-$K_{\beta1}$	2.0849	311	78.88

续表

物　质	采用辐射	波长/Å	衍射晶面	布拉格角 θ/(°)
Zn	Cu-$K_{\alpha1}$	1.54056	212	69.47
Cu	Cu-$K_{\alpha1}$	1.54056	420	72.36
	Co-$K_{\alpha1}$	1.7890	400	81.77
W	Ni-$K_{\alpha1}$	1.6579	321	78.51
	Cu-$K_{\alpha1}$	1.54056	400	76.80
Au	Co-$K_{\alpha1}$	1.7890	420	78.56
α-W_2C	Co-$K_{\alpha1}$	1.7890	122	79.41
TiC	Cu-$K_{\beta1}$	1.3922	442/600	74.78
NaCl	Cu-$K_{\alpha1}$	1.54056	640	80.03

9.2 衍射仪法的主要误差

9.2.1 测角仪引起的误差

(1) 2θ 的 0°误差

测角仪是精密的分度仪器，调整（准直）的好坏对所测结果是重要的，在水平、高度等基本准直好之后，应做到：调整测角仪和 X 射线管的相对位置，使焦点中心线、转轴轴线和发散狭缝中心线处在同一直线上。把 2θ 转到 0°位置时，接收狭缝中心线也应在此直线上。

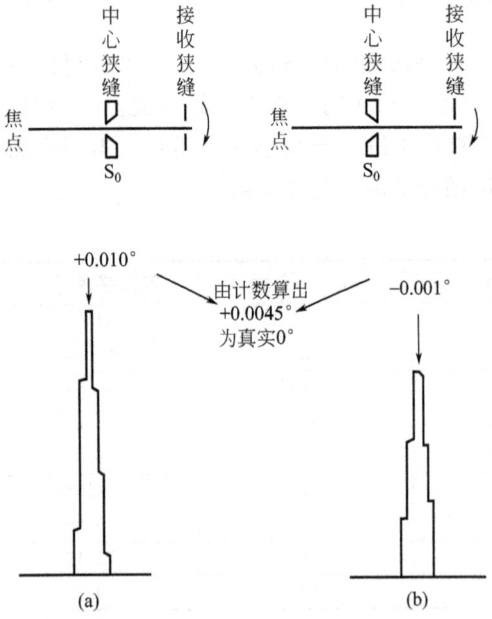

■ 图 9.2　用针孔法原理测出 2θ 真实 0°

(a)、(b) 分别表示中心狭缝取两种放法时 0°附近的步进扫描（每步 0.002°）

由于机械制造、安装和调整都存在误差，当测角仪半径约为 180mm 时，仅 3μm 的位置差就相当于 2θ 的 0.001°偏差，因而必须重视测角仪 2θ 的真实 0°位置。2θ 的真实 0°是实际焦点位置和测角仪轴的连线与衍射仪圆的交点。

可以用多种方法测得 2θ 的真实 0°，其中最准确的是针孔法，如图 9.2 所示。在试样台上的轴线处，安放一个宽度小于 10μm 的中心狭缝 S_0，以小于 10μm 的接收狭缝在 2θ 刻度 0°附近正向步进扫描，以接收穿过 S_0 的 X 射线，得到图 9.2(a) 的扫描图形及计数；令 θ 轴旋转 180°，使 S_0 反向，再做同样扫描得到图 9.2(b)，则 (a)、(b) 两峰值的平均值即为 2θ 的真实 0°，此方法可使 2θ 的 0°的准确度不低于±0.001°。2θ 的 0°误差 $\Delta(2\theta)$ 对各衍射角是恒定的。

（2）刻度误差

由于步进电机及机械传动机构制造上的误差，会使接收狭缝支架的真正转动角度并不等于控制台上显示的转动角度（后者是由步进电机的步进数乘以平均每步对应的 2θ 转动角度数决定的）。这种误差随 2θ 角度而变。对一台测角仪而言，这种误差是固定的。但各台测角仪的此项误差是不同的，而且无规律可循。一般测角仪只给出其上限，如±0.01°。为解决此问题，应采用光学方法对 2θ 刻度值的准确度作校正曲线。一般可以校正到±0.001°，这样就可以大大减小此项误差。

（3）试样表面离轴误差

试样台定位面不经过转轴轴线、试样板的宏观不平整、制作试样时的粉末表面不与试样板表面同平面、不正确的安放试样等因素，均会使试样表面与转轴轴线有一定距离，如图 9.3 所示。设试样表面平行于轴线而有距离 s，设向聚焦圆外移动时 s 为正值，转轴轴线为 O，则

$$\Delta(2\theta)=\frac{O'A}{R}=-\frac{2s\cos\theta}{R} \tag{9.4}$$

$$\frac{\Delta d}{d}=-\cot\theta \mathrm{d}\theta=\frac{s}{R}\cdot\frac{\cos^2\theta}{\sin\theta} \tag{9.5}$$

图 9.4 是离轴误差图。不管是用重心法还是用峰值法确定衍射线的峰位，此项误差都相同。由图 9.4 可以得知，要想达到较高的精确度，必须对试样台和试样板进行检定，精心地制作和安放试样。当 2θ 趋近 180°时，此误差趋近于零。

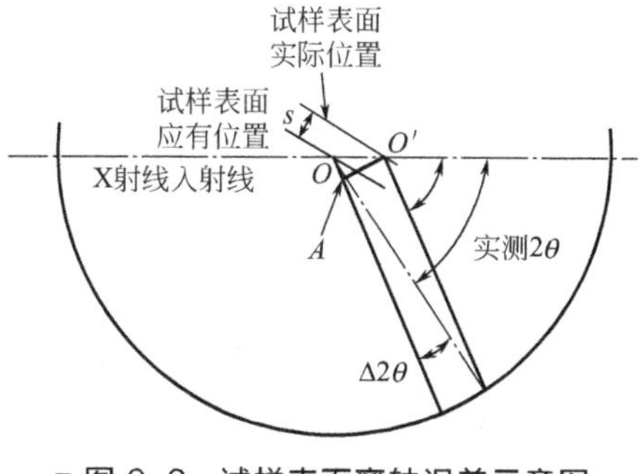

■ 图 9.3　试样表面离轴误差示意图

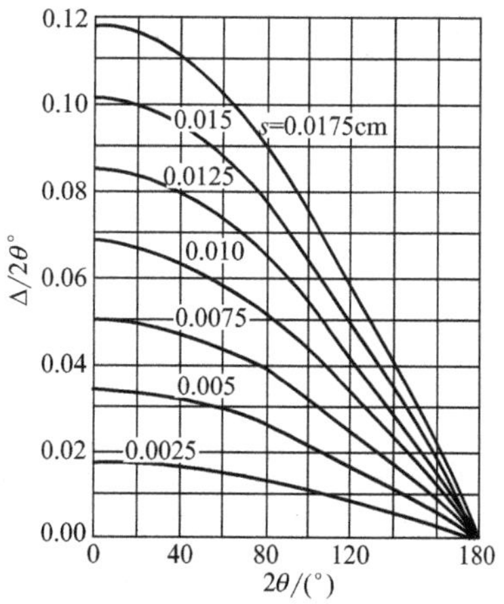

■ 图 9.4　试样表面离轴距离 s 和 $\Delta 2\theta$ 的关系

（4）垂直发散误差

索拉狭缝的层间距不能做得极小，否则 X 射线的强度减弱太严重。所以入射 X 射线并不严格平行于衍射仪圆平台，而是有一定的垂直发散范围。于是衍射 X 射线也有一定的垂直发散范围。这样，空间衍射角为 2θ 时，它在衍射仪圆平面上的投影（即实测的衍射角）将与真实衍射角有差异。此外，由于试样被照射的面积有一定的高度，这样就会形成一系列其轴线大体平行于衍射仪圆平面的衍射锥。由于接收狭缝的高度与衍射锥在接收狭缝处的交线曲率半径相比并不能忽略。因而，如图 9.5 所示，接收狭缝所接收到的是一系列在圆锥截

■ 图 9.5　垂直发散误差示意图
由于有不同高度的衍射锥，因而造成衍射线重心向锥内方向偏移，图中画的是接收狭缝应有的 2θ 位置，实际要向右移才能测得最大强度

线上的射线。因此，实测衍射线的重心并不在各圆弧的公切线处，而是向衍射锥内部的方向偏移。

在使用线焦点，并有前、后两组索拉狭缝的情况下，若垂直发散度（Δ=索拉狭缝层间距/索拉狭缝长度）相等而且不大，对于重心法，可以证明，这种几何安排造成的衍射角误差约为

$$\Delta\langle 2\theta\rangle=-\frac{1}{6}\Delta^2\cot 2\theta \tag{9.6}$$

由此可见，当 2θ 趋近 180°时，其衍射角误差急剧增加。由上式可以得到

$$\frac{\Delta d}{d}=-\cot\theta\cdot\Delta\theta=\frac{1}{24}\Delta^2(\cot^2\theta-1)$$

此误差可以分为两部分：一部分是恒量 $\Delta^2/24$；另一部分为 $\Delta^2\cot^2\theta/24$，当 2θ 趋近于 180°时此部分趋近于零。而当 2θ 为 90°时，总误差为零。对于峰值法的误差无理论计算公式，根据估计及实验结果，一般认为对于结晶良好的试样，其 2θ 值的误差约为重心法的 1/2～1/3。

9.2.2　试样引起的误差

除上面谈到的试样离轴误差与试样本身有关以外，其他与试样本身性质有关的误差项目如下。

（1）试样透明度误差

只有当 X 射线仅在试样表面产生衍射时，测量值才是正确的。实际上，由于 X 射线具有一定的穿透能力，所以试样内部也有衍射；因此即使试样表面准确经过轴线，也相当于存在一个永远为正值的离轴 s（图 9.3），从而使实测衍射角偏小。它引起的重心偏移为

$$\Delta\langle 2\theta\rangle=\frac{-\sin 2\theta}{2\mu R} \tag{9.7}$$

从而有

$$\frac{\Delta d}{d}=-\cot\theta\cdot \mathrm{d}\theta=\frac{\cos^2\theta}{2\mu R} \tag{9.8}$$

图 9.6 是重心法的试样透明偏差图，由图可见，此偏差在 $2\theta=90°$ 处最大，而当 2θ 趋近于 0°或 180°时，此误差趋近于零。对于峰值法，其偏差比重心法小，但由于有线形的影响，从而涉及各种运行条件，问题更为复杂，对结晶较为良好的试样，可用上式求偏差近似值。

（2）试样平面性误差

如果试样表面是凹形曲面，且其曲率半径等于聚焦圆半径，则表面各处的衍射线聚焦于一点。但是实际上是采用平面试样，入射光束又有一定的发散度，所以，除试样的中心点外，其他各点的衍射线均将偏离 $2\theta_0$ 角。当水平发散角 α 很小时，可以估计出其误差的大小，有

$$\Delta\langle 2\theta\rangle=\frac{1}{12}\alpha^2\cot\theta \tag{9.9}$$

$$\frac{\Delta d}{d}=\frac{1}{24}\alpha^2\cot^2\theta \tag{9.10}$$

图 9.7 是重心法的平面试样误差示意图，由此可见，当 2θ 趋近于 180°时，此误差趋近于零。一般在做精确测定点阵参数时，X 射线水平发散度应不大于 1°。

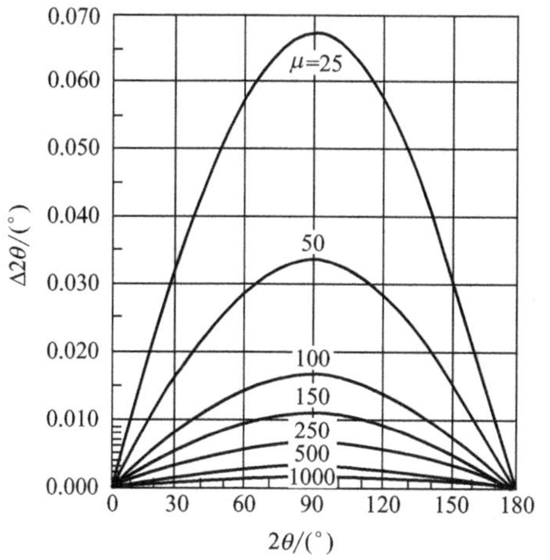

■ 图 9.6 重心法的试样透明偏差

以 R= 17cm 计算，μ 为试样的吸收系数

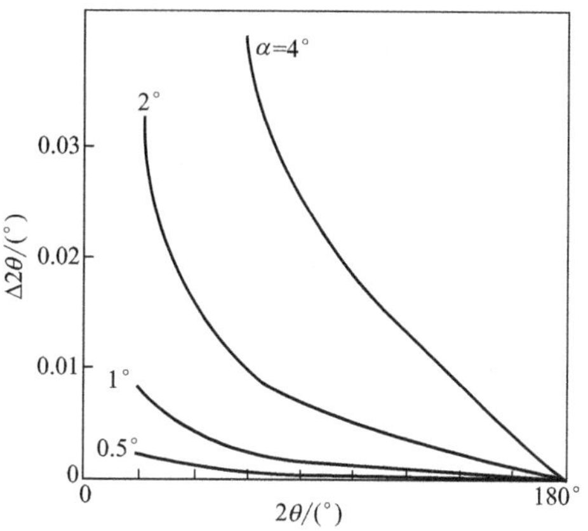

■ 图 9.7 重心法的平面试样误差

α 为水平发散角

9.2.3 其他误差

(1) 角因子偏差

洛伦兹因子包括了衍射的空间几何效应。这种效应和偏振效应使一条衍射线的线形发生变化。对于宽化的衍射线，此效应更为明显。校正此项误差的方法是：用步进法测出一条衍射线的各点的强度后，把各点强度值除以该点的角因子，再计算其衍射线位。

(2) 折射偏差

X 射线的折射率极小，但是在做精确测定点阵参数时，也需考虑此问题。当 X 射线射入晶体内时，由于折射，λ 和 θ 将相应改变为 λ' 和 θ'。折射率 n 非常接近于 1，即

$$n=1-\delta$$

而

$$\delta=\frac{N_0 e^2 \lambda^2}{2\pi mc^2}\rho\frac{\sum Z}{\sum A}=2.70\times10^{-6}\rho\sum Z/\sum A \tag{9.11}$$

式中，ρ 为试样材料的密度；而 $\sum Z/\sum A$ 为晶胞中总电子数与总原子量之比。表 2.1 中给出了某些物质的 δ 的测量值。通常，经折射校正之后的布拉格方程可以写为：

$$2d\sin\theta\left(1-\frac{\delta}{\sin^2\theta}\right)=\lambda \tag{9.12}$$

从而可以得到实测 $d_{测}$ 值与校正折射之后的 $d_{校正}$ 值的关系式为：

$$d_{测}=d_{校正}\left(1-\frac{\delta}{\sin^2\theta}\right) \tag{9.13}$$

对于立方晶系，校正折射之后的晶格常数近似表达式为：

$$a_{校正}=a_{测}(1+\delta) \tag{9.14}$$

(3) 温度误差

测试时温度的变化可引起点阵参数值的变化，从而造成误差。因此需精确控制测试时的

温度。面间距的热膨胀公式为

$$d=d_{t_0}[1+\alpha(t-t_0)] \tag{9.15}$$

式中，α 为待测物质该面间距的热膨胀系数。根据 α 值及所需 d 值的测量精度，便可事先计算出所需的温度控制精度。

(4) 晶粒大小误差

实际用衍射仪测试时，试样照射面积约 $1cm^2$。起作用的深度视吸收系数而定，一般为几微米到几十微米。因而 X 射线实际照射的体积并不大。如果晶粒度过粗，会使同时参加衍射的晶粒数过少。这时，个别体积稍大并产生衍射的晶粒的空间取向对峰位有明显的影响。一般用作衍射仪试样的粉末常以 325 目过筛为准。但 325 目筛网的孔径近 40μm，因而不够细。当无法细化试样的晶粒时，应在测试时使试样做平移运动、振动或转动，以增强其晶粒空间取向分布的均匀性。

(5) 特征辐射非单色引起的误差

特征辐射并不是绝对单色的 X 射线，而是有一定的波谱分布。由于它包含一定的波长范围，从而会引起误差。例如当入射线及衍射线穿透铍窗、空气、滤片时，各部分波长的吸收系数不同，从而引起波谱分布的改变，即波长的重心及峰位值均会改变，从而导致误差。同样，X 射线在试样中的衍射及在探测器的探测物质中穿过时，也会产生偏差。这一因素对 2θ 值的影响与 $\tan\theta$ 或 $\tan^2\theta$ 成正比，故当 2θ 趋近 180°时此类误差急剧增大。一般说来，当试样结晶较为良好且粒度适当时（线形较窄），对峰值法，这类误差不大，故一般可不予考虑。

以上所述是用衍射仪法时的一些常见重要误差。实际细分可约达 30 项，而归类可分为仪器固有误差、准直误差、衍射几何误差、测量误差、物理偏差、交互作用误差（指某两项基本误差各自单独存在时影响不大，而同时存在时其影响明显增大者）、外推残余误差以及波长值误差（如 Cu-K_{α_1} 的较早波长值为 0.154050nm，后经较准确的测定改为 0.1540562nm，最新值则为 0.15405981nm）。

一般说来，工作性质不同，所着重考虑的误差项目也不同。例如，在某一台仪器的固定调整状态和参数下，比较几个试样的点阵参数相对大小时，只需考虑仪器波动、人为制样、读数等偶然误差；如在对经不同次数调整后的一台仪器所测试的几个试样的点阵参数作比较时，就要考虑仪器准直（调整）误差；对于各台仪器的测试结果进行比较时，则要考虑衍射仪几何误差、仪器固有的系统误差和某些物理因数引起的误差；在要求测试结果与“真值”一致性高时，即准确度高时，则必须考虑全部误差。

9.3 外推法消除系统误差

9.3.1 外推法原理

上节所述各项误差中的衍射几何误差（试样透明误差、平试样误差、轴向发散误差的一部分和原始 2θ 的 0°误差及试样离轴误差）都有这样的特点，即当 2θ 值趋近 180°时，它们造成的点阵参数误差趋近于零。因此，可以利用这一规律来进行数据处理以消除其影响。

以立方晶系为例，综合上述误差对点阵参数的影响，有

$$\frac{\Delta a}{a} \approx -\cot\theta \cdot \Delta\theta + \frac{s}{R} \cdot \frac{\cos^2\theta}{\sin\theta} + \frac{\cos^2\theta}{2\mu R} + \frac{1}{24}\alpha^2\cot^2\theta + \frac{\Delta^2}{72}\cot^2\theta \tag{9.16}$$

式中，右边各项，当 2θ 趋向 180°时均趋近于零，并且近似正比于 $\cos^2\theta$。因此可以测量试样中 2θ 大于 90°的各衍射线的 2θ 值，分别求出其 a 值，然后以 $\cos^2\theta$ 为横坐标，以 a 为纵坐标，取点作图。外推至 $\cos^2\theta=0$（即 $2\theta=180°$），得到对应的 a_0 值，此 a_0 值即基本上消除了上述误差。外推方法有作图法和数值分析法，一般以数值分析法求得 a-$\cos^2\theta$ 直线的斜率与截距 a_0，然后作图观测各实验点的分散程度。

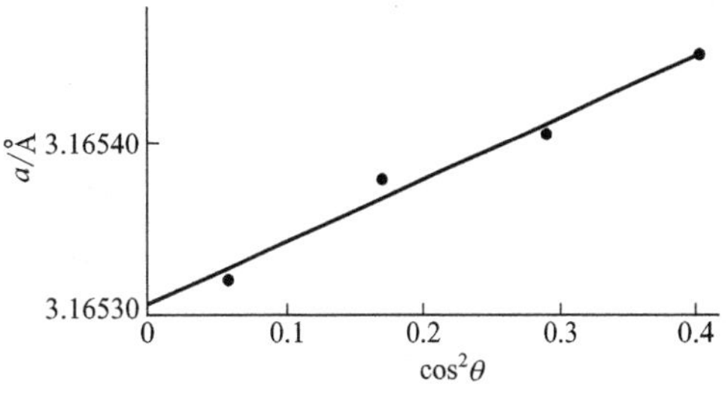

■ 图 9.8 表 9.3 数据的外推图形

现以垂熔钨棒为例加以说明。首先利用抛物线法求得各 Cu-$K_{\alpha1}$ 衍射线线位列于表 9.3。然后将 a 值及对应 $\cos^2\theta$ 值画在图上，如图 9.8 所示，利用最小二乘法求回归直线 $y=a_0+b_0x$。

回归直线的斜率是

$$b_0=\frac{n\sum_{i=1}^{n}x_iy_i-\left(\sum_{i=1}^{n}x_i\right)\left(\sum_{i=1}^{n}y_i\right)}{n\sum_{i=1}^{n}x_i^2-\left(\sum_{i=1}^{n}x_i\right)^2} \tag{9.17}$$

回归直线的截距（即 a_0）是

$$a_0=\frac{\sum y_i-b_0\sum x_i}{n} \tag{9.18}$$

式中，y_i 即 a_i，x_i 即 $\cos^2\theta_i$，n 是实验点数，此例中为 4。以表 9.3 中数据计算，得点阵参数值为 $a_0=3.16531$Å，$b_0=0.00034$Å。

■ 表 9.3 钨的衍射数据（$\lambda_{Cu\text{-}K_{\alpha1}}=1.5405981$Å）

hkl	2θ	a_i	$\cos^2\theta_i$	$\hat{a}$
310	100.326°	3.16545	0.40783	3.16545
222	114.914°	3.16540	0.28937	3.16541
321	131.159°	3.16538	0.17093	3.16537
400	153.522°	3.16532	0.05245	3.16533

注：$\hat{a}$ 为回归直线上的 a 值。

9.3.2 外推函数的选择

由于式(9.16) 中各项的 θ 函数并不完全相同，因而用一种函数外推实际上并不能绝对消除系统误差，即仍然存在外推残余误差。正确地选择外推函数则能减小外推残余误差。通常，对属于立方晶系的试样一般以 $\cos^2\theta$ 外推，也有用 $\cos^2\theta/\sin\theta$ 外推的。从理论上分析，应考虑式(9.16) 中哪项为主。式(9.16) 中的五项，第一、二项主要取决于 2θ 的 0°误差及离轴误差，这两项可正可负，若能精确调整，则原则上应考虑后三项。以钨为例，它对

Cu-K_{α} 射线吸收系数极大，因而第三项极小，而后两项占主要部分，故应以 $\cot^2\theta$ 为主。而对于线吸收系数值小的试样（例如硅），则第三项占大部分，故应以 $\cos^2\theta$ 外推。精确的实验结果证明，以 $\cos^2\theta$ 外推硅的点阵常数时，剩余标准差［折合成 $\Delta(2\theta)$ 计算］极小，以约 1/20 万的精度为指标，测点的直线性良好。理论分析及实验还证明，以 $\cos^2\theta$ 为外推函数时，适合于采用 $\theta \geqslant 60°$的衍射线。虽然采用外推法能消除系统误差，但首先要有尽可能好的原始数据，所以精密的实验是获得良好实验结果的前提。

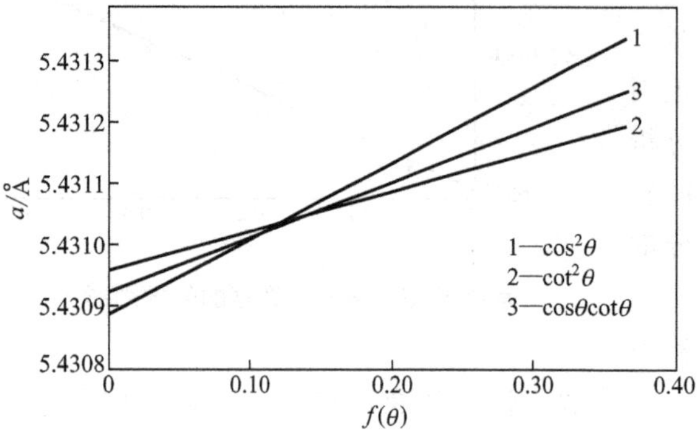

■ 图 9.9 三种外推函数的线形回归图解

下面以多晶硅粉末试样为例，概述外推法精确测定点阵常数的主要步骤和比较三种外推函数测定结果的差异。

外推函数分别选用 $\cos^2\theta$、$\cot^2\theta$ 和 $\cos\theta\cot\theta$ 三种。经数据处理后的 θ 角，由式(9.1) 计算的点阵常数 a_i 和三种外推函数对应的数值都列于表 9.4 中。然后按照式(9.17) 和式(9.18) 求线形回归方程的斜率和截距，得到点阵常数的精确值 a_0 和斜率 b_0。计算结果列于表 9.5 中，三种外推函数的线形回归方程图绘于图 9.9 中。实际测量中，要分析误差的主要来源，从而选择恰当的外推函数来得到点阵常数的精确值。

■ 表 9.4 多晶硅衍射的原始数据测量结果与外推函数值

n	$(HKL)_{\alpha_1}$	θ/(°)	a_i/Å	$\cos^2\theta$	$\cot^2\theta$	$\cos\theta\cot\theta$
1	333	47.4705	5.43144	0.45694	0.84140	0.62005
2	440	53.3475	5.43142	0.35636	0.55367	0.44419
3	531	57.0409	5.43126	0.29598	0.42041	0.35275
4	620	63.7670	5.43119	0.19538	0.24283	0.21782
5	533	68.4440	5.43104	0.13499	0.15606	0.14514
6	444	79.3174	5.43091	0.03436	0.03558	0.03497

■ 表 9.5 三种外推函数的计算结果

$f(\theta)$	a_0/Å	b_0
$\cos^2\theta$	5.43088	0.0013
$\cot^2\theta$	5.43096	0.00068
$\cos\theta\cot\theta$	5.43092	0.00094

9.3.3 外推判据

1956 年，国际晶体学会为验证测定点阵参数方法的精确度，曾向 9 个国家的 16 个实验室发放了统一的试样（硅、钨和金刚石的粉末），组织统一测试，Parrish 于 1960 年发表了综合结果（其中绝大多数是照相方法）。结果说明，尽管各实验室申报的数据“较好”（其中有些精确度达 4×10^{-6}），但相互符合程度却较差，仅达约 10^{-4}。其统计平均标准误差也只达约 3×10^{-5}。由此可见，除了实验室间的最后结果比较，或者自身多次实验的重复性之外，应有某些判据可用于判断单次实验结果是否正确。

（1）外推斜率判据

分析式(9.16)可见，如果衍射仪的调整准确，则该式的第一、二项（2θ 的 $0°$ 误差及试样表面离轴误差）趋近于零，则外推斜率应由后三项决定。这三项均为衍射几何误差，其 $\Delta\alpha$ 永远为正值，因而正确的斜率永为正值，并且可以由式(9.16)计算出正确的斜率。

例如用 Cu-K_{α_1} 辐射测块状钨重熔试样，测角仪的垂直发散度 $\Delta=0.043$，半径 185mm，取发散狭缝 $\alpha=1°$，则由计算式(9.16)的后三项可知：用 $\cot^2\theta$ 外推时，正确的外推斜率值应为 $b_0\approx0.00014$。若测定 70%理论密度的硅粉，以 $\cos^2\theta$ 为外推函数，则如上计算，可知正确的外推斜率应约为 0.0018。如果测试后外推斜率值与理论计算值相差过大，则应考虑实际存在某种误差。

（2）剩余标准差

可将测得的 a 值与回归直线上的 $\hat{a}$ 值相比较，以相互符合情况作为实验误差的判据之一。回归直线上 $\hat{a}$ 值的求法是

$$\hat{a}_i=a_0+b_0\cos^2\theta_i$$

或

$$\hat{a}_i=a_0+b_0\cot^2\theta_i$$

视所取外推函数而定。

将 $\hat{a}_i$ 与 a_i 值比较，其差别较大，则说明实验误差较大，所得 a_0 值的精确度也低。也可以将 $a_i-\hat{a}_i$ 转换成 $\Delta2\hat{\theta}_i$，以便于了解 2θ 角的误差情况。表 9.3 中给出了由钨的衍射数据计算出的 $\hat{a}_i$ 值。也可用剩余标准差来衡量各实验点 a_i 与回归直线的符合情况。剩余标准差的定义是

$$\langle S\rangle=\sqrt{\frac{1}{n-2}\sum_{i}^{n}(y_i-\hat{y}_i)^2} \tag{9.19}$$

式中，n 是实验点数，$y_i-\hat{y}_i$ 即 $a_i-\hat{a}_i$ 或 $\Delta2\hat{\theta}_i$。$\langle S\rangle$ 越大，则结果越差，反之则好。

（3）相对强度的重复性与正确性判据

对于峰值法，由于是测峰位，因而可同时得到峰值的相对强度。有时常会发现各衍射线的相对强度有很大的波动。例如某实验测单晶硅粉，得其 2θ 在 $90°$ 以上的六条衍射线的相对峰值强度范围结果如表 9.6 所示。

■ 表 9.6 2θ 在 $90°$ 以上的六条衍射线的相对峰值强度

hkl	333	440	531	620	533	444
I/I_{531}	48～115	46～85	100	68～102	43～82	28～152

经检验，此粉末晶粒度过于粗大。平均粒度约 10μm，但有少数过于粗大的晶粒，这就造成了此种相对峰值强度的变化。333 和 444 衍射线的强度波动最大也证明了这一点。用同一粉末试样，采用振动技术时测其点阵参数，同时所得相对峰值强度如表 9.7 所示。

■ 表 9.7 相对峰值强度（θ 振动 $\pm0.2°$）

hkl	333	440	531	620	533	444
I/I_{531}	88～95	49～52	100	77～82	44～48	30～38

数据证明，当采用 θ 振动技术以增强晶粒空间取向分布的均匀性时，相对强度波动明显

减小，与此相共生的现象是：点阵参数的重复性将提高。

9.3.4 柯亨最小二乘法

柯亨于1935年提出的最小二乘法，不必事先计算 a_i，而是直接利用观测的 θ_i 值进行计算。其方法如下，首先将布拉格方程写成平方形式：

$$\sin^2\theta=\frac{\lambda^2}{4d^2}$$

取对数，得

$$\ln\sin^2\theta=\ln(\lambda^2/4)-2\ln d$$

微分，得

$$\Delta\sin^2\theta=2\sin^2\theta\cdot\Delta d/d \tag{9.20}$$

假如取 $\cos^2\theta$ 作为外推函数，则可认为 $\Delta d/d$ 与 $\cos^2\theta$ 成线形关系，即 $\Delta d/d=K\cos^2\theta$（K 为常数），从而式(9.20) 可以写成

$$\Delta\sin^2\theta=2K\sin^2\theta\cos^2\theta=C\sin^2 2\theta \tag{9.21}$$

式中，C 为常数。

对立方晶系，一条衍射线的真实的 $\sin^2\theta$ 值（即待求量）应是

$$\sin^2\theta(\text{真实})=(\lambda^2/4a_0^2)(h^2+k^2+l^2) \tag{9.22}$$

而

$$\Delta\sin^2\theta=\sin^2\theta(\text{观察})-\sin^2\theta(\text{真实}) \tag{9.23}$$

将式(9.21) 及式(9.22) 代入上式，得

$$\sin^2\theta-\frac{\lambda^2}{4a_0^2}(h^2+k^2+l^2)=C\sin^2 2\theta \tag{9.24}$$

此式又可写成

$$\sin^2\theta=A\alpha+D\delta \tag{9.25}$$

其中，$A=\lambda^2/4a_0^2$，$\alpha=(h^2+k^2+l^2)$，$\delta=10\sin^2 2\theta$，$D=C/10$。D 称为流移常数，对某张衍射照片，它是定值。在 D 和 δ 中引入因素10，是为了使方程中各项系数的大小有大致相同的数量级。

对某一条衍射线由式(9.25) 有

$$A\alpha_i+D\delta_i-\sin^2\theta_i=0 \tag{9.26}$$

各衍射线均有其自己的式(9.25)，取各方程左边的平方和得

$$f(A,D)=\sum(A\alpha_i+D\delta_i-\sin^2\theta_i)^2$$

求系数 A 和 D 的最佳值相当于求函数 $f(A、D)$ 的极小值，为此，令其一阶偏导数为零，即

$$\frac{\partial f(A,D)}{\partial A}=2\sum\alpha_i\cdot(A\alpha_i+D\delta_i-\sin^2\theta_i)=0 \tag{9.27}$$

$$\frac{\partial f(A,D)}{\partial D}=2\sum\delta_i\cdot(A\alpha_i+D\delta_i-\sin^2\theta_i)=0 \tag{9.28}$$

由上两式可得

$$A\sum\alpha_i^2+D\sum\alpha_i\delta_i=\sum\alpha_i\sin^2\theta_i \tag{9.29}$$

$$A\sum\alpha_i\delta_i+D\sum\delta_i^2=\sum\delta_i\sin^2\theta_i \tag{9.30}$$

此两式称为正则方程式，解这两个方程式可得

$$A=\frac{\sum\delta_i^2\sum\alpha_i\sin^2\theta_i-\sum\alpha_i\delta_i\sum\delta_i\sin^2\theta_i}{\sum\alpha_2^i\sum\delta_2^i-(\sum\alpha_i\delta_i)^2} \tag{9.31}$$

从而由 $A=\lambda^2/4a_0^2$ 求得 a_0。

柯亨法还可应用于非立方晶系。例如，对于正方晶系，式(9.24) 变成了

$$\sin^2\theta-\frac{\lambda^2}{4a_0^2}(h^2+k^2)-\frac{\lambda^2}{4c_0^2}l^2=C\sin^2 2\theta$$

经最小二乘法处理后得出一个由三个方程式组成的正则方程组，从而解出 a_0 和 c_0。当然在工作精确度要求不高时，可用高角线直接计算点阵参数，或用已知点阵参数的标准物来标定未知物的点阵参数，从而省去误差修正工作。

思考与练习题

1. 倘若以 $2\theta=50°$的一条衍射线求点阵参数，设试样表面离轴偏差为 0.05mm，求点阵参数的误差。

2. 用抛物线法求硅点阵参数，倘若只用 444 衍射线，用 Cu-K_{α_1} 求得三点衍射强度如下

2θ	158.57°	158.62°	158.67°
计数	19372	21668	20245

试算该衍射线峰位，并计算点阵参数。

3. 在上题中，试分析由于计数统计误差所造成的 $\Delta 2\theta$ 及 $\Delta\alpha$ 约为多大。

4. 根据表 9.3 所列 2θ 数据，以 $\cot^2\theta$ 为外推函数，求外推点阵参数值及外推斜率。将结果和书中以 $\cos^2\theta$ 为外推函数的结果相比较，能得出什么看法？

参 考 文 献

[1] 王英华．X 光衍射技术基础．北京：原子能出版社，1993.
[2] Cullity B D. Elements of X-Ray Diffraction，Addison Wesley，1978.
[3] 李树棠．晶体 X 射线衍射学基础．北京：冶金工业出版社，1990.
[4] 江超华．多晶 X 射线衍射技术与应用．北京：化学工业出版社，2014.

第10章 宏观应力的测定

宏观应力是指构件中在相当大的范围内均匀分布着的内应力，构件在外力作用下具有宏观应力。但是在许多构件中，例如塑性变形后的梁、大型铸件、热处理的工件、锻件、轧板、焊缝、喷丸处理的表面、蒸镀层或溅射膜等，即使没有外力的作用，也存在着宏观尺度上的内应力，称为宏观残余应力。这种应力是由构件的塑性变形不均匀或曾具有温度梯度等原因引起的。图10.1示意说明由于铸锭内外层不同时凝固引起的宏观残余应力，表层①给内层②以拉应力，内层②给表层①以压应力。

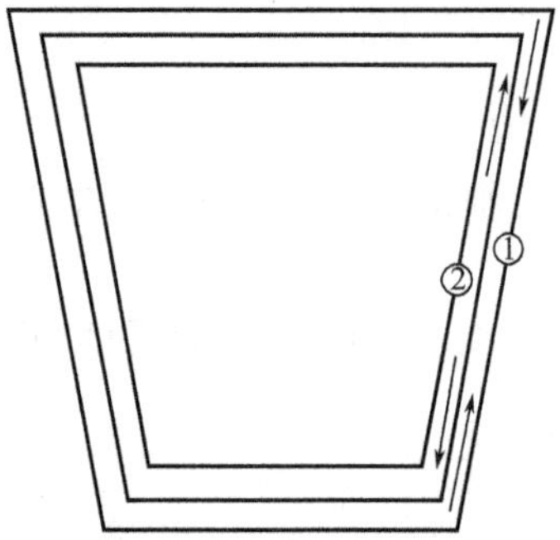

■ 图10.1 铸锭凝固时产生的宏观残余应力

构件中宏观残余应力的分布是不均匀的。这种应力的长期作用，会对构件的强度、疲劳破坏情况、尺寸稳定性、耐腐性等产生显著的影响。因此，这种应力的测量就成为很多研究工作者和工程技术人员极为关注的问题。

10.1 基本原理

10.1.1 应力-应变关系

应力的存在是通过应变来进行测试的。不管是用电阻应变片、机械引伸仪，还是用X射线衍射方法测定应力，实质上都是先测量应变，再利用应力-应变关系计算出应力。因此，这里先复述弹性力学中有关各向同性弹性体微应变时的应力-应变关系。

如果一个截面为 A 的棒，在轴向拉力 F_x（图10.2）的作用下，长度由 l_0 变为长度 l，则此棒所承受的单轴应力为

$$\sigma_x = \frac{F_x}{A} \tag{10.1}$$

轴向应变为

$$\varepsilon_x = \frac{l - l_0}{l_0} \tag{10.2}$$

胡克定律指出

$$\varepsilon_x = \frac{\sigma_x}{E} \tag{10.3}$$

式中，E 为棒材的杨氏模量；σ_x 为正，表示受拉应力，σ_x 为负，表示受压应力。棒轴向受力时，随着长度的变化，同时产生径向应变 ε_y 和 ε_z，它们与轴向应变的关系是

$$-\varepsilon_y = -\varepsilon_z = \nu\varepsilon_x = \frac{\nu\sigma_x}{E} \tag{10.4}$$

式中，ν 为泊松比。

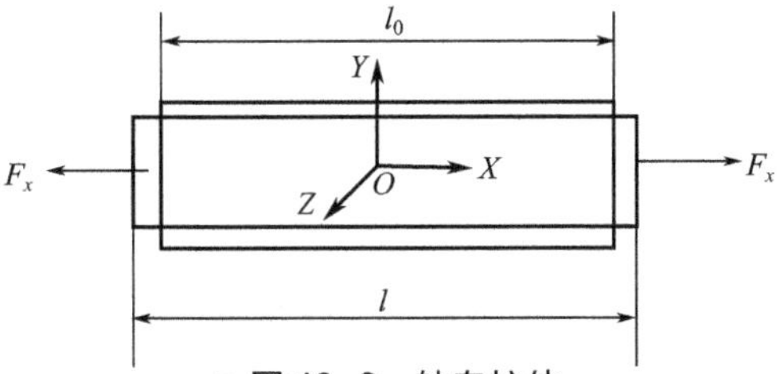

■ 图 10.2 轴向拉伸

棒原长 l_0，拉伸后变为 l

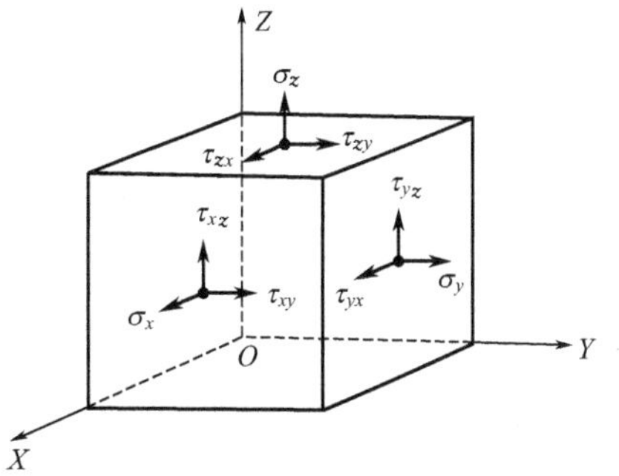

■ 图 10.3 体积元上的正应力与剪应力

从受力物体中取出一立方形体积元（图 10.3），以各棱为坐标轴，在平衡条件下，应力状态最多需要六个独立的量来表达，即正应力 σ_x、σ_y、σ_z 和剪应力 τ_{zy}、τ_{yx}、τ_{xz}。在剪应力 τ 右下方的两个字母中，第一个表示剪应力所在的面，第二个表示剪应力的方向。如 τ_{xy} 表示在与 X 轴垂直的面上，平行于 Y 方向的剪应力。然而，即使在极复杂的系统中，也能够找到一个新的正交坐标系 $O\text{-}X'Y'Z'$，使在以新坐标轴为边棱的立方体积元中，各个立方面上的剪应力为零，只有沿三个轴方向上的正应力。称这种情况下的正应力为主应力，记为 σ_1、σ_2 和 σ_3，相应的主应变记为 ε_1、ε_2 和 ε_3。在微变形情况下（一般物件都满足此条件），由叠加原理获得表达主应力与主应变之间关系的广义胡克定律为

$$\begin{cases} \varepsilon_1 = \dfrac{1}{E}[\sigma_1 - \nu(\sigma_2 + \sigma_3)] \\ \varepsilon_2 = \dfrac{1}{E}[\sigma_2 - \nu(\sigma_1 + \sigma_3)] \\ \varepsilon_3 = \dfrac{1}{E}[\sigma_3 - \nu(\sigma_1 + \sigma_2)] \end{cases} \tag{10.5}$$

由弹性理论可以导出，在主应力坐标系中，任一方向上的正应力（或应变）与主应力（或应变）之间的关系为

$$\begin{cases} \sigma_{\phi\psi} = \alpha_1^2\sigma_1 + \alpha_2^2\sigma_2 + \alpha_3^2\sigma_3 \\ \varepsilon_{\phi\psi} = \alpha_1^2\varepsilon_1 + \alpha_2^2\varepsilon_2 + \alpha_3^2\varepsilon_3 \end{cases} \tag{10.6}$$

式中，σ 和 ε 的右下标 ϕ 与 ψ 表示应力 σ 和应变 ε 的方向，如图 10.4 所示，而 α_1、α_2 和 α_3 为 ϕ、ψ 所示方向的方向余弦。由图 10.4 可以看出，ϕ、ψ 方向的方向余弦应为

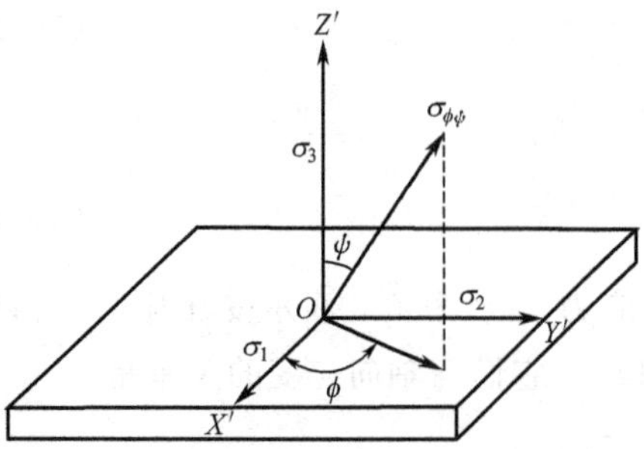

■图 10.4 以主应变（或应力）为坐标轴时，任一方向上的应变（或应力）

$$\begin{cases}\alpha_1=\sin\psi\cos\phi\\ \alpha_2=\sin\psi\sin\phi\\ \alpha_3=\cos\psi\end{cases} \tag{10.7}$$

而 $X'Y'$ 平面上任一方向 ϕ 的应力为

$$\sigma_\phi=\cos^2\phi\sigma_1+\sin^2\phi\sigma_2 \tag{10.8}$$

10.1.2 X射线衍射方法测定应力的原理

对于一般的金属材料，X射线的穿透能力很低，所以X射线衍射方法仅能测定表面层中的应力。由于垂直于表面层的应力总为零，即 $\sigma_3=0$，于是广义胡克定律可以简化成

$$\begin{cases}\varepsilon_1=\dfrac{1}{E}(\sigma_1-\nu\sigma_2)\\ \varepsilon_2=\dfrac{1}{E}(\sigma_2-\nu\sigma_1)\\ \varepsilon_3=-\dfrac{\nu}{E}(\sigma_1+\sigma_2)\end{cases} \tag{10.9}$$

将式(10.7)、式(10.8) 和式(10.9) 代入式(10.6)，经过简化，便获得任一方向应变的表达式

$$\varepsilon_{\phi\psi}=\frac{1+\nu}{E}\sigma_\phi\sin^2\psi-\frac{\nu}{E}(\sigma_1+\sigma_2) \tag{10.10}$$

将上式对 $\sin^2\psi$ 求导，就可以解出表面上任一方向上的应力 σ_ϕ，有

$$\sigma_\phi=\frac{E}{1+\nu}\frac{\partial\varepsilon_{\phi\psi}}{\partial\sin^2\psi} \tag{10.11}$$

式(10.11) 是X射线衍射方法测定应力时用的基本公式。

X射线衍射方法测定应力时，所测量的是以面间距变化程度来度量的应变。即

$$\varepsilon_{\phi\psi}=\left(\frac{d-d_0}{d_0}\right)_{\phi\psi}=\left(\frac{\Delta d}{d}\right)_{\phi\psi} \tag{10.12}$$

式中，d_0 与 d 分别为无应力与有应力时的面间距，这些晶面垂直于角 ψ、ϕ 表征的方向（图10.5）。所以，角 ψ、ϕ 表征的方向，实际上就是衍射面的法线方向，用字母 n 表示，

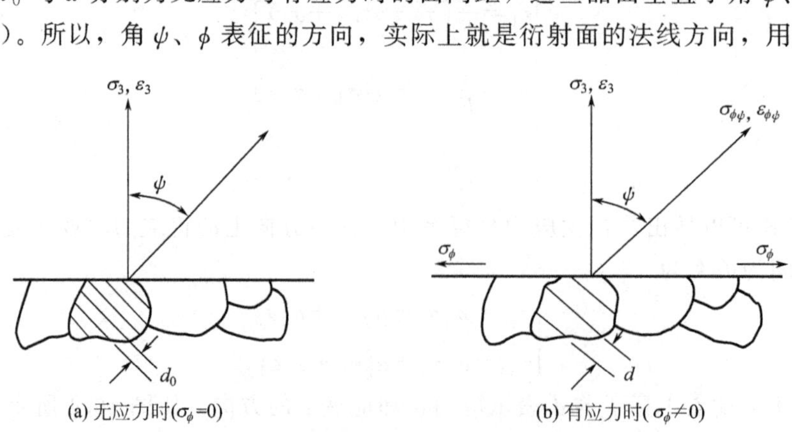

■图 10.5 用面间距变化程度来度量应变

它与试样表面法线方向 N 所成的角度为 ψ。

图 10.6 示意说明，在应力 σ_ϕ 的作用下，同名称的晶面（hkl），只要取向不同面间距就不同。图中给出三种不同方位的面（hkl），法线分别为 n_1、n_2 和 n_3。晶面法线与试样表面法线 N 之间所成的角 ψ 分别为 0°、ψ 和 90°。拉应力 σ_ϕ 使这三组面的面间距 $d_{0°}<d_\psi<d_{90°}$。这就是利用 X 射线衍射方法测量应力所依据的基本事实，即只要测出某特定晶面的面间距随方位 ψ 的改变量，就能利用式(10.11) 和式(10.12) 计算出应力值 σ_ϕ，而无需无应力的标准试样。同时，对布拉格定律进行微分，面间距的变化量可以写成

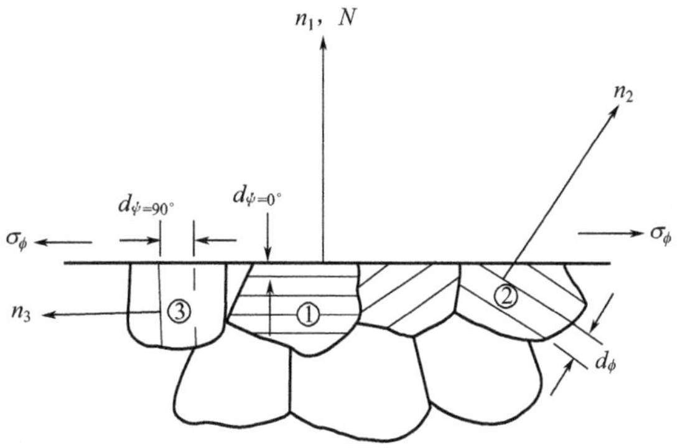

■ 图 10.6　应力测定原理

$$\frac{\Delta d}{d}=-\cot\theta\Delta\theta \tag{10.13}$$

将上式代入式(10.11) 和式(10.12)，有

$$\sigma_\phi=-\frac{E}{2(1+\nu)}\cot\theta\frac{\partial 2\theta}{\partial \sin^2\psi} \tag{10.14}$$

式(10.14) 表明，当应力 σ_ϕ 大小一定时，衍射角 2θ 随角 ψ 的变化量是布拉格角 θ 的函数。对应于大 θ 角，$\cot\theta$ 值较小，所以有较高的（$\partial 2\theta/\partial \sin^2\psi$）值，易于测量。因此，测定应力时，往往选用大 θ 角衍射线（一般选 $\theta>70°$的衍射线），以提高应力测定的精确度。式(10.14) 是利用衍射仪法测应力时的基本计算公式。表 10.1 为几种常测材料和标准物的推荐用辐射和衍射面。

■ **表 10.1　应力测定中常用的辐射、衍射面与衍射角**

试样材料	点阵参数/Å	弹性模量 $E/(\times10^{-3}\text{kgf/mm}^2)$	泊松比 ν	靶	衍射角 2θ	衍射面指数
铁	2.8610	21.00	0.28	Co	161.25°	(310)
		21.00		Cr	156.03°	(211)
不锈钢		20.800	0.30	Cr	148.73°	(311)
铜	3.6077	12.500	0.34	Co	163.55°	(400)
黄铜	3.6880	9.000	0.35	Co	151.00°	(400)
铝	4.0414	7.200	0.34	Co	162.07°	(420)
				Cr	156.65°	(222)
硬铝	4.0353	7.400	0.34	Cu	163.60°	(333)
				Co	163.20°	(420)
				Cr	157.50°	(222)
硅	5.4306			Co	154.02°	(531)
				Cu	159.05°	(444)

续表

试样材料		点阵参数/Å	弹性模量 $E/(\times10^{-3}\mathrm{kgf/mm^2})$	泊松比 v	靶	衍射角 2θ	衍射面指数
标样	铬	2.8786			Cr	152.93°	(211)
	金	4.0700			Cu	157.87	(333)
					Co	157.53°	(420)
					Cr	153.03°	(222)
	银	4.0778			Cu	156.93°	(333)
					Co	156.44°	(420)
					Cr	152.12°	(222)

注：1kgf=9.8N。

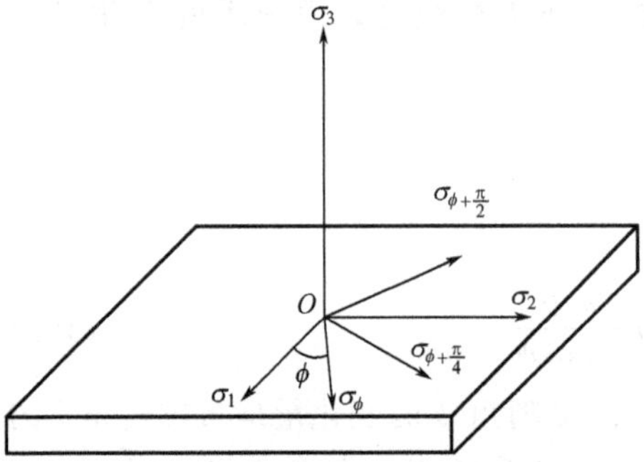

■ 图 10.7 试样表面应力状态的确定

10.1.3 表面应力状态的确定

要确定试样表面的应力状态就是要确定表面上两个主应力 σ_1 和 σ_2 的大小与方向。如果能由工艺过程的分析得知主应力的方向，则可以直接利用式(10.14)，分别以表面法线与 σ_1 和 σ_2 构成平面，在这两个平面内改变 ψ，测量面间距的改变量，就可以直接获得 σ_1 和 σ_2 的值。如果主应力 σ_1 和 σ_2 的方向和大小都未知，就不能直接由式(10.14) 得出所要求的结果。但是，可以通过测量有一定关系的三个方向上的应力，来计算主应力的大小与方向。例如图 10.7 所示的 σ_ϕ、$\sigma_{\phi+\frac{\pi}{2}}$ 和 $\sigma_{\phi+\frac{\pi}{4}}$ 三个方向，其中 ϕ 为与主应力之一的夹角。主应力的大小与方向可以由下列方程解出，即

$$\begin{cases}\sigma_\phi=\cos^2\phi\sigma_1+\sin^2\phi\sigma_2\\ \sigma_{\phi+\frac{\pi}{2}}=\sin^2\phi\sigma_1+\cos^2\phi\sigma_2\\ \sigma_{\phi+\frac{\pi}{4}}=\cos^2\left(\dfrac{\pi}{4}+\phi\right)\sigma_1+\sin^2\left(\dfrac{\pi}{4}+\phi\right)\sigma_2\end{cases} \tag{10.15}$$

从而，有

$$\begin{cases}\sigma_\phi+\sigma_{\phi+\frac{\pi}{2}}-2\sigma_{\phi+\frac{\pi}{4}}=(\sigma_1-\sigma_2)\sin2\phi\\ \sigma_\phi-\sigma_{\phi+\frac{\pi}{2}}=(\sigma_1-\sigma_2)\cos2\phi\end{cases} \tag{10.16}$$

于是，可以得到主应力的方向

$$\tan2\phi=\frac{\sigma_\phi+\sigma_{\phi+\frac{\pi}{2}}-2\sigma_{\phi+\frac{\pi}{4}}}{\sigma_\phi-\sigma_{\phi+\frac{\pi}{2}}} \tag{10.17}$$

将式(10.17) 代入式(10.15)，就可以求得主应力 σ_1 和 σ_2 的值，从而确定了试样表面上的应力状态。

10.1.4 用 X 射线衍射方法测定应力的特点

X 射线衍射方法和其他测定应力的方法的最大区别在于所测量的应变不同。其他方法一

般只能测量宏观应变，而 X 射线方法测量的是面间距的改变量。这时，可以有宏观应变量，也可以没有宏观应变量。因此，用 X 射线方法能够非破坏性地测定宏观残余应力。正是由于 X 射线方法的这种优点，近几十年来在技术和应用上的发展都极快。目前，除用一般 X 射线机或衍射仪作应力测量外，还有各式各样的 X 射线应力测试仪，可以方便地在工程现场测试构件的宏观应力或宏观残余应力，如图 6.36 所示。

同时，由于 X 射线对构件的穿透能力有限，一般可为几微米到几十微米，所以 X 射线方法测定的是表面层内的应力状态。而表面应力状态对材料强度、耐腐蚀性等的影响都很大。利用这一特点，可以通过对试样逐次剥层，测量试样中沿厚度方向上的应力梯度。图 10.8 是用 X 射线方法测定的，表面经过喷丸处理的弹簧钢片的残余应力沿深度的分布。从图中看出，喷丸处理的表面有很大的压应力，这种应力状态不利于表面微裂纹的扩展，因此能提高材料的强度。应该说明，对试样进行剥层时，要特别注意试样表面的处理，因为机加工会使钢材表面外层与内层产生 $\pm 40\mathrm{kgf/mm^2}$ 的应力差，就是用粗橡皮摩擦试样表面，也能引起约 $\pm 7\mathrm{kgf/mm^2}$ 的应力。同时还要注意 X 射线穿透深度对测试结果的影响。此外，X 射线方法测定应力时，可以利用不同尺寸的光源狭缝改变 X 射线的照射面积，从而能够测定表面层中的应力分布。

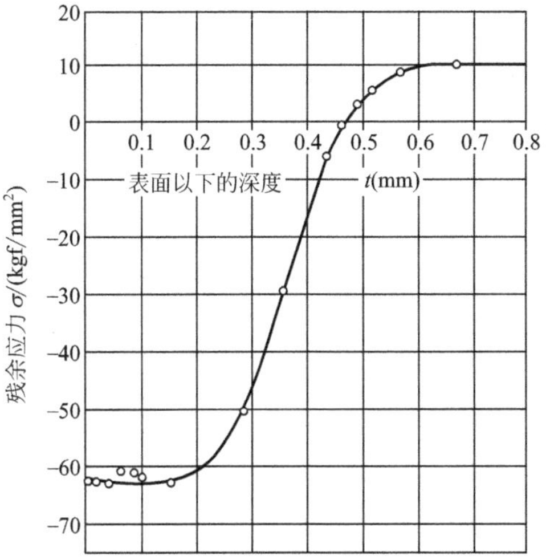

■ 图 10.8　经喷丸处理的弹簧钢片的残余应力沿深度方向的分布

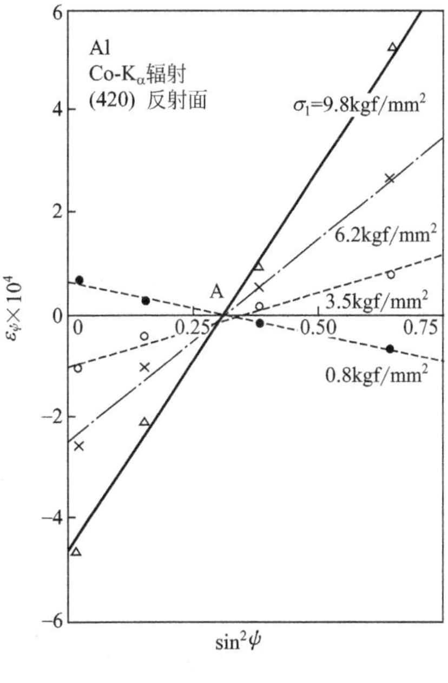

■ 图 10.9　不同应力下单轴拉伸实验的 ε_{ψ}-$\sin^2\psi$ 图（Al 试样，420 衍射线，Co-K_{α} 辐射）

鉴于 X 射线测应力时，直接测量的量是面间距的改变量，因此，严格地说，这时应采用被测晶面法向的弹性模量 E_{hkl} 而不是采用机械法测量的宏观弹性模量 E。然而，在只关心应力的性质（即 $\sigma_{\phi}<0$ 还是 $\sigma_{\phi}>0$）与相对量时，可以用宏观弹性模量代替所测晶体学方向的弹性模量。但在要求测定应力大小时，应事先设法求出所要用的力学指标。一般采用不同应力下的单轴拉伸实验，求出 X 射线弹性常数 S_1 和 S_2。在单轴拉伸情况下，$\sigma_1 \neq 0$，$\sigma_2 = 0$，因此式(10.10) 有如下形式

$$\varepsilon_{\psi}=\frac{1+\nu}{E}\sigma_1\sin^2\psi-\frac{\nu}{E}\sigma_1 \tag{10.18}$$

$$\frac{1}{2}S_2=\frac{1+\nu}{E}=\frac{\partial}{\partial\sigma_1}\left[\frac{\partial\varepsilon_{\psi}}{\partial\sin^2\psi}\right]=\frac{\partial M}{\partial\sigma_1} \tag{10.19}$$

$$S_1=-\frac{\nu}{E}=\frac{\partial\varepsilon_{\psi=0}}{\partial\sigma_1} \tag{10.20}$$

具体做法是对不同应力 σ_1 作 ε_{ψ}-$\sin^2\psi$ 图（图 10.9），并求出各条直线的斜率 M，再作 M-σ_1 图（图 10.10），M-σ_1 图中直线的斜率就是 $S_2/2$ 值。而 S_1 是 $\varepsilon_{\psi=0}-\sigma_1$ 直线的斜率（图 10.11）。从图 10.9～图 10.11 是用 Co-K_{α} 辐射，Al 的 420 衍射线测定 X 射线弹性常数 S_1 和 S_2 的实例。谈到这里，还应提及的是，X 射线测定的应变既然是面间距的变化，而单个晶粒都是各向异性体，因此从原理上讲，它背离了弹性体各向同性的假设。

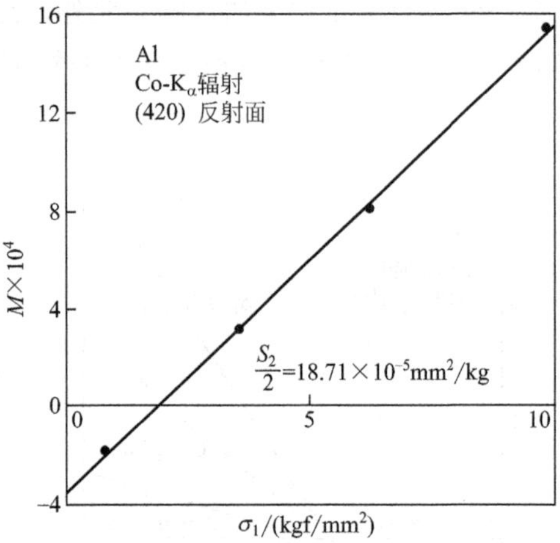

■ 图 10.10　由 M-σ_1 图求出 $S_2/2$
（Al 试样，420 衍射线，Co-K_{α} 辐射）

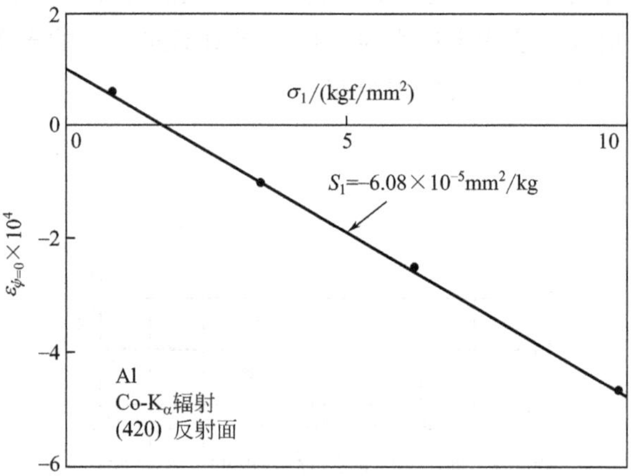

■ 图 10.11　由 $\varepsilon_{\psi=0}$- σ_1 图求出 S_1
（Al 试样，420 衍射线，Co-K_{α} 辐射）

10.2 衍射仪法测定宏观应力

最初人们都是采用照相法测定应力。用照相法不但可以测定微区面积上的应力，而且还可以从衍射环的形态上看出试样的织构、晶粒尺寸、冷加工状态等情况。然而，照相方法的操作过程长，线形测量不准，特别是难以处理超硬材料的漫散射强度曲线，因此在衍射仪法出现以后，它在很多场合被衍射仪法所代替。因此，本书主要介绍利用衍射仪法测量应力的方法，下面先说明应力测量时所用的符号，以便于后面的讨论。

如图 10.12 所示，N 为试样表面法线；n 为衍射面法线；σ_{ϕ} 表示所测方向的应力；ψ 为试样表面法线与衍射面法线之间的夹角；ψ_0 为试样表面法线与入射线之间的夹角；η 为入射线与衍射面法线之间的夹角，即 $\eta=90°-\theta$，θ 为布拉格角。这里应特别注意的是不要把 ψ_0 与 ψ 混淆。

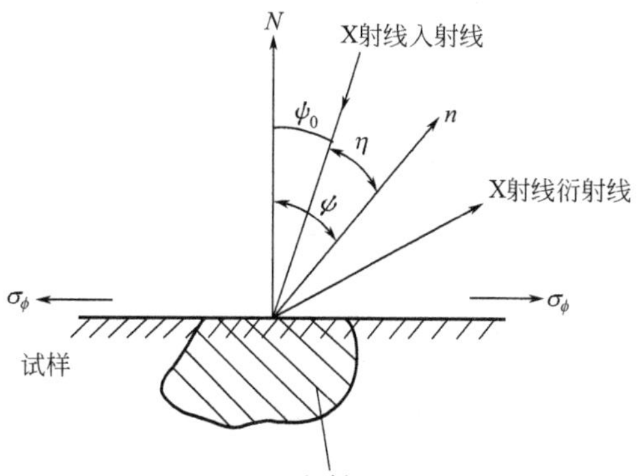

■ 图 10.12 应力测量时所用的符号

10.2.1 基本方法

衍射仪法测应力就是用计数管扫描记录衍射线代替底片记录衍射线的办法。用衍射仪测定应力时，有定 ψ_0 或定 ψ 两种办法。定 ψ_0 法就是 X 射线入射束与被测物件都不动，只是计数管扫描记录衍射线的方法；测试中 ψ_0 保持不变，但 ψ 角需根据情况发生变化。定 ψ 法是试样以 1/2 的计数管扫描角速度转动，在测试过程中使待测线的衍射面总满足半聚焦条件。衍射仪测应力时常用的测试方法有 0°-45°法（定 ψ_0 法），45°单倾斜 X 射线法（定 ψ_0 法和定 ψ 法均可）和 $\sin^2\psi$ 法（定 ψ 法）。

（1）0°-45°法

一般用定 ψ_0 法测试，这时的 0°和 45°是指 ψ_0 的度数，即 $\psi_1=0°+\eta$，$\psi_2=45°+\eta$。从式(10.14) 出发，将式中的 θ 由弧度换算成角度，可以得到应力计算公式为

$$\sigma_\phi=-\frac{E}{2(1+\nu)}\cot\theta_0\ \frac{\pi}{180}\frac{2\theta_{\psi2}-2\theta_{\psi1}}{\sin^2\psi_2-\sin^2\psi_1} \tag{10.21}$$

（2）45°单倾斜法

45°单倾斜法是指以倾斜 X 射线束照射试样，在不同的方位记录衍射数据，从而计算应力 σ_φ 的方法。此时，$\psi_1=45°+\eta_1=135°-\theta_1$，$\psi_2=45°-\eta_2=\theta_2-45°$，应力计算公式与式(10.21) 相同。但是 45°单倾斜法有定 ψ_0 法与定 ψ 法之分，前者适用于大尺寸的构件，它要求衍射仪的计数管能在入射线的两侧扫描。

（3）$\sin^2\psi$ 法

$\sin^2\psi$ 法是在 ψ 为一系列不同值时，测量 $2\theta_\psi$，利用式(10.14) 计算应力，首先将式(10.14) 改写成如下的形式

$$\sigma_\phi=-\frac{E}{2(1+\nu)}\cot\theta_0\ \frac{\pi}{180}\frac{\partial 2\theta_\psi}{\partial\sin^2\psi} \tag{10.22}$$

令

$$\sigma_\phi=-KM \tag{10.23}$$

其中

$$K=\frac{E}{2(1+\nu)}\cot\theta_0\ \frac{\pi}{180}(\text{kgf/mm}^2\cdot°) \tag{10.24}$$

$$M=\frac{\partial 2\theta_\psi}{\partial\sin^2\psi}(°) \tag{10.25}$$

当 $M<0$ 时为拉应力，$M>0$ 时为压应力，$M=0$ 时为无应力状态。将在不同 ψ 值时所测的衍射角 2θ 相对于 $\sin^2\psi$ 作图，称为 2θ-$\sin^2\psi$ 图（图 10.13）。M 为直线的斜率，所以从直线的方向可以直接看出应力的性质与大小，同时各点的分散情况反映出测试的误差。用

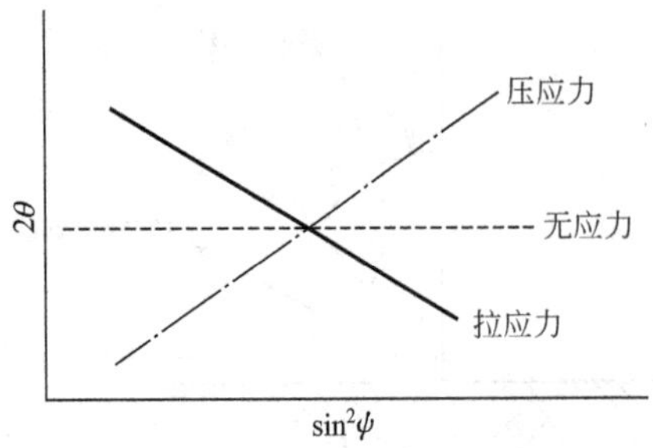

■ 图 10.13 2θ-$\sin^2\psi$ 图

$\sin^2\psi$ 法测应力时，一般取 $\psi=0°$，15°，30°和 45°。从这里可以看出，0°-45°法和 45°单倾斜法都可以看成是 $\sin^2\psi$ 法的简化方法。但是使用这两种简化方法时一定要注意，如果 2θ 与 $\sin^2\psi$ 偏离线形关系时，会产生很大的误差。

10.2.2 半聚焦法测应力

在通用衍射仪上测应力时多用定 ψ 法，又称半聚焦法，即测试时衍射仪为 θ 与 2θ 联动。这时入射线方向，不同 ψ 值时试样的取向，衍射面的方位与所测应力 σ_ϕ 的方向之间的关系由图 10.14 示出。图 10.14(a) 为 $\psi=0°$时的情况，n 为衍射面（hkl）的法线，N 为试样表面法线，这时，hkl 衍射线由平行试样表面的（hkl）面形成。在试样逆时针方向转 ψ_2 角度后，衍射线的形成晶面（hkl）不再与试样表面平行，而是呈一定角度 ψ_2，即此时形成 hkl 衍射线的晶面法线 n 与试样表面法线 N 成 ψ_2 角，见图 10.14(b)。

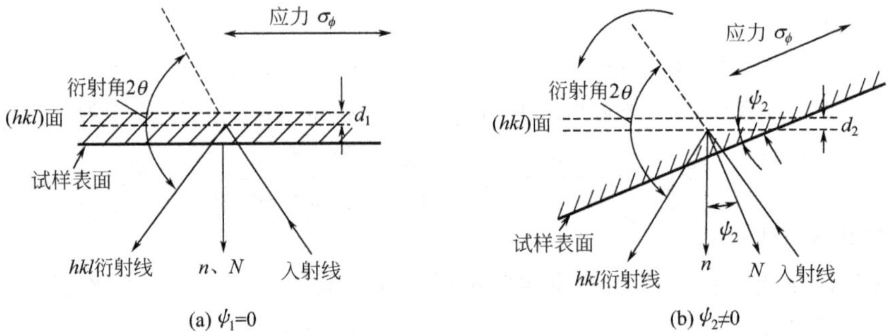

■ 图 10.14 晶面方位、应力方向与 ψ 角之间的关系

当 $\psi=0°$时，X 射线源与计数器成对称半聚焦布置，而当 $\psi\neq0°$时，X 射线源与计数器应成不对称聚焦布置，如图 10.15(a) 与图 10.15(b) 所示。当 $\psi=0°$时光源 S 与接受狭缝 S_2 的位置刚好是聚焦圆与衍射仪圆的交点。而当 $\psi\neq0°$时，S_2 就不再在衍射仪圆上，这时衍射线的聚焦位置是在距衍射仪圆 r 处，见图 10.15(b)。因此接受狭缝 S_2 和计数管都应该往衍射仪圆中心移动，一般也可以只将 S_2 移动 r 距离。用简单的几何图形可以证明

$$r=\left\{1-\frac{\cos(\psi+\eta)}{\cos(\psi-\eta)}\right\}R \tag{10.26}$$

此处，R 为衍射仪圆半径。

半聚焦法测定应力的特点是峰背比较高，分辨率较好，密集的衍射线也较容易分开。缺点是它要求试样表面与聚焦圆相切，试样表面的前后移动将引起衍射角的变化，从而引起应力值的误差，所以它只适用于平板试样，而不能用于圆形或其他形状的试样。同时，这种方法要求试样在测试过程中随计数器同步转动，所以它不能测试大部件的应力。

10.2.3 平行光束法测应力

为了避免采用发散光束的半聚焦法对试样位置的苛刻要求，可以用平行光束法测应力。

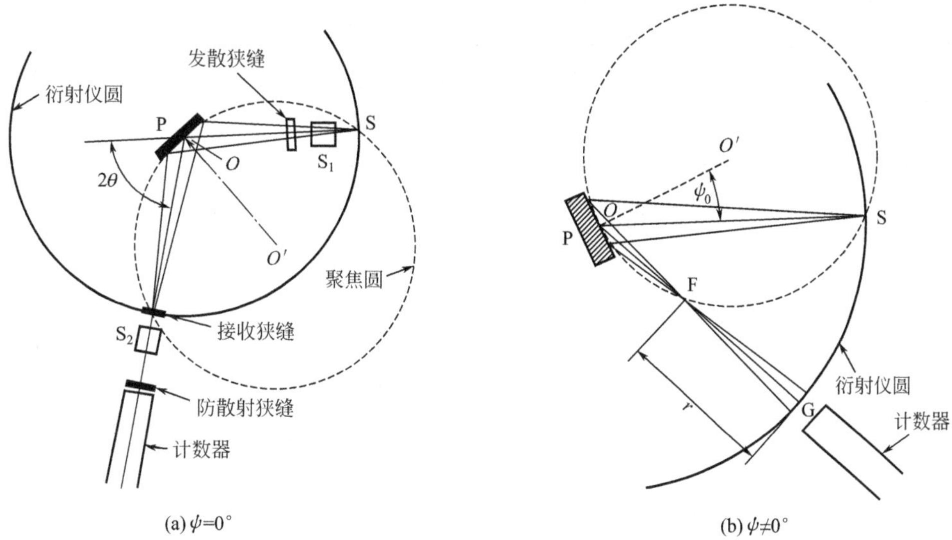

■ 图 10.15 半聚焦法测应力时不同 ψ 角时的聚焦圆

平行光束法是使用 X 射线管的点焦，并使前后索拉狭缝中的平行金属片组都垂直于衍射仪圆，即平行于衍射仪轴放置。这种方法的优点是试样表面在图 10.16 所示的 Y 范围内变化，都不会引起衍射角的改变，从而不影响应力值的测量。有研究认为，当以平行光束的 $\sin^2\psi$ 法用 α-Fe 的 211 衍射线测定应力时，试样表面移动 $Y=\pm 4$mm 或被照试样与测角器中心偏离 0～3mm 时，所测的应力值只相差 ±2kgf/mm^2。所以采用平行光束法时，试样很容易放置，同时对试样形状的要求也不太严格。因此，近十几年来发展的工业用 X 射线应力测试仪，大部分采用平行光束法原理。

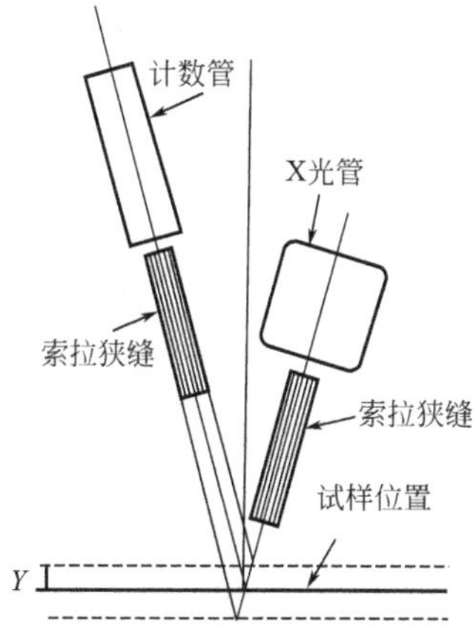

■ 图 10.16 平行光束法

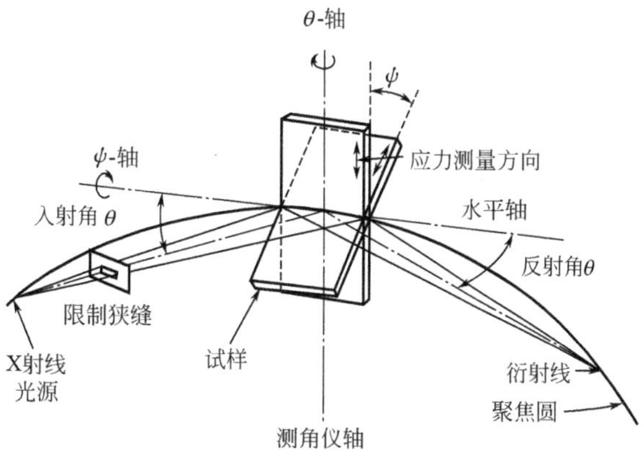

■ 图 10.17 边倾斜法测定应力的原理图

10.2.4 边倾斜法测应力

由 X 射线方法测量的应变特点 $\varepsilon_{\phi\psi}=\Delta d/d=-\cot\theta\Delta\theta$ 判断，应力测量时利用大 θ 角衍射线，会提高测量精度。但是，随着 θ 角的增加，往往衍射强度减弱，背底升高，衍射线变宽，从而降低应力测量的精度。而对于一些结晶状态不好的各种镀膜、高分子聚合物等，则

找不到大 θ 角的衍射线。为解决这类材料的应力测定问题，发展了边倾斜法。

边倾斜法测定应力的布局如图 10.17 所示。光源限制狭缝为水平狭缝，ψ 角为绕水平轴的转角。用 $\sin^2\psi$ 法测应力时，无需改变接收狭缝的位置，因为 ψ 角变化时，聚焦圆并不改变。所测的应力方向如图 10.17 所示，为试样的竖直方向。用边倾斜法测应力时，线形尖锐，便于确定峰位。例如用 Cr-K_α 辐射测淬火钢马氏体的 {211} 面时（$2\theta\approx155°$），衍射线宽达 6°～8°，而改用 Mo-K_α 辐射测量时，半高宽小于 1°，因此，可以测量含量少的相，如残余奥氏体相的应力。

10.2.5 应力测试实例

下面的实例是 Si 基片上溅射的 Al 膜的宏观内应力的测试。试样为 $\phi=20$mm 的平板，选用衍射仪法测试其应力值。选测 Al 的 331 衍射线，其布拉格角 $\theta=56.15°$。选取的实验条件如下。

Cu-K_α 辐射，管电压和电流分别为 35kV 和 20mA。发散狭缝和接收狭缝分别为 1°和 0.4mm。扫描速度为 1/2°，扫描范围为 110.50°～115.00°，时间常数取 10s。按图 10.15 所示的方法，分别测 $\psi=0°$、10°、20°、30°和 40°的 Al 的 331 衍射线，测试结果由图 10.18 所示。

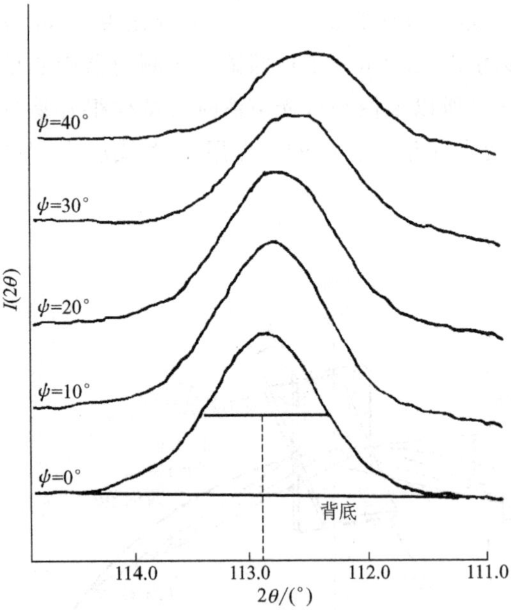

■ 图 10.18 Si 基片上溅射 Al 膜的 331 衍射线随 ψ 角的变化

图中仅给出 $\psi=0°$ 时衍射线峰位的确定办法。图中虚线为过半高强度弦中位所过垂直于背底的直线，该直线与 2θ 轴的交点即为 $\psi=0°$ 时的衍射线峰位

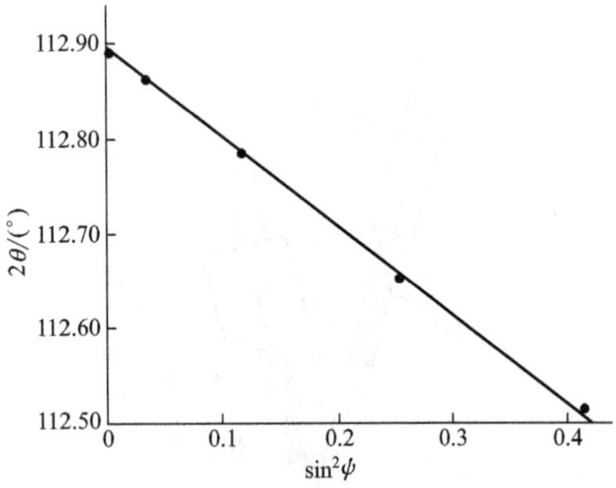

■ 图 10.19 Al 膜应力测试的 2θ-$\sin^2\psi$ 图

扣除背底后用半高强度处的弦中位定出衍射线的峰位，如图 10.18 中的虚线所示。表 10.2 给出各个 ψ 角时的 331 衍射线峰位及相应的 $\sin^2\psi$ 值。利用表 10.2 中的数据作 2θ-$\sin^2\psi$ 图，得到图 10.19。

■ 表 10.2 Al 膜的 331 衍射线峰位随ψ值的变化

ψ	0°	10°	20°	30°	40°
2θ	112.89	112.85	112.77	112.65	112.52
$\sin^2\psi$	0	0.030	0.117	0.250	0.413

利用最小二乘法作直线拟合，得到图 10.19 中直线的斜率 $b=-0.8873$。于是，可以利用式(10.22) 计算出 Al 膜的应力值 σ（Al 的 E 和 ν 值可由表 10.1 中查得）。

$$\sigma=-\frac{E}{2(1+\nu)}\cot\theta\frac{\pi}{180}\frac{\partial 2\theta}{\partial\sin^2\psi}=30.16\text{kgf/mm}^2$$

思考与练习题

1. 简述 X 射线方法测应力的特点并说明能够用 X 射线方法测定构件的宏观残余应力的原理。

2. 测定试样的应力时为什么可以不用无应力的试样作为标样？

3. 半聚集法、平行光束法和边倾斜法这三种测应力方法，在原理上是否相同？在技术上有何差别？

4. 用衍射仪法测应力，当 $\psi\neq0°$时，试样的吸收因数就不再与 θ 角无关，而有如下关系。

$$A(\theta)=1-\tan\psi\cot\theta$$

请给以证明。

5. 请参看图 10.15 证明用半聚焦法测应力时接收狭缝的移动距离为

$$r=\left\{1-\frac{\cos(\psi+\eta)}{\cos(\psi-\eta)}\right\}R$$

各符号意义见正文关于式(10.26) 的说明。

6. 设计用半聚焦法测应力的实验步骤。

7. 为了提高应力测定结果的精度，你应做哪些努力？

8. 用半聚焦法测试铜带的应力，用 311 衍射线，Cu-K_α，$2\theta_0=136.74°$。测量值为

ψ/(°)	5	15	25	35	45
2θ/(°)	137.70	137.62	137.51	137.44	137.37

请绘制 2θ-$\sin^2\psi$ 图，并用图解法和最小二乘法计算试样的应力值。

铜的弹性模量 $E=12.0\times10^3\text{kgf/mm}^2$，泊松比 $\nu=0.38$。

参 考 文 献

[1] 王英华．X 光衍射技术基础．北京：原子能出版社，1993.
[2] Cullity B D. Elements of X-Ray Diffraction，Addison Wesley，1978.
[3] 李树棠．晶体 X 射线衍射学基础．北京：冶金工业出版社，1990.

第11章 微晶尺寸与微观应力的测定

微晶是指尺度在1～100nm的晶粒，这种尺度的晶粒足以引起可观测的衍射线宽化。微观应力是指由于形变、相变、多相物质的膨胀等因素引起的存在于试样内各晶粒之间或晶粒之中的微区应力。由于它的作用，各个晶粒的同指数晶面的面间距围绕无应力状态的面间距 d_0 有一分布，如图11.1所示，于是引起衍射线的宽化。

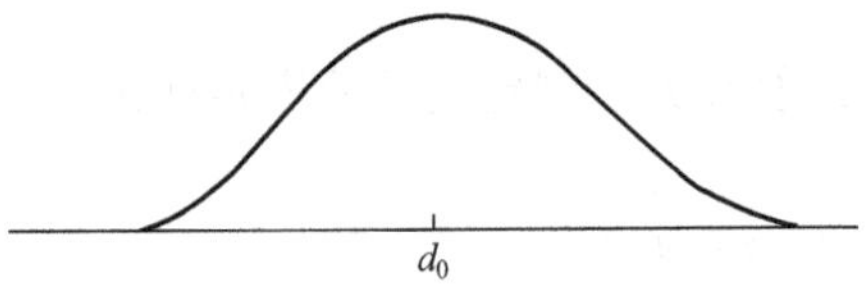

■ 图11.1 由微应力引起的面间距变化示意图

晶粒尺寸细化和微观应力的存在都会引起衍射线的宽化。本章先讨论上述两种效应单独存在时的分析与测试方法，然后再讨论两种效应同时存在时的分析方法。

11.1 微晶尺寸的测定

11.1.1 微晶引起的宽化效应

由第4章的讨论得知，在X射线衍射分析的厄瓦尔德图解中，干涉函数的主峰区与干涉球相交就会形成衍射线。同时，干涉函数主峰区的形状是由微晶的形状决定的，如图4.27所示。因此，衍射线的线形与微晶的尺寸和形状有关。微晶晶粒越小，干涉函数的主峰区就越大，衍射线就越宽，这是显而易见的。下面利用立方形微晶进一步说明微晶效应的宽化特征。

图11.2(a) 给出某一特定取向微晶的厄瓦尔德图解，图中仅绘出倒易点阵的 $(001)^*$ 面。微晶效应使其倒易点阵中的所有结点都变成干涉函数主峰区的形态，即一个个小立方体。由于多晶试样中微晶的取向是任意的，所以在多晶试样的厄瓦尔德图解中，干涉函数的主峰区为一个个球壳。在图11.2(b) 所示的试样的厄瓦尔德图解中，仅绘出某一指数的主峰区与图面的截面。主峰区的球壳可以认为是由某一微晶的同指数主峰区绕倒易点阵原点 O' 任意转动形成的。因此，无取向微晶的宽化效应总是对称的，即线形 $f(x)=f(-x)$。

当试样中微晶尺度改变时，厄瓦尔德图解中倒易结点的大小就改变。因此试样中微晶晶

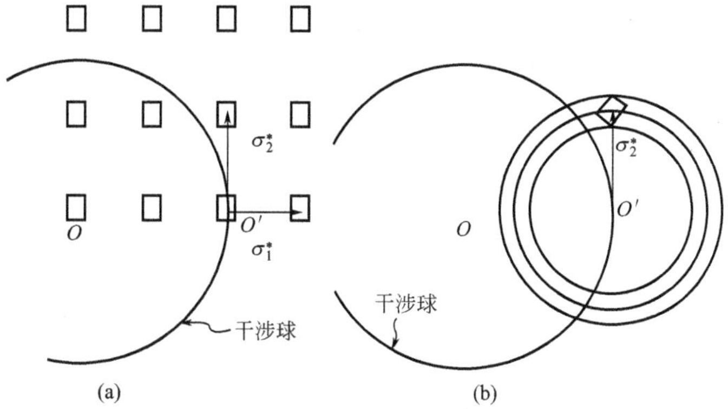

■ 图 11.2　微晶的衍射线宽化效应

（a）某一特定取向立方形微晶的厄瓦尔德图解，图面为（001）* 面，图中的小方块都是微晶的倒易结点；
（b）多晶的微晶试样的厄瓦尔德图解，图中的环带为某一倒易球壳与图面的截面

粒尺寸的分布，会影响衍射线的线形。

11.1.2　微晶尺寸的计算

下面介绍由 Scherrer 导出的计算微晶宽化效应的公式及其适用条件。图 11.3(a) 示意给出某一微晶的（hkl）面列，共 N 层，面间距为 d，两相邻晶面反射之间的光程差为 Δl，在满足布拉格条件时，应有

$$\Delta l = 2d\sin\theta = \lambda$$

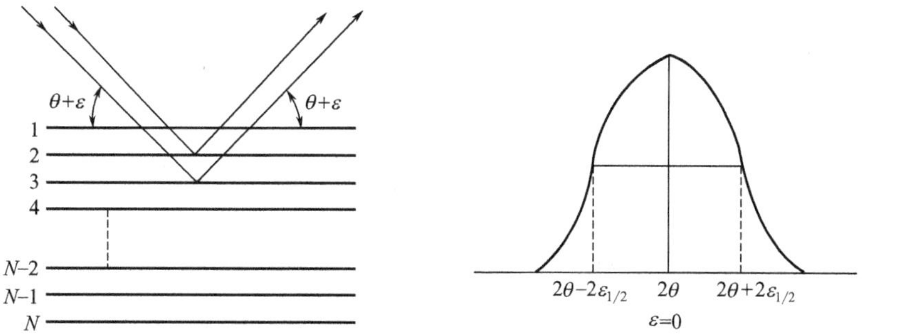

(a) 某微晶中的(hkl)面列，共N层　　(b) 衍射线线形的宽度β_{hkl}与布拉格角偏离$\varepsilon_{1/2}$的关系

■ 图 11.3　微晶的宽化效应

如果晶粒中的（hkl）面列无限厚，则仅在满足布拉格条件时才会有 hkl 衍射线产生。而当（hkl）面列包含的晶面数目有限时，入射线与布拉格角呈微小偏离 ε，也能够观测到 hkl 衍射线，即衍射线产生宽化，这时的光程差

$$\Delta l = 2d\sin(\theta+\varepsilon) = \lambda + 2\varepsilon d\cos\theta$$

所对应的相差为

$$\Delta\varphi = \frac{2\pi\Delta l}{\lambda} = 2\pi + \frac{4\pi\varepsilon d\cos\theta}{\lambda} = \frac{4\pi\varepsilon d\cos\theta}{\lambda} \tag{11.1}$$

因此，N 层（hkl）面总散射振幅为

$$E = E_0 \sum_{k=0}^{N-1} e^{ik\Delta\varphi} \tag{11.2}$$

作类似于式(4.78)的处理，得到

$$I = I_0 \frac{\sin^2 \frac{N}{2}\Delta\varphi}{\sin^2 \frac{1}{2}\Delta\varphi}$$

由于 ε 是个极小的值，所以上式可以写成如下的形式

$$I = I_0 \frac{N^2 \sin^2 \frac{N}{2}\Delta\varphi}{\left(\frac{N}{2}\Delta\varphi\right)^2} \tag{11.3}$$

当 $\varepsilon = 0$ 时，衍射线有最大值

$$I_{max} = I_0 N^2$$

在 $\varepsilon = \varepsilon_{1/2}$ 处，衍射线具有半高强度 $I_{1/2}$，$I_{1/2} = 1/2 I_{max}$。如果记

$$\alpha = 4\pi N \varepsilon_{1/2} d \cos\theta / \lambda$$

则有

$$\frac{I_{1/2}}{I_{max}} = \frac{1}{2} = \frac{\sin^2 \frac{\alpha}{2}}{\left(\frac{\alpha}{2}\right)^2} \tag{11.4}$$

以 $\sin^2(\alpha/2)/(\alpha/2)^2$ 为纵坐标，$\alpha/2$ 为横坐标作图，会发现当 $\alpha/2 = 1.40$ 时，$\sin^2(\alpha/2)/(\alpha/2)^2 = 1/2$，即满足式(11.4)。也就是说，对应于强度 $I_{1/2}$ 处的布拉格角偏离量 $\varepsilon_{1/2}$ 应满足

$$4\pi N \varepsilon_{1/2} d \cos\theta / \lambda = 2 \times 1.40$$

于是

$$\varepsilon_{1/2} = \frac{1.40\lambda}{2\pi N d \cos\theta} \tag{11.5}$$

由图 11.3(b) 可以看出，衍射线线形的宽度 $\beta_{hkl} = 4\varepsilon_{1/2}$，所以

$$\beta_{hkl} = \frac{0.89\lambda}{D_{hkl} \cos\theta} \tag{11.6}$$

$$D_{hkl} = \frac{0.89\lambda}{\beta_{hkl} \cos\theta} \tag{11.7}$$

式(11.7) 就是计算微晶尺寸的 Scherrer 公式，使用 Scherrer 公式时应注意的是 $D_{hkl} = Nd_{hkl}$，它代表的是反射面（hkl）垂直方向的尺度，而（hkl）面的大小与 β_{hkl} 无关，同时，所测的 β 值为各微晶的平均结果。Scherrer 公式的适用范围为 D_{hkl} 在 3～200nm，还能由此公式获得微晶的平均形状与比表面。

11.1.3 微晶尺寸的确定

实验测定微晶尺寸时，一般要利用标样测试出仪器线形 $g(2\theta)$。所谓标样就是不存在宽化效应的试样，它可以由粒度在 5～20μm 之间的脆性粉末制成。使用标样的方式有两种：

一种是在相同的实验条件下分别测试试样和标样的衍射线线形 $h(2\theta)$ 和 $g(2\theta)$；另外一种是将标样掺入试样内，一次实验同时测得试样与标样的衍射线形。前种方法可以采用与试样材料相同的标样，于是可以测试试样和标样的同指数衍射线，因此仪器因素校正较为准确。后种方法的优点在于可以在同种条件下测试试样和标样的线形，然而所测的 $h(2\theta)$ 和 $g(2\theta)$ 存在一定的角度间隔。

利用X射线衍射仪测试出的试样的衍射线，即是第6章6.5节中所涉及的实测线形。从实测线形中扣除仪器因素的方法在第6章也有讲述，主要有傅里叶变换法、迭代法、方差法、设定线形法和曲线校正法等。应注意的是，实验测定微晶尺寸时，应采用大 θ 角的衍射线。这一点可以由式(11.6)或式(11.7)中看出，因为当微晶尺寸 D_{hkl} 一定时，θ 角越大，衍射线就越宽，测量误差就越小。

(1) 石英微晶尺寸的确定

以粒度为5～20μm的石英粉为标样，在带索拉狭缝、采用线焦的衍射仪上分别测试试样与标样的 $24\bar{6}0$ 衍射线。采用 Cu-K_α 辐射，石英的 $24\bar{6}0$ 衍射线的 K_{α_1} 峰在 2θ 为146.6°处。分别测得实测线形与仪器线形的宽度为 $B=0.37°$，$b=0.22°$。

根据所用的实验条件，可以得知，能够利用图6.60所示的校正曲线获得真实线形的宽度 β。由于 $b/B=0.595$，在图6.60所示的背射曲线上查得与 b/B 相应的 β/B 值为0.4。从而有 $\beta=0.4B$，为0.15°。

将所得到的 β 值和其他实验数据代入式(11.7)，有

$$D_{24\bar{6}0}=\frac{0.89\times1.54}{0.15\times(3.14/180)\cos73.3°}=1823\ (\text{Å})$$

即所测石英微晶在垂直于衍射面的方向上平均晶粒尺度约为1823Å。

如果观测试样与标样的衍射线线形近于柯西形，也可以利用式(6.40)获得真实线形的宽度

$$\beta=B-b=0.15°$$

与校正曲线给出的结果一致。

(2) MgO微晶形状的粗判

由于X射线衍射方法所测试的微晶尺度是与衍射面相垂直的方向上的尺度，所以通过测试某一试样的几条衍射线，就可以粗判试样中微晶的形状。下面以MgO微晶为例加以说明。

利用 Co-K_α 辐射在衍射仪上测得MgO微晶试样200、220和222衍射线，扣除仪器宽度后，得到试样真实线形的宽度 β_{200}、β_{220} 和 β_{222}。它们各自对应的微晶尺寸为 D_{200}、D_{220} 和 D_{222}。由于

$$\beta_i=\frac{0.89\lambda}{D_i\cos\theta_i}$$

所以

$$\frac{\beta_i}{\beta_j}=\frac{D_j\cos\theta_j}{D_i\cos\theta_i}$$

记

$$\frac{\beta_i}{\beta_j}=R_{i/j}$$

由实验数据得到

$$R_{200/220}=0.993$$
$$R_{222/200}=1.244$$
$$R_{222/220}=1.236$$

另一方面，设定微晶形状后，也可以计算出上述衍射线线形的宽度的比值，计算值记为 $R^{\circ}_{i/j}$。于是，可以通过比较实测值 $R_{i/j}$ 与计算值 $R^{\circ}_{i/j}$ 判定微晶形状。

MgO 属立方晶系，点群为 m3m。因此，自由生长时可能出现的微晶形状是：以 {100} 为自由面的立方体；以 {111} 为自由面的八面体；以 {110} 为自由面的十二面体；球形等。

上述各种形状在与衍射面 i 垂直方向上的尺度 D_i 由表 11.1 所示。而 $R_{i/j}$ 与 $R^{\circ}_{i/j}$ 的比较由表 11.2 所示。由表 11.2 中的数据看出，MgO 微晶形状近于立方体。这里应该指出的是：利用 X 射线衍射方法获得的微晶形状可能与用 X 射线小角散射或电子显微镜所测得的微粒形状有所不同。

■ 表 11.1 不同形状的微晶在〈100〉、〈110〉和〈111〉方向上的尺度比

微晶形状	*hkl*		
	200	220	222
球形	1	1	1
立方体	1	$\sqrt{2}$	$\sqrt{3}$
八面体	1	$\sqrt{2}/2$	$1/\sqrt{3}$
十二面体	1	$\sqrt{2}/2$	$\sqrt{3}/2$

■ 表 11.2 实测值 $R_{i/j}$ 与计算值 $R^{\circ}_{i/j}$ 的比较

$(R_{i/j})/(R^{\circ}_{i/j})$	微晶形状			
	球形	立方形	八面体	十二面体
$\frac{R_{200/220}}{R^{\circ}_{220/220}}$	0.877	1.240	0.620	0.620
$\frac{R_{222/200}}{R^{\circ}_{220/200}}$	1.663	0.960	2.315	1.920
$\frac{R_{222/220}}{R^{\circ}_{222/220}}$	1.459	1.191	1.786	1.191

11.2 微观应力的测定

由于塑性材料在形变、相变时会使滑移层、形变带、孪晶以及夹杂、晶界、亚晶界、裂纹、空位和缺陷等附近产生不均匀的塑性流动，从而使材料内部存在着微区（几个纳米）应力。这种应力也会由多相物质中不同取向晶粒的各向异性收缩或合金中相邻相的收缩不一致或共格畸变所引起。试样中的这种应力既无一定的方向，又无一定的大小。因此，它们使面间距有如图 11.1 所示的变化范围，从而衍射角有个变化范围，也即使衍射线宽化。

11.2.1 微观应力的倒易空间描述

为了考察微观应力的存在对倒易点阵的影响，先分析受单轴拉伸的某个属于立方系的晶粒，并设应力方向平行于 **c** 轴，见图 11.4(a)。这时，垂直于应力方向的面间距增大，平行于应力方向的面间距减小，因此该晶粒结点的位置［如图 11.4(b)］与无应力作用时的位置相比有所变化。即与无应力状态时相比，倒易矢量 $\boldsymbol{g}_{001}$（$|\boldsymbol{g}_{001}|=1/d_{001}$）变短，而 $\boldsymbol{g}_{010}$ 和 $\boldsymbol{g}_{100}$ 变长。下面以 $\boldsymbol{c}^*$ 方向干涉指数不同的结点为例，分析倒易矢量的变化量 $\Delta\boldsymbol{g}$ 与干涉指数的关系。无应力状态时的面间距和倒易矢分别记为 d_0 和 $\boldsymbol{g}_0$，应力状态时的记为 d 和 $\boldsymbol{g}$。显然，$d=d_0+\Delta d$，$\boldsymbol{g}=\boldsymbol{g}_0-\Delta\boldsymbol{g}$，于是有

$$|\Delta\boldsymbol{g}|=|\boldsymbol{g}_0|-|\boldsymbol{g}|=\frac{1}{d_0}-\frac{1}{d}=\frac{d_0+\Delta d-d_0}{d_0(d_0+\Delta d)}=\frac{\Delta d/d_0}{d_0(1+\Delta d/d_0)}$$

由于 $\sigma=E\cdot\varepsilon=E\Delta d/d$，即在应力一定时，$\Delta d/d$ 为常数，与干涉指数无关，于是有

$$|\Delta\boldsymbol{g}|\propto\frac{k}{d_0}$$

上式说明在应力作用下，倒易矢的变化量与面间距成反比，因为 $d_{001}=2d_{002}$，所以有 $|\Delta\boldsymbol{g}_{002}|=2|\Delta\boldsymbol{g}_{001}|$。也就是说，在某一应力作用下，该晶粒的衍射线宽化应与衍射线的级数有关，比较图 11.4 和图 11.2，就会看出微观应力与微晶尺寸对倒易点阵的影响遵循不同的规律。

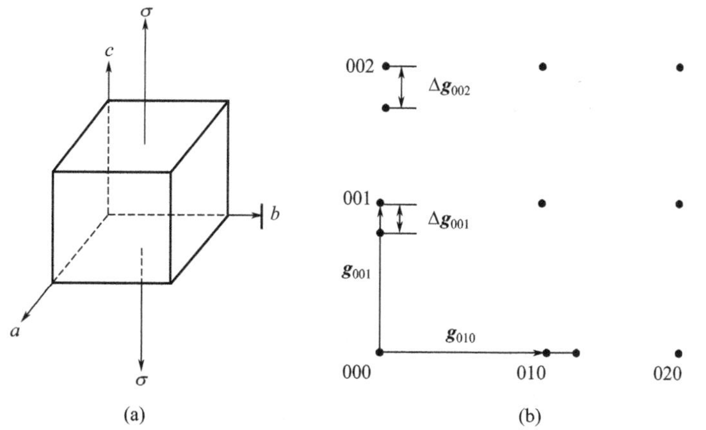

■ 图 11.4 某一微观应力在某晶粒内引起的倒易点阵变化，只给出 c^* 和 b^* 方向的变化

如果在整个晶体中，仅是应力的大小在改变，则倒易结点将扩展成一条线，线上的每一个点都相应于特定应力时的倒易结点位置。如果从倒易原点出发向外看去，则各结点扩展成的线段长度都正比于它们到原点的距离。如果晶体中应力的大小和方向都在改变，则每个结点都将伸展成一束非平行的线段，它们填满结点周围的一个小体积。一般地讲，这个体积不是球形，因为即使不同方向的平均应力相等，弹性模量值也要随晶体取向而改变。不过，即使每个倒易结点都扩展成不规则的体积——倒易畴，它们也都要保持这样的规律；从倒易原点伸出的任何一条直线与倒易畴相交的线段长度都正比于它与原点的距离。

11.2.2 微观应力的计算

设图 11.5 所示的线形为真实线形，并且其宽化仅由微观应力引起。下面以半高宽为例，说明线宽 β 与微观应力之间的关系。考察试样中某一面间距为 d_0 的晶面，由于微观应力的作用，使试样中该指数晶面的面间距对 d_0 有所偏离，见图 11.6，这种偏离状态应与试样的衍射线线形（图 11.5）相对应。这里不讨论微观应力大小的分布 s，而讨论它的平均值，该平均值应与衍射线线宽相对应。

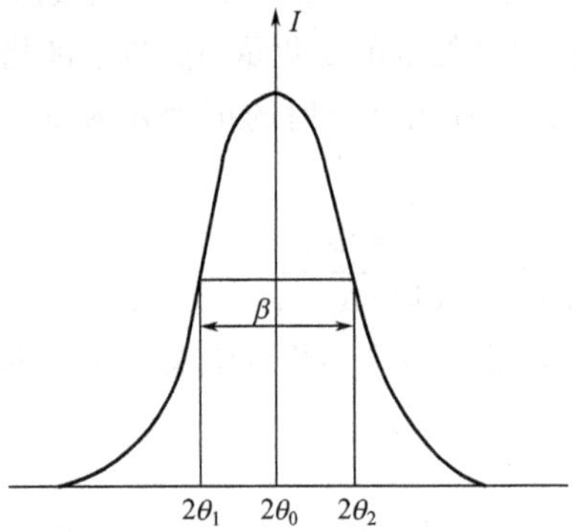

■ 图 11.5 微观应力引起的衍射线宽化，β 为衍射线线形的半高宽

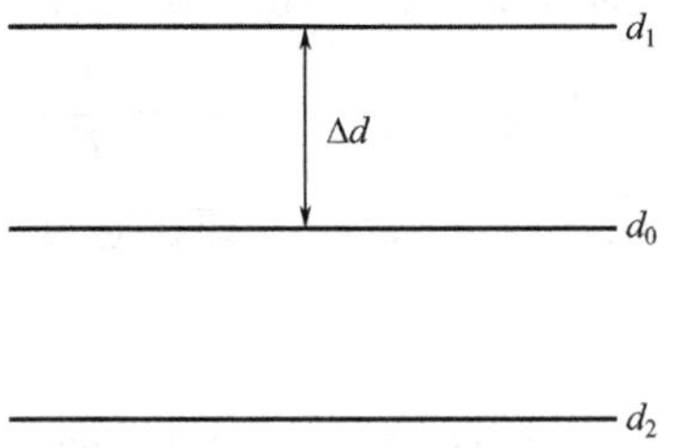

■ 图 11.6 微观应力引起的某指数晶面的面间距的变化
图中 d_0 为无应力时的面间距，d_1 与 d_2 为面间距 d_0 的平均变化范围。d_1、d_2 分别与半高宽 β 所对应的角度 $2\theta_1$、$2\theta_2$相联系

图 11.6 中的 d_1 和 d_2 分别与试样的衍射线线形半高宽处相应的衍射角 $2\theta_1$ 和 $2\theta_2$ 相对应。从图中看出，平均微观应力 $\sigma_{平}$ 所对应的平均的应变 $\varepsilon_{平}$ 应为

$$\varepsilon_{平}=\left(\frac{\Delta d}{d}\right)_{平}$$

并且 $\Delta 2\theta=2\theta_2-2\theta_0=2\theta_0-2\theta_1$。于是，由图 11.5 可以得知线形的宽度

$$\beta=4\Delta\theta$$

对布拉格公式进行微分，有

$$\frac{\Delta d}{d}=-\cot\theta\Delta\theta$$

同时考虑到 $(\Delta d/d)_{平}$ 只是应力大小绝对值的平均，而与应力方向无关，于是

$$\left(\frac{\Delta d}{d}\right)_{平}=\frac{\beta}{4}\cot\theta$$

即

$$\beta=4\left(\frac{\Delta d}{d}\right)_{平均}\tan\theta \tag{11.8}$$

从而有

$$\sigma_{平}=E\varepsilon_{平}=E\ \frac{\pi\beta\cot\theta}{180°\times 4} \tag{11.9}$$

$$\beta=\frac{180°\times 4}{E\pi}\sigma_{平}\tan\theta \tag{11.10}$$

11.2.3 微观应力的测定实例

实测电解铜粉与铜锉屑的衍射线线形如图 11.7 所示。电解铜粉为标准试样，铜锉屑内仅包含微观应力。首先用图解法将 K_{α_1} 与 K_{α_2} 线分开，分别测出各 K_{α_1} 衍射线的半高宽 b 与 b_0，

$$b=0.363°$$

$$b_0=0.183°$$

采用最简单的处理办法，可以认为

$$\beta=b-b_0=0.180°$$

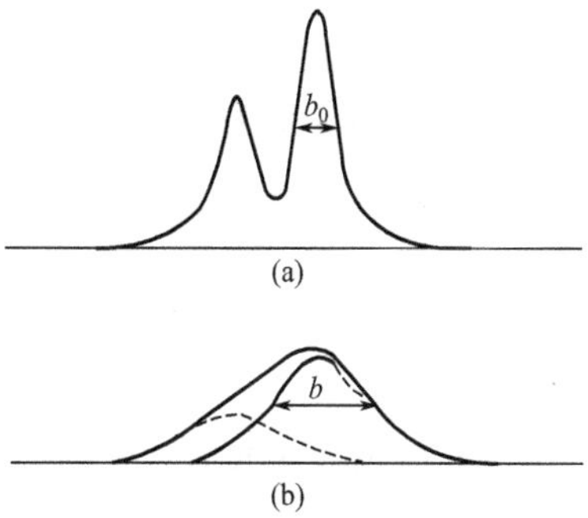

■ 图 11.7 电解铜粉 (a) 与铜锉屑 (b) 的 222 衍射线 (2θ = 95.2°)

所以有

$$\sigma_{平}=E\left(\frac{\Delta d}{d}\right)_{平}=E\ \frac{\pi\beta\cot\theta}{180°\times4}$$

取 $E=9000\text{kgf/mm}^2$ 时，得到 $\sigma_{平}=6.4\text{kgf/mm}^2$。

■ 表 11.3 铜锉屑的衍射线宽

hkl	β		θ/(°)	βcosθ	βcotθ	E_{hkl} /(10^4 kgf/mm²)	Eβcotθ
	未经校正/mm	校正/mm					
111	0.64	0.18	21.7	0.17	0.45	1.59	0.72
200	0.77	0.42	25.2	0.38	0.89	0.78	0.69
220	0.84	0.44	37.1	0.35	0.58	1.26	0.73
311	1.21	0.76	45.0	0.54	0.76	1.02	0.78
222	1.01	0.47	47.6	0.32	0.43	1.59	0.68
400	1.65	1.04	58.5	0.54	0.63	0.78	0.49
331	2.18	1.24	68.2	0.46	0.50	1.34	0.67
420	2.98	1.89	72.3	0.57	0.60	1.03	0.62

由图 11.2 和图 11.4 及式(11.6) 和式(11.8) 可以看出，微晶宽化与微观应力宽化遵循不同的规律。即微晶宽化与 $\sec\theta$ 和波长 λ 成正比，而微观应力宽化与 $\tan\theta$ 成正比。因此，可以用两种办法区分宽化是由何种原因引起的。第一种办法是利用不同波长的辐射进行测试，如果衍射线宽随波长而改变，则宽化是由微晶引起；反之，则由微观应力引起。第二种办法是对所研究的试样利用不同衍射级的衍射线计算线宽，观察各衍射线线宽随 θ 角的变化规律，如果 $\beta\cos\theta$ 为常数，则说明衍射线是由微晶作用而宽化的。如果 $E\beta\cot\theta$ 为常数，则说明是由微观应力所引起的宽化。表 11.3 给出铜锉屑的分析结果，从表中看出，铜锉屑的衍射线是由微观应力引起的宽化。因为 111、222 和 400 衍射线的 $\beta\cos\theta$ 值不同，而各条衍射线的 $E\beta\cot\theta$ 值基本相同。

11.3 微晶宽化和微观应力宽化的分离

如果试样中同时存在着微晶宽化与微观应力宽化，问题就复杂得多。虽然目前有若干使

两种宽化效应分离的办法，但误差都很大。下面仅对可采用的方法作些简略的介绍。

11.3.1 近似函数法

由第6章中的线形分析可知，在试样中同时存在着微晶与微观应力时，其真实线形 $f(x)$ 应是微晶线形 $C(x)$ 与微观应力线形 $S(x)$ 的卷积，即

$$f(x)=\int C(y)S(x-y)\mathrm{d}y \tag{11.11}$$

所谓近似函数法就是选择适当的已知函数形式去代表那未知的微晶线形 $C(x)$ 与微观应力线形 $S(x)$，从而求得 $f(x)$、$C(x)$ 和 $S(x)$ 三个线形的宽度 β_f、β_c 和 β_s 之间的关系，以获得微晶尺寸和微观应力。

利用近似函数法求解微晶与微观应力时，常用积分宽度，而不是用半高宽度，这是为了便于利用卷积公式找到三个宽度之间的关系。常用的函数形式有高斯函数：

$$\mathrm{e}^{-\alpha^2x^2}$$

柯西函数：

$$\frac{1}{1+\alpha^2x^2}$$

和

$$\frac{1}{(1+\alpha^2x^2)^2}$$

可以证明当 $C(x)$ 和 $S(x)$ 选择上述函数形式时，β_f、β_c 和 β_s 之间有由表11.4所示的关系。除了表11.4所示的两种情况外，各种函数之间的其他搭配方法，获得的宽度关系都较为复杂。

■ **表11.4 试样宽度 β_f，微晶宽度 β_c 和微观应力宽度 β_s 之间的关系**

近似函数形式		积分宽度之间的关系
$C(x)$	$S(x)$	
$\frac{1}{1+\alpha_1^2x^2}$	$\frac{1}{1+\alpha_2^2x^2}$	$\beta_f=\beta_c+\beta_s$
$\mathrm{e}^{-\alpha_1^2x^2}$	$\mathrm{e}^{-\alpha_2^2x^2}$	$\beta_f^2=\beta_c^2+\beta_s^2$

由式(11.6)和式(11.8)获得的两种宽化效应的关系式为

$$\beta_c=\frac{\lambda}{L\cos\theta}$$

和

$$\beta_s=4\left(\frac{\Delta d}{d}\right)_{平均}\tan\theta$$

将上述两式分别代入表11.4中的关系式，得到

$$\frac{\beta_f\cos\theta}{\lambda}=\frac{1}{L}+\left(\frac{\Delta d}{d}\right)_{平均}\cdot\frac{4\sin\theta}{\lambda} \tag{11.12}$$

和

$$\frac{\beta_f^2\cos^2\theta}{\lambda^2}=\frac{1}{L^2}+\left(\frac{\Delta d}{d}\right)_{平均}^2\cdot\frac{16\sin^2\theta}{\lambda^2} \tag{11.13}$$

从而可以根据各种 θ 角的衍射线求出 β_f，再利用上述式(11.12) 或式(11.13) 作图，从所得直线与横坐标的交点即可求出微晶尺寸 L。从直线的斜率即可求出 $(\Delta d/d)_{平均}$，从而获得微观应力值。这里用 L 表示微晶尺寸，是因为线形的宽度采用的是积分宽度，而不是半高宽。

在经常测试某种材料的微晶和微观应力时，可以事先作好图表，用图解法求得 β_c 和 β_s。例如在分别研究以微晶为主和以微观应力为主的钢铁试样时发现，它们的线形分别为

$$C(x)=\frac{1}{1+\alpha^2x^2}$$

$$S(x)=\frac{1}{(1+\alpha^2x^2)^2}$$

从而在两种因素混合起作用时，它们的积分宽度之间的关系为

$$\beta_f=\frac{(\beta_c+\beta_s)^2}{\beta_c+4\beta_s}$$

设

$$M_1=\frac{\beta_{c1}}{\beta_{f1}}$$

$$N_1=\frac{\beta_{s1}}{\beta_{f1}}$$

$$k=\frac{\beta_{f2}}{\beta_{f1}}$$

右下角标注的1，2代表衍射线号，利用 β_c、β_s 各自与布拉格角 θ 的关系，对常用的衍射线对，事先作好 M_1、N_1 与 k 之间的关系曲线，如图11.8和图11.9所示。实验时，可以利用此曲线解出 β_c 和 β_s，从而求得微晶尺寸与微观应力大小。例如分别用Mo-K_α 和Co-K_α 测得标样与试样的732和310衍射线，利用第6章所述的方法解出真实线形的线宽 β_f。它们分别为

$$\beta_{f2}=1.9°$$

$$\beta_{f1}=0.94°$$

下标1与2分别表示衍射线732与310。得出

$$k=\frac{\beta_{f2}}{\beta_{f1}}=2.0$$

在图11.9上查得 $N_1=0.78$，$M_1=0.29$。因此

$$\beta_c=M_1\beta_{f1}=0.27°$$

$$\beta_s=N_1\beta_{f1}=0.74°$$

从而获得

$$\left(\frac{\Delta d}{d}\right)_{平均}=\frac{\beta_s}{4\tan\theta}=\frac{0.74\times\frac{\pi}{180}}{4\tan 77°}=7.5\times10^{-4}$$

$$L=\frac{\lambda}{\beta_c\cos\theta}=\frac{0.711}{0.27\times\frac{\pi}{180}\cos 77°}=671(\text{Å})$$

同样的，这里微晶尺寸用 L 代替式(11.6) 中的 D，并且取常数 k 为1，是因为这里采用的是积分宽度，而不是半高宽。

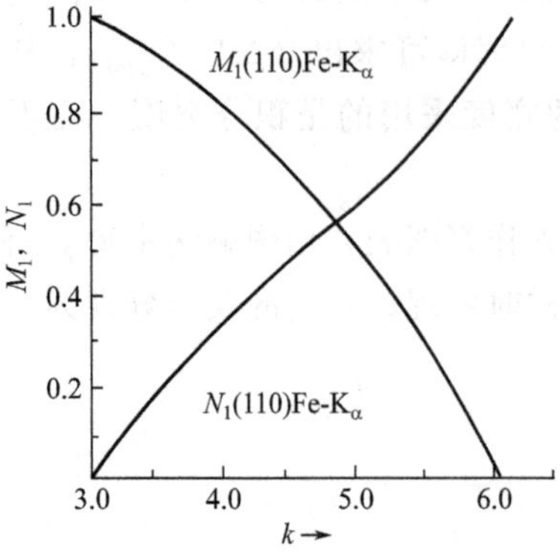

■ 图 11.8 钢的 k 与 M_1、N_1 之间的关系

第 1、2 条衍射线分别为 110 和 220（用 Fe-K$_\alpha$ 辐射）

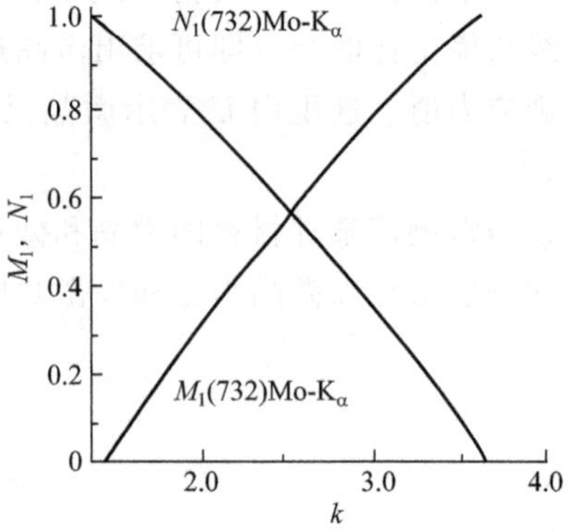

■ 图 11.9 钢的 k 与 M_1、N_1 之间的关系

第一条衍射线 732，用 Mo-K$_\alpha$ 辐射，第二条衍射线为 310，用 Co-K$_\alpha$ 辐射

11.3.2 傅里叶分析法

在第 4 章中讨论晶体的衍射强度时，用矢量

$$\boldsymbol{R}_{mnp}=m\boldsymbol{a}+n\boldsymbol{b}+p\boldsymbol{c}$$

表示理想晶体中晶胞的位置。在下面的讨论中，将上式改写成如下的形式

$$\boldsymbol{R}_{m_1m_2m_3}=m_1\boldsymbol{a}_1+m_2\boldsymbol{a}_2+m_3\boldsymbol{a}_3$$

而对于有点阵畸变的晶体，该晶胞的位置矢量应为

$$\boldsymbol{R}_{m_1m_2m_3}=m_1\boldsymbol{a}_1+m_2\boldsymbol{a}_2+m_3\boldsymbol{a}_3+\boldsymbol{\delta}(m_1m_2m_3)$$

$\boldsymbol{\delta}(m_1m_2m_3)$ 代表试样中第 m_1、第 m_2、第 m_3 个晶胞与理想晶体中其位置的偏离矢量。类似于式(4.72)，该晶体的以电子为单位的衍射线强度应为

$$I(\boldsymbol{s})=F^2\sum_m\sum_m\exp\left[\frac{\mathrm{i}2\pi}{\lambda}(\boldsymbol{S}-\boldsymbol{S}_0)\cdot(\boldsymbol{R}'_m-\boldsymbol{R}_m)\right]$$

而

$$\frac{\boldsymbol{S}-\boldsymbol{S}_0}{\lambda}=s_1\boldsymbol{a}_1^*+s_2\boldsymbol{a}_2^*+s_3\boldsymbol{a}_3^*=\boldsymbol{s}$$

于是

$$I(\boldsymbol{s})=F^2\sum_m\sum_{m'}\exp\{\mathrm{i}2\pi[s_1(m'_1-m_1)+s_2(m'_2-m_2)+s_3(m'_3-m_3)+\boldsymbol{s}\cdot(\boldsymbol{\delta}_{m'}-\boldsymbol{\delta}_m)]\} \tag{11.14}$$

而晶胞的位置偏离矢量 $\boldsymbol{\delta}_m$ 可以写成

$$\boldsymbol{\delta}_m=x_m\boldsymbol{a}_1+y_m\boldsymbol{a}_2+z_m\boldsymbol{a}_3 \tag{11.15}$$

为方便起见，先考虑正交晶系的 $00l$ 反射，则 $\boldsymbol{s}=s_3\boldsymbol{a}_3^*$，于是有

$$\boldsymbol{s}\cdot\boldsymbol{\delta}_m\approx s_3\boldsymbol{a}_3^*\cdot(x_m\boldsymbol{a}_1+y_m\boldsymbol{a}_2+z_m\boldsymbol{a}_3)=s_3z_m\approx lz_m$$

可以把式(11.14) 写成

$$I(s)=F^2\sum_m\sum_{m'}\exp\{\mathrm{i}2\pi[(m'_1-m_1)s_1+(m'_2-m_2)s_2+(m'_3-m_3)s_3+l(z_{\mathrm{m}'}-z_{\mathrm{m}})]\} \tag{11.16}$$

式中，z_m 为第 m 个晶胞在垂直反射面方向的位置偏移。

根据第 5 章的介绍，粉末衍射线单位弧长上的积分强度可以写成

$$\int I(2\theta)\mathrm{d}2\theta = K_0 \frac{PM\cos\theta}{2\pi R\sin 2\theta}R^2 \iiint I(s)\cdot\frac{\lambda^3 v^*}{\sin 2\theta}\mathrm{d}s_1\mathrm{d}s_2\mathrm{d}s_3 \tag{11.17}$$

式中，K_0 为常数；P 为重复因子；R 为衍射仪圆半径；v^* 为倒易阵胞体积；M 为晶粒数。

对于 $00l$ 反射，$\boldsymbol{s}=s_3|\boldsymbol{a}_3^*|$，见图 11.10，于是

$$\frac{2\sin\theta}{\lambda}=s_3|\boldsymbol{a}_3^*|$$

因此

$$\mathrm{d}s_3=\frac{\cos\theta\mathrm{d}2\theta}{\lambda|\boldsymbol{a}_3^*|} \tag{11.18}$$

将式(11.16) 和式(11.18) 代入式(11.17)，并在等式两边同时去掉对 $\mathrm{d}2\theta$ 的积分，得到

$$I(2\theta)=K_1\frac{PMF^2}{v_0|\boldsymbol{a}_3^*|\sin^2\theta}\iint\sum_m\sum_{m'}\exp\{\mathrm{i}2\pi[(m'_1-m_1)s_1+(m'_2-m_2)s_2+(m'_3-m_3)s_3+l(z_{m'}-z_m)]\}\mathrm{d}s_1\mathrm{d}s_2 \tag{11.19}$$

式中，K_1 为常数。

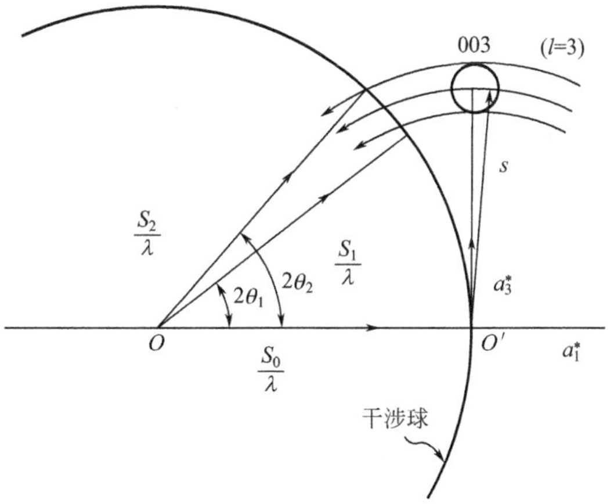

■ 图 11.10 正交系的 00l 反射的厄瓦尔德图解

然而为了获得 $00l$ 反射的衍射强度，s_1、s_2 的积分限可以近似取成 $-1/2\sim+1/2$，按式(5.18) 的推导，有

$$I(2\theta)=\frac{K_1PMF^2}{v_0|\boldsymbol{a}_3^*|\sin^2\theta}\sum_m\sum_{m'}\frac{\sin\pi(m'_1-m_1)}{\pi(m'_1-m_1)}\cdot\frac{\sin\pi(m'_2-m_2)}{\pi(m'_2-m_2)}\cdot\exp\{\mathrm{i}2\pi[(m'_3-m_3)s_3+l(z_{m'}-z_m)]\}$$

因为当 $m'_1=m_1$，$m'_2=m_2$ 时，上式中的正弦项等于 1，反之都为零，于是上式可以简化成

$$I(2\theta)=\frac{K_1PMF^2}{v_0|\boldsymbol{a}_3^*|\sin^2\theta}\sum_{m_1}\sum_{m_2}\sum_{m_3}\sum_{m'_3}[\exp\{\mathrm{i}2\pi l[z(m'_3)-z(m_3)]\}\cdot\exp\{\mathrm{i}2\pi(m'_3-m_3)s_3\}]_{m_1m_2} \tag{11.20}$$

由于所测试的衍射线强度为整个试样的贡献，即 M 个晶粒的贡献，所以上述累加应在

整个试样中进行。同时，式(11.20) 表明，可以把试样看成是由若干个平行于 $\boldsymbol{a}_3^*$ (即 $\boldsymbol{a}_3$) 的晶胞柱组成。给定 m_1 与 m_2 值，就有了特指的晶胞柱，对柱内所有的晶胞对 m_3、m'_3 求和，就得到该晶胞柱对反射的贡献，再将所有晶胞柱（即对应 m_1、m_2 的所有值）的贡献加和，即对 m_1、m_2 进行累加，就获得了整个试样的贡献。为了简化式(11.20)，设

$$n=m'_3-m_3$$

为某晶胞柱内所取晶胞对的间隔数，图 11.11 以含有六个晶胞的晶胞柱为例说明 n 的含义。

$$z_n=z(m'_3)-z(m_3)$$

它表明，晶胞柱内，间隔为 n 的晶胞之间在 $\boldsymbol{a}_3$ 方向位置偏移的差值。

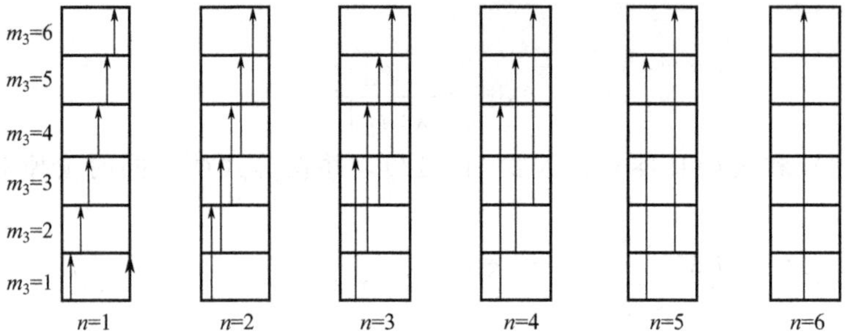

■ 图 11.11　包含六个晶胞的晶胞柱与 n= m′ − m 的含义

如果 N_n（试）为整个试样中各个晶胞柱内间隔为 n 的所有晶胞对数的总和，则式(11.20) 可以改写成

$$I(2\theta)=\frac{K_1PF^2}{v_0\ |\boldsymbol{a}_3^*|\sin^2\theta}\sum_{n=-\infty}^{+\infty}N_n(\text{试})\langle\exp(\mathrm{i}2\pi lz_n)\rangle\exp(\mathrm{i}2\pi ns_3) \tag{11.21}$$

其中，$\langle\exp(\mathrm{i}2\pi lz_n)\rangle$ 为整个试样中，相应于各个晶胞柱内间隔为 n 的晶胞对位置偏移为 z_n 的平均值，如果设 N 为试样中的晶胞总数；N_c 为试样中的晶胞柱数，则有 $N/N_c=N_3$ 为平均每个晶胞柱中所包含的晶胞数，而 N_n（试）$/N_c=N_n$ 为平均每个晶胞柱中间隔为 n 的晶胞对数。于是式(11.21) 可以写成如下形式

$$I(2\theta)=\frac{K_1PNF^2}{v_0\ |\boldsymbol{a}_3^*|\sin^2\theta}\sum_{n=-\infty}^{+\infty}\frac{N_n}{N_3}\langle\exp(\mathrm{i}2\pi lz_n)\rangle\exp(\mathrm{i}2\pi ns_3) \tag{11.22}$$

由于 $n=m'_3-m_3$，$-n=m_3-m'_3$ 在累加过程中总是成对出现，并且 $z_n=z(m'_3)-z(m_3)$，$z_{-n}=z(m_3)-z(m'_3)$，即 $z_{-n}=z_n$，所以式(11.22) 化为三角函数时，其中的虚部可以去掉，于是

$$I(2\theta)=\frac{KPNF^2}{\sin^2\theta}\sum_{n=-\infty}^{+\infty}(A_n\cos2\pi ns_3+B_n\sin2\pi ns_3) \tag{11.23}$$

为傅里叶级数形式，其中系数

$$A_n=\frac{N_n}{N_3}\langle\cos2\pi lz_n\rangle \tag{11.24}$$

$$B_n=-\frac{N_n}{N_3}\langle\sin2\pi lz_n\rangle \tag{11.25}$$

式中，n 为阶数；s_3 为变数。

在冷加工金属中，如果不考虑堆积层错，则 z_n 的正负值大约相等，所以 $B_n=0$，因此仅考虑 A_n 项。在系数 A_n 中，N_n/N_3 与晶胞柱的长度相关，是微晶大小系数，记为 A_n^c，$\langle\cos2\pi lz_n\rangle$

与晶胞位置偏移相关，是微观应力系数，记为 A_n^s。于是

$$A_n = A_n^c A_n^s \tag{11.26}$$

式中，A_n^c 与衍射级 l 无关，A_n^s 是 l 的函数，即

$$A_n(l) = A_n^c A_n^s(l) \tag{11.27}$$

当 l 和 n 足够小时，lz_n 也很小，因此有

$$\langle \cos 2\pi l z_n \rangle \to 1 - 2\pi^2 l^2 \langle z_n^2 \rangle \tag{11.28}$$

取对数有

$$\ln\langle \cos 2\pi l z_n \rangle = -2\pi^2 l^2 \langle z_n^2 \rangle$$

于是有

$$\ln A_n(l) = \ln A_n^c - 2\pi^2 \langle z_n^2 \rangle l^2 \tag{11.29}$$

如果实测了001，002和003衍射线的线形，则可以求得它们各自的傅里叶系数 $A_n(l)$。将这些系数取对数 $\ln A_n(l)$ 后再对 l^2 作图，如图11.12所示。从式(11.29)可以得知，直线的截距为 $\ln A_n^c$，斜率为 $-2\pi^2\langle z_n^2 \rangle$。

如果微观应变符合高斯分布，即

$$P(z_n) = \frac{2}{\sqrt{\pi}} \exp(-\alpha^2 z_n^2)$$

则

$$\langle z_n^2 \rangle = \frac{2}{\sqrt{\pi}} \int_{-\infty}^{+\infty} z_n^2 \exp(-\alpha^2 z_n^2) \mathrm{d}z_n = \frac{1}{2\alpha^2}$$

和

$$\langle \cos 2\pi l z_n \rangle = \frac{\alpha}{\sqrt{\pi}} \int_{-\infty}^{+\infty} \cos 2\pi l z_n \exp(-\alpha^2 z_n^2) \mathrm{d}z_n = \exp[-2\pi^2 l^2 \langle z_n^2 \rangle]$$

因此，无需 l 和 n 都很小的条件，就能获得式(11.28)，即能利用图11.12所示的方法分解微晶与微观应力效应。

下面具体介绍如何由 A_n^c 和 A_n^s 获得微晶尺寸与微观应力。参看图11.11可以得知，在 a_3 方向间隔为 n 的晶胞对，无畸变时的长度应为

$$L = na_3 \tag{11.30}$$

而它的畸变量，即有微观应力存在时的长度改变量为

$$\Delta L = a_3 z_n \tag{11.31}$$

微观应变为

$$\varepsilon_L = \frac{\Delta L}{L} = \frac{z_n}{n} \tag{11.32}$$

于是

$$\langle z_n^2 \rangle = n^2 \langle \varepsilon_L^2 \rangle$$

从而，可以由图11.12直线的斜率中求出 $\langle \varepsilon_L^2 \rangle$ 值。$\langle \varepsilon_L^2 \rangle$ 为各个 a_3 方向的晶胞柱中，间距为 L 的各对晶胞之间微观应变的均方值。

下面分析与微晶尺寸有关的系数 A_n^c。由图11.12可以获得一系列 n 值时的 A_n^c，并给出图11.13。

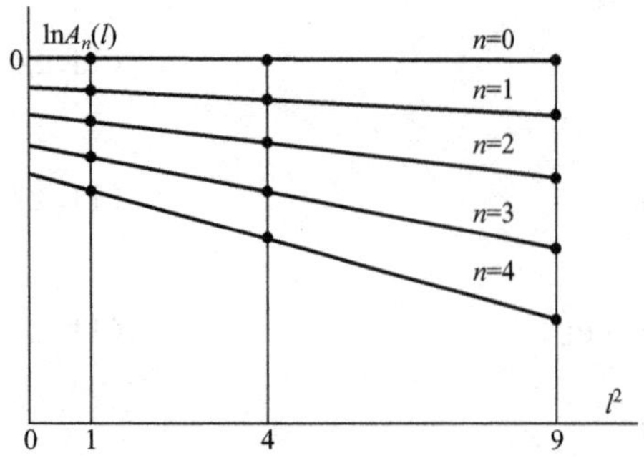

■ 图 11.12 微晶大小与微观应力的分离

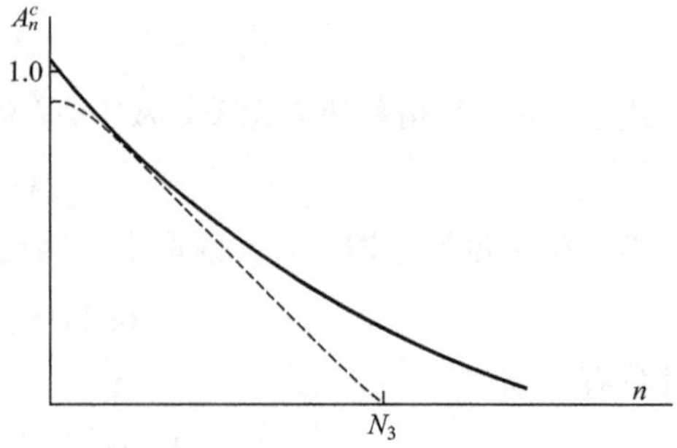

■ 图 11.13 A_n^c 与 n 的关系曲线

从曲线在 n 近于零处的切线可以获得 N_3

设 $p(i)$ 为包含 i 个晶胞的晶胞柱的百分数，则

$$\int_{i=0}^{\infty} p(i)\mathrm{d}i = 1$$

而平均每个晶胞柱所包含的晶胞数

$$N_3 = \int_{i=0}^{\infty} ip(i)\mathrm{d}i \tag{11.33}$$

因为晶胞柱内存在间隔为 n 的晶胞对时，晶胞柱长必须大于 n 个晶胞，即 $i > |n|$。于是 B. E. Warren 认为

$$N_n = \int_{i=|n|}^{\infty} (i - |n|)p(i)\mathrm{d}i \tag{11.34}$$

从而有

$$A_n^c = \frac{N_n}{N_3} = \frac{1}{N_3}\int_{i=|n|}^{\infty}(i-|n|)p(i)\mathrm{d}i = \frac{1}{N_3}\left[\int_{i=|n|}^{\infty} ip(i)\mathrm{d}i - |n|\int_{i=|n|}^{\infty} p(i)\mathrm{d}i\right]$$

利用变下限积分关系

$$y = \int_t^{\infty} f(x)\mathrm{d}x \text{ 时，} \quad \frac{\mathrm{d}y}{\mathrm{d}x} = -f(t)$$

有

$$\frac{\mathrm{d}A_n^c}{\mathrm{d}n} = \frac{1}{N_3}\left[-|n|\, p(|n|) - \int_{i=|n|}^{\infty} p(i)\mathrm{d}i + |n|\, p(|n|)\right] = -\frac{1}{N_3}\int_{i=|n|}^{\infty} p(i)\mathrm{d}i \tag{11.35}$$

而当 $n \to 0$ 时，

$$\left(\frac{\mathrm{d}A_n^c}{\mathrm{d}n}\right)_{n\to 0} = -\frac{1}{N_3}\int_{i=0}^{\infty} p(i)\mathrm{d}i = -\frac{1}{N_3}$$

因此，曲线 A_n^c-n 在 $n \to 0$ 时的切线与横轴 n 的交点就是 N_3。由于垂直于反射面 $00l$ 方向的平均晶粒尺寸 $\langle D \rangle$ 即平均晶胞柱长 $N_3 a_3$，于是有微晶尺寸

$$\langle D \rangle = N_3 a_3$$

它只是 a_3 方向的尺度，与微晶在其他方向的尺度无关。

上面基于正交晶系 $00l$ 反射的讨论，不难推广到一般情况。即测得的任意指数 hkl 的衍射线都可以认为它是 $00l'$ 的衍射线，再找到 l' 与 hkl 之间的变换关系，例如对于立方系有 $l'^2 = h^2 + k^2 + l^2$，在获得了 l' 的具体数值以后，就可以利用上述关系求得 $\langle \varepsilon_L^2 \rangle$ 和 N_3。只

不过这时的 $\langle \varepsilon_L^2 \rangle$ 和 N_3 是指与 (hkl) 面垂直方向，即 $\boldsymbol{g}_{hkl}$ 方向上的微观应变和平均晶胞柱内包含的晶胞数。因此 $\boldsymbol{g}_{hkl}$ 方向上的微晶尺度为 $N_3 d_{hkl}$。此时的 hkl 为米勒指数，即 d_{hkl} 为衍射级数最低的面间距。

11.3.3　方差分解法

由于卷积函数的方差之间具有加和性，所以在计算线形问题时，利用方差法有独到之处。设真实线形 $f(x)$ 的方差为 w，它是由微晶和微观应变的存在引起的，记上述两个因素的线形方差分别为 w^c 和 w^s。于是有

$$w = w^c + w^s \tag{11.36}$$

w^c 和 w^s 的具体形式可参考 A. J. C. Wilson 等的推导，这里仅给出推导结果，并说明它的用法。

微晶线形的方差在一般情况下可以近似为

$$w^c = \frac{k\lambda \Delta 2\theta}{2\pi^2 p \cos\theta} \tag{11.37}$$

式中，k 为常数；λ 为所用辐射的波长；θ 为布拉格角；$\Delta 2\theta$ 为衍射线的角范围；p 为微晶大小。

微观应变引起的宽化为

$$w^s = 4\tan^2\theta \langle \varepsilon^2 \rangle \tag{11.38}$$

其中，微观应变 $\varepsilon = \Delta d/d$，$\langle \varepsilon^2 \rangle$ 为微观应变的均方值。

于是，试样的方差为

$$w = \frac{k\lambda \Delta 2\theta}{2\pi^2 p \cos\theta} + 4\tan^2\theta \langle \varepsilon^2 \rangle \tag{11.39}$$

将上式转化为如下形式

$$\frac{w}{\Delta(2\theta)} \cdot \frac{\cos\theta}{\lambda} = \frac{1}{2\pi^2 p} + \frac{4\sin\theta\tan\theta}{\lambda(\Delta 2\theta)} \langle \varepsilon^2 \rangle \tag{11.40}$$

利用同一辐射，不同衍射级的衍射线，或不同辐射的同一条衍射线所测得的数据，以 $(w\cos\theta)/(\Delta 2\theta \cdot \lambda)$ 为纵坐标，$(4\sin\theta\tan\theta)/(\Delta 2\theta \cdot \lambda)$ 为横坐标作图，则由曲线在纵坐标上的截距可以获得微晶尺寸 p，由其斜率可以获得微观应变的均方值 $\langle \varepsilon^2 \rangle$。应说明一下的是，这时所测的微晶尺寸 p 是微晶体积的立方根。

以上介绍的三种分离微晶尺寸和微观应力的方法各有其特点和适用的场合。曾经有研究人员对这几种不同的方法在同一试样上进行过测量，以比较微晶尺寸和微观应变的数值。表 11.5 中列出了几组数据，供大家参考。在比较这些数据时，应注意各种方法所测量的值的不同的物理含义。

■ 表 11.5　用不同方法测量的微晶尺寸与微观应变值

研究人员	材　料	近似函数法		付氏分析法	方差分析法
		柯西-高斯	高斯-高斯		
Halder	钨锉屑				
Wangner (1966)	微晶/Å	430		210	140
	微观应变	0.0037		0.0040	0.0043

续表

研究人员	材　料	近似函数法		付氏分析法	方差分析法
		柯西-高斯	高斯-高斯		
Agna (1966)	铝				
	微晶/Å		560	400	500
Tromel	微观应变		0.0010	0.0007	0.0022
Urmann (1968)	氧化镉				
	微晶/Å	560		440	570
	微观应变	0.0012		0.0029	0.0019

思考与练习题

1. 请说明微晶的尺度范围及用各种办法所测得的微晶在概念上有何异同之处。

2. 请说明何谓微观应变与微观应力。用各种办法所测得的微观应变值从概念上有何异同之处。

3. 请说明用近似函数法分解微晶与微观应力效应的步骤。

4. 请绘制用付氏分析法分解微晶和微观应力效应的计算机程序方块图。

5. 用 Co-K_α 对 30MoVNb 钢样的标样与试样，测试 110、220 衍射线，测试数据如下：

衍射指数 *hkl*	110	220
$\omega_g/(°)$	0.011°	0.091°
$\omega_h/(°)$	0.074°	0.774°
$\Delta 2\theta$/弧度	0.044	0.108
$\theta/(°)$	26.118°	61.88°

请用方差法计算微晶与微观应变值（其中 ω_g、ω_h 分别为标样与试样的方差）

参 考 文 献

[1] 王英华. X光衍射技术基础. 北京：原子能出版社，1993.
[2] Cullity B D. Elements of X-Ray Diffraction，Addison Wesley，1978.
[3] 李树棠. 晶体X射线衍射学基础. 北京：冶金工业出版社，1990.

第12章 织构的测定

12.1 织构及其表示方法

12.1.1 织构与织构的分类

多晶材料（或晶体粉末）是由许多晶粒（或颗粒）组成的，如果这些晶粒的晶体学取向是完全无规则的，如图12.1(a)所示，则该多晶材料的宏观性能是各向同性的。然而，一般多晶材料经过轧制、拉伸、挤压、旋压、拔丝等形变过程后，各晶粒的晶体学取向会出现某些规律性，材料也就呈现出一定程度的各向异性。图12.1(b)示意描绘出轧制过程中晶粒取向的变化，图12.1(c)示意说明轧制后各晶粒的〈111〉方向平行于轧向。如果在多晶材料中，晶粒的晶体学取向出现某种规律性，如图12.1(c)所示，或者某些晶向（如〈111〉方向）往材料外形的某些特定方向（如轧向）集中，或者某些晶面往材料外形的某些特定面集中，或者晶向和晶面都有某种程度的集中，则称该多晶材料中存在**择优取向**或**织构**。

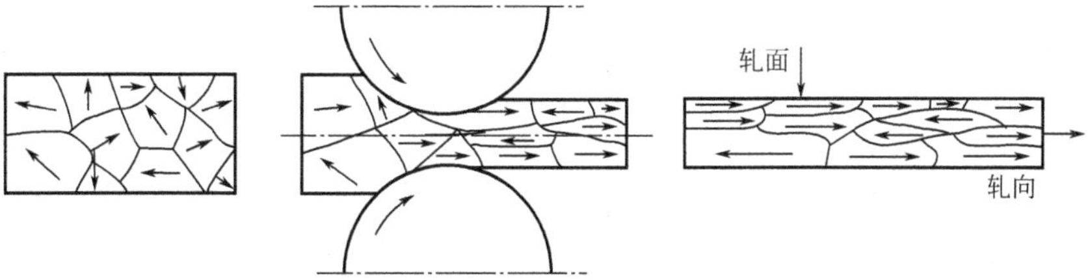

■ 图12.1 轧制过程中择优取向的形成

各晶粒中的"→"表示〈111〉方向

对于无织构的多晶材料，在任意指数的倒易球面上，倒易结点都是均匀分布的，如图12.2(a)所示，因此，德拜环是连续的，如图12.2(c)所示；而对于有织构的多晶材料，其倒易球面上的结点分布是不均匀的，某些区域密度大，某些区域密度小，甚至在某些区域没有倒易结点，如图12.2(b)所示，因此德拜环是不连续的，如图12.2(d)所示。所以德拜环的形态是材料中是否存在织构的判据。

不仅压力加工等形变过程可以使多晶材料中产生织构，就是液态结晶、气态沉积等方式形成的固体材料中也存在织构。例如，图 12.3 给出了利用磁控溅射技术在（110）取向的 $LiTaO_3$ 基片上沉积的 ZnO 薄膜在基片表面法向方向测得的 X 射线衍射图谱。显然，ZnO 只显示出（002）衍射峰，表明 ZnO 的（002）晶面平行于基片表面，即具有（002）织构。

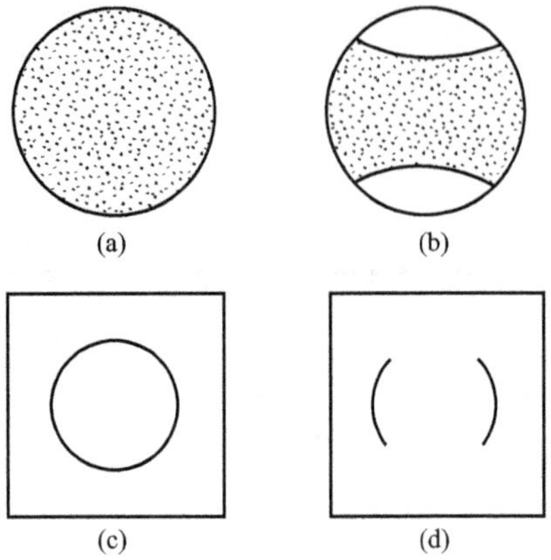

■ 图 12.2 倒易球面上的结点分布（a）、（b）和相应的德拜环（c）、（d）

（a）、（c）表明材料无织构，
（b）、（d）表明材料有织构

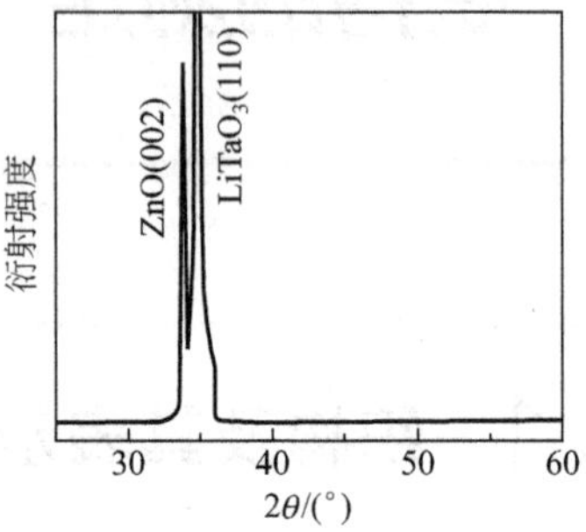

■ 图 12.3 $LiTaO_3$ 基片上沉积的（002）织构的 ZnO 薄膜

同时，具有织构的材料在经过热处理以后，仍然具有织构，只是织构状态有所改变。因此，在大量的实用多晶材料中，例如各种型材、热处理件、铸件、镀膜、沉积层等，其中都会有不同程度的织构存在。由于织构程度直接影响材料的宏观性能，所以材料中织构状况的研究与控制是材料研究中的重要课题之一。对材料织构情况的要求与限制取决于其使用情况。例如，一些研究者力图使硅钢片达到立方织构状态，以提高磁导率，减小变压器体积；另一些研究者则致力于消除铀棒和石墨块中的织构，以利于在原子反应堆中使用，保证反应堆安全运行。

织构的分类方法很多，然而直接与 X 射线衍射相关的是按织构材料的晶体学特征进行的分类。由此出发，可以把织构分成两类，即丝织构与板织构。

丝织构材料的晶体学特点是各晶粒的某一个或几个晶向倾向于平行试样的某一特定方向，一般为丝轴方向或生长方向，其他晶向则以此试样的特定方向为轴呈对称分布。图 12.4 示意表示了具有丝织构的棒中各〈100〉方向的分布状况，即各晶粒的某一〈100〉方向平行于轴向，如图 12.4(a) 所示，其他〈100〉方向则绕轴向呈对称分布，如图 12.4(b) 所示，其中（b）为（a）的横断面放大图。图 12.4 表示的情况，为理想织构状态，这时棒中的晶粒，全部以〈100〉方向平行于丝轴方向，称这种织构为〈100〉理想丝织构。一般在丝、棒、镀层、沉积层中会存在丝织构。实际材料中的织构状态与图 12.4 表示的理想织构状态不同。例如，Fe 丝具有〈110〉丝织构，是指 Fe 丝中各晶粒的〈110〉方向有往 Fe 丝的丝轴方向集中的倾向。如果以 ϕ 标记〈110〉方向与丝轴之间的夹角，设 $\rho_{\langle 110\rangle}$ 为〈110〉极点密度，则 Fe 丝中 $\rho_{\langle 110\rangle}$ 相对于 ϕ 的分布如图 12.5 所示。称此图为 Fe 丝的〈110〉极分布图。当 Fe 丝具有如图 12.5 所示的织构状态时，则认为 Fe 丝具有〈110〉理想丝织构成分。因为当 $\phi=0°$ 时，$\rho_{\langle 110\rangle}$ 有极大值，这表明 Fe 丝中各晶粒的〈110〉方向有往丝轴方向集中的倾向，即 Fe 丝中〈110〉方向平行于丝轴方向的体积分数最多。再如，Al 丝具有

〈100〉+〈111〉丝织构，表明 Al 丝中一部分晶粒的〈100〉往丝轴方向集中；另一部分晶粒的〈111〉方向往丝轴方向集中。$\rho_{\langle 100\rangle}$ 和 $\rho_{\langle 111\rangle}$ 的分布图都与图 12.5 相似。也就是说，Al 丝中包含〈100〉和〈111〉两种理想丝织构成分。

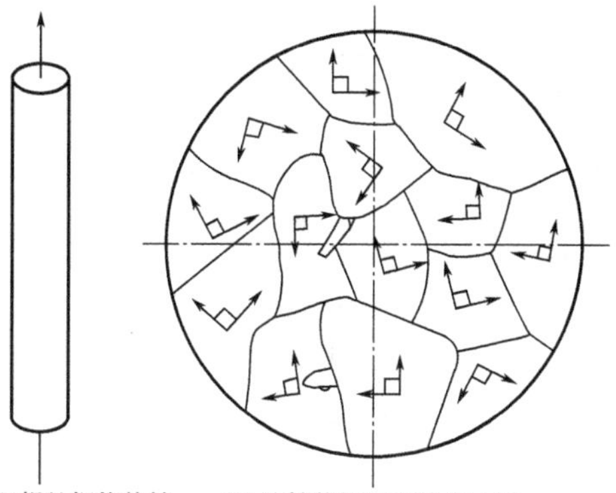

(a) 具有理想丝织构的棒　(b) 该棒的横断面的放大图

■ 图 12.4　理想丝织构的示意图

图中箭头为〈100〉方向

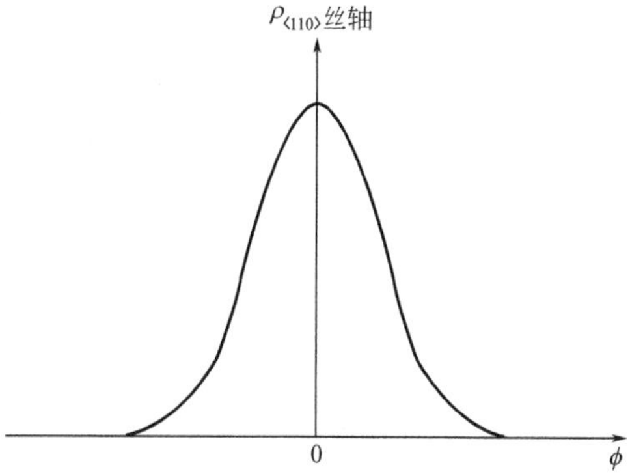

■ 图 12.5　丝织构材料中的极分布

板织构材料的晶体学特征是各晶粒的某一个或几个晶面平行于试样的某一特定面（如轧面），一个或几个晶向平行于试样的某一特定方向（如轧向）。图 12.6 示意描绘的是 {100}〈001〉理想板织构状态。所谓 {100}〈001〉理想板织构是指试样中全部 {100} 面平行于轧面，全部〈001〉方向平行于轧向。因此，从晶体学的角度来看，具有一种理想板织构的多晶材料与单晶体相似。板织构一般存在于各种轧板中，例如冷轧锆板具有 {0001}〈10$\bar{1}$0〉板织构。同样，这里是指锆板中存在 {0001}〈10$\bar{1}$0〉理想板织构成分。

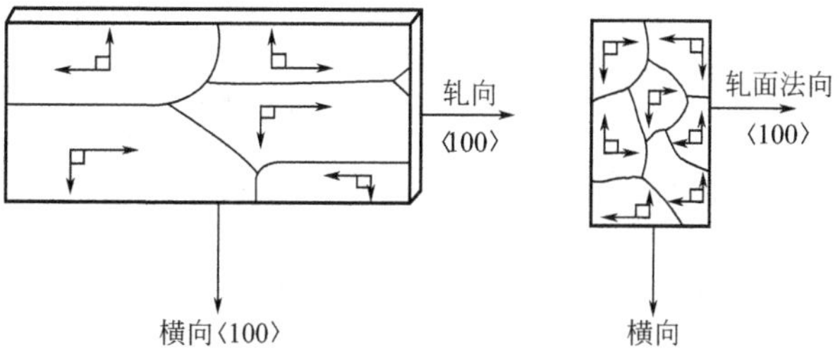

(a) 轧面　(b) 横断面

■ 图 12.6　理想板织构示意图

图中的箭头方向为各个晶粒的〈100〉方向

12.1.2　织构的表示方法

描述材料的织构状态就是描述材料中各个晶粒晶体学取向相对材料外形坐标之间的关系。到目前为止，材料的织构状态除了用理想织构成分、极分布图表示以外，还可以用极图（即正极图）、反极图和三维取向分布函数图描述。

（1）正极图

研究某试样的织构状态时，可以以试样外形（例如轧面、轧向和横向）为坐标，考察试样中任一特定的晶面族法线在该坐标中的分布。如果以极射投影的方式描述上述分布，就构成正极图。正极图中的投影面一般由外形坐标构成。也就是说，正极图是试样中某特定晶面族法线在试样外形坐标中分布的极射投影图。正极图的名称是由所考察的晶面族的名称决定的。例如对于具有 {100}〈001〉理想板织构的试样（如图 12.6），考察其中 {100} 晶面族相对外形的分布时，就获得 {100} 极图，如图 12.7(a) 所示。同时，也可以选取任一其他指数的晶面族来描述此板织构的状态。当选取｛110｝晶面族时，就构成｛110｝极图，如图12.7(b) 所示；选取｛111｝晶面族时，构成｛111｝极图，如图12.7(c) 所示；也就是说，可以用多个极图，或者说用不同名称的极图来描述某一试样的织构状态。

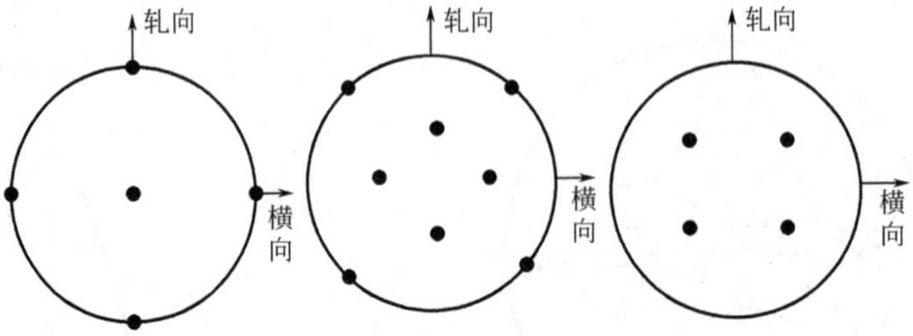

(a) {100}极图　　(b) {110}极图　　(c) {111}极图

■ 图 12.7　{001}〈100〉理想板织构的极图

图 12.8 为具有〈100〉理想丝织构试样的｛111｝和｛110｝极图，它们都以丝轴为轴呈对称分布，这是由丝织构的特点确定的。

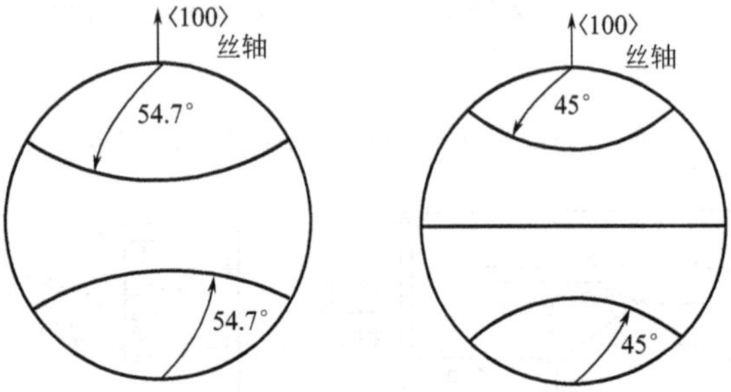

(a) {111}极图　　(b) {110}极图

■ 图 12.8　〈100〉理想丝织构的极图

实际材料中不仅包含多种理想织构成分，而且围绕每种理想织构位置都有不同程度的极点离散度，所以它们的极图要比图 12.7 和图 12.8 所示的理想试样的极图复杂得多。图 12.9(a) 和图 12.9(b) 分别为冷轧铝板的｛100｝极图和｛111｝极图。图 12.9(a) 由照相法获得，图 12.9(b) 由衍射仪法测得。图 12.9(a) 中的影线区为｛100｝极点区，空白区为无｛100｝极点的区域。图 12.9(b) 中的曲线为｛111｝极点密度的等值线，曲线上的数字为极点的相对密度值。在测试极图时是以衍射线的相对强度表示极点密度的。

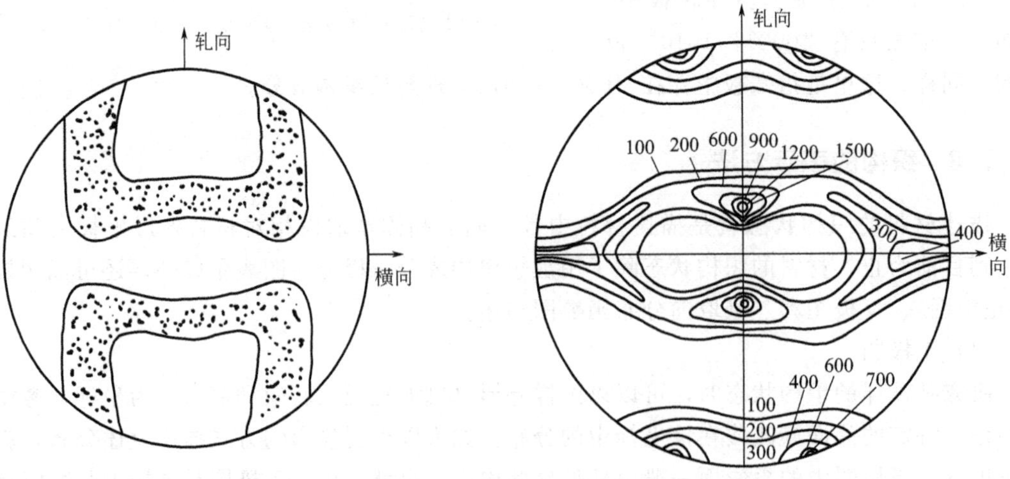

(a)　　(b)

■ 图 12.9　冷轧 Al 板（95%压下量）的 {100} 极图（a）和 {111} 极图（b）

（a）中的影线区为 {100} 极点存在区，空白区为 {100} 极点不存在区；

（b）中的曲线为等强度线，曲线上的数字为相对强度可以从实测的极图中确定材料包含何种理想织构成分。所谓确定试样包含的理想织构成分，就是考察试样外形的晶体学指数。现以图12.9(a)为例，说明如何从Al板的{100}极图中确定试样轧向和轧面的晶体学指数。利用{100}极图寻求轧向、轧面的指数，就是查看轧向、轧面的指数为何时，试样的{100}极点全部落在影线区内，而不会落在影线区外。由于标准投影是描述晶体中各种指数晶面之间角度关系的极射投影图，所以可以借助标准投影图，利用尝试法寻找试样的理想织构成分。所谓尝试法，是将不同的标准投影图与极图相对照，以获得全部{100}极点都落在影线区中的标准投影图。图12.10表明011标准投影中的{100}极点全部落在{100}极图的影线区内，并同时给出了轧面和轧向的指数，它们分别是{011}和$\langle\bar{2}1\bar{1}\rangle$，从而判断该Al板具有$\{011\}\langle\bar{2}1\bar{1}\rangle$理想织构成分。$\{011\}\langle\bar{2}1\bar{1}\rangle$理想织构位置由图12.11中的“●”所示。同时，将112标准投影与{100}极图相对照时，也会发现全部的{100}极点都落在影线区内，这时的轧面、轧向的指数分别为{112}和$\langle 11\bar{1}\rangle$，因此，Al板也包含$\{112\}\langle 11\bar{1}\rangle$理想织构成分。$\{112\}\langle 11\bar{1}\rangle$理想织构位置由图12.11中的“■”所示。由Al板中的理想织构成分，可以判断试样中大部分{011}和{112}面平行于轧面，⟨112⟩和⟨111⟩方向平行于轧向。

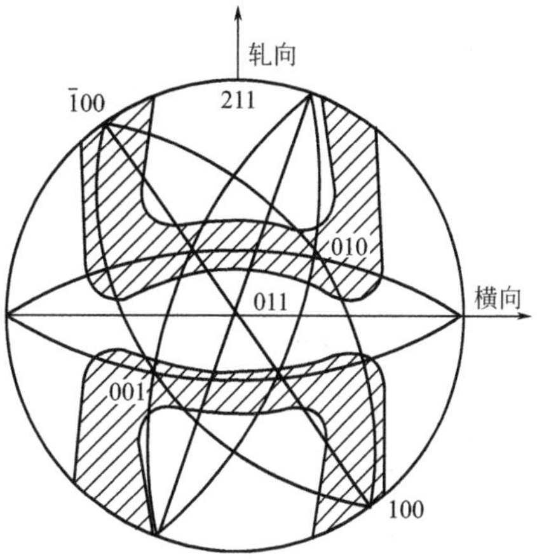

■ 图12.10 $\{011\}\langle\bar{2}1\bar{1}\rangle$ 理想织构的确定

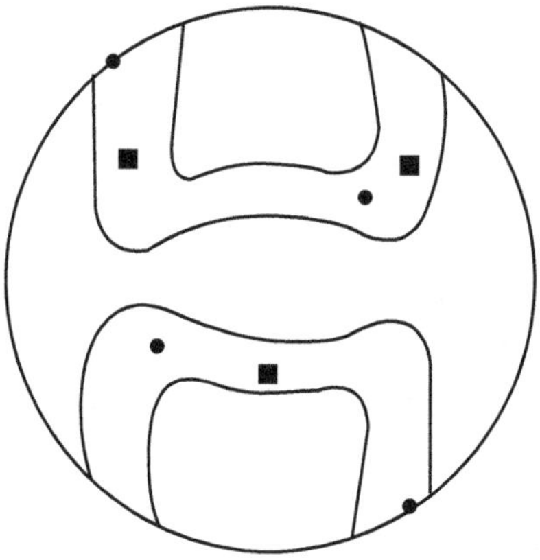

■ 图12.11 冷轧铝箔{100}极图

● $\{110\}\langle 1\bar{1}2\rangle$ 理想织构位置

■ $\{112\}\langle 11\bar{1}\rangle$ 理想织构位置

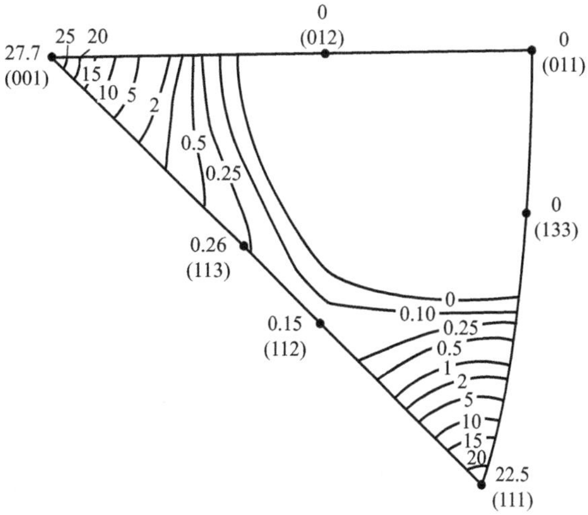

■ 图12.12 挤压Al棒的轴向反极图

图中的曲线为等强度线，线上的数字为相对强度值

(2) 反极图

反极图是1955年以后发展起来的一种表示织构的方法。所谓反极图就是试样的某一外

形方向在晶粒的晶体学坐标中分布的极射投影图，并以此外形方向命名反极图。图 12.12 是挤压 Al 棒的轴向反极图。图中的晶体学坐标是（001）、（011）和（111）法向，该图表示的是 Al 棒的轴向分布。从图中等强度线的分布看出，Al 棒中大多数晶粒的｛001｝和｛111｝法向平行于棒轴，所以此棒具有〈001〉+〈111〉丝织构，具有〈001〉和〈111〉理想丝织构成分。反极图中晶体学坐标的取法依晶系而异。一般是取（001）标准投影中的一个由主要晶体学极点构成的三角形。图 12.13 中的影线区表示在立方系、六方系和正交系中所取的三角形。

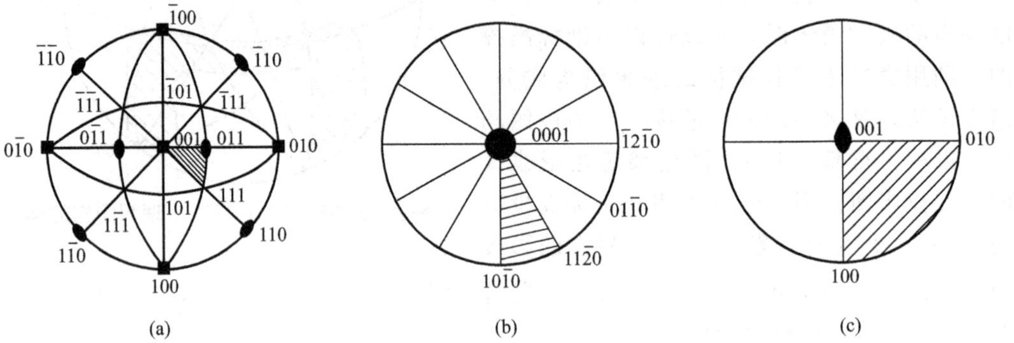

■ 图 12.13 立方系（a）、六方系（b）和正交系（c）中作为反极图坐标的极点以及它们在（001）标准投影中构成的三角形（图中的影线三角形）

（3）三维取向分布函数（ODF）

用一张正极图或反极图都难以完全确定材料的织构状态。因此，于 1965 年出现了一种新的办法来描述材料的织构状态，这就是三维取向分布函数法，简称 ODF。所谓 ODF 方法是在试样上取一外形直角坐标，同时在各个晶粒上都取一晶体学直角坐标，考察两类坐标之间的角分布。例如在试样上固定一直角坐标 O-ABC，某一晶粒上固定一晶体学直角坐标 O-XYZ，它们在试样中的取向关系如图 12.14 所示。这种取向关系可以用三个角（欧拉角）来表示，各角度的意义由图 12.15 说明。首先将两类坐标重合在一起，如图中的 O-ABC 和 O-$X'Y'Z'$，然后经过如下的转动使 O-$X'Y'Z'$ 达到图 12.14 中 O-XYZ 的位置，而 O-ABC 不动。先以 OZ' 为轴逆时针转 ψ 角，使 OX' 和 OY' 分别达到 OX_1 和 OY_1 的位置，再以 OY_1 为轴逆时针转 θ 角，使 OZ' 和 OX_1 分别到达 OZ 和 OX_2 的位置，最后以 OZ 为轴逆时针转 ϕ 角达到 O-XYZ 坐标的最终位置。外形坐标 O-ABC 和该晶粒坐标 O-XYZ 之间的取向关系就用角 ψ、θ 和 ϕ 来描述。对试样中各个晶粒的晶体学坐标 O-$X_iY_iZ_i$ 都按上述办法操作找到一系列的 ψ_i、θ_i 和 ϕ_i。如果以 O-$\psi\theta\phi$ 为直角坐标，则其中任一点的位置就代表某一晶粒相对外形坐标的取向。O-$\psi\theta\phi$ 坐标中的点的密度分布 ω（$\psi_i\theta_i\phi_i$）（如图 12.16）就是描述材料织构状态的三维取向分布函数。通常用等 ϕ 截面来表示此分布函数，如图 12.17 是冷轧 08Al 钢薄板的取向分布函数截面图。

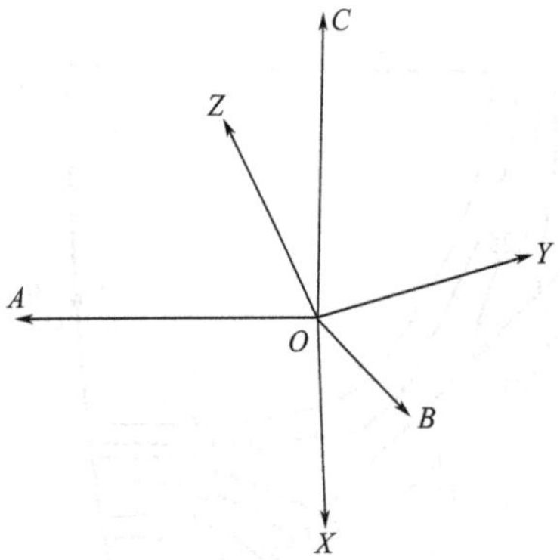

■ 图 12.14 某晶粒上的晶体学坐标 O-XYZ 与试样外形坐标 O-ABC 之间的取向关系

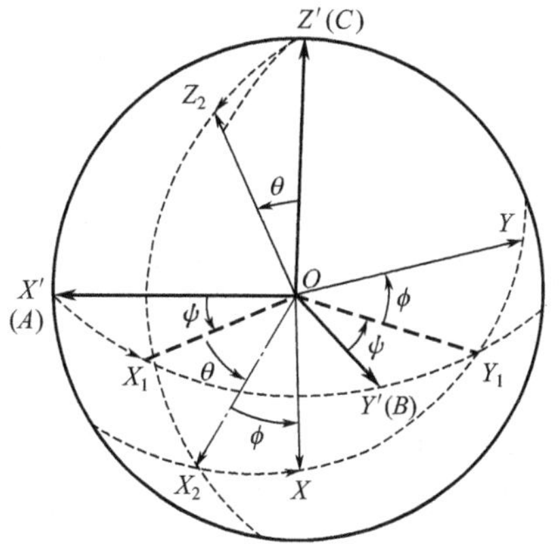

■ 图 12.15 用角 ψ、θ 和 ϕ 描述试样外形坐标 O-ABC 和某晶粒晶体学坐标 O-XYZ 之间的关系

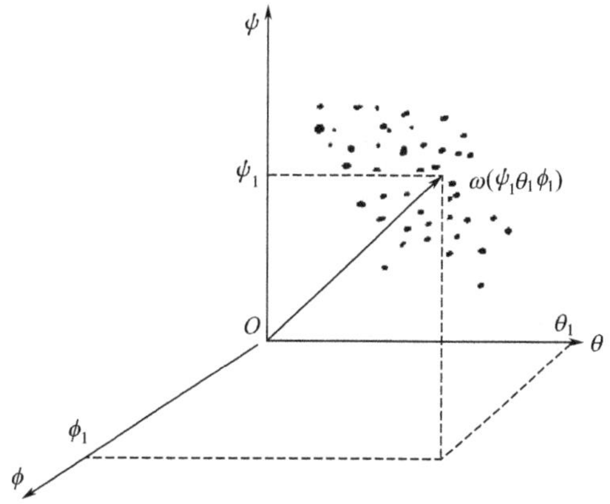

■ 图 12.16 三维取向分布函数 $\omega(\psi_1\theta_1\phi_1)$ 就是 O-$\psi\theta\phi$ 坐标中点的密度分布

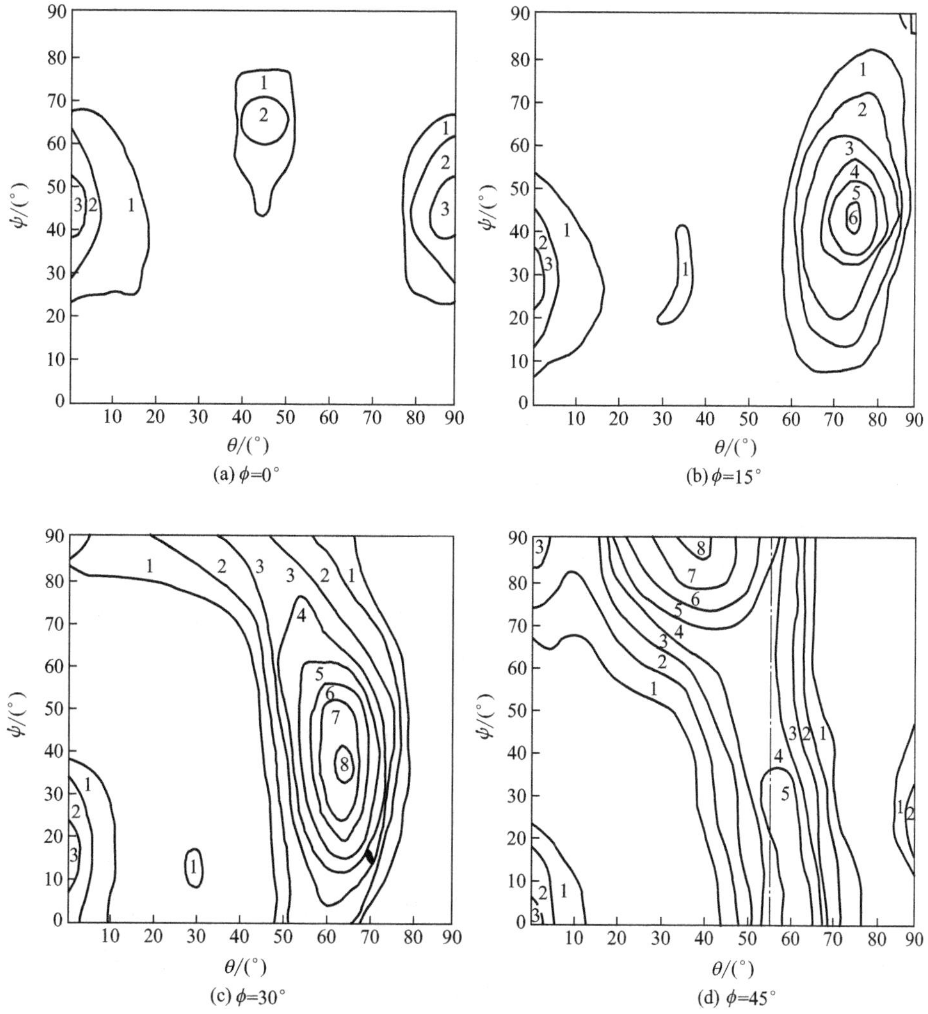

■ 图 12.17 冷轧 08Al 钢薄板的取向分布函数截面图

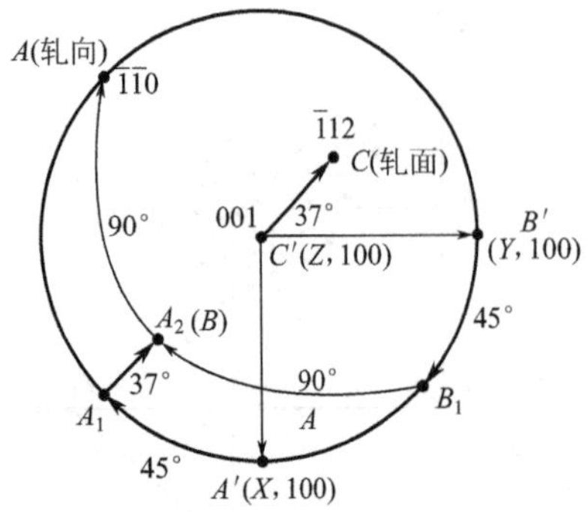

■图 12.18 由图 12.17(d) 获得理想织构成分 {112}⟨$1\bar{1}0$⟩

由等 ϕ 截面图可以方便地找到它对应的理想织构成分。例如在图 12.17（d）$\phi=45°$的截面图中，密度最高的点为 $\psi=90°$、$\theta=37°$和 $\phi=45°$处，即 $\omega(90°，37°，45°)=8$。此例中的晶体学坐标为 001、010 和 100，外形坐标中的 C 和 A 分别为轧面法向和轧向。于是，可以借助 001 标准投影找到该图所对应的理想织构成分，即与最大密度点所对应的 C 和 A 的指数。为此，需作一个与图 12.15 相对应的逆操作。以图 12.18 所示的极射投影图来完成此种逆操作。初始位置让外形坐标与晶体学坐标相重合，记为 $O\text{-}A'B'C'$；以 C 为轴顺时针转 ϕ（45°），得外形坐标的新位置 A_1B_1；再以 B_1 为轴顺时针转 θ（37°），这时的外形坐标为 A_2，B_1，C；最后以 C 为轴顺时针转 ψ（90°），得到和图 12.17(d) 最大密度$\omega(90°，37°，45°)$处相对应的外形坐标 $O\text{-}ABC$ 与晶体学坐标 $O\text{-}XYZ$ 之间的关系。标准投影表明 C 为｛112｝，A 为｛$1\bar{1}0$｝。所以图 12.17(d) 的最大密度表明轧板具有｛112｝｛$1\bar{1}0$｝织构。

12.2 正极图的获得

12.2.1 照相法测正极图

虽然照相法测织构，除了特殊场合外，一般都已为衍射仪法所代替，然而从教学的角度看，它对掌握概念和熟练运用极射投影都极为有用。下面以照相法测板织构为例说明照相法获取正极图的原理和方法。

照相法测板织构，就是用底片记录衍射线，从而获得具有板织构试样的极图。对于立方晶系的材料，一般是测｛100｝、｛110｝或｛111｝极图；对于六方晶系的材料，一般是测(0001)、｛$10\bar{1}0$｝或｛$11\bar{2}0$｝极图。测极图，就是检查试样内某指数晶面在外形坐标中的分布。例如测轧板的｛100｝极图，就是测定｛100｝晶面法线在轧面、轧向、横向坐标中的分布。而某方位的晶面极点密度正比于它所对应的 X 射线衍射线强度。因此，测极图，就是先测定某晶面的 X 射线衍射线强度在外形坐标中的分布，然后再把强度分布转化成晶面极点的分布。

(1) 实验方法

现以铝箔试样为例介绍测板织构的一般照相方法。首先取轧面、轧向和横向为外形坐标。照相时 X 射线源、试样和底片的相对位置如图 12.19 所示，X 射线入射线为 K_α 单色线，并垂直于底片。要记清试样中的轧向和轧面，切去底片一角，如图放置，照相时要在底片上留下水平线的痕迹。

首先将试样轧向竖直，表面（轧面）平行于底片安放，拍照，获得如图 12.20 所示的照片。照片上记录了两个不连续的德拜环，内环为 111，外环为 200。照片右下角的符号“⊥0°”表示轧向竖直、轧面与底片平行。然后每将试样顺时针转 10°，拍照一张，并分别记为⊥10°，⊥20°…一直到⊥80°。再将试样的轧向水平放置，每顺时针转 10°，20°…各拍照一张，直到 θ 角为止。θ 角为所取衍射环的布拉格角。这些照片分别记为−10°，−20°…这样，就获得了一套照片。利用这套照片可做铝箔的 {100} 极图和 {111} 极图。下面以 {100} 极图为例加以说明。

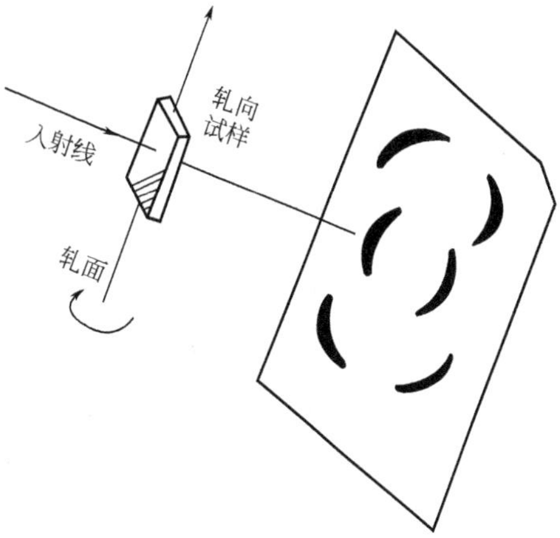

■ 图 12.19　固定底片透射法测织构的装置（轧向竖直时）

（2）极图的获得

利用照片作 {100} 极图，就是设法将照片上不连续的 200 衍射环中的各个衍射点，转化成 {100} 晶面极点，并标在以外形为坐标的极射投影上。

图 12.20(a) 为⊥0°照片，照片上记录了 111（内环）和 200（外环）德拜环。在 200 德拜环上有 4 个衍射强度区，分别记为 1、2、3、4。根据图 7.5 所示，形成 200 德拜环的 {200} 晶面极点，应在极射投影的一个小圆上，它离基圆为 θ_{200}。于是，与图 12.20(a) 中衍射强度区相对应的 {200} 极点，在极射投影中的位置应由图 12.20(b) 所示，称为照片投影。图中极点浓度区的数字标号是与照片中衍射强度区的数字标号相一致的。⊥0°照片告诉我们，试样 {200} 晶面分布是不均匀的，极射投影中与基圆相离 θ_{200} 的小圆上，仅在 1、2、3、4 所标示的区域内有 {200} 极点，在这些区域之外，没发现 {200} 极点。由于 {200} 和 {100} 的方位相同，所以 {200} 极点位置也就是 {100} 极点位置。

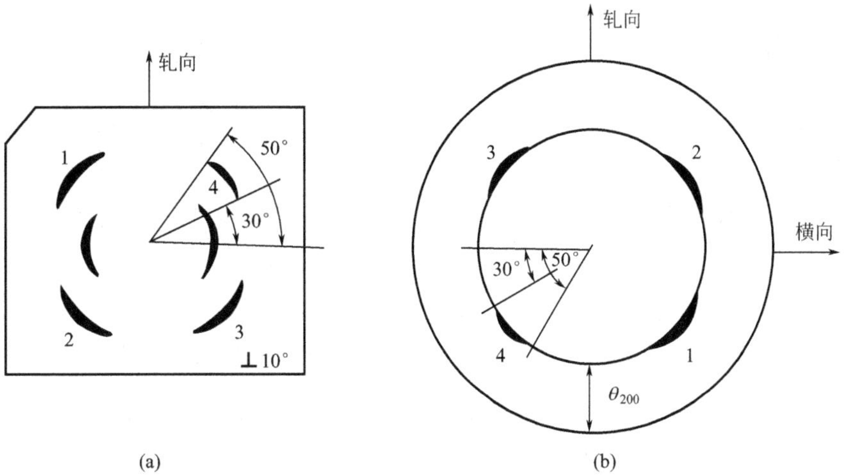

■ 图 12.20　入射线垂直试样轧面时的照片（a）和照片投影（b）

图 12.21 是⊥20°照片（a）与极射投影（b）的对应关系。然而这时外形坐标在投影中的位置有所变化，图 12.21(b) 中 T 为横向，N 为轧面法向。因此，只有将图 12.21(b) 绕

轧向（轴向）逆时针转 20°，才能使投影的外形坐标与图 12.20(b) 中的一致。

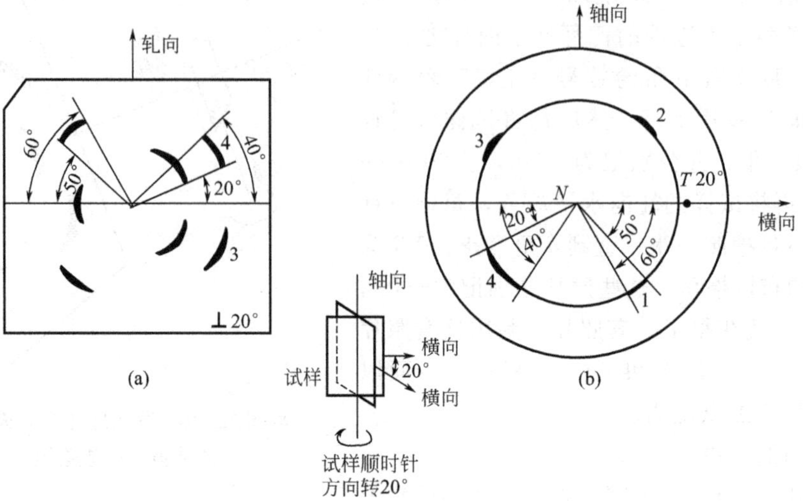

■ 图 12.21 试样顺时针转 20° 后的照片（a）和照片投影（b）

图 12.22 表示小圆逆时针转动后形成的新小圆，它代表了⊥20°照片上 200 德拜环的极射投影点。照片上的线段转动后为新小圆上的 1′，2′，3′和 4′。将所有轧向竖直的照片都作类似的处理，并且把转动后的极射投影图都重在一起，就获得了一张极射投影图，这张图中只说明了如图 12.23 所示的影线区中的极点分布。要检查极射投影图中的空白区是否有 {100} 极点，看来应再照几张逆时针旋转试样的照片。然而，从工艺条件分析，可以认为 Al 箔极图应是左右对称的。而极射投影图上南北极处的空白区，可以利用轧向水平的几张照片填补。

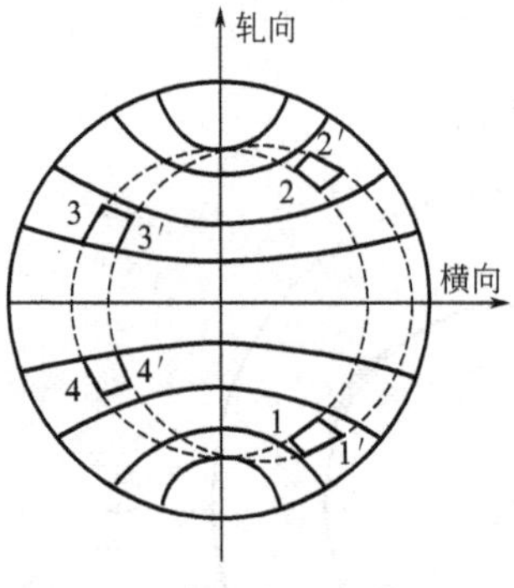

■ 图 12.22 ⊥20° 照片的照片投影及其逆时针转动 20° 以后的情况

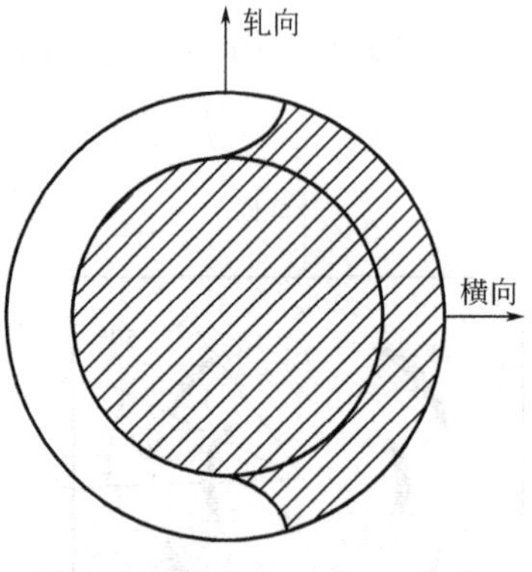

■ 图 12.23 图中的影线区为⊥0°，⊥10°，…，⊥80° 照片所检查过的极射投影区域

将由所有照片获得的极射投影图都重在一起，并作极点浓度线段的包线，便构成了冷轧铝箔的 {100} 极图，如图 12.24 所示。

如果实验室中经常作某种材料的特定指数的极图，也可以事先作出如图 12.25 所示的转动小圆网。所谓转动小圆网，就是利用吴氏网，先将与基圆相距 θ 的小圆逆时针转动，并画出一定转动度数间隔的一系列小圆。作极图时，可以将一定转动度数的照片直接画到转动后相应度数的小圆上，从而得到特定指数的极图。

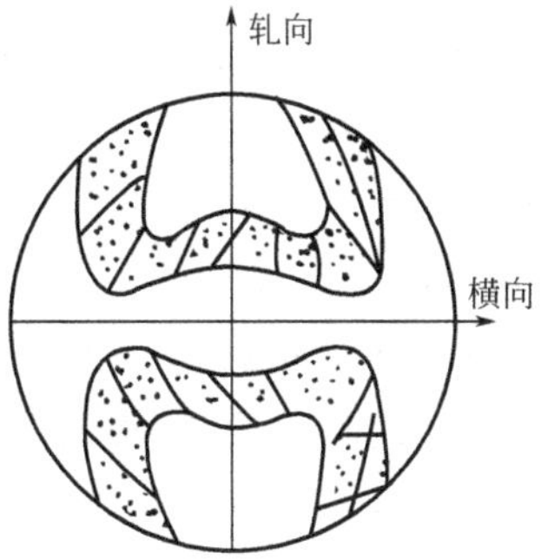

■ 图 12.24 冷轧铝箔 {100} 极图的构成

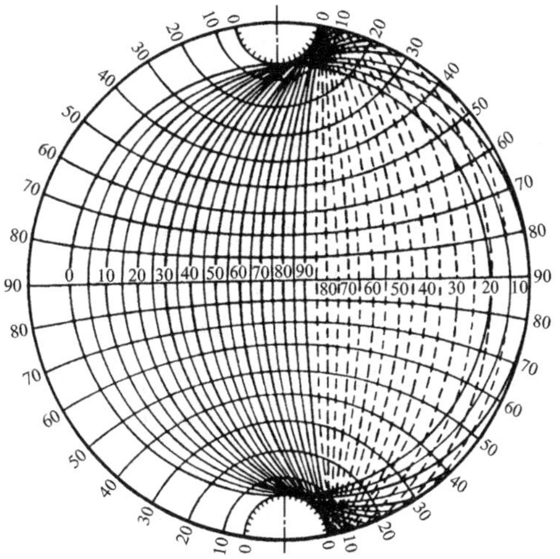

■ 图 12.25 测板织构所用的转动小圆网

12.2.2 衍射仪法测正极图

(1) 衍射数据的收集

要获得 $\{hkl\}$ 极图的全图时，一般要利用透射法（图 12.26）和反射法（图 12.27）两种办法收集 $\{hkl\}$ 面的衍射数据。为收集这些数据，必须在测角仪上附加透射和反射试样支架，以保证试样能按要求转动；或使用将透射与反射试样支架组合在一起的织构测试台。图 12.28 是一个衍射仪上用于织构测试的构件，可以装在测角仪上，其原理与第 7 章介绍的

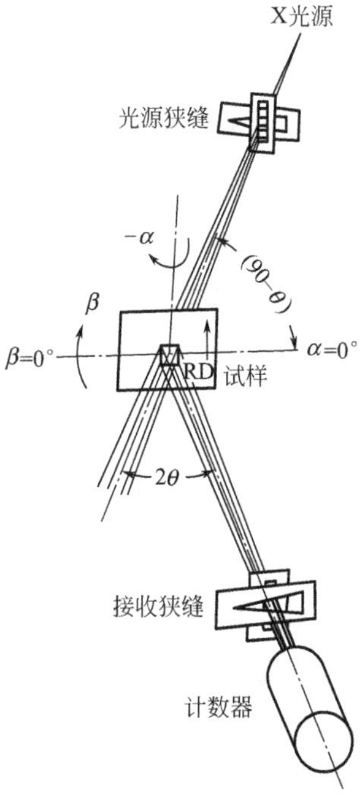

■ 图 12.26 透射法几何

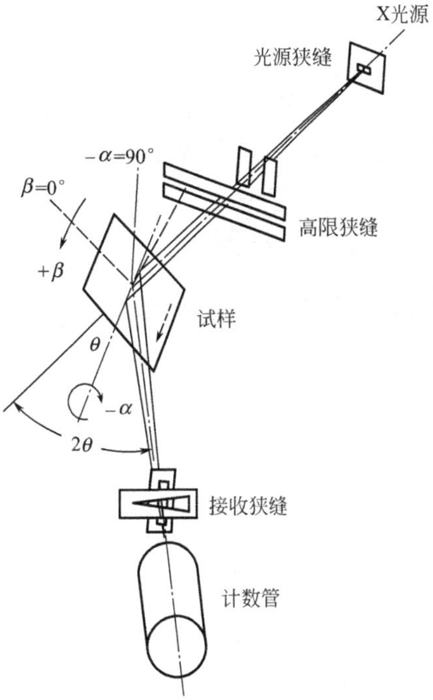

■ 图 12.27 反射法几何

四圆单晶衍射仪相似。目前，已有专门的织构自动测试仪，它可以完成自动收获衍射数据、数据处理和绘制极图的全部工作。尽管收集衍射数据所用的装置各不相同，但它们所基于的衍射几何都可以由图 12.26 和图 12.27 描述。

用透射法收集衍射数据时，试样的初始条件是：轧向与衍射仪轴平行，轧向和衍射仪轴分别是图 12.26 中的箭头和点画线。试样表面法线平分衍射角 2θ，如图 12.26 所示。试样可以分别绕试样轧向和试样表面法线转动，转角分别记为 α 和 β，并且规定，逆轧向和 X 射线衍射线观察时，顺时针方向的转动为负角，逆时针方向的转动为正角。初始条件时，$\alpha=\beta=0°$。测试时，试样绕衍射仪轴顺时针方向转动，获得不同的 $-\alpha$ 角状态，并且对应各个 $-\alpha$ 角值，试样都绕表面法线顺时针旋转一周。即对应任意一个 α 角都有 $-\beta$ 从 0°～360°的变化值。在试样按 α、β 转动的过程中，计数管总是停留在预置的衍射角 2θ 的位置上，并记录各个 α、β 角时 hkl 线的衍射强度 $I_{\alpha、\beta}$。图 12.29 为不同 α 值时冷轧 Al 板的 111 衍射线强度按 β 角的分布。图中分别给出 $\alpha=0°$，$-10°$，$-20°$，$-30°$，$-40°$，$-50°$，$-55°$和$-60°$时，$-\beta$ 角在 0°～360°之间的衍射线强度变化。透射法不能记录 α 角绝对值更大的衍射线，这是因为试样支架遮挡 X 射线和试样吸收的影响太大的缘故。

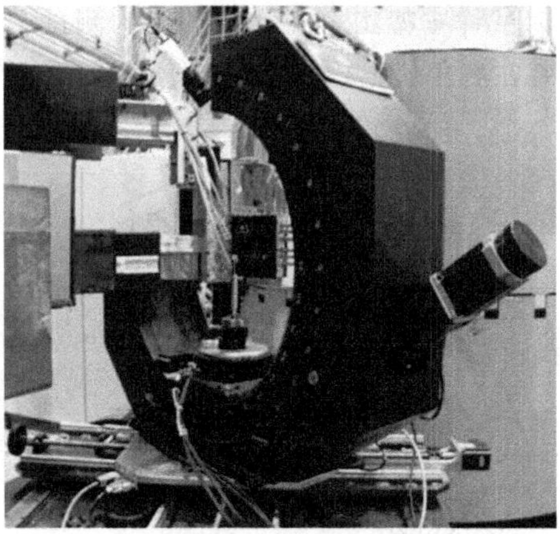

■ 图 12.28 织构测试台

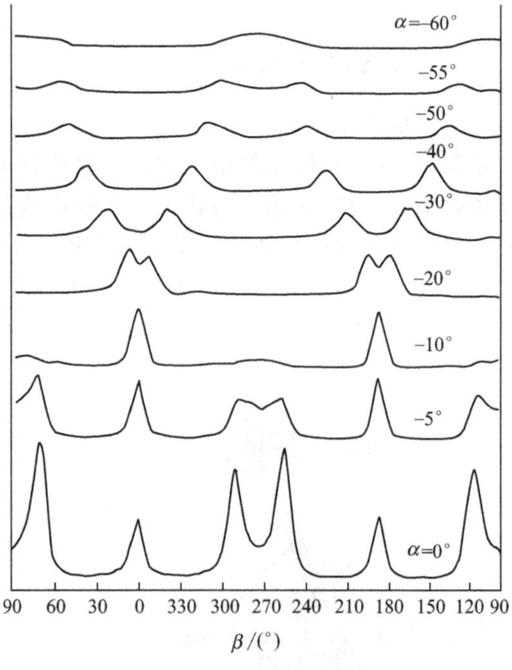

■ 图 12.29 透射法记录的冷轧 Al 板 111 衍射线强度

图中分别记录了 α = 0°，-5°，-10°，-20°，-30°，-40°，-50°，-55°和-60°时 β 转动一周的强度变化

用反射法收集衍射数据时，试样的初始条件是：试样的轧向水平放置，并且指向 X 射线衍射线的方向；试样表面与衍射仪轴平行，并且平分衍射角 2θ。试样可以绕其轧向和表面法线转动，转角分别记为 α 和 β，正负号的标记与透射法相同。初始条件时，$\alpha=90°$，$\beta=0°$。测试时，α、β 都沿顺时针方向转动，于是可以测得 $\alpha=90°$、80°、70°等一系列值，且对应每个 α 值都有 $-\beta$ 为 0°～360°值的 hkl 线的衍射强度 $I_{\alpha、\beta}$。然而 α 值不能太小，因为 α 值太小时的散焦作用影响了所测强度的准确性。

(2) 衍射数据点在极射投影上的位置

首先考察透射法获得的衍射线强度在极射投影图中应在的位置。让极射投影幕与试样初始位置的表面平行，且逆衍射线方向去观察极射投影，如图 12.30 所示。测试过程中，α、β 不断变化，即试样位置不断改变，但投影幕的位置不变，入射线与衍射线的位置也不变。

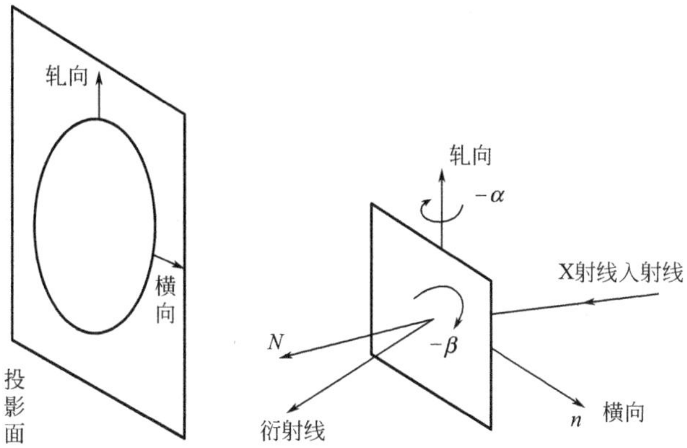

■ 图 12.30 透射法试样与极射投影幕示意图

当 $\alpha=\beta=0°$ 时， 试样与投影幕平行，α、β 变化时，投影幕不动

观察图 12.31 中试样的顶视放大图，就可以更清楚地看出，α、β 角变化时，{hkl} 极点位置的变化。图 12.31(a) 和图 12.31(c) 分别为 $\alpha=\beta=0°$和 $\alpha=-20°$、$\beta=0°$时的试样位置，N 为试样表面法线，n_{hkl} 为特定 α、β 时，参加衍射的 {hkl} 面法线，晶粒中的平行线给出参加衍射的 {hkl} 晶面的方位，θ 为该面的布拉格角。图 12.31(b) 和图 12.31(d) 分别为试样处于图 12.31(a) 和图 12.31(c) 位置时的极射投影图。图 12.31(e) 为 $\alpha=0°$，$\beta=-20°$时所对应的极射投影图。从图 12.31(a) 和图 12.31 (c) 中可以看出，由于所测试的仅为 {hkl} 面在空间的分布，所以试样的转动并不引起衍射线位置的改变，即参加衍射的 {hkl} 面与 X 射线入射线与衍射线之间的位置关系不随试样的转动而变化，仅它们在试样中的相对位置在不断变化。因此，不管试样如何转动，{hkl} 极点总落在一固定的位置，如图 12.31(b)、图 12.31(d) 和图 12.31(e) 所示，变化的只是试样外形坐标的位置。试样绕轧向 (R) 的转动，即 α 角的改变，仅引起投影面中横向 (T) 位置的变化，如图 12.31(d) 所示。试样绕表面法向的转动，即 β 角的改变，仅引起投影面中轧向 (R) 和横向 (T) 的同时转动，如图 12.31(e) 所示。

然而，测定极图应以试样外形为坐标，考察 {hkl} 极点在此坐标中的分布，所以应将上述各极射投影图作转动，让外形坐标都转到如图 12.31(b) 所示的位置，观察不同 α、β 时极点 {hkl} 的位置。从图 12.31(d) 中可以看出，如果让试样外形坐标 (R 和 T) 不动，则当 α 从 0°变化到 $-90°$时， {hkl} 极点应从基圆沿半径移动到极射投影的中心；从图 12.31(e) 中可以看出，当 α 取定值时，β 从 0°往 $-360°$转动一周时，{hkl} 极点将沿 α 值所对应的纬度圆逆时针方向转动一周 (图 12.32)。图 12.32 中的极点 1 和 2 分别对应图 12.31 (b) 和 (d) 中 {hkl} 极点的位置。因此，可以方便地将所测得的 $I_{\alpha,\beta}$，按其 α、β 值在极网上找到它的相应位置。由于一般情况下 α 仅能转到 $-60°$，所以透射法仅能检测极图外圈上的 {hkl} 极点密度。

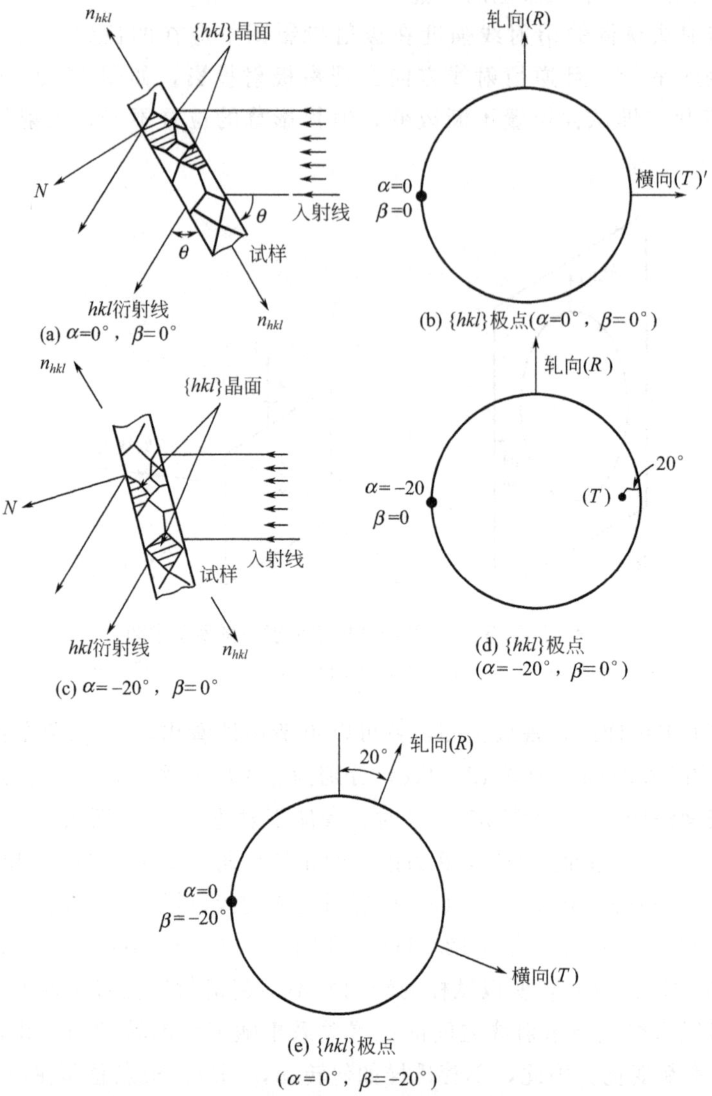

■ **图 12.31 透射法中试样转动与极射投影图的变化**

图中 N 为试样表面法线，n_{hkl}为参加衍射的 {hkl} 面的法线，θ 为 {hkl} 面的布拉格角

(a) 和 (c) 分别为 α = β = 0° 和 α = －20°、β = 0° 时的试样位置顶视放大图；

(b)、(d) 和 (e) 分别为试样为 (a)、(c) 和 α = 0°、 β = － 20° 时的极射投影图

反射法时试样初始位置与极射投影幕之间的关系如图 12.33 所示。让投影幕与试样初始位置的表面平行。N 为试样表面法线，n_{hkl} 为参加衍射的 $\{hkl\}$ 面法线。让初始位置时的 $\alpha=90°$，$\beta=0°$。这时，n_{hkl} 与 N 方向一致，$\{hkl\}$ 极点将在极射投影的中心，如图 12.32 中的极点 5。对照图 12.33，作类似透射法时的分析，可知当 α 顺时针转动 30°，即 $\alpha=60°$、$\beta=0°$时，$\{hkl\}$ 极点应位于图 12.32 中 6 所示的位置；$\alpha=60°$、$\beta=-20°$的极点在图 12.32 中位于 7 所示的位置，等等。于是，利用反射法可以测得极图中心处 $\{hkl\}$ 极点的密度。

(3) 极图的获得

利用透射法和反射法可以测得待测试样的极图数据 $I_{\alpha、\beta}$，但还不能直接将此数据标到极网上构成极图。在这之前还必须做两件事。

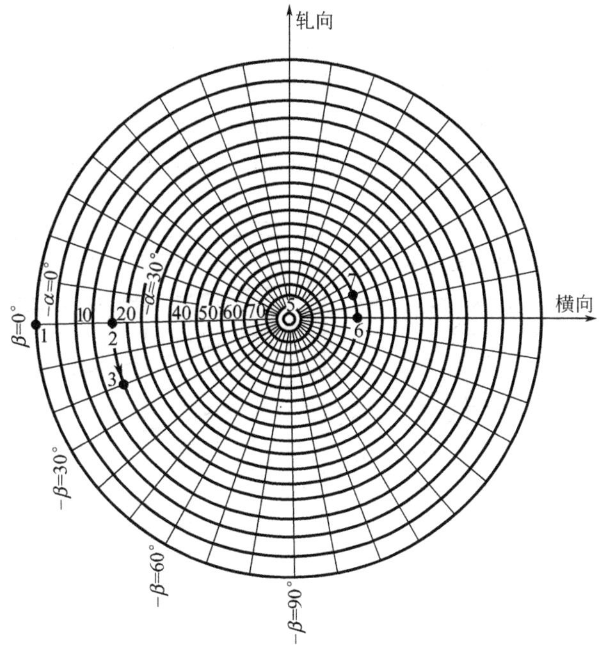

■ 图 12.32 极点在极网上的位置

透射法测得的 1，2，3 点分别为 $\alpha=0°$、$\beta=0°$，$\alpha=-20°$、$\beta=0°$ 和 $\alpha=-20°$、$\beta=-20°$

反射法测得的 5，6，7 点分别为 $\alpha=90°$、$\beta=0°$，$\alpha=60°$、$\beta=0°$ 和 $\alpha=60°$、$\beta=-20°$

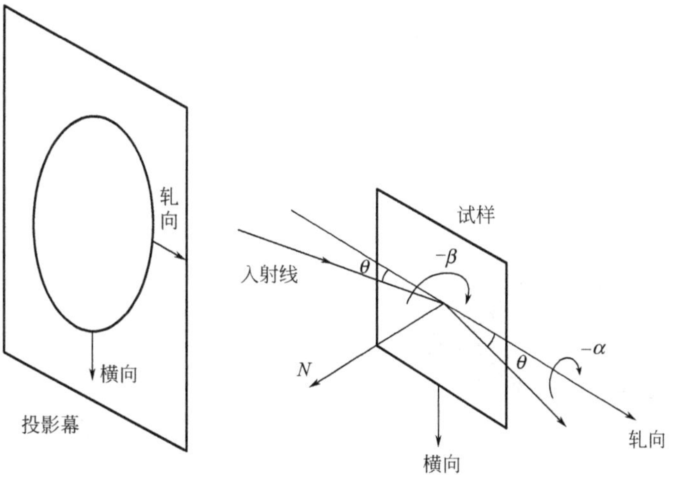

■ 图 12.33 反射法中的试样位置与极射投影幕

初始条件 $\alpha=90°$、$\beta=0°$ 时，试样表面与投影幕平行

首先，从图 12.31(b) 和图 12.31(d) 中可以看出，在透射法中，随着 α 角的改变，试样对 X 射线入射线和衍射线的吸收状态也在改变。因此，对于利用透射法获得的衍射数据 $I_{\alpha、\beta}$，必须消除因试样吸收不同而引起的衍射线强度的变化，即把所有的 $I_{\alpha、\beta}$ 数据，都换算到 $\alpha=0°$时的试样吸收状态所对应的强度值。为此，可利用图 12.34 中的曲线。图中给出了 α 为$-5°$，$-10°$，…$-60°$时，其测试强度 I_α 与 $\alpha=0°$时之强度 $I_{\alpha=0}$ 的比值随试样吸收情况 μt 的变化曲线。其中 μ 为试样的线吸收系数，t 为试样的厚度。现以图 12.29 中 $\alpha=-30°$

的强度曲线为例，说明吸收校正方法。所用试样是0.1mm厚的Al板，辐射为Cu-K_α，算得试样的μt约等于1.3。在图12.34中查得此时的$I_\alpha/I_{\alpha=0}$值为0.73。实测图12.29中$\alpha=-30°$曲线上的峰高约3.5mm，则消除吸收影响后的峰高应为3.5/0.73，即高约为4.9mm。记经吸收校正后的强度为$I_{\alpha\beta}$，校正之前的透射法测试强度为$I'_{\alpha\beta}$。在反射法中，人们设计了高限狭缝，可以证明，用此法获得的衍射线强度无须做吸收校正。

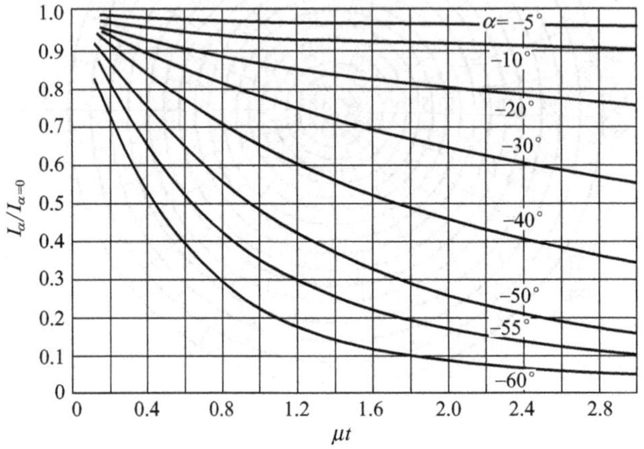

■ 图12.34 透射法的吸收校正曲线（μt为试样线吸收系数与厚度的乘积）

接着应测试无织构试样{hkl}线的衍射强度，记为I^0，将$I_{\alpha\beta}/I^0$标记到极网的相应位置上，就构成了{hkl}极图。透射法数据与反射法数据应有重叠区，并应使两种办法获得的数据相一致。图12.35为利用图12.29中的数据和反射法获得的冷轧Al板{111}极图。图中仅将强度分为4级，即大于$3I^0$、$5/4I^0\sim3I^0$、$3/4I^0\sim5/4I^0$和小于$3/4I^0$。

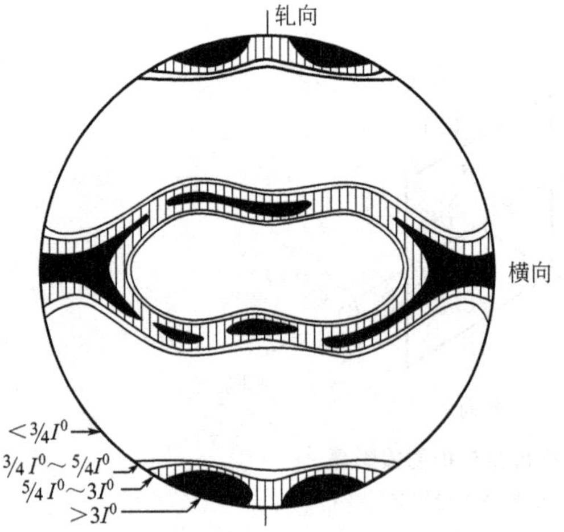

■ 图12.35 冷轧Al板的{111}极图

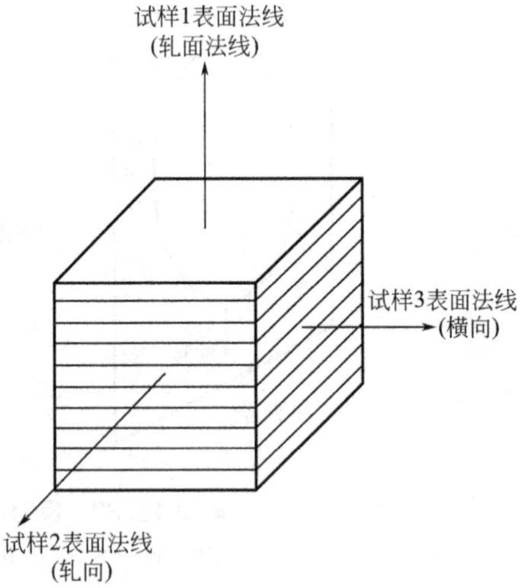

■ 图12.36 利用三个试样的反射法数据获得正极图

试样1表面为轧面，它提供了极图中心部分的数据；

试样2表面垂直于轧向，它提供了极图上方的数据；

试样3表面垂直于横向，它提供了围绕横向的数据

如果难以获得薄试样，就不能使用透射法，这时只能利用特殊的办法获得整个极图。例如，可以把平板试样组合起来，如图12.36所示，分别以轧面、轧向切面和横向切面

为试样表面，即图中的试样 1、2 和 3，测试三组反射法数据，组合成全极图。也可以如图 12.37(a) 所示，切出与轧向、横向和轧面法向呈等角度的平面，测得衍射数据获得一个象限内的极图数据，如图 12.37(b)，再利用极图的上下、左右对称性来获得完整的正极图。但在实际工作中应注意到试样不同部位织构程度的差别与某些情况下极图的上下不对称特点。

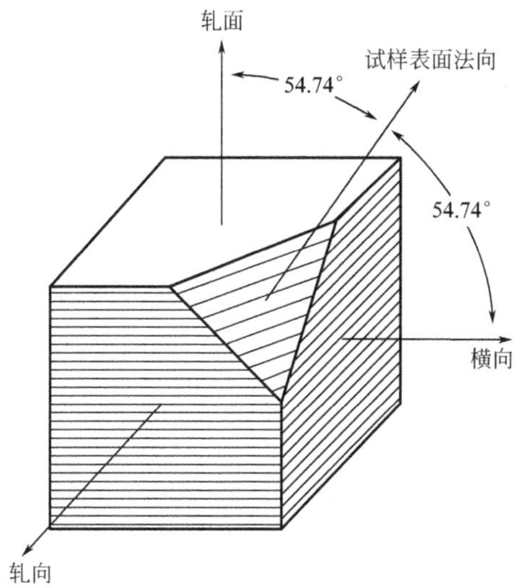

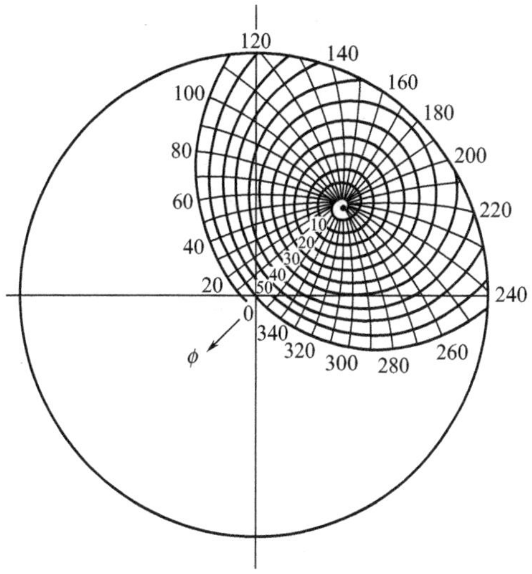

■ 图 12.37 巧妙地切割试样（a），可以利用反射法获得极图中一个象限内的全部数据（b）

(4) 极图定量分析

① 极图数据的准确度与归一化　极图上标定的数据为有织构与无织构试样的强度之比，即 $I_{\alpha\beta}/I^0$，记为 $R_{\alpha\beta}$，它实际上是 $\{hkl\}$ 晶面极点相对于外形坐标的取向密度。对于无织构的试样，自然 $R^0_{\alpha\beta}\equiv1$。

如果把极图所在的球面 N 等分，则有小面积 $S_{\alpha\beta}$，对无织构的试样有

$$NR^0_{\alpha\beta}S_{\alpha\beta}=S \tag{12.1}$$

S 为球面面积；对于有织构试样应有

$$\sum_{\alpha\beta}^{N}R_{\alpha\beta}S_{\alpha\beta}=S \tag{12.2}$$

于是，可以利用式(12.2) 判断极图数据的准确度。

要利用极图数据估计材料的性能，应事先对极图数据作归一化处理，而不必作无织构的标准试样。下面介绍两种归一化的方法。一种方法与判断极图准确度的方法相似，将 $S=NS_{\alpha\beta}$，$R_{\alpha\beta}=I_{\alpha\beta}/I^0_{\alpha\beta}$代入式(12.2) 中可得出

$$\frac{1}{N}\sum_{\alpha\beta}^{N}I_{\alpha\beta}=I^0_{\alpha\beta}=I^0 \tag{12.3}$$

因此，可以得到如下的归一公式

$$R_{\alpha\beta}=\frac{I_{\alpha\beta}}{\frac{1}{N}\sum_{\alpha\beta}^{N}I_{\alpha\beta}} \tag{12.4}$$

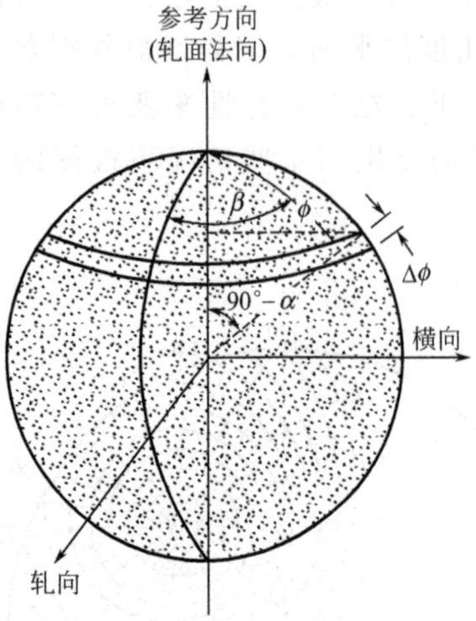

■ 图 12.38 归一化因子的计算方法之一

利用计算机采集极图数据时，采用另一种方法计算归一化因子 I^0，即（如图 12.38）

$$I^0=\frac{\int_0^{\frac{\pi}{2}}\int_0^{2\pi} I_{\alpha\beta}\cos\alpha\,\mathrm{d}\alpha\,\mathrm{d}\beta}{\int_0^{\frac{\pi}{2}}\int_0^{2\pi}\cos\alpha\,\mathrm{d}\alpha\,\mathrm{d}\beta}=\frac{\sum\limits_{\alpha\beta} I_{\alpha\beta}\cos\alpha}{\sum\limits_{\alpha\beta}\cos\alpha} \tag{12.5}$$

$$R_{\alpha\beta}=\frac{I_{\alpha\beta}}{I^0} \tag{12.6}$$

归一化计算时，参考方向可以根据实际需要而定。

② 试样织构程度的判断 一般采取两种不同的方法评定材料的织构程度，一个是与无织构试样的偏离程度，另一个是各向异性程度。织构试样与无织构试样偏离程度可以用各个小区域 $S_{\alpha\beta}$ 中 $R_{\alpha\beta}$ 与 $R_{\alpha\beta}^0$ 的方差来估计，即有

$$\sigma=\frac{1}{\frac{1}{N}\sum\limits_{\alpha\beta}^{N} I_{\alpha\beta}}\sqrt{\frac{\sum\limits_{\alpha\beta}^{N} I_{\alpha\beta}^2-\left(\sum\limits_{\alpha\beta}^{N} I_{\alpha\beta}\right)^2/N}{N}} \tag{12.7}$$

式中，N 为球面的等分数，称 σ 为织构度。

试样的各向异性程度可以用取向参数 f 或各向异性因子 BAF 表示。现以六方晶系的晶体为例加以说明。属六方晶系的单晶体在平行与垂直［0001］方向上的性质相差很大，分别记为 $P_{/\!/}$ 与 $P_{\perp}$。单晶中任一方向上的性质为 $P_{参考}$，有

$$P_{参考}=P_{/\!/}\cos^2\phi+P_{\perp}(1-\cos^2\phi)$$

式中，ϕ 为［0001］与参考方向之间的夹角，如图 12.38 所示。对于六方晶系多晶材料，V_i 代表与参考方向成 ϕ_i 角的［0001］晶粒的体积分数。如果近似地认为整个晶体在参考方向上的性质 $P_{参考}$ 是 $\phi_i=0\sim\pi/2$ 的所有晶粒的性质的叠加，则有

$$P_{参考}=P_{/\!/}\sum_0^{\pi/2} V_i\cos^2\phi_i+P_{\perp}\sum_0^{\pi/2} V_i(1-\cos^2\phi_i)$$

由于 $\sum\limits_0^{\pi/2} V_i=1$，所以

$$P_{参考}=P_{/\!/}\sum_0^{\pi/2} V_i\cos^2\phi_i+P_{\perp}\left(1-\sum_0^{\pi/2} V_i\cos^2\phi_i\right)$$

定义

$$f=\sum_0^{\pi/2} V_i\cos^2\phi_i \tag{12.8}$$

为取向参数。

V_i 可以从（0001）极图上计算，如图 12.38，有

$$V_{\Delta\phi_i}=\frac{\int_{\phi_i}^{\phi_{i+1}} I(\phi)\sin\phi\,\mathrm{d}\phi}{\int_0^{\pi/2} I(\phi)\sin\phi\,\mathrm{d}\phi} \tag{12.9}$$

具体计算方法是将 $\phi=0°\sim90°$ 分成 10 等份，在各等份内取强度平均值 $\overline{I}(\phi)$，计算 $\overline{I}(\phi)\sin\overline{\phi}$、$V_{\Delta\phi}$ 和取向参数 f。表 12.1 为取向参数计算实例。其中 $f=0.48$，大于无织构时的值 1/3。可以用 f 值的大小定量比较织构程度和预计参考方向的性质。

表 12.1 旋锻锆棒径向取向参数的计算

$\Delta\phi$	$\overline{I}_\phi$	$\overline{I}_\phi\sin\overline{\phi}$	$V_{\Delta\phi}$	$V_{\Delta\phi}\cos^2\overline{\phi}$
0～10	3.27	0.285	0.048	0.0478
10～20	2.71	0.702	0.119	0.111
20～30	1.69	0.715	0.121	0.0993
30～40	1.35	0.775	0.131	0.0879
40～50	1.17	0.827	0.140	0.0700
50～60	0.97	0.794	0.134	0.0441
60～70	0.73	0.661	0.117	0.0209
70～80	0.62	0.600	0.101	0.0061
80～90	0.55	0.548	0.093	0.007
		5.91①	1.00	$0.488=f$

① $5.91=\sum_{0}^{90}\overline{I}\phi\sin\overline{\phi}$。

各向异性因子 BAF 是两个相互垂直的参考方向上的性质之比。例如，等静压石墨的各向异性因子可以写成

$$\mathrm{BAF}=\frac{P_{轴向}}{P_{径向}} \tag{12.10}$$

又因为对于石墨 $P_{/\!/}\gg P_{\perp}$，$P_{轴向}\approx f_{轴向}P_{/\!/}$，因此上式可以简化成

$$\mathrm{BAF}=\frac{f_{轴向}}{f_{径向}}$$

需要说明的是，测定正极图时，极图数据至少要几百个，数据校正、处理、再计算材料性质，要花费极多的时间。因此，除非在近理想织构情况和计算机联机自动处理数据时，一般为节省时间，采用反极图来计算估计材料的性质。

12.3 反极图的获得与分析

12.3.1 反极图的获得

（1）测试原理

如果用 X 射线衍射仪对织构试样作常规扫描，观察其衍射图样，并与无织构试样的图样作比较，会发现，在它们之中，同种指数的衍射线强度可能相差很大。值得注意的是，不仅对于同种材料的织构试样，只要它们的织构状态不同，衍射图样就不同，而且就是对于某一特定的织构材料，以不同方位切割出的试样之间，衍射图样也不相同。图 12.39(a)、图 12.39(b) 和图 12.39(c) 分别为旋锻锆合金棒纵向、横向截面和锆合金粉末的衍射图，利

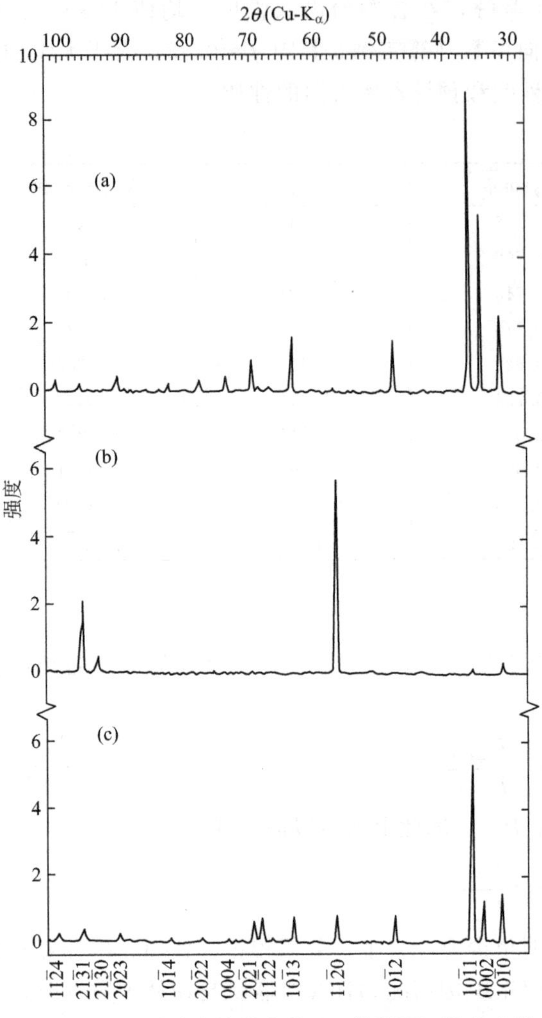

■ 图 12.39　锆合金棒纵向截面、横截面和锆合金粉末试样的衍射仪常规扫描图样

用 Cu-K_{α} 辐射，以常规扫描方式获得。从图中可以看出，织构试样的图样图 12.39(a) 和图 12.39(b) 与无织构试样的图样图 12.39(c) 之间相差很大，试样的纵向和横向截面的图样图 12.39(a) 与图 12.39(b) 之间相差也很大。对于无织构的试样和棒材纵向截面的试样，都是 $10\bar{1}1$ 衍射线的强度最大。而对于棒材的横向截面，图样中的 $10\bar{1}1$ 衍射线强度为零，$11\bar{2}0$ 衍射线强度最大。因此，某特定方位试样的衍射仪常规扫描图谱，可反映出材料中该方位的织构状态。

现在进一步分析特定方位试样的衍射图样与该试样某特定方向的反极图之间的关系。衍射仪常规扫描的衍射几何（图 6.15）告诉我们，在衍射图样中，某一指数的衍射线强度并不是由 X 射线所照射到的试样的全部所贡献，而是由其中的一部分晶粒所贡献，这些晶粒中该指数的晶面平行于试样表面。换言之，如果试样的衍射图样中某指数的衍射线较强，就反映出在此试样中，有较大的体积分数是这种取向的晶粒，其中该指数的晶面平行于试样表面。如果图样中没有某种指数的衍射线出现，就说明此试样中，几乎全部晶粒的这种指数的晶面都不平行于试样表面。于是，图样如图 12.39(b) 所示的试样，其中晶粒的取向可以由图 12.40 示意描述。在图 12.39(b) 中，几乎仅有 $11\bar{2}0$、$21\bar{3}1$ 和 $21\bar{3}0$ 衍射线，且它们之间的强度相差甚大，有 $I_{11\bar{2}0} \gg I_{21\bar{3}1} \gg I_{2130}$。于是可以判断，在此试样中几乎仅有 $\{11\bar{2}0\}$、$\{21\bar{3}1\}$ 和 $\{21\bar{3}0\}$ 晶面平行于试样表面，并且它们各自的体积分数不相等，有 $V_{11\bar{2}0} \gg V_{21\bar{3}1} \gg V_{2130}$。不言而喻，平行于试样表面的晶面的法线方向，如图 12.40 中的 $n_{11\bar{2}0}$、$n_{21\bar{3}1}$ 和 $n_{21\bar{3}0}$，都与试样表面的法线方向一致。如果以试样表面法线方向为其外形方向，即参考方向 R，则对衍射线强度有贡献的晶面的法线方向都与参考方向一致。由于衍射线强度反映出试样中相应指数的晶面平行于试样表面的体积分数，也就反映出参考方向 R 按相应指数分布的体积分数。也就是说，可以用产生衍射线的各个晶体学面的指数表描述该

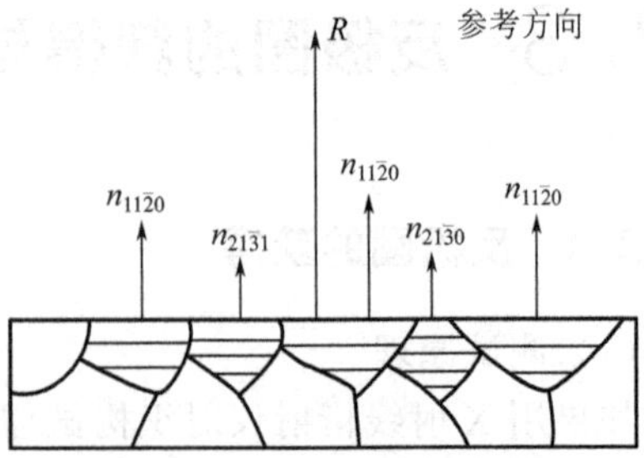

■ 图 12.40　Zr 棒纵截面晶粒取向示意图

其中 $n_{11\bar{2}0}$、$n_{21\bar{3}1}$ 和 $n_{21\bar{3}0}$ 分别为 $\{11\bar{2}0\}$、$\{21\bar{3}1\}$ 和 $\{21\bar{3}0\}$ 晶面法线。R 为参考方向，即试样表面法线方向

试样某一外形参考方向（试样表面法向）的分布。

各种晶体都有标准投影图，各种指数的晶面极点在标准投影中的位置都是确定的。例如上述锆合金属于六方晶系，图 12.41(a) 给出一个某一组 {10$\bar{1}$1} 晶面在一个晶胞内的分布，图 12.41(b) 为其（0001）标准投影中的一个三角形。在此三角形中，标出了可能产生衍射线的 22 个晶面极点的位置，它们分布在三个晶带上，三个晶带大圆都过 0001 极点，它们之间的夹角分别为 19.1°和 10.9°，图中所标的 ϕ 为对（0001）的倾角。于是，可以把由衍射图谱表征的试样外形的分布，标到标准投影三角形中的特定位置上，构成反极图。

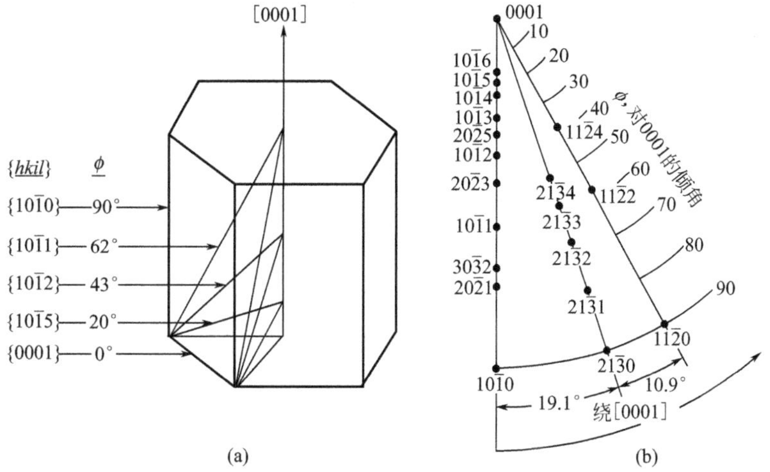

■ 图 12.41 六方晶系的晶胞（a）与标准投影三角形（b）

（a）中示出某一组 {10$\bar{1}$1} 对（0001）面的倾角 ϕ；（b）中给出了 Zr 试样有衍射线的 22 个晶面极点位置，和它们所在的三个晶带之间的夹角

（2）测试实例

测试反极图要比测试正极图方便得多，它不需要特殊的测试附件，只需以待测方向为试样表面法线方向，在 X 射线衍射仪上作常规扫描，就能获得反极图的原始数据。由于即使是无织构的试样，其图谱中各条衍射线的强度也不相同，所以实测反极图时，必须以无织构试样的衍射图谱为参照标准，来度量织构试样中取向度的变化。因此，要获得反极图就必须同时测试材料相同的织构试样与无织构试样的衍射图谱，分别记其中的衍射线强度为 I_i 和 I_i^0，下角标 i 代表衍射线的指数。I_i/I_i^0 代表了试样表面法线在晶体学坐标中的分布。于是，将 I_i/I_i^0 标注到标准投影的三角形中，就构成了反极图。

表 12.2 为 Zr 粉末试样与 Zr 板轧面为试样表面时的衍射数据，图 12.42 为 Zr 板轧面反极图。图表中的数据取的是衍射峰峰高。由于 0002 与 0004，10$\bar{1}$1 与 20$\bar{2}$2 等相比，前者强度大，测量准确度高，计算反极图时给以较大的权重，这里取的是前者权重为 1，后者权重为 0。

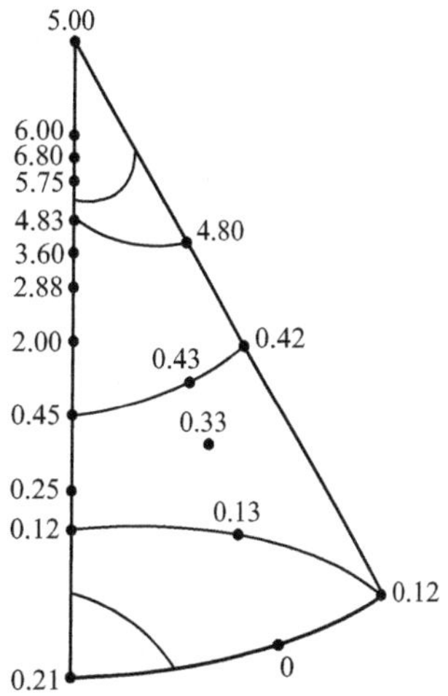

■ 图 12.42 Zr 轧板表面法向反极图

■ 表 12.2 Zr 粉与轧板的衍射数据

hkil	I_{hkil}^0	I_{hkil}	I/I^0
$10\bar{1}0$	47	10	0.21
0002	48	240	5.00
$10\bar{1}1$	140	63	0.45
$10\bar{1}2$	24	69	2.88
$11\bar{2}0$	24	3	0.12
$10\bar{1}3$	24	116	4.83
$20\bar{2}0$	5	2	0.40
$11\bar{2}2$	24	10	0.42
$20\bar{2}1$	17	2	0.12
0004	6	31	5.17
$20\bar{2}2$	6	2	0.33
$10\bar{1}4$	4	23	5.75
$20\bar{2}3$	6	12	2.00
$21\bar{3}0$	3	0	0.00
$21\bar{3}1$	8	1	0.13
$11\bar{2}4$	5	4	4.80
$21\bar{3}2$	3	1	0.33
$10\bar{1}5$	6	41	6.80
$21\bar{3}3$	7	3	0.43
$30\bar{3}2$	4	1	0.25
$20\bar{2}5$	3	11	3.60
$10\bar{1}6$	3	18	6.00

应当说明一下的是，测反极图时要求衍射线条数尽量多，因此，它适用于对称性较低的晶体。对于对称性较高的晶体，应该选用短波长的辐射。

12.3.2 反极图数据的归一化处理

利用图 12.42 所示的反极图，可以清晰地看出，Zr 板轧面近于 $\{10\bar{1}5\}$ 面。然而要利用反极图作织构程度的定量计算或与其他文献的测试结果进行比较，就必须对图上的数据作归一化处理。

为了使数据与材料体积相对量相联系，引入相对取向密度 J_i。如果 $V_{i/\!/}$ 与 $V_{i/\!/}^0$ 分别代表有织构与无织构试样中晶面 i 的法向平行于某特定方向的体积分数，则 J_i 为 $V_{i/\!/}$ 与 $V_{i/\!/}^0$ 之比。即

$$J_i=\frac{V_{i/\!/}}{V_{i/\!/}^0} \tag{12.11}$$

对于无织构试样有

$$V_{i/\!/}^0=\frac{V^0}{4\pi}$$

式中，i 可以是任意指数；V^0 为总体积分数。无织构试样的相对取向密度记为 J_i^0，$J_i^0\equiv 1$。对于有织构的试样，$J_i \geqq 1$，按定义有

$$\frac{1}{4\pi}\int_{4\pi} J_i \mathrm{d}\Omega = 1 \tag{12.12}$$

由于衍射图谱中的强度数据有限，因此 J_i 不是连续函数，因此只能对式(12.12) 作近似处理。下面介绍常用的近似处理方法。

衍射仪测试的无织构试样衍射线强度 I_i^0 为

$$I_{hkl}^0 = C^{0'}(LP)|F_{hkl}|^2 P_{hkl}^0 V_{有效} \tag{12.13}$$

式中，(LP) 为洛伦兹偏振因子；F_{hkl} 为结构因子；P_{hkl}^0 为无织构粉末试样的重复因子；$C^{0'}$ 为与试样完整程度和实验条件有关的常数；$V_{有效}$ 仅与 X 射线束截面 S_0 和试样吸收系数有关，按理应该并入常数项。但考虑到无织构试样与有织构试样某晶面 i 平行试样表面的体积分数有所改变，因此将式(12.13) 改写成

$$I_i^0 = C^0(LP)|F_i|^2 P_i^0 V_{i/\!/}^0 \tag{12.14}$$

对于有织构的试样应有

$$I_i = C(LP)|F_i|^2 P_i V_{i/\!/} \tag{12.15}$$

如果不考虑试样有无织构时重复因子的变化，则从式(12.14) 与式(12.15) 可以导出

$$\frac{I_i}{I_i^0} = \frac{CV_{i/\!/}}{C^0 V_{i/\!/}^0}$$

即

$$\frac{I_{hkl}}{I_{hkl}^0} = \frac{C}{C^0} J_{hkl} \tag{12.16}$$

式中，C 与 C^0 都是常数。因此有

$$\sum_{hkl}^{n} \frac{I_{hkl}}{I_{hkl}^0} = \frac{C}{C^0} \sum_{hkl}^{n} J_{hkl} \tag{12.17}$$

n 为所获得的衍射线的条数。由式(12.16) 和式(12.17) 可以得到

$$J_{hkl} = \frac{I_{hkl}/I_{hkl}^0}{\sum (I_{hkl}/I_{hkl}^0)} \cdot \sum_{hkl}^{n} J_{hkl}$$

如果认为 n 条衍射线在晶体坐标中是均匀分布的，则有

$$\frac{1}{n} \cdot \sum_{hkl}^{n} J_{hkl} = 1 \tag{12.18}$$

用上式代替式(12.12)，从而得到

$$J_{hkl} = \frac{I_{hkl}/I_{hkl}^0}{\frac{1}{n}\sum_{hkl}^{n}(I_{hkl}/I_{hkl}^0)} \tag{12.19}$$

通常称这种计算方法为 Harris 法，它是由 Harris 提出，经后人修正确定的，也称等权重法。实际上，衍射线在晶体坐标中的分布是不均匀的。例如 α-Zr 的衍射线只集中在三条晶带大圆上（如图 12.41)，因此，有必要采用其他的归一化方法。

面积权重法认为某一相对取向密度 J_i 不仅代表指数为 i 的极点密度，也代表了它周围面积 S_i 上的极点密度，因此，式(12.18) 变成

$$\frac{1}{S} \cdot \sum S_i J_i = 1$$

记 $S_i/S = A_i$，则有

$$\sum A_i J_i = 1 \tag{12.20}$$

式中，S 为标准投影三角形的面积；S_i 为极点 i 周围多边形的面积；因此，A_i 为极点 i 所占的面积分数。极点 i 周围多边形是由平分相邻两极点之间的大圆构成的。图 12.43 为与 Zr 各极点相联系的多边形。

用面积权重法时，相对取向密度的计算公式应为

$$J_i = \frac{I_i/I_i^0}{\sum(A_i I_i/I_i^0)} \tag{12.21}$$

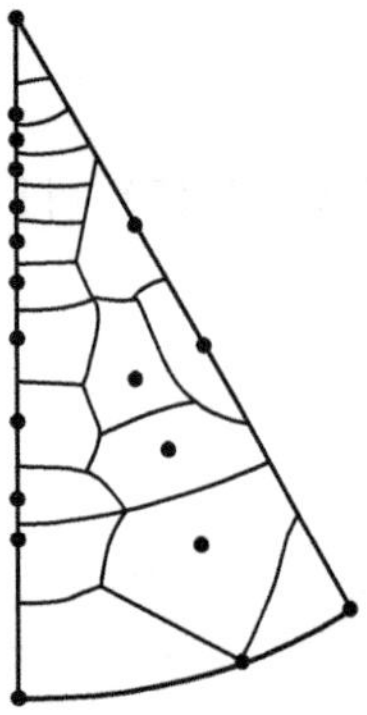

■ 图 12.43 锆的面积权重多边形

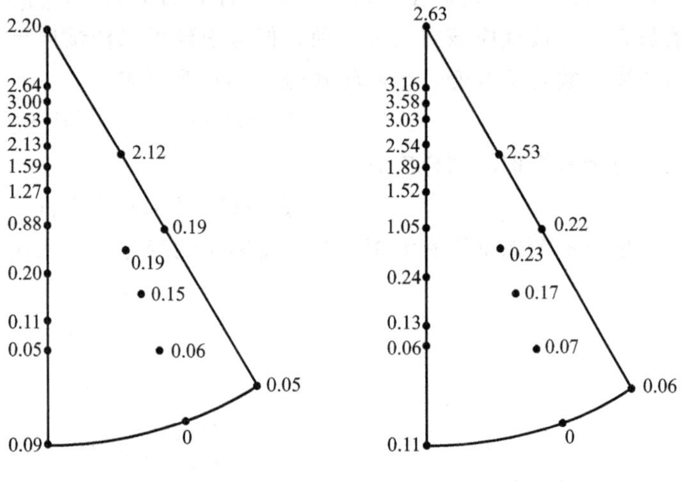

(a) 等权重法归一化　　(b) 面积权重法归一化

■ 图 12.44 Zr 轧板表面的归一化反极图

表 12.3 为用上述两种方法计算的 Zr 轧板表面各极点的相对取向密度值 J_i。其中 J_n 和 J_A 列数据分别代表由等权重法和面积权重法计算出的 J_i 值。将相对取向密度 J_i 值标到标准三角形上，就构成了经过归一化处理的反极图，如图 12.44(a) 和图 12.44(b)。比较图 12.42 和图 12.44(a)、图 12.44(b)，可以看出，三者的变化规律相同，只是绝对值不同，但图 12.44(a)、图 12.44(b) 值相近。

■ **表 12.3 Zr 轧板的相对取向密度**

hkl	I_{hkl}/I_{hkl}^0	A①/%	$A_i(I_i/I_i^0)\times10^{-2}$	J_n	J_A
1010	0.21	4.44	0.9324	0.09	0.11
0002	5.00	1.24	6.2000	2.20	2.63
$10\bar{1}1$	0.45	4.51	2.0295	0.20	0.24
$10\bar{1}2$	2.88	4.04	11.6352	1.27	1.52
$11\bar{2}0$	0.12	2.74	0.3288	0.05	0.06
$10\bar{1}3$	4.83	2.49	12.0267	2.13	2.54
$20\bar{2}0$	0.40	4.44	1.7760	0.18	0.21
$11\bar{2}2$	0.42	4.99	2.0958	0.19	0.22
$20\bar{2}1$	0.12	5.22	0.6264	0.05	0.06
0004	5.17	1.24	6.4108	2.28	2.72
$20\bar{2}2$	0.33	4.51	1.4883	0.15	0.17
$10\bar{1}4$	5.75	3.56	20.47000	2.53	3.03
$20\bar{2}3$	2.00	5.58	11.1600	0.88	1.05

续表

hkl	I_{hkl}/I_{hkl}^0	A_i①/%	$A_i(I_i/I_i^0)\times10^{-2}$	J_n	J_A
$21\bar{3}0$	0.00	5.34	0.0	0	0
$21\bar{3}1$	0.13	12.56	1.6328	0.06	0.07
$11\bar{2}4$	4.80	10.53	50.5440	2.12	2.53
$21\bar{3}2$	0.33	9.96	3.2868	0.15	0.17
$10\bar{1}5$	6.80	2.49	16.9320	3.00	3.58
$21\bar{3}3$	0.43	9.96	4.2828	0.19	0.23
$30\bar{3}2$	0.25	3.44	0.8600	0.11	0.13
$20\bar{2}5$	3.60	2.49	8.9640	1.59	1.89
$10\bar{1}6$	6.00	4.40	26.4000	2.64	3.16
Σ	50.02	99.98	1.90	—	—

① A_i 是利用极射等面积网测得。

12.3.3 各向异性的计算

利用反极图也可以计算试样的取向参数 f 和各向异性因子 BAF，并且计算极为简单。现以图 12.45 为例加以说明。

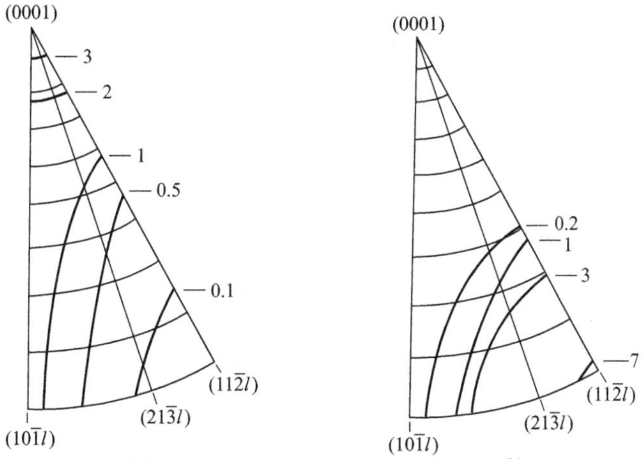

■ 图 12.45 锆合金棒的径向（a）和轴向（b）反极图

图 12.45(a) 和图 12.45(b) 分别为由图 12.39(a) 和图 12.39(b) 衍射图谱获得的锆合金棒径向和轴向反极图。径向即纵向截面法向，轴向即横向截面法向。图中的粗实线为等 J 曲线，数字为 J 值，J 为相对取向密度。图中由细实线所示的同心圆弧，为等 ϕ 曲线，ϕ 为反极图中的参考方向与（0001）极之间的夹角。对于各个晶带大圆，都可以从图 12.45 中获得某 ϕ 处的相对取向密度 J_ϕ 值，并获得 J_ϕ-ϕ 曲线，如图 12.46(a) 和图 12.46(b)。在图 12.46(a) 和图 12.46(b) 中，在（$10\bar{1}l$）、（$21\bar{3}l$）和（$11\bar{2}l$）晶带大圆上的 J_ϕ 值分别用"○"、"△"和"□"表示。为了计算各向异性参数，必须从图 12.46(a) 和图 12.46(b) 中分别计算出径向和轴向相对取向密度的等 ϕ 平均值 $\bar{J}_\phi$。$\bar{J}_\phi$ 为

$$\bar{J}_\phi=\frac{1}{30}\left[19.1\times\left(\frac{J_1+J_2}{2}\right)+10.9\times\left(\frac{J_2+J_3}{2}\right)\right]$$

式中的系数 19.1 和 10.9 分别为晶带（$10\bar{1}l$）与（$21\bar{3}l$）和（$21\bar{3}l$）与（$11\bar{2}l$）之间的夹角度数；J_1、J_2 和 J_3 分别为属（$10\bar{1}l$）、（$21\bar{3}l$）和（$11\bar{2}l$）晶带的相对取向密度在所计算的 ϕ 角处的值。一般是在反极图上划分若干个 ϕ 值区域，计算 J_ϕ 在各个区域中的平均值。图 12.45 所示的例中是将反极图分成 9 个等 ϕ 区，即将 ϕ 值 10°分度。图 12.46(c) 和图 12.46(d) 分别是由曲线图 12.46(a) 和图 12.46(b) 计算出的，图中的实线为$\bar{J}_\phi$-ϕ 曲线，虚线为 $\bar{J}_\phi\sin\phi$-ϕ 曲线。

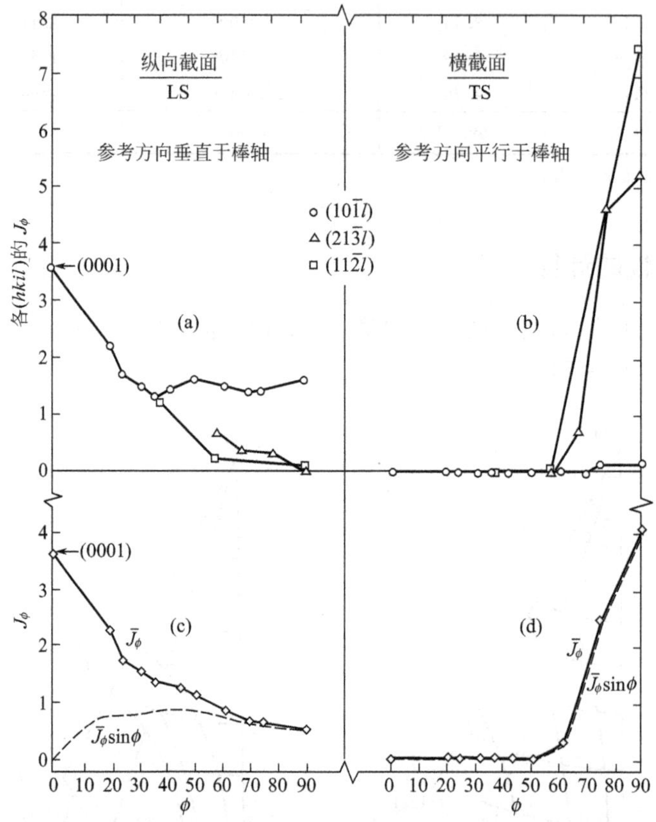

■图 12.46 锆合金棒径向（a）、（c）和轴向（b）、（d）相对取向密度 J_ϕ 以及其等 ϕ 平均值 $\bar{J}_\phi$ 及 $\bar{J}_\phi\sin\phi$ 相对 ϕ 角的分布

式(12.8) 为取向参数 f 的定义式，它是在对属六方晶系的材料进行各向异性计算时引入的。即

$$f=\sum_0^{90°}V_i\cos^2\phi_i$$

式中，V_i 为参考方向位于 ϕ_i 处的体积分数。$\phi_i=0°\sim90°$。由于反极图中的等 ϕ 区是按 10 分度划分的，所以可按下式计算各个 ϕ 区内的体积分数 $V_{\Delta\phi_i}$

$$V_{\Delta\phi_i}=\frac{\int_{\phi_i}^{\phi_{i+1}}J_\phi\sin\phi\,d\phi}{\int_0^{90°}J_\phi\sin\phi\,d\phi}$$

具体计算方法，可用表 12.4 来完成，表中的 $\bar{\phi}$ 为 $(\phi_i+\phi_{i+1})/2$；Σ_1 为 $\sum_i\bar{J}_{\phi_i}\sin\bar{\phi}_i$，

即 $\int_0^{90^\circ} J_\phi \sin\phi \mathrm{d}\phi$ ；Σ_2 为 $\sum_i V_{\Delta\phi_i} \cos^2 \overline{\phi}_i$ ，即为取向参数 f。

■ **表 12.4　取向参数的计算方法**

$\Delta\phi(\phi_i \sim \phi_{i+1})$	$\overline{J}_\phi$	$\overline{J}_\phi \sin\overline{\phi}$	$V_{\Delta\phi_i}$	$V_{\Delta\phi_i}\cos^2\overline{\phi}$
0～10	⋮	⋮	⋮	⋮
10～20	⋮	⋮	⋮	⋮
20～30	⋮	⋮	⋮	⋮
⋮	⋮	⋮	⋮	⋮
80～90	⋮	⋮	⋮	⋮
总和		Σ_1		$\Sigma_2 = f$

12.4　极分布图的测定

除了通过测定正、反极图来确定材料的织构状态外，对于具有丝织构的材料，还可以通过测量极分布图来确定其织构状态。

12.4.1　极分布图

如果具有丝织构材料的参考方向为 R，它可以是丝轴、沉积面法向等，则任意晶面 $\{hkl\}$ 都绕其成对称分布。图 12.47 是标出参考方向 R 的参考球。这时任意指数的极点都以 R 为轴作对称分布。因此，极点沿 ϕ 角的分布就能反映了该材料的织构状态。ϕ 角为参考方向 R 与 hkl 极点之间的夹角。所谓极分布图就是某极点沿 ϕ 的分布图。反映到 X 射线衍射线上，极分布图就是指该指数的衍射线强度 I 与 ϕ 之间的函数关系。因此，测定极分布图就是设法测出 $\phi=0°\sim90°$时某晶面的衍射线强度。而测试时所选择的晶面极点，一般都是预计的理想织构成分。

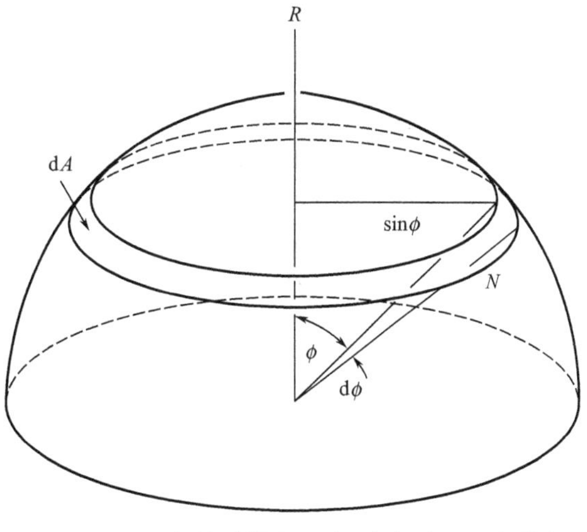

■ 图 12.47　丝织构试样中，$\{hkl\}$ 极点的分布特点，R 为丝轴，阴影带为 $\{hkl\}$ 极点区

设参考球半径为单位长度，则阴影带面积为 $\sin\phi\mathrm{d}\phi$

12.4.2　极分布图的测定

利用 θ 角与 2θ 角能够分立运动的衍射仪可以方便地测定极分布图。测定极分布图时，先将计数器预置到欲测的衍射线位置上，并且不再运动；试样则由 $\phi=0°$的初始位置，如图 12.48(a)，连续绕衍射仪轴转动。图 12.48(b) 表示某时刻的试样位置，计数器中就测得了各 ϕ 角时的强度 I。自然，当条件允许时也可以用 AB 为转轴，测试 I-ϕ 曲线。

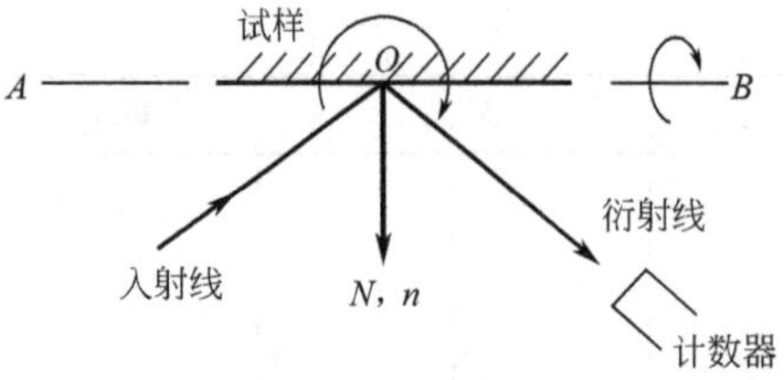

(a) 试样的初始位置和可能的转轴O与AB

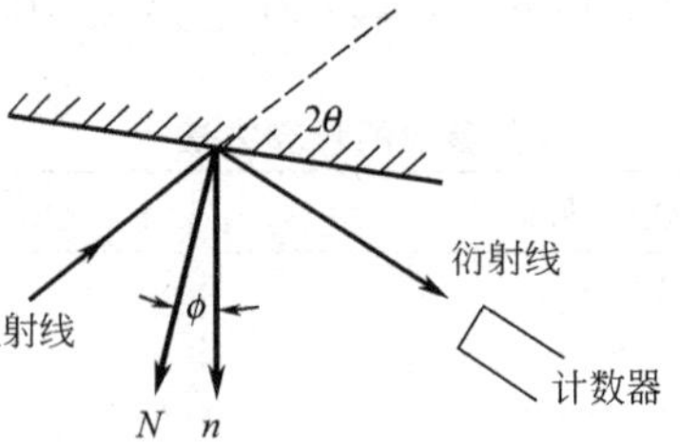

(b) 某测试时刻的试样位置

■ 图 12.48 用衍射仪测试极分布图测试时计数器不动，只试样作匀速转动。N 与 n 分别为试样表面法线与衍射面法线，ϕ 角为试样表面与衍射面之间的夹角

一般要测试 $\phi=0°\sim90°$区域中的整个极分布图时，必须作两组测量，两组数据各自经过吸收校正以后组合在一起，获得 I-ϕ 曲线。图 12.49 为测试挤压 Al 丝 I-ϕ 曲线时所作的两组测量。它们测量的都是 111 衍射线。参考方向为棒轴。图 12.49(a) 以 $\phi=0°$为试样的初始位置，通过它获得低 ϕ 区的 I-ϕ 曲线。图 12.49(b) 以 $\phi=90°$为试样的初始位置。图 12.50 中的实线为 Al 丝的 111 极分布图，也就是 I_{111}-ϕ 曲线。图中 $\phi=0°$和 70°处的衍射峰，表示 Al 丝具有〈111〉丝织构。$\phi=54°$处的峰，表示 Al 丝具有〈001〉丝织构。因此，从 I-ϕ 曲线上可以判断 Al 丝具有〈111〉+〈001〉双重织构。

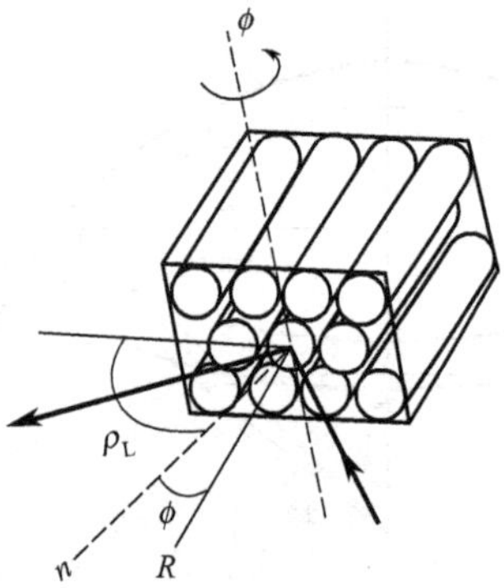

(a) 低ϕ区极分布图的测定

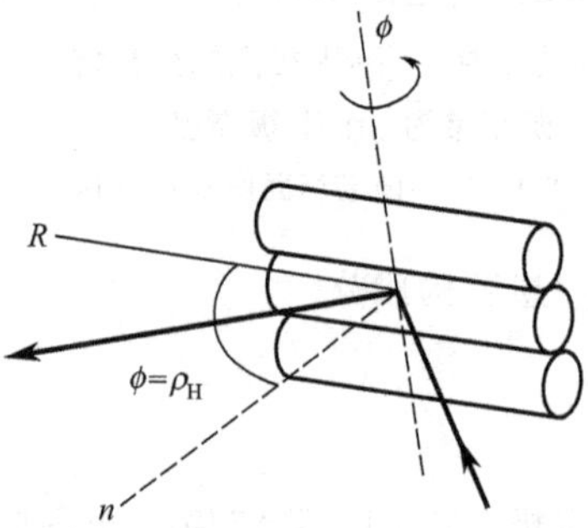

(b) 高ϕ区 I-ϕ 曲线的测定

■ 图 12.49 挤压 Al 丝极分布图的测定

R 为丝轴方向，n 为反射面法线方向

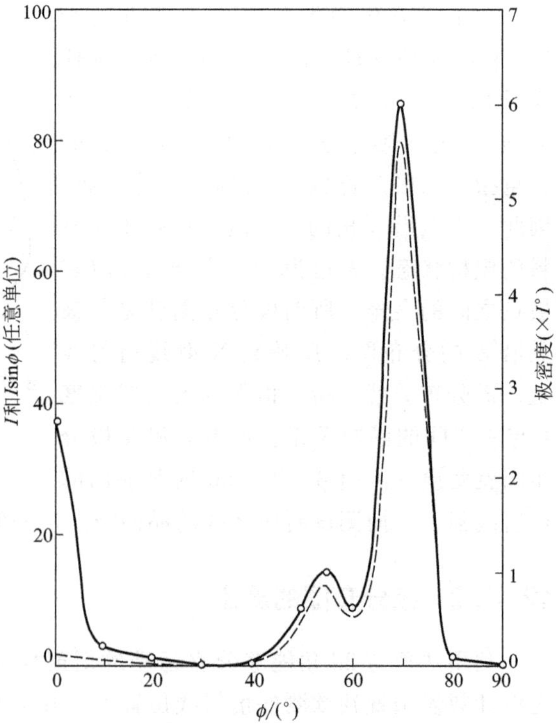

■ 图 12.50 挤压 Al 丝的 111 极分布图

实线为 I-ϕ 曲线；虚线为 $I\sin\phi$-ϕ 曲线

要考察双织构中各自的体积分数，则要看参考球上它们各自区域中的极点密度。从图12.47中看出，各 ϕ 值时极点面积之比为 $\sin\phi$ 之比。因此要求将 I-ϕ 曲线事先转化为 $I\sin\phi$-ϕ 曲线，如图12.50中的虚线。$\phi=54°$峰下 $I\sin\phi$ 曲线的面积代表〈001〉丝织构的体积分数，$\phi=0°$、$\phi=70°$处 $I\sin\phi$ 曲线下的面积各代表1/4和3/4〈111〉丝织构分数。由于 $\phi=0°$处，$I\sin\phi$ 曲线面积的不确定性，所以两织构体积分数之比可以写成

$$\frac{V_{\langle 111\rangle}}{V_{\langle 001\rangle}}=\frac{3/4\int_{70^{\circ}_{-}}^{70^{\circ}_{+}} I\sin\phi\,\mathrm{d}\phi}{\int_{54^{\circ}_{-}}^{54^{\circ}_{+}} I\sin\phi\,\mathrm{d}\phi} \tag{12.22}$$

式(12.22)只是大致的估算，准确的体积之比应从反极图上求出。

12.4.3 回摆曲线的测定

对于某些镀层、沉积层、溅射层及压制成型的某些功能材料，它们往往具有丝织构，人们常关注的是某方向在参考方向周围的集中程度，而不是它们的整个织构状态，这时可以只测定 $\phi=0°$左右的极分布图。由于测试时要求试样先由图12.48(a)所示的初始位置回摆到 ϕ 为负角的位置，因此人们把这种局部极分布图又称为回摆曲线。可以用回摆曲线的半高宽表征该指数晶面在参考方向周围的集中程度。

例如在某石墨压片的常规扫描中（如图12.51），仅在 2θ 为26.58°处有一强衍射线。因此知该试样具有强的[0002]丝织构。图12.52为该试样的0002衍射线的回摆曲线。对于精细的研究工作，特别是当回摆曲线较宽时，应在找出衍射线半高宽度之前对衍射图形先作各种校正，或利用其他办法测试 I-ϕ 曲线。

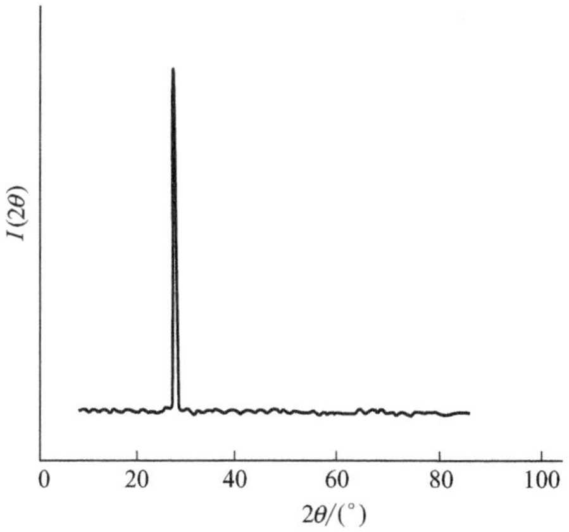

■ 图12.51 石墨压片的X射线衍射图样（Cu-K_α 辐射）

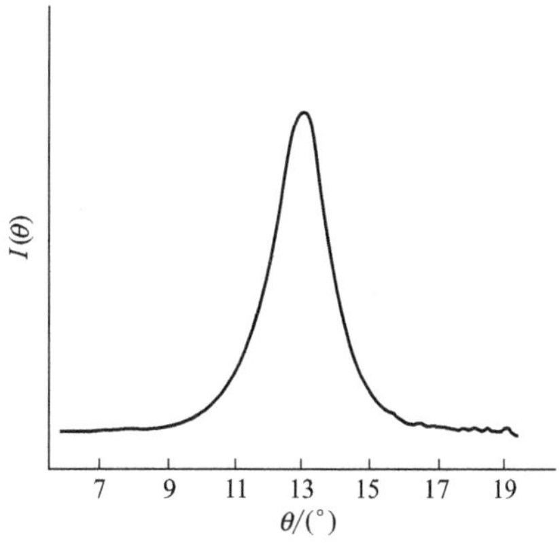

■ 图12.52 石墨压片的0002回摆曲线

半高宽为2°，峰位在13°，即织构轴与表面法线有近0.3°的偏离

思考与练习题

1. 丝织构与板织构的晶体学特征有何异同之处。

a. Al 丝具有〈111〉+〈100〉丝织构，请示意画出理想织构的{100}极图。

b. 请示意画出上述理想织构的{111}极图。

c. Zr 板具有$\{0001\}\langle 10\bar{1}0\rangle$织构，请示意画出其理想织构时的{0001}极图和$\{11\bar{2}0\}$极图。

2. 正极图与反极图有何异同之处。

a. 请示意画出上题中 Al 丝的轴向反极图。

b. 请示意画出上题中 Zr 板的轧面法向反极图和轧向反极图。

3. a. 请利用图 12.34 作出图 12.29 中 $\alpha=0°$和$-40°$时经吸收校正后的强度曲线。设试样的 μt 值为 1.4。

b. 请在极网上标出上述 α 处经吸收校正后的强度数据。

4. a. 用峰高法测试图 12.39 所示 Zr-2 棒的横截面各衍射线强度 I_i，及无规试样强度 I_i^0；

b. 作出此 Zr-2 棒轴向反极图。

c. 利用 Harris 法计算相对取向密度 J_i，并作出归一化轴向反极图。

*d. 利用该反极图计算 Zr-2 棒的织构参数 f 和各向异性因数 BAF，BAF 为轴向与径向性能之比，认为 Zr 的 $P_{[0001]/\!/} \gg P_{[0001]\perp}$。

5. 试比较极分布图与反极图的适用场合。

参 考 文 献

[1] 王英华. X 光衍射技术基础. 北京：原子能出版社，1993.
[2] 李树棠. 晶体 X 射线衍射学基础. 北京：冶金工业出版社，1990.
[3] Cullity B D. Elements of X-Ray Diffraction，Addison Wesley，1978.

第13章 薄膜材料分析

13.1 概述

薄膜材料一般是指厚度在 100nm 以内的纳米材料，是一种二维纳米材料。正因为厚度非常薄，薄膜材料通常依附于一定的衬底材料之上。这种纳米薄膜也可以组成多层薄膜或者由两层不同材料交替叠加的超晶格。

薄膜通常是原子或原子团经过蒸发或溅射的方法沉积在基片上而形成的，其结构可以是非晶、多晶甚至是单晶。近半个世纪以来，随着半导体和微电子工艺的发展，薄膜材料在半导体和微电子工艺方面的应用不断扩大，同时薄膜制备技术也得到迅猛的发展，薄膜材料已经为现代工业体系和日常生活中不可或缺的材料。现代许多可以利用的技术是从材料的特殊物理性能而兴起的，如像磁体、半导体和磨蚀表面等。某些特殊物理性能通常需要降低材料的维度获得，例如利用多层薄膜组合以建立更好的性能。薄膜材料的应用和相关器件制作已扩展至许多方面，例如电子学和微电子学领域的薄膜电阻、光学薄膜材料、有机聚合物薄膜、磁性薄膜、磁性多层膜、防护涂层、活性涂层、传导层和超导薄膜及相关器件等。

材料的制备、表征和应用三个领域紧密相关，并且彼此依赖和相互促进。由于 X 射线衍射和散射对于厚度从几个纳米到几百纳米甚至几十微米的薄膜都是非常灵敏的，X 射线方法还是非破坏性的，能够同时提供成分和结构信息，能对从完整的单晶膜、多晶膜到非晶膜各种类型的材料进行，因此 X 射线衍射和散射在薄膜材料表征中具有举足轻重的地位。X 射线衍射可以用来分析薄膜的晶体结构类型以鉴定物相，还可以确定薄膜的取向、多晶薄膜的织构分布，以及获得薄膜中的缺陷和应力等信息。

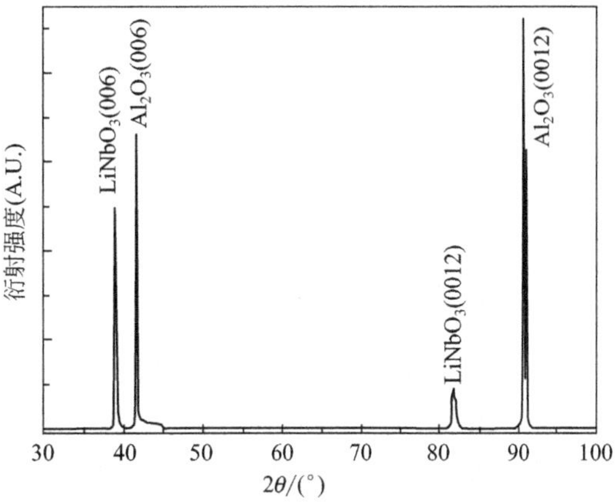

■ 图 13.1 蓝宝石衬底上面沉积的 $LiNbO_3$ 薄膜的 X 射线衍射图谱

薄膜材料都是沉积于一定的衬底材料之上，而 X 射线的穿透深度一般要大于薄膜的厚度，所以对于薄膜材料的 X 射线表征就要合理地避免衬底材料的影响。图 13.1 是利用对称 θ-2θ 扫描得到的蓝宝石衬底上沉积的$LiNbO_3$薄膜的衍射图谱，可以看出除了$LiNbO_3$薄膜的（006）和（0012）衍射峰，同时还存在衬底Al_2O_3的（006）和（0012）衍射峰，说明X射线穿透了$LiNbO_3$薄膜引起了衬底材料的X射线衍射。同时因为$LiNbO_3$薄膜除了（006）和（0012）衍射峰以外没有出现其他晶面的衍射峰，说明沉积的$LiNbO_3$薄膜具有（$00l$）的丝织构。当然这种方法只能定性分析薄膜的织构信息，如果织构类型比较复杂，则此方法提供的信息则非常有限。

在图13.1中的衍射谱中，由于薄膜良好的晶体质量，再加上薄膜与衬底的衍射峰位置没有重合，因而不影响薄膜的物相和织构的定性分析。如果薄膜的结晶质量较差，或者薄膜的衍射峰与衬底的衍射峰有重合，就会使得常规的X射线衍射方法在分析薄膜时会遇到诸多问题，因而发展出了各种特殊的分析薄膜的X射线衍射或散射方法。

13.2 薄膜分析中的常用X射线方法

13.2.1 常规粉末衍射法

常规粉末衍射法，特别是使用同步辐射X射线的高分辨粉末衍射方法在薄膜和多层膜系统的研究中被广泛应用。常规粉末衍射法利用简单的X射线粉末衍射仪就可以对薄膜进行分析，因而具有简单方便的特点。如前所述，将常规粉末衍射方法应用到薄膜的结构分析时，由于X射线的有效穿透厚度比薄膜的厚度大得多，因此X射线能穿透薄膜而照射到衬底上面。衬底的衍射信号往往是很强的，若薄膜太薄，则薄膜的衍射信号往往被衬底的信号所掩盖。所以只有当薄膜的衍射峰位和衬底的衍射峰位没有重叠时，采用简单的θ-2θ扫描模式才可以对薄膜进行物相等进行分析，通过对比粉末法获得的射谱与标准衍射谱，可以初步确定薄膜的物相。观察某衍射峰的相对强度值的变化，还可以定性分析薄膜的择优取向。一般认为，若某衍射峰相对于其他衍射峰强度增强越多，则此衍射峰所对应晶面的织构含量就越高。

为了适合薄膜的测试，目前已发展出了薄膜衍射仪，其主要特点是在入射光路中采用弯曲多层膜镜全反射，把发散光束变为平行光束，或者采用弯曲多层膜全反射镜和多重晶体单色器的组合。使用薄膜衍射仪进行多晶薄膜或非晶膜研究时，多采用以固定的小掠射角入射，探测器作2θ扫描。

13.2.2 掠入射X射线衍射

当薄膜的衍射峰位与衬底的衍射峰位有重叠时，通常采用掠入射的模式来消除衬底的衍射峰从而只留下薄膜的衍射图谱。所谓掠入射就是指X射线以非常小的入射角（$<5^\circ$）照射到薄膜上，小的入射角大大增加了X射线在薄膜中的穿行路程，由于衰减的作用，此时照射到衬底上的衍射强度已经很低而可以忽略。掠入射衍射（grazing incidence diffraction，GID）已在表面科学和表面工程中广泛应用，近些年来在实验技术、衍射理论和在多层膜分

析中的应用都有了很大的发展。掠入射几何主要分为以下三种类型，如图 13.2 所示，图中 $\boldsymbol{k}_i$、$\boldsymbol{k}_f$、$\boldsymbol{k}_s$ 分别为入射波矢、镜面反射波矢和衍射波矢；$\boldsymbol{s}$ 为相对于布拉格角平面的倒易矢量，α_i、α_f、α_s、φ 分别是 $\boldsymbol{k}_i$、$\boldsymbol{k}_f$、$\boldsymbol{k}_s$、$\boldsymbol{s}$ 与表面间夹角；θ 为布拉格角。

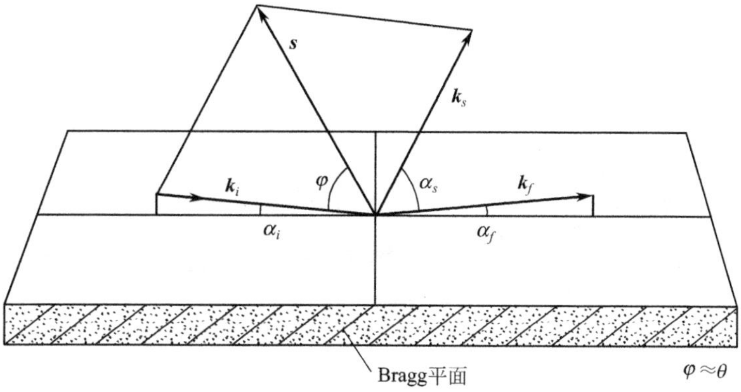

(a) 共面极端非对称衍射

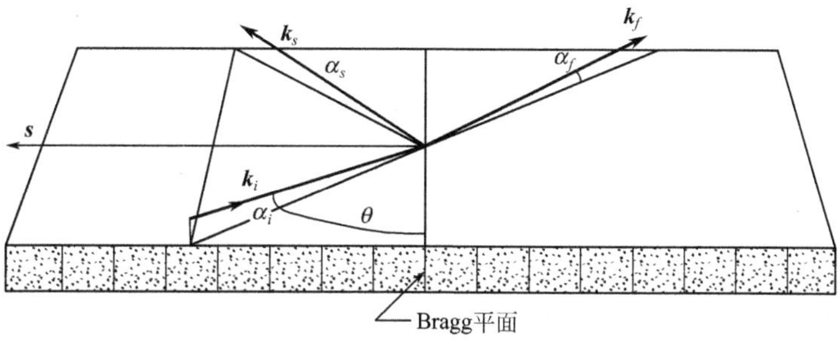

(b) 共面掠入射衍射

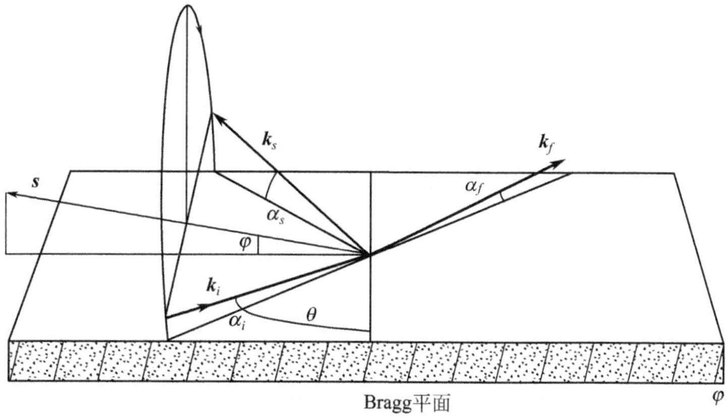

(c) 非共面掠射布拉格-劳厄衍射

■ 图 13.2 掠入射的 X 射线衍射几何

（1）共面极端非对称衍射

这种掠入射衍射的几何特点是衍射面与样品表面之间构成近布拉格角，入射 X 射线与样品表面之间都形成掠射角，衍射线与入射线及样品表面法线共面，如图 13.2(a) 所示。在这种衍射几何条件，利用探测器在 2θ 范围内扫描，可以获得薄膜的一系列衍射峰。图 13.3 给出了在共面非对称衍射几何下，不同掠入角时 Ni 薄膜的 X 射线衍射图谱。图谱给出了与块体材料相类似的衍射结果。

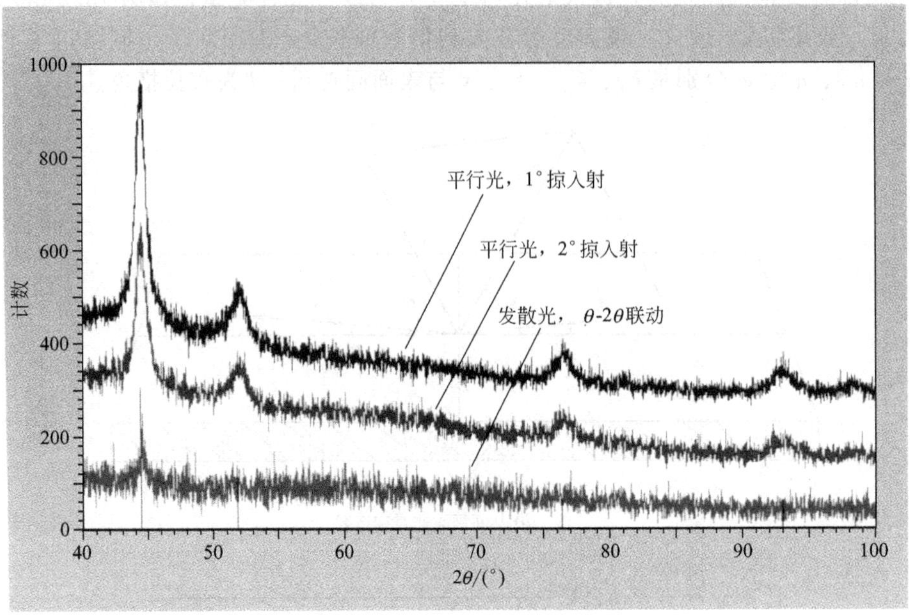

■ 图 13.3 不同掠入角时 Ni 薄膜的 X 射线衍射图谱

（2）共面掠入射衍射

如图 13.2(b) 所示，掠入射衍射面与样品表面垂直，且入射 X 射线与衍射 X 射线与样品表面之间都形成掠射角，衍射线与入射线及样品表面近似共面。

（3）非共面掠射布拉格-劳厄衍射

这种条件下的掠射衍射几何，实际上是上述两种掠射几何的联合［图 13.2(c)］。它含有与样品表面法线倾斜成很小角度的原子平面的衍射，因此倒易矢量 s 与样品表面形成很小角度，也可以通过掠入射角度或掠出射角度微小改变形成掠射 X 射线非对称衍射。入射线、反射线和衍射线不共面，但均与样品表面间有很小的夹角且衍射面与样品表面几近垂直。

上述这三种掠入射衍射几何在半导体晶体表面结构研究中都被广泛应用，包括扩散、离子注入、外延和多层外延、氧化、腐蚀等。当掠入射的角度足够小时，X 射线可以在样品表面发生全反射现象（又称镜面反射）。入射 X 射线在样品表面产生全反射的条件是掠入射角小于全反射临界角（$\alpha_i < \alpha_c$）。由于此时照射到样品上的入射角 α_i 很小，几乎与样品表面平行，因此人们也将此时的掠入射衍射实验称为 X 射线全反射实验。当 X 射线以近乎临界角的角度入射到样品上时，X 射线穿透样品深度仅为纳米量级，还可以测定样品表面的结构信息。X 射线全反射实验现在已经成为了研究薄膜密度、厚度、粗糙度以及界面状态的强有力工具，有关 X 射线全反射的内容将在下一节详细介绍。

13.2.3 小角 X 射线散射

小角 X 射线散射（SAXS），原本主要用于微粒和多孔材料的分析，散射线形取决于电子密度差、微粒和微孔的大小、形状及分布。近十几年来，用于薄膜材料和超点阵结构研究有很大发展，特别是高分辨率的多重小角衍射和同步辐射小角衍射的发展应用，且在粒度分布和分形等数据处理技术上有很大发展。对于薄膜和多层膜，不仅由于电子密度差引起低角散射背景曲线，还由于折射效应和厚度涨落引起附加的衍射峰和峰间的强度涨落，因此小角 X 射线衍射成为薄膜分析的有力工具。

13.2.4　双晶衍射仪

双晶衍射仪的衍射几何如图 13.4 所示，第一块晶体 A 是单色化晶体，第二块晶体是被测试的材料。其中图 13.4(a) 称为非平行排列，图 13.4(b) 为平行排列。如果两块晶片为同一种晶体和同一种衍射面，则图 13.4 的两种情况可分别写为（n，n）和（n，$-n$）。如果两块晶片为不同晶体或不同的衍射面，则图中的情形可写为（m，n）和（m，$-n$）。

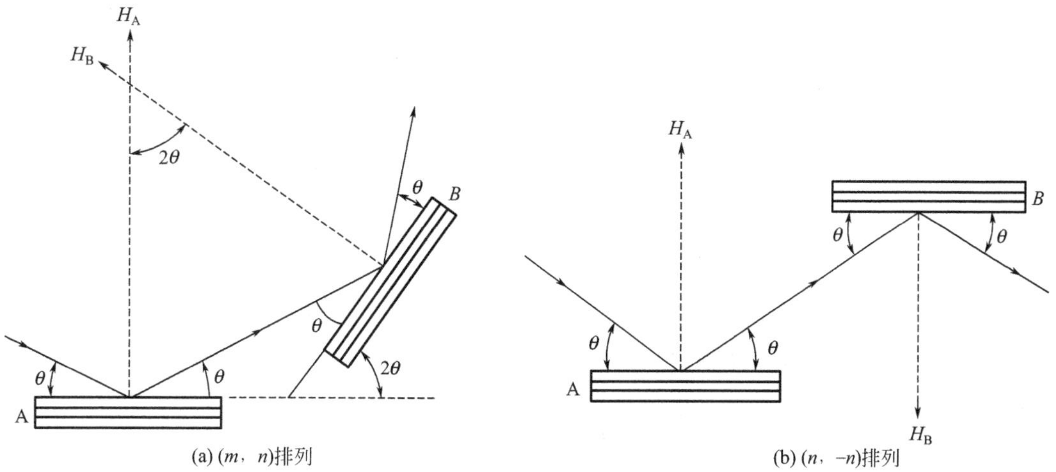

■ 图 13.4　两种常见的双晶衍射仪的衍射几何

双晶衍射仪具有分辨率高和能够探测极小应变的特点，对存在微小应变的多层膜和超点阵分析特别适用。双晶衍射摇摆曲线能提供如下信息：①从衬底与薄膜衍射的角分离度可得到点阵错配和膜的成分信息；②当样品绕衬底的衍射矢量转动，从峰的分离角度变化可获得外延膜与衬底的取向差；③从积分强度比和干涉条纹的振荡周期可以获得膜的厚度；④从一系列不对称反射能够研究有效错配，可得到点阵的相干性；⑤从摆动曲线的宽化和样品扫描时峰位置的位移可得到晶片的弯曲度；⑥从摆动曲线的半高宽可得到衬底和膜的晶体完整性；⑦从计算机拟合实验的摆动曲线可得到膜厚和成分随深度的变化。双晶衍射仪之所以具有如此多的功能都是因为其分辨率高的特点。

13.3　掠入射 X 射线衍射

在利用掠入射 X 射线衍射分析薄膜材料时，除了用来消除衬底的影响以外，其最大的特点是在某一个临界角发生全反射现象，因而这一技术又称为 X 射线反射技术。在临界角附近的衍射信息能够反映薄膜材料的密度、厚度、粗糙度等信息，当掠入射角稍大于临界角时，改变入射角可以探测样品表面内部由几纳米到几十纳米不同深度的结构，所以非常适宜进行表面、界面和外延生长膜的结构等内容的研究。

13.3.1 掠入射 X 射线衍射全反射

(1) 光学角度分析

当 X 射线照射到样品表面时，X 射线发生折射，如图 13.5 所示。图中 $\boldsymbol{k}_i$、$\boldsymbol{k}_f$ 和 $\boldsymbol{k}_t$ 分别为入射波矢、反射波矢和折射波矢；θ_i、θ_f 和 θ_t 分别为入射角、反射角和折射角。X 射线的折射率可以表示为 n。

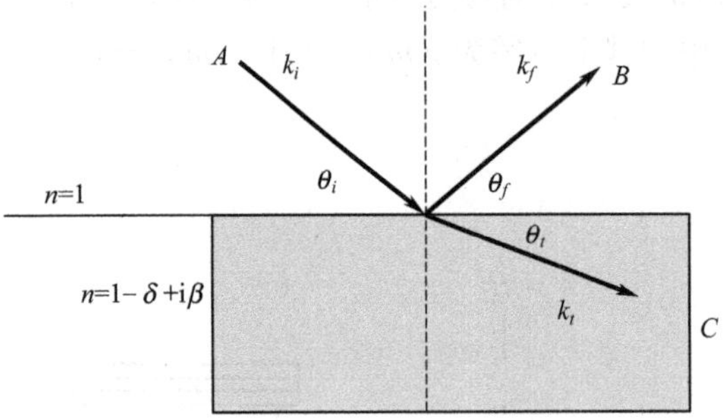

■ 图 13.5 X 射线折射光路图

$$n=1-\delta+\mathrm{i}\beta \tag{13.1}$$

上式中，

$$\begin{cases}\delta=\dfrac{\lambda^2}{2\pi}r_e\rho_e\\ \beta=\dfrac{\lambda}{4\pi}\mu\end{cases} \tag{13.2}$$

式中，r_e为经典电子半径，$r_e=2.8\times10^{-5}$Å；ρ_e为电子密度；λ 为 X 射线波长；μ 为线吸收系数。δ 与色散有关，其数量级一般为 $10^{-5}\sim10^{-6}$。β 为吸收系数，β 一般要比色散项 δ 值还要小 2～3 个数量级，故 β 也常常忽略不计。这部分内容在第 2 章中也有简单的介绍。

如图 13.5 所示，当发生折射时，根据折射定律有

$$\cos\theta_i\cdot1=\cos\theta_t\cdot n \tag{13.3}$$

当忽略 X 射线折射率中的吸收项时，有

$$\cos\theta_i=(1-\delta)\cos\theta_t \tag{13.4}$$

当发生全反射时，θ_t 等于零，发生全反射的临界角 θ_c 满足 $\cos\theta_c=1-\delta$。由于 θ_c 很小，故有

$$\cos\theta_c\approx1-\frac{\theta_c^2}{2}=1-\delta \tag{13.5}$$

得到，

$$\theta_c\approx\sqrt{2\delta}$$

结合式(13.2) 可知，全反射临界角只与介质的电子密度和入射光的波长有关。在入射角小于 θ_c 的区域内能观察到 X 射线的全反射现象。表 2.1 中给出了某些物质的 δ 的测量值，从而计算可知 θ_c 的数量级通常是 $10^{-3}\sim10^{-4}$rad，即 0.1°～1°范围。

(2) 电磁学角度分析

X 射线是一种电磁波，电磁波在传播过程中的基本特性可由 Maxwell 方程推导出的电磁波的电场能量方程表示。

$$\Delta\boldsymbol{E}+\boldsymbol{k}_j^2\boldsymbol{E}=0 \tag{13.6}$$

式中，$\boldsymbol{k}_j$ 指 j 介质中的波向量，$|\boldsymbol{k}_j|=2\pi/\lambda$。在点 r 处，式(13.6) 的解为

$$\boldsymbol{E}=\boldsymbol{E}_0\exp(\mathrm{i}\boldsymbol{k}_j\cdot\boldsymbol{r}) \tag{13.7}$$

当考虑 X 射线入射具有平整光滑的真空/介质的界面时，如图 13.6 所示。设 X 射线平行于纸面的平面（图中 XOZ 平面）入射，在垂直于纸面的方向（OY）电磁波呈线性偏振

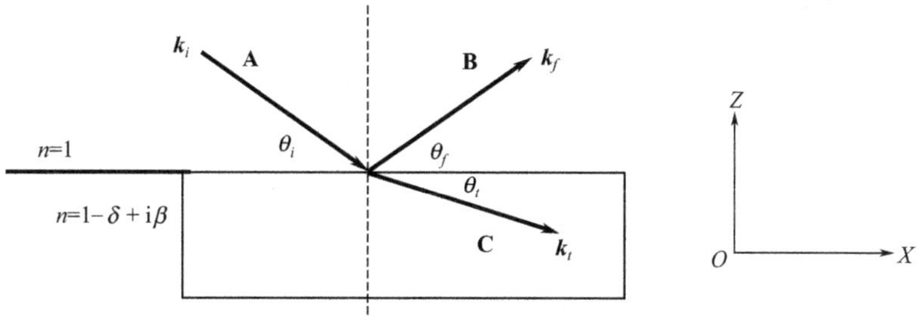

■ 图 13.6 X射线折射的电磁波图示

（s 偏振）。入射的真空中的平面电磁波强度为 $\boldsymbol{E}_i=(0, A, 0)\exp(\mathrm{i}\boldsymbol{k}_i\cdot\boldsymbol{r})$，入射波矢 $\boldsymbol{k}_i=(k_{i,x}, 0, k_{i,z})=k(\cos\alpha_i, 0, -\sin\alpha_i)$。该平面电磁波入射到介质界面时，产生全反射，反射波强度为 $\boldsymbol{E}_f=(0, B, 0)\exp(\mathrm{i}\boldsymbol{k}_f\cdot\boldsymbol{r})$，其中波矢 $\boldsymbol{k}_f=(k_{f,x}, 0, k_{f,z})=k(\cos\alpha_i, 0, \sin\alpha_i)$；同理，透射波强度 $\boldsymbol{E}_t=(0, C, 0)\exp(\mathrm{i}\boldsymbol{k}_t\cdot\boldsymbol{r})$，波矢 $\boldsymbol{k}_t=(k_{t,x}, 0, k_{t,z})$。其中，$k_{t,x}$ 和 $k_{t,z}$ 的大小可以根据折射定律确定。发生折射时，相对应的反射系数和折射系数分别为 $r_s=B/A$…由 Fresnel 公式有

$$\begin{cases} r_s=\dfrac{k_{i,z}-k_{t,z}}{k_{i,z}+k_{t,z}} \\ t_s=\dfrac{2k_{i,z}}{k_{i,z}+k_{t,z}} \end{cases} \tag{13.8}$$

由图 13.6 可知，$k_{i,z}=k\sin\theta_i$，$k_{t,z}=nk\sin\theta_t$，于是有

$$\begin{cases} r_s=\dfrac{\sin\theta_i-n\sin\theta_t}{\sin\theta_i+n\sin\theta_t} \\ t_s=\dfrac{2\sin\theta_i}{\sin\theta_i+n\sin\theta_t} \end{cases} \tag{13.9}$$

以上结果都是基于 s 偏振的 X 射线电磁波推导出来的，在 p 偏振时同样可以推导出来

$$\begin{cases} r_p=\dfrac{n^2k_{i,z}-k_{t,z}}{n^2k_{i,z}+k_{t,z}}=\dfrac{n\sin\theta_i-\sin\theta_t}{n\sin\theta_i+\sin\theta_t} \\ t_p=\dfrac{2k_{i,z}}{n^2k_{i,z}+k_{t,z}}=\dfrac{2\sin\theta_i}{n^2\sin\theta_i+n\sin\theta_t} \end{cases} \tag{13.10}$$

由于折射率 n 的数值非常接近于 1，s 偏振和 p 偏振下的差别非常小。为了论述方便，在此仅考虑 s 偏振时的情况。由式(13.3) 中入射角与折射角之间的关系，计算可得 $n\sin\theta_t=\sqrt{n^2-\cos^2\theta_i}$，把这一关系式代入式(13.9)，可得

$$\begin{cases} r=\dfrac{\sin\theta_i-\sqrt{n^2-\cos^2\theta_i}}{\sin\theta_i+\sqrt{n^2-\cos^2\theta_i}} \\ t=\dfrac{2\sin\theta_i}{\sin\theta_i+\sqrt{n^2-\cos^2\theta_i}} \end{cases} \tag{13.11}$$

发生全反射时入射角 θ_i 非常小，结合式(13.1) 和式(13.6)，再忽略高阶小量，则有

$$r=\frac{\theta_i-\sqrt{\theta_i^2-\theta_c^2-2i\beta}}{\theta_i+\sqrt{\theta_i^2-\theta_c^2-2i\beta}} \tag{13.12}$$

因此，反射波的强度为

$$R=rr^{*}=\left|\frac{\theta_i-\sqrt{\theta_i^2-\theta_c^2-2\mathrm{i}\beta}}{\theta_i+\sqrt{\theta_i^2-\theta_c^2-2\mathrm{i}\beta}}\right|^2 \tag{13.13}$$

反射波强度还可以写成

$$R=\frac{(\theta_i-p_+)^2+p_-^2}{(\theta_i+p_+)^2+p_-^2} \tag{13.14}$$

上式中，p_+ 和 p_- 分别为折射角 $\theta_t=p_++\mathrm{i}p_-$ 的实部和虚部。

$$\begin{cases}p_+^2=\dfrac{1}{2}\left[\sqrt{(\theta_i^2-\theta_c^2)^2+4\beta^2}+(\theta_i^2-\theta_c^2)\right]\\ p_-^2=\dfrac{1}{2}\left[\sqrt{(\theta_i^2-\theta_c^2)^2+4\beta^2}-(\theta_i^2-\theta_c^2)\right]\end{cases} \tag{13.15}$$

由式(13.13) 和式(13.14) 可以看出，反射强度是入射角 θ_i 与折射率参数 δ 和 β 的函数。

为了更直观地观察反射强度的特点，令 $x=\theta_i/\theta_c$，$y=\beta/\delta$，则 p_+ 和 p_- 可以写为

$$\begin{cases}p_+^2=\sqrt{(x^2-1)^2+y^2}+(x^2-1)\\ p_-^2=\sqrt{(x^2-1)^2+y^2}-(x^2-1)\end{cases} \tag{13.16}$$

则有，

$$R=\frac{(\sqrt{2}x-p_+)^2+p_-^2}{(\sqrt{2}x+p_+)^2+p_-^2} \tag{13.17}$$

图 13.7 给出了反射率与 θ_i/θ_c 的关系曲线。由图中可以看出，反射曲线明显分成三段：首先是全反射平台；然后反射率在全反射临界角处大幅度下降；最后当入射角较大（$q_i>3q_c$）时，反射率可以简化为 $R=(\theta_c/2\theta_i)^4$。β/δ 值的大小不改变曲线的基本形状，但是会影响反射率在小于临界角时的衰减速率。

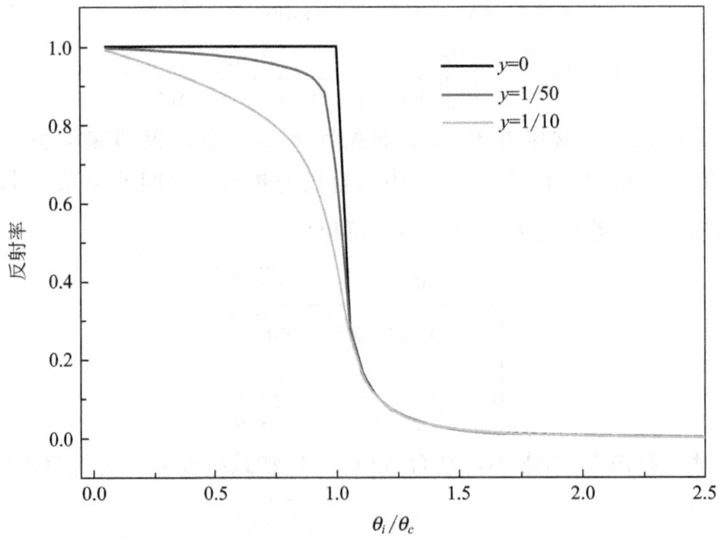

■ 图 13.7 在不同的 β/δ 值下反射率与 θ_i/θ_c 的关系曲线

13.3.2 多层膜结构对 X 射线的反射

(1) 多层膜系统

实用器件中常采用多层膜结构以达到特殊的使用要求，因此对多层膜表面结构的研究比单一表面层结构研究更为重要。在多层膜系统中，要考虑膜层中全部界面的散射。因此，是多个界面同时发生散射的现象。

对于图 13.8 所示的多层膜系统，第 j 层的厚度 $d_j=z_{j-1}-z_j$，折射率 $n_j=1-\delta_j+i\beta_j$，$\boldsymbol{k}_{i,j}$ 和 T_j 分别是透射光的波矢和振幅，$\boldsymbol{k}_{f,j}$ 和 R_j 是第 j 层内的反射光的波矢和振幅。对于入射光，将其振幅归一化，即 $T_1=1$。设 X_{j+1} 是第 $j+1$ 层内 R_{j+1} 和 T_{j+1} 的比值，则第 j 层 X_j 可以通过下式计算

$$X_j=\frac{R_j}{T_j}=e^{-2ik_{z,j}z_j}\frac{r_{j,j+1}+X_{j+1}e^{2ik_{z,j+1}z_j}}{1+r_{j,j+1}X_{j+1}e^{2ik_{z,j+1}z_j}} \tag{13.18}$$

其中，

$$r_{j,j+1}=\frac{k_{z,j}-k_{z,j+1}}{k_{z,j}+k_{z,j+1}},\ t_{j,j+1}=1+r_{j,j+1}$$

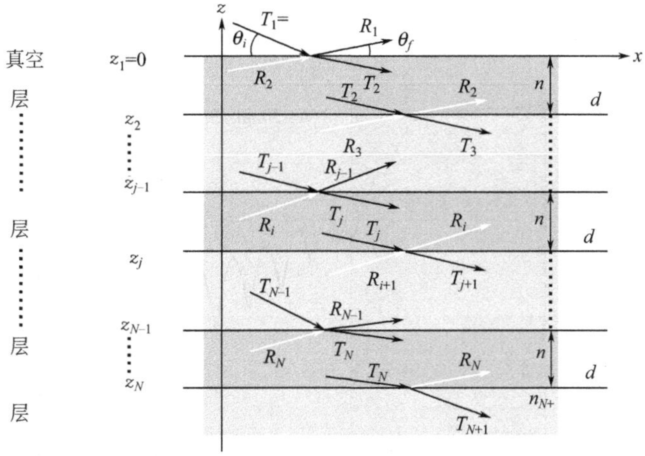

■ 图 13.8 多层膜结构对 X 射线反射的影响

$k_{z,j}$ 代表的是第 j 层波矢的 z 分量。一般情况下，基底的反射几乎为零，即可令 $R_{N+1}=0$，在空气中 $T_1=1$。而且注意到每个界面处电场和磁场的切向分量是连续的。于是经过递推得到

$$\begin{cases}R_{j+1}=\dfrac{1}{t_{j,j+1}}\left[T_j r_{j,j+1}e^{-i(k_{z,j+1}+k_{z,j})z_j}+R_j e^{-i(k_{z,j+1}-k_{z,j})z_j}\right]\\ T_{j+1}=\dfrac{1}{t_{j,j+1}}\left[T_j e^{i(k_{z,j+1}-k_{z,j})z_j}+R_j r_{j,j+1}e^{i(k_{z,j+1}+k_{z,j})z_j}\right]\end{cases} \tag{13.19}$$

其中，$k_{z,j}=k(n_j^2-\cos^2\theta_i)^{1/2}$。考虑界面的粗糙度对 $r_{j,j+1}$ 和 $t_{j,j+1}$ 进行修正得到 $\tilde{r}_{j,j+1}=r_{j,j+1}e^{-2k_{z,j}k_{z,j+1}\sigma_j^2}$，$\tilde{t}_{j,j+1}=t_{j,j+1}e^{(k_{z,j}-k_{z,j+1})\sigma_j^2/2}$。因为衬底无限厚，故 $R_{n,n+1}=0$，从而通过逐层递推，最后推导出 R_1 给出样品表面总的反射强度。

(2) 单层薄膜对 X 射线的反射

当只有单层薄膜时，由图 13.8 所示的系统的边界条件为 $R_3=0$、$T_1=1$。根据式

(13.18)，可以得出

$$X_1=\frac{R_1}{T_1}=\frac{r_{1,2}+r_{2,3}e^{2ik_{z,2}d}}{1+r_{1,2}r_{2,3}e^{2ik_{z,2}d}}=R_1 \tag{13.20}$$

经粗糙度修正后得到

$$R_1=\frac{r_{1,2}e^{-2k_{z,2}k_{z,1}\sigma_1^2}+r_{2,3}e^{-2k_{z,2}k_{z,3}\sigma_2^2}e^{2ik_{z,2}d}}{r_{1,2}r_{2,3}e^{-2k_{z,2}k_{z,1}\sigma_1^2-2k_{z,2}k_{z,3}\sigma_2^2}e^{2ik_{z,2}d}+1} \tag{13.21}$$

式中，σ_1 表示薄膜表面的粗糙度；σ_2 表示薄膜与衬底之间的界面的粗糙度；d 为薄膜的厚度。由此可见，薄膜的反射强度 R_1 不仅与入射角 θ_i 以及折射率参数 δ 和 β 有关，还是薄膜厚度 d 与表面粗糙度 σ_1 和界面粗糙度 σ_2 的函数，也即 $R_1=R$ (θ，d，δ，β，σ_1，σ_2)。

图 13.9 给出了在 Si 片上沉积的厚度为 30nm 的金膜对波长为 1.542Å 的 X 射线的小角度反射曲线。很明显，反射强度是入射角度的振荡函数。从图中可以看出反射率曲线的一些特性。首先在角度很小范围内（$\theta<\theta_c$），反射率曲线是一条近水平直线，这是由于在这个入射角范围内发生全反射造成的。但由于实际情况中，X 射线对样品有一定的透射吸收，导致这一段反射率并不是完全水平，而是随 θ 的增大略有下降。其次，当入射角大于全反射临界角时，随着反射角增大，反射率变化的总趋势是迅速减小，同时还出现有规律的振荡峰。对于这种振荡峰可以从表观上理解为 X 射线从不同界面多次发生反射后出射的各束光相互干涉引起的干涉峰。

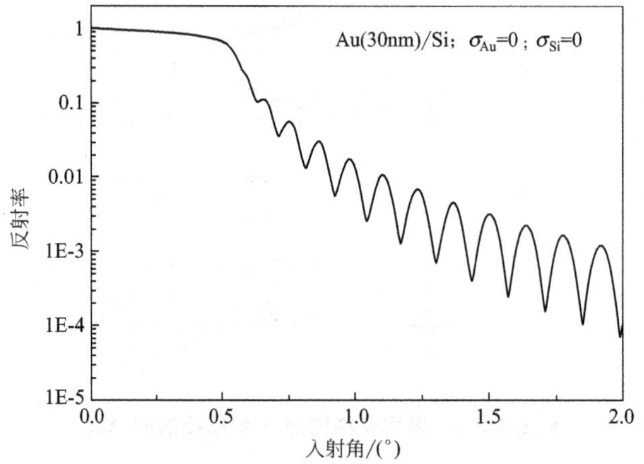

■ 图 13.9 Si 片上沉积的厚度为 30nm 的金膜对 X 射线的小角度反射曲线

13.3.3 薄膜性质对 X 射线反射率的影响

(1) 薄膜密度的影响

根据式(13.2)，薄膜密度越大时，δ 值也越大，同时由式(13.6) 可知，将导致全反射临界角 θ_c 的增大。同时，薄膜的密度与基片密度的差异大小，还影响振荡峰的强弱。图 13.10 给出了 Si 片上沉积的 Au 膜、Al 膜和 C 膜的 X 射线反射曲线，三种薄膜的厚度都为 30nm，但是其反射率曲线有明显的差异。图中 Al 膜和 C 膜的振荡曲线发生全反射的临界角比较小，而 Au 膜的振荡曲线发生全反射的临界角大。由于密度越大，发生全反射的临界角也越大，实际上图 13.10 中 Al 膜和 C 膜的振荡曲线中反映的是 Si 基片的全反射临界角。因为 Al 和 C 的密度都比 Si 的密度小，X 射线在穿透 Al 膜和 C 膜后都能够在薄膜与基片的界面发生全反射，故两者的振荡曲线有类似之处。而 Au 膜的密度比 Si 基片的密度大，图中只反映了 Au 的全反射临界角。图 13.11 给出了 Si 片上沉积不同厚度的 C 膜的 X 射线反射曲线。从图中可以看出当 C 膜的厚度很厚时，X 射线无法到达 C 膜与 Si 基片的界面，故振荡曲线反映了 C 的全反射临界角。当 C 膜的厚度比较小时，在大于 C 膜的全反射临界角而小于 Si 基片的全反射临界角的区间，反射率曲线同样发生了振荡。只是此时的反射强度非常大，振荡信息容易被掩盖。

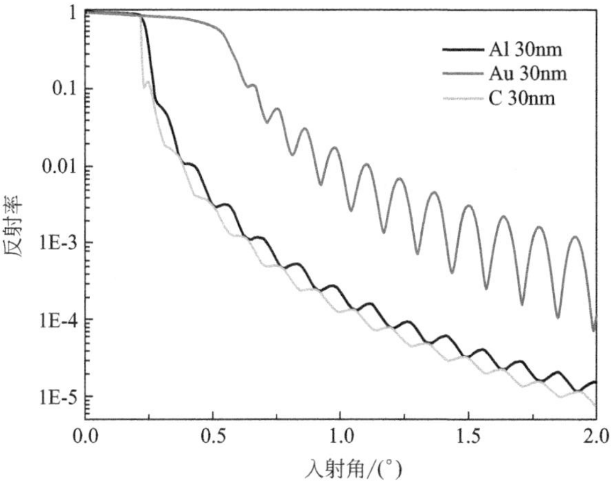

■ 图 13.10 Si 片上沉积的厚度为 30nm 的 Au 膜、Al 膜和 C 膜的 X 射线反射曲线

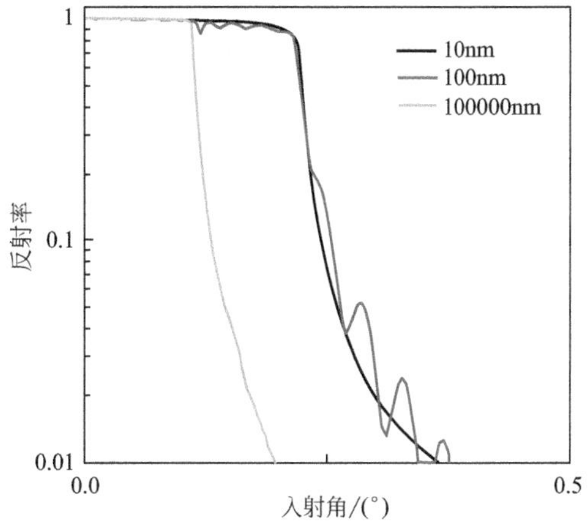

■ 图 13.11 Si 片上沉积的不同厚度的 C 膜的 X 射线反射曲线

(2) 薄膜厚度的影响

图 13.12 给出了 Si 片上沉积的不同厚度的 Au 膜的 X 射线反射曲线。从图中看出，随着薄膜厚度的增加，振荡峰的周期发生了变化。厚度的增大导致振荡周期变小，振荡峰变密，而其他参量如全反射临界角、干涉峰形式等都不变。这与可见光的干涉非常类似，干涉光光源间距越大，干涉条纹越窄。

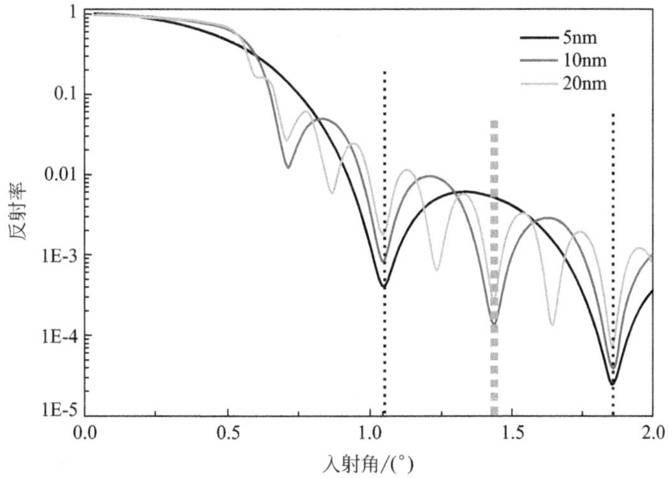

■ 图 13.12 Si 片上沉积的不同厚度的 Au 膜的 X 射线反射曲线

(3) 薄膜表面粗糙度的影响

图 13.13 给出了 Si 片上沉积具有不同的表面粗糙度的 Au 膜的 X 射线反射曲线。由图

可知图中三条曲线的振荡周期都相同，只是总反射强度大小有差异。显然表面粗糙度越大，则总的反射强度越低。这是因为表面粗糙率增大使发生漫反射的概率增大，在反射角度处接收到的反射光的强度减弱，同时，按折射率方向进入膜内的强度减弱，从表面出射的强度也减弱，发生干涉的强度降低，因此反射率减小。表现在曲线上就是，反射曲线整体下移。

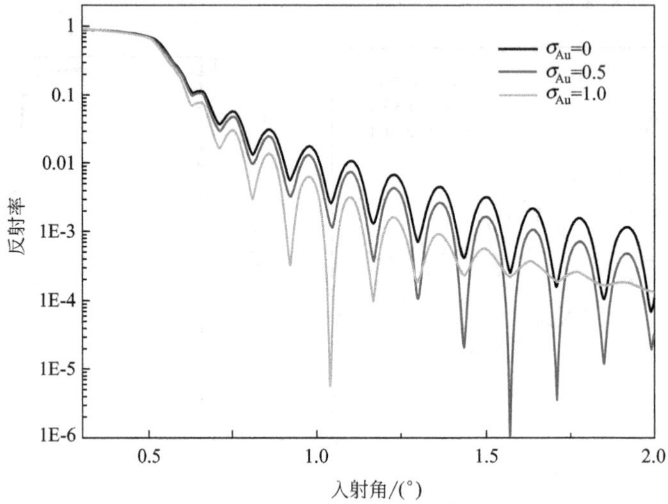

■ 图 13.13 Si 片上沉积的不同表面粗糙度的 Au 膜的 X 射线反射曲线

（4）基片粗糙度的影响

图 13.14 给出了在不同表面粗糙度的 Si 片上沉积的 Au 膜的 X 射线反射曲线，也即反映了薄膜与基片的界面之间的粗糙度对反射率的影响。如图 13.14 所示，界面粗糙度影响的是反射曲线振荡峰的振幅。当界面粗糙度为 0 时，反射曲线的振荡非常强烈。反之，随着界面粗糙度的增加，反射曲线的振荡逐渐削弱，最后变得非常微弱而几近于消失。由于对反射率起主要影响的是空气-薄膜界面的表面反射 X 射线。因此，如果只改变界面粗糙度，受到影响的主要是膜内的反射 X 射线强度，而与表面反射的 X 射线叠加之后，对反射曲线的整体强度影响不大，只是减小了振荡峰的振幅。

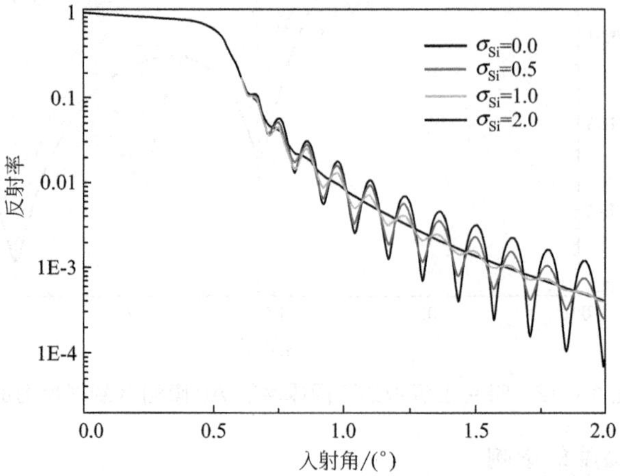

■ 图 13.14 不同表面粗糙度的 Si 片上沉积的 Au 膜的 X 射线反射曲线

13.3.4 X射线反射测定薄膜厚度

根据理论公式的推导和薄膜性质对反射率影响的规律，在得到了薄膜的反射曲线之后，对曲线按照式(13.21) 进行拟合，就可以得到薄膜厚度、密度、表面粗糙度以及界面粗糙度的数值。除了利用曲线的模拟来求得薄膜的厚度以外，还可以通过曲线对薄膜厚度进行简单的估算。

由式(13.21) 可知，X射线反射率以 $2k_{z,2}d$ 为周期发生振荡，因此可以认为 $2k_{z,2}d\approx 2p\pi$，其中 p 为正整数的比例系数。故有

$$d\approx\frac{p\pi}{k_{z,2}}=p\ \frac{\lambda}{2\sin\theta} \tag{13.22}$$

得到，

$$p_i\approx\frac{2d}{\lambda}\theta_{\max} \tag{13.23}$$

式中，$\theta_{\max}$可以认为是振荡峰的峰位，而 p_i 则是对应振荡峰的数目。图 13.15 是对图 13.9 中 Au 膜的厚度的估算，图中横坐标是入射角，纵坐标为出现振荡峰的个数，拟合的斜率则是 $2d/\lambda$。由此可以计算出薄膜的厚度为 34.7nm，与实际厚度 30nm 略有误差，误差主要来自于计算方法和对振荡峰位的测定。

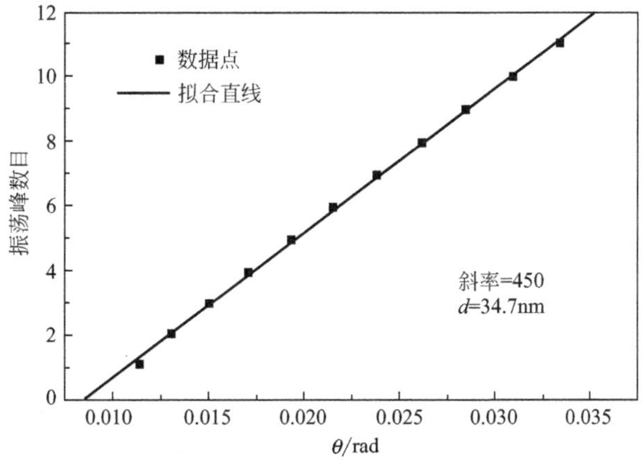

■ 图 13.15 对 Au 膜厚度的估算

估算薄膜厚度更简单的方法是把薄膜表面和界面之间的 X 射线干涉看成是两个晶面之间 X 射线的干涉，同样可以利用布拉格公式 $2d\sin\theta=n\lambda$ 进行近似计算（d 为薄膜厚度)。对于相邻的两个振荡峰有

$$2d[\sin\theta-\sin(\theta+\Delta\theta)]=\lambda$$

式中，$\Delta\theta$ 为相邻两个振荡峰之间的峰位差。由于掠入射条件下 θ 的值非常小，有 $\sin\theta\approx\theta$（此处的 θ 单位为弧度)。整理之后得到，

$$d=\frac{\lambda}{2\Delta\theta} \tag{13.24}$$

利用式(13.24) 估算薄膜厚度时，$\Delta\theta$ 用弧度值进行计算。用此方法计算薄膜厚度时非常方便，在对薄膜的厚度要求不是十分精确时可以采用，而要求精确得知薄膜厚度的研究中就得采用式(13.21) 进行模拟。

13.4 薄膜生长取向的测定

薄膜在沉积过程中受衬底材料的影响往往会形成一定的择优取向，不同择优取向的薄膜性能差异巨大。在某些特定的器件中要求薄膜必须具有某一晶体学取向。因此，在薄膜材料研究中通常要表征薄膜的取向类型以及薄膜取向与衬底取向之间的关系。利用X射线表征织构的相关内容在第12章中已经有详细的介绍，但是薄膜材料的织构表征有其独特之处，故在此稍作介绍。

从常规的粉末衍射法就能初步判断薄膜的择优取向类型，如图13.1所示。如果需要考察薄膜在某参考方向周围的集中程度，则可以作某一晶面衍射的摇摆曲线，相关的内容在12.4.3节中已经介绍了。除此之外，薄膜中最为常用的表征织构的方法就是极图和Φ扫描。

13.4.1 Φ扫描

Φ扫描法是指测量某一角度上0°～360°的衍射强度，从测量的峰高和峰宽上来判断织构的强弱。Φ扫描实际上测量的是极图上某一圈的数据，这种方法虽然也要使用X射线织构衍射仪，但是由于需要测量的数据比较少，所以从速度及经济角度都是比较有利的，不过它相比于极图所能给出的织构仍然是很有限的。Φ扫描是指样品绕表面法线n的旋转测量，主要用来研究外延膜与衬底的取向关系，如图13.16所示，对于需要测定的衍射晶面，与样品表面的夹角为φ，测试时首先使样品绕x轴旋转角度φ，然后固定探测器在(hkl)衍射的2θ位置，使样品绕表面法线n做0°～360°旋转，从而得到Φ扫描数据。所得到的衍射强度与旋转角度φ之间的关系图即为Φ扫描。

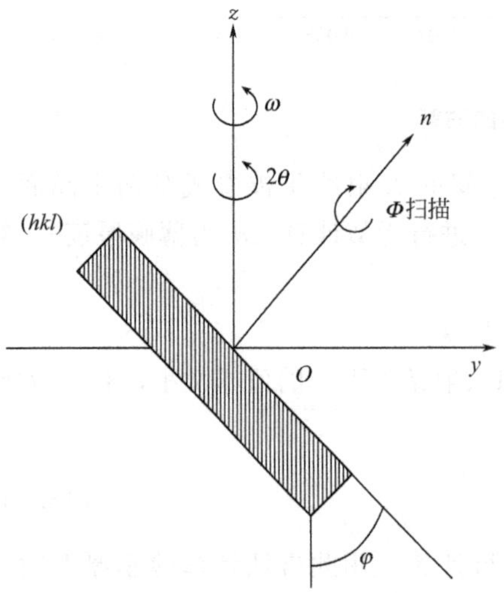

■图13.16 X射线衍射Φ扫描示意图

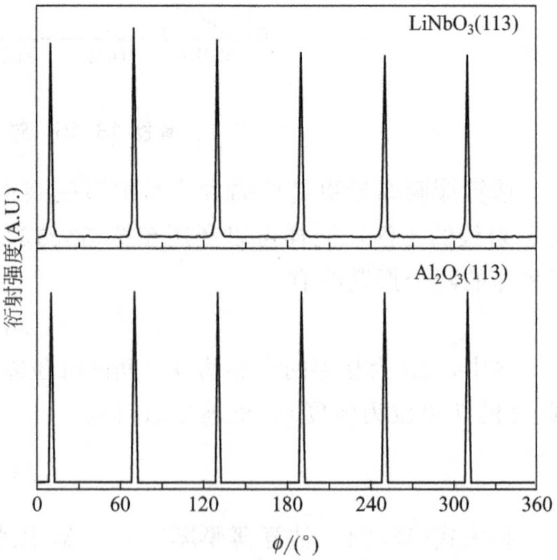

■图13.17 蓝宝石衬底上沉积的$LiNbO_3$薄膜的(113)晶面和衬底的(113)晶面的Φ扫描

图 13.17 给出了蓝宝石衬底上沉积的 $LiNbO_3$ 薄膜的（113）晶面和衬底的（113）晶面的 Φ 扫描曲线。图中的薄膜的常规 X 射线粉末衍射法图谱就是图 13.1 中给出的曲线。由前面的介绍可知 $LiNbO_3$ 薄膜具有（00l）的丝织构，其（006）面平行于衬底 Al_2O_3 的（006）面。而 Φ 扫描则可以给出薄膜的（006）面与 Al_2O_3(006）面之间具体的取向关系。如图 13.17 所示，薄膜和衬底的 Φ 扫描曲线都出现尖锐和高强度的六次对称的衍射峰，这些六次对称的衍射峰相隔 60°，说明 $LiNbO_3$ 薄膜晶体质量非常高。并且薄膜与衬底的峰位没有偏差，说明了 $LiNbO_3$ 薄膜在 Al_2O_3 基片上外延生长时没有面内旋转，薄膜是外延生长在 Al_2O_3 衬底上的。

13.4.2 薄膜材料中极图的测定

极图是一种描绘织构空间取向的极射投影图，其基本原理详见第 12 章。薄膜材料中通常都是采用反射法来测定薄膜的织构，其基本的测试方法同样可以用图 13.16 来表示。把探测器固定到某一晶面（hkl）的 2θ 位置，样品倾角 χ 从 0°～90°变化，探测器记录的衍射强度与倾角 χ 之间的关系图就是一维极图。如果把探测器固定到某一晶面（hkl）的 2θ 位置，样品倾角 χ 每前进一步，都做一次 Φ 扫描。χ 从 0°～90°，φ 从 0°～360°，并把所有的 Φ 扫描以极坐标（χ，φ）的方式绘制成散射强度等高线图，这就构成了二维极图。

图 13.18 给出了沉积在 SiO_2/Si 衬底上的不同厚度钛过渡层的铝膜的（111）面一维极图，图中反映的是 Al(111）晶面的衍射强度随样品倾角的变化规律。从图中可以看出，在 χ 角为 0°时，所有样品的（111）晶面的衍射强度都非常强，表明了所有铝膜都是呈择优取向的，其（111）面平行于衬底表面。在 χ 角大约为 70.5°时，同样可以观察到比较强的衍射强度，这是由〈111〉晶面族其他晶面产生的衍射。在 0°～90°范围内只在 0°和 70.5°的位置出现衍射峰，说明了 SiO_2/Si 衬底上沉积的 Al 膜具有〈111〉的丝织构。同时，在 0°和 70.5°的位置衍射强度的变化表明有钛过渡层的 Al 膜的织构度高于没有过渡层的 Al 膜，并且 Al〈111〉的织构度随着钛过渡层厚度增加而降低。图 13.19 给出了对应于图 13.18 中的 Al 膜的二维极图。理论上讲，单晶结构的 Al(111）晶面的二维极图在圆的正中心是一个非常小的衍射斑点，随着织构度的降低，中心衍射斑点逐渐扩散，变成中心圆圈的强度分散区域，能从直观上进行织构好坏的判断。从图中可以清晰地看出，没有钛过渡层的铝膜的中心区域强度分散度很大；而 1nm 钛过渡层的铝膜的强度很集中，几乎全部处于圆圈的中心，说明此时的铝膜具有非常好的（111）织构，随着钛过渡层的厚度的增加，中心区域的衍射花纹逐渐扩大，说明了钛过渡层厚度的增加，使得所制备的铝膜的织构变差。二维极图的结果验证了图 13.18 中一维极图中的结论。

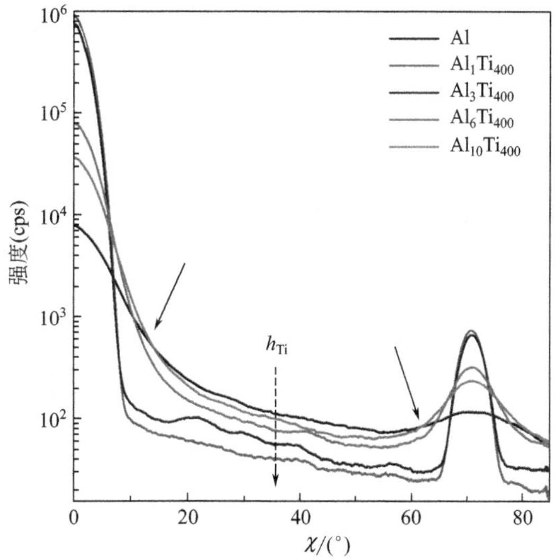

■ 图 13.18 SiO_2/Si 衬底上沉积的不同厚度钛过渡层的铝膜的（111）面一维极图

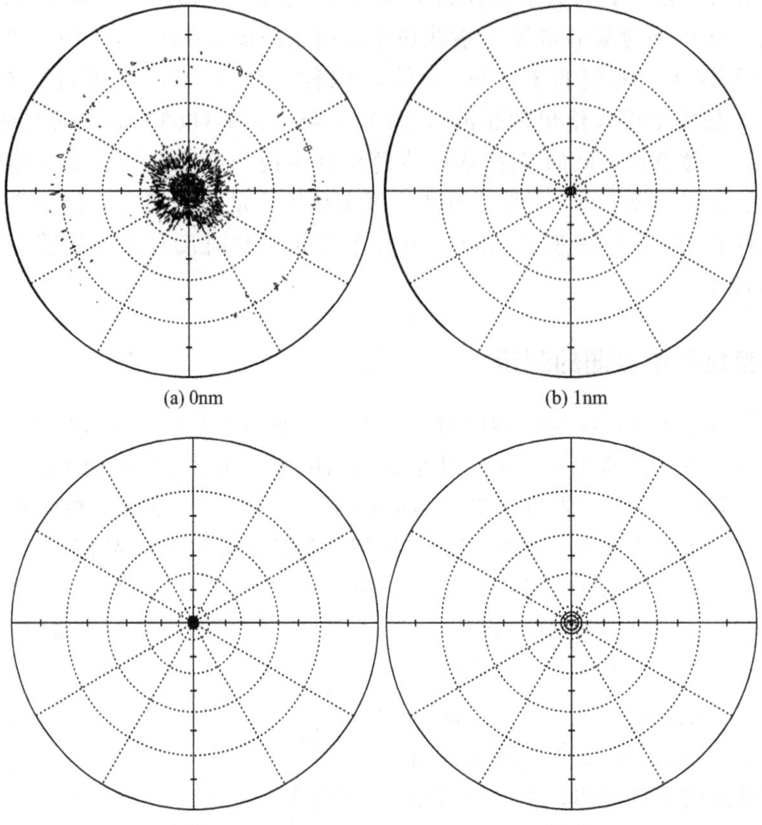

(a) 0nm (b) 1nm

(c) 3nm (d) 6nm

■ 图 13.19 SiO_2/Si 衬底上沉积的不同钛过渡层的铝膜的（111）面二维极图

思考与练习题

1. 请分析以下扫描模式在扫描过程中样品与探测器的运动特点，假设入射方向固定。

（1）θ-2θ 联动　（2）2θ 扫描　（3）摇摆曲线　（4）X 射线反射率测定

2. 请问 θ-2θ 联动、仅样品转动、仅探测器转动这三种扫描方式分别有哪些应用？

3. 制备高质量的外延薄膜常常要考虑薄膜与基片在晶格常数上的匹配程度。例如，因磁性材料 FeRh 与 MgO 晶格常数的匹配程度较高，其薄膜常常沉积于 MgO 单晶基片上以获得高的外延质量。已知 FeRh 是简单立方结构，晶格常数为 2.993Å，MgO 是面心立方结构，晶格常数为 4.211Å。若在基片表面法向为 [001] 晶向的 MgO 单晶基片上沉积 FeRh 薄膜，会获得高质量的外延近单晶 FeRh 薄膜，FeRh 的 [001] 晶向沿薄膜法向方向排列。现以 Cu-K_α 为入射 X 射线，进行薄膜材料的分析，请回答以下问题：

（1）由题描述已知，FeRh[001] 平行于 MgO[001]，那么根据晶格匹配情况，完美的 FeRh 外延薄膜中，FeRh 面内的 [100] 方向和 [010] 方向应与 MgO 的哪些晶向平行？

（2）已知制备的薄膜中，FeRh[001] 平行于 MgO[001]，那么在薄膜法向方向，做常规粉末衍射，即 θ-2θ 联运时，应该在哪些位置出现薄膜和基片的峰（2θ 范围为 10°～120°）？

(3) 若想确定 FeRh 和 MgO 在面内方向的晶格相对取向，可分别做 FeRh(111) 和 MgO(111) 晶面的 Φ 扫描。请问如果薄膜为 (1) 中理想外延情况和典型丝织构（面内无取向）时，FeRh 和 MgO 的 Φ 扫描分别应该是什么样子的？请画出衍射的示意图表示。

4. 已知某薄膜 X 射线反射率曲线上相邻两峰的间距为 0.25°，请估算薄膜的厚度。

参考文献

[1] 程国峰，杨传铮，黄月鸿．纳米材料的 X 射线分析．北京：化学工业出版社，2010.

[2] 莫志深，张宏放．晶态聚合物结构和 X 射线衍射．北京：科学出版社，2003.

[3] Tolan M. X-ray scattering from soft-matter thin films，Springer，1999.

[4] Daillant J，Gibaud A. X-ray and neutron reflectivity：Principles and Applications，Springer，1999.

[5] Parrat L G. Physical Review，1954：95，359.

[6] 王英华．X 光衍射技术基础．北京：原子能出版社，1993.

第14章 高分子材料分析

高分子聚合物在特定的条件下可以形成一定的晶体结构，因而可以采用X射线衍射的方法来研究其结构和特性。从原理上来看，利用X射线衍射对高分子聚合物的物相、晶格常数、取向、应力等的测定方法与无机物晶体的测定方法并无不同。但是在通常情况下，高分子聚合物的结晶度非常低，有时结晶度往往还不到50%，这是利用X射线衍射分析高分子材料时所要注意的主要特点。

14.1 高分子材料概述

14.1.1 高分子晶体的特点

有机高分子材料通常是由一些有机单体聚合而成，例如聚乙烯材料可以写成 $\text{+}CH_2—CH_2\text{+}_n$，其单体是 $CH_2=CH_2$。某些条件下获得的高分子聚合物也可以表现出晶体的特征，那么高分子晶体中的结构单元与其化学式写法上的重复单元有什么关系呢？早在1920年，德国科学家Staudinger就利用X射线系统地研究了许多高分子聚合物的结构和性质，提出了大分子的假设，并首先提出了聚苯乙烯、聚甲醛、天然橡胶等物质的线形长链结构式。Staudinger的大分子理论最超前的观点就是认为高分子大小和其晶胞大小无关。这一观点在当时受到激烈的攻击，但随着研究的深入，Staudinger的观点逐渐被认为是正确的，并且于1953年被授予诺贝尔化学奖。

晶体的基本构成包括点阵和结构单元，对于通常的无机物材料，结构单元可以是原子、离子或分子；而对于高分子聚合物材料，结构单元一般是可结晶的高分子链段。高分子聚合物晶胞是由一个或若干个高分子链段构成，除少数天然蛋白质以分子链球堆砌成晶胞外，在绝大多数情况下高分子链以链段排入晶胞中，一个高分子链可以穿越若干个微晶晶胞，如图14.1(b)所示。X射线衍射测得高聚物晶胞尺寸正好是高分子链段的长度。高分子材料的这一特点与一般无机物中以原子或分子等作为单一结构单元排入晶胞的特点显著不同[图14.1(a)]。晶态高分子链段的链轴与一根结晶主轴平行，表14.1给出了几种高分子聚合物的化学重复单元（单体）和晶体结构单元的示意。

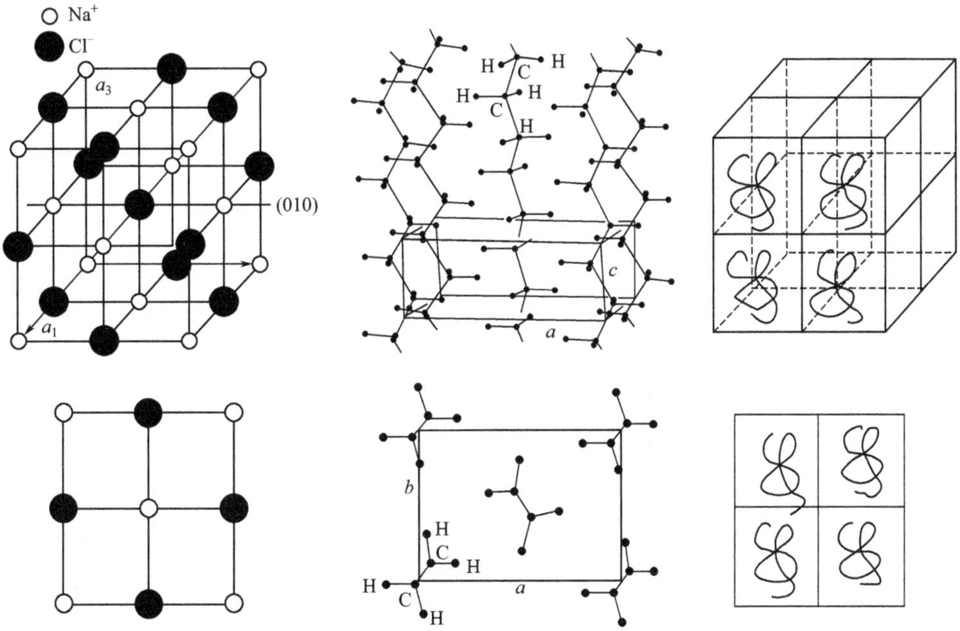

(a) NaCl晶体　　(b) 聚乙烯(PE)晶体　　(c) 蛋白质晶体

■ 图 14.1　无机物晶胞与高分子晶胞的比较

■ **表 14.1　高分子聚合物的化学重复单元（*a*）和晶体结构单元（*b*）**

聚合物	*a*	*b*	*N*	*Z*	*L*
	a=*b*				
PE	$\text{-[}CH_2\text{—}CH_2\text{]}_n$	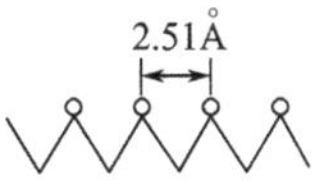	2	2	2
it-PP	$\text{-[}CH_2\text{—}CH\text{]}_n$ (CH 上连 CH_3)	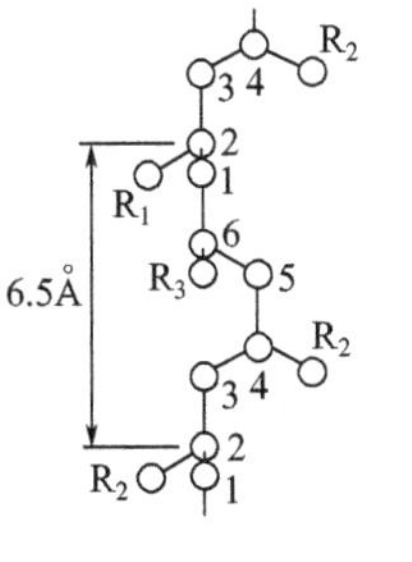	4	4	12
PEEK	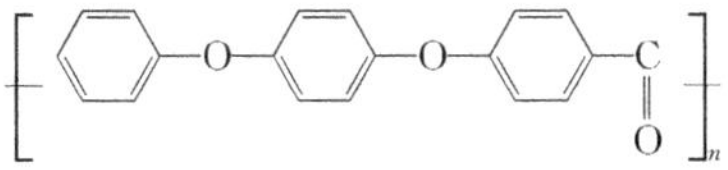	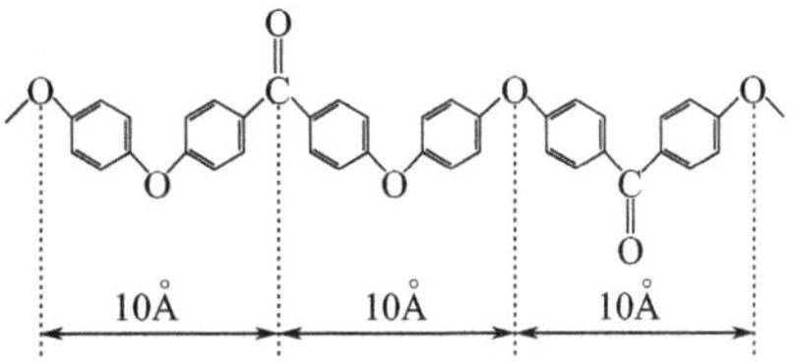	2	2	2×2/3
PTh	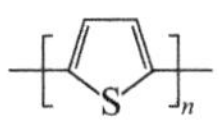	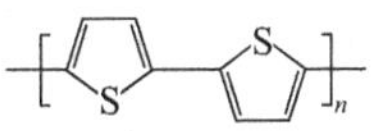	2	2	4

注：*N* 为通过一个晶胞的分子链数目；*Z* 为晶胞中的结构单元的数目；*L* 为一个晶胞中含有化学重复单元的数目。

从图 14.1 和表 14.1 可以看出，高分子聚合物的化学重复单元和晶胞结构单元不是同一个概念，两者有可能相同也有可能不同。例如表 14.1 中的几种高分子聚合物，对于 PE、Nylon1010 和 PEK 来说，其化学重复单元与晶胞结构单元相同（$a=b$）；而对于 *it*-PP、PEEK 和 PTh 来说，化学重复单元与晶胞结构单元则不相同（$a\neq b$）。同时，从表 14.1 还可以看出，高分子聚合物的链段在大多数情况下是以折叠链的形态构成高分子晶体的。

由于高分子链段的链内以原子共价键链接，分子链段之间存在范德华力或者氢键相互作用，使得高分子在结晶时，自由运动受阻，妨碍其规整排列，使得高分子聚合物只能部分结晶并且产生许多畸变晶格及缺陷。所以结晶不完善是高分子材料的一大特点。所谓结晶高分子聚合物，实际上都是部分结晶，其结晶度常常在 50%以下。自然，高分子材料也非常难形成大尺寸单晶，目前能够合成的高分子聚合物的单晶尺寸小于 0.1mm。

最近的研究认为，结晶的高分子聚合物通常是一种晶体、非晶、中间层、“液态结构”和亚稳态的共存体系，常处于热力学不平衡的状态。因此高分子材料的熔点不是一个单一温度值，而是一个温度范围（熔限）。给高分子施加一个很小的外力，就可以在很大程度上改变部分高分子中结晶-非晶的平衡态，并改变高分子结晶的熔点。对高分子聚合物的结晶特性的研究不仅要考虑通常的晶胞内的微观结构参数，还要考虑高分子聚合物特有的宏观结构参数，如片晶厚度、长周期、结晶-非晶中间层、结晶度等。

高分子聚合物晶体的空间群大部分分布在 $P\bar{1}$、$P1$、$P2_1/c$、$P2_12_12_1$、$Pnma$、$Pna2_1$、$R3c$ 等少数空间群中。

14.1.2 高分子链段的组成及其堆砌结构

（1）高分子链的构筑、构型和构象

高分子链段是构成晶态高分子聚合物的基本结构单元，如前所述，它与组成高分子的化学重复单元有可能不相同。高分子链段通常还具有一定的形状以及空间构型，高分子链段包含构筑、构型和构象等概念。

聚合物分子的构筑是指聚合物链的线形，包括枝化、交联、星形、网状和树枝状等。

高分子链的构型是指其化学结构链上原子键间的空间几何排布，这种排布是稳定的。构型的转变必须通过化学键的断裂和重组来改变化学链的立体结构。

高分子链的构象是由于构成高分子主链的 C—C 单键旋转，使高分子链上各原子在空间的相对位置改变而出现的不同几何形状。构象转变是物理现象，主要是热运动引起的，但是一个分子链采取何种构象的决定因素是分子内的相互作用，即绕 C—C 单键旋转的势垒。

高分子链的构型和构象是决定高分子材料化学、物理乃至生物行为和效应的最重要因素。聚合物的结构研究主要包括高分子链的结构研究以及高分子聚集态的研究两个方面。前者包括高分子链的化学组成、高分子链的构筑、构型和构象；而后者包括晶态、非晶态、取向态、液晶态和共混高分子的相态等。

（2）高分子结晶过程

高分子可以从不同的初始态如熔体、玻璃态及溶液中结晶，但大多数情况都遵循成核—生长—终止的方式进行，结晶总速率由成核速率和生长速率决定。结晶是大多数聚合物从熔体到制品的必经途径。例如熔体通过缓慢冷却的方式可以结晶；也可以对熔体进行淬火，然后再加热到玻璃化转变温度 T_g以上使高分子结晶。高分子聚合物从不同的途径形成晶态时，往往都会经历热力学上的不稳定状态，不同的途径得到的晶态在结构方面往往存在明显的差异。热窗口是衡量高分子聚合物的可结晶窗口的重要指标，它是指平衡熔点 T_m^0与玻璃化转变温度 T_g之间的差值。

T_g/T_m^0（K）的比值通常在 0.5～0.8 之间。热窗口宽度对聚合物成核和生长动力学起着重要作用。另一个重要参数是过冷度 $\Delta T = T_m^0 - T_c$，其中 T_c 是结晶温度。ΔT 是聚合物结晶成核和生长的驱动力，ΔT 越大则聚合物从熔体结晶速度越快。对于结晶窗口很窄的聚合物，即使增加 ΔT，结晶速度的增加也不明显，这是由于温度接近 T_g，黏度增加，分子链运动困难造成的。

（3）晶态高分子链的基本堆砌

晶态高分子中链段的构象的决定因素是微晶分子内相互作用，即绕 C—C 单键内旋转的势能大小，其次是非键原子或原子基团之间的排斥力、范德华力、静电相互作用以及氢键。晶态下，高分子链具有最稳定的构象，即高分子链具有稳定的堆砌方式。但某些高分子聚合物由于结晶条件不同可产生不同变体，具有两种或两种以上的堆砌。X 射线衍射是测定高分子聚合物构象的一种有效方法。迄今发现的有关高聚物分子链的构象类型仍然符合 Bunn 推测的 C—C 链单键的可能构象。一般来说，高分子链的基本构象有如下几种：平面锯齿型构象（如聚乙烯），螺旋型构象（如 POM、*it*-PP），滑移面对称性构象（如聚偏氯乙烯），对称中心结构构象（如 PET），二重轴垂直分子链轴型构象（如聚丁二酸乙二酯），晶面垂直分子链轴型构象（如尼龙 77），双重螺旋型构象（如 DNA）等。

14.1.3 高分子聚合物晶体结构模型

高分子聚合物一般为部分结晶或非晶，而部分结晶聚合物习惯上称为结晶聚合物。结晶度是表征聚合物材料的一个重要参数，它与聚合物许多重要性质有直接关系。高分子聚合物的晶体模型有樱状胶束模型、插线板模型、结晶-非晶中间层等。

（1）樱状胶束模型

对结晶聚合物分子链在晶体中的形态，早期用“经典两相模型”——樱状胶束模型解释，如图 14.2 所示。这个模型的特点是结晶的聚合物分子链段属于不同晶体，即一个分子链可以同时穿过若干个晶区和非晶区，分子链在晶区中互相平行排列，在非晶区相互缠结卷曲无规排列。这个模型似乎解释了早期的许多实验结果，受到高分子科学工作者近 30 年的偏爱。

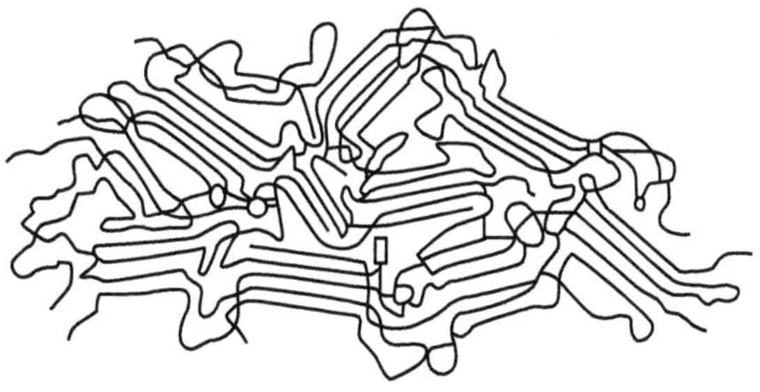

■ 图 14.2 结晶高分子聚合物的樱状胶束模型

（2）插线板模型

20 世纪 60 年代初 Flory 等提出插线板模型，如图 14.3 所示。此模型的主要特点是组成片晶的杆为无规连接，即从一个片晶出来的分子链，并不在其邻位处回折到同一片晶，而是在非邻位以无规方式再折回，也可能进入另一片晶。无论经典樱状胶束还是插线板模型，都忽略中间层的存在，把结晶聚合物视为晶相及非晶相“两相”组成，两相理论是高分子聚合物结晶模型中的基础理论。

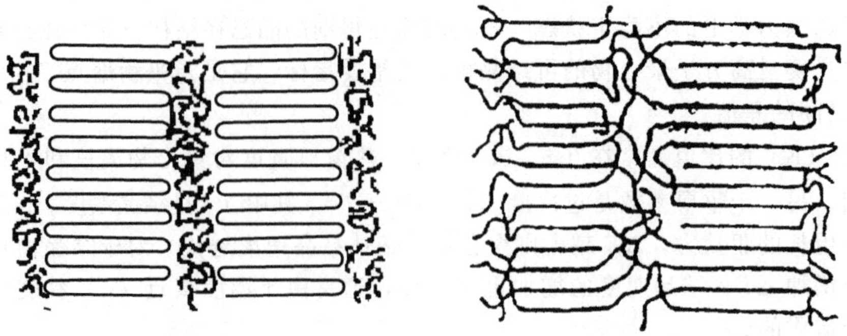

(a) 邻位规则折叠　　(b) 非邻位无规折叠

■ 图 14.3　结晶高分子聚合物的插线板模型

(3) 结晶-非晶中间层模型

随着对聚合物结晶结构研究的深入，“两相模型”结构已不能满意解释聚合物的结晶结构，已证明在多数高分子聚合物如 PE 的晶区与非晶区之间存在一个过渡区或称中间层，如图 14.4 所示。Flory 等从统计力学出发，将晶格理论应用到高分子界面，指出半结晶聚合物片层间存在一个结晶-非晶中间相。中间相的性质既不同于晶相，也不同于非晶相，即高聚物结晶形态由 3 个区域组成：片层状三维有序的结晶区、非晶区、中间层。

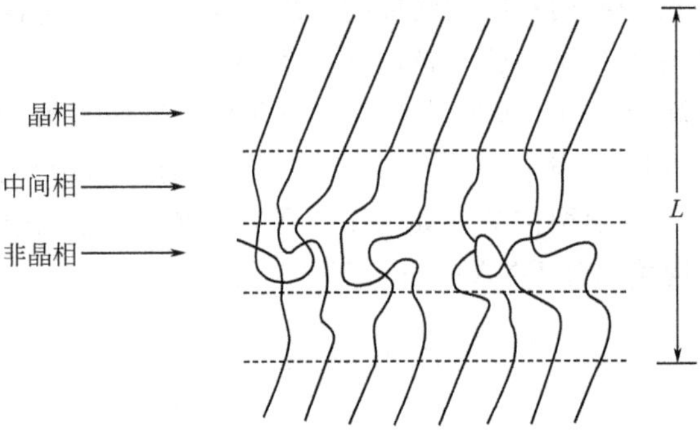

■ 图 14.4　结晶高分子聚合物的结晶-非晶中间层模型

(4) 结晶度概念

随着聚合物材料被日益广泛应用，准确测定聚合物结晶度这个重要参数越来越受到人们的重视。目前在各种测定结晶度的方法中，X 射线衍射法被公认为具有明确意义并且应用最广泛的一种方法。

结晶度是表征高分子聚合物材料中结晶与非晶在质量分数或体积分数大小的直观数值。一般用 $W_{c,\alpha}$ 表示高分子聚合物的质量分数结晶度，用 $\phi_{c,\alpha}$ 表示高分子的体积分数结晶度，其中 α 表示获得结晶度的不同方法。即

$$\begin{cases} W_{c,\alpha}=\dfrac{M_c}{M}\times 100\%=\dfrac{\rho_c}{\rho_c+\rho_a}\times 100\% \\ \phi_{c,\alpha}=\dfrac{\phi_c}{\phi}\times 100\%=\dfrac{\phi_c}{\phi_c+\phi_a}\times 100\% \end{cases} \tag{14.1}$$

式中，M_c 和 M 分别是样品结晶部分的质量和总的质量；ϕ_c、ϕ_a 和 ϕ 分别是样品结晶部分、非晶部分以及总的体积；ρ 为整体样品密度；ρ_c 和 ρ_a 分别为结晶部分的密度以及非结晶部分的密度。

根据“两相模型”假定，计算结晶度应注意下面几方面的问题：①样品可以划分为“明显”的结晶及非结晶相；②假定两相与它们的理想状态——结晶、非晶相具有相同性质，界面的影响可忽略；③结晶度可以用质量分数或体积分数表示，两者之间的关系为 $W_{c,\alpha}=\phi_{c,\alpha}\rho_c/\rho$；④聚合物材料结晶度的测定可以有多种方法，其中最常用的有：X 射线衍射法、

量热法、密度法、红外光谱法。不同测量方法反映的晶体缺陷及界面结构不同，因而不同方法获得的定量结果也会有所差异。

14.2 高分子聚合物结晶度的测定

14.2.1 基本原理

利用X射线衍射方法测定结晶度的理论基础为，在全倒易空间内总的相干散射强度只与参加散射的原子种类及其总数目 N 有关，是一个恒量，与它们的聚集状态无关。用 $W_{c,x}$ 来表示X射线衍射方法测得的结晶度，则有，

$$W_{c,x}=\frac{I_c}{I_c+K_xI_a} \tag{14.2}$$

式中，I_c 和 I_a 分别为在适当角度范围内晶相及非晶相的散射积分强度；K_x 为校正常数。若样品存在各向异性，则必须适当消除样品取向的影响，求取平均倒易空间的衍射强度。

设 $I(s)$ 为倒易空间某位置 s 处的散射强度，则整个空间积分强度为

$$\int_0^{\infty} I(s)\mathrm{d}V=4\pi\int_0^{\infty} s^2 I(s)\mathrm{d}s \tag{14.3}$$

式中，散射矢量 $\boldsymbol{s}$ 的大小 $s=2\sin\theta/\lambda$。如果将X射线衍射图中结晶散射强度 $I_c(s)$ 和非晶散射强度 $I_a(s)$ 分开，根据式(14.2) 可知结晶度可用下式表示：

$$W_{c,x}=\frac{\int_0^{\infty} s^2 I_c(s)\mathrm{d}s}{\int_0^{\infty} s^2 I_t(s)\mathrm{d}s} \tag{14.4}$$

其中，$I_t(s)=I_c(s)+I_a(s)$。

式(14.4) 是X射线衍射方法测定聚合物材料结晶度的基本公式。实际上用式(14.4) 需注意下面一些问题：式中 $I_t(s)$ 和 $I_c(s)$ 为相干散射强度，故应从实验测得的总散射强度中减去非相干散射和来自空气的背景散射的强度，还要对原子的吸收及偏振因子进行校正。同时，实验时不可能测得所有 s 值下的散射强度，仅仅是测得某一有限范围内的 s 值，并假定发生在这个范围以外的散射强度是可以忽略的。还应指出由于热运动、聚合物微晶的不完善性（畸变、缺陷等），有可能使得来自晶区散射部分表现为非晶散射。准确地将一个结晶聚合物衍射曲线分解为结晶和非晶的贡献，对结晶度的测定是一个关键问题。常用的利用X射线衍射结果来测定结晶度的方法有作图法、Ruland法、拟合分峰法、回归线法等。

14.2.2 作图法

根据式(14.2)，一个多组分聚合物材料的结晶度计算公式为

$$W_{c,x}=\frac{\sum_{i=1}^{M}\sum_{j=1}^{P(M)}C_{i,j}(\theta)I_{i,j}(\theta)}{\sum_{i=1}^{M}\sum_{j=1}^{P(M)}C_{i,j}(\theta)I_{i,j}(\theta)+\sum_{i=1}^{M}\sum_{l=1}^{N(M)}k_iC_{i,l}(\theta)I_{i,l}(\theta)}\times 100\% \tag{14.5}$$

式中，M 为聚合物的组分数；P 为某组分所具有的结晶衍射峰数；N 为某组分所含有的非晶峰个数；θ 为衍射角；$C_{i,j}(\theta)$ 为与衍射角有关的第 i 个组分第 j 个衍射峰的校正因子；$C_{i,l}(\theta)$ 为第 i 个组分第 l 个非晶峰的校正因子；$I_{i,j}(\theta)$ 为第 i 个组分第 j 个衍射峰强度；$I_{i,l}(\theta)$ 为第 i 个组分第 l 个非晶峰强度；k_i 为校正系数，$k_i=\sum I_{i,\mathrm{cal}}/\sum I_{i,\mathrm{total}}$ 是计算时所采用第 i 个组分衍射强度与该组分可能观察到的全部衍射强度之比，一般有 $k_i\leqslant 1$，一些常见聚合物的 k_i 值可从附录 15 中查得。式(14.5) 中的每个校正因子 $C(\theta)$（可分别代表结晶及非晶峰校正因子），由下式求得：

$$C^{-1}(\theta)=f^2\cdot\frac{1+\cos^2 2\theta}{\sin^2\theta\cos\theta}\cdot \mathrm{e}^{-2B(\sin\theta/\lambda)^2}=\sum_i N_i f_i^2\cdot\frac{1+\cos^2 2\theta}{\sin^2\theta\cos\theta}\cdot \mathrm{e}^{-2B(\sin\theta/\lambda)^2} \tag{14.6}$$

式中，f 是每个重复单元中所含有全部原子的散射因子；N_i 和 f_i 分别是每个重复单元中含有的第 i 种原子的数目和原子散射因子。由第 5 章的知识可知式(14.6) 中后面两项分别是角因子（LP）和温度因子（T）。

定义 $K_x=k_iC_{i,l}(\theta)$ 为总校正系数，原子散射因子 f_i 可近似地表示为

$$f_i(\sin\theta/\lambda)=a_j\mathrm{e}^{-2b_j(\sin\theta/\lambda)^2}+C \tag{14.7}$$

式中，a_j、b_j 和 C 都是常数。

对于单一组分的高分子聚合物式(14.5) 可简化为

$$W_{c,x}=\frac{\sum_i C_{i,hkl}(\theta)I_{i,hkl}(\theta)}{\sum_i C_{i,hkl}(\theta)I_{i,hkl}(\theta)+\sum_j k_iC_j(\theta)I_j(\theta)}\times 100\% \tag{14.8}$$

式中，i 和 j 分别为计算的结晶衍射峰数目和非晶衍射峰数目；$C_{i,hkl}(\theta)$ 和 $I_{i,hkl}(\theta)$ 分别为 hkl 晶面的校正因子及衍射峰积分强度；$C_j(\theta)$ 和 $I_j(\theta)$ 分别是非晶峰的校正因子和散射积分强度。$C_{i,hkl}(\theta)$ 和 $C_j(\theta)$ 的大小可由式(14.6) 求得。

图 14.5 给出了间规-1,2-聚丁二烯（*st*-1,2-PB）的 X 射线衍射谱，下面利用式(14.8) 计算其结晶度。由图所示，图中的谱线有四个明显的衍射峰，图中分别标出了衍射峰的指数和位置。*st*-1,2-PB 的每个晶胞结构单元包含 4 个碳原子和 6 个氢原子，故总的散射因子 $f^2=4f_C^2+6f_H^2$，它的 4 个主要的衍射峰的晶面指数及各个峰的位置（包括非晶峰）分别为 $2\theta_{010}=13.75°$、$2\theta_{\substack{200\\110}}=16.3°$、$2\theta_{210}=21.45°$、$2\theta_{\substack{201\\111}}=23.8°$、$2\theta_a=19.4°$。

把上述数据分别代入式(14.6) 和式(14.7) 中，取 $2B=10$，并按（010）晶面积分强度值归一化，得到各衍射峰的校正因子为

$C_{010}(\theta)=1$，$C_{\substack{200\\110}}(\theta)=1.57$，$C_{210}(\theta)=3.5$，$C_{\substack{201\\111}}(\theta)=4.99$，非晶峰的 $C_a(\theta)=2.69$。

因为衍射强度正比于结构振幅的平方，也即 $I_{hkl}\propto F_{hkl}^2$，由附录 15 可以得到 *st*-1,2-PB 的 $k_i=0.414$。将上述求得的所有数值代入式(14.8)，就可以求得 *st*-1,2-PB 的结晶度公式

$$W_{c,x}=\frac{I_{010}+1.57I_{\substack{200\\110}}+3.5I_{210}+4.99I_{\substack{201\\111}}}{I_{010}+1.57I_{\substack{200\\110}}+3.5I_{210}+4.99I_{\substack{201\\111}}+1.1I_a}\times 100\%$$

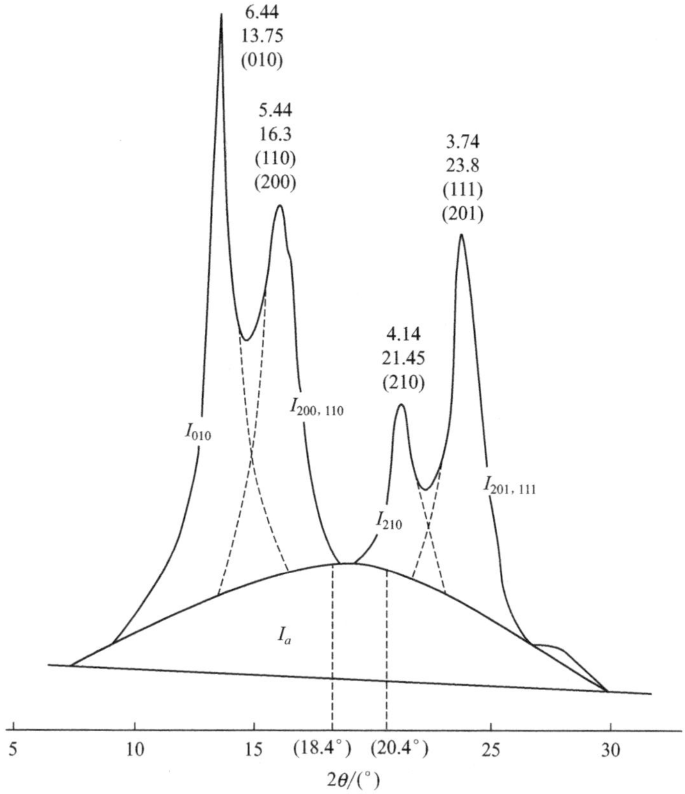

■ 图 14.5　st-1，2-PB 的 X 射线衍射谱及其曲线分解

图中 19.4° 处为非晶峰的顶点，C 点为结晶峰与非晶峰分离的最低点

再根据图 14.5 计算各个分解的衍射峰的面积，然后利用上式就可以得到 *st*-1,2-PB 的结晶度。

作图法由于简便易行而经常被采用，计算时只要把 X 射线衍射强度曲线分解为结晶与非晶两部分，按照上面提到的校正因子的方法，对各晶面衍射强度进行修正后，则可由式(14.8) 计算出相应的高分子聚合物的结晶度计算公式，进而计算出结晶度。

14.2.3　Ruland 法

使用式(14.4) 计算结晶度时，Ruland 考虑了热运动对晶格畸变的影响，从而使算得的结晶度值更合理。在不失精度的情况下，应用 Ruland 方法进行计算时可以只取具有较大衍射峰强度的 s 范围，就可以计算出结晶度，克服了其他方法必须收集尽可能大范围 s 的衍射强度数据的限制。Ruland 方法测定结晶度的基本公式如下：

$$W_{c,x}=\frac{\int_0^{\infty}s^2I_c(s)\mathrm{d}s}{\int_0^{\infty}s^2I_t(s)\mathrm{d}s}\cdot\frac{\int_0^{\infty}s^2\overline{f}^2\mathrm{d}s}{\int_0^{\infty}s^2\overline{f}^2D\mathrm{d}s} \tag{14.9}$$

式中，各个符号代表的内容与式(14.4) 相同，其中 $\overline{f}^2$ 为均方原子散射因子，有

$$\overline{f}^2=\sum_i Nf_i^2/\sum_i N_i \tag{14.10}$$

式中，D 称为晶格无序度参数，它与晶格不完善性参数 k 有下述关系，对第一类晶格

畸变（短程无序），有

$$D=e^{-ks^2} \tag{14.11}$$

对第二类晶格畸变（长程无序）

$$D=\frac{2e^{-as^2}}{1+e^{-as^2}} \tag{14.12}$$

式(14.9) 最右端的一项是考虑热运动和晶格不完善性引起的衍射强度变化而对结晶度进行的修正，此修正因子也称为校正因子，常用 K 来表示。为了计算校正因子 K 值，作为近似仅考虑第一类晶格畸变式即已足够。实际上，$K=k_T+k_1+k_2$，即 K 来源于分子的热运动（k_T）、第一类晶格畸变（k_1）和第二类晶格畸变（k_2）。由于热运动及晶格畸变的影响往往使来自结晶区的衍射强度降低，表现为非晶弥散峰，故若使用式(14.4) 不经校正计算的结晶度值将偏低，校正因子 K 与 s、D 和 $\overline{f}^2$ 都有关，因此式(14.9) 可改写为

$$W_{c,x}=\frac{\int_0^{\infty}s^2I_c(s)\mathrm{d}s}{\int_0^{\infty}s^2I_t(s)\mathrm{d}s}\cdot K(s_0,s_{\infty},D,\overline{f}^2) \tag{14.13}$$

实际上，在实验中衍射角不可能（也不必）取得无穷大，只需在稍大于某一有限角范围内即可，s_{∞} 相应地取至稍大于较强衍射峰所对应的衍射角值即可。现以应用 Ruland 方法计算聚环氧乙烷（PEO）为例加以说明。在 PEO 的计算中取 $2\theta=5°$（$s_1=0.08Å^{-1}$）到最大 $2\theta=72°$（$s_2=0.65Å^{-1}$），在此范围内应用式(14.13) 进行计算可获得合理的结晶度数值。当计算中固定 s_1 而改变 s_2 时，在某些足够大的 $s_1 \sim s_2$ 范围内，所得结晶度数值基本与 s_2 无关。也就是说，在求结晶度时，在某些假定的 k 值下，可以找到 $W_{c,x}$ 与 s_2 基本无关时所对应的 k 值，此时，式(14.13) 可以写成：

$$W_{c,x}=\frac{\int_{s_1}^{s_2}s^2I_c(s)\mathrm{d}s}{\int_{s_1}^{s_2}s^2I_t(s)\mathrm{d}s}\cdot\frac{\int_{s_1}^{s_2}s^2\overline{f}^2\mathrm{d}s}{\int_{s_1}^{s_2}s^2\overline{f}^2D\mathrm{d}s} \tag{14.14}$$

利用 Ruland 法计算高分子聚合物的结晶度时，首先在一系列不同的 k 值下根据式(14.14) 计算出 $W_{c,x}$ 对应于 s_2 的值，然后对数据进行观察，当 $W_{c,x}$ 值不随 s_2 变化时，可认为此时的 $W_{c,x}$ 值就是要求的结晶度数值。图 14.6 给出了 PEO 的 X 射线衍射谱，应用

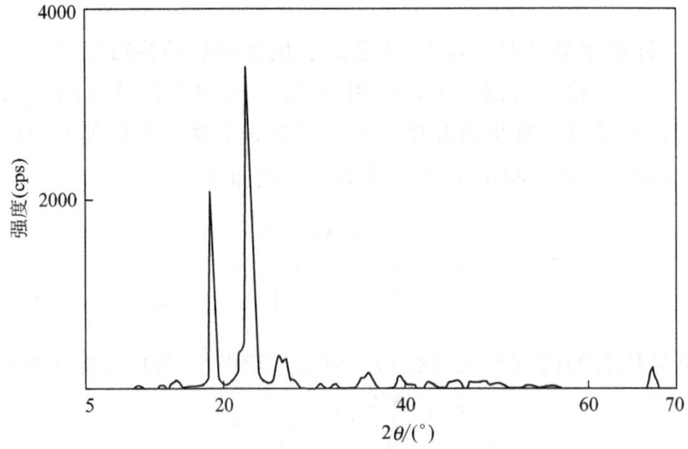

■ 图 14.6 PEO 的 X 射线衍射谱

Ruland 法对 PEO 的结晶度值进行计算。表 14.2 给出了衍射角 $2\theta=9°\sim72°$，对应于不同 k 值下的计算结果。从表中可以看出，当 $k=2$ 时，$W_{c,x}$ 值趋于与 s_2 无关，计算出此时 $W_{c,x}$ 的平均值为 0.70，说明 PEO 的结晶度大约为 70%。

■ **表 14.2 PEO 对应于不同 k 值计算出的 $W_{c,x}$ 值**

2θ	1	2	3	4	5	6	7
72°	0.67	0.77	0.89	1.02	1.16	1.31	1.48
64°	0.62	0.71	0.80	0.90	1.01	1.13	1.26
52°	0.58	0.64	0.72	0.79	0.87	0.96	1.06
44°	0.56	0.62	0.67	0.73	0.80	0.87	0.94
32°	0.62	0.65	0.70	0.75	0.81	0.86	0.92
28°	0.66	0.71	0.75	0.80	0.85	0.90	0.95
24°	0.68	0.72	0.76	0.80	0.84	0.89	0.94
20°	0.74	0.78	0.82	0.86	0.90	0.95	0.99
平均	0.70						

Ruland 法是各种测定聚合物结晶度方法中理论基础较完善的一种方法。但是这种方法的实验数据采集及计算处理较复杂。特别是在划分原始衍射曲线为结晶及非晶界线上往往带有任意性，为克服这一缺点，在可能的条件下应做出非晶散射曲线以供参考。另外这种方法仅考虑了温度和晶格畸变的修正，如果进而对实验衍射强度进行极化因子和背底的校正，则能够进一步提高结果的准确性。

14.2.4 拟合分峰法

高分子聚合物 X 射线衍射曲线中，某些结晶衍射峰由于弥散往往会部分地重叠在一起，另外结晶峰与非晶峰一般是完全重合或大部分重叠的，如何把结晶聚合物 X 射线衍射强度曲线准确地分解为结晶部分与非晶部分，是一项很有意义的工作。在过去，分峰对从事结构研究的工作者而言，是个很难处理的问题，但随着电子计算机的发展与广泛应用，这一问题迎刃而解。Hindeleh 等在前人工作的基础上，根据任意一组晶面的衍射强度在倒易空间的分布是正态函数的特性，提出了用 Gauss-Cauchy 复合函数来表征结晶衍射峰强度曲线的办法。设第 t 个衍射晶面的衍射强度为 I_t，则结晶部分总衍射强度 $I(s)$ 为

$$I(s)=\sum_{t=1}^{B}I_t=\sum_{t}^{B}[f_tG_t+(1-f_t)C_t] \tag{14.15}$$

式中，B 为衍射峰数目；f_t 为第 t 个衍射峰的峰形因子；G_t 和 C_t 分别为 Gaussian 和 Cauchy 函数，有

$$G_t=A_t\exp\{-\ln2[2(x-P_t)/W_t]^2\} \tag{14.16}$$

$$C_t=A_t/\{1+[2(x-P_t)/W_t]^2\} \tag{14.17}$$

其中，x 为计算点（衍射角）；A_t 为第 t 个衍射峰的峰高；P_t 为第 t 个衍射峰的位置；W_t 为第 t 个衍射峰的半高宽。由此可见每个衍射峰含有 4 个待定量：f_t、A_t、P_t 和 W_t。

式(14.15)～式(14.17) 中的 3 种函数的曲线见图 14.7。由图可知 3 个函数在 A_t、P_t 和 W_t 相同时非常近似，具有极其相似的曲线形状。在半高宽以上的曲线是相同的，只是在

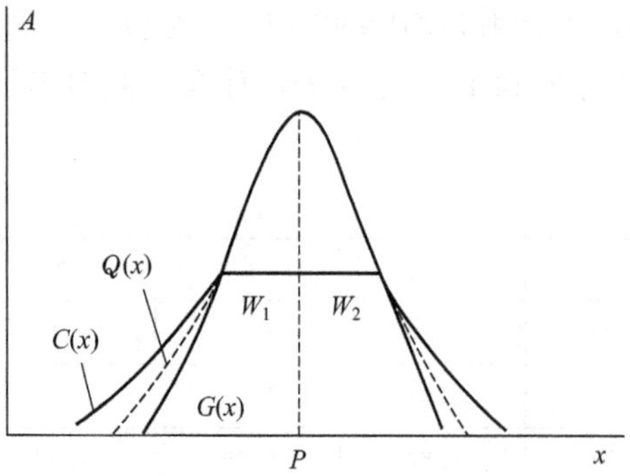

■ 图 14.7 Gauss-Cauchy 函数及其复合函数曲线

峰两端尾巴部分有些不同。Gaussian 函数适合于更窄一些的正态分布，Cauchy 函数适合于较宽的分布，而复合函数则介于两者之间。

非晶态散射与晶态不同，在非晶态中，原子排列不呈周期性，杂乱无章。故非晶态散射曲线弥散不对称，呈“馒头”状。Hindeleh 提出用三次多项式来拟合非晶峰的散射强度，有

$$I(x)=a+bx+cx^2+dx^3 \tag{14.18}$$

式中，a、b、c、d 是待定的参数。

由此，晶态与非晶态总的衍射强度 I_{cal}（计算值）为

$$I_{cal}=\sum_{t=1}^{B} I_t + I(x) \tag{14.19}$$

式(14.19) 中共有 $4B+4$ 个未知量，计算时可采用阻尼最小二乘法，对给定适当小量 δ，使目标函数 S 满足

$$S=\sum_{i=1}^{n}[Y_{obs,i}-Y_{cal,i}]^2 \leqslant \delta \tag{14.20}$$

通过计算则可以求得拟合后各衍射峰的 f_t、A_t、P_t 和 W_t，实现了衍射曲线的结晶叠合峰以及结晶峰非晶峰互相重叠的分解。在此基础上便可以按结晶度的定义计算 $W_{c,x}$。

图 14.8 是利用上述方法对尼龙-66 衍射曲线的分峰拟合结果。如图所示，在 $2\theta=10°\sim30°$之间，尼龙-66 样品的 X 射线衍射谱中仅观察到 2 个明显的相互重叠的衍射峰（100）和（010）。很明显，非晶散射峰亦与结晶峰相重合。图中曲线 a 是实测值，曲线 b 和 c 分别为分解后的结晶衍射峰和非晶散射峰。拟合的计算值与原实测值表明整个衍射角部分几乎是重合的，证明了上述方法的可行性。

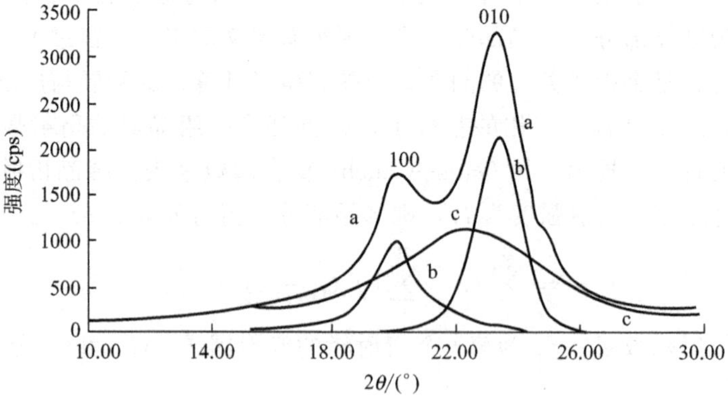

■ 图 14.8 尼龙-66 衍射曲线的分峰拟合

某些高分子聚合物可获得纯非晶的 X 射线衍射强度实验数据，这样可消除分峰计算时结晶态与非晶态划分的任意性。尽管如此，由式(14.20) 可知，在求解目标函数时仍存在多解性。不同的初始条件，完全可以求出满足式(14.20) 的不同解。然而，实际问题通常只存在唯一解，因此该方法的初始值选取很重要，并且应比较此方法获得的结果与其他方法结果的差异，否则尽管拟合偏差 δ 很小，也可能与实际物理背景大相径庭。如果不能取得非晶样

品的散射强度数据，也可以利用此方法进行分峰计算，只是需要借助经验对非晶的有关参量进行拟合分峰，将所得结果再与其他方法的结果相比较以确定其合理性。

14.2.5 回归线法

回归线法要求被测定的高分子聚合物样品在所考虑的衍射角范围内，应包括主要结晶衍射峰以及非晶散射强度，且在此范围内，结晶峰与非晶峰可以分开。设结晶率正比于结晶衍射强度 I_c，非晶率正比于非晶散射强度 I_a，也即

$$\begin{cases} W_c = pI_c \\ W_a = gI_a \\ W_c + W_a = 1 \end{cases} \tag{14.21}$$

式中，W_c 和 W_a 分别为结晶和非晶部分在所研究的样品中占有的份率，而 p 和 g 为常数。

将式(14.21) 稍微变化一下，可以得到

$$I_c = \frac{1}{p} - \frac{g}{pI_a} \tag{14.22}$$

令 $A=1/p$，$K=g/p$，则式(4.22) 可写成

$$I_c = A - KI_a \tag{14.23}$$

由式(14.23) 可见，I_c 与 I_a 呈线性关系，截距为 A，斜率为 K。根据式(14.23)，将 I_c 对 I_a 作图，求得 K 值代入式(14.2) 和式(14.21)，则可求得 $W_{c,x}$。

下面利用实例说明回归线法测定高分子聚合物的结晶度的过程。图 14.9 给出了顺-1,4-聚丁二烯（*cis*-1,4-PB）的 X 射线图谱，*cis*-1,4-PB 分子链规整度高，在低温下极易结晶。计算不同相对分子质量的结晶 *cis*-1,4-PB 样品的 I_c 和 I_a，以 I_c 对 I_a 作图（图 14.10），从图中可以求得各样品的 K 值。表 14.3 列出了不同相对分子质量的 *cis*-1,4-PB 在低温结晶时用回归线法及其前面介绍的作图法求得的 K 值。从表中可以看到，两种方法求得的 K 值非常接近，这也说明前面作图法中提出的 $K_x = C_a(\theta)k_i$ 的定义是合理的。利用计算出的 K 值，就可以得到不同分子量的 *cis*-1,4-PB 的结晶度。

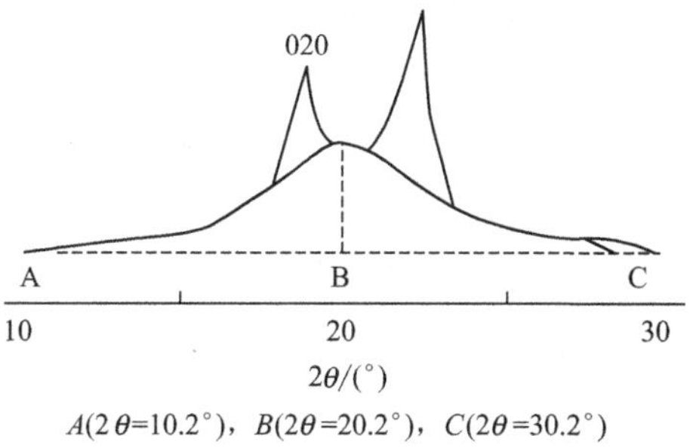

■ 图 14.9 cis-1，4-PB 的 X 射线衍射曲线

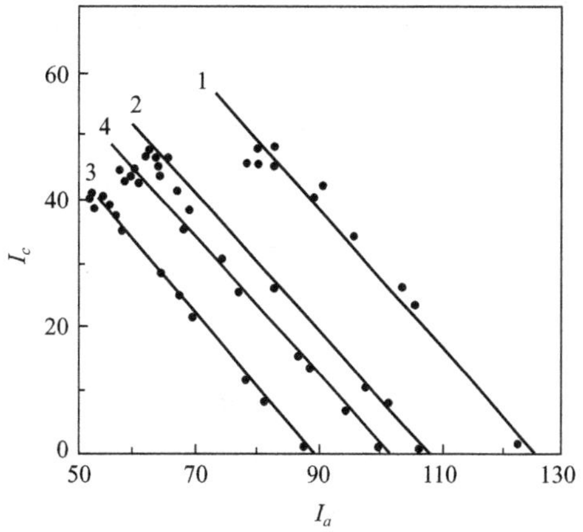

■ 图 14.10 不同相对分子质量的 cis-1，4-PB 的 I_c-I_a 图

曲线 1～4 对应表 14.3 中 1～4

■ 表 14.3 不同相对分子质量的 *cis*-1,4-PB 的 K 值

序号	特性黏数 η/(dl/g)	回归线法 K	作图法 $K=C_a(\theta)\cdot k$
1	2.49	1.050	1.08
2	3.94	0.991	1.09
3	8.31	1.084	1.12
4	15.13	1.030	1.10

当某些高分子聚合物样品不能完全获得非晶态时，用回归线法测定结晶度是非常适宜的。但此方法要求有一组结晶范围较宽的系列样品，且不同的衍射图之间必须归一化，使各样品吸收系数、厚度、大小、表面平滑度及入射光强度等均相同。

14.3 高分子材料的小角 X 射线散射

电磁波的所有散射现象都遵循着反比定律，即相对于一定的电磁波波长来说，被辐照物体的结构特征尺寸越大则散射角越小。因此使用 X 射线分析高分子聚合物时，当 X 射线穿过与其本身的波长相比具有较大结构特征尺寸的高聚物或者生物大分子体系时，散射效应皆局限于小角度处。对于高分子聚合物的微观结构研究的尺度有时在 10Å 以上甚至到 1000Å，这时候特征散射都发生在非常小的角度范围内，因此需要采用小角 X 射线散射（SAXS）的方法进行研究。

X 射线小角散射是在靠近入射光束附近很小角度内电子对 X 射线的漫散射现象，也就是在倒易点阵原点附近处电子对 X 射线的相干散射现象。理论证明，小角散射花样及强度分布与散射体的原子组成以及是否结晶无关，仅与散射体的形状、大小分布及与周围介质电子云密度差有关。可见，小角散射的实质是由于体系内电子云密度起伏所引起的。

高分子材料种类繁多，包括单一体系的均聚物、聚合物共混物的混合体系、嵌段与支化共聚物体系、高分子液晶、纤维增强塑料复合体系及高分子磁性材料等，这些体系都具有各自不同的结构。作为聚合物这些不同体系的结构参数有：①粒子（微晶、片晶、球晶、填充剂、离子聚集簇、催化剂、硬段微区等）的尺寸、形状及其分布；②粒子的分散状态（粒子分布、取向度及其取向的相关性、分形等）；③高分子的链结构和分子运动；④多相聚合物的界面结构和相分离；⑤非晶态聚合物的近程有序结构；⑥超薄样品的受限结构、表面粗糙度、表面去湿现象以及叠层数；⑦溶胶-凝胶过程；⑧体系的动态结晶过程；⑨系统的临界散射现象；⑩聚合物熔体剪切流动过程流变学的研究等。小角 X 射线非常适合于上述参数的研究。相比于其他方法如差热 - 热重分析、电镜法、光学显微镜法等，小角 X 射线散射能给出更为明确的信息和结果。

近几十年来，随着 X 射线衍射仪的进步，如大功率旋转阳极 X 射线发生器的开发、位敏探测器和面探的应用以及计算机的普及，使得小角 X 射线散射测试从过去数十小时缩短到几秒，并能原位跟踪从 10Å 到数 1000Å 大小的结构随时间或温度的动态变化，例如：结

晶聚合物的熔融过程、嵌段和支化共聚物微相分离的互逆过程、试样溶胀和低分子向高分子的渗透或扩散、伴随化学反应的结构变化以及对试样进行热、电、力、光、磁等诱导作用下的结构改变。因此，小角 X 射线散射在高分子结构和性能关系的研究中已得到了广泛应用。

14.3.1 基本原理

（1）电子对 X 射线的散射

在第 4 章中推导出了单个电子对 X 射线的散射强度表达式［式(4.8)］，即

$$I_e = I_0\left(\frac{e^2}{mc^2 r}\right)^2 \frac{1+\cos^2 2\theta}{2} \tag{14.24}$$

对于小角 X 射线散射，角度范围很小，$\cos^2 2\theta \approx 1$，故偏振因子约等于 1。因此，在很小的散射角下，一个电子的散射强度与质量的平方成反比，并与散射角无关。

当 X 射线受到两个互相靠近的电子 $A_1(\boldsymbol{r}_1)$ 和 $A_2(\boldsymbol{r}_2)$ 的散射时，合成振幅为

$$A(\boldsymbol{s}) = A_e(\boldsymbol{s})[f_1 e^{-i\boldsymbol{r}_1 \cdot \boldsymbol{s}} + f_2 e^{-i\boldsymbol{r}_2 \cdot \boldsymbol{s}}] \tag{14.25}$$

式中，f 为散射因子；$A_e(\boldsymbol{s})$ 为位于 $\boldsymbol{s}$（散射矢量）处的单个电子的散射振幅，其中 $|\boldsymbol{s}| = 2\sin\theta \cdot 2\pi/\lambda$。

多个电子的情况按照矢量合成的规则计算合成振幅与强度，如第 4 章 4.2.2 所述，有

$$A(\boldsymbol{s}) = \sum_{k=1}^{n} A_e(\boldsymbol{s}) f_k \exp(-i\boldsymbol{s} \cdot \boldsymbol{r}_k) \tag{14.26}$$

式中，f_k 为第 k 个电子的散射因子。当体系中包含许多散射点时，它们相互之间的光程差是不相等的，因此位相差也不相等，由此导致散射波的干涉现象。散射波的结构振幅依赖于体系中各散射点之间的相对位置，因此可以通过测定散射强度来研究散射体的结构。

（2）产生小角散射的体系

多电子系统的散射实际上仍然是单个粒子系统的散射。如果粒子的尺度远大于 X 射线的波长，则粒子内各散射点产生散射波的相位差不同，散射波的干涉作用使散射强度增强或减弱，这是粒子内部的散射干涉。而对于多粒子系统，如果粒子相互之间的距离远大于粒子本身的尺度，其总的散射强度是单个粒子散射强度的简单加和，并对任何数量的粒子体系都能适用。

图 14.11 给出了产生小角散射的典型胶体粒子体系。这是人们常作为考虑散射理论的基础模型，可分为稀薄体系和稠密体系。稀薄体系的粒子之间具有不规则的距离，并且这个距离远大于粒子本身的尺寸，此时可忽略粒子间的干涉效应，散射强度可看成单个粒子散射强度的简单加和。稠密体系是根据纤维等聚合物存在强烈的小角 X 射线漫散射而提出的，在该体系中粒子之间的距离与粒子本身的尺度相当，粒子间的干涉是不能忽略的。图 14.11(a) 是粒子形状相同、大小均一、稀疏分散随机取向的稀薄体系。在该体系中，每个粒子均具有均匀的电子密度且各粒子的电子密度均相同。同时，粒子本身尺寸与粒子间距离相比要小得多，故可以忽略粒子间的相互作用，整个体系的散射强度为每个粒子散射强度的简单加和。图 14.11(b) 是粒子形状相同、大小均一、各粒子均具有相同的电子密度且随机取向的稠密体系。粒子本身尺寸与粒子间距离在一个量级，故不能忽略粒子间的相互作用。整个体系的散射强度为各粒子本身的散射与粒子间散射的干涉作用的加和。图 14.11(c) 是粒子形状相同、大小不均一的稀薄体系。在该体系中各粒子随机取向且具有相同的电子密度，粒子尺寸与粒子间的距离相比要小得多，故粒子间的干涉作用可忽略。图 14.11(d) 是粒子形状

相同、大小不均一的稠密体系。在这一体系中，与图 14.11(c) 的不同之处在于粒子间的干涉作用不可忽略。图 14.11(a′)、图 14.11(b′)、图 14.11(c′) 和图 14.11(d′) 是图 14.11(a)、图 14.11(b)、图 14.11(c) 和图 14.11(d) 的互补体系，故它们的 X 射线小角衍射效果是相同的。这表明在高分子聚合物体系中孔洞及微孔与其大小、形状和分布相同的粒子体系具有同样的散射花样。

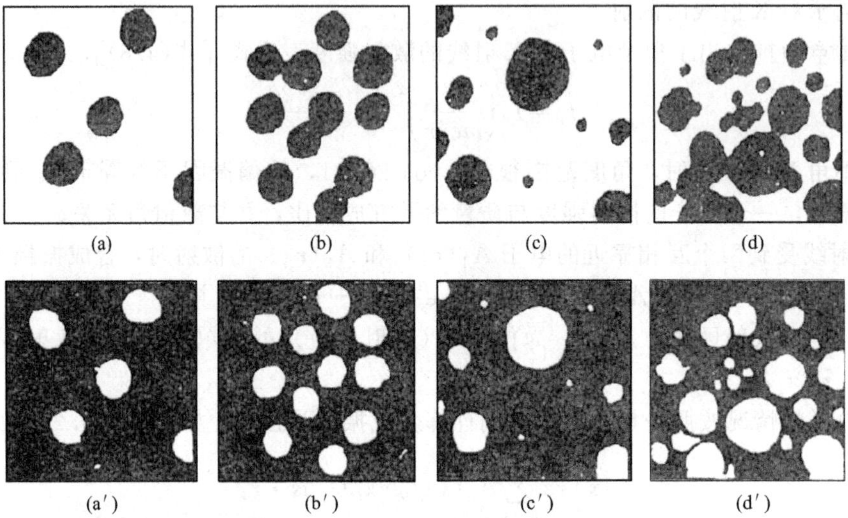

■图 14.11 产生小角散射的典型胶体粒子体系

14.3.2 小角散射强度公式

(1) 粒子形状相同、大小均一的稀薄体系

该体系即图 14.11(a) 所示的体系。若一个粒子中的总电子数为 n，第 k 个原子的原子序数为 Z_k，在散射角很小时有 $f_k \approx Z_k$。假如该粒子的平均电子密度为 ρ_0，体积为 V，则有

$$n = \sum_k Z_k = \sum_k f_k = \rho_0 V \qquad (14.27)$$

体系总的散射强度 $I(s)$ 与散射波振幅成正比，由第 4 章的内容可知，散射强度可以表示为

$$I(s) = I_e F^2(s) \qquad (14.28)$$

式中，$F(s)$ 为结构因子，散射强度又可以写成

$$I(s) = I_e n^2 |\Phi(\boldsymbol{s})|^2 \qquad (14.29)$$

式中，$|\Phi(\boldsymbol{s})|^2$ 称为粒子的散射函数，它与粒子的形状、大小及散射方向有关，$\Phi(\boldsymbol{s})$ 称为形象函数，不同形状的粒子的形象函数表达式也不同。散射函数的表达式为

$$|\Phi(\boldsymbol{s})|^2 = \frac{1}{n^2}\sum_k \sum_j f_k f_j \cos[\boldsymbol{s} \cdot (\boldsymbol{r}_k - \boldsymbol{r}_j)] = \frac{1}{n^2}\sum_k \sum_j f_k f_j \cos[s(W_k - W_j)]$$
$$= \frac{1}{n^2} F^2(s) \qquad (14.30)$$

式中，W_k 和 W_j 为 $\boldsymbol{r}_k$ 和 $\boldsymbol{r}_j$ 在 $\boldsymbol{s}$ 方向上的投影。

由于粒子的重心位于原点，所以有

$$\sum_k f_k \boldsymbol{r}_k = 0$$

也即

$$\sum_k f_k \boldsymbol{W}_k = 0 \tag{14.31}$$

将式(14.30)中的三角函数项按照泰勒展开并略去高阶小量，可以得到

$$|\Phi(\boldsymbol{s})|^2 = 1 - s^2 r_k^2 + \cdots \approx \exp(-s^2 r_k^2) \tag{14.32}$$

式(14.32)就是形状相同、大小均一的稀薄体系的散射函数的表达式，将式(14.32)代入式(14.29)，得到一个粒子的散射强度的表达式为

$$I(s) = I_e n^2 \exp(-s^2 r_k^2) \tag{14.33}$$

由式(14.29)和式(14.30)可知，$I(s)$ 原本的表达式为

$$I(s) = I_e \sum_k \sum_j f_k f_j \cos[\boldsymbol{s} \cdot (\boldsymbol{r}_k - \boldsymbol{r}_j)] \tag{14.34}$$

设 $\rho(\boldsymbol{r})$ 为位于 $\boldsymbol{r}$ 处单位体积内的电子密度，则在 $\mathrm{d}v$ 体积元内的粒子质量为 $\rho(\boldsymbol{r})\mathrm{d}v$，此时的散射形象函数以及散射强度可以写为

$$\begin{cases} \Phi(s) = \dfrac{1}{n}\displaystyle\int_v \rho(\boldsymbol{r}) \exp(-\mathrm{i}\boldsymbol{s} \cdot \boldsymbol{r}) \mathrm{d}v \\ I(s) = I_e \left[\displaystyle\int_v \rho(\boldsymbol{r}) \exp(-\mathrm{i}\boldsymbol{s} \cdot \boldsymbol{r}) \mathrm{d}v\right]^2 \end{cases} \tag{14.35}$$

式中，$\boldsymbol{r} = \boldsymbol{r}_1 - \boldsymbol{r}_2$。根据德拜公式

$$\langle \mathrm{e}^{-\mathrm{i}\boldsymbol{s} \cdot \boldsymbol{r}} \rangle = \frac{\sin(sr)}{sr}$$

则式(14.35)可以写为

$$\begin{cases} \Phi^2(s) = \dfrac{1}{n^2}\left[\displaystyle\int_v \rho(\boldsymbol{r}_{kj}) \dfrac{\sin(sr_{kj})}{sr_{kj}} \mathrm{d}v\right]^2 \\ I(s) = I_e \left[\displaystyle\int_v \rho(\boldsymbol{r}_{kj}) \dfrac{\sin(sr_{kj})}{sr_{kj}} \mathrm{d}v\right]^2 \end{cases} \tag{14.36}$$

式中，$\boldsymbol{r}_{kj}$ 是粒子中第 k 个原子与第 j 个原子之间的距离。

对于 N 个具有形状相同、大小均一的稀薄体系的粒子，如果体系中的粒子全部任意排列，则散射函数取其平均值。由于各粒子间相距甚远，略去其间的相干散射作用，由式(14.33)得到总的散射强度为

$$I(s) = I_e n^2 N \exp(-s^2 \bar{r}_k^2) = I_e n^2 N \Phi^2(s\bar{r}_k) \tag{14.37}$$

式中，$\bar{r}_k^2 = 1/N \cdot \sum^N r_k^2$，$\bar{r}_k$ 为球形粒子的平均半径。同理，对于 N 个粒子将式(14.36)展开并略去高阶小量。得到

$$\langle I(s) \rangle = I_e N\left[\sum_k \sum_j f_k f_j - \frac{s^2}{6}\sum_k \sum_j f_k f_j r_{kj}^2 + \cdots\right]^2 = I_e N n^2 \left(1 - \frac{s^2}{3n}\sum_j f_j \ |\boldsymbol{r}_j|^2 + \cdots\right) \tag{14.38}$$

令

$$R_g^2 = \frac{\sum_j f_j \ |\boldsymbol{r}_j|^2}{n} = \frac{\sum_j f_j r_j^2}{n}$$

R_g 称为体系的回转半径，此时有

$$I(s)\approx I_e Nn^2\left(1-\frac{s^2}{3}R_g^2\right) \tag{14.39}$$

当散射角很小时，式(14.39) 还可以写为

$$I(s)=I_e Nn^2\exp\left(-\frac{4\pi^2\varepsilon^2 R_g^2}{3\lambda^2}\right)=I_e Nn^2\Phi^2(sR_g) \tag{14.40}$$

式中，$\varepsilon=2\theta$ 为散射角。式(14.39) 和式(14.40) 为 Guinier 近似式。它是小角散射的基本公式，该式给出了小角散射强度与散射角之间的关系。如果以 10 为底的对数形式表示，则有

$$\lg I(s)=\lg I_0-\frac{1}{3}R_g^2 s^2 \lg e \tag{14.41}$$

式中，$I_0=I_e n^2 N$。

对实际的体系，当严格服从 Guinier 定律时，式(14.40) 表明 $I(s)$ 对 s 的强度曲线图是高斯形的。而式(14.41) 则表明 $\lg I(s)$ 对 s^2 的图在一个广泛的角度范围内是一条纵轴截距为 $\lg I_0$，斜率为 $-\frac{1}{3}R_g^2\lg e$ 的直线。由直线的斜率可获得回转半径 R_g。粒子的回转半径 R_g 是所有原子与其重心的均方根距离，其定义同力学中的惯性半径。对简单的几何物体 R_g 很容易计算出来，如表 14.4 所示。R_g 是重要的参数，常被用作衡量物质不同结构变化的指针，而且可直接给出粒子空间大小的信息。对于溶液中的大分子，由回转半径的测定还可研究缔合效应、温度效应以及许多其他效应而导致的结构变化。

表 14.4 简单几何物体的回转半径 (R_g)

物体形状	回转半径 R_g
长为 $2h$ 的纤维	$h/\sqrt{3}$
边长为 $2a,2b,2c$ 的长方体	$[(a^2+b^2+c^2)/3]^{1/2}$
边长为 $2a$ 的立方体	a
半径为 r 的薄圆盘	$r/\sqrt{2}$
高为 $2h$、半径为 r 的圆柱	$\left(\frac{r^2}{2}+\frac{h^2}{2}\right)^{1/2}$
半径为 r 的球体	$\sqrt{\frac{3}{5}}r$
半轴为 a 和 b 的椭圆	$\frac{1}{2}(a^2+b^2)^{1/2}$
半轴为 $a,a,\omega a$ 的回转椭球	$a[(2+\omega^2)/5]^{1/2}$
半径为 r_1 和 r_2 的空心球	$\left[\frac{3}{5}(r_1^5-r_2^5)/(r_1^3-r_2^3)\right]^{1/2}$
半轴为 a,b,c 的椭球体	$[(a^2+b^2+c^2)/5]^{1/2}$
边长为 A,B,C 的棱柱	$[(A^2+B^2+C^2)/12]^{1/2}$
高为 h 及横截面半轴为 a 和 b 的椭圆柱	$[(a^2+b^2+h^2/3)/4]^{1/2}$
高为 h 及底面的回转半径为 R_c 的椭圆柱	$[R_c^2+h^2/12]^{1/2}$
高为 h 及半径为 r_1 和 r_2 的空心圆柱	$[(r_1^2+r_2^2)/2+h^2/12]^{1/2}$

Guinier 近似表达式中的形象函数 $\Phi(sR_g)$ 对不同形状的粒子其函数形式也不同，表

14.5 给出了不同形状物体的 $\Phi^2(sR_g)$ 的表达式。

■ 表 14.5 散射函数

粒子形式	散射函数 $\Phi^2(sR_g)$	说 明
一般形式	$\exp\left(-\frac{s^2R_g^2}{3}\right)$	R_g 为相对重心的回转半径
球	$\left[\frac{3(\sin(sR)-sR\cos(sR))}{(sR)^3}\right]^2=\frac{9\pi}{2}\left[\frac{J_{3/2}(sR)}{(sR)^{3/2}}\right]^2$ $\approx\exp(-0.221s^2R^2)\exp(-s^2R^2/5)$	R 是球的半径，$R_0=\sqrt{\frac{3}{2}}R$，$J_{3/2}$ 是 Bessel 函数，$J_{3/2}(z)=\frac{\sqrt{2}}{\pi z}\left(\frac{\sin z}{z}-\cos z\right)$ 由 Warren 求得的 Φ^2 近似值 由 Guinier 表达式得到的近似值；此式精确度比上式稍差
旋转椭圆体（静止情况）	$\int_0^{\frac{\pi}{2}}\Phi^2(sa\sqrt{\cos^2\theta+\omega^2\sin^2\theta})\times\cos\theta d\theta$ $\exp\left[-s^2\left(\frac{a^2}{4}\right)\right]$（赤道线方向） $\exp\left[-s^2\left(\frac{b^2}{5}\right)\right]$（子午线方向）	a 与 b 是椭圆半轴长，$\omega=\frac{a}{b}$，b 为椭圆旋转轴 射线垂直于 b 轴，上两式均为近似值
圆柱体	$(\pi R^2L^2)^2\left[1-\frac{1}{6}sR\left(1+\frac{2}{3}\alpha^2\right)+\cdots\right]$	R 是圆柱体半径，L 是圆柱体长，$\alpha=\frac{2R}{L}$
无限长圆柱	$\frac{\mathrm{si}(2sL)}{sL}-\frac{\sin^2(sL)}{(sL)^2}$	$\mathrm{si}(x)=\int_0^x\frac{\sin Z}{Z}dZ$ 是正弦积分
长度可忽略扁平圆柱体	$\frac{2}{s^2R^2}\left[1-\frac{1}{sR}J_1(2sR)\right]$	J_1 是一阶 Bessel 函数
无限宽薄层	$\frac{1}{sT}\left[\frac{\sin\frac{sT}{2}}{\frac{sT}{2}}\right]^2$	与薄片形状无关，T 是厚度

(2) 粒子形状相同、大小不均一的稀薄体系

该体系即图 14.11(c) 所示的体系，此时稀薄体系中粒子的形状相同，大小不均一，散射强度和散射角之间的关系就不能用式(14.40) 处理。由于粒子大小不同，就形成了一定的粒度分布。可以采用质量分布函数方法来描述散射强度符合 Guinier 近似的上述粒子体系。设所考虑的体系中粒子的特征尺寸为 r，体积为 $V(r)$，粒子数目为 $N(r)$，该粒子总质量为 $M(r)$，则

$$\begin{cases}V(r)=K_1r^3\\M(r)=DN(r)V(r)\end{cases}\tag{14.42}$$

式中，D 是粒子密度；K_1 是常数。粒子形状相同，大小不同，此时粒子的各参量仅为 r 的函数。由前面的推导可知，位于 r 到 $r+\mathrm{d}r$ 之间的粒子的散射强度为

$$\mathrm{d}I(s)=I_eN(r)n^2\Phi^2(sr)\mathrm{d}r=I_eN(r)[\rho_eV(r)]^2\Phi^2(sr)\mathrm{d}r\tag{14.43}$$

故整个体系的散射强度为

$$I(s)=\int_0^\infty\mathrm{d}I(s)=I_e\rho_e^2\int_0^\infty N(r)V^2(r)\Phi^2(sr)\mathrm{d}r=I_eK_2\int_0^\infty M(r)r^3\Phi^2(sr)\mathrm{d}r\tag{14.44}$$

式中，$K_2=\rho_e^2K_1/D$，$\rho_e=\rho_0-\rho$ 为粒子与周围介质平均电子云密度差。

式(14.43) 表明了粒子散射强度 $I(s)$ 与粒子数目 $N(r)$ 之间的关系，而式(14.44) 则表达了粒子散射强度 $I(s)$ 与粒子质量 $M(r)$ 之间的关系。将上述两式中的形象函数 $\Phi(sr)$

取 Guinier 近似表达式，有

$$\Phi^2(sr)=\exp\left(-\frac{4\pi^2\varepsilon^2r^2}{3\lambda^2}\right) \tag{14.45}$$

质量分布 $M(r)$ 用 Maxwell 分布函数表达：

$$M(r)=\frac{2M_0}{r_0^{m+1}\Gamma\left(\frac{m+1}{2}\right)}r^m\exp\left(-\frac{r^2}{r_0^2}\right) \tag{14.46}$$

式中，r_0 和 m 分别 Maxwell 分布函数的参数；M_0 为体系全质量。把式(14.45) 和式(14.46) 代入式(14.44)，经过计算可得

$$\lg I_0=-\frac{m+4}{2}\lg\frac{r_0^2}{3}-\frac{m+4}{2}\lg\left(s^2+\frac{3}{r_0^2}\right) \tag{14.47}$$

式(14.47) 中 $\lg I_0$ 对 $\lg(s^2+3/r_0^2)$ 的关系应该为一条直线，其斜率为$-(m+4)/2$，若把实验测得的 $\lg I_0$ 关于 $\lg(s^2+3/r_0^2)$ 作一条直线，则 m 的值可以由此直线的斜率$-(m+4)/2$ 求得。r_0 的值也可以从直线获得，从而根据式(14.46) 可以得到具体的质量分布函数 $M(r)$。图 14.12 给出了同样条件下的体系中不同粒度分布函数的曲线：A 为矩形分布，B 为高斯分布，C 为 Maxwell 分布。

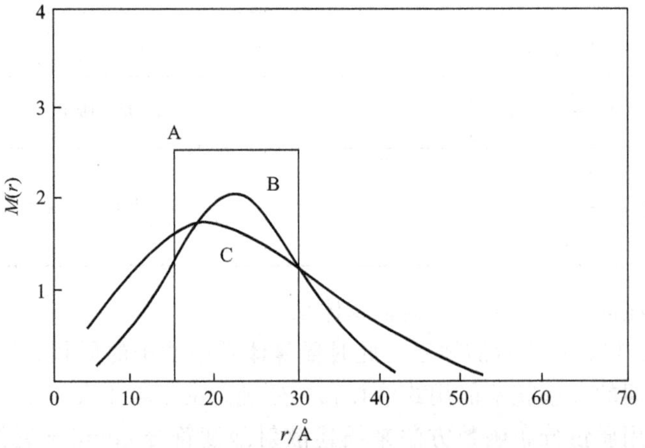

■ 图 14.12 不同分布函数求得的粒度分布

如果粒子尺寸分布是不连续的，则可分成 N 个不同等级。设第 i 种尺寸粒子的质量分数为 $W(r_{0i})$，根据式(14.44)，对于粒子尺寸分布为不连续体系的情况有

$$I(s)=I_eK_2\sum_{i=1}^{N}W(r_{0i})r_{0i}^3\exp(-s^2r_{0i}^2) \tag{14.48}$$

这时粒子的 $W(r_{0i})$ 分布可以用作图法求出。对于粒子大小均一的稀疏体系使用高斯函数作为一级近似求回转半径

$$I(2\theta)=I_0\exp\left[-\frac{4\pi^2}{3\lambda^2}R_g^2(2\theta)^2\right] \tag{14.49}$$

式中，$I_0=I_eNn^2$。

对式(14.49) 取对数，得到

$$\lg I(2\theta)=\lg I_0-\left(\frac{4\pi^2}{3\lambda^2}R_g^2\lg e\right)(2\theta)^2$$

由上式可见，若实验测得各散射角 $(2\theta)_i$ 处的散射强度 $I_{(2\theta)_i}$，以 $\lg I_{(2\theta)_i}$-$(2\theta)_i^2$ 作图，可以得到一条直线，由此直线的斜率 α 就可以算出回转半径

$$R_g = 0.4183\lambda\sqrt{-\alpha}$$

(3) 粒子形状相同、大小均一的稠密体系

该体系即图 14.11(b) 所示的体系，在这种情况下，与稀薄粒子体系不同，必须考虑粒子（微孔）间的散射相互干涉作用。考虑大小均一、形状相同的稠密粒子体系散射强度时，不能简单地先计算一个粒子的散射强度，然后乘以该体系的总粒子 N。此时必须把该稠密体系作为整体一起考虑。

由式(14.26) 可知，稠密粒子体系的振幅为

$$A(\boldsymbol{s}) = A_e(\boldsymbol{s})\sum_k\sum_j f_{kj}\exp\left[-\mathrm{i}\boldsymbol{s}\cdot(\boldsymbol{R}_k + \boldsymbol{r}_{kj})\right] \tag{14.50}$$

式中，$A_e(\boldsymbol{s})$ 为位于 $\boldsymbol{s}$ 处的单电子散射振幅；第 k 个粒子位于距原点的距离为 R_k；第 k 个粒子中第 j 个原子与第 k 个粒子的距离为 r_{kj}，此原子距原点的距离为 $R_k + r_{kj}$；f_{kj} 为第 k 个粒子中第 j 个原子的散射因子。式(14.50) 中第一个求和是对第 k 个粒子中所有原子的求和；第二个求和是对所有粒子的求和。

对于具有中心对称的粒子，式(14.50) 简化为

$$A(\boldsymbol{s}) = A_e(\boldsymbol{s})\sum_k\exp(-\mathrm{i}\boldsymbol{s}\cdot\boldsymbol{R}_k)\sum_j f_{kj}\cos(\boldsymbol{s}\cdot\boldsymbol{r}_{kj}) \tag{14.51}$$

散射强度为

$$I(s) = I_e(s)\sum_k\sum_i\left\{\sum_j f_{kj}\cos(\boldsymbol{s}\cdot\boldsymbol{r}_{kj})\sum_l f_{il}\cos(\boldsymbol{s}\cdot\boldsymbol{r}_{il})\cos\left[\boldsymbol{s}\cdot(\boldsymbol{R}_k - \boldsymbol{R}_i)\right]\right\} \tag{14.52}$$

式中，下标 k、i 为体系中的不同粒子；j 和 l 代表不同的原子。

由于体系中各粒子的分布是随机的，对式(14.52) 取散射强度的平均值，有

$$\langle I(s)\rangle = I_e(s)\left\{N\langle F^2(\boldsymbol{s})\rangle + \langle F(\boldsymbol{s})\rangle^2\left\langle\sum_k\sum_{i\neq k}\cos\left[\boldsymbol{s}\cdot(\boldsymbol{R}_k - \boldsymbol{R}_i)\right]\right\rangle\right\} \tag{14.53}$$

式中，$N = k + i$ 为全部粒子数。

为对所研究样品体积内每个粒子的散射进行双重求和，在应用式(14.53) 时，引入粒子对出现概率函数 $P(r_{ki})$ 的概念。$P(r_{ki})$ 表征了在体积元 $\mathrm{d}V_k$ 和 $\mathrm{d}V_i$ 内相距为 r_{ki} 的两个粒子出现的概率。粒子对概率函数 $P(r_{ki})$ 是 r 的函数。由其定义可知，当 r_{ki} 小于粒子的平均特征长度（如果粒子为球形，特征长度为 $2R$）时，$P(r_{ki}) = 0$。反之，当 r_{ki} 很大时，即两粒子相距很远，$P(r_{ki}) = 1$。由此可知，对式(14.53) 中的双重求和进行计算和简化可得

$$I(s) = I_e(s)NF^2(s)\left\{1 - \frac{1}{V_1}\int_0^{\infty}\frac{\sin(sr_{ki})}{sr_{ki}}\left[1 - P(r_{ki})\right]4\pi r^2\mathrm{d}r\right\} \tag{14.54}$$

式中，V_1 为一个粒子占有的体积。式(14.54) 中的第一项为 N 个球形粒子产生的散射强度；第二项为粒子之间的相干散射项。令概率函数 $P(r) = \exp[-\varphi(r)/kT]$，则式(14.54) 可以化为

$$I(s) = I_e(s)NF^2(s)\left[1 + \frac{(2\pi)^{3/2}}{V_1}\beta(s)\right] \tag{14.55}$$

式中，

$$\beta(s) = \frac{2}{\sqrt{2\pi}}\int_0^{\infty} r\left[\mathrm{e}^{-\varphi(r)/kT} - 1\right]\sin(sr)\mathrm{d}r \tag{14.56}$$

对于半径为 R，体积为 V_1 的硬球，当 $0<r<2R$ 时，$P(r)=0$，而当 $r>2R$ 时，$P(r)=1$。式(14.54) 化为

$$I(s)=I_e(s)Nn^2\Phi^2(sR)\left[1-\frac{8V_0}{V_1}\Phi(2sR)\right] \tag{14.57}$$

如果除了考虑两个相邻粒子之间的干涉外，还计入其他粒子的干涉影响，则可以对概率函数 $P(r)$ 做如下修正

$$P(r)=e^{-\varphi(r)/kT+f(r)} \tag{14.58}$$

将上式代入式(14.54)，并假设粒子为球形粒子，得到

$$I(s)=I_eNF^2(s)\frac{V_1}{V_1-(2\pi)^{-3/2}\omega\beta(s)} \tag{14.59}$$

式中，$\omega\approx1$。如果粒子为硬球，上式可以化为

$$I(s)=I_eNn^2\Phi^2(sR)\frac{1}{1+\frac{8V_0}{V_1}\omega\Phi(2sR)} \tag{14.60}$$

式中，V_0 和 R 分别是硬球粒子的体积和半径。

图 14.13 是根据式(14.54) 得到的球形粒子的理论散射强度曲线。图中实线代表大小均一稀薄球形粒子体系（V_1 很大）；点线代表大小均一稠密球形粒子体系（V_1 很小）；虚线代表大小均一中等稠密（V_1 中等）球形粒子体系的散射强度曲线。$F^2(s)=n^2\Phi^2(s)$ 则是大小均一稀薄球形粒子体系结构因子；$I(s)$ 代表大小均一稠密球形粒子体系的理论散射强度曲线。

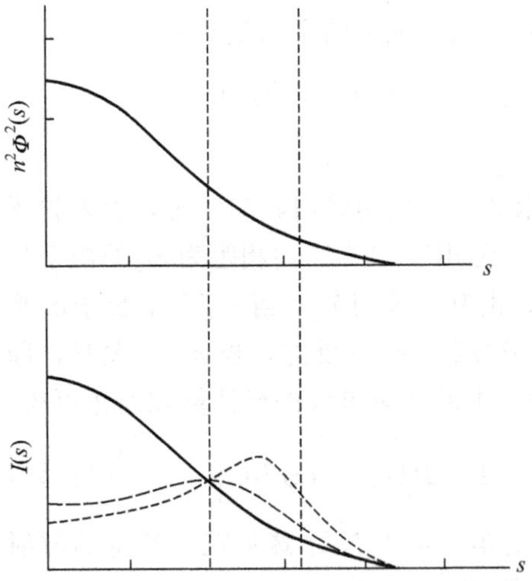

■ 图 14.13 球形粒子理论散射强度曲线

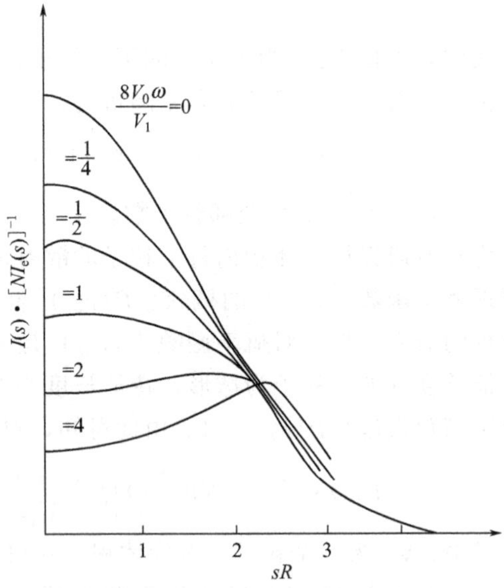

■ 图 14.14 球形粒子稠密体系的理论散射强度曲线

对硬球状粒子稠密体系，按式(14.60) 得到不同 $8V_0\omega/V_1$ 值时的理论散射强度曲线，如图 14.14 所示，理论计算与实验结果符合得非常好。

(4) 稠密不均匀粒子体系

该体系即图 14.11(d) 所示的体系，对于大小不均一稠密粒子体系散射强度的计算，主要有基于 Porod 和基于 Hosemann 的两种理论，这里仅简单介绍用 Hosemann 理论处理大

小不均一的稠密粒子体系的散射问题。

设体系中含有 N 个粒子，第 i 个粒子的电子密度分布为 $\rho_i(r)$，它的散射振幅为 $A_i(\boldsymbol{s})$

$$A_i(\boldsymbol{s})=\int_{v_i}\rho_i(r)\exp(-\mathrm{i}\boldsymbol{s}\cdot\boldsymbol{r})\mathrm{d}V \tag{14.61}$$

则全部 N 个粒子的振幅为

$$A_i(\boldsymbol{s})=\sum_i\int_{v_i}\rho_i(r)\exp(-\mathrm{i}\boldsymbol{s}\cdot\boldsymbol{r})\mathrm{d}V \tag{14.62}$$

体系的散射强度为

$$I(\boldsymbol{s})=A(\boldsymbol{s})\cdot A^*(\boldsymbol{s}) \tag{14.63}$$

经过数学计算可得

$$I(s)=\frac{1}{(2\pi)^3}\left[\int Q_1(r)\exp(\mathrm{i}\boldsymbol{s}\cdot\boldsymbol{r})\mathrm{d}V+\int Q_2(r)\exp(\mathrm{i}\boldsymbol{s}\cdot\boldsymbol{r})\mathrm{d}V\right] \tag{14.64}$$

式中，$Q_1(r)$ 为体系中每个粒子的散射强度 $I_1(s)$ 的傅里叶变换；$Q_2(r)$ 为体系粒子之间的干涉引起的散射强度 $I_2(s)$ 的傅里叶变换。对于具体体系中 $I_1(s)$ 和 $I_2(s)$ 的计算与大小均一的稠密体系的计算类似，在这里就不作详细介绍。

(5) 取向粒子体系的散射

对于单一粒子，式(14.34) 给出了其散射强度，而对于具有 N 个相同取向粒子的体系，其散射强度为

$$I(s)=I_eNn^2\exp[-s^2D^2(\boldsymbol{P}_1)] \tag{14.65}$$

式中，$D^2(\boldsymbol{P}_1)$ 称为垂直于 $\boldsymbol{P}$ 方向平面的惯性矩的平方。

据式(14.65) 可知，如果 $\boldsymbol{P}$ 是粒子尺寸最大方向，则 $D^2(\boldsymbol{P}_1)$ 值亦最大，故与 $\boldsymbol{P}$ 方向平行的底片上的散射强度随散射角 θ 的增加而迅速降低，且在水平方向散射花样最窄。反之，如果 $\boldsymbol{P}$ 方向是粒子尺寸最小方向，则 $D^2(\boldsymbol{P}_1)$ 亦最小。平行于 $\boldsymbol{P}$ 方向上的散射强度随 θ 增加而缓慢下降，散射花样在此方向较宽。总之，按式(14.65) 计算，给出长椭球或棒状粒子在最小尺寸方向上的散射花样被拉长，在粒子最大尺寸方向上的散射花样被压窄。

位于直角坐标系中非球形对称的长为 L、宽为 B 的片状取向粒子，若 X 射线方向 $\boldsymbol{s}_0$ 与 X 轴方向相同，Y 轴、Z 轴均在片状粒子平面内，并以 $\boldsymbol{i}$、$\boldsymbol{j}$、$\boldsymbol{k}$ 代表 X、Y、Z 轴方向上的单位矢量。片状粒子表面垂直于 $\boldsymbol{s}_0$，X 射线散射方向 $\boldsymbol{s}$ 与 $\boldsymbol{s}_0$ 成 θ 角，某粒子距原点为 r，方向角为 φ，则位于体积 V 中的片状粒子散射强度 $I(s)$ 为

$$I(s)=I_e\left|\int_v\rho(r)\exp\left[-\mathrm{i}\frac{2\pi}{\lambda}(\sin\theta\sin\varphi Y+\sin\theta\cos\varphi Z)\right]\mathrm{d}V\right|^2 \tag{14.66}$$

当 $\varphi=0$ 时，有

$$I(s)=I_en^2\left[\frac{\sin(sL/2)}{sL/2}\right]^2 \tag{14.67}$$

当 $\varphi=90°$时，有

$$I(s)=I_en^2\left[\frac{\sin(sB/2)}{sB/2}\right]^2 \tag{14.68}$$

式(14.67) 和式(14.68) 分别表明子午线方向和赤道方向的散射强度；式(14.67) 可以确定片状粒子的长度，式(14.68) 可以确定片状粒子的宽度。对于 N 个不同长度、不同宽度的粒子，其总的散射强度为

$$I(s)=I_e\sum_i^N n_i^2\left[\frac{\sin(a_iB_i/2)}{a_iB_i/2}\right]^2\left[\frac{\sin(b_iL_i/2)}{b_iL_i/2}\right]^2 \tag{14.69}$$

(6) 任意体系的散射

假设体系中电子密度是任意变化的，到处都存在电子密度涨落和不均匀性。德拜从电子密度不均匀性观点，解决了任意体系的散射。

设在 x 处电子密度 $\rho(x)$ 与平均电子密度 $\overline{\rho}$ 之差为 $D(x)=\rho(x)-\overline{\rho}$，显然对这种到处均有 $D(x)$ 存在的体系，在被 X 射线照射到的样品体积 V 中有

$$\int_v D(x)\mathrm{d}x=0 \tag{14.70}$$

经过推导可以得到

$$I(s)=I_e\langle D^2(x)\rangle V\int_0^{\infty}\gamma(r)\frac{\sin(sr)}{sr}4\pi r^2\mathrm{d}r \tag{14.71}$$

此式就是任意体系的散射强度的表达式。

14.3.3 小角散射的实验技术与方法

(1) 样品厚度及大小

在进行小角 X 射线散射测试时，一般是测试试样的中心部分固体。试样有块状、片状和纤维状等。薄膜试样如果厚度不够，可以用几片同样的试样重叠在一起测试；纤维状试样可夹在试样夹中。对取向样品（如纤维），如果测其取向的影响，应把纤维梳理整齐，以伸直状态夹在试样夹中。研究试样在取向状态的结构变化一般要用孔形狭缝。此外还可利用高低温装置进行样品在不同温度下的散射实验；对于液体试样则采用毛细管容器测量样品的散射强度。

试样的大小一般只要大于入射光束的截面积即可。散射强度是随试样的厚度增加而增强，但厚度增大，入射光强的吸收也随之增大，从而导致散射强度降低。图 14.15 给出了散射强度与样品厚度的关系曲线。可见，散射强度随厚度的增大，在通过厚度为 $1/\mu$ 的样品后急速下降。为了达到最大的散射强度，可以证明试样的最佳厚度为 $1/\mu$，μ 为线吸收系数。

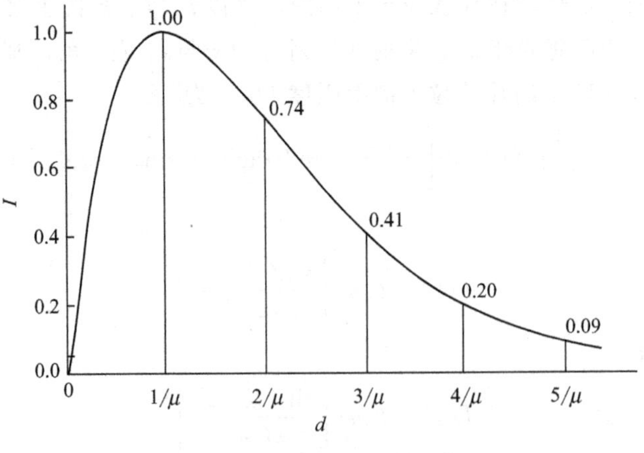

■ 图 14.15 散射强度与样品厚度的关系

(2) 实验数据的处理

在试样的小角散射强度测试完成后，为了对所获数据进行分析计算，需要对强度实验数

据进行下述处理，以便准确获得所研究样品的结构参数：①背底散射；②样品的吸收系数；③入射光束在水平方向和垂直方向的强度分布；④标准试样的散射强度。

实验上测量的散射强度除包括样品的散射强度之外，尚有由空气、狭缝边缘、分散介质(溶剂)、荧光、样品容器和仪器电压波动等引起的寄生散射——统称为背底散射，应该从总测量散射强度曲线中将其扣除。一般方法是：将样品放在入射狭缝前，按与测量样品时相同的实验条件测量上述的散射强度，然后逐点地从总散射强度曲线中将其扣除。

散射强度的背底扣除，对获得大散射角（散射强度曲线尾部）下的信息是很重要的。由于散射强度曲线的尾部，散射强度小，背底误差对散射强度的影响尤为突出，因此如何正确地扣除背底误差，对解决某些结构问题是十分必要的，必须给予足够的重视。由于散射强度与球粒体积的平方成正比，即与球粒半径的六次方成正比，这充分表明小角散射数据中扣除空气中微尘产生散射的重要性。

背底散射强度 I_{asn} 一般由三部分组成：①空气中微尘产生的散射强度 I_{air}；②计数器产生的噪声强度 I_{noise}；③狭缝体系产生的寄生散射强度 I_{slit}。测试背底散射强度一般采用两种方法：①把试样放在入射狭缝前；②把试样放在计数器的狭缝前。因此在扣除背底散射强度后，试样的实际散射强度为

$$I(2\theta)=I_{obs}(2\theta)-I_{asn}(2\theta) \tag{14.72}$$

另一方面，考虑到小角散射强度，对测试样品的厚度有一定的要求。样品太厚吸收衰减严重并会产生多重散射；若样品过薄，散射强度弱。由于试样的厚度不可能完全一致，在定量计算与质量有关的结构参数时，为了消除试样厚度不同对散射强度的影响，必须进行吸收修正。X 射线通过物质时，衰减的规律可知 $I/I_0=e^{-\mu t}=\mu^*$。把 I/I_0 定义为衰减因子 μ^*。因此当测定原光束经样品后的散射强度 I 与无样品时同位置原光束的散射强度 I_0 后，吸收系数即可得到。再根据透射法，按 $\alpha=\sec\theta e^{-2\mu t\sec\theta}\approx e^{-\mu t}$ 求得吸收因子 α，将经过背底散射校正后的散射强度 $I_{(2\theta)}$ 乘以 α，就得到了经过吸收校正的散射强度。

(3) 狭缝系统

小角 X 射线散射光路中的准直系统是用来获得平行光束。准直分为针孔（点）准直和狭缝（线）准直。理论上，要求准直系统的狭缝越窄越好，或针孔越细越好且准直系统长度要长，以获得小发散度的平行光束。然而过长的光路和过窄过细的准直将极大减低 X 射线散射强度，不能满足实际实验的要求。目前，常用的准直系统主要有以下几种。

① 四狭缝准直系统　日本 Rigaku 小角 X 射线散射仪多采用这种准直系统，它的分辨率可达 $2\theta_{min}=4'$，它的基本结构如图 14.16 所示。W_1 是第一、第二狭缝间的距离；W_2 是第二、第三狭缝间的距离；W_3 是第三狭缝与样品间的距离；L 是样品到计数管接收狭缝间的距离。一般，第一狭缝宽为 0.03～0.05mm；第二狭缝宽为 0.06～0.1mm；第三狭缝宽为连续可变狭缝；第三狭缝的作用是阻止第一、第二狭缝产生的寄生散射进到接收狭缝。为提

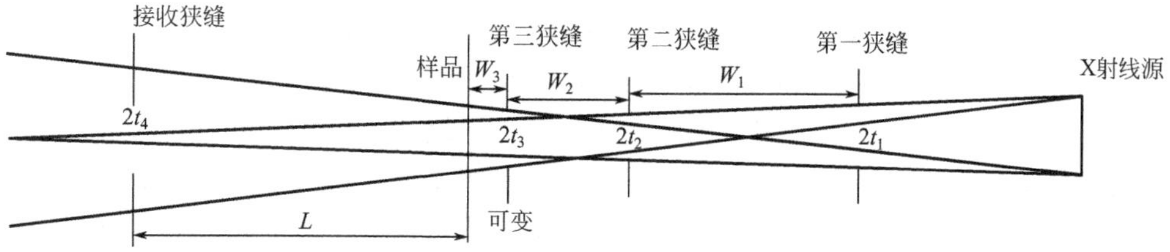

■ 图 14.16　Rigaku 小角 X 射线散射仪的四狭缝准直系统

高X射线散射强度和提高分辨率，第三狭缝的调节至关重要。实验时要使第三狭缝的刃边靠近由第一、第二狭缝的作用形成的平行X射线光束，但切不可使第三狭缝刃边与入射X射线光束相接触，调节时要逐渐降低第三狭缝宽度，直到计数管计数突然增加为止。计数管计数突然的增加是源于第三狭缝的刃边与入射X射线光束相触，引起寄生散射所致。此时应将第三狭缝宽度慢慢增加，使其刃边不再与入射X射线光束相接触，这样既挡住第一、第二狭缝产生的寄生散射，亦不会在第三狭缝引起新的寄生散射。样品位置应尽可能靠近第三狭缝。对这种准直系统其分辨率由下式计算。

$$2\theta_{\min}=\arctan\left\{\frac{t_4+t_3+\left[\dfrac{t_2+t_3+(L+W_3)}{W_2}\right]}{L}\right\} \tag{14.73}$$

式中，t_1、t_2、t_3 和 t_4 分别代表第一、第二、第三和计数管前接收狭缝的宽度的一半。由式(14.73)可知，为了提高分辨率应降低各狭缝宽度，但这会降低X射线散射强度。一般来讲，对于均匀的极微小的粒子，宜采用较宽的狭缝，这样虽然降低了分辨率，但由于这种极微小的粒子系统散射强度变化不大，分辨率尽管有所降低，但由于狭缝宽度增加，X射线散射强度也增加，提高了测量结果的可靠性。对于较大粒子尺度样品，则应尽量选取窄狭缝系统，以提高分辨率。特别是对计算粒度分布的实验，采取窄狭缝系统，不至于丢失样品具有较大尺寸粒子的信息。如果想获得积分不变量 $\widetilde{Q}$ 和采用外延法计算零角散射强度 $I(0)$，则必须使用窄狭缝系统。

② Kratky U形狭缝准直系统　Kratky U形狭缝准直系统多为Phillip公司生产的小角X射线散射仪采用，如图14.17所示。这种狭缝准直系统具有较高的分辨率，$2\theta_{\min}=0.5'\sim0.6'$，可测定200nm尺度的粒子结构，扩大了粒子尺寸研究范围。使用Kratky狭缝可获得极小散射角的散射强度数据，对零角散射强度 $I(0)$ 和积分不变量 $\widetilde{Q}$ 可获得较好的结果。该狭缝准直系统的入射狭缝由U形块、刃边块构成，在样品前放有桥，刃边块可以更换。

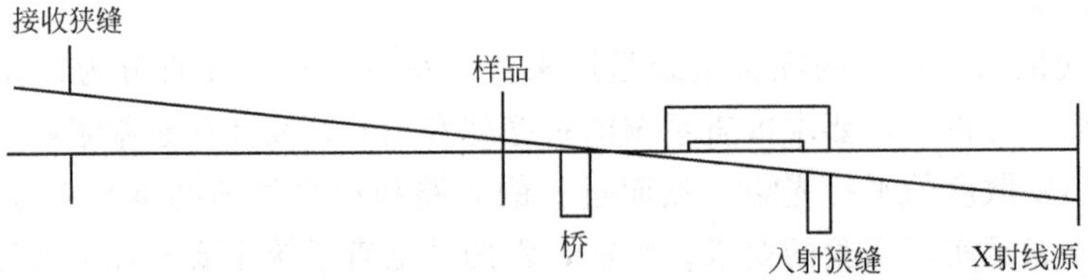

■ 图14.17 Kratky U形狭缝准直系统

③ 针孔准直系统　从通过狭缝的X射线光束强度考虑，宜采用狭缝准直。然而如需要更接近入射X射线原光束附近，更小散射角下的散射，则需用针孔（点）准直系统。采用针孔准直系统时，一般与照相法配合使用，从而可以获得样品的整体散射花样，这对于得到各相异性取向样品的研究尤为适用。与IP技术结合可获得样品三维的散射花样。图14.18是尼龙11在160℃拉伸条件下的大角X射线散射花样和经数据处理后的三维散射强度图。小角散射亦可联同IP技术，得到小角散射花样及其三维散射强度图。图14.19是针孔准直系统的光路图。针孔准直一般采用点光源和两个针孔狭缝。样品置于可变动的第二针孔狭缝后，通过调节第二针孔孔径或位置，在底片上可获得所要求的最小散射角。根据需要可选择 U、V、D 的尺寸。调节第二个针孔状态时，应注意消除第一个针孔狭缝产生的寄生散射。光路调节过程中，一般将第二个针孔狭缝置于第一个针孔狭缝和底片盒中间位置。针孔准直

系统亦不需要进行长狭缝引起的光路散射去模糊校正；但针孔准直系统由于针孔狭缝孔径小、强度低，而适合于照相法，实验时间较长。

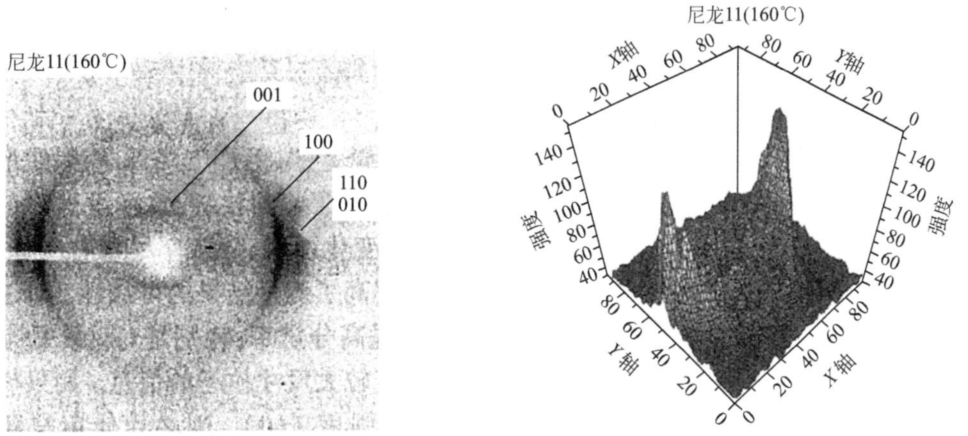

■ 图 14.18 尼龙 11 在 160℃拉伸条件下的大角 X 射线散射花样
（中科院长春应化所高分子物理与化学国家重点实验室）

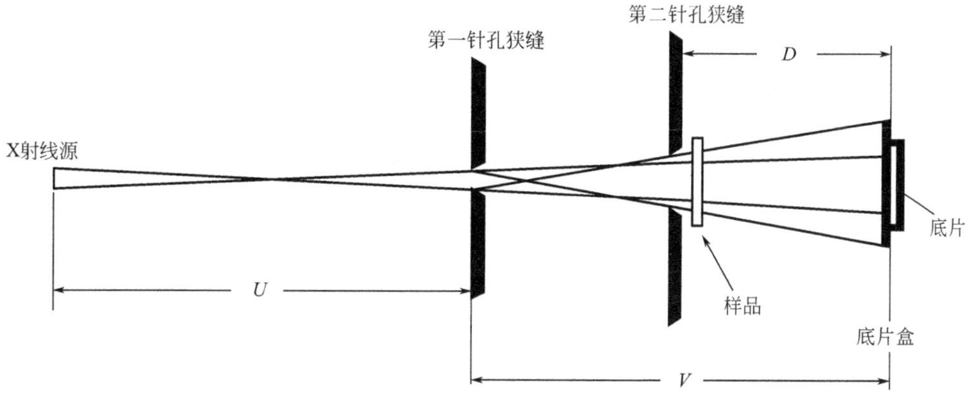

■ 图 14.19 针孔准直系统光路图

④ 锥形狭缝准直系统 锥形狭缝准直系统可以较精确获得散射强度曲线尾部的信息，而这些信息正是为精确计算粒子形状及其分布所必需的。一般长狭缝系统由于存在狭缝模糊效应而使得散射强度曲线在大散射角处的数据不能给出满意的修正。锥形狭缝准直系统既防止了长狭缝准直系统引起的准直误差，又可以获得比针孔狭缝准直系统大得多的散射强度。锥形狭缝准直系统是一种可旋转的对称狭缝准直系统（图 14.20）。经过准直的光束呈现锥壳形。该准直系统是由空腔、截锥体 HC、锥体 N（N 的轴应与旋转轴 R 重合，N 置于 HC 里面且其间应有很小的缝隙，N 与 HC 两者不相接触）等组成。N 插入到其后的柱形体刃边 Z 中，此刃边用于防止 N 与 HC 间缝隙产生的寄生散射。实验时应使样品 S 与锥轴垂直。通过样品的原入射光束被圆盘形板 PT 阻止。由样品散射的带有 2θ 角的光束全部通过针孔光阑 PD，并将其强度由计数器 D 记录下来。样品可在 Z 与 PD 之间移动，从而改变 2θ 角。当样品在图 14.20 中虚线位置时，产生的 2θ 角显然小于样品处于图中实线位置的 2θ 角，从而根据样品的不同位置记录到不同的散射强度。

与传统采集散射强度方法不同，锥形狭缝准直系统采用的是样品 S 动，计数器 D 不动。

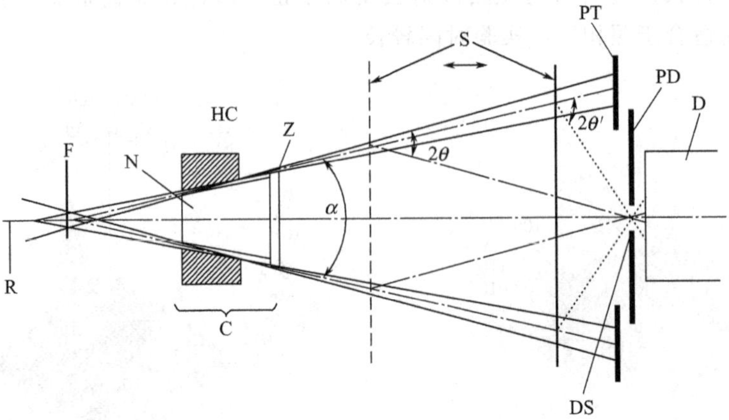

■ 图 14.20 锥形狭缝准直系统光路

因为当样品处于某一位置时，所有进入到针孔光阑 PD 的散射，均与入射线成 2θ 角，因此锥形狭缝准直系统不存在准直误差，不需要对光路准直进行校正，与针孔狭缝准直系统具有同样的效果。同时，这一狭缝准直系统同针孔狭缝准直系统相比，其散射强度要大很多。以圆锥方式进来的入射光束是以不同方向照射到样品上，故尽管散射角 2θ 相同，但散射矢量 s 是不同的，所以锥形狭缝准直系统不能测定各向异性样品的散射。

14.3.4 Guinier 作图法

若散射体系粒子（或微孔）大小均一，它们的间距远远大于粒子本身尺寸，也就是说体系是稀薄的，因此可以忽略粒子间的相互干涉作用。表 14.5 列出了不同形状粒子的散射函数，但在大多数情况下，粒子形状是不清楚的。可使用高斯型散射函数式(14.40）作为一级近似求出粒子回转半径，即

$$I=I_e Nn^2\exp\left(-\frac{4\pi^2\varepsilon^2R_g^2}{3\lambda^2}\right)=K_0\exp\left(-\frac{4\pi^2\varepsilon^2R_g^2}{3\lambda^2}\right) \tag{14.74}$$

式中，$K_0=I_eNn^2$。把上式两边取对数，得到

$$\lg I=\lg K_0-\left(\frac{4\pi^2R_g^2}{3\lambda^2}\lg e\right)\varepsilon^2 \tag{14.75}$$

若在实验中求得不同散射角 ε 的散射强度 $I(\varepsilon)$，在半对数坐标纸上把 $\lg I$ 对 ε^2（或 s^2）作图，若是直线关系（如图 14.21)，则可由直线斜率求得平均 R_g，截距为 $\lg K_0$。图中直线斜率

$$\alpha=-\frac{4\pi^2R_g^2}{3\lambda^2}\lg e$$

则得到

$$R_g=\sqrt{\frac{3\lambda^2}{4\pi^2\lg e}}\sqrt{-\alpha}=0.418\lambda\sqrt{-\alpha} \tag{14.76}$$

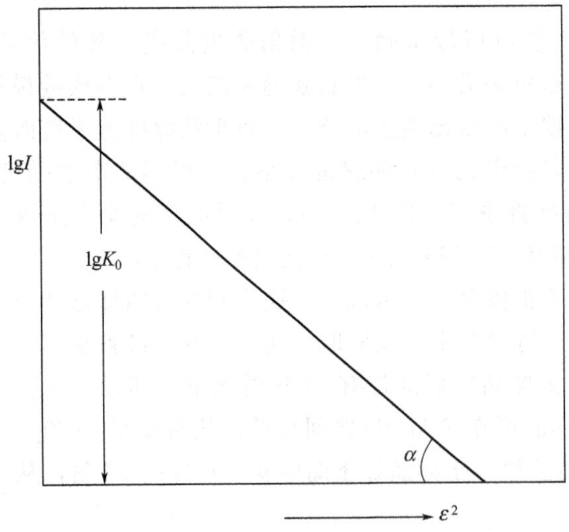

■ 图 14.21 Guinier 作图法

对于 Cu-K_α 辐射源，$\lambda=1.5418\text{Å}$，得到 $R_g=0.664\sqrt{-\alpha}$。若是球形粒子，则有 $R_g=\sqrt{3/5}r$（r 是球半径）。实际上粒子体系往往是分散的，形状相同，大小不均一的，散射强度的实验曲线凹面向上。若将体系中不连续分布的粒子尺寸分成若干个不同的级别，对每个级别粒子产生散射均采用球形粒子 Guinier 近似式(14.74）去计算，总的散射强度为

$$I(s)=\sum_{i}^{M}I_e N_i n_i^2 \exp\left(-\frac{s^2R_{gi}^2}{3}\right) \tag{14.77}$$

式中，M 为体系中所分的不同粒子尺寸的级别数；N_i 为第 i 个级别中的粒子数目。

根据上面的推导可知，把实验曲线进行逐级切线分解，求出各级的斜率及截距，从而由 K_0 及式(14.75）可求得每一个级别的粒子（或微孔）的大小和分布。此方法又被称为切线法。

思考与练习题

1. 请说明高分子材料的结晶度的物理意义。
2. 请阐述高分子聚合物结晶度测定的基本原理。
3. 为什么实验测得的总散射强度无法直接用于结晶度的计算？
4. 利用 X 射线衍射结果测定结晶度的方法有哪些？它们各有什么特点？

参 考 文 献

[1] 莫志深，张宏放．晶态聚合物结构和 X 射线衍射．北京：科学出版社，2003.
[2] 喻龙宝，张宏放，莫志深．功能高分子学报，1997，10(1)：90-101.
[3] 程国峰，杨传铮，黄月鸿．纳米材料的 X 射线分析，北京：化学工业出版社，2010.
[4] Daillant J，Gibaud A. X-ray and neutron reflectivity：Principles and Applications，Springer，1999.
[5] 王英华．X 光衍射技术基础．北京：原子能出版社，1993.

第15章 非晶材料分析

15.1 非晶态及其结构描述

15.1.1 非晶态

如果物质中的原子、原子团或分子的分布，具有平移对称性，可以用点阵结构来描述该物质的周期性规律，则该物质为晶态物质。图 15.1(a) 为由某种长分子构成的晶态。然而，在某些物质中，它们并不存在平移对称性，只是呈现出某种规律。图 15.1(b)、图 15.1(c) 和图 15.1(d) 为三种液晶中分子分布的示意图。图 15.1(b) 所示为近晶相液晶，其中分子层的间距相等，层内分子排列的方向一致，但分子的位置并无周期性规律。图 15.1(c) 所示为向列相液晶，它在结构上仅是分子的排列方向一致，并无任何周期性特征。图 15.1(d) 是胆甾相液晶的示意图，它的分子位于等间距的层片之中，一层中的分子排列方向一致，而各层之间分子的排列方向呈螺旋形。因此，液晶并不真正是晶态物质，液晶中的"晶"字，只表示其内部结构存在着某种规律性。而在图 15.1(e) 所示的液态中，分子的分布没有任何规律。我们把其中原子、原子团或分子在大范围内的分布上不呈现规律性的物质，称为非晶态物质。

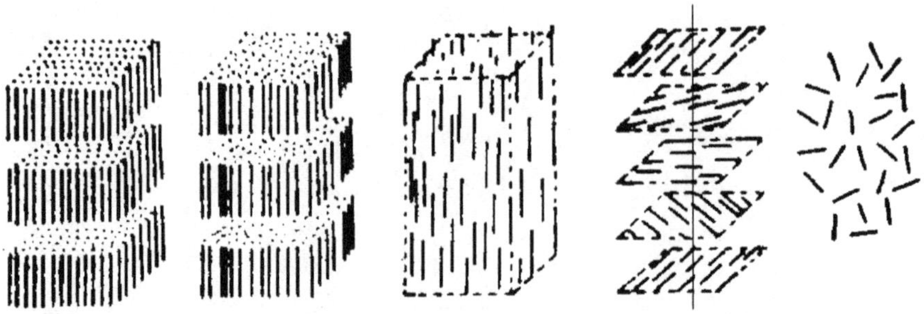
(a) 晶态　(b) 近晶相液晶　(c) 向列相液晶　(d) 胆甾相液晶　(e) 液态

■ 图 15.1　晶态、液晶和液态的分子分布示意图

一种物质在固态时是晶态还是非晶态，将依其形成时的条件而变化。例如，原子反应堆中的常用材料铜、铝、锆、镁、铍、铀、钍等是晶态，是指用通常方法获得这些固态时，它

们为晶态。可以通过液态激冷、特殊的合金化手段等使通常情况下呈晶态的系统呈现出非晶态。极力地摩擦和碾压也可能使晶态变为非晶态。图 15.2 为石英的一种晶态（a）与非晶态（b）的二维示意图。通常又称非晶态为玻璃态或无定形体。在某些物质中，可能同时存在着晶态与非晶态。图 15.3 是部分结晶的高聚物结构模型。其中分子链呈平行排列的区域为晶态区。

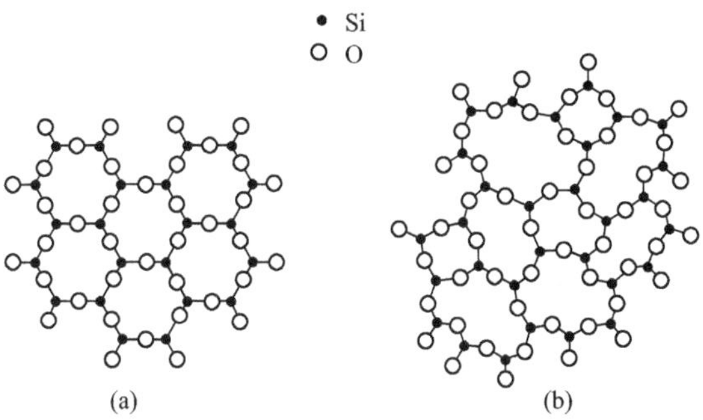

■ 图 15.2 石英晶体（a）和石英玻璃（b）结构的二维示意图

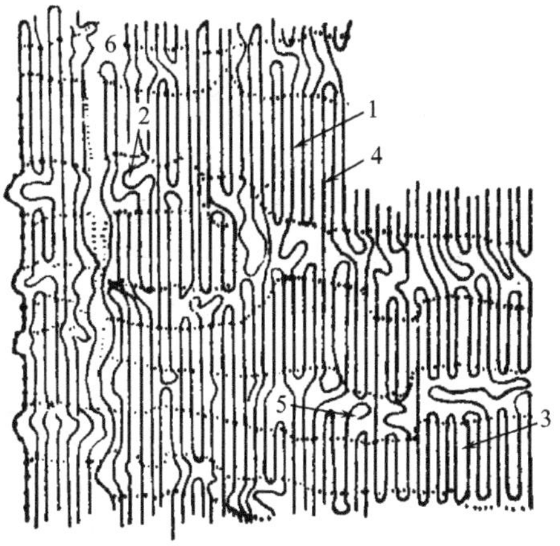

■ 图 15.3 部分结晶的高聚物结构模型

1—晶区；2—非晶区；3—褶叠链；4—伸直链；5—链末端；6—空洞

非晶态物质的几个主要特征如下：

① 长程无序，非晶态结构中不存在周期性，所以非晶态结构的主要特征是长程无序。非晶态材料中的原子分布与液态下的原子分布非常相似，并且非晶态物质长程无序的形成通常是将液态下原子分布的无序态以急冷的方式固化，将液态的无序态保留下来形成非晶态固体。

② 短程有序，非晶态物质的密度一般与同成分的晶体和液体相差不大，这说明三种状态下的原子平均距离相差不大。假如将原子的相互作用看作主要是原子间距的函数，那么结合成凝聚态的结合能可以看作是原子结合能的叠加。由此可见，三种状态下的电子运动状况一般不会有太大的突变。事实上，非晶态金属保持金属特性，非晶态半导体和绝缘体也都保持它们的半导体和绝缘体特性。可见，非晶态与晶态的最近邻原子间的关系是类似的，这表明非晶态结构存在着短程有序。

③ 各向同性，非晶态材料结构被看作是均匀的、各向同性的，这主要是指宏观上观察而言。当缩小到原子尺度时，非晶态材料也是不均匀的。

④ 亚稳态，一般而言，熔点以下的晶态总是自由能最低的状态。非晶态固体总有向晶态转化的趋势，所以说，它处于亚稳态。实验表明，非晶态的晶化过程往往是很复杂的，有时要经过若干个中间阶段。

目前，使用非晶态物质的场合已日益增多。可以利用非晶物质的特殊性质做成功能器件，例如用非晶 Si 制成的太阳能电池；用非晶硒的光导特性发展新的复印技术等。也可以利用某些材料在晶态与非晶态时光、磁、电等性能的差异，形成“0”“1”两种状态，从而制成开关元件、存储器等。

15.1.2 径向分布函数

对于如何描述非晶材料的具体结构，人们已经提出了多种理想结构模型。然而，到目前为止，多用衍射方法获得非晶结构的实验信息。理想结构模型是否合乎实际，是以由理想模型计算出的结构函数是否与由衍射数据计算出的一致为判据的。目前使用的结构函数主要是径向分布函数。

下面研究一个均匀系统，以介绍径向分布函数的概念。系统的体积 V 足够大，它所包含的原子数目为 N。在该系统中任取一原子为原点时，在半径为 r 的极薄的球壳内所包含的原子数目（图 15.4）为 $4\pi r^2\rho(r)\mathrm{d}r$，其中 $\rho(r)$ 为 r 处的原子密度。定义 $4\pi r^2\rho(r)$ 为径向分布函数，它是由系统中原子的分布状态决定的。但由于原点的选取是任意的，所以它只是系统中原子构型的统计平均结果。因此，径向分布函数并不能给出非晶系统中原子分布的具体位置，一般用英文缩写 RDF 表示径向分布函数。

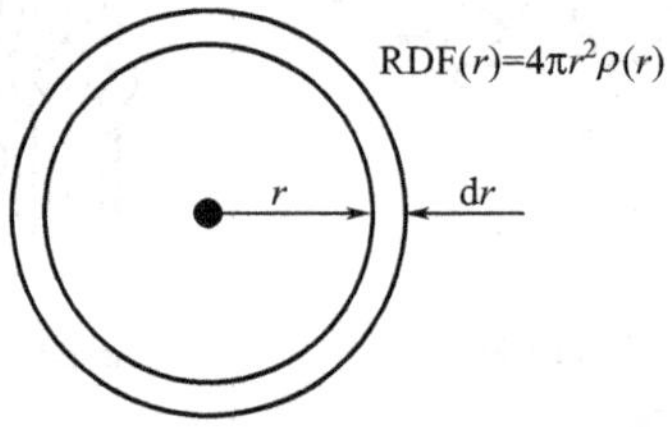

■ 图 15.4 径向分布函数的意义

体系的平均原子密度为 $N/V=\rho_a$。为了表示体系中原子密度的起伏，引入径向密度分布函数 $P(r)$，定义

$$P(r)=\frac{\rho(r)}{\rho_a} \tag{15.1}$$

$P(r)$ 与 $\rho(r)$ 一样，取决于系统中的原子构型。例如，对于气体，在 $|r|\leqslant 2r_0$ 时，$P(r)$ 为零，此处的 r_0 为原子半径；在 $|r|>2r_0$ 时，$P(r)$ 为 1。对于晶体，则除 r 为若干特定值以外，$P(r)$ 总为零。对于液体及非晶固体则是介于气态与晶态之间，即在 $|r|\gg r_0$ 时，$P(r)$ 为 1；在 r 较小时，$P(r)$ 围绕 1 上下摆动。这种摆动相应于系统中原子分布的短程有序。在气态、液态和非晶固态中，短序有序的程度不同，因此它们的分布函数在峰形与幅度上都有差别。图 15.5 给出几种系统的径向密度分度函数。

为了有助于理解影响分布函数形状的因素，先看一看按一维硬球模型计算出的分布函数图形（图 15.6），它随直线上硬球密度的改变而变化。图中 a 为硬球的直径，L 为所考虑的直线长度，N 为中心在直线上随机分布的硬球个数。每个硬球平均占有的长度为 $l_1=L/N$。因此，与原点的硬球相距为 x 处（x 为所讨论直线的方向）找到另外硬球的概率为 $P(x)\mathrm{d}x/l_1$。$P(x)$ 为密度分布函数。从图中看出，当直线上的硬球数目少时，即直线上硬球密度小时，在 $x>a$ 处，$P(x)$ 很快接近于 1，见图 15.6(a)；随硬球数目的增多，即密度的增大，$P(x)$ 在达到单位值前要经过较大的距离，波动数目增多，波峰幅度增高，见图 15.6(b)；在 N 达到最大值 L/a 时，直线上的硬球必然呈完全有序的排列，因此，只有在 $x=na$ 处 $P(x)$ 才不为零，此处 n 为整数。图 15.6(c) 为近于 $N_{最大}$ 的情况。如果完全从硬球模型出发，则压缩的气体与液体、非晶固体之间，在分布函数上不会有明显的差别。

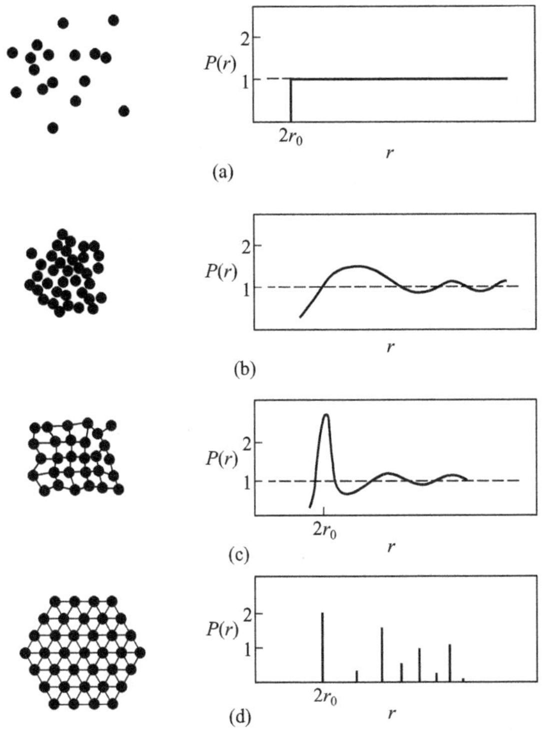

■ 图 15.5 基本单元的有序度与其相应的分布函数
（a）完全无序系统；（b）无定形体；
（c）单原子液体；（d）密排晶体

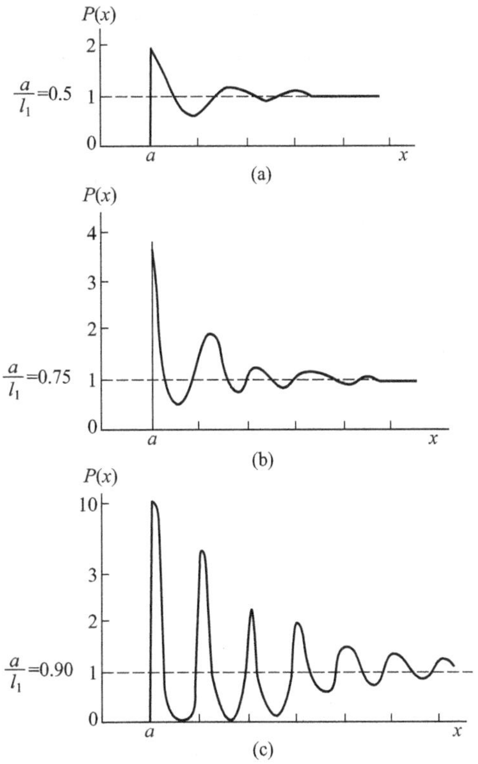

■ 图 15.6 直线上随机分布的硬球，球密度与分布函数之间的关系

15.2 单原子系统的径向分布函数

15.2.1 原子径向分布函数的表达式

假设系统是由 N 个同种原子构成的非晶液体或固体。每个原子的瞬时位置由 $\boldsymbol{r}$ 表示，则由式(4.54) 可知系统的散射线强度为

$$I_N = Nf^2 + \sum_{j}^{N} f^2 \sum_{i \neq j}^{N-1} \cos \boldsymbol{k} \cdot \boldsymbol{r}_{ij}$$

式中，$\boldsymbol{r}_{ij}$ 为第 i 个与 j 个原子之间的相对位置矢量；f 为原子散射因子，$\boldsymbol{k} = [2\pi(\boldsymbol{S} - \boldsymbol{S}_0)]/\lambda$ 为波矢。为了讨论问题的方便，在本章用 $k = (4\pi\sin\theta)/\lambda$ 代替 $s = (2\sin\theta)/\lambda$。对于均匀的非晶系统，可以近似认为，以任意原点为中心时，其周围的原子构型都相同。因此上式可以写成

$$I_N = Nf^2 \left(1 + \sum_{j}^{N-1} \cos \boldsymbol{k} \cdot \boldsymbol{r}_{ij}\right) \tag{15.2}$$

对于各向同性的系统，由于不存在择优取向，所以原子在以 $\boldsymbol{r}_{ij}$ 为半径的球面上的分布概率相同，即符合图 4.19 所示的情况。于是有德拜散射公式所示的结果，即

$$I_N = Nf^2\left(1+\sum_{j}^{N-1}\frac{\sin(kr_{ij})}{kr_{ij}}\right) \tag{15.3}$$

在上式的累加过程中，要排除取作原点的参考原子。同时，由于无法确定非晶系统中各个原子的位置，所以引入函数 $\rho_i(r_{ij})$，它代表以 i 原子为参考点时，相距 r_{ij} 处单位体积中的原子数目，即 r_{ij} 处的原子密度。于是 $4\pi\rho_i(r_{ij})\mathrm{d}r_{ij}$ 代表试样中以 i 原子为参考点时，在 r_{ij} 为半径，$\mathrm{d}r_{ij}$ 厚的球壳内所包含的原子数目。对于均匀的非晶系统，取任意原子为参考点时，其 $\rho(r)$ 形态都相似。即 $\rho_i(r_{ij})=\rho(r)$。或者定义

$$\rho(r)=\sum_{i}^{N}\frac{\rho_i(r_{ij})}{N} \tag{15.4}$$

$4\pi r^2\rho(r)$ 就是前面定义的原子径向分布函数。此时，式(15.3) 可以写成连续累加的形式

$$I_N = Nf^2\left[1+\int_0^{\infty}4\pi r^2\rho(r)\frac{\sin(kr)}{kr}\mathrm{d}r\right] \tag{15.5}$$

如果系统的平均原子密度为 ρ_a，则上式可以改写成

$$I_{\mathrm{N}} = Nf^2\left\{1+\int_0^{\infty}4\pi r^2[\rho(r)-\rho_a]\frac{\sin kr}{kr}\mathrm{d}r+\int_0^{\infty}4\pi r^2\rho_a\frac{\sin kr}{kr}\mathrm{d}r\right\} \tag{15.6}$$

式中第三项为密度均匀的客体的散射，计算表明，它与试样形状有关，并且仅在倒易原点附近才不为零，所以它的散射集中在小角区，例如对于球状试样，在 $\theta=3°$时，它就仅为第一、二项的 10^{-6}，可以忽略不计。于是式(15.6) 变成

$$I_N = Nf^2\left\{1+\int_0^{\infty}4\pi r^2[\rho(r)-\rho_a]\frac{\sin(kr)}{kr}\mathrm{d}r\right\} \tag{15.7}$$

整理后得

$$I_N/(Nf^2)=1+\int_0^{\infty}4\pi r^2[\rho(r)-\rho_a]\frac{\sin(kr)}{kr}\mathrm{d}r \tag{15.8}$$

式中，I_N/N 为系统中每个原子的平均散射强度，称 $I_N/(Nf^2)$ 为干涉函数，它是由系统中原子的散射波互相之间的干涉情况决定的，如果各原子的散射波之间不产生相干，则 $I_N/(Nf^2)=1$。

引入

$$i(k)=I_N/Nf^2-1 \tag{15.9}$$

代表干涉函数的摆动部分，于是有

$$ki(k)=4\pi\int_0^{\infty}r[\rho(r)-\rho_a]\sin(kr)\mathrm{d}r \tag{15.10}$$

式(15.10) 左边仅为波矢 k 的函数，而 $\sin kr$ 的系数仅为原子间距 r 的函数，所以可以利用傅里叶变换公式

$$\varphi(k)=4\pi\int_0^{\infty}f(r)\sin(kr)\mathrm{d}r$$

$$f(r)=\frac{1}{2\pi^2}\int_0^{\infty}\varphi(k)\sin(rk)\mathrm{d}k$$

得到

$$r[\rho(r)-\rho_a]=\frac{1}{2\pi}\int_0^{\infty}ki(k)\sin(rk)\mathrm{d}k \tag{15.11}$$

从而有原子径向分布函数的表达式

$$4\pi r^2\rho(r)=4\pi r^2\rho_a+\frac{2r}{\pi}\int_0^{\infty}ki(k)\sin(rk)\mathrm{d}k \tag{15.12}$$

通常将 $4\pi r^2\rho(r)$ 记为 RDF(r)。称由 k 放大了的干涉函数的摆动部分 $ki(k)$ 为约化干涉函数，而它的傅里叶变换

$$G(r)=\frac{2}{\pi}\int_0^{\infty}ki(k)\sin(rk)\mathrm{d}k \tag{15.13}$$

为约化径向分布函数。

这里所测的原子径向分布函数，对于非晶固体，是在整个试样空间的平均值，已由式(15.4) 所表示；对于液体，则应是时间和空间的平均值，因为测试强度的时间较长，而液体中原子运动速度相当快。

15.2.2　液体钠的径向分布函数

用严格单色化的辐射照射液态钠，收集其散射线强度，并获得它的原子径向分布函数，这是非晶散射中的一个经典实验，它是在 1936 年由 L. P. Tarasov 和 B. E. Warren 完成的，下面对这个实验加以介绍，以便更好地理解径向分布函数对非晶结构的描述。

实验获得的散射线强度是任意单位的，所以必须先把它化成电子单位。当 r 为几个原子直径时，$\rho(r)-\rho_a$ 就接近于零，所以式(15.8) 中的积分范围很狭窄。如果把 r 轴分割成小段 δ，引入量

$$y_i=\int_{r_i-\delta/2}^{r_i+\delta/2}4\pi r^2[\rho(r)-\rho_a]\mathrm{d}r \tag{15.14}$$

则积分式可以缩写成

$$I_N/N=f^2\left(1+\sum y_i\frac{\sin kr_i}{kr_i}\right) \tag{15.15}$$

式中的累加次数是有限的，所以当 k 增大时 I_N/N 围绕 f^2 上下摆动，并且摆幅逐渐减小。因此，为了获得以电子单位表达的 I_N/N，将测试强度乘以适当的系数 β，使得在 k 相当大时，I_N/N 绕曲线 f^2 摆动。由于曲线 f^2 的单位是已知的，因此实验强度曲线就化成了绝对单位。

由于实验过程中没有排除康普顿散射，所以修正后的曲线由图 15.7 所示，它围绕 $f^2+i(M)$ 上下摆动，$i(M)$ 为康普顿散射。图 15.7 中曲线 a 为液态钠每个原子的散射强度曲线；b 为每个原子的总独立散射强度曲线，即 $f^2+i(M)$；c 为每个原子的独立相干散射曲线，即 f^2；d 为每个原子的非相干散射曲线，即 $i(M)$。图中的曲线 c 与 d 都可以由国际晶体学用表查得，而 $b=c+d$。图中的横坐标为 $\sin\theta/\lambda$，强度最大值近似在 $\sin\theta/\lambda=0.16$ 处。

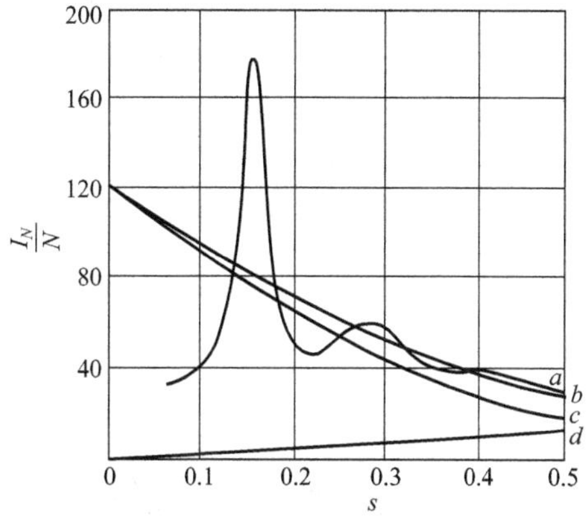

■ 图 15.7　液态钠的散射强度

a—每个钠原子的散射强度，即 I_N/N；b—每个钠原子的总独立散射强度，即 $f_{Na}^2+i(M)$；c—每个钠原子的独立相干散射强度，即 f_{Na}^2；d—每个钠原子的非相干散射强度，即 $i(M)$

将横坐标化为 $(4\pi\sin\theta)/\lambda$，即 k 后，由 $i(k)$ 的定义及图 15.7 可以得出

$$i(k)=[(a-d)/c]-1 \tag{15.16}$$

即

$$i(k)=(a-b)/c \tag{15.17}$$

从而获得约化干涉函数 $ki(k)$ 曲线图 15.8。图中的横坐标为 $(4\pi\sin\theta)/\lambda\times2.55$。由于当 k 增大时，散射强度 I_N/N 很弱，因此它除以 f^2 再放大 k 倍后的数据可靠性差，所以在图中最右边的一个小峰用虚线表示。

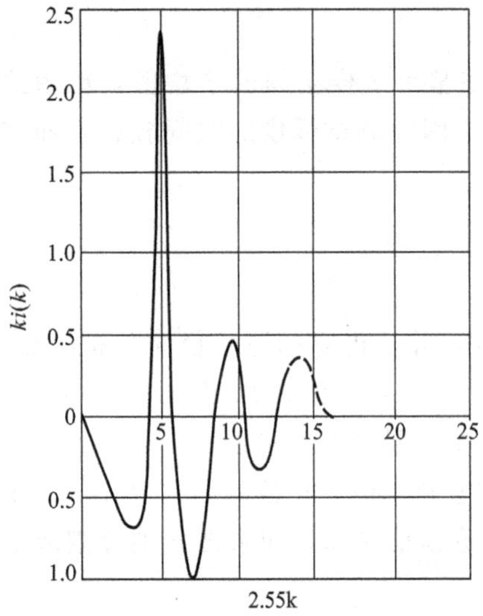

■ 图 15.8 液态钠的实验曲线 ki(k)

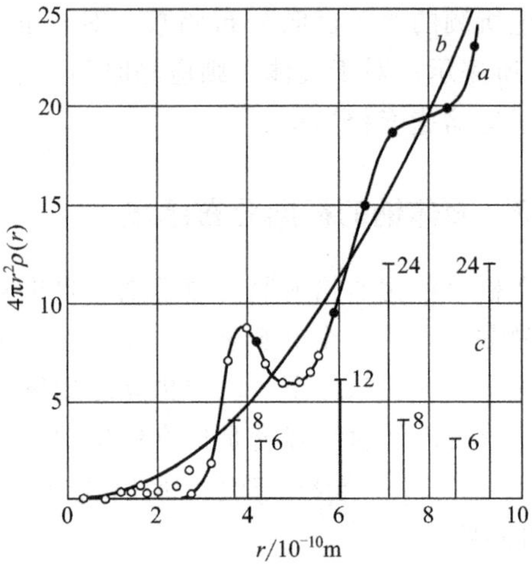

■ 图 15.9 液态钠的原子径向分布函数

a—液态钠的原子径向分布函数 $4\pi r^2\rho(r)$；b—平均密度曲线 $4\pi r^2\rho_\alpha$

由图 15.8 中所示的 $ki(k)$ 数据，可以利用电子计算机通过式(15.12) 计算出径向分布函数 RDF(r)。图 15.9 中曲线 a 是对液态钠散射数据的计算结果，即 $4\pi r^2\rho(r)$；曲线 b 是平均密度曲线，即 $4\pi r^2\rho_\alpha$；为了比较，图中还给出了晶态钠（体心立方）的近邻分布，标有数字的曲线 c。直线上的数字为钠晶体中于 r 距离处的近邻钠原子数目。从图中看出，在液态钠中，以任一原子为参考点时，在相距 3Å 以内都没有发现其他钠原子的中心。而在相距 4Å 处，找到近邻原子的概率最高，当 r 再增加时，近邻原子数目减少，但当 r 达到 7Å 时又出现第二个近邻数目最大值。整个径向分布函数随 r 增加交替着沿平均密度曲线 $4\pi r^2\rho_\alpha$ 上下摆动。我们称 4Å 为液态钠中的原子近似直径，而它对应的径向分布函数的数值为液态钠中的原子最近邻数目。比较曲线 a 与 c，可以看出液态与晶态的近邻状况有某些类似。

15.3 多元非晶系统的径向分布函数

15.3.1 径向分布函数的有效电子密度表示法

如果非晶系统是由多种原子构成，可以在系统中取某一单元（例如氧二、硅一系统中的

SiO_2），并认为整个系统是由 N 个这种单元构成的。下面讨论由 N 个单元，并且每个单元是由 n 个原子组成的系统的散射。为此，首先定义系统的平均电子散射因子

$$f_e=\left(\sum_i^n f_i\right)\Big/\sum_i^n Z_i \tag{15.18}$$

式中，f_i，Z_i 分别为单元中第 i 个原子的散射因子和原子序数；n 为构成单元的原子数目。对于由单元 SiO_2 构成的系统，其平均电子散射因子为

$$f_e=(f_{Si}+2f_O)/(14+2\times8)$$

然后再定义第 i 个原子的散射因子为

$$f_i=K_i f_e \tag{15.19}$$

其中 k_i 应随 $(4\pi\sin\theta)/\lambda$ 有所变化。如果假设该单元中各个原子的散射因子随 $(4\pi\sin\theta)/\lambda$ 的变化规律相似，则 $K_i\doteq Z_i$。称 K_i 为第 i 个原子的有效电子数。于是，对于各向同性的系统，其散射强度公式

$$I_N=N\sum_i^n f_i^2+\sum_i^{N_n} f_i\cdot\sum_{i\neq j}^{N_n} f_j[(\sin kr_{ij})/kr_{ij}] \tag{15.20}$$

就可以写成

$$I_N=N\sum_i^n f_i^2+f_e^2\sum_i^{N_n}K_i\cdot\sum_{i\neq j}^{N_n}K_j[(\sin kr_{ij})/kr_{ij}] \tag{15.21}$$

将上式作类似式(15.3) 的处理，即设 $4\pi\rho_i(r_{ij})\mathrm{d}r_{ij}$ 为以第 i 个原子为参考点，在 r_{ij} 为半径，厚 $\mathrm{d}r_{ij}$ 的球壳内找到的原子数目与有效电子数 k_j 的乘积，即有效电子密度。则式(15.21) 可以写成积分形式

$$I_N=N\sum_j^n f_i^2+f_e^2\sum_i K_i\int_0^\infty 4\pi r_{ij}^2\rho(r_{ij})[\sin(kr_{ij})/(kr_{ij})]\mathrm{d}r_{ij} \tag{15.22}$$

如果记 $\rho_i(r)$ 为以系统所有第 i 种原子为参考点时 $\rho(r_{ij})$ 的平均值，则上式可以化为

$$I_N=N\sum_i^n f_i^2+f_e^2 N\sum_i^n K_i\int_0^\infty 4\pi r^2\rho_i(r)[\sin(kr)/(kr)]\mathrm{d}r \tag{15.23}$$

引入系统的平均电子密度 ρ_e，并作类似式(15.6) 的处理，得到

$$I_N=N\sum_i^n f_i^2+Nf_e^2\sum_i^n K_i\int_0^\infty 4\pi r^2[\rho_i(r)-\rho_e]\frac{\sin kr}{kr}\mathrm{d}r \tag{15.24}$$

记

$$i(k)=\left(\frac{I_N}{N}-\sum_i^n f_i^2\right)\Big/f_e^2 \tag{15.25}$$

则有

$$ki(k)=4\pi\int_0^\infty\sum_i^n K_i r[\rho_i(r)-\rho_e]\sin kr\,\mathrm{d}r \tag{15.26}$$

上式的傅里叶变换为

$$\sum_i^n K_i 4\pi r^2\rho_i(r)=4\pi r^2\rho_e\sum_i^n K_i+(2r/\pi)\int_0^\infty ki(k)\sin rk\,\mathrm{d}r \tag{15.27}$$

式(15.27) 就是用有效电子密度表示的多种原子系统的径向分布函数 RDF(r)，又称其为系统的电子径向分布函数。

图 15.10 为 SiO_2 玻璃的电子径向分布函数的实验结果。图中给出该系统的电子径向分

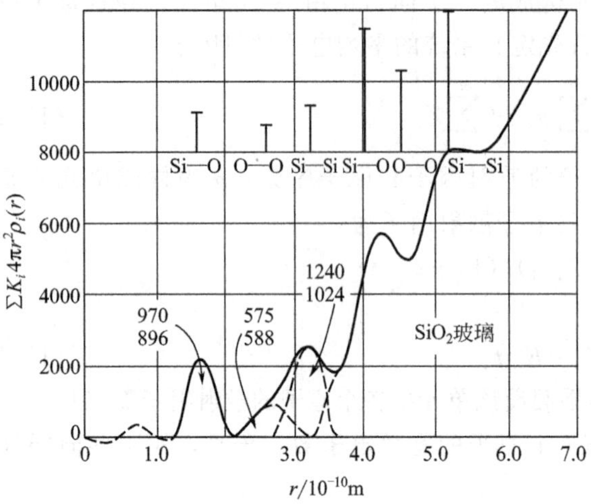

■ 图 15.10 SiO_2 玻璃的电子径向分布函数

布函数。分布函数的第一个峰是明显地分立出的，它在 $r=1.62\text{Å}$ 处有最大值，峰所包围的面积中有 970 个电子。由硅酸盐结构可知这 1.62Å 是硅原子与氧原子之间的距离，因此它代表着一个平均硅周围的氧，也代表着一个平均氧周围的硅。于是，根据 $\sum_{i}^{n} K_i 4\pi r^2 \rho_i(r)$，第一个峰下的面积应为

$$A=K_{Si}n_O K_O+2K_O n_{Si}K_{Si}$$

式中，n_O、n_{Si} 分别代表一个硅原子周围最近邻的氧原子数目和一个氧原子周围最近邻硅原子数目。同时它们必须满足

$$n_O=2n_{Si}$$

于是，由 $A=2K_{Si}n_O K_O$ 可以得到硅原子周围最近邻的氧原子数目

$$n_O=A/(2K_{Si}K_O)=970/(2\times14\times8)=4.3$$

这表明在 SiO_2 玻璃中，在一个平均硅原子周围的 1.62Å 处有 4 个氧原子。曲线的第二个峰为 62.5Å 处的 O—O 和 3.2Å 处的 Si—Si 两个峰的重合峰。

15.3.2 多元系统的全径向分布函数与偏径向分布函数

假设试样由 n 种原子组成，每种原子的个数为 N_1，N_2，…，N_n，总数为 N，试样体积为 V。则试样中的平均原子密度为

$$\rho_\alpha=N/V$$

第 i 种原子的平均原子密度为

$$\rho_\alpha^i=N_i/V$$

而第 i 种原子所占的原子分数为

$$c_i=N_i/N$$

如果 $\rho_i(\boldsymbol{u})$ 表示以试样中某一原子为原点时，在位置矢量 $\boldsymbol{u}$ 端点处第 i 种原子的原子密度，则 $\rho_i(\boldsymbol{u})\mathrm{d}\boldsymbol{u}$ 为 $\boldsymbol{u}$ 端点处在 $\mathrm{d}\boldsymbol{u}$ 体积中第 i 种原子的数目。于是，可以将系统的散射强度公式写成如下的形式

$$I_N=\sum_{i=1}^{n}\sum_{j=1}^{n} f_i f_j \iint_V \rho_i(\boldsymbol{u})\rho_j(\boldsymbol{u}')\mathrm{e}^{-\mathrm{i}\boldsymbol{k}\cdot(\boldsymbol{u}-\boldsymbol{u}')}\mathrm{d}\boldsymbol{u}\mathrm{d}\boldsymbol{u}' \tag{15.28}$$

引入系统的形状函数 $\sigma(\boldsymbol{u})$，定义

$$\sigma(\boldsymbol{u})=\begin{cases}1, 当\ \boldsymbol{u}\ 在系统的体积\ V\ 内时\\0, 当\ \boldsymbol{u}\ 在系统的体积\ V\ 外时\end{cases} \tag{15.29}$$

于是式(15.28) 的积分限可以扩展到无穷，有

$$I_N=\sum_{i=1}^{n}\sum_{j=1}^{n} f_i f_j \int_{-\infty}^{+\infty}\int_{-\infty}^{+\infty} \rho_i(\boldsymbol{u})\rho_j(\boldsymbol{u}')\sigma(\boldsymbol{u})\sigma(\boldsymbol{u}')\mathrm{e}^{-\mathrm{i}\boldsymbol{k}\cdot(\boldsymbol{u}-\boldsymbol{u}')}\mathrm{d}\boldsymbol{u}\mathrm{d}\boldsymbol{u}'$$

式中，$\boldsymbol{u}$ 与 $\boldsymbol{u}'$ 为同一坐标中的矢量，现引入

$$\boldsymbol{r}=\boldsymbol{u}-\boldsymbol{u}'$$

$\boldsymbol{r}$ 为任意两点间的矢量差，它表示原子之间的相对位置，因此它与原点的选取无关，只与系统中的原子分布有关。因此系统的散射强度应是 $\boldsymbol{r}$ 的函数。有

$$I_N=\sum_{i=1}^{n}\sum_{j=1}^{n}f_i f_j\int_{-\infty}^{+\infty}\int_{-\infty}^{+\infty}\rho_i(\boldsymbol{r}+\boldsymbol{u}')\rho_j(\boldsymbol{u}')\sigma(\boldsymbol{r}+\boldsymbol{u}')\sigma(\boldsymbol{u}')\mathrm{e}^{-ik\cdot r}\mathrm{d}\boldsymbol{u}'\mathrm{d}\boldsymbol{r} \quad (15.30)$$

积分号内的

$$\int_{-\infty}^{+\infty}\rho_i(\boldsymbol{r}+\boldsymbol{u}')\rho_j(\boldsymbol{u}')\sigma(\boldsymbol{r}+\boldsymbol{u}')\sigma(\boldsymbol{u}')\mathrm{d}\boldsymbol{u}' \quad (15.31)$$

这就是第 4 章式(4.57) 中介绍的 Patterson 函数，记为 $\mathscr{P}_{ij}(\boldsymbol{r})$。

根据式(15.29) 中关于形状函数 $\sigma(\boldsymbol{u})$ 的定义可以看出，形状因子 $\sigma(\boldsymbol{r}+\boldsymbol{u})$ 的有值域范围相当于将试样体积 V 平移 $\boldsymbol{r}$ 后的区域，即图 15.11 中由虚线所示的范围。因此 $\sigma(\boldsymbol{u})\sigma(\boldsymbol{r}+\boldsymbol{u})$ 的有值范围仅为图 15.11 中的影线区，记为 $V'(\boldsymbol{r})$。于是 $V'(\boldsymbol{r})$ 才是式(15.31) 中的积分有效域。定义体积比例函数 $V(\boldsymbol{r})$ 为 $V'(\boldsymbol{r})$ 与试样体积的比值，即

$$V(\boldsymbol{r})=V'(\boldsymbol{r})/V \quad (15.32)$$

则当从宏观上去观察，试样中的原子是均匀分布，$\boldsymbol{r}$ 又不是大得使 $V'(\boldsymbol{r})$ 小到微观尺度时，Patterson 函数可以写成

$$\mathscr{P}_{ij}(\boldsymbol{r})=V(\boldsymbol{r})\int_V\rho_i(\boldsymbol{r}+\boldsymbol{u})\rho_j(\boldsymbol{u})\mathrm{d}\boldsymbol{u} \quad (15.33)$$

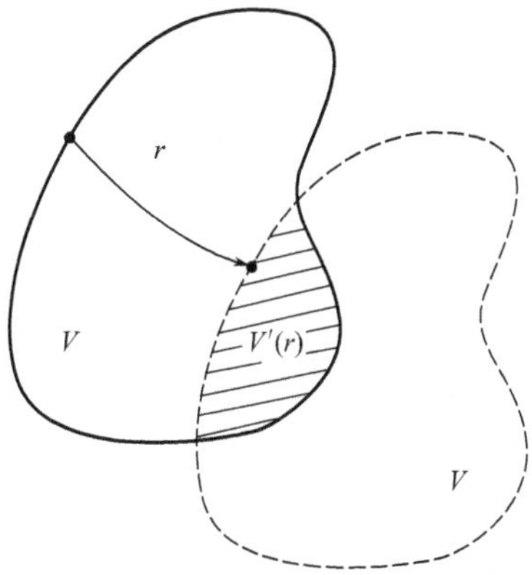

■ 图 15.11 形状因子 $\sigma(u)$ 与 $\sigma(r+u)$ 乘积的有值区域 $V'(r)$——图中的影线区

为了简化上式，引入狄拉克函数来表示原子的分布，即认为系统中原子是分立的，这是符合实际的。狄拉克函数的定义为

$$\delta(\boldsymbol{u}-\boldsymbol{u}_k^j)=\begin{cases}0 & \text{当 } \boldsymbol{u}\neq\boldsymbol{u}_k^j \text{ 时}\\ \infty & \text{当 } \boldsymbol{u}=\boldsymbol{u}_k^j \text{ 时}\end{cases} \quad (15.34)$$

同时

$$\int_{-\infty}^{+\infty}\delta(\boldsymbol{u})\mathrm{d}\boldsymbol{u}=1$$

根据狄拉克函数的定义，可以得知 $\boldsymbol{u}$ 处 j 种原子的密度为

$$\rho_j(\boldsymbol{u})=\sum_{k=1}^{N_j}\delta(\boldsymbol{u}-\boldsymbol{u}_k^j) \quad (15.35)$$

式中，$\boldsymbol{u}_k^j$ 表示 j 种元素中第 k 个原子的位置矢量。将式(15.35) 代入式(15.33)，再利用式(15.34)，会有

$$\mathscr{P}_{ij}(\boldsymbol{r})=V(\boldsymbol{r})\int_V\sum_{L=1}^{N_i}\delta(\boldsymbol{u}+\boldsymbol{r}-\boldsymbol{u}_L^i)\sum_{k=1}^{N_j}\delta(\boldsymbol{u}-\boldsymbol{u}_k^j)\mathrm{d}\boldsymbol{u}=V(\boldsymbol{r})\sum_{L=1}^{N_i}\sum_{k=1}^{N_j}\delta(\boldsymbol{r}+\boldsymbol{u}_k^j-\boldsymbol{u}_L) \quad (15.36)$$

而平均与一个 i 原子相距 r 的 j 原子密度为

$$\rho_{ij}(r)=\frac{1}{N}\sum_{L=1}^{N_i}\sum_{k=1}^{N_j}\delta(\boldsymbol{r}+\boldsymbol{u}_L^i-\boldsymbol{u}_k^j) \tag{15.37}$$

所以 Patterson 函数变成

$$\mathscr{P}_{ij}(\boldsymbol{r})=V(\boldsymbol{r})N_i\rho_{ij^\circ}(\boldsymbol{r}) \tag{15.38}$$

对于 $r=0$ 时，必须是 $i=j$ 的情况。将它从式(15.37) 中分离出来，有

$$\rho_{ij^\circ}=\delta_{ij}\delta(\boldsymbol{r})+\rho_{ij}(\boldsymbol{r}) \tag{15.39}$$

式中，$\rho_{ij}(\boldsymbol{r})$ 为排除原点以后，平均与一个 i 原子相距 $\boldsymbol{r}$ 的 j 原子密度。δ_{ij} 表示

$$\delta_{ij}=\begin{cases}0 & (i\neq j)\\ 1 & (i=j)\end{cases} \tag{15.40}$$

于是式(15.30) 可以写成

$$I_N=\sum_{i=1}^{n}\sum_{j=1}^{n}f_if_jN_i\int_{-\infty}^{+\infty}V(\boldsymbol{r})[\delta_{ij}\delta(\boldsymbol{r})+\rho_{ij}(\boldsymbol{r})]\mathrm{e}^{-\mathrm{i}k\cdot i}\,\mathrm{d}\boldsymbol{r} \tag{15.41}$$

并且定义 $\rho_{ij}(\boldsymbol{r})$ 与 j 原子的平均密度 ρ_α^j 之比为偏双体概率函数，记为 $g_{ij}(\boldsymbol{r})$，即

$$g_{ij}(\boldsymbol{r})=\rho_{ij}(\boldsymbol{r})/\rho_\alpha^j \tag{15.42}$$

将式(15.42) 代入式(15.41) 并经加减 ρ_α^j 的整理后得到

$$\begin{aligned}I_N/N=&\sum_{i}^{n}\sum_{j}^{n}f_if_jc_i\delta_{ij}\int_{-\infty}^{+\infty}\delta(\boldsymbol{r})V(\boldsymbol{r})\mathrm{e}^{-\mathrm{i}k\cdot i}\,\mathrm{d}\boldsymbol{r}+\\&\sum_{i}^{n}\sum_{j}^{n}c_ic_jf_if_j\rho_\alpha\int_{-\infty}^{+\infty}V(\boldsymbol{r})[g_{ij}(\boldsymbol{r})-1]\mathrm{e}^{-\mathrm{i}k\cdot i}\,\mathrm{d}\boldsymbol{r}+\\&\sum_{i}^{n}\sum_{j}^{n}c_ic_jf_if_j\rho_\alpha\int_{-\infty}^{+\infty}V(\boldsymbol{r})\mathrm{e}^{-\mathrm{i}k\cdot i}\,\mathrm{d}\boldsymbol{r}\end{aligned} \tag{15.43}$$

式中，c_i，c_j 分别为 i 和 j 原子的分数，式中的第三项为小角度散射部分，现行的散射强度收集办法中无法测到，因此略去不计；第一项只有在 $i=j$ 和 $r=0$ 处才有值，并且 $V(0)=1$，所以可化为 $\sum^{n}c_if_i^2$；由于非晶系统只有近程有序的结构特点，所以在 $\boldsymbol{r}$ 稍大处 $[g_{ij}(\boldsymbol{r})-1]\rightarrow 0$，因此第二项中的 $V(\boldsymbol{r})\doteq 1$。于是式(15.43) 可以简化成

$$I_N/N=\sum_{i}^{n}c_if_i^2+\sum_{i}^{n}\sum_{j}^{n}c_ic_jf_if_j\rho_\alpha\int_{-\infty}^{+\infty}[g_{ij}(\boldsymbol{r})-1]\mathrm{e}^{-\mathrm{i}k\cdot i}\,\mathrm{d}\boldsymbol{r}$$

利用非晶各向同性的特点，可以把上式写成

$$I_N/N=\sum_{i}^{n}c_if_i^2+\sum_{i}^{n}\sum_{j}^{n}c_ic_jf_if_j\rho_\alpha\int_{-\infty}^{+\infty}4\pi r^2[g_{ij}(\boldsymbol{r})-1][\sin(kr)/kr]\mathrm{d}\boldsymbol{r} \tag{15.44}$$

设

$$\langle f^2\rangle=\sum_{i}^{n}c_if_i^2 \tag{15.45}$$

$$\langle f\rangle^2=\Big(\sum_{i}c_if_i^2\Big)^2 \tag{15.46}$$

与式(15.9) 和式(15.8) 相类比，设

$$i(k)=(I_a-\langle f^2\rangle)/\langle f\rangle^2 \tag{15.47}$$

和

$$i(k)+1=I(k) \tag{15.48}$$

$I_a=I_N/N$，$I(k)$ 为总干涉函数；$i(k)$ 为它的摆动部分。

$$I(k)=1+\sum_i^n\sum_j^n[f_if_jc_ic_j/\langle f\rangle^2]\int 4\pi r^2\rho_a[g_{ij}(r)-1][\sin kr/kr]\mathrm{d}r \tag{15.49}$$

引入权重因子 W_{ij}

$$W_{ij}=c_ic_jf_if_j/\langle f\rangle^2 \tag{15.50}$$

则式(15.49) 可以写成

$$I(k)=1+\sum_i^n\sum_j^n W_{ij}\int_0^\infty 4\pi r^2\rho_a[g_{ij}(r)-1][\sin kr/kr]\mathrm{d}r$$

记

$$I_{ij}(k)=1+\int_0^\infty 4\pi r^2\rho_a[g_{ij}(r)-1][\sin kr/kr]\mathrm{d}r \tag{15.51}$$

称为偏干涉函数。从而总干涉函数可表达成

$$I(k)=\sum_i^n\sum_j^n W_{ij}I_{ij}(k) \tag{15.52}$$

因为

$$\sum_i^n\sum_j^n W_{ij}=\sum_i^n\sum_j^n c_ic_jf_if_j/\langle f\rangle^2 J=1 \tag{15.53}$$

如果能从测得的总干涉函数 $I(k)$ 中求得偏干涉函数 $I_{ij}(k)$，就能通过式(15.51) 的傅里叶变换获得偏双体概率函数 $g_{ij}(r)$ 和偏径向分布函数 $4\pi r^2\rho_{ij}(r)$。然而这是较难以办到的事。

为了简化处理，在系统中各元素的原子散射因子随 k 的变化规律相近时，设 W_{ij} 与 k 无关。并定义

$$\rho(r)=\sum_i\sum_j W_{ij}\rho_{ij}(r)/c_j \tag{15.54}$$

这时，

$$g(r)=\rho(r)/\rho_a=\sum_i\sum_j W_{ij}g_{ij}(r) \tag{15.55}$$

称为全双体概率函数。也就是第 4 章中介绍的径向密度分布函数，而

$$ki(k)=4\pi\int_0^\infty r\rho_a[g(r)-1]\sin kr\,\mathrm{d}r \tag{15.56}$$

于是它的傅里叶变换

$$G(r)=4\pi r\rho_a[g(r)-1]=2/\pi\int_0^\infty ki(k)\sin kr\,\mathrm{d}r \tag{15.57}$$

称 $G(r)$ 为全约化分布函数。

从而径向分布函数的表达式为

$$\mathrm{RDF}(r)=4\pi r^2\rho(r)=4\pi r^2\rho_a+r\cdot G(r) \tag{15.58}$$

对于系统中各元素的原子散射因子相差很大的情况，按理上述各式都不成立，但目前还是使用上述各式。表 15.1 列出了上述推导中使用的各个符合和它们的含义。

表 15.1 多元非晶系统中的符号与含义

符　号	定　义　式	名称或含义
f_e	$f_e=\left(\sum_i^n f_i\right)/\sum_i^n Z_i$	平均电子散射因子

续表

符号	定义式	名称或含义
K_i	$K_i=f_i/f_e$	第 i 种原子的有效电子数
$\sum_i^n K_i 4\pi r^2\rho_i(r)$	$\sum_i^n K_i 4\pi r^2\rho_i(r)=4\pi r^2\rho_e\sum_i^n K_i+2r/\pi\int_0^\infty ki(k)\sin rk\,dk$	电子径向分布函数
ρ_e		系统的平均电子密度
ρ_a^i	$\rho_a=\dfrac{N}{V}$	系统的平均电子密度
ρ_a^i	$\rho_a^i=\dfrac{N_i}{V}$	第 i 种原子的平均原子密度
c_i	$c_i=\dfrac{N_i}{N}$	第 i 种原子所占原子百分数
$\rho_j(u)$		u 处第 j 种原子的密度
$\rho_{ij}(r)$		平均与一个 i 原子相距 r 的 j 原子密度
$g_{ij}(r)$	$g_{ij}(r)=\rho_{ij}(r)/\rho_a^i$	偏双体概率函数
$4\pi r^2\rho_{ij}(r)$	$4\pi r^2\rho_{ij}(r)=4\pi r^2\rho_a^i g_{ij}(r)$	偏径向分布函数
$\langle f^2\rangle$	$\langle f^2\rangle=\sum_i^n c_i f_i^2$	单元的原子散射因子均方值
$\langle f\rangle^2$	$\langle f\rangle^2=\left(\sum_i^n c_i f_i\right)^2$	单元的原子散射因子均方值
W_{ij}	$W_{ij}=c_i c_j f_i f_j/\langle f\rangle^2$	权重因子
$I_{ij}(k)$	$I_{ij}(k)=1+\int_0^\infty 4\pi r^2\rho_a$ $[g_{ij}(r)-1][\sin kr/kr]dr$	偏干涉函数
$I(k)$	$I(k)=\sum_i\sum_j W_{ij}I_{ij}(k)$	总干涉函数
$\rho(r)$	$\rho(r)=\sum_i\sum_j[W_{ij}\rho_{ij}(r)/c_j]$	
$g(r)$	$g(r)=\rho(r)/\rho_a=\Sigma\Sigma W_{ij}g_{ij}(r)$	全双体概率函数
$F(k)=ki(k)$	$ki(k)=k[I_N/N-\langle f^2\rangle]/\langle f\rangle^2$	约化干涉函数
$G(r)$	$G(r)=4\pi r\rho_a[g(r)-1]=2/\pi\int_0^\infty ki(k)\sin rk\,dk$	全约化分布函数
$4\pi r^2\rho(r)$	$4\pi r^2\rho(r)=4\pi r^2\rho_a(r)+rG(r)$	径向分布函数

15.4 径向分布函数实验数据的处理

15.4.1 实验数据的获得

目前大都是利用X射线衍射仪获得非晶系统的散射强度数据，必要时可以辅以电子衍射或中子衍射。按试样的放置方法，衍射方法可分为三种布局，即对称背射法［图 15.12

(a)]、垂直透射法 [图 15.12(b)] 和对称透射法 [图 15.12(c)]。一般采用对称背射或对称透射法。为了提高测试数据的准确度应使用晶体单色器。或用高分辨率的固体探测器接收散射线强度。单色器最好放在散射束中，如图 6.24 所示，也可以放在入射束中。

由于利用所测强度数据时，是以它为 $k=(4\pi\sin\theta)/\lambda$ 的函数形式，并且 k 越大，截断效应影响越小，最终结果越准确。因此，实验时应用短波长的特征谱，如 Mo-K_α 或 Ag-K_α，衍射仪扫描角度应尽量增大。用步进扫描法记录散射强度，每步计数应在 $10'$左右。同时由于在高 θ 角处，散射强度变化比较缓慢，所以低散射角与高散射角处可以用不同的步长进行扫描。利用上述方法获得的散射强度记为 $I_{测}(2\theta)$。

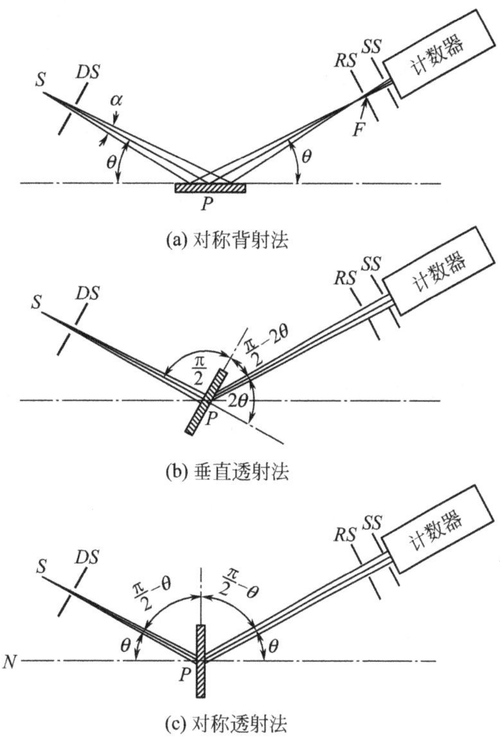

(a) 对称背射法

(b) 垂直透射法

(c) 对称透射法

■ 图 15.12 试样对于 X 射线入射束与散射束的三种安排

15.4.2 实验数据的处理

由实验测得的数据中，可能包括相干散射、非相干散射和其他寄生散射，而仅相干散射中的非独立散射（或称相关散射）部分才与非晶系统中的原子相互配置有关。所以在利用散射强度计算径向分布函数之前，除作强度曲线校正外，还应事先将其他散射，包括相干散射的独立部分扣除。

(1) 空气散射的扣除

从测试强度中扣除空气的散射强度，即

$$I'_{侧}(2\theta)=I_{测}(2\theta)-I_{空散}(2\theta) \tag{15.59}$$

式中，$I_{空散}(2\theta)$ 代表试样散射强度的测试过程中，混入的空气的散射强度，它是个未知函数，需要进行校正。

测量衍射仪上试样架不带试样时散射线强度 $I_{空}(2\theta)$，可推算出对于对称背射法有

$$I_{空散}(2\theta)=\alpha_r\cdot I_{空}(2\theta) \tag{15.60}$$

对于对称透射法有

$$I_{空散}(2\theta)=\alpha_t\cdot I_{空}(2\theta) \tag{15.61}$$

而

$$\alpha_r=1/2+[1/2-(t\cos\theta)/R\cdot S_2]\exp(-2\mu t/\sin\theta) \tag{15.62}$$

$$\alpha_t=[1-(t\sin\theta)/R\cdot S_2]\exp(-2\mu t/\cos\theta) \tag{15.63}$$

式中，θ 为布拉格角；t 为试样厚度；R 为衍射仪圆半径；S_2 为接收狭缝角度；μ 为试样的线吸收系数。

(2) 吸收与偏振校正

非晶试样往往是极薄的带或膜。因此，它们通常并不满足衍射仪试样的无穷厚条件，所以应作吸收校正。由第 4 章中的推导可知，对于对称背射法，其吸收因子 $A(\theta)$ 应为

$$A(\theta)=\frac{[1-\exp(-2\mu t/\sin\theta)]}{2\mu}$$

对于对称透射法则有

$$A(\theta)=\frac{t\exp(-\mu t/\cos\theta)}{\cos\theta}$$

目前，校正式中的常数可以略去，在强度标准化时统一扣除。于是有

$$A(\theta)=1-\exp(-2\mu t/\sin\theta) \tag{15.64}$$

和

$$A(\theta)=\frac{\exp(-\mu t/\cos\theta)}{\cos\theta} \tag{15.65}$$

分别代表对称背射与透射时的吸收因子。当单色器放在入射 X 射线束中时，偏振因子 $P(\theta)$ 为

$$P(\theta)=\frac{1+\cos^2 2\theta_1 \cos 2\theta}{1+\cos^2 2\theta_1} \tag{15.66}$$

$2\theta_1$ 为单色器的衍射角，而当单色器放在衍射束中时，

$$P(\theta)=\frac{1+\cos^2 2\theta_1 \cos 2\theta}{2} \tag{15.67}$$

经上述校正后获得试样的散射强度 $I_{样}(2\theta)$

$$I_{样}(2\theta)=\frac{I'_{测}(2\theta)}{A(\theta)\cdot P(\theta)} \tag{15.68}$$

(3) 强度数据的标准化

经过上述校正的试样散射强度 $I_{样}(2\theta)$ 仍为任意单位的相对强度值，它随实验条件而改变。为了使不同实验结果可以相互比较，以及能从 RDF 图上计算出有用的数据，必须对此试样的散射强度进行标准化。由于一个试样中所包含的原子数目不同时，它的散射强度就要发生变化，所以标准化时是采用一个原子的散射强度为标准的。标准化的目的是以电子单位来表示一个原子的散射强度，所谓电子单位就是取一个电子的散射强度为 1。

为了进行标准化与后续计算，要事先将试样的散射强度 $I_{样}(2\theta)$ 进行坐标变换，即化为 $I_{样}(k)$。设 $I_a^0(k)$ 为以电子单位表示的一个原子的散射强度，则可以用下述关系进行单位变换。

$$I_a^0(k)=\beta I_{样}(k) \tag{15.69}$$

而 β 为与 k 无关的常数，称其为标准化因子。

求标准化因子的方法很多，在这里仅介绍两种较基本的方法：1943 年由 N. S. Gingrich 提出的高角法和 1962 年由 K. Furukawa 提出的径向分布函数法。

高角法的原理是基于，对于非晶系统，当波矢 k 增大时，一个原子的散射强度 $I_a(k)$ 将趋近于其原子散射因子的均方值 $\langle f^2\rangle$，见图 15.7 中的曲线 a。自然，这里在由式 (15.49) 求得的 $I_a^0(k)$ 中，还包含一个原子的非相干散射 $I_{非}(k)$ 和多重散射 $I(k)$。于是有

$$\beta=\{[(\langle f^2\rangle+I_{非}(k)+I_{多}(k)]/I_{样}(k)\}_{高角}$$

为了使结果更准确，通常对一系列 k 值求平均

$$\beta=\frac{\int_{K_{\min}}^{K_{\max}}[\langle f^2\rangle+I_{非}(k)+I_{多}(k)]\mathrm{d}k}{\int_{K_{\min}}^{K_{\max}}I_{样}(k)\mathrm{d}k} \tag{15.70}$$

式中，k_{min}是在 $I_{样}(k)$ 曲线中只有微小波动时对应的最小 k 值；k_{max}是实验能获得的最大 k 值。

径向分布函数法是基于当 $r \to 0$ 时，原子径向分布函数 $\rho(r) \to 0$。于是由式(15.58) 得到

$$-2\pi r^2 \rho_a = \int_0^{\infty} k^2 i(k) \mathrm{d}k \tag{15.71}$$

由于

$$i(k) = \frac{I_a^0 - [I_{非}(k) + I_{多}(k)] - \langle f^2 \rangle}{\langle f \rangle^2} \tag{15.72}$$

所以

$$-2\pi^2 \rho_a = \int_0^{\infty} \frac{\beta I_{样}(k) - [I_{非}(k) + I_{多}(k)] - \langle f^2 \rangle}{\langle f \rangle^2} k^2 \mathrm{d}k$$

因此

$$\int_0^{\infty} [\beta I_{样}(k)/\langle f \rangle^2] k^2 \mathrm{d}k = \left[\int_0^{\infty} \frac{I_{非}(k) + I_{多}(k) + \langle f^2 \rangle}{\langle f \rangle^2} \cdot k^2 \mathrm{d}k\right] - 2\pi\rho_a$$

$$\beta = \frac{\left[\int_0^{\infty} \frac{\langle f^2 \rangle + I_{非}(k) + I_{多}(k)}{\langle f^2 \rangle} k^2 \mathrm{d}k\right] - 2\pi^2 \rho_a}{\int_0^{\infty} \frac{I_{样}(k)}{\langle f \rangle^2} k^2 \mathrm{d}k}$$

如果用实验获得的 k_{max}代入积分上限，一般是在积分式中乘入一个指数函数 $e^{-\alpha^2 k^2}$ 作为衰减因子，以减弱由于截断效应引起的伪峰。其中 α^2 是小于 0.01 的常数，其具体值由实验者根据实际情况而定。于是，对于径向分布函数法，标准化因子 β 为

$$\beta = \frac{\left[\int_0^{k_{max}} \frac{\langle f^2 \rangle + I_{非}(k) + I_{多}(k)}{\langle f \rangle^2} \cdot e^{-\alpha^2 k^2} k^2 \mathrm{d}k\right] - 2\pi^2 \rho_\alpha}{\int_0^{\infty} \frac{I_{样}(k)}{\langle f \rangle^2} e^{-\alpha^2 k^2} k^2 \mathrm{d}k} \tag{15.73}$$

(4) 康普顿散射 $I_{非}(k)$ 与多重散射 $I_{多}(k)$ 的校正

由式(15.69) 计算出的原子散射强度 $I_a^0(k)$ 中扣除 $I_{非}(k)$ 和 $I_{多}(k)$，即为康普顿散射与多重散射的校正。康普顿散射 $I_{非}(k)$ 的数值，可在《International Tables for X-ray crystallography》第三卷查得。而多重散射 $I_{多}(k)$ 是指入射线在试样内受到某原子的散射后，接着又相继受到第二个，第三个……原子的散射时所产生的散射强度，如图 15.13 所示。然而，要定量获得 $I_{多}(k)$，计算相当复杂，在这里不多介绍。值得庆幸的是，对于由重元素构成的非晶系统，由于吸收系数相当大，从而多重散射强度 $I_{多}(k)$ 可以忽略不计。但对于由轻元素构成的系统，如对平板 SiO_2 试样，计算表明，$I_{多}(k)$ 可达一次散射强度的 8%。

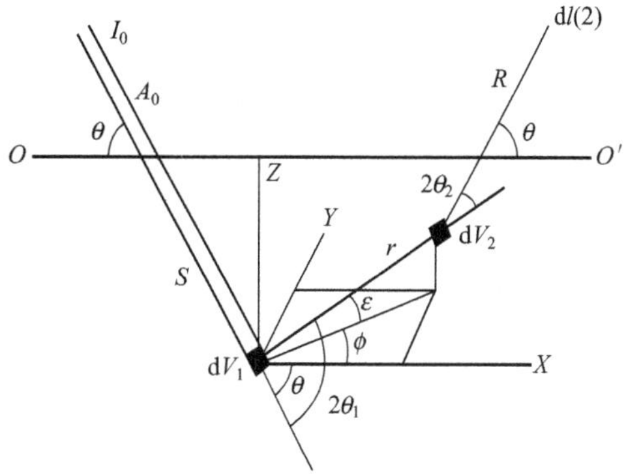

■ 图 15.13 多重散射 $I_{多}(k)$ 的发生

记校正后的原子散射强度为 $I_a(k)$，则

$$I_a(k) = (k) - [I_{非}(k) + I_{多}(k)] \tag{15.74}$$

15.4.3 径向分布函数的获得

在上述实验数据处理的基础上，可以利用式(15.47) 计算 $i(k)$，并由式(15.57) 计算全约化分布函数 $G(r)$ 和由式(15.58) 计算径向分布函数 RDF (r)。上述实验数据处理与分布函数的计算过程，多用计算机来完成。图 15.14 给出计算程序的流程图，以综述径向分

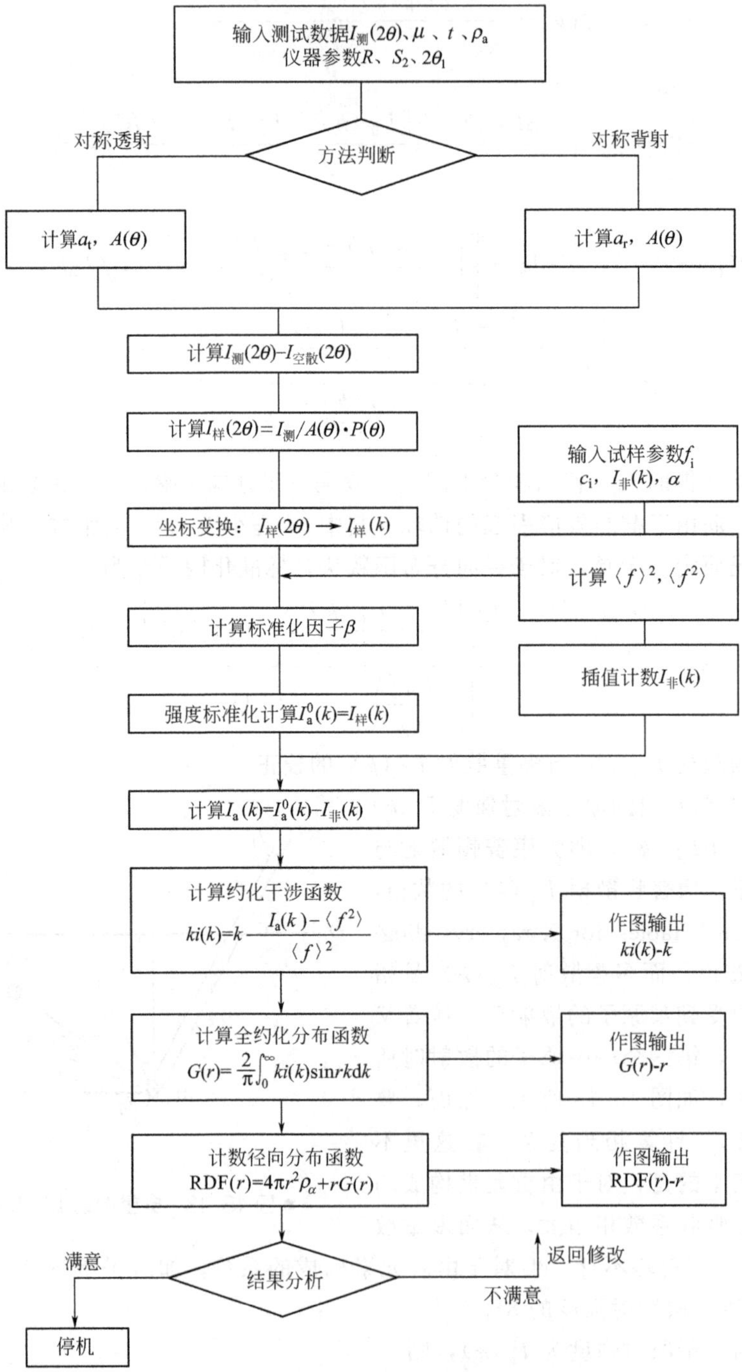

■ 图 15.14 RDF (r) 计算过程的流程图

布函数 RDF(r) 的计算过程。

15.5 测试实例

15.5.1 Gd-Fe系的径向分布函数

下面介绍 Gd-Fe 系的径向分布函数的测试结果。试样是从溅射获得的 2.5cm×0.1cm 圆盘上取下，制备而成。X 射线散射数据的测定是在室温下进行的，使用了衍射束中带石墨单色器的 X 射线衍射仪，用 Mo-K_α 辐射。仪器稳定度和测试统计涨落精度都高于 2%。数据处理方法如前所述。用高角法求得标准化因子。未作空气散射，吸收和多重散射校正。记约化干涉函数 $ki(k)$ 为 $F(k)$。由实验数据求得的 $F(k)$ 由图 15.15 描述，小于 1.5Å^{-1} 处的 $F(k)$ 值，是由该处之值作线性外推至 $k=0$ 处而获得的。傅里叶变换时取 $k_{\max}=17$Å^{-1}，获得的约化分布函数 $G(r)=4\pi r[\rho(r)-\rho_\alpha]$ 如图 15.16 所示，在 $r<2$Å 处 $G(r)$ 的摆动是由截断效应和测试时慢变化因素引起的。图 15.16 中的箭头为用无规密堆的硬球模型所预计的峰位，一种硬球的半径为 1.75Å（即 Gd 原子半径），另一种为 1.27Å（即 Fe 原子半径）。它与实验获得的第一个峰吻合较好，后面的峰在实验曲线上则不大明显。

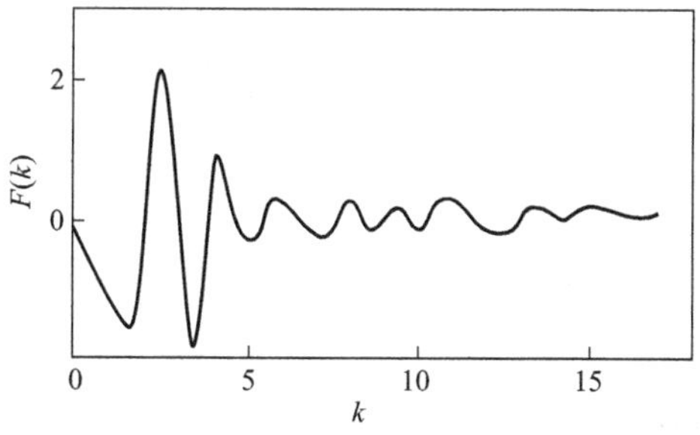

■ 图 15.15 非晶 $GdFe_2$ 的约化干涉函数 F(k)

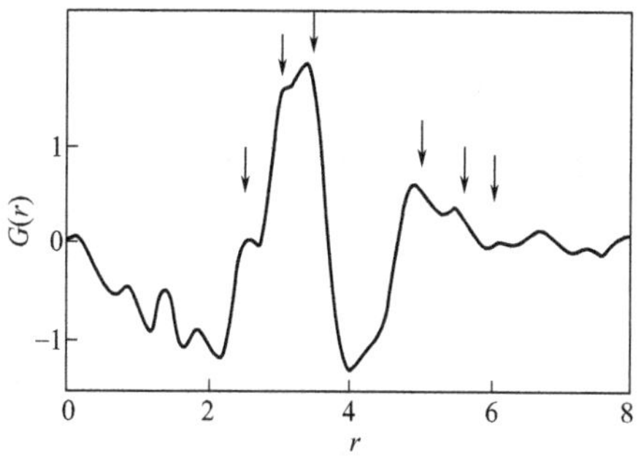

■ 图 15.16 非晶 $GdFe_2$ 的约化径向分布函数 G(r)。图中的箭头是用半径为 1.75Å 和 1.27Å 的硬球以无规密堆的模型所预计的峰位

从 $G(r)$ 计算的径向分布函数 $\mathrm{RDF}(r)=4\pi r^2\rho(r)$ 如图 15.17 所示。从 $G(r)$ 计算 RDF(r) 时要用非晶合金 $GdFe_2$ 的密度 P_a 值，但并未直接测量此值，而是取非晶 $GdFe_2$ 的密度为晶态 $GdFe_2$ 密度的 93%。

由式(15.54) 可以得知，对多元非晶系统，径向分布函数为各个分布函数的加权和。对于 $GdFe_2$ 二元合金有

$$\rho(r)=c_{\mathrm{Gd}}(f_{\mathrm{Gd}}^2/\langle f\rangle^2)\rho(r)_{\mathrm{Gd\text{-}Gd}}+2c_{\mathrm{Gd}}(f_{\mathrm{Gd}}f_{\mathrm{Fe}}/\langle f\rangle^2)\rho(r)_{\mathrm{Gd\text{-}Fe}}+c_{\mathrm{Fe}}(f_{\mathrm{Fe}}^2/\langle f\rangle^2)\rho(r)_{\mathrm{Fe\text{-}Fe}} \tag{15.75}$$

其中

$$\langle f\rangle^2=(c_{Gd}f_{Gd}+c_{Fe}f_{Fe})^2$$

式中，c_{Gd}和c_{Fe}分别为二元合金中Gd和Fe各自所占的原子分数。

于是可以将RDF(r)中的第一峰分解为三个高斯形，见图15.17。这时用Gd和Fe的原子序数Z_{Gd}和Z_{Fe}近似代替了上式中的原子散射因素f_{Gd}和f_{Fe}。在r为2.54Å左右的峰为Fe-Fe的分布；r为3.47Å左右的峰为Gd-Gd的分布。由图15.17获得的非晶$GdFe_2$近程有序态列于表15.2中，并与晶态$GdFe_2$进行了比较。晶态$GdFe_2$具有$MgCu_2$结构，即Laves相结构，从表中看出在$GdFe_2$的两种形态中Fe-Fe与Fe-Gd间距相近，而Gd-Gd间距相差甚大。

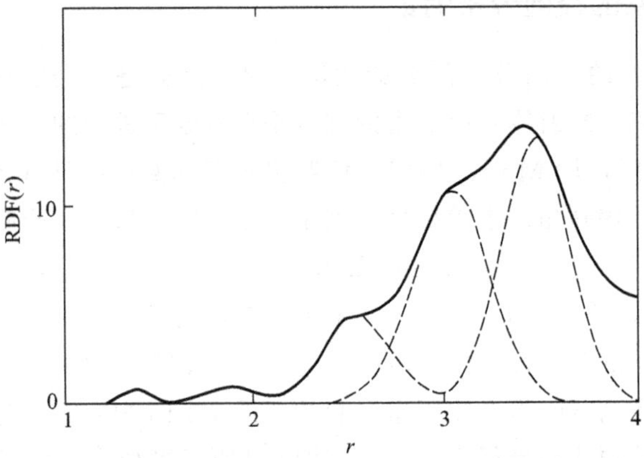

■ 图15.17 非晶$GdFe_2$ RDF(r)的最近邻位置(实线)以及用最小二乘法拟合的三个高斯分量(虚线)

■ 表15.2 非晶$GdFe_2$的近程有序与晶态的比较

近邻对	ρ_{ij}的系数	最近邻间距/nm		配位数	
		非晶	晶态	非晶	晶态
Fe-Fe	0.30	0.254±0.5	2.60	6.3±0.5	6
Fe-Gd	—	0.304	0.305	3.3±0.3	6
Gd-Fe	0.74	—	—	6.7±0.6	12
Gd-Gd	0.91	0.347	0.318	6±1	4

15.5.2 炭黑的径向分布函数

下面介绍炭黑的径向分布函数的测试结果。样品采用经岩盐单色化的Cu-K_α辐射，15mA，30kV曝光20h。利用光度计测底片记录的散射强度，经吸收校正后，得如图15.18所示的曲线。约化干涉函数$ki(k)$由图15.19所示；经变换后，获得的径向分布函数由图15.20所示。图15.20表明，炭黑约在1.45Å处有3.2个最近邻；2.7Å处有10.2个次近邻；依次在4.05Å和5.15Å还有分布函数的峰值。这表明炭黑与金刚石的结构完全不同，因为在金刚石结构中于1.54Å处有4个最近邻；2.52Å处有12个次近邻；2.95Å处也有12个近邻。然而，只要考虑到由图15.20获得的结果中，由于重峰引起原子间距和曲线下面积的误差，就会认为由炭黑获得的数据与由极小的单层石墨片获得的数据非常相似。单层石墨片中的原子排列由图15.21所示，它的近邻间距与近邻数目由表15.3所示。

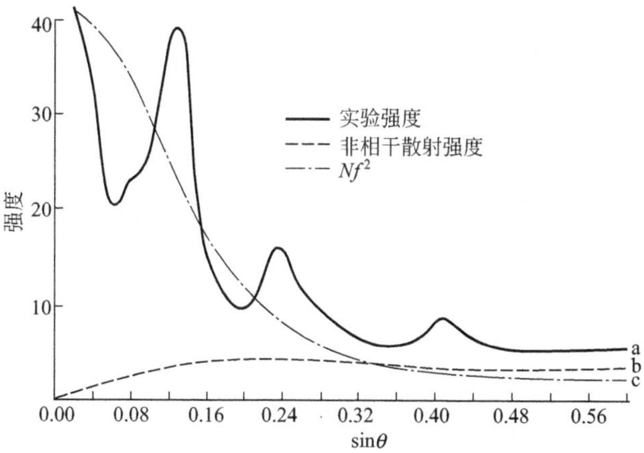

■ 图 15.18 炭黑的实验强度

曲线 a—经吸收校正后炭黑试样强度曲线；曲线 b—非相干散射强度；曲线 c—独立相干散射强度

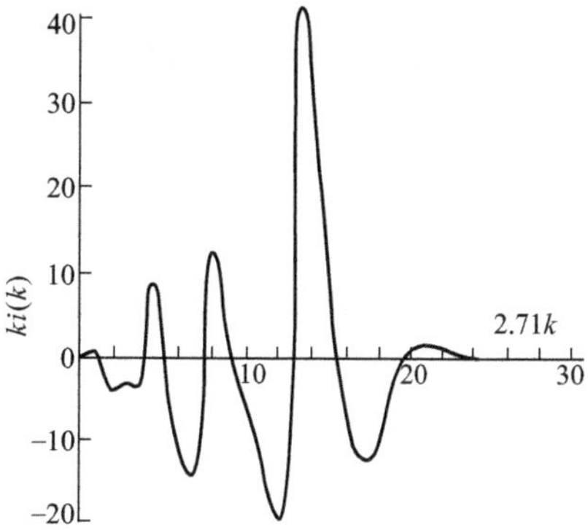

■ 图 15.19 炭黑的约化干涉函数 $ki(k)$

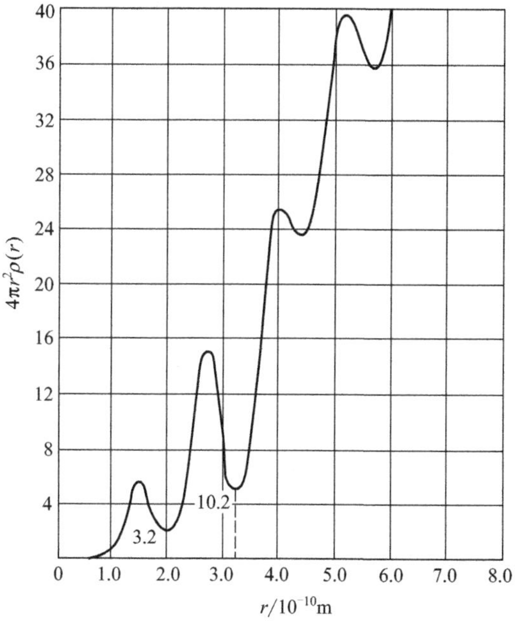

■ 图 15.20 炭黑的原子径向分布函数

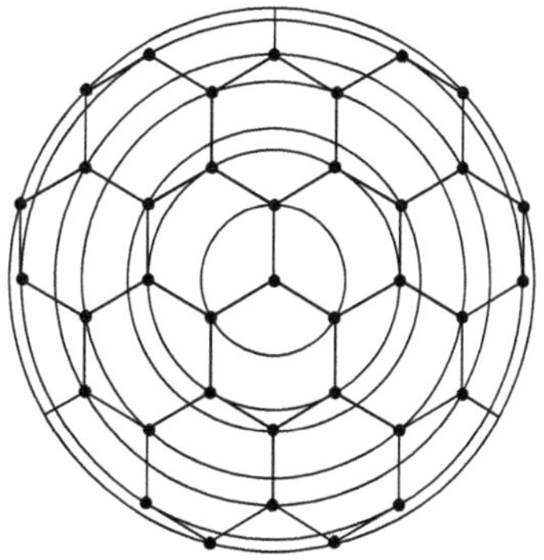

■ 图 15.21 单层石墨片中的原子排列

表 15.3 单层石墨中的近邻数和原子间距

近邻数	原子间距/Å	平均间距/Å
3	1.42	
6	2.46	2.6
3	2.84	
6	3.75	4.0
6	4.25	
6	4.92	5.0
6	5.11	

思考与练习题

1. 请说明径向分布函数的物理意义。
2. 由径向分布函数确定的非晶物质中的原子间距与晶态物质中的原子间距有何不同?
3. 非晶物质中的配位数与晶态物质中的有何不同?
4. 请由图 15.3 给出液态钠的原子间距与近邻配位数。
5. 设计由液态钠散射强度曲线求得径向分布函数的计算机程序方框图。

参考文献

[1] 王英华. X光衍射技术基础. 北京:原子能出版社,1993.
[2] Cullity B D. Elements of X-Ray Diffraction, Addison Wesley, 1978.
[3] 李树棠. 晶体X射线衍射学基础. 北京:冶金工业出版社,1990.
[4] 许顺生. 金属X射线学. 上海:上海科技出版社,1962.
[5] Azaroff L V. Elements of X-Ray Crystallography, McGraw-Hill, 1968.

第16章 同步辐射的应用

16.1 同步辐射X射线源

16.1.1 同步辐射概述

同步辐射是以近光速作曲线运动的带电粒子（电子、正电子、离子等）发出的光。同步辐射含有的光谱范围宽阔（可从远红外延续到硬X射线），而且强度十分高。在20世纪40年代被发现以来逐渐受到重视，成为当今最有力的综合光源，也成为现代最重要的X射线源。在此基础上发展了许多高水平的X射线分析技术，它能达到的水平是任何常规X射线设备所无法达到的。

在电子同步加速器中，电子可被加速到数千兆电子伏特的能量。这种高能电子在加速器或储存环里强大磁场偏转力的作用下作圆周运动。根据电子在加速运动时能辐射电磁波的原理，当电子被加速到足够能量时，它便向圆周的切线方向辐射X射线波段范围的电磁波。由于这种辐射是在同步加速器运行过程中发现的，所以称为同步辐射。

图16.1是某种同步辐射发生装置的构造示意图。直线加速器和增能器放在储存环之内，储存环的外围是安装各种实验装置的实验大厅，再外面则为实验室和用户办公室。若电子能量在25GeV左右，则储存环周长约为300m，呈圆形或椭圆形，直径在100m左右。

与常规X射线源相比，同步辐射光源具有如下特点。

（1）通量大、亮度高

同步辐射X射线通量比常规的高强X射线源要大1～2个数量级以上。对于X射线管发射的X射线谱而言，在连续谱上叠加有特征谱，高强度的转靶X射线发生器发出的连续谱强度约为10^7ph/(s·mrad^2·mm^2·0.1%BW)，特征谱强度可提高2～3个数量级。而同步辐射源发射的光谱是纯粹的连续谱。没有特征谱，其覆盖范围从远红外一直到很硬的X射线（光子能量达几百千电子伏），是一个综合光源。对于早期的第一代同步辐射源，其X射线强度约为10^{13}～10^{14}，比常规X射线源的连续谱要高10^6～10^7，对于特征谱也高10^3～10^4，强度十分可观。而对于近代的第三代同步辐射源，X射线的强度可达10^{18}～10^{20}，比常规X射线光源高许多亿倍。这样高的强度使得同步辐射可做许多常规X射线源无法做的高灵敏度、高空间分辨、高时间分辨、高角度分辨、高能量分辨的实验工作。

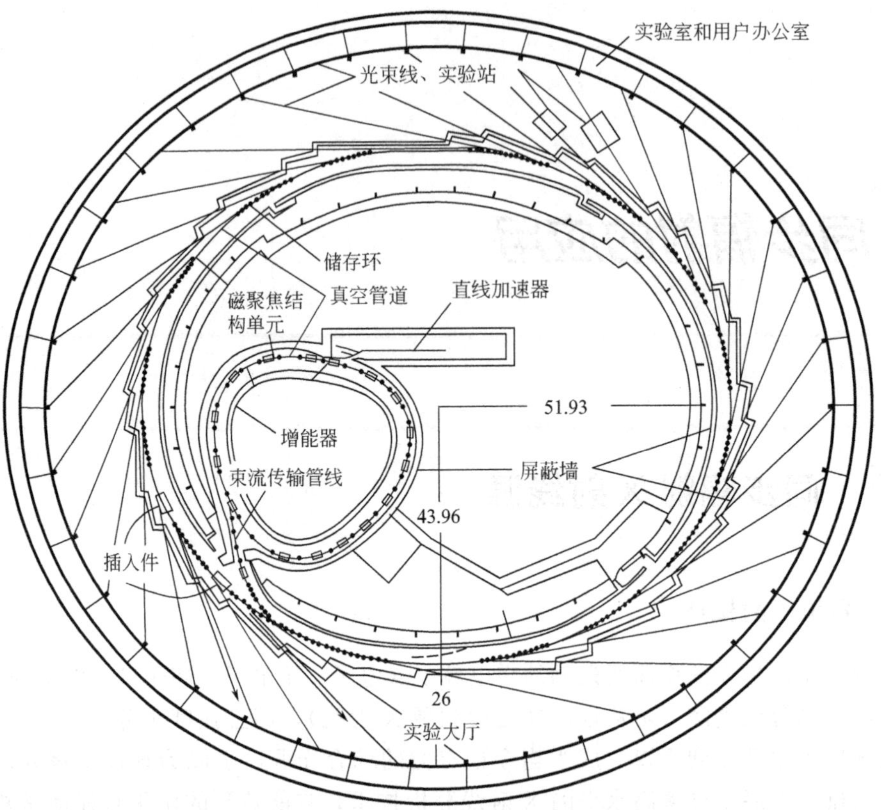

■ 图 16.1 同步辐射发生装置的构造示意图

(2) 光束准直性好

在X射线管中，X射线是由高速电子打击阳极靶面的打击点向空间各方向发射的，发射角很大，单位接受面上接受到的光子数随距离增加迅速下降。而同步辐射是在运动电子轨迹的切线方向发出的，发射角极小。如能量为3GeV的电子，其发射圆锥的半顶角约为0.17mrad，近于0.01°。在距光源50m处光斑大小只有1.7cm，可说是近平行的光。第三代同步辐射源甚至可以获得平行性更高的、具有一定相干性的X射线。单位接受面接受到的光子数随距离变化不大，这对于进行高分辨实验特别有利。

(3) 频谱宽、连续可调

同步辐射X射线源属于平滑的连续辐射，波谱范围宽。利用平面光栅、晶体单色器以及反射镜等分光设备可以得到各种单色辐射。

(4) 有特定的时间结构

同步辐射是一种脉冲光源，每个脉冲均有很窄的脉宽（数量级约在纳秒和皮秒）。在加速器或储存环轨道中，电子形成许多一定间隔的束团，并且脉冲长度及脉冲间隔在一定程度上是可调整的。在动力学研究中，特别对快速的生物反应动力学的研究中有着特殊的应用。

(5) 偏振性好

同步辐射是偏振的，在带电粒子运动的轨道平面内是线偏振的，偏离轨道平面的是椭圆偏振的。偏离角越大，越接近圆。在轨道平面的上下，转动方向是相反的，一为左旋、一为右旋。光的偏振性有许多特殊的用途，如磁性材料的研究。

（6）同步辐射源可以精确计算

常规X射线源所得光谱受到阳极靶材料的纯净度、靶面清洁度的影响，存在着一些无法事先精确知道的杂质谱。电源与冷却水温的不稳定也会影响X射线的发射效率及发射强度。而同步辐射源是可以精确计算的，不存在杂质辐射。

16.1.2 同步辐射光源的发展过程

同步辐射是1947年发现的，但高速运动的电子在速度改变时会发出辐射的现象却早就被人们所认识并经历了长期的理论研究，最早可以追溯到19世纪后半叶。

1873年Maxwell论证了电荷密度和电路发生变化都会导致向外辐射电磁场。1887年Hertz证明了这种电磁波的存在，这成为同步辐射的一般理论基础，但整个理论是极复杂的。1898年法国的A. Lienard对理论做了重大的简化，系统地提出了同步辐射的基本理论，给出了电子在圆形轨道上运行时其能量损失速率的公式，这和现代同步辐射论文中所用的公式是一样的。这就是对于运动电子辐射出电磁波的早期理论研究，经过半个世纪的发展，对于这种辐射的理论研究也逐渐趋于完善，能够推导出辐射的角度分布和偏振，频率分布及描述辐射光谱的公式等。

1947年美国通用公司芝加哥实验室的H. Pollock等在用一台真空腔是透明的70MeV同步加速器工作时，机械师F. Haber看到了腔内有火花，以为出了问题。H. Pollock等对此做了仔细的观察研究，发现这一很亮的光点的颜色是会变的，当加速器内电子的能量从70MeV逐渐降低时，光点的颜色由蓝白色经黄色至红色，至20MeV时光点消失。最终他们确认了这就是多少学者预言过的高速电子在做圆周运动时发出的辐射，就这样，人们观察到了同步辐射。

同步辐射刚发现时并不为人们所欢迎。因为它使高速电子损失能量，高能物理学家之所以研究它是为了更好地弄清、掌握加速器的性能。随着时间的推移，人们逐渐认识到它作为一种光源的可能。经过近20年，在1965年美国科学院才设置了一个委员会来评估应用这种辐射的可能性。人们终于认识到这是一种极好的综合光源，其性能远比一般的实验室光源好，因而对它产生了极大的兴趣。就在20世纪60年代，一大批能量在几百兆电子伏特的同步加速器都被改造为获得同步辐射的装置，这种低能的装置产生的可用同步辐射的光一般为紫外光和软X射线。到了70年代中期，人们进一步认识到用高能物理中做对撞实验的电子储存环来发生同步辐射是更合适的，因为在同步加速器中电子的能量在不断改变，发射的同步辐射的状态也在不断改变，而在电子储存环中，电子是以一定的能量作稳定的回转运动。因而能长时间地稳定地发射同步辐射。随着电子储存环能量的提高，所得同步辐射的波长也越来越短，包括了硬X射线。这种良好的硬X射线光源冲击了传统的X射线散射、衍射、内壳层激发等技术，提高了它们的分辨率和灵敏度，发展出一批新技术，使人们对物质结构的认识提高到一个新的高度。同步辐射作为硬X射线光源的重要性与日俱增，已成为当前发展的主要方面。

这种既做高能物理实验又做高能辐射源的兼用装置被称为第一代同步辐射源。虽说人们已经用此做出了许多令人惊叹的工作，已认识到这是一种性能极好的综合光源，但同时感到这些装置所发同步辐射的特性严重受到原设计及高能物理实验要求的束缚，不能满足需要，产生了摆脱这种束缚制造专用于同步辐射的储存环的要求。一批不做高能物理实验，专用于同步辐射的电子储存环应运而生，是为第二代同步辐射源。它们使同步辐射的技术得到了飞速的发展。随着技术的发展、研究的深入、应用的拓展，提出了更高光源亮度和更小发射度的要求。而且，这种结构确定，特性不能变的第二代光源也不能满足人们对光源的多样性要求。各种储存环技术的提高，使电子的发射度大大下降，亮度大大增加（约高 3 个数量级）。插入件的改进和广泛使用，使得在电子储存环的某一区段改变其原设计的固有特性，发射满足人们特定需要的辐射成为可能，这就产生了第三代同步辐射源。

16.1.3 同步辐射装置的现状

同步辐射较之常规光源有许多突出的优点。它在科学、技术、医学等众多方面解决了一批常规实验室无法解决的问题，做出了重大贡献，受到世界各国，特别是发达国家的重视。虽然同步辐射装置是一个庞然大物，小的有一个礼堂大，大的要比足球场还大许多，其周长可达 1～2km，要建造这样一个装置，投资是很大的，但在近 30 年内，在世界上已纷纷建起七八十台，加上在建造及计划中的有近百台。这些同步辐射装置主要集中在四个地区：欧洲、美国、日本、俄罗斯及乌克兰地区，但近 10 年来，发展中国家也纷纷涉足此领域，除中国外，韩国、印度、巴西、泰国、新加坡等也均有了同步辐射装置。关于世界各地同步辐射装置的状况的详细信息可以从下列两个网站 http：//srs. dl. ac. uk/SR-WORLD/index. html 和 http：//www-ssrl-slac. stanford. edu/sr-sources. html 得到。

我国的同步辐射事业是从 20 世纪 70 年代末中国科技大学提出并在 1983 年获国家批准建设一台 800MeV 的低能第二代同步辐射源开始的。此装置电子能量低，不能产生硬 X 射线，是一个真空紫外软 X 射线环。该装置于 90 年代初建成，1992 年开始提供给用户使用，称为国家同步辐射实验室（National Synchrotron Radiation Laboratory，缩写为 NSRL）。当时建有光电子能谱、光化学、光刻、软 X 射线显微和真空紫外时间分辨光谱五个实验站。在 1999 年成功安装运转了一台 6T 的扭摆器，可以发生最短到 1Å 的硬 X 射线。建成了 X 射线吸收光谱站。1998 年起开展了二期工程，新建八条光束线和实验站，其中包括 2 个硬 X 射线实验站，建成后大大提高了该装置的实验能力。

1984 年，在建的北京正负电子对撞机（Beijing Electron Positron Collider，缩写为 BEPC）工程决定一机两用，同时开展同步辐射的应用，称北京同步辐射装置（Beijing Synchrotron Radiation Facility，缩写为 BSRF），是第一代的同步辐射装置，也在 20 世纪 90 年代初建成，开放给用户使用。由于它是电子能量为 2.2GeV 的中能环，能产生硬 X 射线，建设了一些使用硬 X 射线的实验站，如 X 射线吸收光谱、荧光光谱、衍射、白光形貌与相衬成像、小角散射、漫散射站等，也有光电子能谱、光刻、软 X 射线谱等站，经多年发展还有高压站、计量标准站等。它虽说是第一代光源，但至今未能正常实现高能物理实验和同步辐射实验同时进行的愿望，而是两者分时轮流实验。目前也在进行二期工程，生物大分子站、新的高压站和新的 X 射线吸收光谱站等均已经建成，现有 13 个实验站。由于该设备主要用于高能物理实验，不能按同步辐射的要求进行运转，且实验机时受到很大限制，一年只有 3 个月，故远不能满足用户的需要。

鉴于两个装置都存在某方面缺陷而不能满足日益增长的用户要求，在中国科学院和上海市政府的大力支持下，上海市建成了一个强大的第三代同步辐射装置——上海光源（Shanghai Synchrotron Radiation Facility，简称 SSRF）。该项目在 2004 年动工，2008 年 4 月开始试运行。上海光源属于中能第三代同步辐射光源，其电子束能量为 3.5GeV，仅次于日本的 SPring-8（8GeV）、美国的 APS（7GeV）和欧盟的 ESRF（6GeV），居世界第四。

上海光源拥有一台 100MeV 的电子直线加速器、一台能在 0.5s 内把电子束从 100MeV 加速到 3.5GeV 全能量的增强器和一台 3.5GeV 的高性能电子储存环，以及首批建成的 7+1 条光束线站。上海光源储存环平均流强 300mA，最小发射度 4nm 弧度，束流寿命大于 10h。配以先进的插入件后，可在用户需求最集中的光子能区（0.1～40keV）产生高通量、高耀度的同步辐射光，光子亮度大于 10^{19}。上海光源是世界上同能区的同步辐射中性能指标最先进的第三代同步辐射光源之一，性能被优化在用途最广泛的 X 射线能区，科学寿命大于 30 年，并可开展自由电子激光等下一代光源的研究，极大地促进了我国科学技术的发展和综合国力的提高。

16.2 X 射线吸收精细结构

同步辐射光源除了可以进行 X 射线衍射、散射、荧光实验以外，还发展出了许多特殊的 X 射线实验技术。在众多的同步辐射技术中，X 射线吸收精细结构（X-ray Absorption Fine Structure，XAFS）技术的应用是其中比较普遍的一种。

16.2.1 XAFS 基本原理

早在 1931 年就观察到了 XAFS 现象，然而直到 19 世纪 70 年代初，它的理论工作才有了较为完善的发展。同步辐射光源的出现，为它的精确测定提供了条件。利用光电子波的发射与它受周围原子的背散射可以解释 XAFS 现象。以 K 吸收为例，当能量为 E 的 X 射线被某原子的 K 层电子吸收时，会发出能量为 $E-E_0$ 的光电子，E_0 为 K 层电子的激发能。于是，光电子由原子中心向外发射球面波，如图 16.2(a) 所示。

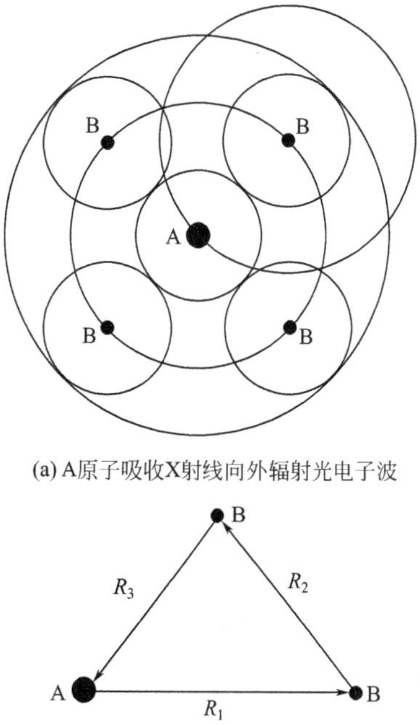

(a) A原子吸收X射线向外辐射光电子波

(b) A原子辐射的光电子被两个近邻B原子背散射的多重散射

■ 图 16.2 XAFS 产生原理示意图

按德布罗意公式，其波长为

$$\lambda=\frac{h}{p} \tag{16.1}$$

波矢为

$$k=\frac{2\pi}{\lambda} \tag{16.2}$$

式中，h 为普朗克常数；p 为动量。而电子的动能可以写成

$$\frac{1}{2}mv^2=\frac{p^2}{2m}=E-E_0=\frac{\hbar^2k^2}{2m} \tag{16.3}$$

式中 $\hbar=h/2\pi$。于是，可以得到波矢 k 与 X 射线能量 E 之间的关系

$$k=\sqrt{\frac{2m}{\hbar^2}(E-E_0)} \tag{16.4}$$

如果原子是孤立的，则光电子波将一直向外传播，不会受到任何阻碍，从而在吸收曲线中没有精细结构出现，只是平滑的曲线。而当中心原子周围有其他近邻原子时，则由该原子发射的光电子波会受到周围原子的背散射，如图 16.2(b) 所示。吸收原子的所有近邻原子都有背散射波产生。发射波与背散射波相互作用，会在中心原子处产生相长或相消干涉。波的干涉结果影响着 K 电子的跃迁概率，从而影响了原子的吸收系数，产生了吸收曲线的振荡。因此，XAFS 谱反映着材料中近邻原子的种类、数量和间距。于是，可以利用 XAFS 谱研究材料中的近程有序状态。用这种方法既可以研究晶态物质，也可以研究非晶态物质或大分子。

在单散射的条件下，XAFS 信号与原子近程有序的通用表达式为

$$\chi(k)=\sum_j N_j S_i(k) F_j(k) \mathrm{e}^{-2\sigma_j^2 k^2} \mathrm{e}^{-2r_j/\lambda_j} \frac{\sin[2kr_j+\delta_{ij}(k)]}{kr_j^2} \tag{16.5}$$

式中 k——波矢；

i——中心原子；

j——近邻原子；

r_j——第 j 层原子配位层的平均半径；

N_j——第 j 层原子的配位数；

$\mathrm{e}^{-2\sigma_j^2k^2}$——德拜-瓦洛因子，$\sigma_j$ 为中心原子与散射原子之间的相对位移的均方根；

$\mathrm{e}^{-2r_j/\lambda_j}$——非弹性散射引起的衰减；

$S_i(k)$——中心原子处的多体效应引起的振幅衰减；

$F_i(k)$——r_j 配位层内第 j 个原子背散射波的振幅；

$\delta_{ij}(k)$——光电子的总相移。

从式(16.5) 可以明显地看出，XAFS 谱由背散射波的振幅 $N_jF_j(k)$ 决定，由衰减因子 $S_i(k)$、$\mathrm{e}^{-2\sigma_j^2k^2}$ 和 $\mathrm{e}^{-2r_j/\lambda_j}$ 修正，与配位层距离 $1/kr_j^2$ 有关，正弦振荡是原子间距 $2kr_j$ 和相移 $\delta_{ij}(k)$ 的函数。如果实验测得了 XAFS 谱，便可以设法从式(16.5) 中求出 r_j、N_j、σ_j 和 λ_j。

XAFS 技术在元素分辨、对中心吸收原子的局域结构（特别是在几埃的范围内）和化学环境敏感等方面具有极为明显的优势，XAFS 被认为是一种强有力的局域结构的探测手段。XAFS 能在原子尺度定量给出特定原子周围的结构信息，包括近邻原子的种类及其与中心原子的距离、配位数、键长涨落（无序度）等。XAFS 通常被分成两个部分：X 射线吸收近边结构谱（XANES）和扩展 X 射线吸收精细结构谱（EXAFS）。XANES 是指吸收边附近 30～50eV 范围内的精细结构，而 EXAFS 是指吸收边后直到 1keV 甚至更高能量范围内的振荡结构。

XAFS 的实验测定，就是测定不同 X 射线光子能量时的试样吸收系数 μ。根据式 (2.17) 有

$$\ln\frac{I}{I_0}=-\mu t \tag{16.6}$$

式中，t 为试样的厚度。上式表明，测 XAFS 谱就是设法准确地测量 X 射线的原始强度 I_0 和通过试样后的强度 I。试样厚度以使在吸收限高能侧有 $\mu t=2$ 为宜。测量 I_0 与 I 值时，

一般采用定数法，计数要求在 10^6/s 以上。因此要求高强度、高稳定性的 X 射线源。目前在透射法获得 XAFS 谱的实验中基本上是利用同步辐射作为 X 射线光源。图 16.3 为用同步辐射作 X 射线源时的实验布局示意图。装置中有两个相互平行的单晶片（双晶单色器），以获得单色线。单色光路中的两个电离室分别用以探测 I_0 与 I，试样在两个电离室之间。转动单色器的步进电机由计算机控制。

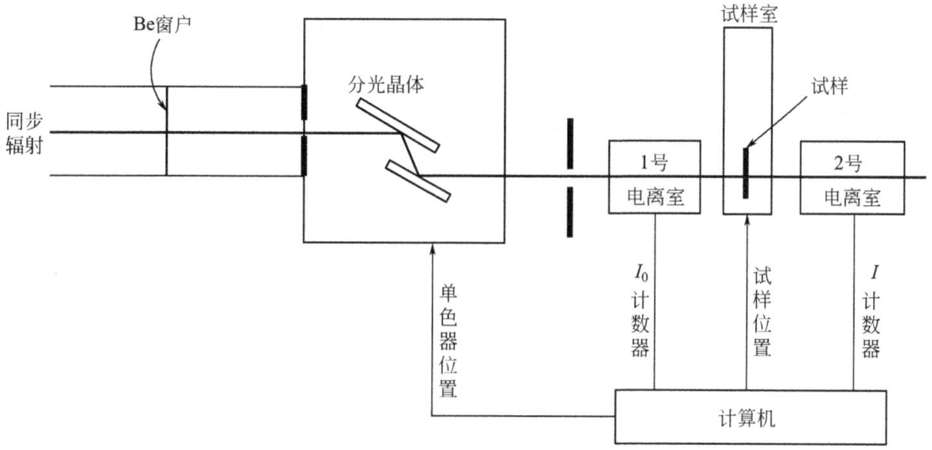

■ 图 16.3 用同步辐射光源测 XAFS 谱

16.2.2 近边谱（XANES）

在多重散射近似理论下，近边谱（XANES）的解释是按照空间内有限尺度的原子簇的光电子多重散射共振，也就是说，光电子的终态不只受到近邻原子单散射过程的影响，同时应该考虑从近邻原子散射出来的电子波在与出射波发生干涉前被另一个近邻原子再次散射的过程。在实际获取高壳层数据时，需要考虑分属不同壳层的原子的多重散射过程。研究者曾把多重散射的贡献按其路径长度进行分类，由于只对从吸收系数经过傅里叶变换得到的径向分布函数这一结果感兴趣，可以只考虑某个径向距离上的数据是由多重散射效应形成而忽略掉其他作用。这种做法可以提高计算的效率和精确度，同时对分析原子间距及其他结构参数非常有利。例如，图 16.2(b) 所示的二重散射的有效路径长度为 $R_{\text{eff}}=(R_1+R_2+R_3)/2$。通常这种有效路径长度比较长，并且包含了连续的大角散射过程。多重散射在 k 空间表现为高频率振荡且趋于相消，只是因为在低 k 部分电子的自由程变得较长才会显得比较重要。

通过实验获得的 XANES 谱线通常与通过理论计算获得的谱线进行对比，以确定物质的近邻结构。用于 XANES 谱线计算的典型软件有 FEFF 等。FEFF 是一种根据式(16.5) 来实现从头计算的程序，该软件得名于理论中的有效振幅 f_{eff}，是一个精确的高阶 XAFS 多重散射计算通用公式。在 FEFF 的计算过程中，主要分为 4 个独立的部分。

① 散射势和相移　每种原子的势能通过相对论 Dirac-Fock 方法计算，散射原子势通过 Muffin-tin 近似来计算，对于激发态考虑 Hedin-Lundqvist 自由能。Muffn-tin 半径从计算得到的 Norman 半径自动确定，由此来决定相移。原子构型和电子-空穴寿命也被考虑进去，平均自由程通过平均间隙势的虚部来确定。计算自由原子势只需输入原子序数，为了做势能重叠积分，必须指明近邻原子的位置和种类。

② 寻找路径　这部分对给定的原子坐标排列给出随路径长度的增加的所有可能的多重散射路径，并且考虑路径的简并度。对于每个散射路径依据其幅度大小判定其重要性，振幅比低于预先设定阈值的路径将被舍弃。

③ 散射振幅和其他 XANES 参数计算　利用一定的散射矩阵方法对于每一个路径计算有效散射振幅、全散射相移和其他 XANES 参数。

④ XANES 谱计算　根据多条路径的 XANES 参数构造出 XANES 谱。

下面来看一个利用 XANES 谱确定物质近邻结构的实例。Co 掺杂 ZnO 是一种室温稀磁半导体材料，Co 是否掺杂进入 ZnO 晶格决定了该材料是否具有本征磁性。利用 X 射线衍射、透射电子显微镜和 X 射线光电子能谱通常能够确定掺杂 ZnO 薄膜中物相以及 Co 的价态，但是依然难以判断 Co 在 Co∶ZnO 薄膜中的局域结构，即 Co 究竟是掺杂到 ZnO 的晶格中还是以 Co 的某种化合物（如 CoO）的形态存在。而 XANES 是确定掺杂位置的很好的手段，它可以分辨出中心吸收原子的电子态和局域配位环境（包括原子种类、键角和键长）。在采用 XANES 这种手段时，因不同元素有不同吸收能，可用于元素标定。同时，根据 XANES 边前峰的数目、位置和强度，可以判定元素的价态。一般情况下，如果价态发生变化，边前吸收峰的能量位置会随之移动，这是由于价态的改变会影响内壳电子的束缚能。而对同一价态的化合物，若其配位环境不一样或者原子近邻结构不同，也会对边前峰的强度以及主要吸收边位置和形状有所影响。

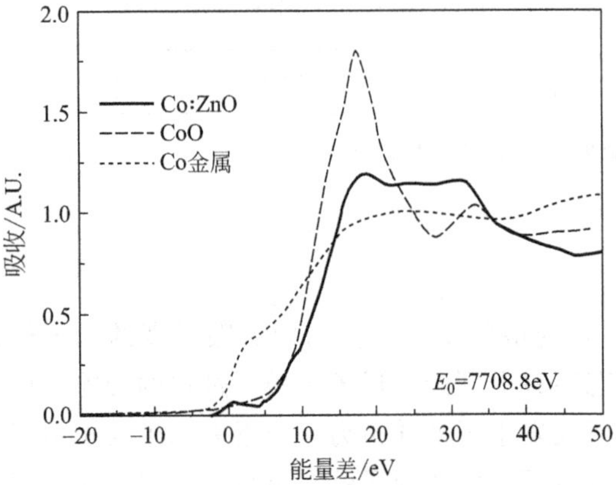

(a) Co:ZnO以及参考材料Co金属和CoO的CoK边XANES实验谱

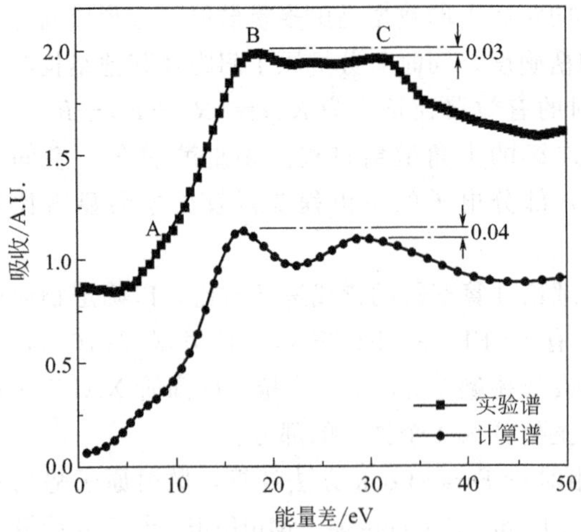

(b) 实验谱和用第一性原理多重散射获得的计算谱的比较

■图 16.4　Co 掺杂 ZnO 样品的 Co 的 K 边 XANES 谱

采用 XANES 对 Co 掺杂的 ZnO 中 Co 原子的局域结构进行研究，图 16.4(a) 是实验测得的 $Zn_{0.96}Co_{0.04}O$ 样品 Co 的 K 边 XANES 谱，图中还列出了 Co 金属和 CoO 的 XANES 谱以供比较，其中能量差是指 XANES 测量能量 E 与 Co 的 K 吸收边能量 E_0（7708.8eV）之间的差值。这里需要指出的是相对于 Co 的 L 边 XAS，Co K 边 XANES 谱对 Co^0 和 Co^{2+} 的区别能力更强。从图 16.4(a) 可以看出，对于 Co 金属的 XANES 谱，在 $E-E_0=3eV$ 处有一个小凸起，这是 Co 金属的特征，能有效测定 Co 金属的存在。与 Co 金属不同，Co∶ZnO 的 XANES 谱在能量差 $E-E_0=0eV$ 处出现边前峰，这个边前峰是由晶体场跃迁引起的。当 Co 与 O 配位和 Co 3d/O 2p 在导带处杂化时，就会使 1s→3d 的跃迁成为可能，引起边前峰。因此可以证明此 Co∶ZnO 样品中不存在 Co 金属。另一方面，从图 16.4

(a) 可以知道，Co∶ZnO 的 XANES 谱跟 CoO 的谱也有明显不同，说明 Co 不是以 CoO 的形式存在，而有可能进入 ZnO 的晶格。此外，Co∶ZnO 的 XANES 谱的主峰也比 CoO 的谱主峰宽，这与 Co 在 Co∶ZnO 薄膜中处在氧四配位的环境中有关。从而可以初步确定在 Co∶ZnO 薄膜中 Co 取代 Zn 的位置，表现为+2 价。

为了验证从 XANES 实验谱得出的定性分析结果，采用多重散射第一性原理对 Co∶ZnO 样品 Co 的 K 边 XANES 谱进行模拟计算。图 16.4(b) 是 Co 掺杂 ZnO 样品 Co 的 K 边 XANES 的实验谱和计算谱的比较。模拟计算时，所选取的球体半径为 8Å，Co 取代 Zn 而成为中心原子，在整个球体范围内包含 77 个原子。从图中可以看出，计算模拟得到的 XANES 谱线与实验测得曲线的特征峰都非常接近，如 A 处对应一个小的凸起，并且 B 处对应的主峰略高于 C 处的主峰，两峰的吸收值差异分别是 0.03 和 0.04，比较吻合。值得提出的是，由于计算软件的特点，计算谱通常比实验谱的特征峰明锐。结合前面的结果，可以证实 Co 进入到了 ZnO 的晶格取代 Zn 的位置，以+2 价存在，也说明 Co∶ZnO 薄膜是本征的稀磁材料。

XANES 对局域结构的信息非常敏感，比如 Co∶ZnO 薄膜中 Co—O 键长的变化。图 16.5 给出了不同基片上沉积的 Co∶ZnO 薄膜的 XANES 实验谱和计算谱。由图可见，不同的样品的 XANES 谱线表现出微小的差异，即 B 峰和 C 峰的高度略有差别。对不同的样品选用不一样的 Co—O 键长进行计算获得了非常吻合的 XANES 计算谱，如图 16.5(b) 所示。图中以能量为顺序分别标记为 A、B 和 C 三个峰，确定了 Co^{2+} 取代 Zn^{2+} 的位置。对于图中 128$LiNbO_3$ 基片上 Co 的 K 边 XANES 谱线的细节，Co 中心原子在四面体构型中，第一壳层由四个氧原子构成，其中一个氧原子的间距为 1.820Å，其他三个为 2.069Å，这引起了特征峰 B 和 C 的峰高差别为 0.04，与实验谱的 0.03 很接近。但是，对于 64 $LiNbO_3$ 基片上

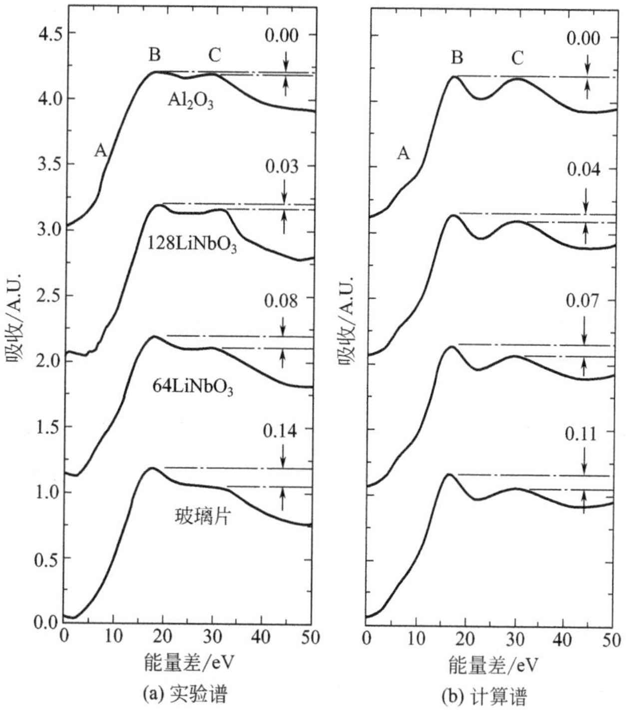

■ 图 16.5 Al_2O_3、128$LiNbO_3$、64$LiNbO_3$ 和玻璃基片上沉积的 $Zn_{0.96}Co_{0.04}O$ 的 Co 的 K 边 XANES 实验谱和第一性原理计算得到的相对应的谱线（E_0= 7708.8eV）

Co 的 K 边 XANES 谱线，Co 中心原子的第一壳层的其中一个氧原子的间距为 1.845Å，其他三个为 2.097Å，Co—O 键键长增加，这使得特征峰 B 和 C 的峰高差别增大，实验谱和计算谱分别为 0.08 和 0.07，二者非常吻合。同理，在 Al_2O_3（或玻璃）基片上的更短（或更长）的 Co—O 键长导致 B 和 C 之间没有差别，如图实验谱和计算谱都为 0.00（或具有更大的差异，如图实验谱和计算谱分别为 0.14 和 0.11）。由此可以看出 XANES 是表征材料局域结构的有力手段。

16.2.3 扩展谱（EXAFS）

由吸收边后到 1keV 甚至更高能量范围内的振荡结构称为扩展 X 射线吸收精细结构谱（EXAFS），简称扩展谱。仔细观察第 2 章中图 2.20 所示的吸收曲线，会发现在吸收限的高能侧，吸收系数并不是平滑地下降，而是沿 Victoreen 公式所示的曲线有上下振荡，振荡的幅度一般为吸收限高度的 1%～20%。图 16.6 是 Cu 的吸收系数与 X 射线光子能量的关系，以 K 吸收限的能量为零点。距离吸收限 40～1000eV 范围内吸收曲线的振荡即为 Cu 的 K 边扩展谱。定义

$$x(E)=\frac{\mu(E)-\mu_0(E)}{\mu_0(E)} \tag{16.7}$$

式中，$\mu_0(E)$ 为吸收系数的单调变化部分。

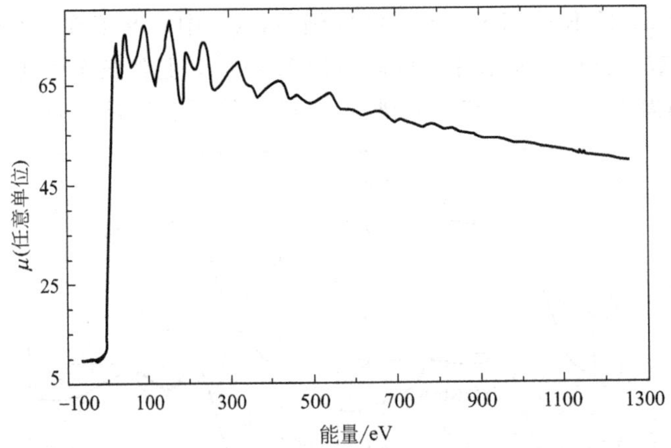

■ 图 16.6 Cu 的 K 层质量吸收系数与 X 射线能量的关系（以 K 吸收限为零点）

要从实验测得的 μ-E 曲线中获得 EXAFS 谱 $\chi(k)$-k，在用式(16.4) 将能量 E 空间转换为 k 空间后，要先除去低能侧的影响。方法是在低能侧取若干实验点，用 Victoreen 公式拟合，并延伸到高能侧，再在高能侧数据中将它们扣除。然后，用三次样条函数拟合高能侧曲线，以求得单调变化部分 $\mu_0(k)$。于是，可以利用下式

$$\chi(k)=\frac{\mu(k)-\mu_0(k)}{\mu_0(k)} \tag{16.8}$$

计算出 $\chi(k)$-k 曲线，即 EXAFS 谱。

图 16.7 是晶态 Ge 与非晶态 Ge 的 EXAFS 谱，图中是以光电子能量为横坐标。从图中看出，同种元素，结构不同时，其 EXAFS 谱的形貌相差甚大。

这里仅介绍用傅里叶变换获得结构信息的概貌。式(16.5) 可以写成各配位层的正弦波

的累加形式，即

$$\chi(k)=\sum_j A_j\sin(2\pi r_j+\delta_{ij}) \quad (16.9)$$

可近似认为相移 δ_{ij} 是波矢 k 的线性函数，可用下式表示

$$\delta_{ij}=2k\alpha_j+\beta_j \quad (16.10)$$

同时，实验也表明，只要给定的原子价数相同，不管它周围的环境如何，它对相移的贡献总是相同的。所以对于吸收原子与散射原子相同的材料，相移相同。因此在解未知结构的EXAFS谱时，总以价态相同的已知结构为标样，相互参照，求解未知结构。

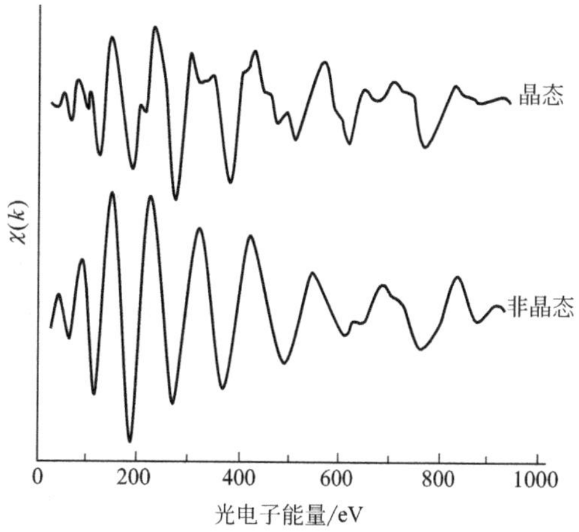

■ 图16.7　晶态Ge与非晶态Ge的EXAFS谱

因为对于式(16.5)来说，$kr_j\gg1$ 的条件越满足，它越正确。所以一般不是对函数 $\chi(k)$，而是对函数 $k^n\chi(k)$ 作傅里叶变换，以增加大 k 值时的权重。n 可取为1，2或3。有

$$\varphi(r)=\frac{1}{\sqrt{2\pi}}\int_{k_{\min}}^{k_{\max}}k^n\chi(k)\mathrm{e}^{-\mathrm{i}2kr}\mathrm{d}k \quad (16.11)$$

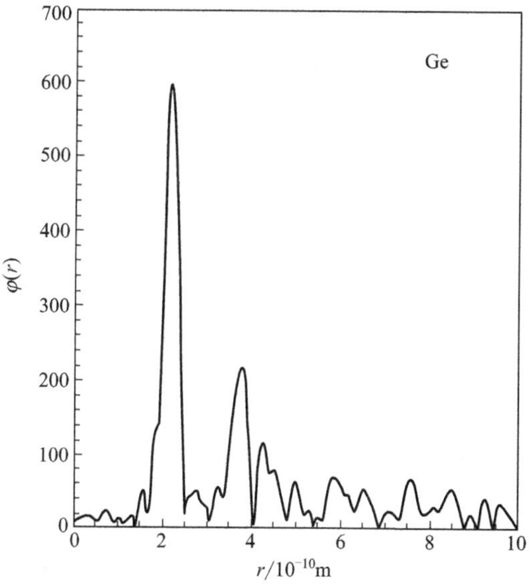

■ 图16.8　晶态Ge的径向结构函数

称 $\varphi(r)$ 为径向结构函数，记为RSF。$k_{\min}$ 一般取 $3\sim4\text{Å}^{-1}$，这是由推导式(16.5)时的假设所要求的，$k_{\max}$ 由实验条件而定。图16.8给出了晶态Ge的径向结构函数 $\varphi(r)$。径向结构函数具有明显分立的峰 $\varphi_j(r)$。

对式(16.11)进行反变换，有

$$k^n\chi_j(k)=\frac{1}{\sqrt{2\pi}}\int_{r_{\min}}^{r_{\max}}\varphi_j(r)\mathrm{e}^{\mathrm{i}2kr}\mathrm{d}k \quad (16.12)$$

从而得到

$$\chi_j(k)=A_j(k)\sin[2k(r_j+\alpha_j)+\beta_j] \quad (16.13)$$

式中，$2k(r_j+\alpha_j)+\beta_j$ 为幅角 φ_j，作 φ_j-k 的关系曲线。直线的斜率即为 $r_j+\alpha_j$。而 α_j 可从标样中求出，于是获得了待测试样的配位层间距 r_j。

比较式(16.5)与式(16.9)，可以得知

$$A_j(k)=\frac{N_j}{kr_j^2}S_i(k)F_j(k)\mathrm{e}^{-2\sigma_j^2k^2}\mathrm{e}^{-2r_j/\lambda_j(k)} \quad (16.14)$$

如果将标样表达式中的下角标改为"o"，而不标明它的配位层 j，于是对标样有

$$A_o(k)=\frac{N_o}{kr_o^2}S_{io}(k)F_o(k)\mathrm{e}^{-2\sigma_o^2k}\mathrm{e}^{-2r_o}\lambda_{o(k)} \quad (16.15)$$

由于两种试样中散射原子相同，所以 $F_j(k)=F_o(k)$，同时近似认为 $\lambda_o(k)=\lambda_j(k)$，

$S_i(k)=S_{io}(k)$，并设 $r_j-r_o \ll \lambda(k)$，从而有

$$\ln\frac{A_o(k)}{A_j(k)}=\ln\frac{N_o r_j^2}{N_j r_o^2}+2k^2(\sigma_j^2-\sigma_o^2) \tag{16.16}$$

因而 $\ln A_o(k)/A_j(k)$-k^2 关系图中直线的斜率就是 $2(\sigma_j^2-\sigma_o^2)$，截距为 $\ln N_o r_j^2/N_j r_o^2$。由于 N_o、r_o、σ_o 和 r_i 已知，所以可以求出 σ_j^2 与 N_j 值。也可以根据各种原子的 $f(k)$ 与 d 值不同，用尝试法判定不同原子壳层中的原子种类。

以上介绍的是用标样比较法求结构参数。常用的另一种方法是根据理论计算的背散射振幅及相移值，对实验得到的反变换后的 $\chi(k)$ 函数进行最小二乘拟合，求出 N_j、r_j、σ_j 等参数，这里不再加介绍。

同样以 Co∶ZnO 薄膜为例来看一下 EXAFS 对于局域结构的分析。图 16.9 给出了 Si 基片上面生长的 300nm 厚的 Co∶ZnO 薄膜的实验谱和计算谱。实验谱从合肥国家同步辐射实验室测得，计算谱在 FEFF8.2 平台上基于第一性原理完全多重散射计算得到。计算采用的是能量和位置相关的 Hedin-Lundqvist 势，所选取的球体半径为 6Å，在整个球体范围内中心原子周围包含 77 个原子，而 Co 原子则取代 Zn 原子成为中心原子。需要指出的是，增加球体半径并不会引起计算谱线形的明显改变。从图中可以看到，Co∶ZnO 薄膜的 EXAFS 实验谱在 1.5Å 和 2.8Å 处显示了两个强峰，分别对应着最近邻的 Co—O 键和次近邻的 Co—Zn 键。利用 FEFF 程序对 EXAFS 谱进行了 R 空间模拟得到的计算谱与实验谱吻合较好。计算谱很好地模拟了实验谱中的主要特征峰，根据模拟过程中所使用的参数可以得出，对于 Co∶ZnO 薄膜，中心 Co 原子周围的第一壳层包括四个 O 原子，其中一个 O 原子距离中心 Co 原子 (1.789±0.008)Å，而另外三个 O 原子距离中心 Co 原子 (2.064±0.009)Å。

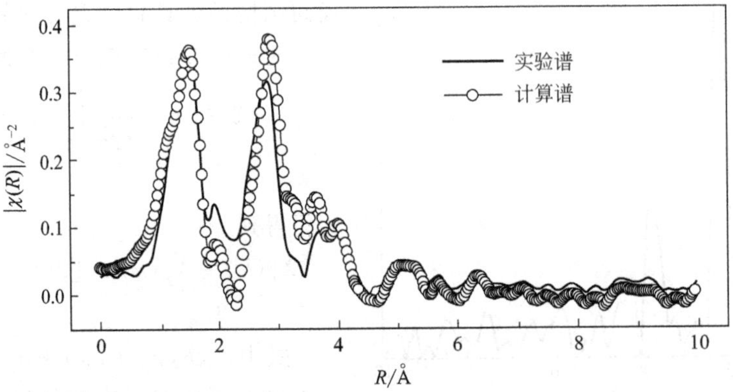

■ 图 16.9　Co∶ZnO 薄膜的 EXAFS 实验谱和计算谱

从上述例子可以看出，EXFAS 可以给出原子的近邻环境，包括与近邻原子的键的长短及其分布，说明 EXAFS 是一种分析材料结构的强大工具。目前 EXAFS 方法大量用于研究生物高分子、催化剂、非晶材料、表面等的局域原子环境。

思考与练习题

1. 请问同步辐射光源与普通 X 射线光源相比，具有哪些优势？

2. 请简述 X 射线吸收精细结构技术的基本原理。

参考文献

[1] 王英华 . X 光衍射技术基础 . 北京：原子能出版社，1993.

[2] 马礼敦 . 近代 X 射线多晶体衍射——实验技术与数据分析 . 北京：化学工业出版社，2004.

[3] 宋成 . 钴掺杂稀磁氧化物的局域结构与磁学性能 [博士学位论文]. 北京：清华大学，2008.

[4] Cullity B D. Elements of X-Ray Diffraction，Addison Wesley，1978.

[5] Azaroff L V. Elements of X-Ray Crystallography，McGraw-Hill，1968.

附　　录

1. 国际相对原子质量表

原子序数	元素名称	符号	英文名称	相对原子质量	原子序数	元素名称	符号	英文名称	相对原子质量
1	氢	H	Hydrogen	1.0080	50	锡	Sn	Tin	118.70
2	氦	He	Helium	4.003	51	锑	Sb	Antimony	121.76
3	锂	Li	Lithium	6.940	52	碲	Te	Tellurium	127.61
4	铍	Be	Berylium	9.013	53	碘	I	Iodine	126.91
5	硼	B	Boron	10.82	54	氙	Xe	Xenon	131.3
6	碳	C	Carbon	12.011	55	铯	Cs	Cesium	132.91
7	氮	N	Nitrogen	14.008	56	钡	Ba	Barium	137.36
8	氧	O	Oxygen	16	57	镧	La	Lanthanum	138.92
9	氟	F	Fluorine	19.00	58	铈	Ce	Cerium	140.13
10	氖	Ne	Neon	20.183	59	镨	Pr	Praseodymium	140.92
11	钠	Na	Sodium	22.991	60	钕	Nd	Neodymium	144.27
12	镁	Mg	Magnesium	24.32	61	钷	Pm	Promethium	[145]
13	铝	Al	Aluminum	26.98	62	钐	Sm	Samarium	150.43
14	硅	Si	Silicon	28.09	63	铕	Eu	Europium	152.0
15	磷	P	Phospnorus	30.975	64	钆	Gd	Gado1inium	156.9
16	硫	S	Sulfur	32.066	65	铽	Tb	Terbium	158.93
17	氯	Cl	Chlorine	35.457	66	镝	Dy	Dysprosium	162.46
18	氩	Ar	Argon	39.944	67	钬	Ho	Holmium	164.94
19	钾	K	Potassium	39.100	68	铒	Er	Erbium	167.2
20	钙	Ca	Calcium	40.08	69	铥	Tm	Thulium	168.94
21	钪	Sc	Scandium	44.96	70	镱	Yb	Ytterbium	173.04
22	钛	Ti	Titanium	47.90	71	镥	Lu	Lutetium	174.97
23	钒	V	Vanadium	50.95	72	铪	Hf	Hafnium	178.6
24	铬	Cr	Chromium	52.01	73	钽	Ta	Tantalum	180.95
25	锰	Mn	Manganese	54.94	74	钨	W	Tungsten	183.92
26	铁	Fe	Iron	55.85	75	铼	Re	Rhenium	186.31
27	钴	Co	Cobalt	58.94	76	锇	Os	Osmium	190.2
28	镍	Ni	Nickel	58.69	77	铱	Ir	Iridium	192.2
29	铜	Cu	Copper	63.54	78	铂	Pt	Platinum	195.23
30	锌	Zn	Zinc	65.38	79	金	Au	Gold	197.0
31	镓	Ga	Gallium	69.72	80	汞	Hg	Mercury	200.61
32	锗	Ge	Germanium	72.60	81	铊	Tl	Thallium	204.39
33	砷	As	Arsenic	74.91	82	铅	Pb	Lead	207.21
34	硒	Se	Seleniun	78.96	83	铋	Bi	Bisnuth	209.00
35	溴	Br	Bromine	79.916	84	钋	Po	Polonium	[210]
36	氪	Kr	Krypton	83.80	85	砹	At	Astatine	[210]
37	铷	Rb	Rubidium	85.48	86	氡	Rn	Radon	[222]
38	锶	Sr	Strontium	87.63	87	钫	Fr	Francium	[223]
39	钇	Y	Yttrium	88.92	88	镭	Ra	Radium	226.05
40	锆	Zr	Zircoiium	91.22	89	锕	Ac	Actinium	[227]
41	铌	Nb	Niobium	92.91	90	钍	Th	Thorium	232.05
42	钼	Mo	Molybdenum	95.95	91	镤	Pa	Protactinium	[231]
43	锝	Te	Technetium	[99]	92	铀	U	Uranium	238.07
44	钌	Ru	Ruthenium	101.1	93	镎	Np	Neptuniom	[237]
45	铑	Rh	Rhodium	102.91	94	钚	Pu	Plutonium	[242]
46	钯	Pd	Palladium	106.7	95	镅	Am	Americium	[243]
47	银	Ag	Silver	107.880	96	锔	Cm	Curium	[243]
48	镉	Cd	Cadmium	112.41	97	锫	Bk	Berkelium	[245]
49	铟	In	Indium	114.76	98	锎	Cf	Californium	[246]

注：带“ [] ”的表示无法测出该元素的相对原子质量准确值，其值为近似值。

2. 晶体结构资料

原子序数	元素及其变态	结构类型	点阵参数/×10^{-10}m		c 或晶轴夹角	原子间最近距离/×10^{-10}m
			a	b		
1	H,仲氢	六方	3.76	—	6.13	
2	He	密堆六方,A_3(?)②	3.58	—	5.84	3.58
3	Li(体加工)	体心立方,A_2	3.5089	—	—	3.039
		面心立方,A_1	4.40	—	—	3.11
		密堆六方,A_3(?)	3.08	—	4.82	3.08
4	Be,α①	密堆六方,A_3	2.2854	—	3.5841	2.225
	β(可疑)	六方	7.1	—	10.8	
5	B	菱方	9.45	—	23.8	
6	C,金刚石①	金刚石立方,A_4	3.568	—	—	1.544
	石墨 α①	六方,A_9	2.4614	—	6.7014	1.42
	石墨,β	菱方,D_{3a}^5	2.461	—	10.64	
7	N,α	立方	5.67	—	—	1.061
	β	六方	4.04	—	6.60	
8	O,α	斜方	5.51	3.83	3.45	
	β	菱方	6.20	—	99.1°	
	γ	立方	6.84	—	—	
10	Ne	面心立方,A_1	4.51	—	—	3.21
11	Na	体心立方,A_2	4.2906	—	—	3.715
12	Mg	密堆六方,A_3	3.2092	—	5.2103	3.196
13	Al	面心立方,A_1	4.0490	—	—	2.862
14	Si	金刚石立方,A_4	5.4282	—	—	2.351
15	P,黄磷	立方	7.18	—	—	
	赤磷	斜方,A_{16}	3.32	4.39	10.52	2.17
16	S,α 黄色	斜方,A_{17}	10.50	12.94	24.60	2.12
	β	单斜	10.92	11.04	{β=83°16′ 10.98	
17	Cl,α	正方	8.58	—	6.13	188
18	Ar	面心立方,A_1	5.43	—	—	3.84
19	K	体心立方,A_2	5.344	—	—	4.627
20	Ca,α	面心立方,A_1	5.57	—	—	3.94
	β(300～450℃)					
	γ(450℃)	密堆立方,A_3	3.99	—	6.53	3.95
21	Se,α①	面心立方,A_1	4.541	—	—	3.2110
	β	密堆立方,A_3	3.31	—	5.24	3.24
22	Ti,α①	密堆六方,A_3	2.9504	—	4.6833	2.89
	β	体心立方,A_2	3.33	—	—	2.89

续表

原子序数	元素及其变态	结构类型	点阵参数/×10^{-10}m		c 或晶轴夹角	原子间最近距离/×10^{-10}m
			a	b		
23	V	体心立方,A_2	3.039	—	—	2.632
24	Cr	体心立方,A_2	2.8845	—	—	2.498
	(37℃时转变)	体心立方,A_2	2.8851	—	—	
25	Mn,α①	立方,A_{12}	8.912	—	—	2.24
	β(727～1095℃)	立方,A_{13}	6.313	—	—	2.373
	γ(1095～1133℃)	面心正方,A_6	3.782	—	3.533	2.587
	δ(>1133℃)					
26	Fe,α①	体心立方,A_2	2.8664	—	—	2.481
	γ(外推的)	面心立方,A_1	3.571	—	—	2.525
	γ(908～1403℃)	面心立方,A_1	3.656	—	—	2.585
27	δ(>1403℃)	体心立方,A_2	2.94	—	—	2.54
	Co,α①	密堆六方,A_3	2.507	—	4.069	2.506
	β	面心立方,A_1	3.552	—	—	2.511
28	Ni①	面心立方,A_1	3.5238	—	—	2.491
	(含有 H_2 或 N_2 时,不稳定)	密堆六方,A_3	2.66	—	4.32	
	(不稳定)	正方,D_{4h}^{17}	4.00	—	3.77	
29	Cu	面心立方,A_1	3.6153	—	—	2.556
30	Zn	密堆六方,A_3	2.664	—	4.945	2.664
31	Ga	一个面心斜方,A_{11}	3.526	4.520	7.660	2.442
32	Ge	金刚石立方,A_4	5.658	—	—	2.450
33	As	斜方,A_7	4.159	—	53°49′	2.51
34	Se①(灰色,稳定,金属)	密堆六方,A_8	4.3640		4.9594	2.32
	α(红色介稳)	单斜,$P_{21/n}$	9.05	9.07	β=90°46′ 11.61	
	β(红色介稳)	单斜,C_{2h}^5 或 C_{2h}^4 或 C_5^2	12.76	8.06	β=93°4′ 9.27	2.34
35	Br	斜方	4.49	6.68	8.74	2.27
36	Kr	面心立方,A_1	5.69	—	—	4.03
37	Rb	体心立方,A_2	5.63	—	—	4.88
38	Sr	面心立方,A_1	6.087	—	—	4.31
39	Y	密堆六方,A_3	3.670	—	5.826	3.60
40	Zr,α①	密堆六方,A_3	3.230	—	5.133	3.17
	β	体心立方,A_2	3.62	—	—	3.13
41	Nb	体心立方,A_2	3.3007	—	—	2.859
42	Mo	体心立方,A_2	3.1466	—	—	2.725
44	Ru,α①	密堆六方,A_3	2.7038	—	4.2816	2.649
45	Rh,β①	面心立方,A_1	3.8034	—	—	2.689
	α(电解)	立方	9.230	—	—	

续表

原子序数	元素及其变态	结构类型	点阵参数/×10^{-10}m		c 或晶轴夹角	原子间最近距离/×10^{-10}m
			a	b		
46	Pd	面心立方,A_1	3.8902	—	—	2.750
47	Ag	面心立方,A_1	4.0856	—	—	2.888
48	Cd	密堆六方,A_3	2.9789	—	5.617	2.979
49	In	面心立方,A_6	4.594	—	4.951	3.25
50	Sn,α(灰锡)	金刚石立方,A_4	6.47	—	—	2.81
	β(白锡)	正方,A_5	5.8311	—	3.1817	3.022
51	Sb	菱方,A_7	4.5064	—	57°6.5′	2.903
52	Te	六方,A_8	3.4559	—	5.9268	2.87
53	I	斜方	4.787	7.266	9.793	2.91
54	Xe	面心立方,A_1	6.25	—	—	4.42
55	Cs	体心立方,A_2	6.06	—	—	5.24
56	Ba	体心立方,A_2	5.025	—	—	4.35
57	La,α①	密堆六方,A_3	3.762	—	6.075	3.74
	β	面心立方,A_1	5.307	—	—	3.762
58	Ce①	面心立方,A_1	5.140	—	—	3.64
		面心立方,A_1	4.82	—	—	3.40
59	在 15000atm 下	面心立方,A_1	4.84	—	—	3.42
	Pr,α①	密堆六方,A_3(?)	3.669	—	5.920	3.640
	β	面心立方,A_1	5.161	—	—	3.649
60	Nd,α①	密堆六方,A_3	3.657	—	—	5.902
62	Sm	面心正方,(?)		—		
63	Eu	体心立方,A_2	4.582	—	—	2.96
64	Gd	密堆六方,A_3	3.629	—	5.759	3.561
65	Tb	密堆六方,A_3	3.592	—	5.675	3.515
66	Dy	密堆六方,A_3	3.585	—	5.659	3.506
67	Ho	密堆六方,A_3	3.564	—	5.631	3.487
68	Er	密堆六方,A_3	3.539	—	5.601	3.466
69	Tm	密堆六方,A_3	3.530	—	5.575	3.453
70	Yb	面心立方,A_1	5.488	—	—	3.874
71	Lu	密堆六方,A_3	3.516	—	5.570	3.446
72	Hf	密堆六方,A_3	3.206	—	5.087	3.15
73	Ta	体心立方,A_2	3.3026	—	—	2.860
74	W,α①	体心立方,A_2	3.1648	—	—	2.739
	β(不稳定)	立方,A_{15}	5.049	—	—	2.524
75	Re	密堆六方,A_3	2.7609	—	4.4583	2.740
76	Os	密堆六方,A_3	2.7333	—	4.3191	2.675

续表

原子序数	元素及其变态	结构类型	点阵参数/×10^{-10}m		c 或晶轴夹角	原子间最近距离/×10^{-10}m
			a	b		
77	Ir	面心立方,A_1	3.8389	—	—	2.714
78	Pt	面心立方,A_1	3.9237	—	—	2.775
79	Au	面心立方,A_1	4.0783	—	—	2.884
80	Hg	菱方,A_{11}	2.006	—	70°31.7′	3.006
81	Tl,α①	密堆六方,A_3	3.4564	—	5.531	3.407
81	β	体心立方,A_2	3.882	—	—	3.362
82	Pb	面心立方,A_1	4.9495	—	—	3.499
83	Bi	菱方,A_7	4.7356	—	57°14.2′	3.111
84	Po,α	简单立方	3.345	—	—	3.34
	β(>75℃)	简单菱方	3.359	—	98°13′	4.40
90	Th	面心立方,A_1	5.088	—	—	3.60
92	U,α①(<665℃)	斜方,A_{20}	2.858	5.877	4.955	2.77
	β(665～775℃)	低对称性				
	γ(775～1130°)	体心立方,A_2	3.49	—	—	3.02

① 在所存在（或推想会存在）的数种形态中的寻常形态。

② 表中（?）表示不稳定。

注：本附录中的符号 A_1，B_1…为结构报告（Strukturbericht）中用来标明某种共同结构类型的符号。

3. 某些化合物和固溶体的晶体结构

物　质	结构类型	点阵参数/×10^{-10}m	解理面的面间距/×10^{-10}m
NaCl KCl AgBr	面心立体,B_1 面心立体,B_1 面心立体,B_1	a=5.639 a=6.290 a=5.77	2.820
CaP_2(萤石)	面心立体,C_1	a=5.46	
$CaCO_3$(方解石)	菱方,G_1	a=6.37 a=46.1°	3.036
SiO_2(α-石英)	六方,C_8	a=4.90 c=5.39	
$H_2KAl_2(SiO_4)_3$ (云母、白云母)	单　斜	a=5.18 b=8.96 c=20.15 β=98.6°	10.08
Fe_3C(渗碳体)	斜方	a=4.525 b=5.088 c=6.740	
奥氏体	面心立方,A_1	a=3.555+0.044x (x=碳的质量分数)	
马氏体	体心正方	a=2.867−0.13x c=2.867+0.116x (x=碳的质量分数)	

4. 某些元素的特征谱与吸收限波长

单位：10^{-10} m

元素	Z	K_{α}	K_{α_2}	K_{α_1}	K_{β_1}	K 吸收限	L_{α_1}	L_{III} 吸收限
		(加权平均值)①	强	很强	弱		很强	
Na	11		11.909	11.909	11.617			
Mg	12		9.8889	9.8889	9.558	9.5117		
Al	13		8.33916	8.33669	7.981	7.9511		
Si	14		7.12773	7.12528	6.7681	6.7446		
P	15		6.1549	6.1549	5.8038	5.7866		
S	16		5.37471	5.37196	5.03169	5.0182		
Cl	17		4.73050	4.72760	4.4031	4.3969		
Ar	18		4.19456	4.19162	—	3.8707		
K	19		3.74462	3.74122	3.4538	3.43645		
Ca	20		3.36159	3.35825	3.0896	3.07016		
Sc	21		3.03452	3.03114	2.7795	2.7573		
Ti	22		2.75207	2.74841	2.51381	2.49730		
V	23		2.50729	2.50348	2.28434	2.26902		
Cr	24	2.29092	2.29351	2.28962	2.08480	2.07012		
Mn	25		2.10568	2.10175	1.91015	1.89363		
Fe	26	1.93728	1.93991	1.93597	1.75653	1.74334		
Co	27	1.79021	1.79278	1.78892	1.62075	1.60811		
Ni	28		1.66169	1.65784	1.50010	1.48802		
Cu	29	1.54178	1.54433	1.54051	1.39217	1.38043	13.357	13.2887
Zn	30		1.43894	1.43511	1.29522	1.28329	12.282	12.1309
Ga	31		1.34394	1.34003	1.20784	1.19567	11.313	
Ge	32		1.25797	1.25401	1.12889	1.11652	10.456	
As	33		1.17981	1.17581	1.05726	1.04497	9.671	9.3671
Se	34		1.10875	1.10471	0.99212	0.97977	8.990	8.6456
Br	35		1.04376	1.03969	0.93273	0.91994	8.375	
Kr	36		0.9841	0.9801	0.87845	0.86546		
Rb	37		0.92963	0.92551	0.82863	0.81549	7.3181	6.8633
Sr	38		0.87938	0.875214	0.78288	0.76969	6.8625	6.3868
Y	39		0.83300	0.82879	0.74068	0.72762	6.4485	5.9618
Zr	40		0.79010	0.78588	0.701695	0.68877	6.0702	5.5829
Nb	41		0.75040	0.74615	0.66572	0.65291	5.7240	5.2226
Mo	42	0.71069	0.713543	0.70926	0.632253	0.61977	5.40625	4.9125
Tc	43		0.676	0.673	0.602			
Ru	44		0.64736	0.64304	0.57246	0.56047	4.84552	4.3689
Rh	45		0.617610	0.613245	0.54559	0.53378	4.59727	4.1296
Pd	46		0.589801	0.585415	0.52052	0.50915	4.36760	3.9081
Ag	47		0.563775	0.559363	0.49701	0.48582	4.15412	3.6983
Cd	48		0.53941	0.53498	0.475078	0.46409	3.95628	3.5038
In	49		0.51652	0.51209	0.454514	0.44387	3.77191	3.3244
Sn	50		0.49502	0.49056	0.435216	0.42468	3.59987	3.1559
Sb	51		0.47479	0.470322	0.417060	0.40663	3.43915	2.9999
Te	52		0.455751	0.451263	0.399972	0.38972	3.28909	2.8554

续表

元素	Z	K_α (加权平均值)①	K_{α_2} 强	K_{α_1} 很强	K_{β_1} 弱	K 吸收限	L_{α_1} 很强	$L_{Ⅲ}$ 吸收限
I	53		0.437805	0.433293	0.383884	0.37379	3.14849	2.7194
Xe	54		0.42043	0.41596	0.36846	0.35849	—	2.5924
Cs	55		0.404812	0.400268	0.354347	0.34473	2.8920	2.4739
Ba	56		0.389646	0.385089	0.340789	0.33137	2.7752	2.3628
La	57		0.375279	0.370709	0.327959	0.31842	2.6652	2.2583
Ce	58		0.361665	0.357075	0.315792	0.30647	2.5612	2.1639
Pr	59		0.348728	0.344122	0.304238	0.29516	2.4627	2.0770
Nd	60		0.356487	0.331822	0.293274	0.28451	2.3701	1.9947
Pm	61		0.3249	0.3207	0.28209	—	2.2827	
Sm	62		0.31365	0.30895	0.27305	0.26462	2.1994	1.8445
Eu	63		0.30326	0.29850	0.26360	0.25551	2.1206	1.7753
Gd	64		0.29320	0.28840	0.25445	0.24680	2.0460	1.7094
Tb	65		0.28343	0.27876	0.24601	0.23840	1.9755	1.6486
Dy	66		0.27430	0.26957	0.23758	0.23046	1.90875	1.579
Ho	67		0.26552	0.26083	—	0.22290	1.8447	1.5353
Er	68		0.25716	0.25248	0.22260	0.21565	1.78428	1.48218
Tm	69		0.24911	0.24436	0.21530	0.2089	1.7263	1.4328
Yb	70		0.24147	0.23676	0.20876	0.20223	1.6717	1.38608
Lu	71		0.23405	0.22928	0.20212	0.19583	1.61943	1.34135
Hf	72		0.22699	0.22218	0.19554	0.18981	1.56955	1.29712
Ta	73		0.220290	0.215484	0.190076	0.18393	1.52187	1.25511
W	74		0.213813	0.208992	0.184363	0.17837	1.47638	1.21546
Re	75		0.207598	0.202778	0.178870	0.17311	1.43286	1.17700
Os	76		0.201626	0.196783	0.173607	0.16780	1.39113	1.14043
Ir	77		0.195889	0.191033	0.168533	0.16286	1.35130	1.10565
Pt	78		0.190372	0.185504	0.163664	0.15816	1.31298	1.07239
Au	79		0.185064	0.180185	0.158971	0.15344	1.27639	1.03994
Hg	80		—	—	—	0.14923	1.24114	1.00898
Tl	81		0.175028	0.170131	0.150133	0.14470	1.20735	0.97930
Pb	82		0.170285	0.165364	0.145980	0.14077	1.17504	0.95029
Bi	83		0.165704	0.160777	0.141941	0.13706	1.14385	0.92336
Th	90		0.137820	0.132806	0.117389	0.11293	0.95598	0.76062
U	92		0.130962	0.125940	0.111386	0.1068	0.91053	0.72216

① 求平均值时，令 K_{α_1} 为 K_{α_2} 的权重的两倍。

5. 钨的特征 L 谱线

谱　线	相 对 强 度	波长/$\times 10^{-10}$m
$L_{\alpha 1}$	很强	1.47635
$L_{\alpha 2}$	弱	1.48742
$L_{\beta 1}$	强	1.28176
$L_{\beta 2}$	中	1.24458
$L_{\beta 3}$	弱	1.26285
$L_{\gamma 1}$	弱	1.09852

6. K_α 双线分离度（$\theta_{\alpha_2}-\theta_{\alpha_1}$）

θ/(°)	$\theta_{\alpha_2}-\theta_{\alpha_1}$				
	Cr-K_α	Fe-K_α	Co-K_α	Cu-K_α	Mo-K_α
0					
1	0.1′	0.1′	0.1′	0.2′	0.4′
2	0.2	0.3	0.3	0.3	0.7
3	0.3	0.4	0.4	0.5	1.1
4	0.4	0.5	0.5	0.6	1.5
5	0.5	0.6	0.7	0.8	1.0
6	0.6	0.8	0.8	0.9	2.2
7	0.6	0.9	0.9	1.1	2.6
8	0.7	1.0	1.0	1.2	3.0
9	0.8	1.2	1.2	1.4	3.4
10	0.9	1.3	1.4	1.6	3.7
11	1.0	1.4	1.5	1.7	4.1
12	1.1	1.6	1.7	1.9	4.5
13	1.2	1.7	1.8	2.0	4.9
14	1.3	1.8	1.9	2.2	5.3
15	1.4	2.0	2.0	2.4	5.7
16	1.5	2.1	2.2	2.5	6.1
17	1.6	2.3	2.4	2.7	6.5
18	1.7	2.4	2.5	2.8	6.9
19	1.8	2.5	2.6	3.0	7.3
20	1.9	2.7	2.8	3.2	7.7
21	2.0	2.8	3.0	3.4	8.2
22	2.1	3.0	3.1	3.6	8.6
23	2.2	3.1	3.2	3.7	9.0
24	2.3	3.3	3.4	3.9	9.5
25	2.4	3.4	3.6	4.1	9.9
26	2.5	3.6	3.8	4.3	10.4
27	2.7	3.8	4.0	4.5	10.9
28	2.8	3.9	4.1	4.7	11.3
29	2.9	4.1	4.3	4.9	11.8
30	3.0	4.3	4.5	5.1	12.3
31	3.1	4.4	4.6	5.3	12.8
32	3.3	4.6	4.8	5.5	13.3
33	3.4	4.8	5.0	5.7	13.9
34	3.5	5.0	5.2	6.0	14.4
35	3.7	5.2	5.4	6.2	14.9
36	3.8	5.4	5.6	6.4	15.5
37	3.9	5.6	5.8	6.6	16.0
38	4.0	5.8	6.0	6.9	16.6
39	4.2	6.0	6.2	7.1	17.3

续表

θ/(°)	$\theta_{\alpha_2}-\theta_{\alpha_1}$				
	Cr-K_α	Fe-K_α	Co-K_α	Cu-K_α	Mo-K_α
40	4.3	6.2	6.4	7.3	17.9
41	4.5	6.4	6.6	7.6	18.5
42	4.7	6.6	6.9	7.9	19.2
43	4.9	6.9	7.2	8.2	19.9
44	5.1	7.1	7.5	8.5	20.6
45	5.3	7.3	7.7	8.8	21.4
46	5.5	7.6	8.0	9.1	22.1
47	5.7	7.9	8.2	9.4	22.9
48	5.8	8.2	8.5	9.7	23.7
49	6.0	8.5	8.8	10.1	24.6
50	6.2	8.8	9.1	10.5	25.5
51	6.4	9.1	9.5	10.9	26.4
52	6.6	9.4	9.8	11.3	27.3
53	6.9	9.8	10.2	11.7	28.3
54	7.2	10.2	10.6	12.1	29.4
55	7.4	10.5	11.0	12.6	30.5
56	7.7	10.9	11.4	13.1	31.7
57	8.0	11.4	11.9	13.6	33.0
58	8.4	11.9	12.3	14.1	34.3
59	8.7	12.4	12.8	14.7	35.7
60	9.0	12.8	13.3	15.3	37.2
61	9.4	13.3	13.9	16.0	38.8
62	9.8	13.8	14.5	16.6	40.5
63	10.2	14.5	15.1	17.3	42.3
64	10.7	15.2	15.8	18.1	44.2
65	11.2	15.9	16.6	19.0	46.3
66	11.8	16.8	17.4	20.0	48.6
67	12.4	17.6	18.3	21.0	51.1
68	13.0	18.4	19.2	22.1	53.8
69	13.7	19.3	20.2	23.2	56.8
70	14.5	20.4	21.3	24.4	1°0.0′
71	15.3	21.6	22.5	25.8	1°3.6′
72	16.2	23.0	23.9	27.4	1°7.6′
73	17.2	24.5	25.4	29.2	1°12.1′
74	18.3	26.1	27.1	31.2	1°17.2′
75	19.5	27.9	29.1	33.4	1°23.0′
76	21.0	29.8	31.4	36.0	1°29.8′
77	22.7	32.0	34.0	39.0	1°38.0′
78	24.8	35.5	37.0	42.5	1°48.1′
79	27.4	38.2	40.7	46.7	2°0.6′

续表

θ/(°)	$\theta_{\alpha_2}-\theta_{\alpha_1}$				
	Cr-K_α	Fe-K_α	Co-K_α	Cu-K_α	Mo-K_α
80	30.4	42.7	45.3	51.9	2°16.2′
81	34.0	48.5	51.1	58.6	2°36.1′
82	38.4	55.9	58.6	1°7.2′	3°2.0′
83	44.3	1°5.3′	1°9′	1°19.0′	4°4.5′
84	53.0	1°18.0′	1°2′	1°36.0′	
85	1°7.0′	1°40.8′	1°54′	2°7.5′	

7. 质量吸收系数和密度

元素	原子序数	密度/(g/cm³)	质量吸收系数/(cm²/g)					
			Ag-K_α 0.5609 (10^{-10}m)	Mo-K_α 0.7107 (10^{-10}m)	Cu-K_α 1.5418 (10^{-10}m)	Co-K_α 1.7902 (10^{-10}m)	Fe-K_α 1.9373 (10^{-10}m)	Cr-K_α 2.2909 (10^{-10}m)
H	1		0.371	0.380	0.435	0.464	0.483	0.545
He	2	0.1664×10^{-3}	0.195	0.207	0.383	0.491	0.569	0.813
Li	3	0.53	0.187	0.217	0.716	1.03	1.25	1.96
Be	4	1.82	0.229	0.298	1.50	2.25	2.80	4.50
B	5	2.3	0.279	0.392	2.39	3.63	4.55	7.35
C	6	2.22(石墨)	0.400	0.625	4.60	7.07	8.90	14.5
N	7	1.1649×10^{-3}	0.544	0.916	7.52	11.6	14.6	23.9
O	8	1.3318×10^{-3}	0.740	1.31	11.6	17.8	22.4	36.6
F	9	1.696×10^{-3}	0.976	1.80	16.4	25.4	32.1	52.4
Ne	10	0.8387×10^{-3}	1.31	2.47	22.0	35.4	44.6	72.8
Na	11	0.97	1.67	3.21	30.1	46.5	58.6	95.3
Mg	12	1.74	2.12	4.11	38.6	59.5	74.8	121
Al	13	2.70	2.65	4.11	38.6	59.5	74.8	121
Si	14	2.33	3.28	6.44	60.6	93.3	117	189
P	15	1.82	4.01	7.89	74.1	114	142	229
S	16	2.07	4.84	9.55	89.1	136	170	272
Cl	17	3.214×10^{-3}	5.77	11.4	106	161	200	318
Ar	18	1.6626×10^{-3}	6.81	13.5	123	187	232	366
K	19	0.86	8.00	15.8	143	215	266	417
Ca	20	1.55	9.28	18.3	162	243	299	463
Sc	21	2.5	10.7	21.1	184	273	336	513
Ti	22	4.54	12.3	24.2	208	308	377	571
V	23	6.0	14.0	27.5	233	343	419	68.4
Cr	24	7.19	15.8	31.1	260	381	463	79.8
Mn	25	7.43	17.7	34.7	285	414	57.2	93.0
Fe	26	7.87	19.7	38.5	308	52.8	66.4	108
Co	27	8.9	21.8	42.5	313	61.1	76.8	125
Ni	28	8.90	24.1	46.6	45.7	70.5	88.6	144
Cu	29	8.96	26.4	50.9	52.9	81.6	103	166
Zn	30	7.13	28.8	55.4	60.3	93.0	117	189

续表

元素	原子序数	密度/(g/cm³)	质量吸收系数/(cm²/g)					
			Ag-K_α 0.5609 (10^{-10}m)	Mo-K_α 0.7107 (10^{-10}m)	Cu-K_α 1.5418 (10^{-10}m)	Co-K_α 1.7902 (10^{-10}m)	Fe-K_α 1.9373 (10^{-10}m)	Cr-K_α 2.2909 (10^{-10}m)
Ga	31	5.91	31.4	60.1	67.9	105	131	212
Ge	32	5.36	34.1	64.8	75.6	116	146	235
As	33	5.73	36.9	69.7	83.4	128	160	258
Se	34	4.81	39.8	74.7	91.4	140	175	281
Br	35	3.12	42.7	79.8	99.6	152	190	305
Kr	36	3.44×10^{-3}	45.8	84.9	108	165	206	327
Rb	37	1.53	48.9	90.0	177	117	221	351
Sr	38	2.6	52.1	95.0	125	190	236	373
Y	39	5.51	55.3	100	134	203	252	396
Zr	40	6.5	58.5	15.9	143	216	268	419
Nb	41	8.57	61.7	17.1	153	230	284	441
Mo	42	10.2	64.8	18.4	162	243	300	463
Tc	43	12.2	67.9	19.7	172	257	316	485
Ru	44	12.44	10.7	21.1	183	272	334	509
Rh	45		11.5	22.6	194	288	352	534
Pd	46	12.0	12.3	24.1	206	304	371	559
Ag	47	10.49	13.1	25.8	218	321	391	586
Cd	48	8.65	14.0	27.5	231	338	412	613
In	49	7.31	14.9	29.3	243	356	432	638
Sn	50	7.30	15.9	31.1	256	373	451	662
Sb	51	6.62	16.9	33.1	270	391	472	688
Te	52	6.24	17.9	35.0	282	407	490	707
I	53	4.93	19.0	37.1	294	422	506	722
Xe	54	5.495×10^{-3}	20.1	39.2	306	436	521	763
Cs	55	1.9	21.3	41.3	318	450	534	793
Ba	56	3.5	22.5	43.5	330	463	546	461
La	57		23.7	45.8	341	475	557	202
Ce	58	6.5	25.0	48.2	352	486	601	219
Pr	59		26.3	50.7	353	497	359	236
Nd	60		27.7	53.2	374	543	379	252
Pm	61		29.1	55.9	386	327	172	268
Sm	62		30.6	58.6	397	344	182	284
Eu	63		32.2	61.5	425	156	193	299
Gd	64		33.8	64.4	439	165	203	314
Tb	65		35.5	67.5	273	173	214	329
Dy	66		37.2	70.6	286	182	224	344
Ho	67		39.0	73.9	128	191	234	359
Er	68		40.8	77.3	134	199	245	373
Tm	69		42.8	80.8	140	208	255	387
Yb	70		44.8	84.5	146	217	265	401

续表

元素	原子序数	密度/(g/cm³)	质量吸收系数/(cm²/g)					
			$Ag-K_\alpha$ 0.5609 (10^{-10}m)	$Mo-K_\alpha$ 0.7107 (10^{-10}m)	$Cu-K_\alpha$ 1.5418 (10^{-10}m)	$Co-K_\alpha$ 1.7902 (10^{-10}m)	$Fe-K_\alpha$ 1.9373 (10^{-10}m)	$Cr-K_\alpha$ 2.2909 (10^{-10}m)
Lu	71		46.8	88.2	153	226	276	416
Hf	72		48.8	91.7	159	235	286	430
Ta	73	16.6	50.9	95.4	166	244	297	444
W	74	19.3	53.0	99.1	172	253	308	458
Re	75		55.2	103	179	262	319	473
Os	76	22.5	57.3	106	186	272	330	
Ir	77	22.5	59.4	110	193	282	341	502
Pt	78	21.4	61.4	113	200	291	353	517
Au	79	19.32	63.1	115	208	302	356	532
Hg	80	13.55	64.7	117	216	312	377	547
Tl	81	11.85	66.2	119	224	323	389	563
Pb	82	11.34	67.7	120	232	334	402	579
Bi	83	9.80	69.1	120	240	346	415	596

注：数字下的小横代表吸收限边缘处。

8. 原子散射因子 *f*

$\frac{\sin\theta}{\lambda}$ /×10^{-10}m	0.0	0.1	0.2	0.3	0.4	0.5	0.6	0.7	0.8	0.9	1.0	1.1	1.2
H	1	0.81	0.48	0.25	0.13	0.07	0.04	0.03	0.02	0.01	0.00	0.00	
He	2	1.88	1.46	1.05	0.75	0.52	0.35	0.24	0.18	0.14	0.11	0.09	
Li^+	2	1.96	1.8	1.5	1.3	1.0	0.8	0.6	0.5	0.4	0.3	0.3	
Li	3	2.2	1.8	1.5	1.3	1.0	0.8	0.6	0.5	0.4	0.3	0.3	
Be^{2+}	2	2.0	1.9	1.7	1.6	1.4	1.2	1.0	0.9	0.7	0.6	0.5	
Be	4	2.9	1.9	1.7	1.6	1.4	1.2	1.0	0.9	0.7	0.6	0.5	
B^{3+}	2	1.99	1.9	1.8	1.7	1.6	1.4	1.3	1.2	1.0	0.9	0.7	
B	5	3.5	2.4	1.9	1.7	1.5	1.4	1.2	1.2	1.0	0.9	0.7	
C	6	4.6	3.0	2.2	1.9	1.7	1.6	1.4	1.3	1.16	1.0	0.9	
N^{5+}	2	2.0	2.0	1.9	1.9	1.8	1.7	1.6	1.5	1.4	1.3	1.16	
N^{3+}	4	3.7	3.0	2.4	2.0	1.8	1.66	1.56	1.49	1.39	1.28	1.17	
N	7	5.8	4.2	3.0	2.3	1.9	1.65	1.54	1.49	1.39	1.29	1.17	
O	8	7.1	5.3	3.9	2.9	2.2	1.8	1.6	1.5	1.4	1.35	1.26	
O^{2-}	10	8.0	5.5	3.8	2.7	2.1	1.8	1.5	1.5	1.4	1.35	1.26	
F	9	7.8	6.2	4.45	3.35	2.65	2.15	1.9	1.7	1.6	1.5	1.35	
F^-	10	8.7	6.7	4.8	3.5	2.8	2.2	1.9	1.7	1.55	1.5	1.35	
Ne	10	9.3	7.5	5.8	4.4	3.4	2.65	2.2	1.9	1.65	1.55	1.5	
Na^+	10	9.5	8.2	6.7	5.25	4.05	3.2	2.65	2.25	1.95	1.75	1.6	
Na	11	9.65	8.2	6.7	5.25	4.05	3.2	2.65	2.25	1.95	1.75	1.6	
Mg^{2+}	10	9.75	8.6	7.25	5.95	4.8	3.85	3.15	2.55	2.2	2.0	1.8	

续表

$\frac{\sin\theta}{\lambda}$ /$\times10^{-10}$m	0.0	0.1	0.2	0.3	0.4	0.5	0.6	0.7	0.8	0.9	1.0	1.1	1.2
Mg	12	10.5	8.6	7.25	5.95	4.8	3.85	3.15	2.55	2.2	2.0	1.8	
Al^{3+}	10	9.7	8.9	7.8	6.65	5.5	4.45	3.65	3.1	2.65	2.3	2.0	
Al	13	11.0	8.95	7.75	6.6	5.5	4.5	3.7	3.1	2.65	2.3	2.0	
Si^{4+}	10	9.75	9.15	8.25	7.15	6.05	5.05	4.2	3.4	2.95	2.6	2.3	
Si	14	11.35	9.4	8.2	7.15	6.1	5.1	4.2	3.4	2.95	2.6	2.3	
P^{5+}	10	9.8	9.25	8.45	7.5	6.55	5.65	4.8	4.05	3.4	3.0	2.6	
P	15	12.4	10.0	8.45	7.45	6.5	5.65	4.8	4.05	3.4	3.0	2.6	
P^{3-}	18	12.7	9.8	8.4	7.45	6.5	5.65	4.85	4.05	3.4	3.0	2.6	
S^{6+}	10	9.85	9.4	8.7	7.85	6.85	6.05	5.25	4.5	3.9	3.35	2.9	
S	16	13.6	10.7	8.95	7.85	6.85	6.0	5.25	4.5	3.9	3.35	2.9	
S^{2-}	18	14.3	10.7	8.9	7.85	6.85	6.0	5.25	4.5	3.9	3.35	2.9	
Cl	17	14.6	11.3	9.25	8.05	7.25	6.5	5.75	5.05	4.4	3.85	3.35	
Cl^{-}	18	15.2	11.5	9.3	8.05	7.25	6.5	5.75	5.05	4.4	3.85	3.35	
Ar	18	15.9	12.6	10.4	8.7	7.8	7.0	6.2	5.4	4.7	4.1	3.6	
K^{+}	18	16.5	13.3	10.8	8.85	7.75	7.05	6.44	5.9	5.3	4.8	4.2	
K	19	16.5	13.3	10.8	9.2	7.9	6.7	5.9	5.2	4.6	4.2	3.7	3.8
Ca^{2+}	18	16.8	14.0	11.5	9.3	8.1	7.35	6.7	6.2	5.7	5.1	4.6	
Ca	20	17.5	14.1	11.4	9.7	8.4	7.3	6.3	5.6	4.9	4.5	4.0	3.6
Sc^{3+}	18	16.7	14.0	11.4	9.4	8.3	7.6	6.9	6.4	5.8	5.35	4.85	
Sc	21	18.4	14.9	12.1	10.3	8.9	7.7	6.7	5.9	5.3	4.7	4.3	3.9
Ti^{4+}	18	17.0	14.4	11.9	9.9	8.5	7.85	7.3	6.7	6.15	5.65	5.05	
Ti	22	19.3	15.7	12.8	10.9	9.5	8.2	7.2	6.3	5.6	5.0	4.6	4.2
V	23	20.2	16.6	13.5	11.5	10.1	8.7	7.6	6.1	5.8	5.3	4.9	4.4
Cr	24	21.1	17.4	14.2	12.1	10.6	9.2	8.0	7.1	6.3	5.7	5.1	4.6
Mn	25	22.1	18.2	14.9	12.7	11.1	9.7	8.4	7.5	6.6	6.0	5.4	4.9
Fe	26	23.1	18.9	15.6	13.3	11.6	10.2	8.9	7.9	7.0	6.3	5.7	5.2
Co	27	24.1	19.8	16.4	14.0	12.1	10.7	9.3	8.3	7.3	6.7	6.0	5.5
Ni	28	25.0	20.7	17.2	14.6	12.7	11.2	9.8	8.7	7.7	7.0	6.3	5.8
Cu	29	25.9	21.6	17.9	15.2	13.3	11.7	10.2	9.1	8.1	7.3	6.6	6.0
Zn	30	26.8	22.4	18.6	15.8	13.9	12.2	10.7	9.6	8.5	7.6	6.9	6.3
Ga	31	27.8	23.3	19.3	16.5	14.5	12.7	11.2	10.0	8.9	7.9	7.3	6.7
Ge	32	28.8	24.1	20.0	17.1	15.0	13.2	11.6	10.4	9.3	8.3	7.6	7.0
As	33	29.7	25.0	20.8	17.7	15.6	13.8	12.1	10.8	9.7	8.7	7.9	7.3
Se	34	30.6	25.8	21.5	18.3	16.1	14.3	12.6	11.2	10.0	9.0	8.2	7.5
Br	35	31.6	26.6	22.3	18.9	16.7	14.8	13.1	11.7	10.4	9.4	8.6	7.8
Kr	36	32.5	27.4	23.0	19.5	17.3	15.3	13.6	12.1	10.8	9.8	8.9	8.1
Rb^{+}	36	22.6	28.7	24.6	21.4	18.9	16.7	14.6	12.8	11.2	9.9	8.9	
Rb	37	33.5	28.2	23.8	20.2	17.9	15.9	14.1	12.5	11.2	10.2	9.2	8.4
Sr	38	34.4	29.0	24.5	20.8	18.4	16.4	14.6	12.9	11.6	10.5	9.5	8.7
Y	39	35.4	29.9	25.3	21.5	19.0	17.0	15.1	13.4	12.0	10.9	9.9	9.0

续表

$\frac{\sin\theta}{\lambda}$ /×10^{-10}m	0.0	0.1	0.2	0.3	0.4	0.5	0.6	0.7	0.8	0.9	1.0	1.1	1.2
Zr	40	36.3	30.8	26.0	22.1	19.7	17.5	15.6	13.8	12.4	11.2	10.2	9.3
Nb	41	37.3	31.7	26.8	22.8	20.2	18.1	16.0	14.3	12.8	11.6	10.6	9.7
Mo	42	38.2	32.6	27.6	23.5	20.8	18.6	16.5	14.8	13.2	12.0	10.9	10.0
Tc	43	39.1	33.4	28.3	24.1	21.3	19.2	17.0	15.2	13.6	12.3	11.3	10.3
Ru	44	40.0	34.3	29.1	24.7	21.9	19.6	17.5	15.6	14.1	12.7	11.6	10.6
Rh	45	41.0	35.1	29.9	25.4	22.5	20.2	18.0	16.1	14.5	13.1	12.0	11.0
Pd	46	41.9	36.0	30.7	26.2	23.1	20.8	18.5	16.6	14.9	13.6	12.3	11.3
Ag	47	42.8	36.9	31.5	26.9	23.8	21.3	19.0	17.1	15.3	14.0	12.7	11.7
Cd	48	43.7	37.7	32.2	27.5	24.4	21.8	19.6	17.6	15.7	14.3	13.0	12.0
In	49	44.7	38.6	33.0	28.1	25.0	22.4	20.1	18.0	16.2	14.7	13.4	12.3
Sn	50	45.7	39.5	33.8	28.7	25.6	22.9	20.6	18.5	16.6	15.1	13.7	12.7
Sb	51	46.7	40.4	34.6	29.5	26.3	23.5	21.1	19.0	17.0	15.5	14.1	13.0
Te	52	47.7	41.3	35.4	30.3	26.9	24.0	21.7	19.5	17.5	16.0	14.5	13.3
I	53	48.6	42.1	36.1	31.0	27.5	24.6	22.2	20.0	17.9	16.4	14.8	13.6
Xe	54	49.6	43.0	36.8	31.6	28.0	25.2	22.7	20.4	18.4	16.7	15.2	13.9
Cs	55	50.7	43.8	37.6	32.4	28.7	25.8	23.2	20.8	18.8	17.0	15.6	14.5
Ba	56	51.7	44.7	38.4	33.1	29.3	26.4	23.7	21.3	19.2	17.4	16.0	14.7
La	57	52.6	45.6	39.3	33.8	29.8	26.9	24.3	21.9	19.7	17.9	16.4	15.0
Ce	58	53.6	46.5	40.1	34.5	30.4	27.4	24.8	22.4	20.2	18.4	16.6	15.3
Pr	59	54.5	47.4	40.9	35.2	31.1	28.0	25.4	22.9	20.6	18.8	17.1	15.7
Nd	60	55.4	48.3	41.6	35.9	31.8	28.6	25.9	23.4	21.1	19.2	17.5	16.1
Pm	61	56.4	49.1	42.4	36.6	32.4	29.2	26.4	23.9	21.5	19.6	17.9	16.4
Sm	62	57.3	50.0	43.2	37.3	32.9	29.8	26.9	24.4	22.0	20.0	18.3	16.8
Eu	63	58.3	50.9	44.0	38.1	33.5	30.4	27.5	24.9	22.4	20.4	18.7	17.1
Gd	64	59.3	51.7	44.8	38.8	34.1	31.0	28.1	25.4	22.9	20.8	19.1	17.5
Tb	65	60.2	52.6	45.7	39.6	34.7	31.6	28.6	25.9	23.4	21.2	19.5	17.9
Dy	66	61.1	53.6	46.5	40.4	35.4	32.2	29.2	26.3	23.9	21.6	19.9	18.3
Ho	67	62.1	54.5	47.3	41.1	36.1	32.7	29.7	26.8	24.3	22.0	20.3	18.6
Er	68	63.0	55.3	48.1	41.7	36.7	33.3	30.2	27.3	24.7	22.4	20.7	18.9
Tm	69	64.0	56.2	48.9	42.4	37.4	33.9	30.8	27.9	25.2	22.9	21.0	19.3
Yb	70	64.9	57.0	49.7	43.2	38.0	34.4	31.3	28.4	25.7	23.3	21.4	19.7
Lu	71	65.9	57.8	50.4	43.9	38.7	35.0	31.8	28.9	26.2	23.8	21.8	20.0
Hf	72	66.8	58.6	51.2	44.5	39.3	35.6	32.3	29.3	26.7	24.2	22.3	20.4
Ta	73	67.8	59.5	52.0	45.3	39.9	36.2	32.9	29.8	27.1	24.7	22.6	20.9
W	74	68.8	60.4	52.8	46.1	40.5	36.8	33.5	30.4	27.6	25.2	23.0	21.3
Rc	75	69.8	61.3	53.6	46.8	41.1	37.4	34.0	30.9	28.1	25.6	23.4	21.6
Os	76	70.8	62.2	54.4	47.5	41.7	38.0	34.6	31.4	28.6	26.0	23.9	22.0
Ir	77	71.7	63.1	55.3	48.2	42.4	38.6	35.1	32.0	29.0	26.5	24.3	22.3
Pt	78	72.6	64.0	56.2	48.9	43.1	39.2	35.6	32.5	29.5	27.0	24.7	22.7
Au	79	73.6	65.0	57.0	49.7	43.8	39.8	36.2	33.1	30.0	27.4	25.1	23.1

续表

$\frac{\sin\theta}{\lambda}$ /×10^{-10}m	0.0	0.1	0.2	0.3	0.4	0.5	0.6	0.7	0.8	0.9	1.0	1.1	1.2
Hg	80	74.6	65.9	57.9	50.5	44.4	40.5	36.8	33.6	30.6	27.8	25.6	23.6
Tl	81	75.5	66.7	58.7	51.2	45.0	41.1	37.4	34.1	31.1	28.3	26.0	24.1
Pb	82	76.5	67.5	59.5	51.9	45.7	41.6	37.9	34.6	31.5	28.8	26.4	24.5
Bi	83	77.5	68.4	60.4	52.7	46.4	42.2	38.5	35.1	32.0	29.2	26.8	24.8
Po	84	78.4	69.4	61.3	53.5	47.1	42.8	39.1	35.6	32.6	29.7	27.2	25.2
At	85	79.4	70.3	62.1	54.2	47.7	43.4	39.6	36.2	33.1	30.1	27.0	25.6
Rn	86	80.3	71.3	63.0	55.1	48.4	44.0	40.2	36.8	33.5	30.5	28.0	26.0
Fr	87	81.3	72.2	63.8	55.8	49.1	44.5	40.7	37.3	34.0	31.0	28.4	26.4
Ra	88	82.2	73.2	64.6	56.5	49.8	45.1	41.3	37.8	34.6	31.5	28.8	26.7
Ac	89	83.2	74.1	65.5	57.3	50.4	45.8	41.8	38.3	35.1	32.0	29.2	27.1
Th	90	84.1	75.1	66.3	58.1	51.1	46.5	42.4	38.8	35.5	32.4	29.6	27.5
Pa	91	82.1	76.0	67.1	58.8	51.7	47.1	43.0	39.3	36.0	32.8	30.1	27.9
U	92	86.0	76.9	67.9	59.6	52.4	47.7	43.5	39.8	36.5	33.3	30.6	28.3
Np	93	87	78	69	60	53	48	44	40	37	34	31	29
Pn	94	88	79	69	61	54	49	44	41	38	34	31	29
Am	95	89	79	70	62	55	50	45	42	38	35	32	30
Cm	96	90	80	71	62	55	50	46	42	39	35	32	30
Bk	97	91	81	72	63	56	51	46	43	39	36	33	30
Cf	98	92	82	73	64	57	52	47	43	40	36	33	31
	99	93	83	74	65	57	52	48	44	40	37	34	31
	100	94	84	75	66	58	53	48	44	41	37	34	31

9. 原子散射因子在吸收限近旁的减小值 Δf

(1) 波长短于吸收限时的 Δf 值

λ/λ_K 元素	0.2	0.5	0.667	0.75	0.9	0.95
Fe	−0.17	−0.30	−0.03	0.28	1.47	2.40
Mo	−0.16	−0.26	0.01	0.31	1.48	2.32
W	−0.15	−0.25		0.30	1.40	2.18

(2) 波长长于吸收限时的 Δf 值

λ/λ_K 元素	1.05	1.11	1.2	1.33	1.5	2.0	mf
Fe	3.30	2.60	2.20	1.90	1.73	1.51	1.32
Mo	3.08	2.44	2.06	1.77	1.61	1.43	1.24
W	2.85	2.26	1.91	1.65	1.49	1.31	1.15

10. 洛伦兹-偏振因子 $\left(\frac{1+\cos^2 2\theta}{\sin^2\theta\cos\theta}\right)$

θ/(°)	.0	.1	.2	.3	.4	.5	.6	.7	.8	.9
2	1639	1486	1354	1239	1138	1048	968.9	898.3	835.1	778.4
3	727.2	680.9	638.8	600.5	565.6	533.6	504.3	477.3	452.3	429.3

续表

θ/(°)	.0	.1	.2	.3	.4	.5	.6	.7	.8	.9
4	408.0	388.2	369.9	352.7	336.8	321.9	308.0	294.9	282.6	271.1
5	260.3	250.1	240.5	231.4	222.9	214.7	207.1	199.8	192.9	186.3
6	180.1	174.2	168.5	163.1	158.0	153.1	148.4	144.0	139.7	135.6
7	131.7	128.0	124.4	120.9	117.6	114.4	111.4	108.5	105.6	102.9
8	100.3	97.80	95.37	93.03	90.78	88.60	86.51	84.48	82.52	80.63
9	78.79	77.02	75.31	73.66	72.05	70.49	68.99	67.53	66.12	64.74
10	83.41	62.12	60.87	59.65	58.46	57.32	56.20	55.11	54.06	53.03
11	52.04	51.06	50.12	49.19	48.30	47.43	46.58	45.75	44.94	44.16
12	43.39	42.64	41.91	41.20	40.50	39.82	39.16	38.51	37.88	37.27
13	36.67	36.08	35.50	34.94	34.39	33.85	33.33	32.81	32.31	31.82
14	31.34	30.87	30.41	29.96	29.51	29.08	28.66	28.24	27.83	27.44
15	27.05	26.66	26.29	25.92	25.56	25.21	24.86	24.52	24.19	23.86
16	23.54	23.23	22.92	22.61	22.32	22.02	21.74	21.46	21.18	20.91
17	20.64	20.38	20.12	19.87	19.62	19.38	19.14	18.90	18.67	18.44
18	18.22	18.00	17.78	17.57	17.36	17.15	16.95	16.75	16.56	16.36
19	16.17	15.99	15.80	15.62	15.45	15.27	15.10	14.93	14.76	14.60
20	14.44	14.28	14.12	13.97	13.81	13.66	13.52	13.37	13.23	13.09
21	12.95	12.81	12.68	12.54	12.41	12.28	12.15	12.03	11.91	11.78
22	11.66	11.54	11.43	11.31	11.20	11.09	10.98	10.87	10.76	10.65
23	10.55	10.45	10.35	10.24	10.15	10.05	9.951	9.857	9.763	9.671
24	9.579	9.489	9.400	9.313	3.226	9.141	9.057	8.973	8.891	8.810
25	8.730	8.651	8.573	8.496	8.420	8.345	8.271	8.198	8.126	8.054
26	7.984	7.915	7.846	7.778	7.711	7.645	7.580	7.515	7.452	7.389
27	7.327	7.266	7.205	7.145	7.086	7.027	6.969	6.912	6.856	6.800
28	6.745	6.692	6.637	6.584	6.532	6.480	6.429	6.379	6.329	6.279
29	6.230	6.183	6.135	6.088	6.042	5.995	5.950	5.905	5.861	5.817
30	5.774	5.731	5.688	5.647	5.604	5.546	5.524	5.484	5.445	5.406
31	5.367	5.329	5.282	5.254	5.218	5.181	5.145	5.110	5.075	5.040
32	5.006	4.972	4.939	4.906	4.873	4.841	4.809	4.777	4.746	4.715
33	4.685	4.655	4.625	4.595	4.566	4.538	4.509	4.481	4.453	4.426
34	4.399	4.372	4.346	4.320	4.294	4.268	4.243	4.218	4.193	4.169
35	4.145	4.121	4.097	4.074	4.052	4.029	4.006	3.984	3.962	3.941
36	3.919	3.898	3.877	3.857	3.836	3.816	3.797	3.777	3.758	3.739
37	3.720	3.701	3.683	3.665	3.647	3.629	3.612	3.594	3.577	3.561
38	3.544	3.527	3.513	3.497	3.481	3.465	3.449	3.434	3.419	3.404
39	3.389	3.375	3.361	3.347	3.333	3.320	3.306	3.293	3.280	3.268
40	3.255	3.242	3.230	3.218	3.206	3.194	3.183	3.171	3.160	3.149
41	3.138	3.127	3.117	3.106	3.096	3.086	3.076	3.067	3.057	3.048
42	3.038	3.029	3.020	3.012	3.003	2.994	2.986	2.978	2.970	2.962
43	2.954	2.946	2.939	2.932	2.925	2.918	2.911	2.904	2.897	2.891
44	2.884	2.878	2.872	2.866	2.860	2.855	2.849	2.844	2.838	2.833

续表

θ/(°)	.0	.1	.2	.3	.4	.5	.6	.7	.8	.9
45	2.828	2.824	2.819	2.814	2.810	2.805	2.801	2.797	2.793	2.789
46	2.785	2.782	2.778	2.775	2.772	2.769	2.766	2.763	2.760	2.757
47	2.755	2.752	2.750	2.748	2.746	2.744	2.742	2.740	2.738	2.737
48	2.736	2.735	2.733	2.732	2.731	2.730	2.730	2.729	2.729	2.728
49	2.728	2.728	2.728	2.728	2.728	2.728	2.729	2.729	2.730	2.730
50	2.731	2.732	2.733	2.734	2.735	2.737	2.738	2.740	2.741	2.743
51	2.745	2.747	2.749	2.751	2.753	2.755	2.758	2.760	2.763	2.766
52	2.769	2.772	2.775	2.778	2.782	2.785	2.788	2.792	2.795	2.799
53	2.803	2.807	2.811	2.815	2.820	2.824	2.828	2.833	2.828	2.843
54	2.848	2.853	2.858	2.868	2.868	2.874	2.879	2.885	2.890	2.896
55	2.902	2.908	2.914	2.921	2.927	2.933	2.940	2.946	2.953	2.960
56	2.967	2.974	2.981	2.988	2.996	3.004	3.011	3.019	3.026	3.034
57	3.042	3.050	3.059	3.067	3.075	3.084	3.092	3.101	3.110	3.119
58	3.128	3.137	3.147	3.156	3.166	3.175	3.185	3.195	3.205	3.215
59	3.225	3.253	3.246	3.256	3.267	3.278	3.289	3.300	3.311	3.322
60	3.333	3.345	3.356	3.368	3.380	3.392	3.404	3.416	3.429	3.441
61	3.454	3.466	3.479	3.492	3.505	3.518	3.532	3.545	3.559	3.573
62	3.587	3.601	3.615	3.629	3.643	3.658	3.673	3.688	3.703	3.718
63	3.733	3.749	3.764	3.780	3.796	3.812	3.828	3.844	3.861	3.878
64	3.894	3.911	3.928	3.946	3.963	3.980	3.998	4.016	4.034	4.052
65	4.071	4.090	4.108	4.127	4.147	4.166	4.185	4.205	4.225	4.245
66	4.265	4.285	4.306	4.327	4.348	4.369	4.390	4.412	4.434	4.456
67	4.478	4.500	4.523	4.546	4.569	4.592	4.616	4.640	4.664	4.688
68	4.712	4.737	4.762	4.787	4.812	4.838	4.864	4.890	4.916	4.943
69	4.970	4.997	5.024	5.052	5.080	5.109	5.137	5.166	5.195	5.224
70	5.254	5.284	5.315	5.345	5.376	5.408	5.440	5.471	5.504	5.536
71	5.569	5.602	5.636	5.670	5.705	5.740	5.775	5.810	5.846	5.883
72	5.919	5.956	5.994	6.032	6.071	6.109	6.149	6.189	6.229	6.270
73	6.311	6.352	6.394	6.437	6.480	6.524	6.568	6.613	6.658	6.703
74	6.750	6.797	6.844	6.892	6.941	6.991	7.041	7.091	7.142	7.194
75	7.247	7.300	7.354	7.409	7.465	7.521	7.578	7.636	7.694	7.753
76	7.813	7.874	7.936	7.999	8.063	8.128	8.193	8.259	8.327	8.395
77	8.465	8.536	8.607	8.680	8.754	8.829	8.905	8.982	9.061	9.142
78	9.223	9.305	9.389	9.474	9.561	9.649	9.739	9.831	9.924	10.02
79	10.12	10.21	10.31	10.41	10.52	10.62	10.73	10.84	10.95	11.06
80	11.18	11.30	11.42	11.54	11.67	11.80	11.93	12.06	12.20	12.34
81	12.48	12.63	12.78	12.93	13.08	13.24	13.40	13.57	13.74	13.92
82	14.10	14.28	14.47	14.66	14.86	15.07	15.28	15.49	15.71	15.94
83	16.17	16.41	16.66	16.91	17.17	17.44	17.72	18.01	18.31	18.61
84	18.93	19.25	19.59	19.94	20.30	20.68	21.07	21.47	21.89	22.32
85	22.77	23.24	23.73	24.24	24.78	25.34	25.92	26.52	27.16	27.83
86	28.53	29.27	30.04	30.86	31.73	32.64	33.60	34.63	35.72	36.88
87	38.11	39.43	40.84	42.36	44.00	45.76	47.68	49.76	52.02	54.50

11. 德拜-瓦洛温度因子 $e^{-(B\sin^2\theta)/\lambda^2}$

$B\times10^{16}$ \ $\frac{\sin\theta}{\lambda}\times10^{-8}=$	0.0	0.1	0.2	0.3	0.4	0.5	0.6	0.7	0.8	0.9	1.0	1.1	1.2
0.0	1.000	1.000	1.000	1.000	1.000	1.000	1.000	1.000	1.000	1.000	1.000	1.000	1.000
0.1	1.000	0.999	0.996	0.991	0.984	0.975	0.964	0.952	0.938	0.923	0.905	0.886	0.866
0.2	1.000	0.998	0.992	0.982	0.968	0.951	0.931	0.906	0.880	0.850	0.819	0.785	0.750
0.3	1.000	0.997	0.988	0.973	0.953	0.928	0.898	0.863	0.826	0.784	0.741	0.695	0.649
0.4	1.000	0.996	0.984	0.964	0.938	0.905	0.866	0.821	0.774	0.724	0.670	0.616	0.562
0.5	1.000	0.995	0.980	0.955	0.924	0.882	0.834	0.782	0.726	0.667	0.607	0.548	0.487
0.6	1.000	0.994	0.976	0.947	0.909	0.860	0.804	0.745	0.681	0.615	0.549	0.484	0.421
0.7	1.000	0.993	0.972	0.939	0.894	0.839	0.776	0.710	0.639	0.567	0.497	0.429	0.365
0.8	1.000	0.992	0.968	0.931	0.880	0.818	0.750	0.676	0.599	0.523	0.449	0.380	0.314
0.9	1.000	0.991	0.964	0.923	0.866	0.798	0.724	0.644	0.561	0.482	0.406	0.336	0.273
1.0	1.000	0.990	0.960	0.915	0.852	0.779	0.698	0.613	0.527	0.445	0.368	0.298	0.236
1.1	1.000	0.989	0.957	0.907	0.839	0.759	0.672	0.584	0.494	0.410	0.333	0.264	0.205
1.2	1.000	0.988	0.953	0.898	0.826	0.740	0.649	0.556	0.464	0.378	0.301	0.234	0.178
1.3	1.000	0.987	0.950	0.890	0.813	0.722	0.626	0.529	0.435	0.349	0.273	0.209	0.154
1.4	1.000	0.986	0.946	0.882	0.800	0.704	0.604	0.503	0.408	0.332	0.247	0.184	0.133
1.5	1.000	0.985	0.942	0.874	0.787	0.687	0.582	0.479	0.383	0.297	0.223	0.167	0.116
1.6	1.000	0.984	0.938	0.866	0.774	0.670	0.562	0.458	0.359	0.274	0.202	0.144	0.100
1.7	1.000	0.983	0.935	0.858	0.762	0.654	0.543	0.436	0.337	0.252	0.183	0.218	0.086
1.8	1.000	0.982	0.931	0.850	0.750	0.628	0.523	0.414	0.316	0.233	0.165	0.113	0.075
1.9	1.000	0.981	0.927	0.842	0.739	0.622	0.505	0.394	0.296	0.215	0.149	0.100	0.065
2.0	1.000	0.980	0.924	0.834	0.727	0.607	0.487	0.375	0.278	0.198	0.135	0.089	0.056

12. 米勒指数的二次式

$h^2+k^2+l^2$	立方系				六方系	
	hkl				h^2+hk+k^2	*hk*
	简单立方	面心立方	体心立方	金刚石立方		
1	100				1	10
2	110	—	110		2	
3	111	111	—	111	3	11
4	200	200	200		4	20
5	210				5	
6	211	—	211		6	
7					7	21
8	220	220	220	220	8	
9	300,221				9	30
10	310	—	310		10	
11	311	311	—	311	11	
12	222	222	222		12	22
13	320				13	31
14	321	—	321		14	
15					15	
16	400	400	400	400	16	40
17	410,322				17	
18	411,330	—	411,330		18	
19	331	331	—	331	19	32

续表

$h^2+k^2+l^2$	立方系				六方系	
	hkl				h^2+hk+k^2	*hk*
	简单立方	面心立方	体心立方	金刚石立方		
20	420	420	420		20	
21	421				21	41
22	332	—	332		22	
23					23	
24	422	422	422	422	24	
25	500,430				25	50
26	510,431	—	510,431		26	
27	511,333	511,333	—	511,333	27	33
28					28	42
29	520,432				29	
30	521	—	521		30	
31					31	51
32	440	440	440	440	32	
33	522,441				33	
34	530,433	—	530,433		34	
35	531	531	—	531	35	
36	600,442	600,442	600,442		36	60
37	610				37	43
38	611,532	—	611,532		38	
39					39	52
40	620	620	620	620	40	
41	621,540,442				41	
42	541	—	541		42	
43	533	533	—	533	43	61
44	622	622	622		44	
45	630,542				45	
46	631	—	631		46	
47					47	
48	444	444	444	444	48	44
49	700,632					70,53
50	710,550,543	—	710,550,543		50	
51	711,551	711,551	—	711,551	51	
52	640	640	640		52	62
53	720,641				53	
54	721,633,552		721,633,552		54	
55					55	
56	642	642	642	642	56	
57	722,544				57	71
58	730	—	730		58	
59	731,553	731,553	—	731,553	59	

13. 晶面间距与点阵参数的关系

立方晶系：

$$\frac{1}{d^2}=\frac{h^2+k^2+l^2}{a^2}$$

正方晶系：

$$\frac{1}{d^2}=\frac{h^2+k^2}{a^2}+\frac{l^2}{c^2}$$

六方晶系：

$$\frac{1}{d^2}=\frac{4}{3}\left(\frac{h^2+hk+k^2}{a^2}\right)+\frac{l^2}{c^2}$$

菱形晶系：

$$\frac{1}{d^2}=\frac{(h^2+k^2+l^2)\sin^2\alpha+2(hk+kl+hl)(\cos^2\alpha-\cos\alpha)}{a^2(1-3\cos^2\alpha+2\cos^3\alpha)}$$

正交晶系：

$$\frac{1}{d^2}=\frac{h^2}{a^2}+\frac{k^2}{b^2}+\frac{l^2}{c^2}$$

单斜晶系：

$$\frac{1}{d^2}=\frac{1}{\sin^2\beta}\left(\frac{h^2}{a^2}+\frac{k^2\sin^2\beta}{b^2}+\frac{l^2}{c^2}-\frac{2hl\cos\beta}{ac}\right)$$

三斜晶系：

$$\frac{1}{d^2}=\frac{1}{v^2}(s_{11}h^2+s_{22}k^2+s_{33}l^2+2s_{12}hk+2s_{23}kl+2s_{13}hl)$$

$$V=\text{晶胞体积}$$

$$s_{11}=b^2c^2\sin^2\alpha$$

$$s_{22}=a^2c^2\sin^2\beta$$

$$s_{33}=a^2b^2\sin^2\gamma$$

$$s_{12}=abc^2(\cos\alpha\cos\beta-\cos\gamma)$$

$$s_{23}=a^2bc(\cos\beta\cos\gamma-\cos\alpha)$$

$$s_{13}=ab^2c(\cos\gamma\cos\alpha-\cos\beta)$$

14. 常用矢量关系与有关公式的证明

$$\boldsymbol{a}\times(\boldsymbol{b}\times\boldsymbol{c})=(\boldsymbol{a}\cdot\boldsymbol{c})\boldsymbol{b}-(\boldsymbol{a}\cdot\boldsymbol{b})\boldsymbol{c}$$

$$(\boldsymbol{a}\times\boldsymbol{b})^2=a^2b^2-(\boldsymbol{a}\cdot\boldsymbol{b})^2$$

$$(\boldsymbol{a}\cdot\boldsymbol{b})^2=a^2b^2-(\boldsymbol{a}\times\boldsymbol{b})^2$$

$$(\boldsymbol{a}\times\boldsymbol{b})\cdot(\boldsymbol{c}\times\boldsymbol{d})=(\boldsymbol{a}\cdot\boldsymbol{c})(\boldsymbol{b}\cdot\boldsymbol{d})-(\boldsymbol{a}\cdot\boldsymbol{d})(\boldsymbol{b}\cdot\boldsymbol{c})$$

$$\alpha^{2*}=\frac{(\boldsymbol{b}\times\boldsymbol{c})}{v^2}=\frac{b^2c^2\sin^2\alpha}{v^2}$$

$$\boldsymbol{a}^*\cdot\boldsymbol{b}^*=\frac{1}{v^2}(\boldsymbol{b}\times\boldsymbol{c})\cdot(\boldsymbol{c}\times\boldsymbol{a})=\frac{abc^2}{v^2}(\cos\alpha\cos\beta-\cos\gamma)$$

$$\cos\gamma^*=\frac{\boldsymbol{a}^*\cdot\boldsymbol{b}^*}{a^*b^*}=\frac{\cos\alpha\cos\beta-\cos\gamma}{\sin\alpha\sin\beta}$$

$$\begin{aligned}v^2&=[\boldsymbol{a}\cdot(\boldsymbol{b}\times\boldsymbol{c})]=a^2(\boldsymbol{b}\times\boldsymbol{c})-[\boldsymbol{a}\times(\boldsymbol{b}\times\boldsymbol{c})]^2\\&=a^2b^2c^2(1-\cos^2\alpha-\cos^2\beta-\cos^2\gamma+2\cos\alpha\cos\beta\cos\gamma)\end{aligned}$$

15. 高聚物结晶度计算公式及校正因子

聚合物	hkl	2θ /(°)	T	LP	f_i^2	$C_{hkc}(\theta)$	k_i	$K_x=C_A(\theta)k_i$ 结果	$K_x=C_A(\theta)k_i$ 文献	$W_{c,x}$ 结果	$W_{c,x}$ 文献
$\{C_2H_4\}_n$ HDPE	110	21.60	0.86	54.06	47.68	1	0.89	0.65	1[①]	$\frac{I_{110}+1.42I_{200}}{I_{110}+1.42I_{200}+0.65I_A}\times 100\%$	$\frac{I_{110}+1.46I_{200}}{I_{110}+1.46I_{200}+0.75I_A}\times 100\%$
	200	24.00	0.83	43.39	43.31	1.42					
	A	19.50	0.89	66.82	51.54	0.73					
$\{C_2H_4\}_n$ LDPE	110	21.36	0.87	55.53	48.12	1	0.90	0.68	1[①]	$\frac{I_{110}+1.42I_{200}}{I_{110}+1.42I_{200}+0.68I_A}\times 100\%$	$\frac{I_{110}+1.46I_{200}}{I_{110}+1.46I_{200}+0.75I_A}\times 100\%$
	200	23.78	0.84	44.23	43.80	1.42					
	A	19.50	0.89	66.81	51.40	0.75					
$\{CH_2O\}_n$ POM	100	23.06	0.85	47.17	68.83	1	0.74	0.55	0.66	$\frac{I_{100}}{I_{100}+0.55I_A}\times 100\%$	$\frac{I_{100}}{I_{100}+0.66I_A}\times 100\%$
	A	20.90	0.87	57.89	73.35	0.74					
$\{C_2F_4\}_n$ PTEE	100	18.05	0.90	78.35	325.89	1	0.74	0.61	0.66	$\frac{I_{100}}{I_{100}+0.61I_A}\times 100\%$	$\frac{I_{100}}{I_{100}+0.66I_A}\times 100\%$
	A	16.68	0.92	92.12	334.78	0.82					
$\{C_3H_6\}_n$ *i*-PP	110	14.08	0.94	130.19	92.19	1	0.85	1.25	0.9[①]	$\frac{I_c}{I_c+1.25I_A}\times 100\%$ $I_c=I_{110}+1.63I_{040}+2.14I_{130}+3.51I_{111,041,\bar{1}31}$	$\frac{I_c}{I_c+0.9I_A}\times 100\%$ $I_c=3.06I_{110}+5.18I_{040}+6.89I_{130}+10.3I_{111,041,\bar{1}31}$
	040	16.90	0.91	89.68	84.54	1.63					
	130	18.60	0.90	73.66	79.82	2.14					
	$\bar{1}31$ 111 041	21.86	0.86	52.73	70.82	3.51					
	A	16.30	0.92	96.57	86.20	1.47					
$\{C_4H_6\}_n$ *trans*-1,4-PB	hkl	22.24	0.86	50.87	92.00	1	1	0.72	0.70	$\frac{I_{hkl}}{I_{hkl}+0.72I_A}\times 100\%$	$\frac{I_{hkl}}{I_{hkl}+0.7I_A}\times 100\%$
	A	20	0.88	63.41	100.05	0.71					
$\{C_4H_6\}_n$ *cis*-4-PB	020	18.90	0.89	71.27	104.06	1	0.85	0.98		$\frac{I_{020}+1.69I_{110}}{I_{020}+1.69I_{110}+I_{020}+0.98I_A}\times 100\%$	
	110	22.40	0.85	50.12	91.43	1.69					
	A	19.80	0.88	64.74	100.78	1.15					

续表

聚合物	hkl	2θ /(°)	T	LP	f_i^2	$C_{hkc}(\theta)$	k_i	$K_x=C_A(\theta)k_i$		$W_{c,x}$	
								结果	文献	结果	文献
$\lbrace C_4H_6 \rbrace_n$ *st*-1,2-PB	010	13.51	0.94	141.6	123.35	1	0.41	1.10		$\frac{I_{010}+1.57I_{200,110}+3.5I_{210}+4.99I_{201,111}}{I_{010}+1.57I_{200,110}+3.5I_{210}+4.99I_{201,111}+1.1I_A}\times 100\%$	
	200 110	16.05	0.92	99.68	114.43	1.57					
	210	21.03	0.87	56.59	95.96	3.50					
	200 111	23.57	0.84	45.06	87.35	4.99					
	A	19.40	0.89	67.53	102.24	2.69					
$\lbrace C_6H_4 \rbrace_n$ PPS	110	18.70	0.89	72.85	350.35	0.79	0.92	0.92	0.92①	$\frac{I_c}{I_c+0.90I_A}\times 100\%$ $I_c=0.79I_{110}+1.06I_{200,110}+2.07I_{112}+2.63I_{211}$	$\frac{I_c}{I_c+0.92I_A}\times 100\%$ $I_c=I_{110}+I_{200,110}+I_{112}+I_{211}$
	200 111	20.68	0.87	59.17	330.15	1.06					
	112	25.60	0.81	37.89	291.97	2.07					
	211	27.43	0.79	32.74	265.34	2.63					
	A	20.30	0.88	61.49	334.01	1					
$\lbrace C_{10}H_8O_4 \rbrace_n$ PET	100	17.5	0.91	83.49	479.35	1	0.9	1.58		$\frac{I_{100}+2.07I_{\bar{1}10}+3.13I_{010}}{I_{100}+2.07I_{\bar{1}10}+3.13I_{010}+1.58I_A}\times 100\%$	$\frac{I_c}{I_c+KI_A}\times 100\%$ $I_c=I_{100}+I_{010}+I_{110}$
	$\bar{1}10$	22.5	0.85	49.66	411.92	2.08					
	010	25.5	0.81	38.20	372.48	3.13					
	A	23.4	0.87	55.65	428.07	1.76					
$\lbrace C_{20}H_{38}N_2O_2 \rbrace_n$ 尼龙-1010	002	8.37	0.98	327.57	915.98	0.064	0.71	0.504		$\frac{0.064I_{002}+0.57I_{100,\bar{1}00}+I_{110,010,0\bar{1}0}}{0.064I_{002}+0.57I_{100,\bar{1}00}+I_{110,010,0\bar{1}0}+0.504I_c}\times 100\%$	
	$\bar{1}00$ 100	20.05	0.88	63.08	675.60	0.57					
	110 $0\bar{1}0$ 010	23.92	0.84	43.69	589.35	1					
	A	21.5	0.86	54.59	642.69	0.71					
$\lbrace C_{12}H_{22}N_2O_2 \rbrace_n$ 尼龙-66	100	20.4	0.88	60.2	221.8	1.0	0.9	1.06		$\frac{I_{100}+1.41I_{010,110}}{I_{100}+1.41I_{010,110}+1.06I_A}\times 100\%$	
	010	23.20	0.84	44.9	220.2	1.41					
	110	23.80									
	A	22.0	0.85	52.0	220.9	1.18					

① 文献中所给的数据，其 K 值的定义是不确切的。

16. 聚芳醚酮类聚合物（PAEKs）结晶度计算公式

名称	*hkl*	2θ/(°)	*T*	*LP*	f_i^2	*C*(θ)	k_i	$W_{c,x}$
PEEK	110	19.10	0.891	69.74	4630.38	1.00	0.80	$\frac{I_{110}+1.35I_{111}+1.80I_{200}+4.10I_{211,202}}{I_{110}+1.35I_{111}+1.80I_{200}+4.10I_{211,202}+0.85I_A}\times100\%$
	111	21.12	0.868	56.64	402.48	1.35		
	200	23.12	0.844	46.92	375.60	1.80		
	211,202	29.20	0.765	28.66	298.81	4.10		
	*A**	19.50	0.886	66.82	424.84	1.06		
PEEKK	110	18.64	0.895	73.33	436.76	1.00	0.76	$\frac{I_{110}+1.34I_{111}+1.88I_{200}+4.11I_{211,202}}{I_{110}+1.34I_{111}+1.88I_{200}+4.11I_{211,202}+0.87I_A}\times100\%$
	111	20.62	0.874	59.53	409.38	1.34		
	200	22.93	0.847	47.73	377.87	1.88		
	211,202	28.73	0.772	29.67	304.31	4.11		
	*A**	19.50	0.886	66.82	424.86	1.14		
PEDEKK	110	18.54	0.896	74.15	1031.06	1.00	0.65	$\frac{I_{110}+1.25I_{112}+1.89I_{200}+3.88I_{212}}{I_{110}+1.25I_{112}+1.89I_{200}+3.88I_{212}+0.75I_A}\times100\%$
	112	20.00	0.881	63.41	982.86	1.25		
	200	22.84	0.848	48.13	890.27	1.89		
	212	28.12	0.780	31.06	729.82	3.88		
	*A**	19.50	0.886	66.82	999.36	1.16		
$PEDEK_mK$	110	18.54	0.896	74.15	2062.12	1.00	0.83	$\frac{I_{110}+1.13I_{113}+1.77I_{200}+4.04I_{215}}{I_{110}+1.13I_{113}+1.77I_{200}+4.04I_{215}+0.96I_A}\times100\%$
	113	19.26	0.888	67.82	2008.00	1.13		
	200	22.40	0.853	50.12	1808.86	1.77		
	215	28.44	0.776	30.32	1441.56	4.04		
	*A**	19.50	0.886	66.82	1998.72	1.16		
PEDK	110	18.74	0.894	72.37	588.71	1.00	0.60	$\frac{I_{110}+1.28I_{113}+1.93I_{200}+4.12I_{211}}{I_{110}+1.28I_{113}+1.93I_{200}+4.12I_{211}+0.67I_A}\times100\%$
	111	20.38	0.876	60.99	557.67	1.28		
	200	23.24	0.843	46.41	503.80	1.93		
	211	238.82	0.770	29.47	406.92	4.12		
	*A**	19.50	0.886	66.82	574.52	1.12		